电机与电力拖动基础

尹　泉　周永鹏　李浚源　编著

华中科技大学出版社
中国·武汉

内容简介

本书是高等院校自动控制工程、电气自动化、机电一体化、自动化等专业学生必修的一门核心专业基础课教材。内容涉及交、直流电动机和变压器的基本原理、结构、控制模型,交、直流电动机的启动、调速、制动运行控制特点,以及基于电动机稳态模型的基本控制方法。

本书在李浚源教授主编的《电力拖动基础》(2000年版)基础上进一步精选和归纳了电力拖动技术的基本原理和控制技术,增加了永磁同步、无刷直流、直线和双馈电机等近年来应用十分广泛的内容,系统、完整地反映了现代电力拖动技术的发展和全貌,对重要内容的分析增强了图形的对照说明,阐述与推证都比较详细,便于读者自学。

本书适合作为自动控制工程学科自动化专业及其他相关专业的本科生教材,也可作为从事电气自动化和电力拖动控制技术科研人员的一本系统、完整的专业参考书。

图书在版编目(CIP)数据

电机与电力拖动基础/尹 泉 周永鹏 李浚源 编著.—武汉:华中科技大学出版社,2013.8

ISBN 978-7-5609-9119-1

Ⅰ.电… Ⅱ.①尹… ②周… ③李… Ⅲ.电力传动-高等学校-教材 Ⅳ.TM921

中国版本图书馆CIP数据核字(2013)第123695号

电机与电力拖动基础 尹 泉 周永鹏 李浚源 编著

策划编辑:谢燕群
责任编辑:江 津
责任校对:周 娟
责任监印:周治超
出版发行:华中科技大学出版社(中国·武汉)
武昌喻家山 邮编:430074 电话:(027)81321915
录 排:武汉市洪山区佳年华文印部
印 刷:通山金地印务有限公司
开 本:787mm×1092mm 1/16
印 张:24.25
字 数:615千字
版 次:2013年8月第1版第1次印刷
定 价:45.00元

前言 Preface

本教材是在2000年由华中科技大学出版社出版、李浚源、秦忆、周永鹏编著的《电力拖动基础》教材基础上编写完成的。作为高等院校自动化专业“电力拖动与电气控制”课程教学用书，其主要内容包括直流电机原理与拖动基础、变压器原理、交流异步电动机原理与拖动基础、交流同步电机原理与拖动基础、一些其他常用电机的原理与控制方法以及相关电机电器控制系统的构成原理与电路图绘制方法等。

在原教材使用的10多年间，电气自动化电力拖动技术有了长足的进步，一些新的电机结构、新的控制技术不断涌现，计算机仿真与辅助设计也变得更为便捷。这次编著，参考了这10余年间技术的发展要求和教学积累，对原教材的大部分章节都进行了一定的改写和补充，但教材的主线仍然以控制为目标，分析原理、结构的目的在于建立控制模型。

尽管交流拖动技术已成为电力拖动自动控制系统驱动的主流，但鉴于现代交流拖动技术的核心仍然是借助于一系列坐标变换，将交流电机的控制变换为一种类似于对直流电机的控制，如果对直流电机的控制方法和特点不熟悉，掌握、理解现代交流拖动技术将是十分困难的，因此本书仍从直流电机原理与拖动控制方法入手，在建立了扎实的直流电机拖动控制概念之后，再进入交流电机原理与拖动控制方法的学习。本着由浅入深的原则，本教材主要分析交流电机的稳态控制模型，对于现代交流拖动采用的交流电机动态模型则留待后续课程“运动控制系统”中详细分析讨论，以避免重复。

本书共分10章，与原教材相比内容进行了一定变更。第1章为绪论，将本书要用到的一些主要数学、物理知识作了简要回顾；第2、3章为直流电机部分；第4章为变压器原理，加强了物理描述；第5章为异步电机原理与结构，加强了对旋转磁场、等值电路形成的描述；第6章讨论异步电动机的基本控制方法，考虑到现代交流拖动系统中同步电机应用日益广泛，对同步电机部分作了较大变动；第7章和第8章分别讨论了同步发电机和电动机的原理、结构与控制方法，并增加了永磁同步电动机相关内容；第9章对常用控制电机的叙述中，增加了无刷直流电机、双馈电机、直线电机、磁悬浮等内容，介绍了它们的典型结构、控制原理，以及在风力发电、轨道交通中的应用；第10章介绍电动机的电器控制方法。

本书按授课66学时、实验6学时编写。参考学时安排为绪论和直流电机16学时，变压器8学时，异步电机原理与控制18学时，同步电机12学时，其他电机6学时，电器控制6学时。也可将电器控制部分安排自学，教学按授课60学时、实验4学时来安排。

本书由华中科技大学尹泉、周永鹏、李浚源编著，其中，第5～9章由尹泉编写，其余各章由周永鹏编写。所有编写工作都是在李浚源、秦忆等2000年编著的教材基础上完成的，在此对两位教授的前期编写工作表示诚挚感谢。

由于编写时间仓促，书中一定会有不够完善和错误的地方，殷切希望读者批评指正。

编　者

2013年7月

目录 Content

第1章 绪　　论

本教材主要介绍在自动控制领域用于电能和机械能相互转换装置的原理、模型和基本控制方法，重点介绍被称做电机的旋转电磁机械上，因为在自动化领域中绝大多数的机电能量转换都是通过它来实现的。

本书假设读者已经具备磁场和电路理论的基本知识，这些知识已在自动化专业本科学生的“大学物理”和“电路”课程中讲授。在学习旋转电机基本原理过程中，将会频繁使用一些重要的物理概念，为便于学习，本章将对相关电磁知识作一简要的回顾，为后续学习奠定一个良好的理论基础。

1-1　电机与拖动技术概貌

作为一种易生产、易传输、易分配、易使用、易控制、低污染的能源，电能是现代广泛应用的一种能量形式。为了方便地将电能生产出来，并方便地将它转换成机械能为人类服务，电机被发明出来。作为一种高效的机电能量转换工具，电机及其拖动控制系统在国民经济、国防装备的现代化发展和社会生活中发挥着越来越重要的作用。

一、电机及电力拖动技术的发展概况

最先制成电动机的人，据说是德国人雅可比。他于1834年前后制成了一种简单的装置：在两个U形电磁铁中间，装一个六臂轮，每臂带两根棒形磁铁。通电后，棒形磁铁与U形磁铁之间产生相互吸引和排斥作用，带动轮轴转动。后来，雅可比做了一具大型的装置并安在小艇上，用320个丹尼尔电池供电，1838年小艇在易北河上首次航行，航速只有2.2千米每小时，与此同时，美国人达文波特也成功制出了驱动印刷机的电动机，印刷过美国电学期刊《电磁和机械情报》。但这两种电动机都没有多大商业价值，用电池作电源，成本太高，并不实用。直到第一台实用型直流发电机问世，电动机才得到广泛应用。1870年，比利时工程师格拉姆发明了直流发电机，直流发电机的设计与电动机的很相似。后来，格拉姆证明向直流发电机输入电流，其转子会像电动机一样旋转。于是，这种格拉姆型电动机大量制造出来，效率也不断得到提高。与此同时，德国西门子公司制造出了更好的发电机，并着手研究由电动机驱动的车辆，制成了世界上最早的电车。1882年，爱迪生在纽约建立了第一座直流发电站，1879年，在柏林工业展览会上，西门子公司不冒烟的电车赢得观众的一片喝彩。西门子电车的功率当时只有3马力，后来美国发明大王爱迪生试验的电车功率已达12～15马力。但当时的电动机全是直流电机，只限于驱动电车。1888年5月，美籍塞尔维亚发明家特斯拉向全世界展示了他发明的交流电动机。它是根据电磁感应原理制成的，又称感应电动机，这种电动机结构简单，使用

交流电，不像直流电动机那样需要整流、容易产生火花，因此，很快被广泛应用于工业和家用电器中。

由于直流电动机具有良好的控制特性，自诞生以来，它一直在要求高控制性能（宽范围调速，高精度的转速、转矩、转角控制）的电力拖动领域中占据着主导地位，这种状况直至 20 世纪由于交流电动机控制方法在理论上的突破和功率电子技术、微处理器技术的进步使控制的实现变得容易，才发生了根本性的转变。一种称为矢量控制的技术和交流变频、交流调压技术的进步，使交流电动机从原来的难以控制变得已能像对直流电动机一样进行控制，获得的控制性能已完全可与直流电动机系统相媲美，同时由于结构上的本质区别，交流电动机结构简单、免维护、无火花，高速性能明显优于直流电动机，价格低廉，并能节约铜材，在现代工业控制领域，交流电动机拖动系统取代直流电动机拖动系统已成为一种趋势。不过，直流系统也还有它的一些优势领域，例如，传统的直流拖动系统在各种舰船、车辆、卫星、移动式机器人等移动设备中仍然占有一定地位。直流调速系统更易于获得较高的性能指标，特别是在低速、超低速下运行时的稳速性能与交流调速系统相比仍保有一定优势，如高精度稳速系统的稳速精度可以达到数十万分之一，宽调速系统的调速比可达到 1 ∶ 10000 以上，千瓦以上功率等级、中等以下惯量的系统快速响应时间可以达到几十毫秒。

从机电能量转换的观点看，电机可以分为发电机和电动机两大类别。实际上，从电机运行原理来看，任一电机既可工作于发电状态也可工作于电动状态，上述分类是从该电机的主要用途和主要工作状态的角度来进行分类的。作为自动化学科的专业基础课程，本书侧重于从控制的角度讨论电动机实现电力拖动的基本知识，有关发电机方面的知识可参阅电力、发配电专业的相关教材。

二、电机及电力拖动在自动化学科中的地位

在电能未被人类掌握之前，自动化系统就早已被大量使用。最早的自动控制系统甚至可以追溯到公元前，那时的自动化系统是以水力作为动力的。第一个在工业过程中应用的自动化系统是 James Watt 在 1769 年发明的蒸汽机速度调节器，它还不是以电能为动力的。因而自动化一般可以划分为电类自动化和非电类自动化两大类，而电类自动化又可按其组成结构、研究重点分为过程自动化和单机自动化。在单机自动化中，按照控制系统构成方式，还可进一步划分为开环控制和闭环控制两大类型。作为机电能量转换的工具，电机在电类自动化系统中是不可缺少的。用电机拖动机械运动称为电力拖动，也称为电气传动。电机及其拖动技术是电气自动化技术的重要基石之一，它是自动化专业的一门核心专业基础课程。它与自动化专业其他重要课程之间的关系和地位如图 1-1 所示。

由图 1-1 可见，电机和电力拖动在现代电气自动控制系统中占有十分重要的地位，只有深入了解和掌握作为被控对象关键器件——电机的控制特性，才有可能完成高品质电气自动控制系统的设计。同时，随着现代电力变换技术和控制技术的发展，高品质电力拖动的实现越来越离不开相关技术的支持，机电一体化已成为电力拖动的设计趋势，因此在深入学习电机拖动知识的同时，也要重视功率电子技术、自动控制原理、计算机技术、检测技术等相关专业知识的学习。

电力拖动是一门既带专业性又带基础性的课程，它与电路理论的性质很不同，在电路理论中所要解决的问题是理性化了的，比较单纯，但在电力拖动中要求运用理论来解决实际问题，

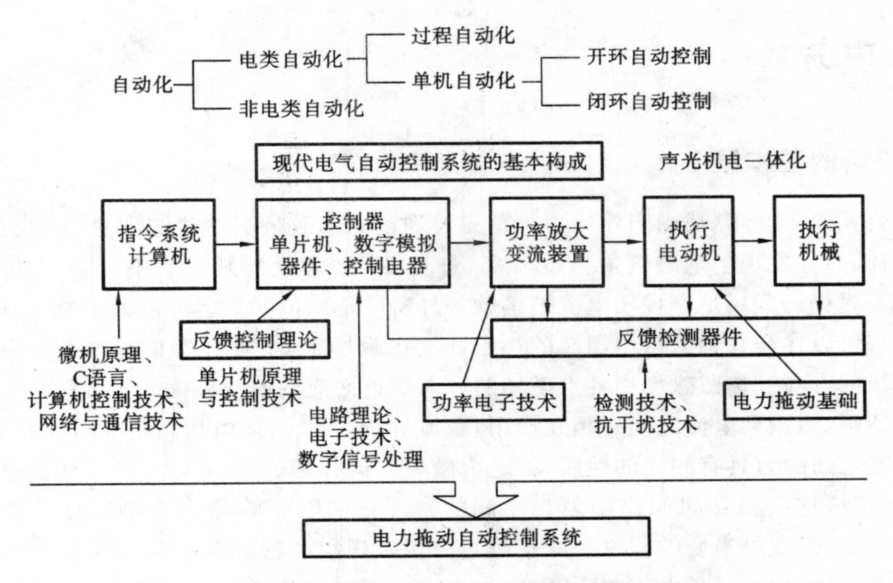

图 1-1 电力拖动在自动化学科中的地位

而实际问题的客观情况常常是比较复杂、综合的。因此在分析时，有必要先将问题简单化，找出主要矛盾，运用理论知识加以解决，这样得到的结论足以正确反映客观规律，当然还有一定程度的近似性。在此基础上，再深入分析较次要的矛盾，得到更精确的解答。在实际生产工作中所发现的问题，常常是这样逐步来掌握它的规律的。在课程学习时要处处从实际出发，不能仅满足于公式中数学上的关系，还必须通过公式的符号看到它们所代表的物理量之间的关系，同时重视数学计算，重视实验。

作为自动化专业的基础课程，为突出控制专业的特点，本课程的侧重点放在电机运行原理、模型、控制特性和方法的分析方面，对交、直流电机作为电动机用于电力拖动运行时的运行原理、数学模型，以及开环状态下电动机的启动、调速和快速制动的基本方法作深入、详细的讨论，为它们的闭环控制奠定基础。与电机制造专业的侧重点不同，本课程对电机的结构如铁芯、绕组等和如何通过改进结构来提高电机性能等仅作一般性简略介绍，也不同于电力系统专业，对电机以发电作为主要运行状态的内容也不列作重点。

尽管直流拖动已逐渐淡出现代制造工业领域，但现代交流调速矢量控制的基本思想正是通过对交流电机数学模型的一系列变换，将其转换为与直流电机相似的模型实施控制的，没有对直流拖动原理的深刻理解，就很难清晰地把握矢量控制的精髓，给学习、掌握现代交流拖动带来障碍。那种认为交流拖动将全面取代直流拖动，直流拖动原理已不重要，可以从教学中舍弃的观点并不可取。基于这种思想，本教材仍然将直流拖动原理作为教学内容的一个重点。

1-2 相关的物理与数学概念

电机的能量变换是通过电磁感应作用实现的。分析电机内部的电磁过程及其所表现的特性时，要应用相关的电和磁的规律和定律。虽然我们假定读者早已在相关物理、电路理论课程中掌握了这些知识，但由于它们在电机拖动理论中的重要性，在此作一个简要的回顾还是有必要的。

一、磁场

1. 磁场的基本概念

约在公元前300年(战国末年),中国首先发现了磁铁矿吸引铁片的现象,11世纪,沈括发明了指南针,并且发现了地磁偏角。1820年,丹麦科学家奥斯特从实验中证实,在电流周围的空间存在着磁场。磁场是存在于电流周围的一种特殊形式的物质。磁场和电场一样具有方向性。把一个可以在竖直轴上自由回转的小磁针放在磁场中,小磁针静止时北极所指的方向就规定为磁场的方向。按照磁场中各点磁场的方向顺连而成的曲线称为磁力线。

实验证明,磁铁和电流之间有相互作用,载流导线之间也有相互作用。磁铁和磁铁之间、电流和电流之间的力具有同样的性质,称之为磁力。同样的磁铁或电流放在真空中和各种不同的介质中时,它们相互间的作用力是不同的。凡是能够影响磁力的物质称为磁质。1822年,安培提出了磁现象本质的假说。安培认为一切磁现象的根源是电流。任何物质的分子中都存在回路电流,称为分子电流,分子电流相当于一个基元磁铁。在物质没有磁性的状态下,这些分子电流毫无规则地取各种可能的方向,因而它们在外界所引起的磁效应相互抵消,整个物体不显示磁性。当磁质位于磁场中时,在磁力的作用下,其分子电流与载流线圈一样要发生偏转而取一定的方向。磁质中分子电流在磁力作用下作有规则排列,称为介质的磁化。磁化了的物体对外界就会产生一定的磁效应。分子电流相当于分子中电子环绕原子核的运动和电子本身的自旋运动。因此,一切磁现象起源于电荷的运动,运动电荷间除了与静止电荷一样受到电力作用外,还受到磁力的作用。

2. 磁场和磁力线的方向

直线电流磁场的右手拇指定则:用右手握住导线,如果拇指指向电流方向,那么,其余四指就指向磁力线的旋转方向。

通电线圈磁场的右手螺旋法则:用右手握住线圈,使四指指向电流方向,则拇指所指的方向就是线圈内部磁力线的方向。磁力线从线圈内出来的一端为北极(N极),磁力线进入线圈内部的一端为南极(S极)。

3. 磁场的磁感应强度/磁通密度

设有一无限长载流直导线AB,在它的附近悬挂一个载流的试验线圈C,如图1-2所示。假设悬线没有扭力矩,则当线圈停止转动时,线圈的平面XYyx就和导线AB在同一平面内。线圈的法线n与导线相互垂直。

如果AB中产生磁场的电流强度和方向固定,则线圈在磁场中给定点上所受的磁力矩随线圈法线方向不同而改变,当线圈法线方向与该点磁场方向垂直时,线圈所受的磁力矩最大。最大磁力矩T_{magmax}与线圈中的电流强度I成正比,也与线圈的面积S成正比,而与线圈的形状无关。此电流强度和线圈面积的乘积称为线圈的磁矩p_{mag},并有

$$p_{\mathrm{mag}} \propto IS$$

当把一确定磁矩的线圈放在磁场中不同位置时,一般线圈所受到的最大磁力矩是不同的。但最大磁力矩和磁矩的比值,则仅与线圈所在的位置有关。例如,把线圈放在越靠近AB导线

的地方，作用在线圈上的最大磁力矩就越大。因此，可采用单位磁矩的线圈在磁场中各点所受最大磁力矩作为度量磁场强弱的量。

$$B \propto \frac{T_{\mathrm{magmax}}}{p_{\mathrm{mag}}} \propto \frac{T_{\mathrm{magmax}}}{IS}$$

$$B = k\frac{T_{\mathrm{magmax}}}{IS}$$

其中，比例系数 k 根据式中物理量的度量单位决定。

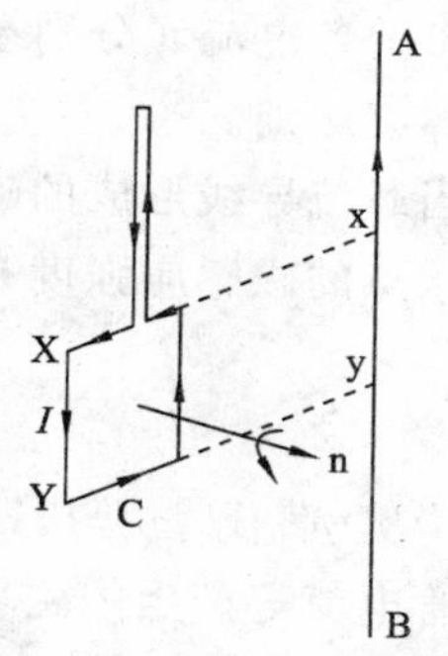

图 1-2 载流导线磁场对可自由转动载流线圈的作用

如果把单位磁矩的试验线圈放在磁场中的某点，则当线圈所受磁力矩为零时，线圈的正法线方向表示该点磁场的方向，线圈法线的正方向根据线圈中的电流按右手螺旋法则确定；当线圈法线与磁场方向垂直时，线圈所受磁力矩有一确定的最大值，表示该点磁场的强弱。同时表示上述方向和强弱的物理量称为磁感应强度，以符号 $\boldsymbol{B}$ 表示，简称 $\boldsymbol{B}$ 矢量。当磁矩为 1 A・m^2 的线圈位于磁场中某点时，如果它所受到的最大磁力矩为 1 N・m，则该点的磁感应强度为 1 $\mathrm{Wb/m^2}$ 或 1 T(特斯拉)。

$$1\ \mathrm{T} = 1\ \mathrm{N/(A \cdot m)} = 1\ \mathrm{Wb/m^2}$$

4. 磁力线密度与磁通量

磁场中磁力线密度规定为：通过某点上垂直于 $\boldsymbol{B}$ 矢量的单位面积的磁力线条数，它等于该点 $\boldsymbol{B}$ 矢量的数值。通过一个给定面的磁力线条数，称为通过此面的磁通量 Φ 或 $\boldsymbol{B}$ 通量，简称为磁通。在磁场中设想一个面积元 $\mathrm{d}S$，它的法线方向和该处 $\boldsymbol{B}$ 矢量之间的交角为 α，根据磁力线密度的规定，通过 $\mathrm{d}S$ 的磁通量 $\mathrm{d}\Phi$ 为

$$\mathrm{d}\Phi = \boldsymbol{B}\mathrm{d}S\cos\alpha$$

而经过一个有限面的磁通量 Φ 为

$$\Phi = \int_S \boldsymbol{B}\cos\alpha \mathrm{d}S$$

在国际单位制中，磁通量的单位为 Wb 或 T・m^2。在均匀磁场中，如果截面 S 与 $\boldsymbol{B}$ 垂直，则

$$\Phi = BS \tag{1-1}$$

5. B 与产生它的电流(励磁电流)之间的关系

磁感应强度 $\boldsymbol{B}$ 与产生它的电流(励磁电流)之间的关系可用毕奥(Biot)-萨伐(Savart)-拉普拉斯(Laplace)定律描述：

设在载流导线上沿电流方向取线元 $\mathrm{d}\boldsymbol{l}$，其中通过电流强度为 I。电流元 $I\mathrm{d}\boldsymbol{l}$ 在真空中给定点 P 所产生的磁感应强度 $\mathrm{d}\boldsymbol{B}$ 的大小与磁导率、I、$\mathrm{d}\boldsymbol{l}$ 及线元到点 P 的矢径 $\boldsymbol{r}$ 间的夹角 $(\mathrm{d}\boldsymbol{l},\boldsymbol{r})$ 的正弦成正比，与由线元到点 P 的距离的平方成反比，即

$$\mathrm{d}\boldsymbol{B} = \frac{kI\mathrm{d}\boldsymbol{l}\sin(I\mathrm{d}\boldsymbol{l},\boldsymbol{r})}{r^2}$$

方向垂直于由线元和矢径所决定的平面，指向由右手螺旋法则确定。比例系数 k 与磁场中的磁介质和单位制选取有关，与磁介质的磁导率 μ 成正比。上式称为电流元的磁感应强度。磁感应强度服从叠加原理：某一给定的电流分布在空间某点所产生的磁感应强度等于组成该电

流分布的各电流元分别在该点上所产生的磁感应强度的矢量和。磁力线方向与电流方向满足右手螺旋法则。

当载流导线形成的磁场使磁质磁化时，磁质内任一点的总磁感应强度 $\boldsymbol{B}$ 等于载流导线产生在该点的磁感应强度 $\boldsymbol{B}_0$ 和所有未被抵消的分子电流产生在该点的附加磁感应强度 $\boldsymbol{B}'$ 的矢量和：

$$\boldsymbol{B}=\boldsymbol{B}_0+\boldsymbol{B}'$$

应用毕奥-萨伐-拉普拉斯定律分析不同几何形状电流产生的磁场，如无限长直电流、圆电流、螺线管电流等产生的磁场，可以得知其磁感应强度均与电流强度 I、磁导率 μ 成正比，即

$$\boldsymbol{B}\propto\mu\boldsymbol{I}$$

6. 磁场强度

在任何磁质中，磁场中某点的磁感应强度(magnetic field intensity) B 与同一点上的磁导率 μ 的比值称为该点的磁场强度，即

$$\boldsymbol{H}=\frac{\boldsymbol{B}}{\mu}$$

$$\mu=\mu_0\mu_r$$

式中：μ_0 为真空的磁导率；μ_r 为磁介质的相对磁导率；对于真空，$\mu=1$。

$$\mu_0=4\pi\times10^{-7}\ \text{T}\cdot\text{m}\cdot\text{A}^{-1}\text{或 H/m}\approx1/800000\ \text{H/m}$$

许多非磁性材料如铜、纸、橡胶、空气的 B-H 关系与真空的几乎相等。变压器和旋转电机中用到的材料，其相对磁导率 μ_r 的典型值范围为 2000～80000。例如，铸钢的 μ_r 为 700～1000，各种硅钢片的 μ_r 为 6000～7000。随着材料科学的发展，现代一些合金材料的相对磁导率已达到 10^6 以上。μ_r 值随磁通密度的大小会略微变化，定性分析时可暂时假设为常数处理。

在电工学科领域，常按照安培环路定理，使用 A/m 作为磁场强度 H 的单位。

7. 磁滞与涡流

铁、镍一类金属的分子具有一种相互紧密排列形成自己磁场的性质。在这些金属中，有许多被称为磁畴的小区域，其体积约为 $10^{-12}\ \text{m}^3$。每一个磁畴中的原子间存在着非常强的电子“交换耦合作用”，使相邻磁矩都按它们的磁场方向排列指向相同的方向，这样，每个磁畴就类似于一个小的永久磁铁。整个铁块没有磁性是因为它包含的这些巨量小磁畴的方向是随机分布的。

当一个外磁场施加到铁块时，将引起那些原来指向其他方向的磁畴发生指向磁场方向的运动，使排列在原磁畴边界的原子被物理地旋转到外磁场方向，这些增加的和外磁场同方向排列的原子使铁块中的磁通增强，进而使更多的原子变换方向，进一步增强磁场的强度，形成一种正反馈效应，使得铁块中原来与外磁场方向相同和相近的磁畴体积增大，而原来与外磁场方向有较大偏离的磁畴体积缩小。因此，铁磁材料具有比空气高得多的磁导率。

随着外磁场强度的持续增加，材料中原来和外磁场方向不同的磁畴越来越多地转到与外磁场相同的方向，磁畴对磁场的进一步增强作用也越来越弱。最后，当所有的磁畴排列都与外磁场同方向时，任何进一步增加的磁势所增加的磁通都将仅能像它在真空中增加的一样多，形成铁磁材料的深度磁饱和点。这一磁化过程所对应的铁磁材料的初始磁化曲线如图 1-3 所示。

当外磁场移去时，磁畴并不能完全恢复原来的随机取向分布和体积分布。因为使铁磁材料中的原子改变方向需要能量。外磁场提供能量以完成它们的排列，外磁场移除后，没有能量使所有原子恢复到原来的排列方向。$\boldsymbol{B}$ 值并不沿原来的初始磁化曲线下降，而是沿另一曲线 ab 下降，如图 1-4 所示。当 $H=0$ 时，$\boldsymbol{B}$ 没有回到 0，B_r 称为剩余磁感应强度，简称剩磁，铁块变为具有一定磁性的永久磁铁，直到有一个新的外能量来改变它们排列的状态为止。当 H 正负周期变化时，B 沿 $abca'b'c'a$ 回线变化，B 的变化总是落后于 H 的变化，这种现象称为磁滞现象。新的外能量可以是相反方向的磁势、大的机械撞击，也可以是加热。因而永久磁铁在受到加热、击打或坠落时可能会失去磁性。

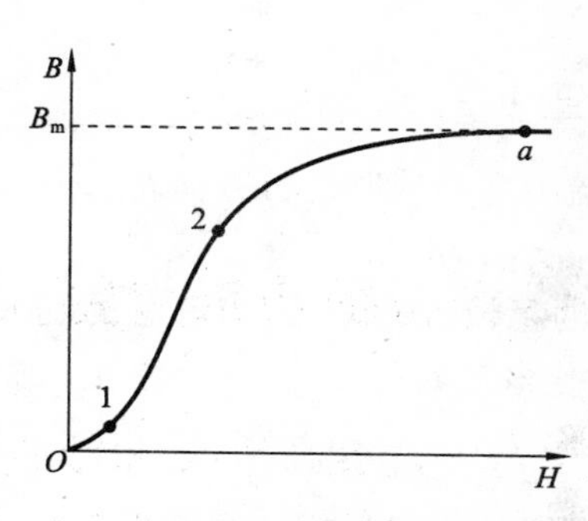

图 1-3 铁磁材料的初始磁化曲线

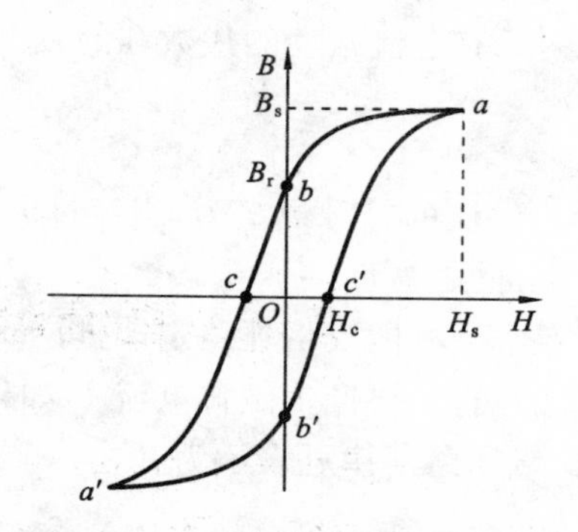

图 1-4 磁滞回线

铁磁质反复磁化时会发热，加剧分子振动、转动铁磁材料中的磁畴需要能量这一事实导致所有的变压器、电机中存在一种称为磁滞损耗的能量损失。铁芯中的磁滞损耗即是在加至铁芯的每个交流电流周期中使磁畴完成重新定向和体积变化所消耗的能量。

此外，一个随时间变化的磁通依照法拉第电磁感应定律会在铁芯中感生电动势。这种电动势会在铁芯中形成涡状电流，就像河流中的旋涡一样，称为涡流。涡流流过的铁芯具有电阻，也产生能量损耗，称为涡流损耗。涡流损耗能使铁芯发热。涡流损耗的能量与涡流流通的路径长短成正比，因此，铁芯一般用许多很薄的硅钢片叠压而成，之间用树脂等绝缘涂料隔开，使涡流的路径被限制在很小的范围内。因为绝缘层非常薄，它既可减小涡流，对铁芯的磁特性影响也非常小。涡流损耗正比于叠片厚度的平方，因此，叠片越薄，涡流损耗就越小。

习惯上常将铁磁材料中的磁滞与涡流损耗统称为铁耗。显然，铁耗与磁通变化的快慢（即励磁频率）有关。通常，铁耗中的涡流损耗按励磁频率的平方增加，也按磁通密度峰值的平方增加，通常电机铁芯均采用硅钢片叠压形成，其涡流损耗可表示为

$$P_{eb}=C_{eb}V\Delta^2 f^2 B_m^2 \tag{1-2}$$

式中：C_{eb} 为涡流损耗系数，其值取决于铁磁材料的电阻率；V 为铁芯的体积；f 为励磁频率；Δ 为硅钢片的厚度；B_m 为磁通密度的最大值。

磁滞损耗正比于励磁频率、铁芯的体积和磁滞回线的面积，而磁滞回线的面积与磁密最大值的 n 次方成比例。对于一般的电工钢片，$n=1.6\sim2.3$。磁滞损耗可写成

$$P_h=C_hVfB_m^n \tag{1-3}$$

式中：C_h 为磁滞损耗系数，与铁磁材料的性质有关。

综上所述，铁耗可近似表示为

$$P_{Fe}=P_h+P_{eb}\approx C_{Fe}f^kGB_m^2 \tag{1-4}$$

式中：C_{Fe} 为铁耗系数；$k=1.3\sim1.5$；G 为铁芯重量。

不难看出，即使磁通密度的峰值固定，铁耗随励磁频率增加而增加的规律也并不是线性的，频率增加时，它比频率增加得要快。

二、安培环路定律（全电流定律）

载流导体周围存在着磁场，磁力线的方向与产生该磁力线的电流的方向成右手螺旋关系。安培环路定律指出：

在真空中的稳恒电流磁场中，磁感应强度 $\boldsymbol{B}$ 沿任意闭合曲线 L 的线积分，等于穿过这个闭合曲线的所有电流强度的代数和的 μ_0 倍，即

$$\oint_L \boldsymbol{B} \cdot \mathrm{d}\boldsymbol{l}_{\mathrm{mag}} = \mu_0 \sum I$$

对 L 内电流的符号规定为，当穿过回路 L 的电流方向与回路绕行方向符合右手螺旋法则时电流为正，反之为负。

把真空中磁场的安培环路定律推广到有磁介质的稳恒磁场中去，当电流的磁场中有磁介质时，介质的磁化，要产生磁化电流 I，如果考虑到磁化电流对磁场的贡献，并引入磁场强度矢量 $\boldsymbol{H}$，则安培环路定律可表示为

$$\oint_L \boldsymbol{H} \cdot \mathrm{d}\boldsymbol{l}_{\mathrm{mag}} = \sum I \tag{1-5}$$

式中：$\boldsymbol{H}$ 是电流 $\sum I$ 产生的磁场强度；$\mathrm{d}\boldsymbol{l}_{\mathrm{mag}}$ 为沿积分路径方向的微分线元长。由式(1-5)可知，在稳恒磁场中，磁场强度矢量 $\boldsymbol{H}$ 沿任一闭合路径的线积分等于包围在环路内各传导电流的代数和。

三、磁路与电路

在复杂几何结构中，磁场强度 $\boldsymbol{H}$ 和磁通密度 $\boldsymbol{B}$ 的通解极难得到。在电机、变压器结构中，特殊的构造使得三维场问题可以简化为一维等效，而获得满足工程精确度的解。

磁通所通过的磁介质的总体，称为磁路。如果磁通是从一种介质完全进入另一种介质，则称这两种介质的磁通串联；如果磁通分解成若干部分，而这些部分以后又汇合起来，则称磁通的分支部分并联。在电机、变压器结构中，磁路大部分为高磁导率磁性材料，从而磁通被限制在由此结构所确定的路径中，这与电流被限制在电路的导体中极为相似。

图 1-5(a)所示的为一个简单磁路的例子。假设铁芯由磁性材料构成，其磁导率远远大于周围空气的磁导率。铁芯具有均匀截面，并由带有安培电流 i 的 N 匝绕组励磁。该绕组电流在铁芯中产生磁场，如图 1-5(a)所示。

当气隙长度比相邻铁芯截面的尺寸小得很多时，由于铁芯的高磁导率，磁通几乎全部被限定在沿铁芯及气隙所规定的路径流通，定义磁势为

$$F_{\mathrm{m}} = Ni \tag{1-6}$$

则根据安培环路定律，作用于磁路上的磁势与磁路中磁场强度的关系为

$$F_{\mathrm{m}} = Ni = \oint_L H \, \mathrm{d}l_{\mathrm{mag}} \tag{1-7}$$

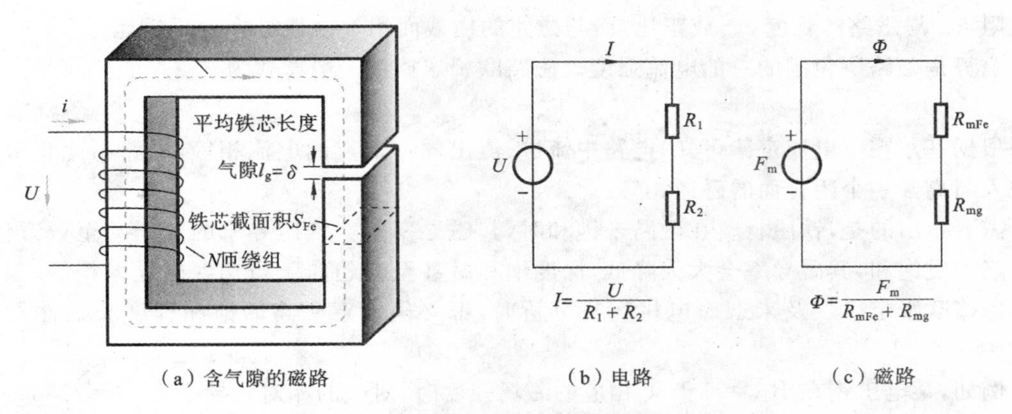

（a）含气隙的磁路　　（b）电路　　（c）磁路

图 1-5　含气隙磁路的电和磁回路对比

图 1-5(a)所示结构的磁路可以按两个磁路串联来分析：磁导率 μ_{Fe}、截面积 S_{Fe}、平均长度为 l_{Fe} 的铁芯和磁导率 μ_0、横截面积 S_g、长度 δ 的气隙。铁芯中，磁通密度可以假设是均匀的，磁路中的磁通为 Φ 时

$$B_{Fe}=\frac{\Phi}{S_{Fe}},\quad B_g=\frac{\Phi}{S_g}$$

根据安培环路定律，有

$$F_m = Ni = \oint_L H\,\mathrm{d}l_{mag} = H_{Fe}l_{Fe} + H_g l_g = \frac{B_{Fe}}{\mu_{Fe}}l_{Fe} + \frac{B_g}{\mu_0}\delta$$

$$F_m=\Phi\left(\frac{l_{Fe}}{\mu_{Fe}S_{Fe}}+\frac{\delta}{\mu_0 S_g}\right)$$

定义与磁通相乘的两项分别为铁芯和气隙的磁阻，即

$$R_{mFe}=\frac{l_{Fe}}{\mu_{Fe}S_{Fe}},\quad R_{mg}=\frac{\delta}{\mu_0 S_g}$$

则

$$F_m=\Phi(R_{mFe}+R_{mg})$$

将此关系用类似于电路的图形符号表示出来，如图 1-5(c)所示，不难看出，其关系与图 1-5(b)所示电路中电流、电压和阻抗间的关系类似，在电路理论中，将图 1-5(b)中各电相关物理量的关系用欧姆定律描述，与之相似，图 1-5(c)所示磁路中磁相关物理量间的关系也采用称为磁路的欧姆定律来描述。驱使磁通通过磁路各段所需要的磁势，称为该段磁路的磁压降。与电路的主要差异在于磁路中磁导率不是常数，它会随磁通的变化而变化。但只要磁路未饱和，铁磁材料的磁导率随磁通的变化与它本身数值所占比例很小，其变化将不会显著影响利用磁路欧姆定律对磁路分析的结果。

在电机中，磁路一般总是由铁芯和气隙组成，铁磁材料的高磁导率对应的磁阻非常低，虽然铁磁材料组成的磁路长度远大于气隙，但其总磁阻常常要比气隙磁阻小得多，$R_{mFe}\ll R_{mg}$，因此分析时常常忽略铁芯磁阻，磁通与磁密可仅根据磁势和气隙特性求出。

$$\Phi\approx\frac{F_m}{R_{mg}}=\frac{F_m\mu_0 S_g}{\delta}=Ni\frac{\mu_0 S_g}{\delta}$$

磁阻的一般表达式为

$$R_m=\frac{l_{mag}}{\mu S}$$

即磁阻 R_m 与磁路的长度 l_{mag} 成正比，而与磁路的横截面积 S 及磁导率 μ 成反比。

磁势是磁路所包围的总的电流强度。磁路欧姆定律的一般形式为

$$F_m = \Phi R_{mag} \tag{1-8}$$

根据基尔霍夫电流定律可知，电路中流进、流出同一节点的电流相等，磁路与此相似的则是进入与离开一个闭合面的磁通相等。

需要指出的是，铁磁材料在磁路未饱和时，其磁导率是空气磁导率的数千甚至数万倍，但一旦陷入磁饱和，其磁导率会大大降低，深度饱和时甚至会趋向于与空气磁导率相等，因此在使用磁路欧姆定律以及未来对电机运行分析时，都必须注意磁路的饱和程度和磁性材料的特点。

例如，某电工钢在 $B_{max}=1.0$ T 相应的磁场强度时，对应的相对磁导率为 $\mu_r=72300$，当磁通密度增加 50%，到 $B_{max}=1.5$ T 时，相对磁导率下降为 $\mu_r=33000$，到 $B_{max}=1.8$ T 时，相对磁导率仅剩下 $\mu_r=2900$。

磁路欧姆定律在电机原理分析中常用做定性分析，并不要求非常精确的定量结果，而且大家一般对电路中的欧姆定律都十分熟悉。一般情况下，电机正常运行时其磁路中的铁磁材料工作于较浅的磁饱和状态，忽略饱和所带来的分析误差通常在百分之几范围。产生误差的原因主要有以下几个方面。

(1) 在含有铁磁材料(铁芯)的磁路分析时，常假定所有磁通都聚集在铁芯中，而实际上铁芯中仅集聚了磁通的绝大部分，还有极小部分泄漏到了铁芯周围的空气中。这部分漏磁对电机设计与电机模型的影响其实是不可忽略的。

(2) 磁阻是取具有一定截面铁芯磁路的平均长度计算的，这个长度是不精确的，特别是在磁路的转角处。

(3) 铁磁材料的磁导率还与它的剩磁有关。从后面对磁滞回线的讨论可以看到它对磁路磁导率的非线性影响，而使用磁路欧姆定律则希望磁导率是不变的。

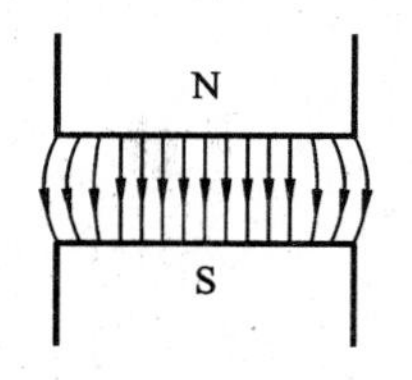

图 1-6 气隙磁场的边缘效应

(4) 当磁路中除了铁磁材料还包含如图 1-5(a)所示的气隙时，气隙的等效截面积将大于它两侧铁芯的截面积。这个额外增加的面积是因为磁力线在铁芯与气隙间会产生如图 1-6 所示的“边缘效应”。当采用同等截面积讨论磁路时，必然会产生一个微小的误差，该误差会随着气隙的增大而显著增大。

通常减小由这些原因引起的分析误差的做法是引入等效长度、等效截面的方法。一般来说，磁路问题是非线性的问题，磁阻和磁路欧姆定律只有在磁路中各段材料都可线性等效处理时才能适用。在要求精确的磁路定量计算中不应采用磁阻和磁路欧姆定律，而应直接用全电流定律和各段材料的磁化特性曲线来进行分析。

四、两个重要的物理定律

首先回顾一下两个物理定律中将要用到的数学概念。

(1) 矢量的标积(点积)。

两个矢量的标积为第一个矢量的大小与第二个矢量在第一个矢量方向上的分量大小之乘积。令两矢量为 $\boldsymbol{A}$ 与 $\boldsymbol{B}$，它们之间的夹角为 φ(一对矢量之间有两个夹角，在矢量乘法中，总选取两个夹角中较小的一个)，则 $\boldsymbol{A}$ 与 $\boldsymbol{B}$ 的标积由下式定义，即

$$\boldsymbol{A}\cdot\boldsymbol{B}=AB\cos\varphi \tag{1-9}$$

两个矢量的标积本身是一个标量。

(2) 矢量的矢积(叉积)。

两个矢量的矢积,等于另一个矢量,即

$$\boldsymbol{C}=\boldsymbol{A}\times\boldsymbol{B} \tag{1-10}$$

其大小为

$$|\boldsymbol{A}\times\boldsymbol{B}|=AB\sin\varphi \tag{1-11}$$

方向垂直于 **A** 与 **B** 所构成的平面。设想一轴垂直于 **A** 与 **B** 所构成的平面,且通过 **A** 与 **B** 的原点。现将右手四手指包围此轴,指的尖端将矢量 **A** 经过 **A** 与 **B** 之间较小的夹角推到矢量 **B** 处,同时使大拇指保持竖直,这样,大拇指所指方向就是矢积 $\boldsymbol{C}=\boldsymbol{A}\times\boldsymbol{B}$ 的方向。

矢量方程具有一个十分重要的性质,就是如果物理方程是矢量方程,则不论所用坐标系的轴的方位如何,方程总保持相同的形式。当物理量采用矢量与矢量方程来表示时,则物理学上的陈述就与坐标系的转动与平动无关。

例如,在某一坐标系下有三个矢量满足 $\boldsymbol{A}+\boldsymbol{B}=\boldsymbol{C}$,即在此坐标系下,有

$$A_x+B_x=C_x,\quad A_y+B_y=C_y,\quad A_z+B_z=C_z$$

现将这三个矢量变换到另外一个坐标系。在不同坐标系中,各矢量在两个坐标系中一般具有不同的每个坐标方向的分量,但在新坐标系中,$\boldsymbol{A}+\boldsymbol{B}=\boldsymbol{C}$ 仍然成立。也就是说,相对于新坐标系(α,β,γ),仍然有

$$A_\alpha+B_\alpha=C_\alpha,\quad A_\beta+B_\beta=C_\beta,\quad A_\gamma+B_\gamma=C_\gamma$$

不论这个新坐标系是由原坐标系平移还是旋转得来的,这个结果不会改变。

1. 法拉第电磁感应定律——发电机原理

1831 年,著名的英国物理学家米哈依尔·法拉第发现了电磁感应现象,即法拉第电磁感应定律(Faraday's law of electromagnetic induction),这是一个极为重要的发现。这一发现表明,通过电磁感应现象可借助于磁场以取得电动势及电流。作为电磁感应现象数学描述的一部分,可表述如下。

有效长度为 l 的导体以线速度 v 在磁通密度为 B 的磁场中运动时,导体内将产生感应电动势 e,这个感生电动势可用矢量积表示为 $e=(\boldsymbol{v}\times\boldsymbol{B})\cdot\boldsymbol{l}$,若 $\boldsymbol{B}$、$\boldsymbol{l}$、$\boldsymbol{v}$ 在空间相互垂直,则 e 的大小等于三者的标量乘积,即

$$e=Blv \tag{1-12}$$

e 的方向由右手定则确定(右手手掌平伸,拇指与四指垂直,四指并拢,磁力线垂直从掌心穿入、掌背穿出,拇指指向运动方向,则四指指向电动势方向)。

在电力拖动中,这一电磁感应定律又被称为发电机原理或发电机右手定则。而在物理学中,式(1-12)中的电动势 e 被称为由电磁感应产生的动生电动势。

【例 1-1】 设有一与磁场垂直、长为 1 m 的导体以 5 m/s 的速度在图 1-7(a)所示的磁场中自左向右运动,磁场方向如图中所示,磁通密度为 0.5 T,求导体中感生电势的幅值和方向。

解 由图可知,导体、磁场与运动方向均正交,因此有

$$e=(\boldsymbol{v}\times\boldsymbol{B})\cdot\boldsymbol{l}=(vB\sin90^\circ)l\cos0^\circ=Blv=0.5\times1\times5.0\ \text{V}=2.5\ \text{V}$$

方向由矢量积 $\boldsymbol{v}\times\boldsymbol{B}$ 的方向确定,如图 1-7(a)所示,上端为高电位。

当导体不与磁场或运动方向垂直时,有效导体长度为它在垂直方向的投影,如图 1-7(b)

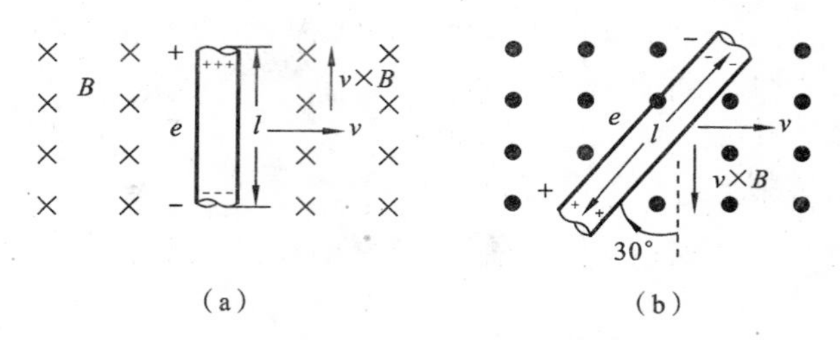

图 1-7 发电机原理

所示，导体与运动方向垂直相差 30°，有效长度变为 $l\cos 30°$。仍采用例 1-1 所给数据时，导体中感生的电势变为

$$e=Blv\cos 30°=0.5\times 1\times 5.0\times 0.866\ \text{V}=2.165\ \text{V}$$

由于图 1-7(b) 中的磁场方向与图 1-7(a) 中的相反，电势的方向也变为导体下端为高电位。

在电力拖动中，法拉第电磁感应定律奠定了电机以磁场为媒介实现机电能量转换的理论基础。式(1-12)的左边 e 为电量、右边的 lv 因子为具有动能的机械量，式(1-12)表明具有动能的机械量可以通过磁场（磁密为 B）转化为电量。当此电势通过外电路对外形成电流输出时，即可完成机械能向电能的转换。

2. 洛伦兹电磁力定律（安培定律）——电动机原理

在自动化领域，我们需要更多地将电能转换为机械能，转换的物理基础则是物理学中的另一条重要定律：洛伦兹电磁力定律。

有效长度为 l 并载有电流 $\boldsymbol{i}$ 的导体在磁通密度为 B 的磁场中时，导体上将受到电磁力 $\boldsymbol{F}$ 的作用，若 $\boldsymbol{B}$、$\boldsymbol{l}$ 在空间相互垂直，则 $\boldsymbol{F}$ 的大小等于三者的乘积，即

$$F=Bli \tag{1-13}$$

电磁力的方向由左手定则确定（左手手掌平伸，拇指与四指垂直，四指并拢，磁力线垂直从掌心穿入、掌背穿出，四指指向电流方向，则拇指指向电磁力方向）。

如果磁场与导体不垂直，则其数学表达式的一般形式为

$$\boldsymbol{F}=i(\boldsymbol{l}\times\boldsymbol{B})$$

在电力拖动中，电磁力定律奠定了电机以磁场为媒介实现电机能量转换的理论基础。式(1-13)左边的 F 为机械量，右边的 i 为电量，式(1-13)表明将电能以电流的形式注入导体，就可以通过磁场（磁密为 B）转化为力形式的机械量。当此力对外做功时，即实现了电能向机械能的转换。

由式(1-13)描述的这一电磁力定律称为电动机原理。它与式(1-12)所描述的发电机原理一起成为电机原理中最为重要的理论基础和最核心的公式。从后续章节的学习可以了解到，两个基本公式的垂直正交条件，可由电机结构自动保证。因此，在分析电机原理时，我们一般采用两个原理公式的代数积形式而不是它们的矢量积形式。

在物理学中，洛伦兹电磁力定律的原型还包含有电场力的分量，原型描述的是电磁场中电荷 q 所受到的电磁力，即

$$\boldsymbol{F}=q(\boldsymbol{E}+\boldsymbol{v}\times\boldsymbol{B})$$

式中：$\boldsymbol{v}$ 为电荷在电磁场中的运动速度。

纯电场中 $\boldsymbol{F}=q\boldsymbol{E}$，方向与电场强度方向一致，与电荷运动方向无关。纯磁场中 $\boldsymbol{F}=q(\boldsymbol{v}\times\boldsymbol{B})$，力的方向总是同时与电荷运动方向和磁场强度方向正交。对于大量运动电荷，引入电荷密度 ρ：

$$\boldsymbol{F}_{\mathrm{v}}=\rho(\boldsymbol{E}+\boldsymbol{v}\times\boldsymbol{B})$$

式中：$\boldsymbol{F}_{\mathrm{v}}$ 为单位体积电荷所受的力；ρv 为电流密度。

由于导体截面积乘以电流密度等于电流 I，所以磁场系统中作用于单位长度载流导体上的力可表示为

$$\boldsymbol{F}=\boldsymbol{I}\times\boldsymbol{B} \tag{1-14}$$

当载流导体长为 l 时，将导体中电流的方向定义为导体的方向，则有 $\boldsymbol{F}=i(\boldsymbol{l}\times\boldsymbol{B})$，这一仅考虑磁场作用的洛伦兹电磁力定律又称为安培定律或安培力定律。当载流导体 $\boldsymbol{l}$ 与 $\boldsymbol{B}$ 垂直时，即简化为电动机原理的代数形式。

五、电磁感应定律的四种表达形式

法拉第电磁感应定律的一般表达式为

$$e=-\frac{\mathrm{d}\Psi}{\mathrm{d}t} \tag{1-15}$$

式中：磁链 Ψ 为所研究闭合回路的磁感应通量总和，当研究一个缠绕在变压器铁芯上具有 N 匝线圈的情形时，有

$$\Psi=\sum_{j=1}^{N}\Phi_j \tag{1-16}$$

Φ_j 为穿过第 j 匝线圈的磁感应通量，无论它的磁力线是沿铁芯穿过线圈每一匝或是有部分漏磁进入周边空气中，也不论漏磁的磁力线是否穿过线圈每一匝。式(1-15)的右边是通过回路的磁链对时间的导数。它表示在数值上，感应电动势 e 与磁链随时间的变化速度成正比。这个变化不论用什么方式使其产生，如改变闭合回路的形状、或者使回路旋转、或者在非均匀磁场中移动回路、或者磁场本身的磁感应强度随时间变化等，式(1-15)都是正确的。式中的负号，是由回路的假定正向和楞次定律决定的。

当通过各匝线圈的所有磁通与线圈全部匝数交链时，通过每匝线圈的磁感应通量相同，式(1-16)的求和可转化为代数乘积 $\Psi=N\Phi$，于是式(1-15)可改写为

$$e=-N\frac{\mathrm{d}\Phi}{\mathrm{d}t} \tag{1-17}$$

这个表达式被称为法拉第电磁感应定律的变压器电势表达式，在物理学中也称为感生电动势表达式。变压器电势表达式说明，如果匝数为 N 的线圈环链有磁通 Φ，当 Φ 变化时，线圈两端感生电势 e 的大小与 N 和 $\frac{\mathrm{d}\Phi}{\mathrm{d}t}$ 的乘积成正比，方向由楞次定律决定。

楞次定律：在变化磁场中线圈感应电势的方向总是使它推动的电流产生另一个磁场，阻止原有磁场的变化。

如果所研究的磁路饱和非线性可以忽略，则磁路被认为是线性的，当磁场由电流产生时，闭合回路的磁链将与该电流成正比，根据磁路欧姆定理，有

$$\Phi=\frac{F_{\mathrm{m}}}{R_{\mathrm{m}}}=\frac{Ni}{l_{\mathrm{mag}}/\mu S}=k\mu Ni$$

当磁路线性时，μ 为常数，

$$e=-N\frac{\mathrm{d}\Phi}{\mathrm{d}t}=-k\mu N^2\frac{\mathrm{d}i}{\mathrm{d}t}=-L\frac{\mathrm{d}i}{\mathrm{d}t}$$

式中：$L=k\mu N^2$。

比较式(1-15)，即有 $\Psi=Li$，从而式(1-15)又可改写为

$$e=-L\frac{\mathrm{d}i}{\mathrm{d}t} \tag{1-18}$$

这个表达式被称为法拉第电磁感应定律的自感电势表达式。

前面已详细讨论过的发电机原理，则是磁场恒定但闭合回路形状随时间变化导致回路所通过的磁感应通量发生变化而感生电动势的例子，称为法拉第电磁感应定律的运动电势表达式，即动生电动势表达式。

这样，法拉第电磁感应定律可有四种表达形式，其中一般表达式是普遍适用的，其他三种都是在某一特定假定条件前提下的表达形式，应用时需注意它的约束条件。

六、傅里叶级数

在电机、变压器原理分析中，需要讨论电流、电势、磁势等电磁量的谐波，主要数学工具就是傅里叶级数分解，其主要叙述如下。

假设 $f(x)$ 在区间 $[-\pi,\pi]$ 上连续或只具有有限个第一类间断点（点 c 为函数 $f(x)$ 的第一类间断点，就是该函数在该点的左极限 $f(c-0)$ 和右极限 $f(c+0)$ 存在但不相等，或存在且相等但不等于 $f(c)$）；且 $f(x)$ 在区间 $[-\pi,\pi]$ 上只具有有限个极大值或极小值点，也即可以把区间 $[-\pi,\pi]$ 分为有限个子区间，使得函数在每个子区间上是单调的，则由系数

$$\begin{cases}a_n=\dfrac{1}{\pi}\displaystyle\int_{-\pi}^{\pi}f(x)\cos nx\,\mathrm{d}x & (n=0,1,2,\cdots)\\ b_n=\dfrac{1}{\pi}\displaystyle\int_{-\pi}^{\pi}f(x)\sin nx\,\mathrm{d}x & (n=1,2,3,\cdots)\end{cases} \tag{1-19}$$

所定出的傅里叶级数

$$\frac{a_0}{2}+\sum_{n=1}^{\infty}(a_n\cos nx+b_n\sin nx) \tag{1-20}$$

在区间 $[-\pi,\pi]$ 上收敛，并且它的和

(1) 当 x 为 $f(x)$ 的连续点时，等于 $f(x)$；

(2) 当 x 为 $f(x)$ 的间断点时，等于 $\dfrac{f(x+0)+f(x-0)}{2}$；

(3) 当 x 为区间的端点时，即 $x=-\pi$ 或 $x=\pi$ 时，等于 $\dfrac{f(-\pi+0)+f(\pi-0)}{2}$。

若 $f(-x)=f(x)$，即 $f(x)$ 为偶函数时，其傅里叶系数可简化为

$$\begin{cases}a_n=\dfrac{2}{\pi}\displaystyle\int_{0}^{\pi}f(x)\cos nx\,\mathrm{d}x & (n=0,1,2,\cdots)\\ b_n=0 & (n=1,2,3,\cdots)\end{cases}$$

若 $f(-x)=-f(x)$，即 $f(x)$ 为奇函数时，其傅里叶系数可简化为

$$\begin{cases}a_n=0 & (n=0,1,2,\cdots)\\ b_n=\dfrac{2}{\pi}\displaystyle\int_{0}^{\pi}f(x)\sin nx\,\mathrm{d}x & (n=1,2,3,\cdots)\end{cases}$$

习题与思考题

1-1 什么是电动机原理？在什么条件下它可表示为代数形式？电磁力的方向是如何确定的？

1-2 什么是发电机原理？在什么条件下它可表示为代数形式？电势的方向是如何确定的？

1-3 为什么铁磁性材料可以有很高的磁导率？如果在铁磁材料周围存在一个由直流励磁电流产生的恒定方向磁场，为什么随着励磁电流的增大，铁磁材料的磁导率会越来越小，最后趋近于空气磁导率？

1-4 什么是磁势？什么是磁路的欧姆定律？应用时应注意什么限制条件？

1-5 什么是安培环路定律(全电流定律)？它与磁势、磁路欧姆定律有何联系？

1-6 电磁感应定律可有哪几种表达形式？它们各适用于什么情况？

1-7 为什么在应用安培环路定律分析一个由铁磁材料和气隙组成的磁路时，常可以忽略磁路路径中的铁磁材料部分？

1-8 在什么情况下铁磁材料中会产生铁耗？当磁通频率增加时，铁耗按什么规律变化？当磁通频率提高时，如果希望铁耗基本保持不变，则应对磁通的幅值作何处理？

第 2 章　直流电动机原理

直流电机是一种可实现直流电能与机械能相互转换的电磁机械。通过它将直流电能转换成机械能时称为直流电动机；反之，通过它将机械能转换成直流电能时，称为直流发电机。随着现代电力电子技术的进步，直流发电机的应用领域已经很少了，但由于直流电动机在控制性能方面的优势，在 20 世纪 70 年代以前的很长一段时期内，一些控制要求较高的工作机械如数控机床、轧钢机械、高级造纸机等，几乎无一例外地采用直流电动机作为拖动电动机，但这种情况随着近年来交流电动机控制技术的巨大进步已发生了很大程度的改变，直流电动机在传统工业中的重要地位正逐步被交流电动机所取代，但它在许多以直流供电为特点的领域（如移动机器人、车辆、航天器、舰船等）仍占有十分重要的地位，本章的介绍以直流电动机为主。

2-1　直流电机的基本工作原理、结构和额定数据

一、直流电机的基本原理

1. 直流电动机的物理模型

在绪论中我们曾复习过物理学的两个重要公式：法拉第电磁感应定律（$e=Blv$）和洛伦兹电磁力（安培力）定律（$F=Bli$）。这两个表达式是在满足正交条件的前提下才成立的。

根据上述原理，我们可以想象，为了实现机械能向直流电能的转换，首先需要构造一个能产生具有磁通密度为 $\boldsymbol{B}$ 的磁场的机械装置，并在其中放置长度为 l 导体，同时使导体保持与磁场方向垂直。当有原动机械拖动导体在磁场中运动时，机械能就可以被转换成电能而从导体中输出。为了实现电能向机械能的转换，同样需要构造一个这样的机械，当我们向导体中注入电流时，导体就会受到与电流强度成正比的机械力作用，试图推动导体加速运动，电能即被转换成机械能。因此，构造一个直流电机主要是要完成磁场和导体的构造，使得能量的转换能够以最高效和最经济的方式完成。当具有磁场和导体的机械构造完成后，电机类型取决于它的能量输入/输出关系，我们就可以令其作为发电机或电动机运行，如图 2-1 所示。

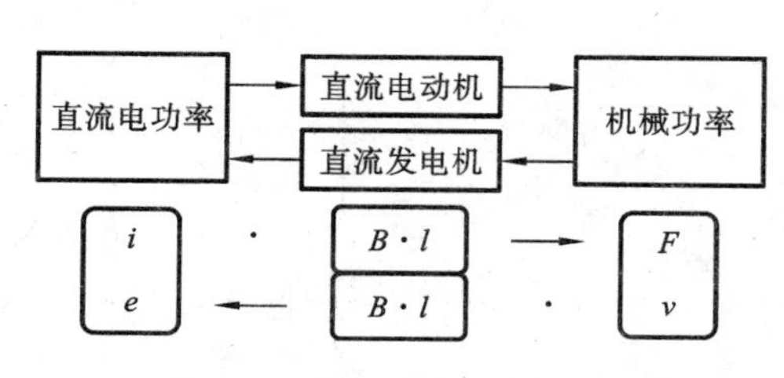

图 2-1　直流电机的构造原理

根据上述思想设计的直流电动机物理模型如图 2-2 所示。

在一可绕轴心旋转的铁磁材料制成的圆柱体表面缠绕一线圈 $abcd$，圆柱体轴线与主磁极形成的磁力线垂直，即导体 ab 和 cd 与磁力线垂直，

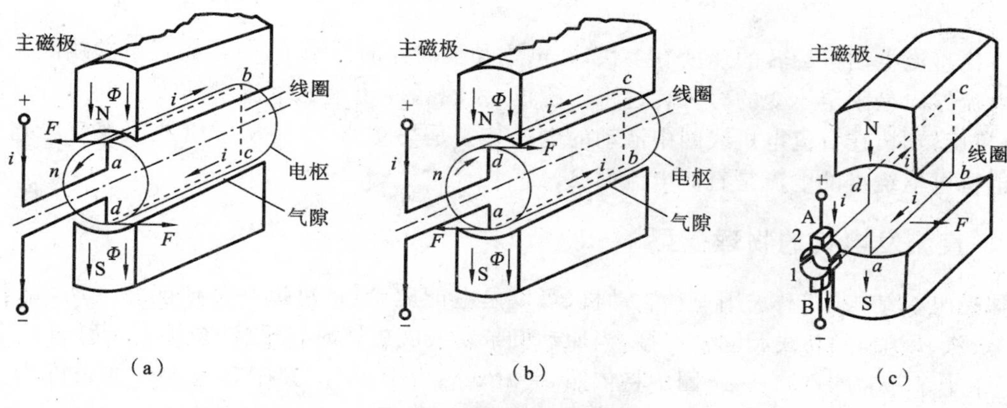

图 2-2　直流电动机模型

且导体 ab 与 cd 在圆柱体表面空间角度相距 180°，而导体 bc 和电源引入到 a、d 端的导体与磁力线平行。当一直流电流从 a 端流入、d 端流出时，根据电动机原理及左手定则可知，导体 ab 将受到沿圆周切线向左方向力 F 的作用，而导体 cd 受力方向向右，两个力共同形成一个力图使圆柱体产生逆时针方向加速旋转的力矩。在电机拖动中，通常把这种力矩称为转矩，并把这种由电流和磁场共同作用产生的转矩称为电磁转矩，而将在圆周上分布有由外部注入直流电流的线圈的装置称为直流电机的电枢，它可以圆周的圆心为轴心转动，故又称为直流电机的转子。如果此电磁转矩大于阻转矩，线圈将随电枢一道被转矩推动作逆时针加速旋转运动。旋转 180°时，导体 ab 已经由 N 极下方运动到 S 极上方，而导体 cd 也已运动到 N 极下方。根据电动机原理，这时两导体受力形成的转矩方向将发生逆转，即变为力图使电枢产生顺时针方向的加速度，如图 2-2(b)所示。因此，这种构造在向线圈注入直流电流时，无论注入多大电流，都只能使电枢来回摆动一个角度，并最终停止在 ad 成水平方向位置。

为了实现电枢连续旋转，必须设法使电枢受到的转矩不改变方向，这就要求不论线圈怎样旋转，转到某个磁极下的线圈导体中的电流方向固定不变，也就是要求线圈导体从某个磁极下转到相邻异性磁极下时线圈导体中的电流能够自动改变方向。例如，对于图 2-2(a)所示结构，N 极下导体 ab 中电流为从 a 向 b 方向，当旋转 180°到达图 2-2(b)所示的位置时，该导体已到达 S 极下方，如果 ab 中的电流能够自动改变为从 b 流向 a，则形成的电磁力和力矩方向就不会改变。这一改变也使得旋转到 S 极下方的导体中的电流总可保持为同一方向，对 N 极下的导体也一样。实现这种构想的结构如图 2-2(c)所示。外部直流电源通过一个称为电刷和换向器的装置将直流电流送入电枢线圈。电刷 A、B 与电源连接，固定不动，换向器中的换向片 1、2 分别连接到线圈的两端，随线圈一起运动，电刷以一定压力压在换向片上。在图 2-2(c)所示的情况下，直流电流 i 从电源正极经电刷 A 和换向片 2 流入线圈 $dcba$，从换向片 1 和电刷 B 流回，对电枢形成逆时针电磁转矩；当转过 180°时，导体 dc、换向片 2 与导体 ab、换向片 1 交换位置，经电刷 A 流入的直流电流 i 将从换向片 1 进入线圈 $abcd$，从换向片 2、电刷 B 返回。这样，磁极下导体中的电流方向没有改变，形成的电磁转矩方向也保持不变，电枢就能连续旋转起来，电枢的旋转习惯上也称为直流电机的旋转。在实际的直流电机中，线圈一般由数匝导线绕制而成，放置在电枢表面与磁力线垂直部分的导体(即 ab、bc 段)称为线圈的有效导体，一个线圈中的有效导体束 ab、cd 也称为线圈的两个元件边。

根据上述分析，为了保证直流电动机的转矩方向不变，直流电动机电枢线圈中的电流具有以下特点。

不论直流电动机旋转的速度有多快，在电刷和换向器的作用下，每个磁极下的线圈元件边中的电流方向是固定不变的。每转过一个磁极，线圈元件边中的电流自动改变方向。也就是说，电机旋转时，在直流电机线圈中流动的电流其实是交变的，只是从电机外部观察看到送往直流电机电枢绕组的电流是直流电流而已。

2. 直流发电机的物理模型

保持电机结构不变，采用一种原动机（可以是电能驱动，也可以是其他能源驱动，如水力、风力、蒸汽、燃油等）与线圈同轴连接，当原动机带动线圈旋转时，根据法拉第电磁感应定律，线圈中将依照 $e=Blv$ 感生电动势，其中有效导体的长度为 $ab+cd$，感应电动势的方向由发电机右手定则确定，在图 2-3 所示的原动机旋转方向下，感生电动势的方向如图 2-3 中 e 箭头方向所示。与作为电动机运行时的情形相似，不论直流发电机旋转的速度有多快，在电刷和换向器的作用下，每个磁极下的线圈元件边中的感生电动势方向是固定不变的。因此，当电机作为发电机运行时，只要电枢旋转方向不变，电刷上的输出电压极性就是恒定的。

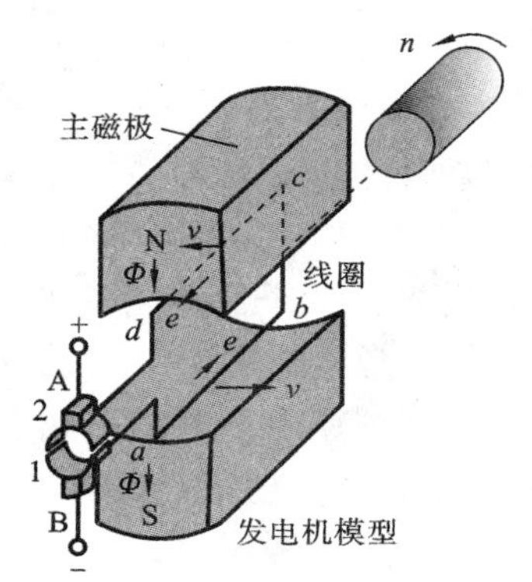

图 2-3 直流发电机模型

3. 发电与电动的同时性

当直流电机磁通密度为 $\boldsymbol{B}$ 的磁场已经建立时，如果向电枢输入电能（注入直流电流），则将对电枢形成电磁转矩，只要这个电磁转矩大于阻止它运动的机械阻转矩（如摩擦、轴上的机械阻力等），电机就可加速转动起来，这样，电能就通过电机转换成了机械能。反之，如果向电枢输入机械能（用原动机械拖动它旋转），从电刷上就可以获得对外输出的电能（直流电压、电流）。因此，具有磁场、导体结构的同一台直流电机，既可以作为电动机运行，将电能转换成机械能，也可以作为发电机运行，将机械能转换成电能，运行状态由输入功率的性质决定。

当电机作为发电机运行时，如果要通过电刷端对外输出直流电能，必然会有直流电流流出电枢，这个电流称为发电机的负载电流，它将通过负载和电枢线圈形成回路。当它流过电枢线圈导体时，也会依照 $F=Bli$ 对电枢形成电磁力和相应电磁转矩，根据电动机左手定则不难得知，这个电磁转矩的方向与原动机（即电枢）的旋转方向是相反的，称为反转矩（opposite electromagnetic torque）。它与原动机拖动转矩方向相反，与之起到平衡作用，使发电机的转速趋于稳定。

而当电机作为电动机运行时，向电枢注入的电流使之获得电磁转矩，在电机加速旋转起来以后，电枢的旋转同时也会使得它的线圈导体与磁场产生相对运动，依照 $e=Blv$ 而感生电动势，根据发电机右手定则可知，这个感生电动势的方向和电枢上所加直流电压的方向相反，称为反电势（counter-electro motive force, CEMF），转速越高，反电势越大。在外加直流电枢电压不变的情况下，反电势的形成使电枢电流减小，电磁转矩也相应减小，电机的加速逐渐停止，当电磁转矩减小到与作用在电机轴上的机械阻转矩大小相等时，电机进入稳定速度运行。

这样，在直流电机正常运行时（转速不等于 0），不论它工作在发电状态还是电动状态，在电枢中，发电机原理和电动机原理是同时有效的。当处于发电运行时，在电机输出电能的同时因电枢电流的形成会使之受到反转矩的作用，输出电能（电流）越多，反转矩越强，要维持电能输出，原动机就必须增加相应的机械功率输入；当处于电动运行时，电机在从轴上输出机械功率的同时，随着电枢的旋转，电枢中会感生电动势，转速越高，反电势也越高，反电势对电枢电流形成抑制作用，最终将自动地使电流形成的电磁转矩与轴上机械阻转矩平衡，让电机稳速运行。正确理解和掌握直流电机的这一特性对后续的学习是十分重要的。

二、直流电机的基本结构

为了高效率地实现机电能量转换，直流电机应该能够提供空间正交的 $\boldsymbol{B}$ 和 l，并能保证电枢旋转时电流换向的正确进行。直流电机的基本结构如图 2-4 所示。电机的构成可以分为静止和旋转两大部分，静止部分和旋转部分间存在一定大小的空气间隙，称为气隙。

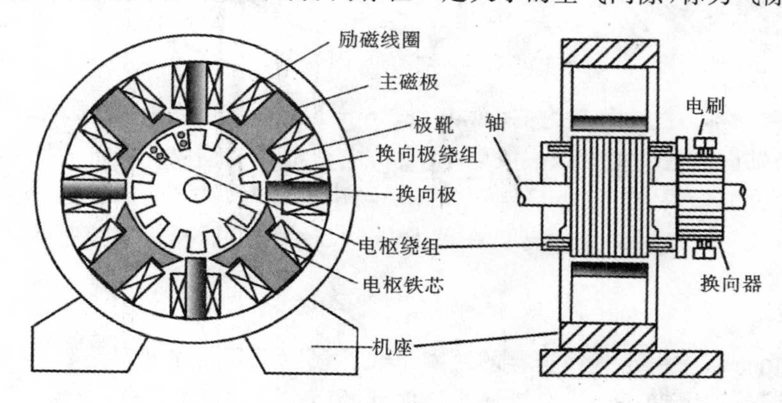

图 2-4 直流电机的结构

1. 定子

静止部分称为定子，它的主要作用是产生磁场，由主磁极、换向磁极、换向器、机座和电刷装置等组成。

1）主磁极

主磁极包括极身和极靴两部分。生成 $\boldsymbol{B}$ 的主磁极铁芯安装在机座上，上面缠绕励磁线圈绕组，线圈用绝缘铜线绕成。主磁极铁芯用 0.5～1.5 mm 厚的钢板冲片叠压紧固而成，小电机中也有用整块的铸钢磁极，整个磁极用螺钉固定在机座上。线圈和磁极间用绝缘纸、腊布或云母纸绝缘，各主磁极励磁线圈按固定连接保证通电时相邻磁极极性呈 N 极和 S 极交替排列，磁极数必为双数。磁极铁芯的下部（靠近气隙部）比套绕组部宽，称为极靴或极掌，以保证主磁通在气隙的分布上更均匀。

2）换向磁极

换向磁极装在两主磁极之间，铁芯上的绕组与电枢绕组串联，用以改善换向。

3）机座

机座通常由铸钢或厚钢板制成，用以固定主磁极、换向磁极、电刷，并作为磁路的一部分。机座中有磁通经过的部分称为磁轭。

4）电刷装置

电刷装置由电刷、刷握、刷杆座、弹簧和铜辫组成。电刷放在刷握内，用弹簧压紧在换向器上，刷握固定安装于机座端盖或轴承盖绝缘的刷杆座上。电枢电压、电流通过电刷与外电路连接。电刷本身主要由导电石墨块制成。按电流大小，一个电刷装置通常由几块电刷组成一电刷组，各刷块通过软连线汇在一起，对具有多对磁极的电机，还需要将同极性的并接，再引出到对外接线板上。

5）空气隙

在极靴和转动的电枢间有一空气隙，主极磁通在气隙中分布成一定形状。气隙的大小和形状对电机的运行有很大的影响。小容量电机的气隙一般为 1～3 mm，大型电机的可达 10 mm。

2. 转子

转动部分称为转子，它的主要任务是构造与磁场空间和运动方向正交的导体，由电枢铁芯、电枢绕组和换向器组成。

1）电枢铁芯

作为主磁路一部分的电枢铁芯，通常由 0.5 mm 厚的硅钢片叠压形成，固定在转子支架或转轴上，表面沿轴向形成的槽用以嵌放电枢绕组，电枢槽沿圆周均匀分布，槽内导体与定子磁路磁力线、运动方向形成空间正交。当电枢在磁场中旋转时，铁芯中将产生涡流及磁滞损耗，简称为铁耗，由式(1-2)可知，采用薄硅钢片叠压铁芯结构可以减少涡流损耗，提高电机的机电能量转换效率。

2）电枢绕组

电枢绕组由许多按一定规律连接的线圈组成。线圈采用带绝缘的导线绕制，如图 2-5 所示，它一般为菱形结构，两个线端分别接到换向器的两个换向片上，线圈又称为“绕组元件”，各元件通过换向器相互连接起来，其连接规律将在后续章节讨论。小容量直流电机通常采用多匝绕组元件，大电机中通常是单匝的。嵌放在电枢铁芯槽内的导体称为有效导体，每一元件有两个“元件边”有效导体，一个元件边嵌放在一个槽的底部，称为元件的下层边，另一个嵌放在另一个槽的上部，称为元件的上层边。在同一槽内嵌放有不同元件的上下层边，线圈导体间、导体与铁芯间均采用高性能绝缘材料以保证可靠绝缘。线圈用槽楔压紧，再用钢丝或玻璃丝带扎紧。线圈在槽外的部分称为端接部分，用以完成线圈的正确连接，这部分导体因不在铁芯内，且不满足同时与磁场、运动方向空间正交条件，对电机的机电能量转换基本不起作用，可视为无效导体。

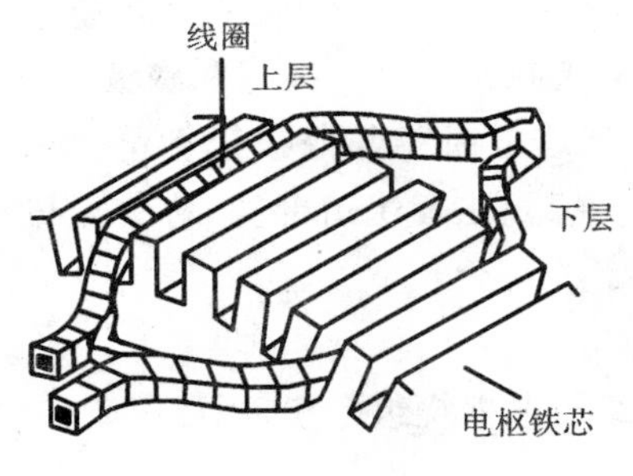

（a）直流电机电枢绕组

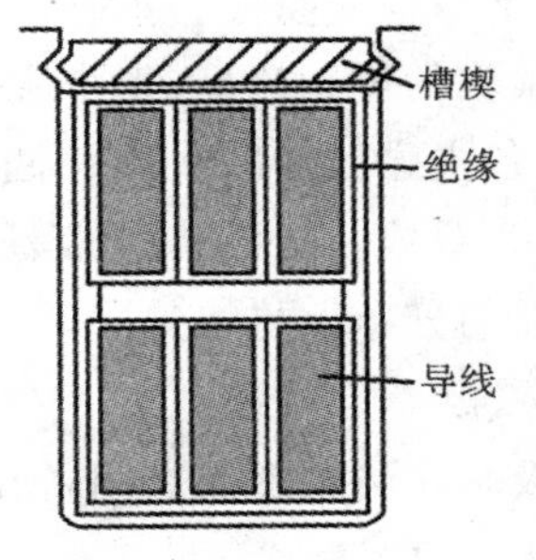

（b）电枢槽截面图

图 2-5　电枢绕组

绕组的导线一般采用铜线，截面积取决于元件内通过电流的大小。小容量电机一般采用绝缘圆导线，大电机则采用矩形截面导线。

3）换向器

它的主要作用是将电刷上的直流电流转换成为电枢绕组内的交变电流，保证在电枢旋转过程中，同一磁极下方导体中的电流方向不变。换向器由许多燕尾状铜换向片叠成一圆筒形组成，片间用云母绝缘，整个圆筒在两端用两个V形环卡紧，每一换向片上有一小槽或一个称为升高片的凸出片，以便焊接电枢绕组，电枢绕组每一线圈的两端分别接在两个换向片上。换向器的结构如图2-6所示。

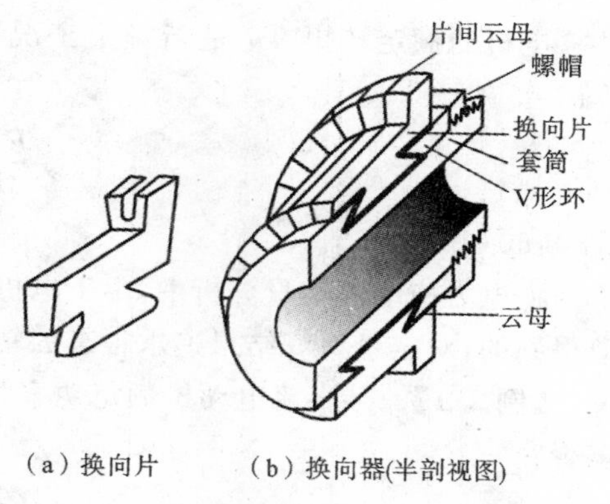

（a）换向片　（b）换向器(半剖视图)

图2-6　直流电机的换向器

三、直流电机的铭牌数据

直流电机机座上有一个由生产厂提供的金属牌，称为铭牌，上面注明了电机额定值的铭牌数据。在电机运行时，如果它的电量和机械量都符合额定值，工作环境温度不超过40 ℃，电机的运行状况称为额定工况。在额定工况范围以内，可以保证电机长期、可靠工作，并且具有优良的性能。直流电机的额定值有以下几种。

额定电压 U_N：额定工况下加在电枢绕组上的工作电压(V、kV)。

额定电流 I_N：额定工况下可长期安全运行的最大电枢电流(A)。

额定功率 P_N：额定工况下电机轴上允许长期输出的最大机械功率(W、kW)。

额定转速 n_N：额定工况下电动机的运行速度(r/min)。

额定励磁电压 U_{fN}：额定工况下加在励磁绕组上的工作电压(V、kV)。

额定励磁电流 I_{fN}：额定工况下励磁绕组的工作电流(A)。

通常铭牌上还注明有励磁方式、电机型号和绝缘等级等。国产直流电动机的额定电压一般分为110 V、220 V、440 V等几个等级。电机运行中，过高的温度会导致电机绕组绝缘的老化，使绝缘性能下降，因此电机运行必须控制在一定的温度范围。绝缘等级即代表了此电机允许的工作温度，直流电机的绝缘等级以字母A～H表示。根据美国电气制造商协会(National Electrical Manufacturers Association，NEMA)绝缘等级标准，A级绝缘对应的温度限制为70 ℃、B级的为100 ℃……H级的为155 ℃，详见NEMA标准中的MG1—1993。每个国家也有本国相应的国家标准。绝缘等级决定了电机运行时的最高允许温度。国产直流电机的A级绝缘最高允许温度为105 ℃、B级的为120 ℃、F级的为155 ℃、H级的为180 ℃。

必须注意的是，直流电动机的额定功率是指它轴上输出的机械功率，而不是输入的电功率，它等于额定电枢电压和额定电枢电流的乘积再乘以电动机的额定效率，也即额定输入电功率与额定效率的乘积

$$P_N = U_N I_N \eta_N \tag{2-1}$$

式中：η_N 为额定工况下直流电动机的工作效率。

对于直流发电机，额定功率是指电机电枢出线端输出的电功率，它等于电枢额定电压和电流的乘积。

电机的额定转矩 T_N 是指额定工况下电机轴上的输出转矩(N·m)。它可由铭牌参数算出。

$$T_N=\frac{P_N}{\Omega}=\frac{P_N}{n_N}\frac{60}{2\pi}\approx 9.55\frac{P_N}{n_N} \tag{2-2}$$

式中:$60/2\pi\approx 9.55$。

在电力拖动的定量分析中,由于电机的一些原始数据、参数都是通过忽略某些次要因素近似得到的,对定量计算结果追求很高的精确度已没有什么意义,通常取3～4位有效数字即可。

【例2-1】 某直流电动机额定功率为2.2 kW,额定转速为1500 r/min,它的额定转矩是多少?

解

$$T_N=9.55\times\frac{2.2\times 1000}{1500}\ \text{N}\cdot\text{m}=14.0\ \text{N}\cdot\text{m}$$

2-2 直流电动机的结构特征与工作特性

由直流电动机的原理可知,电动机的磁场是使电机能实现机电能量转换不可缺少的因素,电动机的运行性能在很大程度上取决于电动机磁场的特性。直流电动机的磁场是由定子主极磁场和电枢反应磁场共同建立的。要控制好电动机,首先需要了解电动机的磁场。

一、主磁极与主极磁场

在直流电动机中的定子主磁极上缠绕的励磁线圈中通以一定直流励磁电流 I_f,由这个励磁电流沿电动机磁路建立起来的磁势单独建立的磁场称为电动机的主极磁场,也称为主磁场或励磁磁场。一台2对极(即4极)直流电动机的主极磁场分布如图2-7所示。图中,带箭头的虚线代表磁感应线的路径和方向,各磁极上励磁线圈是按照使线圈中电流方向正负交替连接的。当有励磁电流流过时,各磁极交替呈现N、S极性。磁力线分布大致如图2-7所示。从磁极N出来的磁通,绝大部分经过气隙进入电枢,到达相邻的S极下电枢表面后,再次穿过气隙进入相邻的S极,经过定子磁轭构成闭合回路。也有一些磁通不经过电枢,直接通过周边空气返回定子磁轭。进入电枢的磁通称为“主磁通”,它能够在旋转的电枢绕组中感生电动势,并和绕组电流相互作用产生电磁转矩;不进入电枢的磁通称为“漏磁通”,它不在电枢中感生电动势也不产生转矩,它的存在仅仅增加了磁极和铁芯中磁饱和的程度。由于主磁通回路的气隙较小,磁阻较小,因此,主磁通在数量上远大于漏磁通。下面重点讨论主磁通的空间分布及其对电动机控制性能的影响。

在实际电动机中,电动机内的磁路是很不规则的,各部分的磁场强度很难准确确定。在进行工程近似分析时,考虑电动机磁路气隙磁阻与铁芯磁阻相差很大的特点,可近似将磁路分为气隙段和铁芯段,在每段内,它的几何形状比较规则,可以找出它的平均磁场强度,求出各段的磁压降,相加得到总磁势。为了分析方便,对于图2-7所示的电动机磁路,可用图2-8所示的简化磁路来等效。

在直流电动机中,机电能量转换是通过分布于电枢表面的导体与磁场相互作用实现的,因此对电动机磁场的讨论重点放在电枢表面处,也就是气隙磁场上。

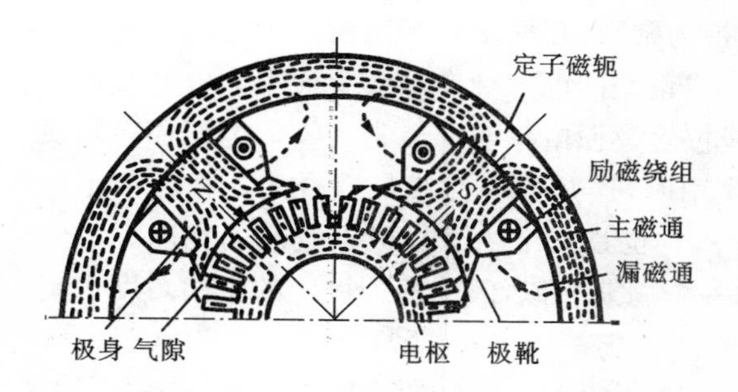

图 2-7　直流电动机的主极磁场(2 对极)

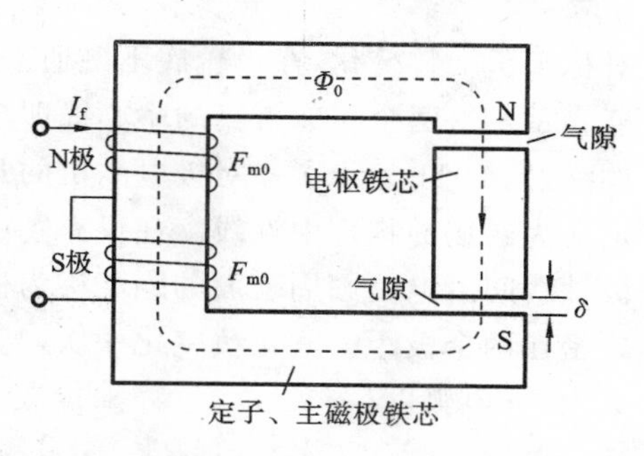

图 2-8　直流电动机磁路的等效简化

由图 2-8 可见，主磁通通过两个磁极形成闭合回路，即磁通要经过两个磁极，两次穿过气隙，经过电枢铁芯和定子铁芯构成闭合回路。整个回路中所需要的磁势由两个磁极上的励磁绕组安匝来供给。设有励磁电流 I_f 流过每个磁极匝数为 N_f 的励磁绕组时，每磁极的磁势为 F_{m0}，则有

$$F_{m0}=N_f I_f$$

设每磁极下的主磁通量为 Φ_0，主磁极磁感应线所经路径上的总磁阻为 R_{mag}。其中 R_{m0} 为路径上气隙的磁阻，R_{mFe} 为路径上铁芯的磁阻，μ_{Fe} 为铁芯材料的磁导率，μ_0 为空气磁导率。根据安培环路定理和磁路欧姆定律，由图 2-8 有

$$\sum N_f I_f = 2F_{m0}$$

$$2F_{m0}=\Phi_0 R_{mag}$$

在磁极下有

$$BS=\Phi_0=\frac{2F_{m0}}{R_{mag}}=\frac{2F_{m0}}{R_{m0}+R_{mFe}}$$

式中：S 为一个磁极下电枢表面的表面积，它近似等于一个磁极极距长度与电枢铁芯轴向有效长度的乘积再乘以磁极下平均磁密和最大磁密的比例系数，

$$S\approx\alpha\tau l \tag{2-3}$$

式中：τ 为磁极极距；α 为磁密分布曲线的平均磁密和最大磁密之比，如图 2-9 所示。

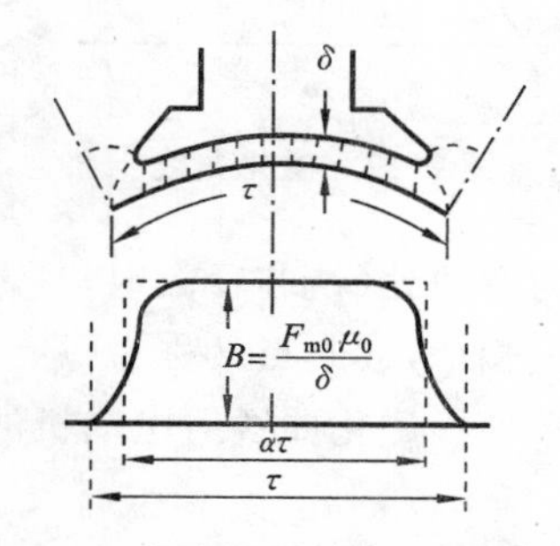

图 2-9　主磁极励磁在一个极距下的气隙磁密分布

由于主磁极磁路结构上的特点，每条磁感应线所经路径的磁阻不尽相同，电枢表面各点的磁通密度也因此不同。由于铁磁材料的磁导率远远大于空气磁导率，若不考虑铁芯的磁阻，则 R_m 的大小完全取决于磁路上气隙的长度。在极靴下，气隙长度最短，磁阻最小，磁通密度最高；而在极靴以外空间，气隙长度显著增加，磁阻相应显著增大，磁通密度明显下降，并在两极分界处下降为零。因此，在极靴下有

$$R_{mFe}=\frac{l_{mag}-2\delta}{\mu_{Fe}S}\ll R_{m0}=\frac{2\delta}{\mu_0 S} \tag{2-4}$$

$$B\approx\frac{2F_{m0}}{2\delta}\mu_0=\frac{F_{m0}}{\delta}\mu_0=常数 \tag{2-5}$$

这样，忽略电枢齿槽影响，直流电机在仅有主磁极励磁时的气隙磁通密度分布如图 2-9 所示。

若将电机圆周沿水平方向展开，并假定磁力线穿出电枢表面磁通密度为正，则在一对极下磁通密度空间分布的水平展开如图 2-10 所示。由图可见，磁通密度在每一对磁极空间呈周期

对称正负交替变化，在极靴底下磁通密度基本保持为常数，在两个相邻磁极的中心线上磁通密度为零。这两个相邻磁极的中心线即与主磁极轴线正交的电枢径向轴线定义为磁极的几何中性线，图 2-11 显示了一对极电动机的几何中性线位置。而电枢表面磁密为零的电枢径向轴线定义为磁场的物理中性线。在仅有主磁极磁场作用时，这两条中性线是重合的。相邻两主磁极轴线间沿电枢圆周表面的距离称为极距，记作 τ，它也是一个主磁极极下空间的宽度。由于磁密在两个极距空间正负变化一次，与交流电的一个周期相似，因此两个极距的空间角度也定义为 2π 电弧度。

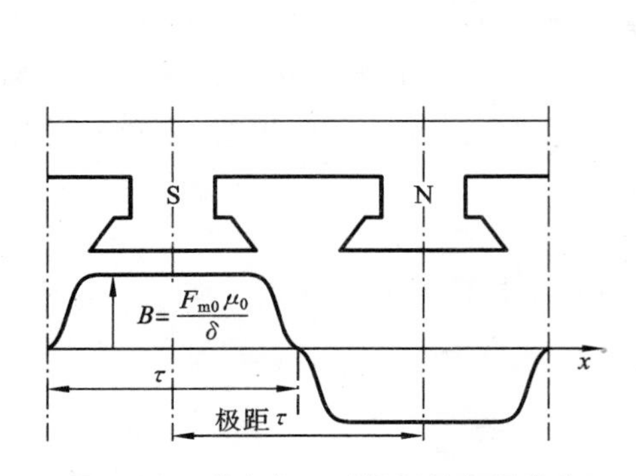

图 2-10　磁密在一对极间的空间分布

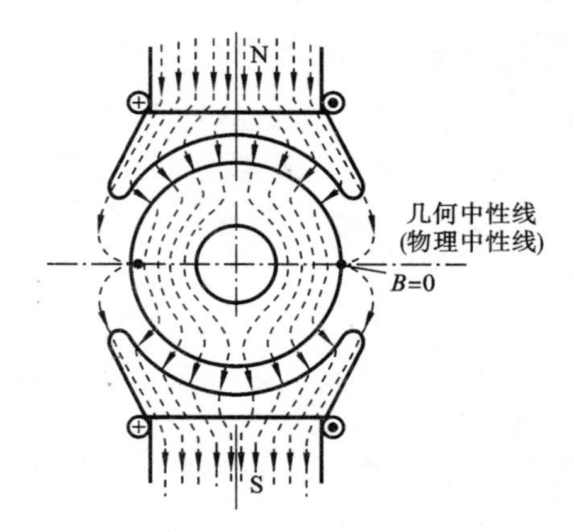

图 2-11　几何中性线和物理中性线

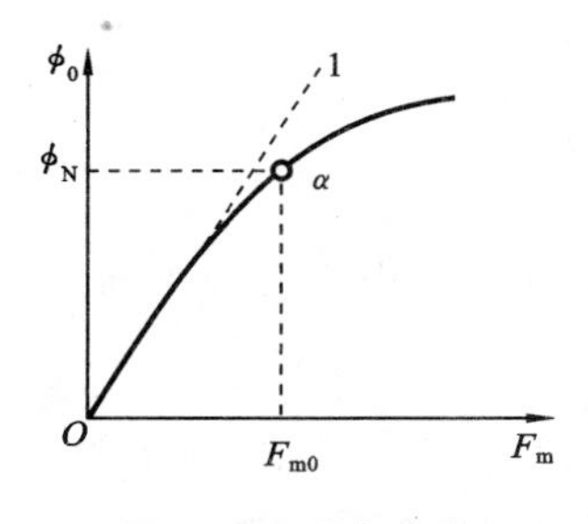

图 2-12　磁化曲线

需要指出的是，在直流电动机中，励磁磁势 $\sum N_f I_f$ 与主磁通 Φ 的关系并不是线性的。表示励磁磁势与磁通之间的关系曲线称为电动机的磁化曲线，如图 2-12 所示。图中，Φ_0 表示仅有励磁绕组励磁（不考虑电枢电流磁势影响）时的主磁通。在电动机内磁通较少，也即励磁磁势较小时，铁芯部分没有饱和，磁势几乎全部消耗在气隙上，磁化曲线几乎是一直线，如图 2-12 虚线 1 所示；当磁通继续增大时，铁芯逐渐饱和，曲线开始向右弯曲。为了最经济地利用材料，在额定电压时，电动机一般运行在磁化曲线略为弯曲处（铁芯轻微饱和），如图中 a 点处，此点两侧磁化曲线的形状与人体的大小腿经膝盖连接相似，故此点又称为膝点。此时铁芯的磁导率与空气磁导率相比仍然保持有数千倍的较大数值。磁化曲线对电动机的运行有很重要的影响。

二、电枢绕组

1. 电枢绕组的结构与电磁转矩特征

从直流电动机的工作原理可知，直流电动机是利用磁场和导体实现机电能量转换的。在讨论了由主磁极生成的 B 之后，下面进一步介绍 l 的构造。考虑一个具有一对磁极的电动机模型。如果电动机只有一个单匝线圈，它将有两根长为 l 的有效导体嵌放在电枢铁芯表面（见图 2-5）。同一绕组元件的两个元件边（有效导体）在电枢表面跨过的距离称为元件的跨距。为保证元件边上所受电磁力的方向一致，要求同一元件的两元件边任何瞬时都应处于不同的主磁极下，即要求跨距近似与磁极的极距相等。由于磁力线具有垂直出入介质表面的性质，磁通与电枢表面槽内导体的正交条件是成立的。导体中电流 I 等于常数时，导体所受电磁力 F 的大小取决于该导体所在空间位置上 B 的大小，当电枢作匀速旋转时，导体所受电磁力 $F(t)$ 的变化规律与 $B(x)$ 的空间分布规律一致，但因电刷和换向片的作用，F 的方向不变，每根有效载流导体使电枢受到的电磁转矩大小等于电磁力 F 乘以电枢的半径 r，如图 2-13 所示。作用于电枢的总转矩等于两根有效载流导体产生的电磁转矩之和，即

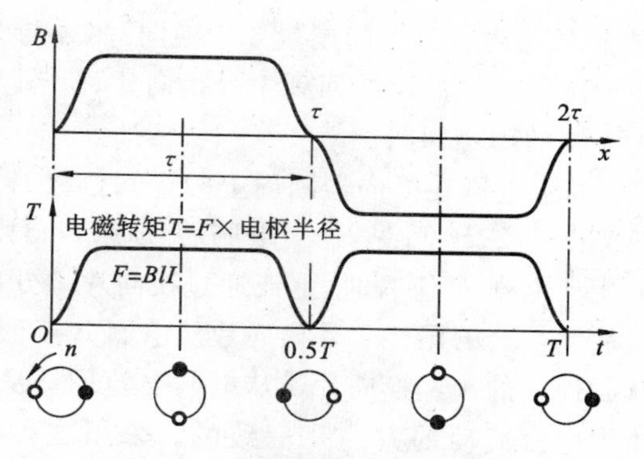

图 2-13 电枢载流单导体的转矩

$$T_{em21}=2rBlI$$

显然，由这样一个单线圈形成的转矩存在这样的问题：转矩比较小、波动达到 100%、存在有零转矩点。如果电动机停止在零转矩位置，则无论往电枢导体中注入多大电流，电动机都无法获得转矩来启动，也就无法完成机电能量转换的任务。解决问题的对策是，增加绕组元件数、合理的空间分布与连接，以达到增大转矩、减小转矩脉动、消灭零转矩点的目的。实际上，直流电动机的电枢绕组就是由一组均匀分布在电枢铁芯表面的绕组元件通过换向器按特定规律连接而成的特殊电路。下面以一个具有 1 对主磁极、6 个绕组元件的电动机模型为例，说明电枢绕组的结构特征。

如图 2-14 所示，在电枢表面沿圆周均匀开 6 个槽，依次放入 6 个绕组元件，其方法为，在 4 号槽的底部放入 1 号线圈的下层边，它的上层边放入间隔一个极距的 1 号槽顶部，相邻 5 号槽的底部放入 2 号线圈的下层边，它的上层边放入间隔一个极距的 2 号槽顶部，依此类推。图 2-14(a)显示了绕组在电枢圆周的实际分布，图 2-14(b)是将其电枢表面沿轴向剖开，展开成一个平面。展开图中磁极是在电枢表面的上方，N 极磁力线方向是进入纸面方向，实线表示线圈的上层边，虚线表示线圈的下层边。

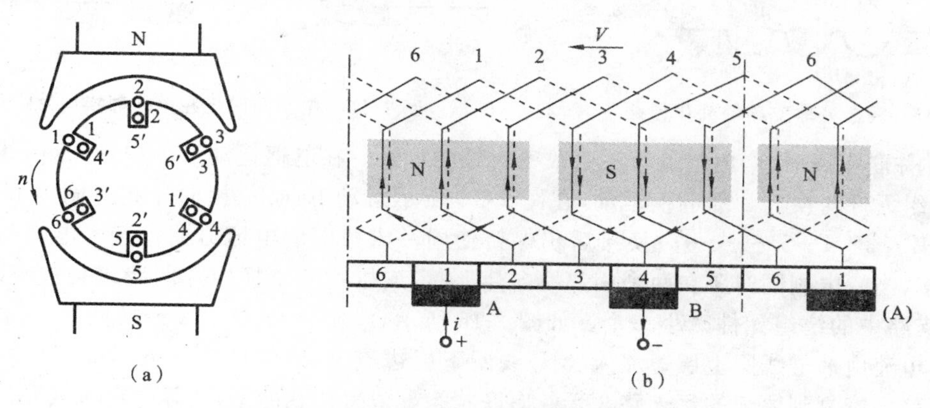

图 2-14 绕组元件的空间位置与连接展开图

绕组元件的连接具有如下特点。

(1) 元件头尾相接，自成闭合回路。在图 2-14 所示状态瞬间，1 号绕组元件的头(上层边、实线)接 1 号换向片，尾(下层边、虚线)接 2 号换向片，并通过 2 号换向片与 2 号绕组元件的头

连接，2 号绕组元件的尾接 3 号换向片，并与 3 号绕组元件的头连接，如此依次连接，直到最后一个绕组元件的尾接回到 1 号换向片，所有绕组元件就通过换向片串联连接起来，形成一个无头无尾的闭合回路。

(2) 电刷在换向器圆周上的空间位置必须是对称的，各电刷间换向片的数目必须是相等的。由图 2-14 可见，加上电刷后，原来自行闭合的电枢绕组元件变成两条并联的支路。当有电流从电刷 A 流入时，电流通过换向片 1 分成两路，1 路电流从绕组元件 1 的头流入，经元件 2，从元件 3 的尾经 4 号换向片从电刷 B 流回；另 1 路电流经绕组元件 6 的尾流入，经元件 5，从元件 4 的头经换向片 4 从电刷 B 流回。从电流的流动方向可以看出，在同一磁极下线圈导体中电流流动的方向是一致的。采用这种连接方法的绕组称为单叠绕组。其连接可用图 2-15所示的简化电路形式表示。

记流入电枢的电流为 I_a，每支路的电流为 i_a，则有

$$I_a = 2i_a$$

当电机磁极对数增多时，并联支路对数也同比增加，1 对极电机并联支路为 1 对，2 对极电机有 2 对，……以 a 表示电机的并联支路对数，电枢电流可表示为

$$I_a = 2ai_a \tag{2-6}$$

(3) 同支路绕组元件上层边均在同一主磁极下。如图 2-14 和图 2-15 所示瞬间，同支路元件为 1、2、3，它们的上层边均在 N 极下，而另一支路 4、5、6 的上层边均在 S 极下。

(4) 电刷位于主磁极轴线通过的换向片上。电刷正对主磁极中心线安装，可以保证在电动机运转过程中，同一磁极下线圈导体中的电流方向保持不变。

图 2-15　两条并联支路的简化电路

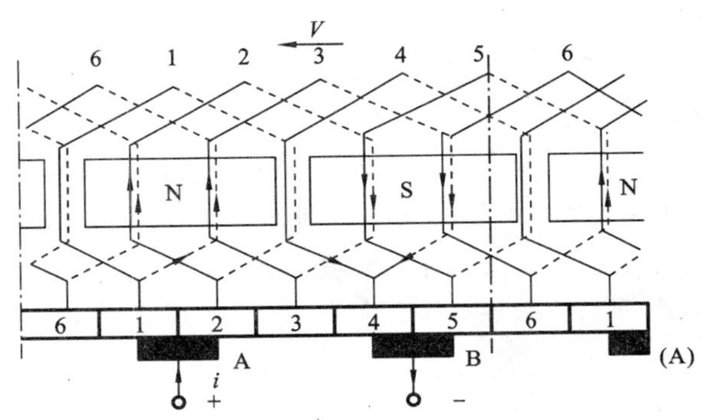

图 2-16　电刷同时压在两相邻换向片瞬间

(5) 并联支路对称，电枢旋转不会改变对称的特性。在电枢运动过程中，电枢以线速度 V 运动，绕组元件与换向片随电枢运动，在图 2-16 所示运动方向下，换向片和电刷 A 的换接顺序为 1—2—3—4—5—6—……换接后仍保持使同一磁极下的电流方向不变。电刷与换向片不断换接，当一电刷同时压在两个相邻换向片上时，连接这两个换向片的绕组会被瞬间短路，使并联支路中的绕组元件减小一个。如图 2-16 所示，电刷 A 压在 1、2 号换向片上时，线圈 1 被短路，电流由 2 号线圈上层边流入、3 号线圈下层边流出，继续运动到电刷仅压住一个换向片时，电路又恢复到原来的每支路 3 元件串联状态。值得注意的是，实际电动机换向片的数目是比较多的，一般有几十个。从图 2-16 可以观察到，换向过程中，被电刷短路的线圈元件边的空间位置正好不在主磁极极靴覆盖范围，而处于磁极的几何中性线及其邻近区域。在这个区域磁通密度趋近于零，绕组元件边在此区间运动时不会产生大的动生电动势，因此，即使被电刷短路也不会形成大的短路电流，不会对电动机的运行带来不利影响。

(6) 电磁转矩等于各绕组元件建立的 T_x 之和，幅值增加，脉动减小，零转矩消除。

绕组增加后，电枢受到的电磁转矩等于各绕组元件建立的电磁转矩之和。由于绕组空间分布的位置不同，它们旋转经过磁极中性线的时刻也先后不同，当一个绕组导体受力为零时，其他绕组的导体正位于主磁极下，合成转矩不再等于零，如图 2-17 所示，这时的转矩波动量已下降到原来的三分之一。如果继续增加绕组元件数，电枢受到的电磁转矩将进一步增加，转矩波动进一步减小。不过，增加绕组元件数必须相应增加电枢槽数，而槽数过多将使电枢齿变窄，齿的力学强度降低。为克服这一矛盾，实际电机中常采用一个槽嵌放 u 个上层边和 u 个下层边的安装方法，具体可参见图 2-5。

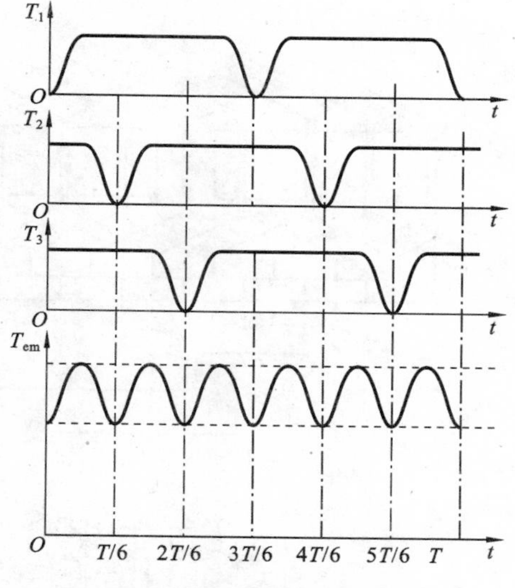

图 2-17　多绕组元件的电磁转矩

2. 实际电枢的常用绕组结构

1) 单叠绕组

在电机制造的长期实践过程中，诞生了多种不同的绕组结构，其中比较典型的一种，称为单叠绕组(lap winding)。这种绕组的特点是每一元件的两个线端接到相邻的两个换向片上，而每个换向片也和两个元件各自的一个线端连接(一元件的头与另一元件的尾)，这种结构使单叠绕组在内部自成一闭合回路，同时每个电刷的中心线应该对着每个磁极的中心线。单叠绕组通过电刷和换向片将绕组分割为对称的并联支路，并联的支路对数等于电动机的磁极对数($a = p$)。每一支路的绕组元件在电动机运动时是不断更换的，但每支路组成绕组元件的数目总是一致的。

图 2-18 中给出了一台 $p=2$,16 绕组单叠结构的展开图。它的 2 对磁极和 2 对电刷在空间是均匀分布的，中心距为极距 τ，与前述特点吻合，并联支路对数也有 2 对。磁极与电刷安装在电动机的定子侧，图中磁极与电刷空间位置是相对静止的，电枢绕组连同换向片装在旋转的电枢侧，相对电刷和磁极是运动的。图中还显示了在某个瞬间并联支路的组成情况和被电刷短路的线圈，可以看到，在同一磁极下电流方向的一致性，以及被电刷短路线圈元件边正好位于磁极几何中性线附近。图 2-19 所示的为该绕组的物理结构图。

并联的结构使得这些支路在电动机运动时必须保持相等的支路电压。对于具有多对磁极的电动机，有利的一面是可以在每支路电流不大的情况下使整个电枢通过很大的电枢电流，从而减小大功率电动机的尺寸，但同时也带来一些不利因素。电动机的电枢是靠轴承支撑旋转运行的，一旦轴承磨损，会导致电枢靠近地面的一侧绕组与下方主磁极的距离小于背离地面一侧绕组与上方主磁极的距离，气隙变得上大下小，不再均匀。电动机运行中，如果某一瞬间并联支路中有一支路的绕组元件主要由靠近地面的元件组成，而另一支路的绕组元件主要由背离地面的元件组成，根据式(2-5)，磁密 B 与气隙成反比，而 $e=Blv$，两支路的电压就会不相等。由于各并联支路电压不相等，并联后将形成并联支路间的环流。由于电枢各支路的电阻都很小，并联支路间很小的电压不平衡都可能形成很大的环流，环流流过绕组和电刷可能导致严重的发热，使电动机带负载能力下降。这个问题在 2 对极及更多对极的单叠绕组电动机中

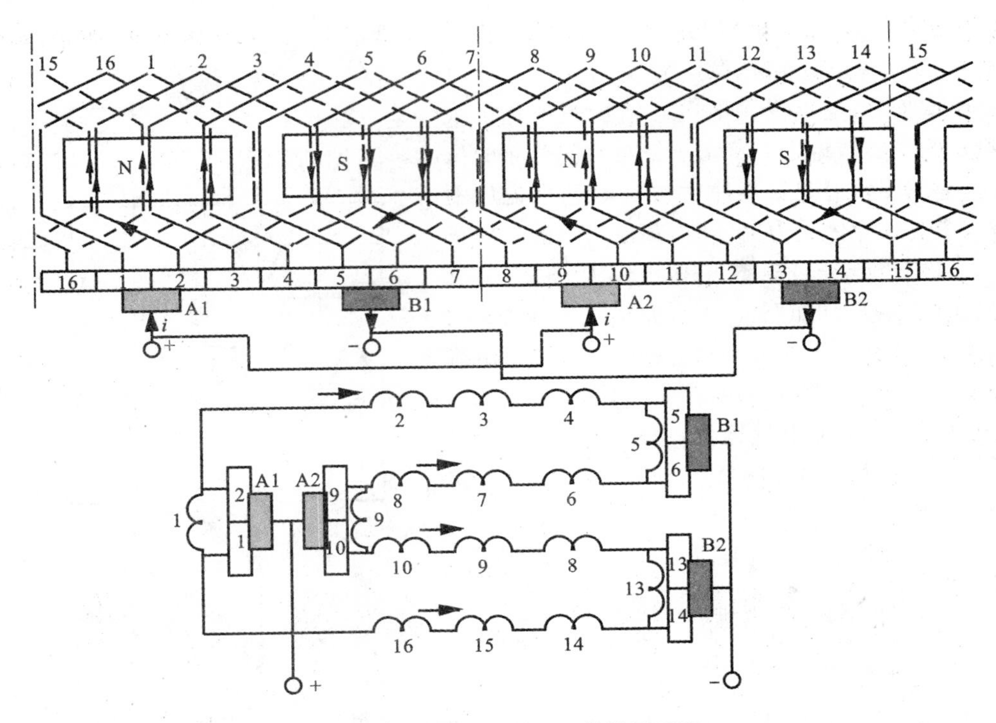

图 2-18 单叠 16 绕组元件的展开图

是必然存在、无法完全解决的，但是可以通过在绕组中采取均压措施使它的影响受到抑制。如图 2-20 所示，在各并联支路理论上的等压点之间设置短路线连接，这样各支路不平衡电压被分割，环流仅存在于短路线分割的小闭环内，每个小闭环的不均衡电压变得很小，流过电刷的环流也仅是一个小闭环的环流，由并联支路电压不平衡环流造成的发热和对电刷的不利影响得以减小。

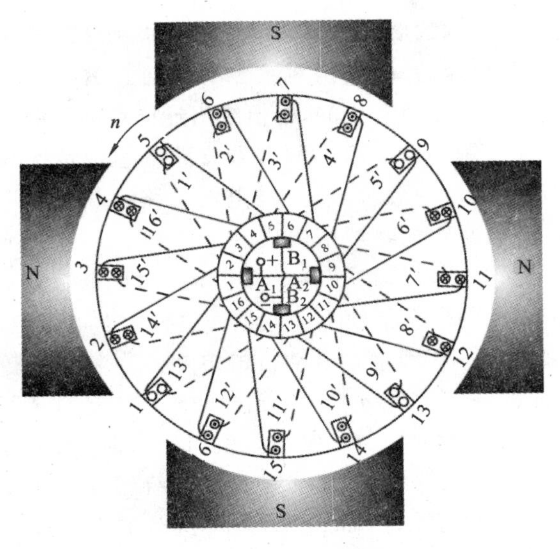

图 2-19 单叠绕组的结构

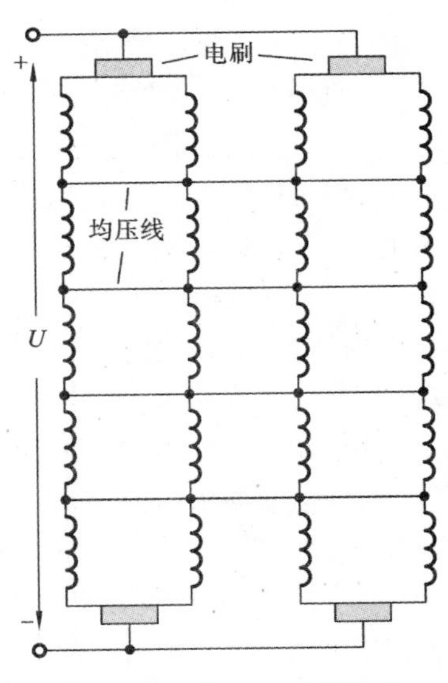

图 2-20 单叠绕组的环流抑制

2）单波绕组

单波绕组是另一种常用的电枢绕组基本形式，其连接方式为，将相隔大约两个极距，即在磁场中位置(相对某磁极位置而言)差不多的相对应元件连接起来,如图 2-21 所示,头接 5 号换向片的线圈(称为元件 5),其尾通过换向片 12 与下一绕组(称为元件 12)连接,两绕组的头均处于 N、S 磁极间的空间位置。这样的连接也可以保证当元件中通过电流时,同一磁极下线圈导体中的电流方向一致,从而产生同方向的电磁转矩,使电动机产生的总电磁转矩达到最大。这种绕组连接的特点是元件两出线端所连换向片相隔较远,相串联的元件也相隔较远。这样连接起来的元件的形式如波浪一样延伸,所以称为波绕组。由于顺着串联元件绕电枢一周以后,元件的末端不能与起始元件上层元件边所连的换向片相连,而必须与其相邻的换向片相连,这样绕组元件起始端所连换向片与绕组元件绕电枢一周后所连换向片要相隔 1 个换向片的距离,这种波绕组称为单波绕组。它在绕电枢一周时,经过有 p 对磁极,就有 p 个元件串联起来。当极对数是偶数时,换向片必须是奇数,电刷也放置在磁极轴线下的换向片上。

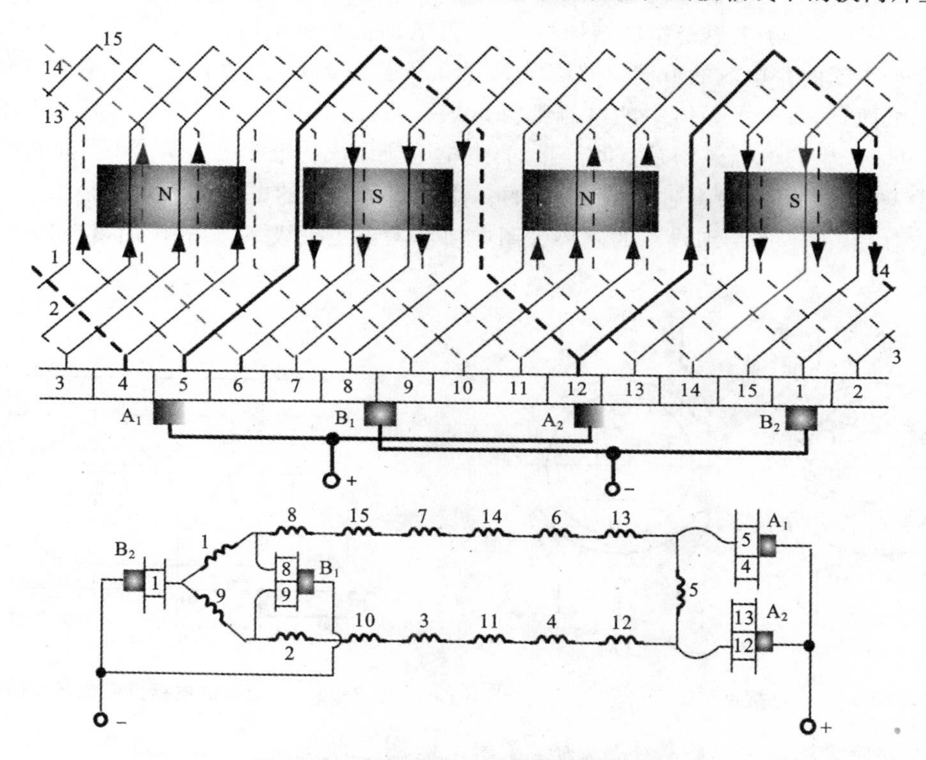

图 2-21 单波绕组展开图与等效电路图

从绕组电路图可以看出,在图 2-21 示瞬间,元件 5 被两个正极性电刷所短路,元件 1、9 被两个负极性电刷短路。元件 8、15、7、14、6、13 串联,这些元件中的电流方向相同,构成一条支路;元件 2、10、3、11、4、12 串联,这些元件中的电流方向也相同,构成另一条支路。电枢转动时,组成支路的元件在改变,被电刷短路的元件在更换,但从电刷外来看,仍旧保持一对并联支路的情况,所以单波绕组并联支路对数与磁极对数无关,总是等于 1。这样,单波绕组仅需一对电刷也可以正常工作,但对于多对极电动机,仍然配置使电刷数与磁极数相等,其目的是使通过每一电刷的电流减小,改善换向。单波绕组的特点决定了它的每条支路元件在电枢圆周上的均匀分布,因此不会产生单叠绕组并联支路电压不均衡的问题。

其他类型的绕组还有复叠绕组($a=2p$)、复波绕组($a=m$,m 为波绕的重数)等。由于本教材主要面向电动机的拖动控制,对电动机制造的内容不再深入展开,打算深入研究的读者可参阅相关电机学教材。

三、电枢反应

通过励磁绕组建立起直流电动机的主磁场后，我们向电枢绕组注入电流，即可使电机获得电磁转矩，实现电能向机械能的转换。

当电枢电流为零时，直流电动机内仅存在主极磁势 F_{m0} 建立的主极磁场，当电枢绕组中有电流流过时，电动机内将出现由电枢电流 I_a 建立的电枢磁势 F_a，这个电枢磁势也将建立起自己的磁场，对主磁场产生影响。电枢磁势对电动机内磁场的影响，称为电枢反应。

图 2-22 所示为一台 1 对极电动机当电枢通入电流 I_a 后所产生的电枢磁场。此时电枢本身像一个电磁铁，由于电枢绕组的结构特征，无论电动机是否旋转，电枢导线中的电流空间分布总是保持不变的。电流的方向仅取决于 I_a 的正负。图 2-22 中所有 N 极下导体中的电流方向都流入纸面，而 S 极下导体中的电流都流出纸面，这一状况不会因电动机转动而改变。因此，电枢电流产生的电枢磁场是空间静止的，电枢电流形成的电枢磁势 F_a 和磁场 Φ_a 在空间位置上与主磁极磁势 F_{m0} 和磁通 Φ_0 是正交的。注意这里所说的电枢磁势是指整个电枢所有线圈磁势的总和，而不是个别线圈的磁势。图中暂不考虑主磁极 N、S 的作用，仅将它们看做一段铁芯。

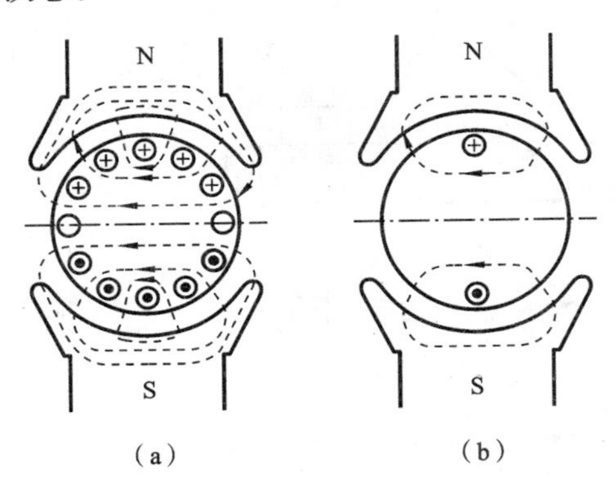

图 2-22　电枢反应磁场分布

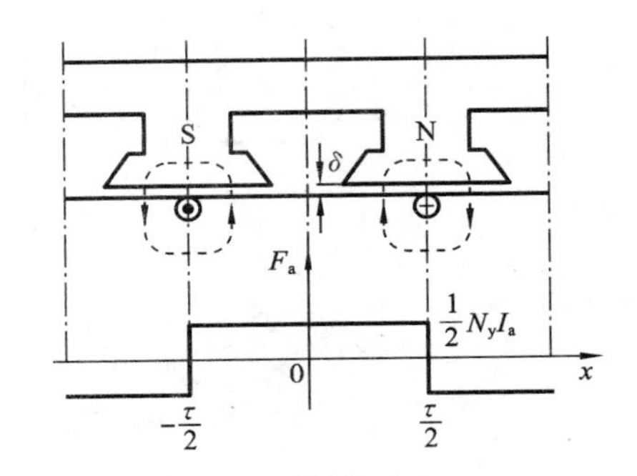

图 2-23　一元件的电枢反应磁场与磁势分布

电枢反应磁场由电枢磁势生成，为了了解电枢磁势的空间分布，首先来看一下一个载流线圈形成的磁势。设电枢槽内嵌有一绕组元件，元件边位于磁极轴线上，每元件边有 N_y 根导体，元件中电流为 I_a，如图 2-23 所示。根据安培环路定理，并考虑闭合路径中气隙磁阻远大于铁磁材料磁阻，设气隙长度为 δ，闭合路径 2 次穿越气隙，有

$$\sum Hl \approx 2H_a\delta = 2F_a = N_yI_a$$

因此，每气隙上产生的磁势近似为

$$F_a = \frac{1}{2}N_yI_a$$

根据载流导线生成磁场的右手螺旋法则，由图 2-23 所示电流方向可知，从 S 极轴线向右到 N 极轴线间，磁力线是从电枢铁芯穿出，通过气隙进入主磁极；而从 S 极轴线向左到 N 极轴线间，磁力线是从主磁极铁芯穿出，通过气隙进入电枢铁芯。如果定义从电枢铁芯穿出为正，则由这个宽度为 1 个极距的载流元件生成的电枢反应磁势依安培环路定理形成的空间分布如

图 2-23 中所示，它是一个以两个极距为周期，幅值为 $N_yI_a/2$ 的矩形波，磁势的跳变沿位于元件边所在空间位置。

现进一步考虑有四个绕组元件在电枢表面均匀分布的情况。每元件的两元件边跨距仍为 1 个极距，其空间分布和所载电流方向如图 2-24 所示。每元件在气隙中产生的磁势与单元件所产生的相同，均为矩形波，幅值相等，但由于元件空间位置的差异，这四个矩形波空间的位置也不同，各自的跳变沿发生在各自元件边所处空间位置，如图 2-24 中 1、2、3、4 所示。这四个磁势叠加得到气隙上电枢反应总磁势，它是一个以两个极距为周期、幅值为 $4\times(N_yI_a/2)$ 的阶梯波，幅值的顶点出现在主磁极的几何中性线上。可以预见，随着电枢表面均匀分布元件数的增多，磁势的空间分布波形会越来越逼近三角波。

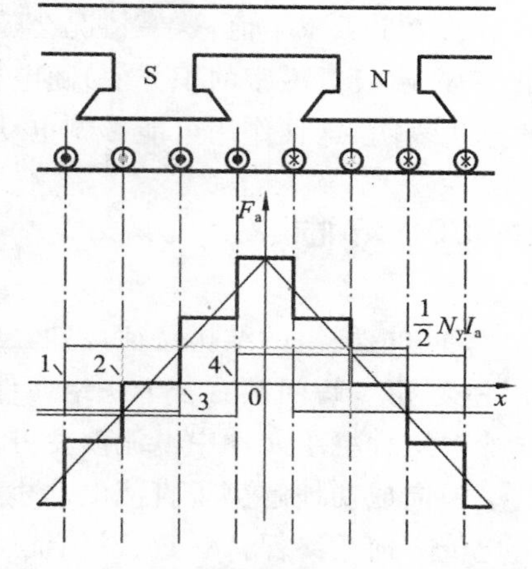

图 2-24 四元件所产生的电枢磁势

若假定电枢反应磁势可以用三角波近似，则由这个磁势所产生的气隙磁通分布如图 2-25(a) 中曲线 2 所示。极靴下气隙恒定，磁阻相同，电枢反应磁势产生的磁通密度与磁势同比增减，在两磁极之间气隙增大，极间的磁阻相应增大，造成电枢反应磁通密度非但不能随磁势增大，反而有所下降，形成一种类似鞍形的曲线。根据叠加原理，总的每极气隙磁通可以看做主磁极励磁磁势所产生的气隙磁通与电枢磁势所产生的气隙磁通之和，如图 2-25(a) 中曲线 4 所示。

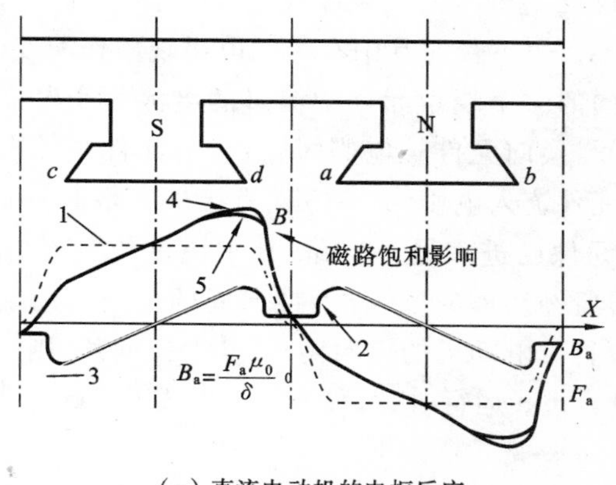

(a) 直流电动机的电枢反应

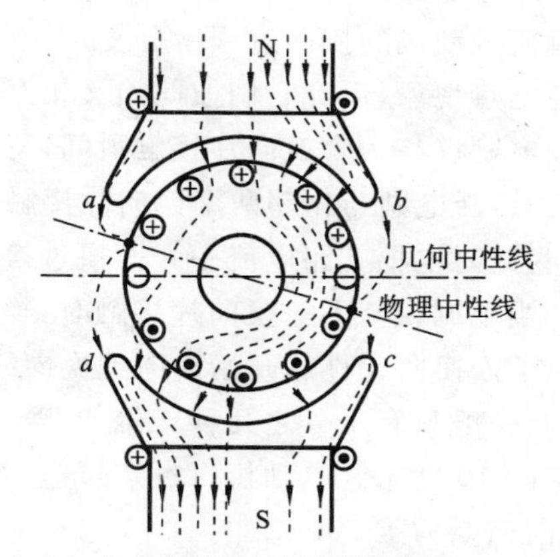

(b) 电枢反应对磁场的影响

图 2-25 直流电动机的电枢反应及其对磁场的影响

1—B_0；2—B_a；3—F_a；4—B_0+B_a；5—B

可以看出，电枢反应磁势 $\boldsymbol{F}_a$ 一部分形成去磁效应，如图 2-25 中 S 极轴线左侧，$\boldsymbol{F}_a$ 形成的磁通密度 $\boldsymbol{B}_a$ 与主磁通密度 $\boldsymbol{B}_0$ 方向是相反的，相加后合成磁通密度 $\boldsymbol{B}$ 减小；$\boldsymbol{F}_a$ 的另一部分则形成增磁效应，如图 2-25 中 S 极轴线右侧，$\boldsymbol{F}_a$ 形成的磁通密度 $\boldsymbol{B}_a$ 与主磁通密度 $\boldsymbol{B}_0$ 方向是相同的，相加后合成磁通密度 $\boldsymbol{B}$ 增加，如果磁路完全线性，一个磁极下的总磁通并不会发生变化，但在这里叠加原理并不能完全适用，因为在极靴端部和电枢齿部的磁通本来就已经比较饱和，磁通密度并不能按磁势的增加而正比增加，实际的合成气隙磁通密度分布如图 2-25 中曲线 5 所示，因此，电枢反应的结果如下。

(1) 气隙磁通受到歪扭，使主磁极轴线一侧的磁通密度下降，另一侧升高，并且使电枢表面磁通密度为零的物理中性线与几何中性线分离，沿电枢圆周偏移了一个不大的角度。

(2) 由于磁路的饱和，电枢磁势产生的磁通与主磁通合成时，在一个磁极空间下磁通密度的增加值小于减小值，这一情况会随着电枢电流的增大而变得越来越显著，导致每极气隙磁通量(一个磁极下磁密的积分值)随电枢电流的增加而减小，即电枢反应会产生去磁作用。后面的分析表明，这种作用可能影响电动机运行的稳定。

四、换向

由电枢绕组的结构特征可知，当电枢铁芯带动绕组元件旋转时，各并联支路的绕组元件依次轮换，每一瞬间都有若干绕组元件从一条支路进入另一条支路，其中的电流方向也相应发生改变。这种绕组元件中电流改变方向的过程，在直流电动机中称为换向。

换向成功地解决了直流电动机在电枢不断旋转运动过程中，旋转到同一磁极下的元件边中电流方向始终保持一致，以保证所有电枢导体对电枢形成方向一致的电磁转矩的问题，但同时也成为直流电动机运行中最薄弱的环节。电刷依靠弹簧压力贴紧在换向器上，运行中必然会产生摩擦损耗，电刷磨损会导致换向接触电阻增大、接触不良。换向不良的后果是电刷下会出现有害的火花。火花超过规定限度就会损坏电刷和换向器。换向还决定着直流电动机的电流过载能力。保持良好的换向，是保证直流电动机正常运行的必要条件之一，直流电动机在应用中，电刷、换向器需要进行经常性的维护，加大了它的运行成本，现已成为交流电动机取代它的一个重要原因。

直流电动机的换向过程十分复杂，它不仅仅是单一的电磁变化过程，同时还伴有机械、电化学与电热现象，而且它们彼此间又相互影响。以下仅对其中有关的电磁现象作简要介绍。

在电刷仅与一个换向片接触瞬间，待换向的一个绕组元件中流过的电流等于电枢绕组支路电流 i_a，当电刷与相邻两个换向片接触瞬间，换向元件被电刷短路，这时元件中的电流减小了，因为此时电枢支路电流一方面通过换向元件流入电刷，另一方面直接从支路下一元件流入电刷。当电刷仅与下一换向片接触时，换向元件已进入另一支路，其中流过的电流也从 i_a 变成 $-i_a$ 了。换向元件从开始换向到换向终了所经历的时间，称为换向周期。换向周期通常是极短的，一般只有千分之几秒。例如，若一台直流电动机的换向器有 36 个换向片，则每换向片对应空间 10 度角。电动机以额定转速 1500 r/min 运行时，每秒为 25 转，对应 9000 度空间角度，换向周期为 1/900 s。

1. 线圈自感电势对换向的影响

影响直流电动机正常换向的一个主要问题，是在换向期间被电刷短路元件中因电流变化在线圈电感中感生的自感电动势 $L\mathrm{d}i_a/\mathrm{d}t$ 也同时被电刷短路。为了说明它的影响，下面分析图 2-26、图 2-27 所示的换向过程。

1) 理想换向过程

图 2-26 展示了电枢元件的理想换向过程。假定流入电刷的电流为 80 A，每支路元件中电流为 40 A。对于图 2-26(a)所示状态，电刷位于 1 号换向片中心，两支路各 40 A 电流从电刷左右两支路流入电刷；假定在换向过程中，换向元件中的电流在自感电势作用下是线性下降的，当绕组与换向片移动到图 2-26(b)所示位置时，左边支路的 40 A 电流从电刷左侧流入，电刷右侧的 40 A 电流仅有 20 A 通过换向片 2 流入电刷右侧，另外 20 A 在被短路元件(1 号元

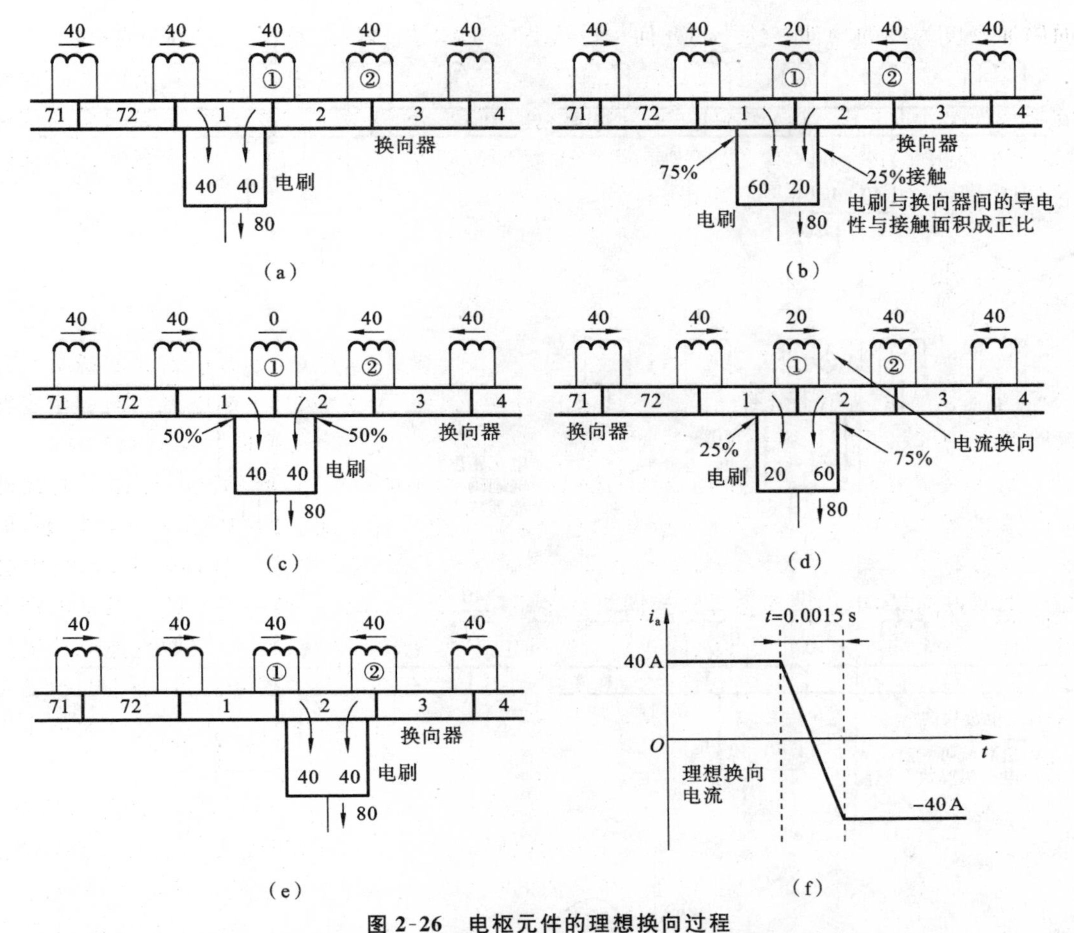

图 2-26 电枢元件的理想换向过程

件)自感电势力图维持电流不变的作用下继续通过被短路元件沿原方向从1号换向片流入电刷。此时电刷的75%压在1号换向片上,通过的电流正好也是电刷总电流的75%,电刷表面电流密度均等;电枢继续运动,被短路元件电流也同时线性下降,按每电刷移过25%接触面积电流下降20 A的速率,到图2-26(c)所示状态时,1号元件中电流正好降为零,电刷各50%面积压在1、2号换向片上,也同时各通过50%的电流,随着电枢的继续运动,1号元件中开始反方向建立电流。自感电势依然按相同速率抑制电流的负向增长,每移过25%面积,电流负增长20 A,如图2-26(d)、(e)所示,电刷表面的电流密度始终是均匀的,换向时电感能量的变化也可不受限制地正常进行,因此称这种换向为理想换向状态,换向时元件1中电流的变化如图2-26(f)所示。

2) 实际换向过程

在实际的换向过程中,当电动机运行速度比较高时,电刷从一个换向片换接到另一个相邻换向片所经的时间是非常短的。假定这一时间为0.0015 s,则换向元件中的自感电势应为 $e_L = L\dfrac{di}{dt} \approx L\dfrac{\Delta i}{\Delta t} = L\dfrac{80}{0.0015} \approx 5\times10^4 L$,虽然换向元件电感很小,但由于换向元件自身阻抗小,此电势维持电流不迅速下落的能力还是很强的,并且这个阻碍电流的换向作用随着电枢电流的增大和转速的升高还会进一步增强。

如图2-27所示,考虑如果换向时每当电刷相对换向片移过1/4面积,因自感电势的阻碍

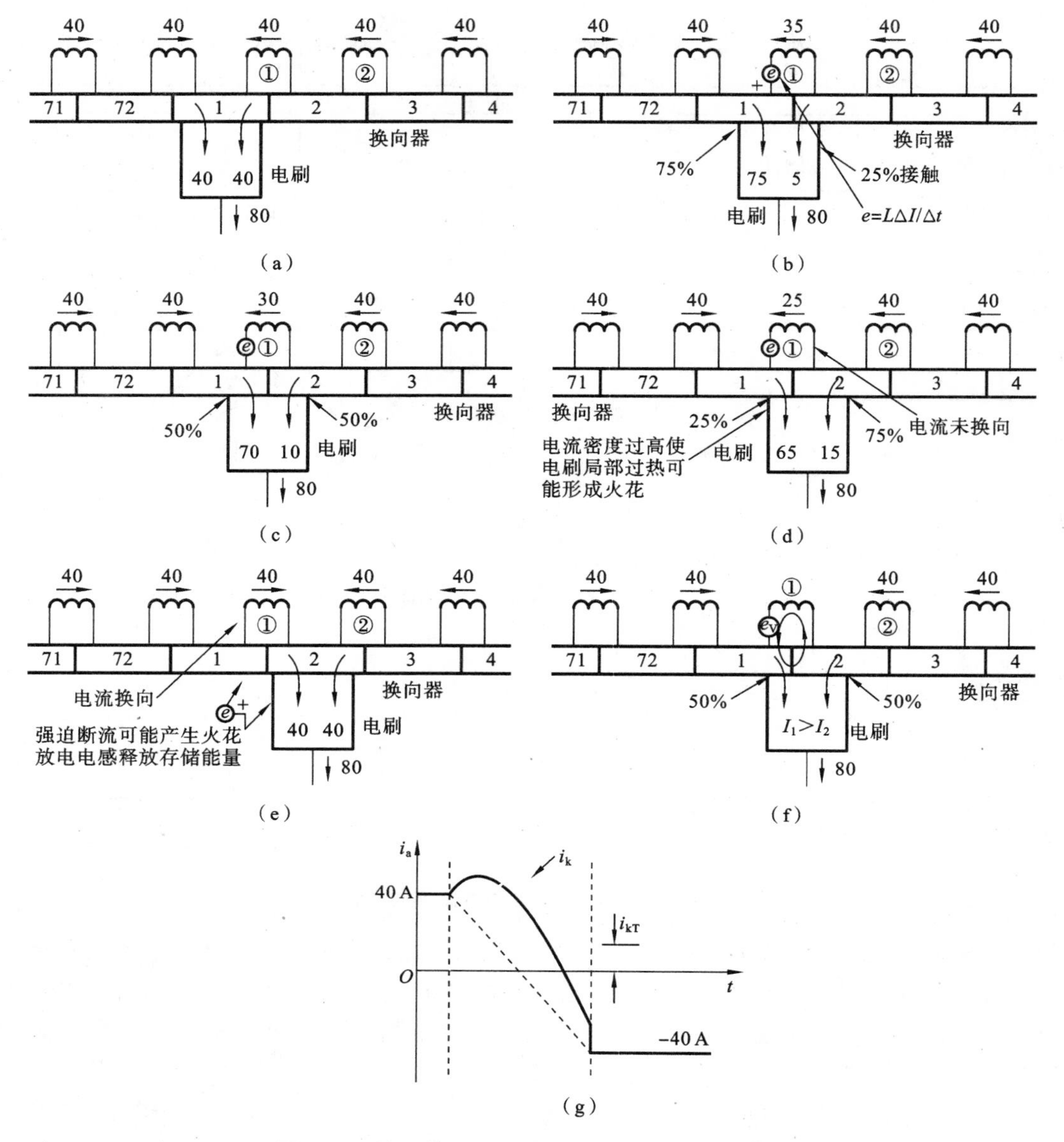

图 2-27　实际换向过程换向元件自感电势的影响

作用，换向元件电流仅能下降 5 A，当移过 3/4 面积时，换向元件中仍流过 25 A 电流，参见图 2-27(d)，此时在电刷左部 1/4 面积中将流过从左边支路来的 40 A 电流和换向元件来的 25 A 电流，右部 3/4 面积仅流过 15 A 电流，造成电刷局部电流过大，发热严重，随着换向片继续移出电刷边缘，这一现象更为突出。当换向片 1 完全移出电刷瞬间，换向元件 1 将被强迫换向，因为此时左支路 40 A 电流必须通过元件 1 流回电刷，这意味着在此瞬间，元件中的电流要立即从 20 A 变为－40 A，自感电势将趋向于无穷大，击穿空气使电感存储的能量通过电刷释放，在 1 号换向片与电刷间的空气中形成火花。频繁的火花放电将导致电刷和换向器损坏。

2. 物理中性线偏移速度电势对换向的影响

当电枢反应使磁场物理中性线发生位移时，换向元件切割电枢反应磁场(参见图 2-25

(b)),根据发电机原理右手定则,将产生一个与换向前元件中电流方向一致的速度电势,如图2-27(f)所示。它与自感电势都是阻碍换向元件电流变化的,它们的共同作用可导致换向开始瞬间换向元件中的电流甚至要大于换向前的电流,如图2-27(g)所示。图中 i_k 是换向元件自感电势与速度电势产生的附加电流,当被电刷短路的换向元件瞬时断开时,附加电流等于 i_{kT} 不为零,换向元件中存储的磁场能量 $\frac{1}{2}Li_{kT}^2$ 将形成瞬间高压击穿气隙,以火花放电形式转化为热能,散失在空气中。由于自感电势和速度电势的大小都与电枢电流成正比(电流越大,电枢反应越强),又与电动机的速度成正比,很大程度上制约了直流电动机在超大功率(大电流)下的高速运行。

综上所述,电枢反应和电枢电流换向问题对直流电动机运行的不利影响主要体现在以下两个方面:

(1) 使每极磁通减弱,同等电枢电流下电枢得到的电磁转矩下降,可能影响电动机运行的稳定性(这将在后面讨论);

(2) 可能产生换向火花,影响电刷、换向器寿命。

这些不利影响会随着电枢电流的增大和转速的升高而加剧。

3. 改善换向的方法

为了保证直流电动机的长期可靠运行,必须改善它的换向。早期在中小型直流电动机中,常采用将电刷向物理中性线方向移动的方法来改善换向,消除或减小换向火花。如果能将电刷移动到使换向元件中速度电势和自感电势不是相互增强而是相互抵消,则可以实现这一目标。这种方法的重大缺陷是,它只对一种负载电流(电枢电流)有效,当负载变化后,抵消作用就不再成立。现代电动机已不再采用这种方法。

现代电动机主要通过增设换向极、增加补偿绕组的方式来改善换向。

1) 换向极

消除换向火花的基本构想是,如果能控制换向元件在被电刷短路时,绕组元件中的电势为零,换向过程中就不会有火花形成。为了达到这个目的,可以在每对主磁极的几何中性线上配置一对小磁极(即换向极)。换向极直接位于换向元件上方,利用换向极提供的磁场,在运动中的换向元件导体上感生一个电动势,如果能使它完全抵消没有设置换向极时换向元件中的电势,就可以消除换向火花。

由于换向极很小,换向极磁场的覆盖范围仅能影响换向元件的导体,对主磁极极靴下的导体没有影响,因而不会影响电动机的运行转矩,也不会影响主磁极下磁通因电枢反应而发生的扭曲、饱和变化,也就是说,换向极并不能改善电枢反应的弱磁问题。

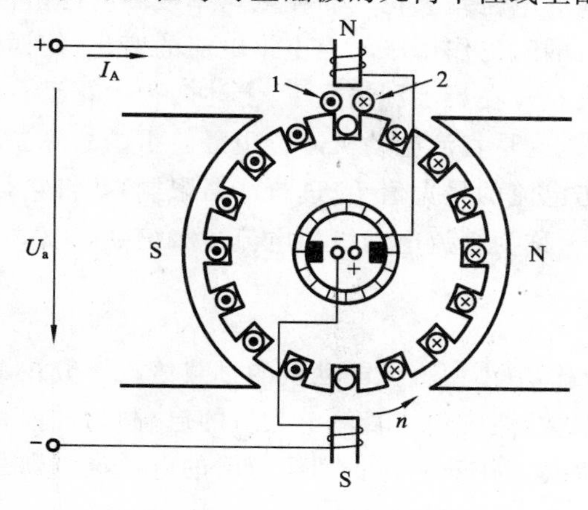

图2-28　换向极

1—换向极磁场在换向元件导体中感生的速度电势;
2—电枢反应引起物理中性线位移感生速度电势与换流自感电势合成电势

换向极是如何实现抵消原换向元件中的自感电势和速度电势的呢?如图2-28所示,它的励磁绕组与电枢绕组串联在一起,正确的连接可使换向极磁场的极性与电枢反应磁场的极性相反。随着负载的加重，电枢电流增大，在物理中性线位移加剧、换向元件自感电势加大的同时，换向极励磁电流也相应增大，换向极磁场增强，换向元件导体运动切割这个磁场，产生与原换向电势（物理中性线位移速度电势与自感电势之和）反方向的速度电势也相应增大。不论电机是工作在电动机状态还是发电机状态，也不论电机的负载如何变化，这个抵消作用始终有效，正确的设计可以保证抵消的基本实现。由于换向极技术可以有效地消除换向火花，现代直流电机中千瓦级以上功率的电动机通常都设有换向极。

2）补偿绕组

换向极虽然可以消除换向火花，但对主磁极下的磁场几乎没有影响，它并不能解决大功率电动机在重载下的电枢反应弱磁问题。为了很好地解决直流电机在重载下因电枢反应产生的磁场物理中性线位移和弱磁问题，一种加补偿绕组的技术产生出来。它采用在主磁极极靴表面上均匀开槽，槽内放入补偿绕组的方式。这些补偿绕组的导体与电枢表面导体是平行的，补偿绕组也与电枢绕组串联，显然，只要在同一主磁极下补偿绕组导体中的电流与对应电枢绕组导体中的电流方向相反，如图 2-29 所示，就可以使得定子主磁极下补偿绕组的磁势与对应电枢绕组元件导体产生的磁势相等，根据安培环路定理，图 2-29 所示的闭合路径合成磁势将等于零，因此可以完全抵消主磁极下的电枢反应，使磁场恢复到仅有主磁极励磁时的状态。

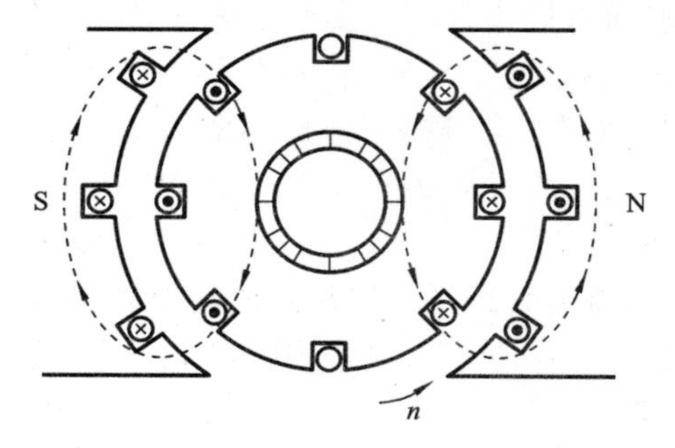

图 2-29　补偿绕组

增设补偿绕组的缺点是会大大增加电动机的制造成本，因为绕组必须安装在主磁极极靴表面的槽内。配置补偿绕组后，并不能取消换向极，因为补偿绕组不能解决因换向自感电势能量释放形成的换向火花问题。换向火花直接限制了直流电动机的过载能力。当电机承受冲击性负载时，电枢电流允许短时间超过其额定值，即过载运行。此时，换向元件中的速度电势、自感电势均会随之增大，这些电势之和有可能将与换向片相连的两换向片间的气隙击穿，产生所谓的电位差火花。而在变化率极高的冲击性电枢电流作用下，换向极磁通可能因铁芯磁滞涡流的阻尼作用跟不上电枢电流的变化，使换向极暂时失去作用，导致电刷下出现很强的电磁性火花。在最不利情况下，上述两种火花汇合在一起，形成一条环绕整个换向器的电弧，称为环火，这是直流电动机运行中最严重的故障。为绝对避免环火的出现，必须对直流电动机短时冲击电流的最大值 I_{am} 进行严格限制，并将它与额定电流之比的方式在电动机产品性能参数中给出，称为直流电动机的电流过载倍数，记作

$$\lambda_I=\frac{I_{am}}{I_{aN}} \tag{2-7}$$

中小型直流电动机的过载倍数一般在 1.5～2 倍之间。需要指出的是，这是一个短时过载倍数，通常仅在直流电动机的启、制动过程和负载冲击扰动转速调节时使用，以加快过渡过程，提高工作效率。长期运行时的电枢电流则必须严格控制在小于或等于额定电流范围之内。

五、励磁方式

直流电动机主磁极励磁绕组的供电方式称为励磁方式，不同的励磁方式对直流电动机的

运行特性影响是不同的。按励磁绕组与电枢绕组间的连接，励磁可分为他励、并励、串励、复励和永磁等五大类型，其中四种电励磁方式如图 2-30 所示。

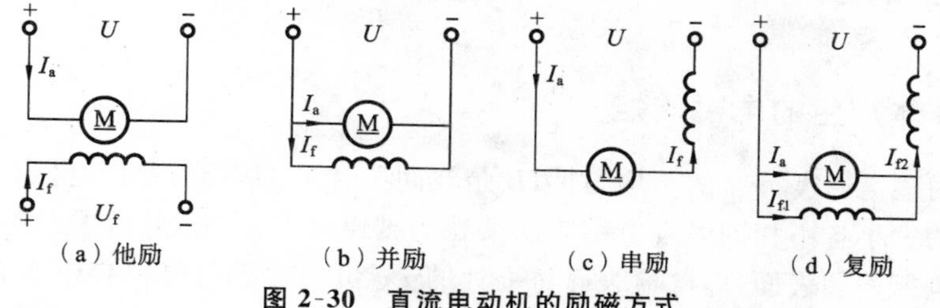

图 2-30 直流电动机的励磁方式

(1) 他励(separately excited)直流电动机的主磁极励磁绕组由独立的直流电源供电，如图 2-30(a)所示。其特点是励磁电流稳定，既不受电枢回路电流影响，也不受电机所带负载大小变化的影响，当不计电枢反应时，磁通为常数，当采用调压调速时，磁通可视为不变。

(2) 并励(shunt)的励磁绕组与电枢绕组并联连接共用一个直流电源，如图 2-30(b)所示。当这个直流电源容量足够大，内阻的影响可以忽略不计时，它的性能与他励的相当，这时励磁电流的大小可视为与电枢电流的大小无关，有时也将这种情况下的并励归并到他励类型。如果电源内阻不可忽略，则随着负载的变化，也即电枢电流的变化，会引起电源内阻压降变化，从而导致励磁电压和励磁电流波动而影响磁通，如果采用调压调速，则励磁电压的同时变化会使磁通也随之改变，因此这种方式不适于在调压调速时采用。

(3) 串励(series)指励磁绕组与电枢绕组串联连接，如图 2-30(c)所示。这种方式励磁电流就是电枢电流，串励的主要特点是电动机主磁场强度与电动机的负载强度直接相关。

(4) 复励(compound)指励磁绕组可分为他励和串励两部分。若两部分励磁绕组建立的磁势是相加的，则称为积复励式，若相减的则称为差复励式。电动机运行时其励磁电流和主磁通随负载变化的程度比串励的小，比他励的大。

(5) 永磁直流电动机无励磁绕组，靠自身一体的永久磁铁形成磁场，在电力拖动中常用做高精度位置与速度控制电动机，如高性能数控机床的进给伺服驱动。这类电动机一般为细长结构，具有较小的惯量和较高的短时过载能力，又称为永磁式直流伺服电动机，比普通直流电动机响应快。

2-3 电磁转矩与电枢电动势

通过前面的学习可知，直流电动机通过对 B 和 l 的构造搭建起机电能量转换的平台，在机电能量转换的过程中，法拉第电磁感应定律和安培力定律同时作用。电动机的构造使两定律要求的磁通密度、导体、运动方向两两正交的条件自动成立，相量积简化为代数积。当电枢导体中注入电流时，受安培力作用，它将对电枢产生电磁转矩，电枢得到的电磁转矩的大小取决于电枢上所有载流导体所产生转矩的总和。电枢运动时，运动导体也将依照法拉第电磁感应定律感生电动势，这些绕组元件中的导体在电动机中按绕组结构以一定规律串联后组成并联支路，从电刷看进去，看到的将是并联支路的所有导体的串联总电势，即电枢电动势(反电势)。电动机在实现机电能量转换的过程中，电磁转矩和电枢电势起着重要作用，以下给出它们的解析表达式。

一、电磁转矩

1. 一根导体产生的电磁转矩

因电动机内磁通密度分布的不均匀性，B 是空间位置 x 的函数，处在电枢表面各处的元件边所受电磁力的大小各不相同。设电枢表面某处的磁通密度为 B_x，并考虑到磁感应线总是垂直进入和穿出电枢铁芯表面，即电枢表面每一处的 B_x 恒与此处的电枢导体垂直，故位于此处的元件边所受电磁力的大小应为

$$F_x = B_x l i_a$$

由它建立的电磁转矩则为

$$T_x = F_x \times \frac{D_a}{2} = \left(B_x l i_a \frac{D_a}{2}\right)$$

式中：D_a 是电枢的平均直径。

2. dx 长度区间内导体产生的电磁转矩

假定导体均匀分布于电枢表面，其总数为 N，则沿电枢表面单位长度内的导体总数应为 $\frac{N}{\pi D_a}$，dx 弧长区间的导体数是 $\frac{N}{D_a \pi}\mathrm{d}x$，位于区段 d$x$ 内的导体产生的电磁转矩应为

$$\mathrm{d}T_{em} = T_{emx}\left(\frac{N}{D_a \pi}\mathrm{d}x\right) = B_x l i_a \frac{N}{2\pi}\mathrm{d}x \tag{2-8}$$

3. 一个主极下导体产生的转矩

对式(2-8)在一个极距 τ 内积分，可得一个主磁极下的全部导体所建立的电磁转矩为

$$T_{em\tau} = \int_{-\frac{\tau}{2}}^{\frac{\tau}{2}} \mathrm{d}T_{em} = \frac{N i_a}{2\pi}\int_{-\frac{\tau}{2}}^{\frac{\tau}{2}} B_x l \,\mathrm{d}x = \frac{N i_a}{2\pi}\Phi$$

式中：$\Phi = \int_{-\frac{\tau}{2}}^{\frac{\tau}{2}} B_x l\,\mathrm{d}x$，称为直流电动机的每极磁通。

又因 $I_a = 2a i_a$，故

$$T_{em\tau} = \frac{N i_a}{2\pi}\Phi = \frac{N i_a}{2\pi} \times \frac{I_a}{2a i_a}\Phi = \frac{N}{4\pi a}\Phi I_a$$

4. 电枢全部导体产生的电磁转矩

若电动机有 p 对磁极，则其电磁转矩应为

$$T_{em} = 2p T_{em\tau} = \frac{pN}{2\pi a}\Phi I_a$$

对于一台成品电动机，它的磁极对数 p、总导体数 N、并联支路对数 a 都是常数，将它们以一个常数代之，从而得到电动机电磁转矩的解析表达式为

$$T_{em} = K_T \Phi I_a \tag{2-9}$$

式中：$K_T = \frac{pN}{2\pi a}$，称为直流电动机的转矩常数，没有量纲。 (2-10)

磁通的单位为 Wb，电流的单位为 A，转矩的单位为 N·m。

对于他励直流电动机，当电枢反应的弱磁影响可忽略不计时，因其 Φ 也为常数，式(2-7)可表示为更简单的形式，即

$$T_{em} = C_T I_a \tag{2-11}$$

其中

$$C_T = K_T \Phi \tag{2-12}$$

称为他励直流电动机的转矩系数，具有磁通的量纲。

电磁转矩表达式(2-9)是描述直流电动机控制特性的重要关系式之一，它表明直流电动机的电磁转矩与三个因素有关。其中一个是与电动机本身结构相关的常数，另外两个分别为每极磁通和电枢电流，即直流电动机电磁转矩与每极磁通和电枢电流的乘积成正比。如果在电动机运行中能保持磁通为常数，直流电动机的转矩就直接与电枢电流成比例关系。由于电枢电流易于检测，这种能观能控的单变量线性模型对熟知经典线性控制理论的专业技术人员来说，磁通恒定时直流电动机的转矩控制是相当容易的。

从转矩常数的定义式可以看出，对于采用单叠绕组结构的电动机，$p=a$，增加磁极并不会影响转矩常数，但可以增加并联支路。电枢电流不变的情况下，并联支路越多，各支路的电流就越小。大型电动机常通过增加磁极来减小电枢导体中的电流，以减小电机尺寸，改善电动机性能(电流小，换向相对容易)。

二、电枢电动势

直流电动机运行时，在电枢上可以产生多大的电枢电动势？依据法拉第电磁感应定律，这个感应电动势取决于三个因素，即与 B 对应的每极磁通、电枢旋转的速度，以及与电动机有效导体相关的电动机结构常数。

在讨论它的解析表达式之前，先回顾一下关于电角度和机械角度的定义。

在以电枢圆心为 O 点的空间坐标系上，机械角度 θ_m 表明电枢导体在空间坐标系中的位置。电枢旋转一周，机械角度变化 360°或 2π 弧度。

机械角速度 Ω 与电机转速 n 间的关系为

$$\Omega = \frac{2\pi}{60} n \tag{2-13}$$

其中，机械角速度的单位为 rad/s，转速 n 的单位为 r/min。

电角度 θ_e 的定义：电枢旋转经过 2 个极距，电角度变化 360°或 2π 弧度，即对应磁通密度波形变化一周的空间角度。若电动机有 p 对磁极，则当电动机旋转一周时，磁通密度的波形将变化 p 个周期，因此电角度与机械角度间的关系为

$$\theta_e = p\theta_m$$

相应电角速度与机械角速度的关系为

$$\omega = p\Omega = p\frac{2\pi}{60} n \tag{2-14}$$

在本教材后续叙述中，如无特别说明，均以小写 ω 表示电角速度，大写 Ω 表示机械角速度。

直流电动机运行时，电枢导体与磁场产生相对运动，感生电动势。这个电势是指一条支路的电势，也就是两电刷间的电势。在直流电动机中，无论它的绕组采用什么结构形式，构成每一支路的所有串联元件中的电势方向都是一致的，这些元件在运动过程的任一瞬间，分布在磁

场内不同的空间位置，每个元件内感生电势的瞬时值正比于所在空间的磁通密度，各有不同。但是任何瞬间构成支路的情况没有多大差别。虽然在元件换向过程中，支路元件数会有一个元件的差别，但换向元件在被电刷短路前后，它的元件边都已处于磁通密度趋于零的区域，这个元件是否串联在支路中对支路电势的影响是很小的，而每个元件中电势在历经一个极距过程中的变化情况是相同的，因此每条支路中各元件电势瞬时值的总和可以认为是不变的。要计算支路电势，可先求出每个元件电势的平均值，然后乘以各支路串联元件数获得。

当一元件从某一磁极轴线位置旋转运动到相邻磁极轴线位置，即转过一个极距时，电枢所转过的电角度为 π，与元件交链的磁通由 Φ 变到 $-\Phi$，设以电角度为单位的电枢角速度为 ω，这一过程所花费的时间是

$$\Delta t=\frac{\pi}{\omega}=\frac{\pi}{p\,\dfrac{2\pi}{60}n}=\frac{60}{2pn}$$

由电磁感应定律有

$$e=-N_s\,\frac{\mathrm{d}\Phi}{\mathrm{d}t}$$

式中：N_s 为每个绕组元件的匝数。

则一元件转过一极距后感应电势的平均值为

$$E_{av}=\frac{1}{\dfrac{60}{2pn}}\int_0^{\frac{60}{2pn}}e\mathrm{d}t=\frac{2pn}{60}\int_{\Phi}^{-\Phi}-N_s\mathrm{d}\Phi=\frac{2pn}{60}N_s2\Phi=N_s\,\frac{4\Phi}{60}pn$$

若电枢绕组总元件数为 S，则每支路串联元件数为 $S/2a$。由于每一元件有两个元件边，且每一元件有 N_s 匝，所以，电枢表面总导体数是 $N=2SN_s$。记电枢电势 E_a 为支路各串联绕组元件内感应电动势之和，有

$$E_a=\frac{S}{2a}E_{av}=\frac{S}{2a}N_s\,\frac{4\Phi}{60}pn=\frac{pN}{60a}\Phi n=K_e\Phi n$$

得到直流电动机原理的第二个重要关系式

$$E_a=K_e\Phi n \tag{2-15}$$

其中

$$K_e=\frac{pN}{60a} \tag{2-16}$$

称为直流电动机的电势系数或电势常数。

若磁通的单位为 Wb，转速单位为 r/min，则感应电势单位为 V。

式(2-15)表明直流电动机的电枢电动势具有以下特点。

(1) 直流电动机的电枢电势的大小与每极磁通和电动机转速的乘积成正比。

(2) 电势常数由电动机的磁极对数、总导体数、并联支路对数决定，对于已制成的电动机，它是一个常数，与外部电路参数无关。

与转矩表达式类似，对他励直流电动机，磁通不变时，有

$$E_a=C_en \tag{2-17}$$

式中：$C_e=K_e\Phi$，常数 C_e 有量纲，其单位为 Wb。 (2-18)

(3) 电势常数和转矩常数之间的关系为

$$\frac{K_T}{K_e}=\frac{\dfrac{pN}{2\pi a}}{\dfrac{pN}{60a}}=\frac{C_T}{C_e}=\frac{60}{2\pi}\approx 9.55 \tag{2-19}$$

(4) 电动机机电能量的转换关系为

$$E_a = K_e \Phi n = K_T \Phi \frac{2\pi}{60} n = K_T \Phi \Omega$$

两边同乘电枢电流并利用式(2-9),可得到

$$E_a I_a = K_T \Phi I_a \Omega = T_{em} \Omega$$

上式表明,从电磁的观点看,电动机通过电磁感应作用,从电源吸取(或发出)电功率,从机械的观点看,在电动机中,ΩT_{em}代表电动机电磁转矩对机械负载所提供的机械功率,而在发电机中,ΩT_{em}代表原动机克服电磁转矩所需输入电机的机械功率。直流电机在进行能量变换过程中,电功率变换为机械功率或机械功率变换为电功率的这部分功率为 $E_a I_a$ 或 ΩT_{em},称为电磁功率 P_{em}。由于能量守恒,二者相等。

2-4 电势平衡方程与功率平衡方程

为了实现对直流电动机运动的高品质控制,首先必须建立它的数学模型。本节以电动机为研究对象,分析直流电动机在负载时的电磁过程、运行特性和数学模型的基本方程。

一、电势平衡方程

从电路的角度观察,直流电动机有励磁和电枢两个相互独立的支路。直流电动机运行时的磁场由主磁极绕组励磁磁势(或永久磁铁主极磁场)、电枢反应磁势、换向极磁势(如果有)、补偿绕组磁势(如果有)共同产生。其中主极磁场与电枢反应相关磁场方向始终垂直,使励磁绕组与电枢绕组间不会产生互感作用。如果主极磁场能在运行中保持恒定(他励、理想电压源并励、永磁电机),直流电动机电枢回路可用图 2-31 所示电路描述。依照图示各电量的假定正向,可列出电枢回路的瞬态电势平衡方程如下(小写代表该变量是瞬态、以时间为自变量的函数):

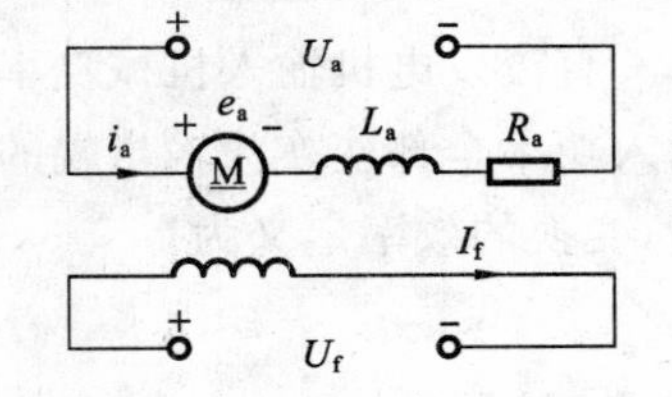

图 2-31 直流电动机的电路模型

$$u_a = e_a + L_a \frac{di_a}{dt} + R_a i_a \tag{2-20}$$

式中:R_a 为电枢回路电阻,包括绕组电阻和换向器电阻,与外电路无关;L_a 为电枢电感;u_a 为加至电枢的直流电源电压;e_a 为反电势。

各电量的假定正向按电动机运行时的实际方向给出,这种假定正向的指定方法称为电动机惯例假定正向。

稳态时,电势平衡方程为

$$U_a = E_a + R_a I_a \tag{2-21}$$

式中:$E_a = K_e \Phi n$。

这个关系式是描述直流电机控制特性的第三个重要关系式。

【例 2-2】 设某他励直流电动机 $R_a = 1\ \Omega$,$n = 500$ r/min 时 $E_a = 50$ V。如果电枢电压 $U_a = 150$ V,试计算:

(1) 转速为 0 时的电枢电流(启动电流);

(2) 电动机在 1000 r/min 和 1460 r/min 时的反电动势;

(3) 在 1000 r/min 和 1460 r/min 时的电枢电流。

解 (1) 转速为 0 时电枢是静止的,反电动势为 0 V,启动电流仅受 R_a 限制,有

$$I_a=U_a/R_a=150/1\ \text{A}=150\ \text{A}$$

(2) 因励磁不变,反电动势与转速成正比,可得

$$C_e=\frac{E_a}{n}=\frac{50}{500}\ \text{Wb}=0.1\ \text{Wb}$$

当 $n=1000$ r/min 时

$$E_a=C_e n=0.1\times1000\ \text{V}=100\ \text{V}$$

当 $n=1460$ r/min 时

$$E_a=C_e n=0.1\times1460\ \text{V}=146\ \text{V}$$

(3) 当 1000 r/min 时

$$I_a=(U-E_a)/R_a=(150-100)/1\ \text{A}=50\ \text{A}$$

当 1460 r/min 时

$$I_a=(U-E_a)/R_a=(150-146)/1\ \text{A}=4\ \text{A}$$

二、功率平衡方程

1. 损耗与损耗反转矩

直流发电机输入机械功率输出电功率,电动机输入电功率输出机械功率,但它们都不能将输入功率全部变换为输出端的输出,在能量变换过程中总存在一定的损耗。对直流电动机而言,变换的效率定义为

$$\eta=\frac{P_2}{P_1}\times100\% \tag{2-22}$$

直流电动机的损耗大体上可有以下几种类型。

1) 机械损耗 P_Ω

它包括了轴承损耗、电刷与换向器的摩擦损耗以及旋转部分与空气摩擦的损耗、冷却风扇风阻、摩擦消耗的功率。机械损耗的大小与转速有关。

2) 铁耗 P_{Fe}

铁耗主要为电枢铁芯在磁场中旋转时铁芯中的磁滞、涡流产生的损耗。铁耗大体上与转速(或频率)的 1.3～1.5 次方,以及磁通密度峰值的 2 次方成正比。

上述两种损耗,是在电动机正常励磁、旋转起来但还没有带负载时就有的,因此常把它们合并在一起称为空载损耗 P_0,即

$$P_0=P_\Omega+P_{Fe} \tag{2-23}$$

空载损耗产生反转矩或制动转矩。

3) 附加杂散损耗 P_s

直流电机的铜线和铁芯钢片都能产生附加损耗。例如,在钢片中,电枢反应使磁场扭曲引起的电枢铁耗、电枢拉紧铁螺杆在磁场内旋转所引起的铁耗、元件换向被电刷短路时可能存在

的短路电流引起的损耗等。附加损耗一般不易计算，而估计为额定负载的1%，小电动机的也可忽略不计。为简化分析，本教材在后续分析中暂作忽略处理。

4）铜耗 P_{Cu}

铜耗包括电枢回路铜耗和励磁回路铜耗，其中电枢回路铜耗占主要部分。电枢铜耗又包括电枢绕组电阻铜耗、换向极绕组铜耗、补偿绕组铜耗以及电刷与换向器接触损耗等。一般石墨电刷与铜的接触压降约为2 V，其损耗为$2I_a$。近似计算时，这项损耗往往并入电枢铜耗内，这时的电枢电阻包括绕组电阻和与电枢串联的其他各绕组电阻以及电刷与换向器的接触电阻，尽管事实上电刷与换向器接触电阻并不是一个常数。

2. 功率平衡方程

对于他励直流电动机，功率平衡方程为

$$P_1 = U_f I_f + U_a I_a = P_f + P_a \tag{2-24}$$

式中：P_f 为励磁回路功率；P_a 为电枢回路功率。

$$P_a = P_{Cua} + P_M \tag{2-25}$$

式中：P_M 称为机械功率。

扣除电动机自身消耗，最终在轴上输出的机械功率为

$$P_2 = P_M - P_0 \tag{2-26}$$

对电枢回路，稳态时的电势平衡方程为

$$U_a = E_a + R_a I_a$$

两边同乘以电枢电流，得

$$U_a I_a = E_a I_a + R_a I_a^2$$

$U_a I_a$ 为正，代表外部直流电源向电动机输入电功率 P_a；$E_a I_a$ 为正，代表电动机从电源吸收电功率，称为电磁功率 P_{em}；$R_a I_a^2$ 为电枢绕组铜耗 P_{Cua}。其中，电磁功率通过电动机全部转换成机械功率，即

$$P_{em} = E_a I_a = K_e \Phi n \frac{T_{em}}{K_T \Phi} = \frac{K_e}{K_T} T_{em} n = T_{em} \frac{2\pi}{60} n = \Omega T_{em} = P_M \tag{2-27}$$

这样，直流电动机在忽略励磁功率时电磁功率可通过电动机全部转换成机械功率，即 $P_M = P_{em}$。从而式(2-26)又可写成

$$P_2 = P_{em} - P_0 \tag{2-28}$$

这样，在忽略励磁功率损耗时，直流电动机的功率平衡方程为

$$P_1 = P_{Cua} + P_{em} = P_{Cua} + P_0 + P_2 \tag{2-29}$$

上述平衡关系可以用图2-32所示的示意图来表示。

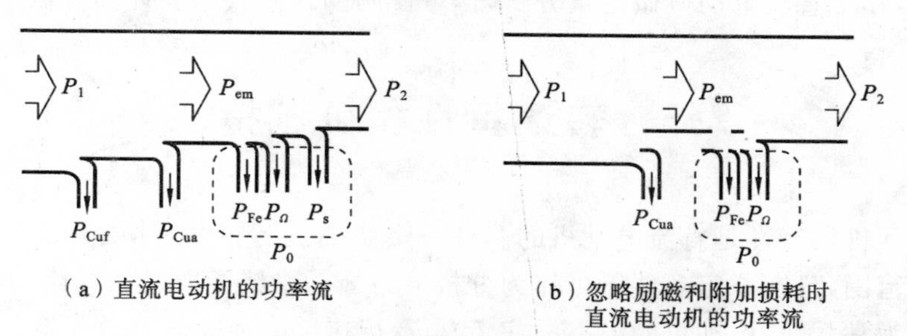

(a) 直流电动机的功率流　　(b) 忽略励磁和附加损耗时直流电动机的功率流

图2-32　直流电动机的功率流

由式(2-27),可以得到电磁转矩与电磁功率和机械角速的关系,即

$$T_{em}=\frac{P_{em}}{\Omega} \tag{2-30}$$

将式(2-28)两边同除以机械角速度,有

$$\frac{P_2}{\Omega}=\frac{P_{em}}{\Omega}-\frac{P_0}{\Omega}$$

得到

$$T_2=T_{em}-T_0 \tag{2-31}$$

即轴上输出转矩=电磁转矩-空载转矩。而忽略励磁功耗情况下的功率平衡可表示为如下更为清晰的机电功率平衡形式:

$$U_a I_a=R_a I_a^2+E_a I_a$$

$$\Omega T_{em}=\Omega T_2+\Omega T_0 \tag{2-32}$$

3. 磁场在直流电动机机电能量转换过程中的作用

直流电动机在稳态运行时,气隙磁场保持不变,磁场能量没有变化,磁场未直接参加能量转换,仅起到媒介作用,表现如下:

(1) 依照电磁感应定律,$e=Blv$,感应电动势在磁场与绕组交链的磁通因绕组运动而发生变化时产生,这时机械能通过磁场为媒介转化成电能;

(2) 依据安培力定律 $F=Bli$,电磁力在绕组中的电流与气隙磁场相互作用下产生,这时电能通过磁场为媒介转化成机械能。

【例 2-3】 忽略励磁损耗,分别计算例 2-2 中电动机在转速为 0、$n=1460$ r/min 时的输入功率、电磁转矩和电磁功率。

解 (1) 当转速为 0 时:

$$P_1=UI_a=150\times150\ \text{W}=22500\ \text{W}=22.5\ \text{kW}$$

$$T_{em}=C_T I_a=9.55C_e I_a=9.55\times0.1\times150\ \text{N}\cdot\text{m}=143\ \text{N}\cdot\text{m}$$

$$P_{em}=T_{em}\Omega=0\ \text{W}$$

(2) 当 $n=1460$ r/min 时:

$$P_1=UI_a=150\times4\ \text{W}=600\ \text{W}=0.6\ \text{kW}$$

$$T_{em}=C_T I_a=9.55C_e I_a=9.55\times0.1\times4\ \text{N}\cdot\text{m}=3.82\ \text{N}\cdot\text{m}$$

$$P_{em}=T_{em}\Omega=T_{em}\frac{2\pi}{60}n=3.82\times\frac{1}{9.55}\times1460\ \text{W}=584\ \text{W}$$

或

$$P_{em}=P_1-P_{Cua}=P_1-I_a^2R_a=600-4^2\times1\ \text{W}=584\ \text{W}$$

或

$$P_{em}=E_a I_a=C_e n I_a=0.1\times1460\times4\ \text{W}=584\ \text{W}$$

此例说明,在对直流电动机做定量分析时,可使用的计算公式和计算方法不是唯一的。

2-5 转速特性和机械特性

转速特性和机械特性是直流电动机的两种最重要的运行特性,其函数图形基本上决定了电动机的应用范围,且在一定条件下可作为分析电力拖动系统机电运动规律的重要工具。

电枢电压为常数时,电动机的电枢电流 I_a 与运行速度 n 之间的函数关系 $n=f(I_a)$ 称为直流电动机的转速特性;同一条件下电动机的电磁转矩 T_{em} 与运行速度 n 之间的函数关系 $n=$

$f(T_{em})$称为直流电动机的机械特性。

由稳态电势平衡方程

$$U_a = E_a + R_a I_a = K_e \Phi n + R_a \frac{K_T \Phi}{K_T \Phi} I_a = K_e \Phi n + \frac{R_a}{K_T \Phi} T_{em}$$

得到机械特性方程为

$$n = \frac{U_a}{K_e \Phi} - \frac{R_a}{K_e K_T \Phi^2} T_{em} \tag{2-33}$$

转速特性方程为

$$n = \frac{U}{K_e \Phi} - \frac{R_a}{K_e \Phi} I_a \tag{2-34}$$

在不同的励磁方式下，磁通 Φ 随电枢电流 I_a 的变化规律不同，导致同一电动机的转速特性和机械特性函数图形不尽相同，下面分别予以说明。

一、他励直流电动机的转速特性和机械特性

他励直流电动机的励磁回路相对于电枢电路而言是独立的，若不考虑电枢反应和励磁电源波动的影响，则磁通 Φ 可视为常数。此时它的转速特性和机械特性图形都是一条直线，且斜率相同，如图 2-33 所示。因为 $T_{em} = C_T I_a$，故在适当的比例尺下转速特性和机械特性可用同一直线代表。

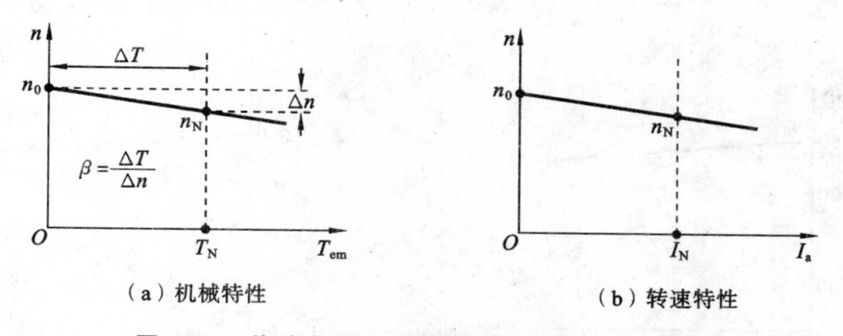

图 2-33 他励直流电动机的转速特性与机械特性

直线与纵轴的交点代表 I_a 为零，T_{em} 也为零时电动机的运行速度，称为理想空载转速 n_0，不失一般性，有

$$n_0 = \frac{U_a}{K_e \Phi} \tag{2-35}$$

转速特性和机械特性直线的斜率分别等于 $-\frac{R_a}{K_e \Phi}$ 和 $-\frac{R_a}{K_e K_T \Phi^2}$。负的斜率说明，在第一象限它是一条向右下倾斜的直线。他励运行时，理想空载转速与额定负载下转速相差不大，这种在负载变化时转速降落 $\Delta n = n_0 - n$ 不大的特性称为“硬特性”。引入特性硬度的定义为

$$\beta = \frac{\Delta T}{\Delta n} \tag{2-36}$$

即在同等转矩变化的条件下，转速变化越小，特性越“硬”；反之，转速变化越大，特性越“软”。

【例 2-4】 他励直流电动机铭牌数据为 $P_N = 2.8$ kW，$U_N = 220$ V，$I_N = 15.5$ A，$n_N = 1500$ r/min，如果励磁功率可以忽略，试计算其机械特性。

解 利用式(2-33)计算机械特性时，需要知道电枢电阻 R_a 的值，R_a 可通过实验测定，也可根据铭牌数据估算。估算的依据是，额定工况下电动机的电枢铜耗等于其总损耗的 50%～

75%,即

$$I_{aN}^{2}R_{a}=\left(\frac{1}{2}\sim\frac{2}{3}\right)(1-\eta_{N})U_{aN}I_{aN}$$

式中:$U_{aN}I_{aN}$为额定工况下电动机的输入功率;$\eta_{N}=\dfrac{P_{N}}{U_{aN}I_{aN}}$为额定工况下电动机的运行效率。

整理可得

$$R_{a}=\left(\frac{1}{2}\sim\frac{2}{3}\right)\left(1-\frac{P_{N}}{U_{aN}I_{aN}}\right)\frac{U_{aN}}{I_{aN}} \tag{2-37}$$

本例取50%计算,估算得

$$R_{a}=0.5(1-\eta_{N})\frac{U_{aN}}{I_{aN}}=0.5\times\left(1-\frac{2.8\times1000}{220\times15.6}\right)\times\frac{220}{15.6}\ \Omega=1.3\ \Omega$$

据此及已知数据,可求出

$$C_{e}=\frac{U_{aN}-R_{a}I_{aN}}{n_{N}}=0.133\ \text{Wb}$$

$$C_{T}=9.55C_{e}=1.27\ \text{Wb}$$

$$n_{0}=\frac{U_{aN}}{C_{e}}=1650\ \text{r/min}$$

$$T_{emN}=C_{T}I_{aN}=1.27\times15.6\ \text{N}\cdot\text{m}=19.8\ \text{N}\cdot\text{m}$$

据此,在 T-n 坐标平面上定出$(0,\ n_{0})$和$(T_{N},\ n_{N})$两点,作直线即可得到机械特性的图形,如图 2-34 所示。

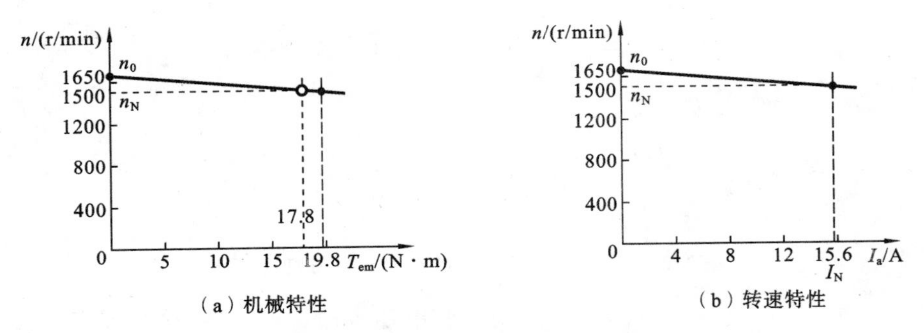

图 2-34 例 2-3 电动机的机械特性与转速特性

从此例可见,他励直流电动机的电枢电流与电磁转矩成正比,机械特性和转速特性具有相同的形状。工程中因电流容易测量,故更常用转速特性来讨论他励直流电机拖动系统的性能。

二、串励直流电动机的机械特性

串励直流电动机的原理电路如图 2-35(b)所示。因主磁通 Φ 是 I_{a} 的函数,其机械特性可分两段近似考虑。当电流较小时,电动机磁路饱和程度不高,可近似认为磁通与电流成正比,令 K 为比例系数,有

$$\Phi=KI_{a}$$

$$T_{em}=K_{T}\Phi I_{a}=K_{T}KI_{a}^{2}=\frac{K_{T}}{K}\Phi^{2}$$

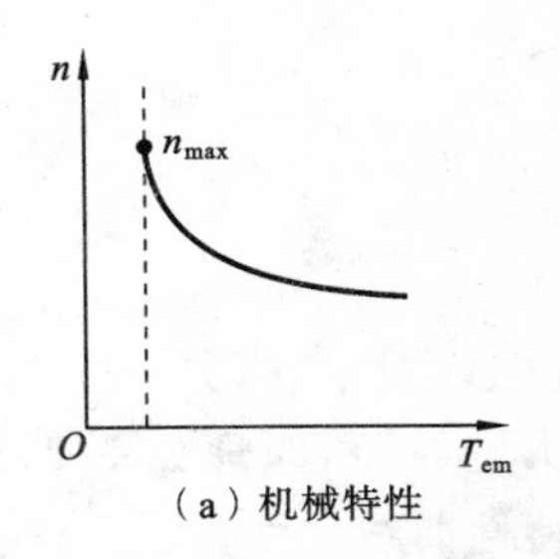

(a) 机械特性

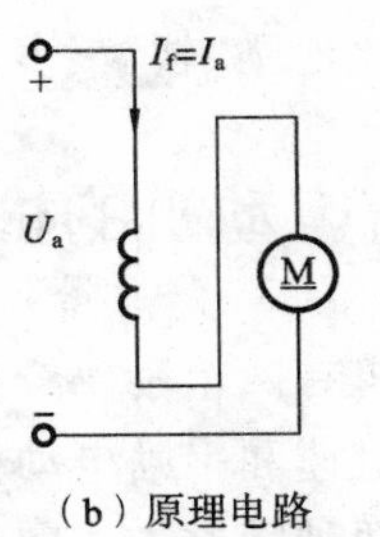

(b) 原理电路

图 2-35 串励直流电动机的机械特性与原理电路

$$n = \frac{U_a}{K_e \Phi} - \frac{R_a}{K_e K_T \Phi^2} T_{em} = \frac{U_a}{K_e C I_a} - \frac{R_a}{K_e K_T C^2 I_a^2} K_T C I_a^2$$

$$= \frac{U_a}{K_e \sqrt{\frac{C}{K_T} C K_T I_a^2}} - \frac{1}{K_e C} R_a = C_1 \frac{U_a}{\sqrt{T_{em}}} - C_2 R_a$$

函数图形为双曲线的一部分，n 轴是它的一条渐近线，如图 2-35(a)所示。因电流为零时磁通亦为零，故转矩为零时转速趋向于无穷大，因此串励直流电动机绝对不允许空载运行，也不允许采用皮带等易滑脱的传动机构。国家标准《旋转电机(牵引电机除外)确定损耗和效率的试验方法》(GB/T 755.2—2003)规定，串励式直流电动机的最高运行速度定义为：$n_{max} = n_{1/4}$，它等于电动机轴上输出功率为额定功率的 1/4 时的转速。轻载时，增大负载转速下降很快，特性很“软”。继续加大负载，特性逐渐转入另一种形态，这时磁路逐渐趋于饱和，I_a 增大磁通仅会略微增加，特性逐渐变硬，但仍比他励特性“软”。

串励的优点是启动转矩较大，同时过载时转速降较大，输出功率 $P_2 = \Omega T_2 \approx \Omega T_{em}$ 变化不大，可避免电动机受损，负载减轻时转速可自动回升。

【例 2-5】 直流电动机在某转矩时的 $n = 1000$ r/min，$I_a = 40$ A，$R_a = 0.05\ \Omega$，$U_a = 110$ V。

(1) 他励工作时，若转矩增大到原来的 4 倍，求此时的 I_a 和 n。

(2) 串励工作时，若转矩增大到原来的 4 倍，求此时的 I_a 和 n。

假定磁路不饱和。

解 (1) 他励，磁通为常数，转矩与电枢电流成正比，记原转速下电流为 I_{a0}，则转矩增大 4 倍时

$$I_a = 4 I_{a0} = 4 \times 40\ \text{A} = 160\ \text{A}$$

$$K_e \Phi = C_e = \frac{U_a - R_a I_{a0}}{n} = \frac{110 - 0.05 \times 40}{1000}\ \text{Wb} = 0.108\ \text{Wb}$$

$$n = \frac{U_a - R_a I_a}{C_e} = \frac{110 - 0.05 \times 160}{0.108}\ \text{r/min} = 944\ \text{r/min}$$

(2) 串励，磁路不饱和时磁通与 I_a 成正比，原转矩为

$$K_T \Phi I_{a0} = K_T C I_{a0}^2$$

现转矩增大到原来的 4 倍时，有

$$K_T C I_a^2 = 4 K_T C I_{a0}^2$$

$$I_a = 2 I_{a0} = 2 \times 40\ \text{A} = 80\ \text{A}$$

$I_a = 2 I_{a0}$，故磁通比原来增大一倍，有

$$n = \frac{U_a - R_a I_a}{K_e \Phi} = \frac{110 - 0.05 \times 80}{2 \times 0.108}\ \text{r/min} = 491\ \text{r/min}$$

可见串励的特性比他励"软"很多。

三、复励直流电动机的机械特性

积复励直流电动机有两个励磁绕组，一个与电枢绕组串联，另一个与直流电源连接，兼有他励电动机空载不会过速和串励电动机启动转矩大的特点，原理如图 2-36 所示，其机械特性曲线介于他励与串励两种励磁方式的电动机机械特性曲线之间，曲线有确定的理想空载转速，但硬度较小，也是一种软特性。差复励直流电动机应用极少，本书从略。

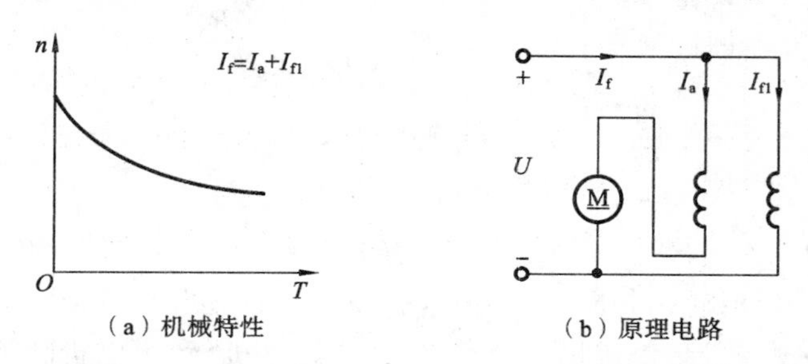

（a）机械特性　　（b）原理电路

图 2-36　积复励直流电动机的机械特性和原理电路

小　　结

直流电机通过对磁场和导体的构造实现机械能量和直流电能之间的转换。电机作为发电机还是电动机取决于输入功率的性质，直流电机既可作为发电机运行，也可以作为电动机运行。发电机原理和电动机原理是学习掌握直流电机运行原理的最基本原理。当电机运行时，这两个原理所描述的机电能量转换是同时并存的。在能量变换过程中，磁场起变换媒介作用，磁场能量不参与能量的交换。

直流电机外接线端电压和线中电流是直流，但其电机电枢绕组内部的电压和电流是交流，它们通过换向器和电刷变换为端子上的直流。

直流电机的磁场能量主要集中在主磁极与电枢铁芯间的气隙中，这个气隙磁场主要由主磁极磁势建立，但电枢磁势对它有重要影响。

由主极磁势建立的磁场称为主极磁场，其特点是，在一个极距中，磁场密度沿气隙的分布为平顶波，极靴外磁场密度迅速下降，在几何中性线上磁场密度为零，与磁场的物理中性线重合。直流电动机的主磁极有五种不同的励磁方式，即他励、并励、串励、复励和永磁。永磁式电机的主磁极由永久磁铁构成。

电枢绕组是分布在电枢表面的全部绕组元件通过换向片连接形成的特殊电路。无电刷时，它自成闭合回路，所有元件首尾相连，一半元件在 N 极下，另一半元件在 S 极下，回路电势和为零，不会产生内部环流。通过位于主磁极轴线上的电刷，绕组被分割成若干并联支路。

电枢旋转时，每个绕组元件的出线端轮流通过换向片与电刷相连作为支路的输出端，保证同一磁极下电流方向不变，电枢电流在电枢表面的分布呈伪静止状态，电枢磁势恒与主磁势正交。

当电枢绕组中有电流时，形成的电枢磁势也将产生一个磁场，这个磁场会使电机的原主极磁场变形，这种作用称为电枢反应。电枢反应带来的主要问题是：气隙磁场产生扭曲，磁场物理中性线偏离几何中性线，产生换向火花和弱磁。

换向时，自感电势的影响也可能产生火花。通过安装换向磁极、加补偿绕组可有效抑制和消除电枢反应的不利影响。

电磁转矩是电枢表面全部导体所受电磁力产生的转矩之和，它是电动机输出机械功率的原动转矩，电动运行时其方向与电动机旋转方向一致，大小与三个因素有关，即每极磁通、电枢电流和电机结构决定的转矩常数。

电枢电动势等于一条并联支路中所有绕组元件感应电动势之和，电动机中，它的实际方向与电枢电流方向相反，称为反电势。它起着平衡外部电源电压以限制电枢电流、吸收输入电功率的作用，其大小与三个因素有关，即每极磁通、转速和电机结构决定的电势常数。

直流电机的损耗包括铜耗（包括励磁回路铜耗和电枢回路铜耗及电刷损耗）、空载损耗（包括铁耗、机械损耗和杂散损耗）。

在电动机状态下，输入的电功率在扣除铜耗后电磁功率转换成为机械功率，扣除空载损耗后从轴上输出。

转速特性和机械特性是直流电动机最重要的运行特性。他励直流电动机由于磁通恒定，转速特性和机械特性具有相同的直线形状。直线斜率不大，特性比较硬。串励直流电动机的磁通是电枢电流的函数，没有确定的理想空载转速，特性“软”。复励直流电动机的机械特性兼有他励和串励的特点，特性硬度介于他励和串励电动机之间。

习题与思考题

2-1　铁磁材料的相对磁导率是如何随磁势变化的？

2-2　什么是电磁转矩？它在电机旋转运动中扮演什么角色？

2-3　什么是换向？为什么要换向？换向器为什么能将外部的直流电压转换成电枢上的交流电压？

2-4　什么是电角度？它与机械角度有什么关系？

2-5　什么是反电势？它的大小和方向如何确定？

2-6　直流电机的损耗有哪些？什么是铁耗？为什么电机的铁芯要采用非常薄的叠片结构？

2-7　为什么机械负载增大时，他励直流电动机的转速会降低？

2-8　为什么说直流电动机运行时，发电机原理和电动机原理总是同时并存的？

2-9　直流电机中主磁通即链着电枢绕组又链着励磁绕组，为什么却只在电枢绕组中感生电动势？

2-10　直流电动机稳态运行中以下哪些量方向不变，哪些量的方向是交变的：

(1) 励磁电流；(2) 电枢电流；(3) 电枢感应电势；(4) 电枢元件边中的感应电势；

(5) 电枢导条中的电流；(6) 主磁极中的磁通；(7) 电枢铁芯中的磁通。

2-11　为什么磁路饱和时电枢反应会产生去磁效应？这种电枢反应会对机械特性产生什么影响？

2-12　他励直流电动机铭牌数据为：$P_N=1.75$ kW，$U_N=110$ V，$I_N=20.1$ A，$n_N=1450$ r/min，若额定负载下，电枢铜耗占电机总损耗的一半，试计算：

(1) 固有机械特性并作图；

(2) 50%额定负载时的转速；

(3) 转速为 1500 r/min 时的电枢电流值。

2-13　他励直流电动机铭牌数据为：$P_N=2.2$ kW，$U_N=220$ V，$\eta_N=86\%$，$n_N=1500$ r/min，电枢电阻 $R_a=1.81\ \Omega$。忽略励磁功耗，试求额定状态下的输入功率 P_1、电磁功率 P_{em}、空载损耗 P_0、电磁转矩 T_{em}、空载转矩 T_0 和轴上输出转矩 T_2。

2-14 通常直流电动机在额定工况时磁路均处于弱饱和状态。若一台直流电动机在额定转速时反电势为218 V，试问在下列情况下反电势变为多少？

(1) 磁通减少 10%；

(2) 励磁电流减少 10%；

(3) 转速增加 20%；

(4) 磁通减少 10%同时转速增加 10%。

2-15 直流电动机电枢绕组元件内的电动势是直流还是交流？如果是交流，为什么计算稳态电动势时不考虑元件的电感？

第3章 直流电力拖动原理

在生产实践中，电动机作为一种提供动力的机械，总是和各种类型的工作机械联系在一起，电动机、工作机械以及它们之间所组成的机电运动整体，称为电力拖动系统。以直流电动机作为拖动电动机的电力拖动系统，称为直流电力拖动系统，简称直流拖动系统。本章介绍的直流拖动系统运行规律，是“运动控制系统”等后续课程的重要理论基础。

3-1 直流拖动系统的运动方程

一、单轴系统的运动方程

单轴系统也称为直接驱动系统、直轴连接系统，它指电动机轴不经任何传动机构直接与工作机械转轴相连的电力拖动系统。早期的直流拖动系统，由于电动机的调速范围和驱动功率的限制，电动机轴与工作机械之间常通过中间级机械传动机构进行连接，齿轮箱是最为常见的一种中间传动机构。通过不同的齿轮传动比，可以比较容易地获得工作机械所需要的低速或高速。但中间机械传动机构的引入，不可避免地增加了系统的成本和体积，机械传动间隙的存在，对拖动系统的控制增添了非线性因素，机械磨损也为实现精确运动控制带来一定的困难。现代电力拖动得益于电动机制造、电力变换与控制技术的进步，直流电动机的调速范围已可达到相当宽的水平，1∶1000 已十分容易，1∶10000 以上也可以达到，因此，现代直流拖动系统中，革除中间机械传动机构，采用直轴连接直接驱动的单轴系统已成为十分常见的拖动系统设计方式。

为了实现对直流拖动系统的自动控制，首先需要建立系统的数学模型，其中，最重要的就是要建立系统的运动方程。与通过电路建立方程相同，在对一个系统建立运动方程之前，首先必须对系统中与运动相关的物理量给出明确的假定正向。

一个描述单轴拖动系统转矩与运动的假定正向关系的简单示意如图 3-1 所示。这种对转矩假定正向的标注方法是转矩假定正向的电动机惯例，即图中各转矩的方向是根据电机作为电动机运行时的实际方向给出的。具体方法如下。

(1) 任取一方向为电机电动运行的旋转方向(n、Ω 的方向)。

(2) 电磁转矩与旋转同方向。

(3) 其他转矩与旋转反方向。

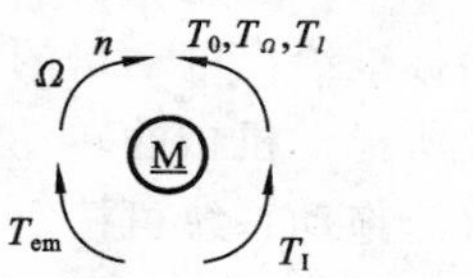

图 3-1 单轴拖动系统转矩与运动的假定正向关系

在图 3-1 所示的转矩、转速的假定正向下，根据旋转运动系统的牛顿第二运动定律，有

$$\sum T = T_{em} - T_0 - T_\Omega - T_l = J\frac{\mathrm{d}\Omega}{\mathrm{d}t}$$

式中：Ω 为电动机角速度；J 为转动惯量，在电机拖动系统中定义为

$$J = m\rho^2$$

式中：ρ 为惯量半径；m 为系统转动部分的质量。

这一定义与物理学中密度均匀的薄圆环的转动惯量定义相同。实际电动机的转子是由转轴、开有许多槽的铁芯、绕组和一些辅助绝缘、紧固等材料构成的，质量密度并不均匀，定义中将其作了等效处理。

$$T_\Omega = k\Omega$$

表示由黏性摩擦力产生的阻转矩，黏性摩擦力与旋转速度成正比，方向与电机旋转方向相反。

T_l 为作用于轴上的机械负载阻力产生的负载转矩，方向与电动机旋转方向相反。

$$T_l = J\frac{\mathrm{d}\Omega}{\mathrm{d}t}$$

称为惯性转矩。如果电动机的运行速度不是很低，则黏性摩擦转矩影响所占比例较小。为简化分析，常将其忽略，并且将空载转矩与轴上负载转矩合并为

$$T_L = T_0 + T_l$$

称为电动机负载转矩。

这样，单轴直流电力拖动的运动方程（又称为转矩平衡方程）可简化为

$$T_{em} - T_L = J\frac{\mathrm{d}\Omega}{\mathrm{d}t} \tag{3-1}$$

在实际工程计算中，常采用转速 n 代替角速度 Ω 来表示系统转动速度，用飞轮惯量或飞轮矩 GD^2（单位为 $\mathrm{N \cdot m^2}$）代替转动惯量 J 来表示系统的机械惯性，换算方法如下

$$\Omega = \frac{2\pi}{60}n \tag{3-2}$$

$$J = m\rho^2 = \frac{G}{g}\left(\frac{D}{2}\right)^2 = \frac{GD^2}{4g} \tag{3-3}$$

式中：g 为重力加速度，一般取 $g = 9.80\ \mathrm{m/s^2}$，考虑到

$$\frac{2\pi}{60}\times\frac{1}{4g}\approx\frac{1}{375}\ 1/(\mathrm{m/s^2})$$

可以得到转矩平衡方程的另一种常用表达式为

$$T_{em} - T_L = \frac{GD^2}{375}\frac{\mathrm{d}n}{\mathrm{d}t} \tag{3-4}$$

由式(3-4)可知，当 $T_{em} = T_L$ 时，系统机械旋转加速度为零，电动机处于匀速运行状态；当 $T_{em} > T_L$ 时，系统处于加速运动的过渡过程中；反之，则处于减速运动的过渡过程中。即电动机稳定运行时电动机的电磁转矩由负载转矩决定，与电枢电压、电枢回路电阻无关。

国产直流电动机产品原沿袭前苏联标准，给出电动机的飞轮惯量 GD^2，现一般按国际通用标准给出电动机的转动惯量 J。设计电动机拖动系统时，除了电动机自身惯量外，还必须计及所拖动机械的转动惯量，即需要将负载惯量折算到电动机轴上。当负载惯量不易确定时，对直流拖动系统可按电动机惯量的 2～4 倍设计。例如，对于数控机床的刀具进给伺服驱动，一般可按电动机惯量的 2 倍考虑，对于大型工作台，则可考虑更大的倍数。

在转矩平衡方程中，能使电动机产生加速度的转矩称为拖动转矩，反之则称为制动转矩。

(1) 若方程中 T_{em} 和 T_L 本身的正负相同，也就是说，如果 T_{em} 取正值时，T_L 也取正值；T_{em}

取负值时，T_L 也取负值，则它们的实际作用方向相反。此时若 n 也同正负，则实际 T_{em} 为拖动转矩，T_L 为制动转矩。反之，若 n 与转矩正负相反，则实际 T_{em} 为制动转矩，T_L 为拖动转矩。例如，如果电动机电磁转矩 $T_{em}=14.7\ \text{N}\cdot\text{m}$，$T_L=14.0\ \text{N}\cdot\text{m}$，$n=1470\ \text{r/min}$，则电磁转矩是拖动转矩，负载转矩是制动转矩，其实际作用相反；而若 $T_{em}=14.7\ \text{N}\cdot\text{m}$，$T_L=14.0\ \text{N}\cdot\text{m}$，$n=-1470\ \text{r/min}$，则电磁转矩是制动转矩，负载转矩是拖动转矩，两转矩的实际作用仍然相反。

(2) 若方程中 T_{em} 和 T_L 本身的正负相反，则它们的实际作用方向相同。此时若 n、T_{em} 同正负，则实际 T_{em}、T_L 均为拖动转矩；若 n、T_{em} 正负相反，则实际 T_{em}、T_L 均为制动转矩。例如，若 $T_{em}=14.7\ \text{N}\cdot\text{m}$，$T_L=-14.0\ \text{N}\cdot\text{m}$，$n=1470\ \text{r/min}$，则 T_{em}、T_L 均为拖动转矩；而如果 $T_{em}=14.7\ \text{N}\cdot\text{m}$，$T_L=-14.0\ \text{N}\cdot\text{m}$，$n=-1470\ \text{r/min}$，则 T_{em}、T_L 均为制动转矩。

(3) 式(3-4)忽略了黏性摩擦因素，对某些需要考虑黏性摩擦影响的电动机拖动控制，需要使用拉格朗日运动方程来建立运动方程。

(4) 虽然直轴连接已逐渐成为主流设计，实际的电力拖动系统仍有许多是多轴系统，即电动机通过多轴的传动机构与工作机构相连。这时为了简化分析，常把工作机构形成的负载转矩与飞轮转矩折算到电动机轴上来，用单轴系统模型来等效处理。

二、工作机械的负载转矩特性

负载转矩与转速之间的关系 $n=f(T_L)$，称为负载转矩特性(注意它与机械特性的区别)。充分了解拖动系统的负载转矩特性，对正确理解电动机拖动系统的运行特性、选择拖动电动机和制定控制方案是十分有帮助的。

1. 恒转矩负载的转矩特性

恒转矩负载的特点是负载转矩与转速高低无关，按转矩的性质可分为两种类型：反抗性恒转矩负载和位能性恒转矩负载。

1) 反抗性恒转矩负载

反抗性恒转矩负载的特点是，负载转矩的绝对值恒定不变，$|T_L|=C$，方向总是在阻碍运动的制动性转矩方向，其转矩特性如图 3-2(a)所示。机床的刀架、工作台的移动、轧钢机等由摩擦力产生转矩的机械，其转矩都是反抗性负载转矩。

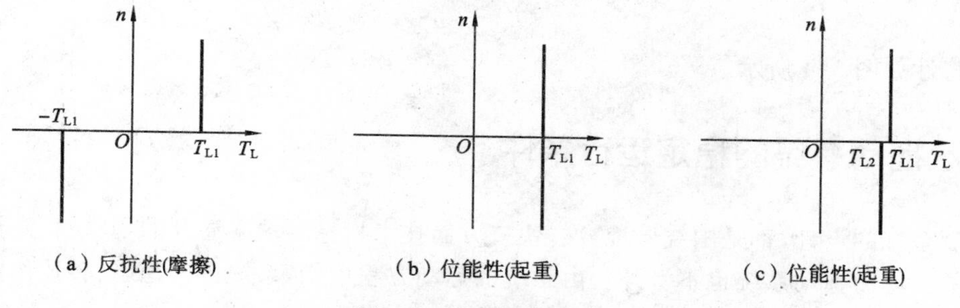

(a) 反抗性(摩擦)　　(b) 位能性(起重)　　(c) 位能性(起重)

图 3-2 负载转矩特性

2) 位能性恒转矩负载

这种转矩负载的特点是，不但转矩的绝对值大小不变，而且方向不变。按照惯例，定义 n

>0 时，为使电动机拖动位能负载升高的旋转方向，$n<0$ 时，为下降方向，负载转矩始终在大于零方向。当 $n>0$ 时，负载转矩大于 0，是阻碍运动的制动性转矩；当 $n<0$ 时，负载转矩仍大于 0，成为帮助运动的拖动性转矩，其转矩特性如图 3-2(b)所示。起重机提升、下放重物就是此类负载的典型代表。实际工程中，位能性负载在提升和下放时负载转矩会略有不同。这是由于合并计算于负载转矩 T_L 的空载转矩 T_0 中的电机散热风扇风阻、轴承摩擦产生的转矩不属于位能性质，T_0 是反抗性的，因此对于同一位能负载，下放时的负载转矩数值上会略小于提升时的，如图 3-2(c)所示。不过，作为近似分析，可暂忽略这一次要矛盾。本教材中近似将位能性负载看做如图 3-2(b)所示的恒转矩类型。

2. 恒功率负载的转矩特性

恒功率负载的特点是，负载的旋转速度与负载转矩乘积恒定不变。例如，在电力机车拖动中，拖动电动机的功率是有限的，为了克服重力对负载转矩的影响，顺利爬上陡坡，需要降低速度以获得大的轴上输出转矩，转入平路时负载转矩减小，则可相应减小轴上输出转矩转入高速运行。通过适当控制，可以保持电动机转速与轴上输出转矩的乘积不变，这时可使机车电动机的功率得到充分应用。工程上将此类负载称为恒功率负载，即

$$T_L\Omega = T_L\frac{2\pi}{60}n = P_2 = C \tag{3-5}$$

恒功率负载的转矩特性如图 3-3 所示。

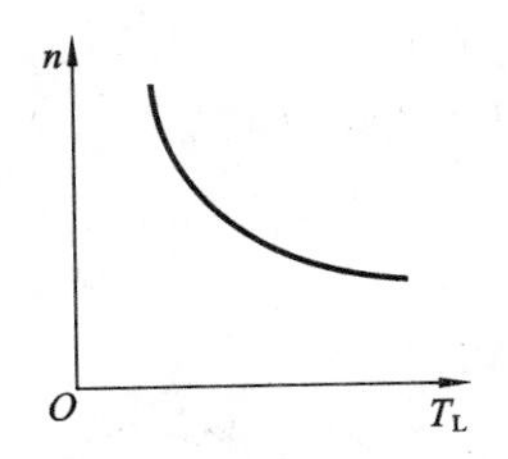

图 3-3 恒功率负载转矩特性

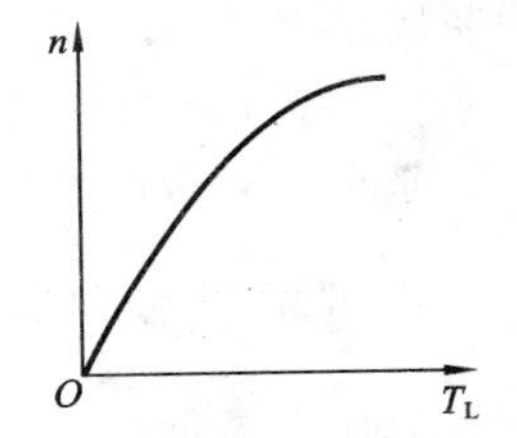

图 3-4 风机类负载的转矩特性

3. 风机类负载的转矩特性

风机类负载包括通风机、水泵、油泵、螺旋桨等，其负载转矩的大小与转速的平方成比例，即

$$T_L = Cn^2 \tag{3-6}$$

其转矩特性如图 3-4 所示。

三、拖动系统的稳定运行条件

控制系统的设计，都是围绕着稳、准、快三方面技术指标要求来展开的，其中稳定性要求是第一位的。电力拖动系统也不例外。由系统的运动方程可知，系统进入稳态(转速稳定)时，必须满足的必要条件为

$$\sum T = J\frac{d\Omega}{dt} = 0 \tag{3-7}$$

即

$$T_{em}=T_L$$

也就是说，系统的运转速度达到稳定时，必定有电动机提供的电磁转矩等于轴上的负载转矩(包括空载转矩)，使电动机的加速度等于零。而系统的这个转速工作点是否为稳定工作点还需要进一步根据控制理论来进行判定。

按照控制理论对系统某一工作点稳定性的判定方法，当电动机在某一工作点稳速运行时，对其施加一个有限能量、有限作用时间的扰动(负载转矩扰动)，使它的工作点偏离，在扰动作用时间结束恢复原负载转矩后，若系统能够回到原工作点(转速)，则此系统工作点是稳定的；若不但不能回复原工作点，反而偏离越来越远，则该工作点是不稳定的。

下面讨论拖动系统带有恒转矩负载时的情况。

如果系统的机械特性如图3-5所示，系统在工作点A稳速运行，$T_{em}=T_L$。这时如果对其在短时间内施加一个扰动使负载转矩变为$T_{LB}=T_L+\Delta T>T_L$，由式(3-4)知，电动机将减速，系统的工作点将沿机械特性偏移到点B。减速的同时，相应反电势减小，电枢电流、电磁转矩增大，在点B处$T_{emB}=T_{LB}>T_L$，$n_B<n_A$。扰动消失后，负载转矩回到T_L，此时$T_{emB}>T_L$，电动机加速，系统工作点可沿机械特性回到原工作点A。升速的同时，相应反电势增大，电枢电流、电磁转矩减小，直至到达点A重新获得转矩平衡。这一过程的特点可表述为，如果扰动使$\mathrm{d}n<0$，导致$\mathrm{d}T_{em}>\mathrm{d}T_L$，则在扰动消失后，系统可返回原工作点。

如果对其在短时间内施加一个扰动使负载转矩变为$T_{LC}=T_L-\Delta T<T_L$，系统的工作点将沿机械特性偏移到点C。在点C处$T_{emC}=T_{LC}<T_L$，$n_C>n_A$。扰动消失后，负载转矩回到T_L，此时$T_{emC}<T_L$，电动机减速，相应反电势减小，电枢电流、电磁转矩增大，系统工作点可沿机械特性回到原工作点A。这一过程的特点可表述为，如果扰动使$\mathrm{d}n>0$，而$\mathrm{d}T_{em}<\mathrm{d}T_L$，则在扰动消失后，系统可返回原工作点。

由于施加有限能量、有限作用时间的扰动无论正负，都不能改变系统最终返回原工作点A，因此可以判定工作点A是稳定的。

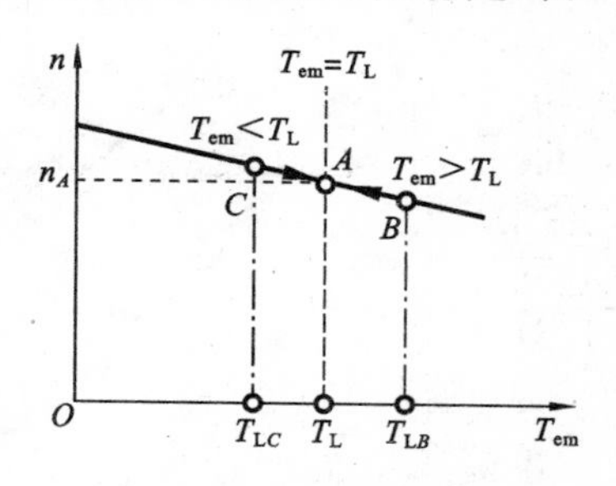

图3-5　稳定的工作点

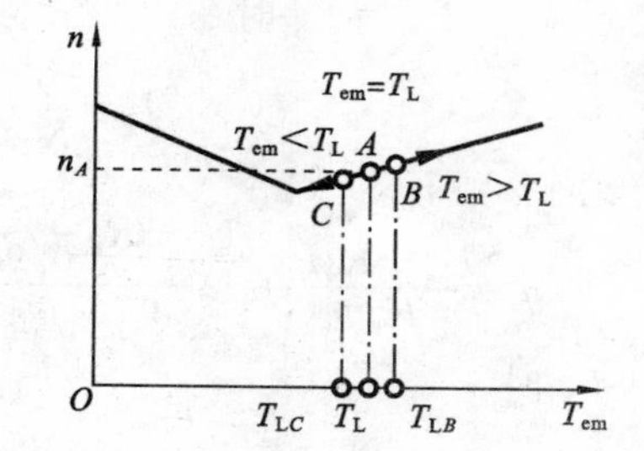

图3-6　不稳定的工作点

如果系统的机械特性如图3-6所示，系统在工作点A稳速运行，$T_{em}=T_L$。这时如果对其在短时间内施加一个扰动使负载转矩变为$T_{LB}=T_L+\Delta T>T_L$，系统的工作点将沿机械特性偏移到点B。在点B处$T_{emB}=T_{LB}>T_L$，$n_B>n_A$。扰动消失后，负载转矩回到T_L，此时$T_{emB}>T_L$，电动机将加速，进一步远离工作点A。这一过程的特点可表述为，如果扰动使$\mathrm{d}n>0$，导致$\mathrm{d}T_{em}>\mathrm{d}T_L$，则在扰动消失后，系统不能返回原工作点。这样，工作点A即可判定为不稳定的工作点。

由稳定条件

$$\begin{cases}\mathrm{d}n<0, & \mathrm{d}T_{em}>\mathrm{d}T_L\\ \mathrm{d}n>0, & \mathrm{d}T_{em}<\mathrm{d}T_L\end{cases}$$

可推得拖动系统的稳定条件为

$$\frac{\mathrm{d}T_{em}}{\mathrm{d}n}<\frac{\mathrm{d}T_{L}}{\mathrm{d}n} \tag{3-8}$$

对于恒转矩负载，稳定条件为

$$\frac{\mathrm{d}T_{em}}{\mathrm{d}n}<0 \tag{3-9}$$

式(3-9)说明，对恒转矩负载，如果系统机械特性在第一象限的曲线是向右下倾斜(也称为下垂)的，则特性上的工作点是稳定工作点。如果特性向右上倾斜(上翘)，则该特性上的工作点是不稳定工作点。

对于非恒转矩负载，如风机类负载，就必须根据式(3-8)来判定工作点的稳定性。

四、电枢反应对机械特性的影响

第2章分析过直流电动机在不同励磁方式下的机械特性曲线，它们在第一象限均具备下垂特性，因此，直流电动机在正常情况下可以在额定负载范围内任意负载点取得稳定运行。但是，直流电动机运行时电枢反应如果不能得到有效抑制，会对系统运行的稳定性产生不利影响。下面通过一个例题来进行分析。

【例3-1】 对于例2-3中的电机，如果电枢反应使 $T_{em}=T_N$ 时，磁通下降到 $\Phi=0.95\Phi_N$；$T_{em}=0.9T_N$ 时，磁通 $\Phi=0.98\Phi_N$；$T_{em}=1.1T_N$ 时，磁通 $\Phi=0.90\Phi_N$，求此时的机械特性。

解 不计电枢反应时

$$T_{em}=T_N=K_T\Phi I_a$$

对应地有

$$\Phi=\Phi_N,\quad I_a=I_{aN}$$

考虑电枢反应且 $T_{em}=T_N$ 时

$$I_a=\frac{T_N}{K_T\Phi}=\frac{K_T\Phi_N I_{aN}}{0.95K_T\Phi_N}=\frac{I_{aN}}{0.95}$$

$$n=\frac{U_a-R_aI_a}{K_e\Phi}=\frac{U_a-R_a\dfrac{I_{aN}}{0.95}}{0.95K_e\Phi_N}=\frac{220-1.3\times\dfrac{15.6}{0.95}}{0.95\times0.133}\ \text{r/min}=1572\ \text{r/min}$$

$T_{em}=0.9T_N$ 时：

$$I_a=\frac{0.9T_N}{K_T\Phi}=\frac{0.9K_T\Phi_N I_{aN}}{0.98K_T\Phi_N}=\frac{0.9I_{aN}}{0.98}$$

$$n=\frac{U_a-R_aI_a}{K_e\Phi}=\frac{U_a-R_a\dfrac{0.9I_{aN}}{0.98}}{0.98K_e\Phi_N}=\frac{220-1.3\ \dfrac{15.6\times0.9}{0.98}}{0.98\times0.133}\ \text{r/min}=1545\ \text{r/min}$$

$T_{em}=1.1T_N$ 时：

$$I_a=\frac{1.1T_N}{K_T\Phi}=\frac{1.1K_T\Phi_N I_{aN}}{0.90K_T\Phi_N}=\frac{1.1I_{aN}}{0.90}$$

$$n=\frac{U_a-R_aI_a}{K_e\Phi}=\frac{U_a-R_a\dfrac{1.1I_{aN}}{0.90}}{0.90K_e\Phi_N}=\frac{220-1.3\ \dfrac{15.6\times1.1}{0.90}}{0.90\times0.133}\ \text{r/min}=1631\ \text{r/min}$$

得到考虑电枢反应前后的机械特性如图3-7所示。可见，在电枢电流较大时，如果存在比较严重的电枢反应，可造成机械特性的上翘，对恒转矩负载系统带来不稳定。

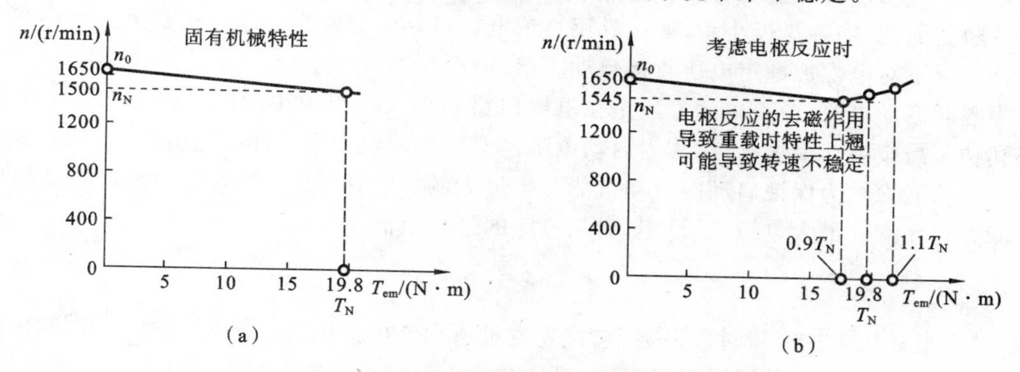

图 3-7　电枢反应对直流拖动系统机械特性的影响

3-2　直流电动机的启动与调速

一、直流电动机的启动

直流电动机接入直流电网后，转速由零加速至稳定运行速度的过程，称为直流电动机的启动。为保证直流电动机的正常启动，必须注意以下三个问题。

(1) 启动开始前，应先将电动机的励磁绕组接入电网，以保证在电动机内建立起规定大小的主极磁场。

(2) 启动开始时，应采取相应的限流措施，以防止电枢绕组电路中出现过大的冲击电流。

(3) 启动过程中，应尽可能将电枢电流控制在电动机过载能力所允许的最大电流下，以保证电动机能产生最大的加速转矩，缩短启动时间。

上述要求中，第一项是电动机投入运行的必要条件，以下仅就其中的第二、三项作简要说明。

忽略电枢回路电感作用时，根据电势平衡方程，直流电动机运行中的电枢电流由式(3-10)确定。

$$I_a=\frac{U_a-E_a}{R_a}=\frac{U_a-K_e\Phi n}{R_a} \tag{3-10}$$

在启动开始瞬间，转速为零，反电势也等于零，称 $n=0$ 时的电枢电流为启动电流，记作 I_{st}，若电枢电压等于额定电压，且不采取限流措施，启动电流可能达到额定电流的 10～30 倍。按例 2-3 中给出的数据，则 $I_{st}=\frac{U_a}{R_a}=\frac{220}{1.3}$ A≈170 A，近似达到该电动机额定电流的 11 倍。相应地，电动机的启动电磁转矩也为额定转矩的 11 倍，如此大的电流冲击和转矩冲击，对电动机和拖动系统的机械部件都是极为有害的，强行直接启动，实际结果将导致主电路的保险熔断器熔断或空气断路器跳闸。如果没有这些保护，这个极大的电流一方面将为电枢导体提供巨大的电磁转矩，使电枢迅速获得加速，同时也可能导致在电刷和换向器间产生强烈的火花，对其造成严重的损伤，电枢绕组与电枢的馈线电缆可能因严重过流而烧毁，对电动机所拖动的机械负载带来严重的冲击并使电动机轴产生扭曲，对嵌放电枢导体的电枢槽的力学强度也带来严重的威胁。因此，除容量极小者(如玩具用直流电动机)外，工业直流电动机都绝不允许在无限流措施情况下对电枢加额定电压直接启动。

为限制启动电流，最简单的方法是在电枢回路中串入适当大小的限流电阻。这个电阻的大小和功率需按启动要求选定，称为启动电阻。直流电动机在承受冲击电流作用时，具有一定的电流过载能力。为保证启动时电动机能产生最大的加速转矩，启动电流应根据电动机电流过载能力所允许的最大电流 I_{am} 设定，启动电阻的最大阻值应为

$$R_c \geqslant \frac{U}{\lambda_I I_{aN}} - R_a \tag{3-11}$$

式中：λ_I 为电动机电枢电流过载系数，它代表电机所允许的短时冲击电流承受能力，即短时过载能力，通常在 1.5～2 倍额定电流范围，具体数值由电动机生产厂家提供。

这个电流的持续时间不能过长，一般应控制在数百毫秒范围内，在电动机启停控制时常用它作为最大电枢电流控制的设计依据。其定义 $\lambda_I = I_{am}/I_{aN}$ 已由式(2-7)给出。

电动机启动后，反电势将随着转速的上升而增大，并导致电枢电流和电磁转矩随之减小，电机的加速度也逐渐趋缓，在电枢电压不变的条件下，这一过程会持续进行，直到电磁转矩与负载转矩相等为止，转矩平衡后，加速度等于零，电动机启动过程结束，转入稳态运行。为保证启动的速度，串入的启动电阻应随着转速的上升而逐段切除，直至最后完全切除，结束启动过程。这种启动方式在早期的直流拖动系统中可以看到，现代拖动系统已不采用，但因操作方便，在进行电动机实验时尚可见到。

随着电力电子技术的进步，可任意调节输出直流电压的装置已十分容易获得，因此，在实际的直流拖动系统中，普遍采用逐步升高电枢电压的方式来启动直流电动机，启动开始时将电枢电压降至某一较低的数值 U_{min}，使 $n=0$ 时的启动电流满足

$$I_{st} = \frac{U_{a\,min}}{R_a} \leqslant I_{am} = \lambda I_N \tag{3-12}$$

在启动过程中，控制使电枢电压跟踪反电势相应上升，保持电枢电流基本不变，直至电枢电压达到额定值，启动过程结束为止。电枢电流的控制方法是建立在自动控制理论闭环控制的基础上的，将在后续课程“运动控制系统”中详细讨论。

【例 3-2】 他励直流电动机参数为：$U_a = U_N = 220\ \text{V}, R_a = 1.3\ \Omega, I_N = 15.6\ \text{A}, n_N = 1500\ \text{r/min}$。若电动机带额定负载，要求将启动电流限制在 2 倍额定电流范围内。

(1) 若采用电阻限流，求应串接的附加电阻；

(2) 若此电阻启动完成后不切除，求稳定后的转速；

(3) 若采用降压限流，求启动时的电枢电压；

(4) 若此启动电压保持不变，求稳定后的转速。

解 (1) $R_c = \frac{U_N}{I_{am}} - R_a = \left(\frac{220}{2\times 15.6} - 1.3\right)\ \Omega = 5.8\ \Omega$

(2) 当 n 稳定时，$T_{em} = T_L = T_N, I_a = I_N, C_e = \frac{U_N - R_a I_N}{n_N} = 0.133\ \text{Wb}$

$$n = \frac{U_N - I_N(R_a + R_c)}{C_e} = \frac{220 - 15.6(1.3 + 5.8)}{0.133}\ \text{r/min} = 821\ \text{r/min}$$

(3) $U_{st} = R_a I_{am} = 1.3 \times 2 \times 15.6\ \text{V} = 40.6\ \text{V}$

(4) $n = \frac{U_a - I_N R_a}{C_e} = \frac{40.6 - 15.6 \times 1.3}{0.133}\ \text{r/min} = 153\ \text{r/min}$

由例3-2可知，为使n能达到额定转速，如果采用电枢回路串接电阻限流，应使R_c随着n的升高而逐步切除，直到$R_c=0$。如果采用降压启动限流，则应使电压随着n的升高逐步增大，直到$U_a=U_N$。

二、直流电动机的转速调节

电力拖动系统的运行速度常需要根据工作环境、工作机械的生产工艺要求进行调节，以提高生产率和保证产品质量。例如，金属切削加工时，被加工零件与刀具的相对运行速度常需要根据切削量、加工精度、加工类型等进行调整；电梯的运行速度常需要根据是途中还是靠近停靠目标进行调节。调速可以采用机械方法、电气方法或机电配合方法进行。随着电力电子技术和微电子控制技术的不断进步，电气调速所占的比重越来越大。按照工作机械的要求人为地调节拖动电动机的运行速度，称为电动机的转速调节。

要求实现转速调节的直流电力拖动系统，简称直流调速系统。

1. 如何调节电动机的稳定运行速度

图3-8所示的为他励直流电动机电枢回路串接有附加电阻R_c时的原理电路图，在图3-8中所示假定正向的条件下，其转速特性和机械特性的表达式分别为

$$n=\frac{U_a}{K_e\Phi}-\frac{R_a+R_c}{K_e\Phi}I_a \tag{3-13}$$

$$n=\frac{U_a}{K_e\Phi}-\frac{R_a+R_c}{K_eK_T\Phi^2}T_{em} \tag{3-14}$$

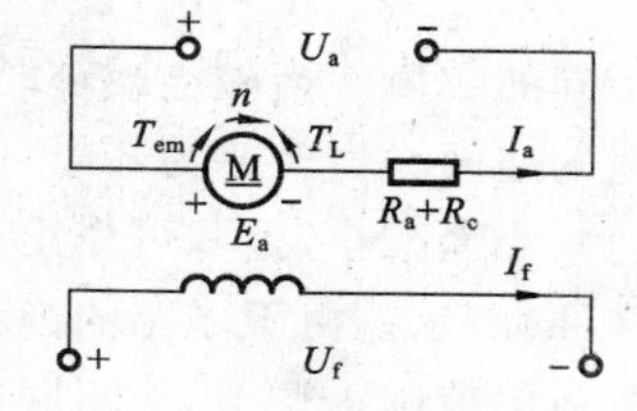

图3-8 他励直流电动机的原理电路

由机械特性表达式可知，电动机的运行速度可以采用以下三种方式人为地进行调节，即

(1) 改变电枢回路中附加电阻R_c的大小；

(2) 改变电枢电压U_a的大小；

(3) 改变励磁电流I_f以改变磁通Φ的大小。

在电力拖动系统中，将电动机工作在额定电压、额定磁通、无附加电阻时的机械特性称为电动机的固有机械特性，简称固有特性，而将电枢电压或磁通不等于额定值或串有附加电阻时的机械特性称为电动机的人为机械特性，简称人为特性。为达到调速的目的，电动机必须工作在其人为机械特性上。

2. 他励直流电动机的三种人为机械特性

1) 电枢电路串附加电阻时的人为机械特性(串电阻调速)

由式(3-14)可知，当$U_a=U_N$，$\Phi=\Phi_N$，$R_c\neq0$时，机械特性的理想空载转速n_0不会因电枢回路串入电阻发生改变，保持为常数。特性斜率的绝对值随串入电阻的增大而增大。不同R_c下的特性曲线如图3-9所示。所有R_c非零的人为机械特性曲线均在其固有机械特性曲线下方，调速只能向低速方向进行。对于恒转矩负载，电枢回路串电阻可使电动机的稳定运行速度低于其固有特性时的速度。附加电阻越大，稳定运行速度越低。

2) 改变电枢电压时的人为机械特性(调压调速)

由式(3-14)可知，当$\Phi=\Phi_N$、$R_c=0$、电枢电压取不同数值时，机械特性中理想空载转速$n_0=$

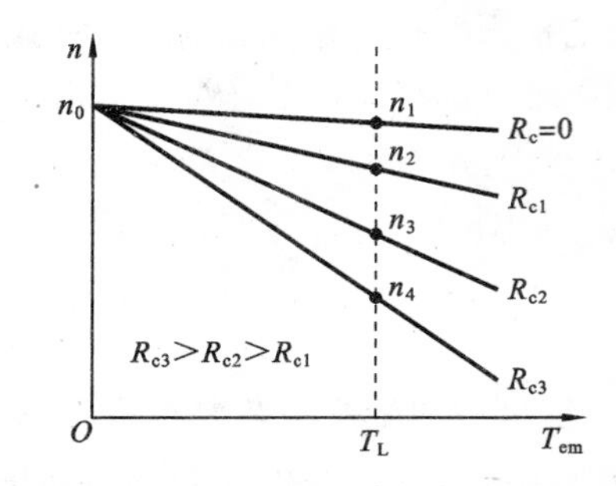

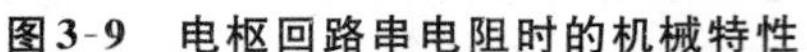

图3-9 电枢回路串电阻时的机械特性

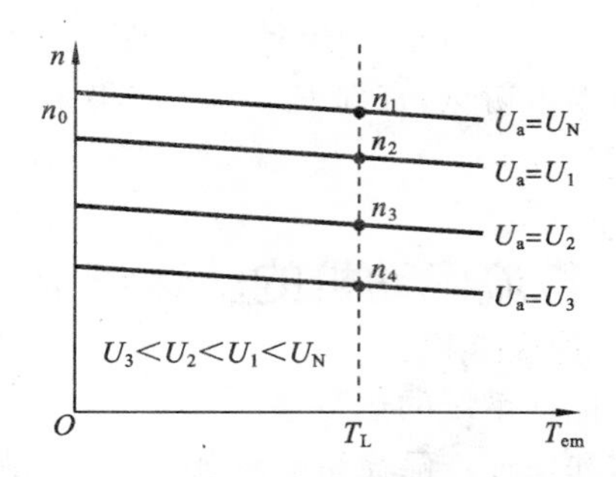

图 3-10 改变电枢电压时的机械特性

$U_a/K_e\Phi_N$ 随电压成正比改变，斜率则与电枢电压无关，表明不同电枢电压下电动机的人为机械特性是一组与固有机械特性曲线平行的直线，如图 3-10 所示。由于受电动机绝缘条件的限制，根据规定，只允许比额定电压提高 30%，因此提高电枢电压的可能范围不大，工程实际中改变电压调速是在降压方向进行，电枢电压不宜长时间高于额定值，故在调压、调速时，电动机的人为机械特性也均在其固有特性曲线之下，仅向低速方向调速。

在串电阻调速和调压调速时，因为励磁保持恒定，电磁转矩与电枢电流成正比，因此这两种调速各自的机械特性和转速特性具有相同的形状和特性。

3）改变励磁时的人为机械特性(调磁调速)

当 $U_a=U_N$、$R_c=0$、改变励磁时，由式(3-13)、式(3-14)可知，$n_0=U_N/K_e\Phi$ 随磁通变化可取不同的数值。当磁通减小时，n_0 相应升高，因此通过弱磁可以获得高于固有特性理想空载转速的速度。当转速为零时，电枢电流 $I_{ast}=U_N/R_a$ 与磁通无关，而电磁转矩 $T_{emst}=K_T\Phi I_{ast}$ 随磁通减小而减小，据此可作出不同磁通下电动机的转速特性和机械特性曲线，分别如图 3-11(a)、(b)所示。由于磁路的饱和特性和励磁绕组发热条件的限制，磁通只允许在小于或等于额定磁通的范围内调节，故不同磁通下的人为转速特性曲线均在固有转速特性曲线之上。由机械特性方程可知，改变磁通调速时，理想空载转速与磁通成反比，而机械特性的斜率与磁通的平方成反比，因此，磁通的减弱将导致机械特性的斜率变得更陡，即特性变软，不同磁通下的人为机械特性曲线将与固有机械特性曲线相交，其中转矩较小时的一段在其固有机械特性曲线之上，转矩较大时的一段则在其固有机械特性曲线之下。在实际工程应用中，弱磁调速时须同时保证电枢电流不超过允许值，其机械特性的有效范围一般取在转矩较小时的一段，这时人为机械特性在固有特性上方，称为弱磁升速。

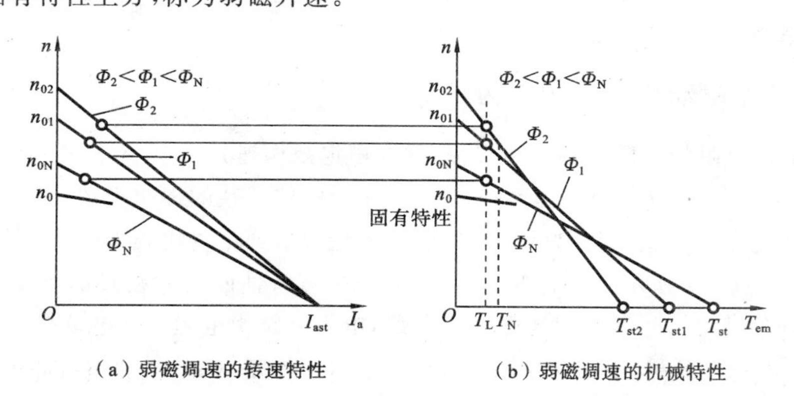

(a) 弱磁调速的转速特性　　(b) 弱磁调速的机械特性

图 3-11 直流电动机调磁时的转速特性与机械特性

这样，当需要在低于固有特性理想空载转速范围调速时，可采用串电阻或调压调速方案，不过，由于电枢回路串入的调速电阻要消耗能量，它会将拖动系统输入的一部分电能转换为热能消耗掉，使系统运行效率大大降低，因此串电阻调速在现代调速系统中已不再采用，向下调速仅采用调压方式；而当需要将转速调节到固有特性理想空载转速以上时，选择弱磁调速。

三、调速指标

调速方法的选择，是依据调速所要求达到的技术指标和经济指标决定的。调速的技术指标主要有以下几项。

1. 调速范围

电动机的调速范围 D 一般定义为电动机在额定负载条件下运行的最大转速与最小转速之比。对于一些实际负载很轻的系统，可用实际负载时的最高与最低转速来计算 D。

$$D=\frac{n_{\max}}{n_{\min}} \tag{3-15}$$

注意，调速范围所指的最高、最低转速并不是指理想空载转速。

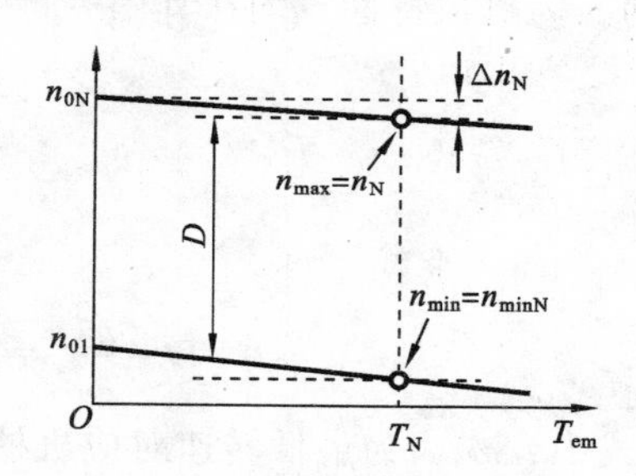

图 3-12 调压调速的调速范围

调压调速时的调速范围如图 3-12 所示。由图可见，调压调速时，调速范围的最高转速定义为额定转速，最低转速也定义为额定负载下的最低转速，即 $n_{\max}=n_N$，$n_{\min}=n_{\min N}$。

直流电动机的最高转速受电流换向、力学强度等的限制，一般在额定转速以上转速提高的范围是十分有限的。最低转速则要受到低速运行时的相对稳定性或称为稳速精度指标的制约。

稳速精度用转速波动百分比衡量，它指在规定的电网质量和负载扰动条件下，规定的运行时间（如 1 h 或 8 h）内，在某一指定的转速下，t 时间（通常取 1 s）内平均转速最大值和平均转速最小值的相对误差百分数。

$$\delta=\frac{n_{\max}-n_{\min}}{n_{\max}+n_{\min}}\times 100\% \tag{3-16}$$

例如，若直流电动机运行在 1 r/min 速度时，测得的 $n_{\max}=1.5$ r/min，$n_{\min}=0.5$ r/min，则 $\delta=50\%$，也即转速波动幅度为 $\pm 50\%$。

对于数控机床刀具进给类拖动系统的调速稳态性能，一般要求调速范围应不小于 1∶1000。这类系统一般采用调压调速。也就是说，如果电动机的额定转速是 1000 r/min，最低的转速（额定负载下）应可达到 1 r/min，并且其中上限速度的转速波动应小于 $\pm 1‰$，下限速度转速波动小于 $\pm 5\%$。这样的性能指标必须依靠闭环自动控制才有可能达到。

通常电动机运行于低速时的转速波动是比较难控制的，因此调速范围主要受制于可达到的低速。直流电动机在低速下运行时，若转速波动超过稳速精度要求，该速度便不能被用于计算系统可达到的调速范围，即调速范围对应的最低转速必须同时满足稳速精度指标要求才能被承认。如果低速时机械特性较软，负载变化时，转速波动会比较大，甚至可能停转。因此，为获得宽的调速范围，需要尽量提高低速下的机械特性硬度。

调速范围另一种常用的表达方式为 $n_{\min}:n_{\max}$。

2. 静差率

静差率的定义为：在一条机械特性上运行时，电动机由理想空载加至额定负载所出现的转速降落 Δn_N（参见图 3-12）与理想空载转速之比。静差率用百分数表示为

$$S=\frac{n_0-n_N}{n_0}\times 100\%=\frac{\Delta n_N}{n_0}\times 100\% \tag{3-17}$$

显然，电动机的机械特性越硬，则静差率越小。静差率与机械特性硬度有关系，但又有不同之处。调压调速时，不同电枢电压对应的机械特性硬度是相同的，但理想空载转速不同，静差率也不同。系统可能达到的最低转速所在机械特性对应的理想空载转速最低，其静差率称为系统的最大静差率 S_{max}。

$$S_{max}=\frac{n_{0min}-n_{minN}}{n_{0min}}\times 100\% \tag{3-18}$$

静差率和调速范围是互有联系的两项指标，系统可能达到的最低转速受最大静差率的制约，从而调速范围也受最大静差率限制。

因为
$$S_{max}=\frac{n_{0min}-n_{min}}{n_{0min}}$$
所以
$$S_{max}n_{0min}=n_{0min}-n_{min}$$
即
$$n_{min}=n_{0min}(1-S_{max})$$

$$D=\frac{n_{max}}{n_{min}}=\frac{n_{max}}{(1-S_{max})n_{0min}}\overset{n_{0min}=\frac{\Delta n_{minN}}{S_{max}}}{=}\frac{n_{max}S_{max}}{(1-S_{max})\Delta n_{minN}} \tag{3-19}$$

式中：Δn_{minN} 为最低转速对应机械特性下理想空载至额定负载的转速降落。调压调速时，不同电压下的额定转速降落是相同的，最高转速为额定转速，式(3-19)可改用下式表示

$$D=\frac{n_{max}S_{max}}{(1-S_{max})\Delta n_N} \tag{3-20}$$

【例 3-3】 对例 2-1 中的直流电动机采用调压调速，$D=30$ 时的最大静差率为多少？

解

$$S_{max}=\frac{n_{0min}-n_{min}}{n_{0min}}=\frac{\Delta n_N}{n_{0min}}$$

因调压调速时他励直流电动机的机械特性为平行直线，故有

$$\Delta n_N=n_{0min}-n_{minN}=n_{0max}-n_N=(1650-1500)\ \text{r/min}=150\ \text{r/min}$$

$$n_{0min}=n_{minN}+\Delta n_N=\frac{n_N}{D}+\Delta n_N=\left(\frac{1500}{30}+150\right)\ \text{r/min}=200\ \text{r/min}$$

$$S_{max}=\frac{\Delta n_N}{n_{0min}}=\frac{150}{200}\times 100\%=0.75\times 100\%=75\%$$

若要求最大静差率不大于 0.5，则系统的 D 为

$$D=\frac{n_{max}S_{max}}{(1-S_{max})\Delta n_N}=\frac{1500\times 0.5}{(1-0.5)\times 150}=10$$

由此例可见，这两个指标是相互制约的，如果系统同时对两项指标均有较高要求，就必须考虑采用闭环反馈控制结构，关于这方面的内容将在后续的“运动控制系统”课程中介绍。

3. 平滑性

在一定的调速范围内，调速的级数（挡数）越多则认为调速越平滑。平滑程度用平滑系数

表示，平滑系数定义为系统可实现的相邻两级转速之比

$$K=\frac{n_i}{n_{i-1}}$$

当K等于或趋近于1时称为无级调速。随着现代功率电子技术的进步，在直流调速中，调压、调磁均可实现无级调速。

4. 容许输出

容许输出是指电动机在调速过程中轴上所能输出的功率和转矩。对于不同的调速方式，电动机容许输出的功率与转矩随转速变化的规律有所不同。电动机稳速运行时，实际输出的功率与转矩是由负载决定的。在不同的转速下，不同的负载需要的功率与转矩也是不同的。选择调速方案时应使调速方法适应负载的要求。

调速的经济指标取决于调速系统的设备投资及运行费用。各种调速方式的经济指标极为不同。串电阻调速由于电阻耗能严重，损耗大、效率低、串接电阻体积大，在工程实际中已不予采用；弱磁调速因励磁回路功率一般仅为电枢电路功率的1%～5%，比较经济，但动态响应较慢；调压调速动态响应快，但需要可平滑改变输出直流电压的功率变换装置。实际工程中，一般在额定转速以下采用调压调速方案，额定转速以上采用弱磁调速方案。

四、调速时的功率与转矩

电动机容许输出的功率（最大输出功率）主要取决于电动机的发热，而发热主要由电枢电流决定。调速过程中，只要能保证电动机长期运行电流不超过额定值，电动机发热就可控制在容许范围。如果在不同转速下都能保持电枢电流为额定值，则电动机的容许输出可获得充分利用并保证运行安全。

对他励直流拖动系统作调压调速时，励磁保持为额定值不变，如果在不同转速时电流也保持为额定，则

$$T_{em}=K_T\Phi I_a=K_T\Phi_N I_N=T_2+T_0=C$$

即在调压调速时，从高速到低速，容许输出转矩（含空载转矩）是常数，称为恒转矩调速方式。此时电动机的容许输出功率（包括空载损耗）与转速成正比，如图3-13所示。

$$P_{max}=\Omega T_{max}=\frac{T_{max}}{9.55}n=\frac{T_{emN}}{9.55}n=Cn \tag{3-21}$$

这里的最大容许转矩T_{max}是指电动机可长期安全运行的转矩，一般即为额定转矩。

改变磁通调速时，保持电枢电压为额定值不变，如果在不同转速下电枢电流也保持为额定值，则

$$n=\frac{U-R_a I_a}{K_e\Phi}=\frac{U_N-R_a I_N}{K_e\Phi}=C\frac{1}{\Phi}$$

$$T_{emN}=K_T\Phi I_N=K_T C\frac{I_N}{n}=C_1\frac{1}{n}$$

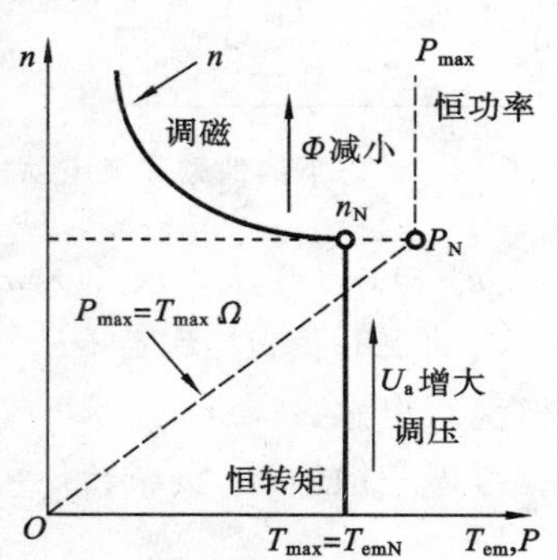

图3-13 直流电机调速时的容许输出转矩与功率

$$P_{max}=\frac{T_{max}}{9.55}n=\frac{T_{emN}}{9.55}n=\frac{C_1\frac{1}{n}}{9.55}n=\frac{C_1\frac{1}{n_N}}{9.55}n_N=P_N+P_0=C$$

可见调磁调速时的容许输出功率为常数,称为恒功率调速方式。

电动机实际运行时,电枢电流取决于实际转速下的负载转矩大小,而容许输出代表电动机利用的限度,不代表电动机实际的输出。由于调压调速属于恒转矩调速方式,对恒转矩负载采用调压调速时,若按电动机额定工况即额定转矩、额定转速对应的额定输出功率选择电动机,则此电动机在调速范围内任意电压下均可以满载运行,电动机可以得到充分利用。而弱磁调速属于恒功率调速方式,当对恒功率负载采用弱磁调速时,电动机也可得到充分利用。

如果将调压调速用于恒功率负载,则由于调压调速是由额定转速向下调节的,因此电动机的额定转速不能低于负载要求的最高转速,调压调速与额定转速对应的机械特性是系统固有额定特性,即电枢电压、励磁均为额定值时的特性。为保证恒功率输出,系统必须保证在调速范围的最低转速时达到功率要求,即最低转速对应的机械角速度与额定转矩的乘积达到功率要求,即需满足式(3-21)。这样,当升高电压,电动机运行在高速区时,要输出恒功率,只需提供较小的转矩即可。而按调压调速使转速升高到最高速对应的机械特性实际能提供的容许输出功率(可达到额定转矩及对应速度),按式(3-21)计算会远大于实际输出需求,其值约为负载功率的 D 倍,D 为调速范围。也就是说,对恒功率负载选用调压调速将不得不按电动机在最高速情况下来选择电动机的功率,电动机的额定功率约是负载实际功率的 D 倍,这样的配合会使电动机容量不能得到充分利用,造成浪费。

五、直流电力拖动系统的动态过程

直流电动机的启动、调速,意味着它拖动的系统将从一种运动平衡状态过渡到另一种运动平衡状态,分析这一过渡过程的有效方法,首先要建立起拖动系统的数学模型。描述直流电动机拖动系统的模型常有以下几种形式,即微分方程模型、传递函数模型和状态空间模型。

1. 他励直流拖动系统的微分方程模型

考虑图 3-14 所示的直流电动机拖动系统,其中,他励直流电动机励磁电流保持为常数,使磁场固定不变,采用电枢控制方式,在按电动机惯例的假定正向下,系统的动态过程可用以下方程组来描述:

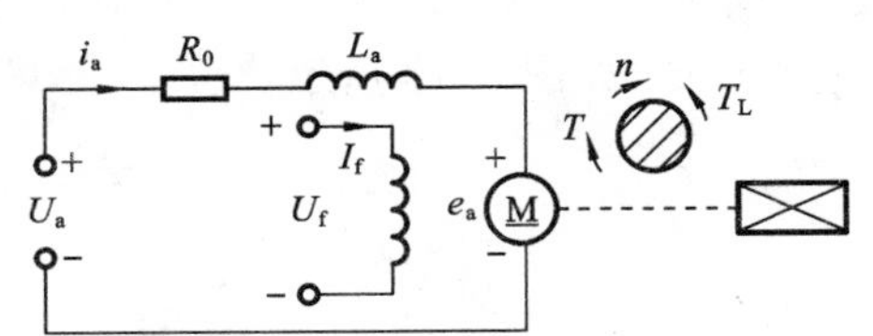

图 3-14 动态下的他励直流电动机拖动系统

$$\begin{cases} u_a(t)=e_a(t)+R_0 i_a(t)+L_a\dfrac{\mathrm{d}i_a(t)}{\mathrm{d}t} \\ e_a(t)=C_e n(t) \\ \tau(t)=C_T i_a(t) \\ \tau(t)-T_L=\dfrac{GD^2}{375}\dfrac{\mathrm{d}n(t)}{\mathrm{d}t} \end{cases} \tag{3-22}$$

式中:$u_a(t)$,$e_a(t)$,$i_a(t)$,$\tau(t)$,$n(t)$分别表示动态过程中电枢电压、反电势、电枢电流、电磁转矩和转速的瞬时值;$R_0=R_a+R_c$ 为包括可能存在的附加电阻 R_c 在内的电枢电路总电阻;L_a 为电枢绕组电感。

考虑一般情况,负载转矩可能也是时间的函数,转矩平衡微分方程的一般形式为

$$\tau(t)-\tau_L(t)=\frac{GD^2}{375}\frac{\mathrm{d}n(t)}{\mathrm{d}t}$$

为书写方便,隐去时间变量 t,将方程组(3-22)中第 2 到第 4 式各式代入第 1 式,可得

$$u_a = C_e n + \frac{R_0}{C_T}\left(\tau_L + \frac{GD^2}{375}\frac{dn}{dt}\right) + \frac{L_a}{C_T}\left(\frac{d\tau_L}{dt} + \frac{GD^2}{375}\frac{d^2 n}{dt^2}\right)$$

两边同除以 C_e，按自动控制理论方法按系统输入、输出整理，可得

$$\frac{L_a}{R_0}\frac{GD^2 R_0}{375C_e C_T}\frac{d^2 n}{dt^2} + \frac{GD^2 R_0}{375C_e C_T}\frac{dn}{dt} + n = \frac{u_a}{C_e} - \frac{R_0}{C_e C_T}\tau_L - \frac{L_a}{R_0}\frac{R_0}{C_e C_T}\frac{d\tau_L}{dt} \tag{3-23}$$

定义

$$T_a = \frac{L_a}{R_0} \tag{3-24}$$

为系统的电磁时间常数，它具有时间秒的量纲。

定义

$$T_m = \frac{GD^2 R_0}{375C_e C_T} = \frac{GD^2 R_0}{375K_e K_T \Phi^2} \tag{3-25}$$

为系统的机电时间常数，它也同样具有时间秒的量纲。

需要注意的是，由式(3-25)可知，系统机电时间常数 T_m 与磁通的平方成反比，弱磁调速会使其增大，使系统的动态响应变慢。

引入上述时间常数定义后，式(3-23)可改写为

$$T_a T_m \frac{d^2 n}{dt^2} + T_m \frac{dn}{dt} + n = \frac{u_a}{C_e} - \frac{R_0}{C_e C_T}\tau_L - \frac{R_0}{C_e C_T}T_a \frac{d\tau_L}{dt} \tag{3-26}$$

按控制理论惯例，方程左边为系统输出即转速和它的各阶导数，右边为系统的输入和输入量的各阶导数。由式可知，在励磁恒定时，直流电动机拖动系统是一个由二阶线性微分方程描述的系统，它含有两个输入变量，即电枢电压 U 和负载转矩 T_L，一个输出变量，即转速 n。

对于恒转矩负载，负载转矩的导数为零，这时系统微分方程为

$$T_a T_m \frac{d^2 n}{dt^2} + T_m \frac{dn}{dt} + n = n_L \tag{3-27}$$

式中：

$$n_0 = \frac{u_a}{C_e};\quad n_L = n_0 - \frac{R_0}{C_e}I_L;\quad I_L = \frac{T_L}{C_T}$$

I_L 代表负载转矩折算过来的虚拟负载电流。式(3-27)即为描述磁通保持恒定、恒转矩负载时直流电力拖动系统机电运动规律的微分方程，称为系统的微分方程模型。n_L 代表负载为 T_L 时电动机的稳定运行速度。

运用上述模型，不难分析系统启动时的动态过程。启动时转速和转速的一阶导数初始条件均为零，由系统的特征方程 $T_a T_m s^2 + T_m s + 1 = 0$ 解得系统的特征根为

$$s_1, s_2 = -\frac{1}{2T_a} \pm \frac{1}{2T_a}\sqrt{1 - \frac{4T_a}{T_m}}$$

系统微分方程的通解为

$$n = C_2 e^{s_1 t} + C_2 e^{s_2 t} + n_L$$

利用初始条件解得启动过程转速上升的规律 $n = f(t)$ 为

$$n = \frac{s_2 n_L}{s_1 - s_2}e^{s_1 t} - \frac{s_1 n_L}{s_1 - s_2}e^{s_2 t} + n_L$$

系统动态过程的特征取决于系统特征根的性质。

若 $T_m \geqslant 4T_a$，则 s_1 和 s_2 是一对负实根，动态过程是一种单调上升的过程，如图 3-15(a)中曲线所示。若 $T_m < 4T_a$，则特征根是一对具有负实部的共轭复根，系统动态过程呈现振荡特

性，如图 3-15(b)所示。直流电动机为了尽量减小电枢绕组自感电势对换向的影响，通常绕组元件都采用很少的匝数，整个绕组的电感比较小，大多数直流拖动系统的机电时间常数都远远大于电磁时间常数，在这种情况下，机械运动系统的动态过程刚刚开始，电枢回路中的动态过程就已经结束。因此在定性分析系统动态过程时，常可忽略电磁时间常数的影响，系统近似用一阶微分方程描述，动态响应与图 3-15(a)所示的曲线相似，呈现为由机电时间常数决定的惯性单调上升特性。

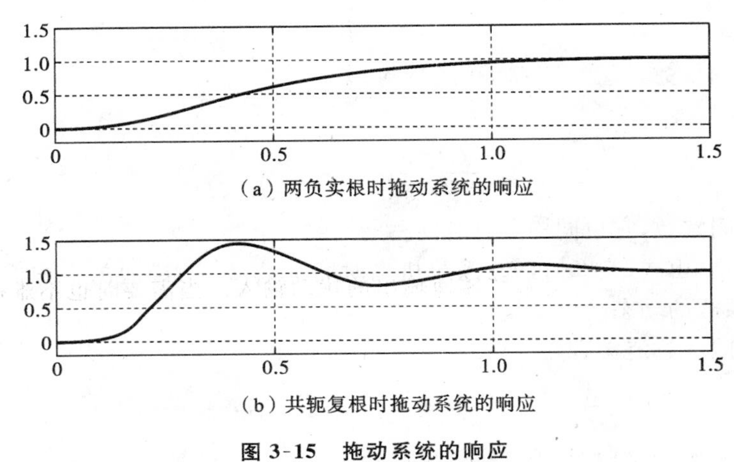

(a) 两负实根时拖动系统的响应

(b) 共轭复根时拖动系统的响应

图 3-15　拖动系统的响应

2. 他励直流拖动系统的传递函数模型

线性定常系统在零初始条件下系统输出量与输入量的拉普拉斯变换象函数之比，称为系统的传递函数。对于直流拖动系统，以角速度表示的微分方程组在零初始条件下作拉普拉斯变换，得到各环节的传递函数为

电枢电路　$$G_a(S)=\frac{I_a(s)}{U_a(S)-E_a(S)}=\frac{1/R_0}{T_aS+1}$$

电流与转矩关系　$$G_T(S)=\frac{T_{em}(S)}{I_a(S)}=C_T$$

转矩与转速关系　$$G_m(S)=\frac{\Omega(S)}{T_{em}(S)-T_L(S)}=\frac{1}{JS}$$

转速与反电势关系　$$G_E(S)=\frac{E_a(S)}{\Omega(S)}=C_e'$$

式中：$C_e'=\frac{60}{2\pi}C_e\approx 9.55C_e$。

由此可得到他励直流电动机拖动系统在恒磁恒转矩负载时的动态结构框图，如图 3-16 所示。

由图 3-16 可见，在直流电动机拖动系统内部，存在一个负反馈的闭环，正确理解这个闭环的自动调节作用，对理解系统的运行原理是十分重要的。对于一个双输入单输出系统，由自控原理、梅逊公式和叠加原理，容易求得各单输入状态下系统的传递函数。

电压输入时的系统传递函数为

$$\frac{\Omega(S)}{U_a(S)}=\frac{1/C_e'}{T_mT_aS^2+T_mS+1}$$

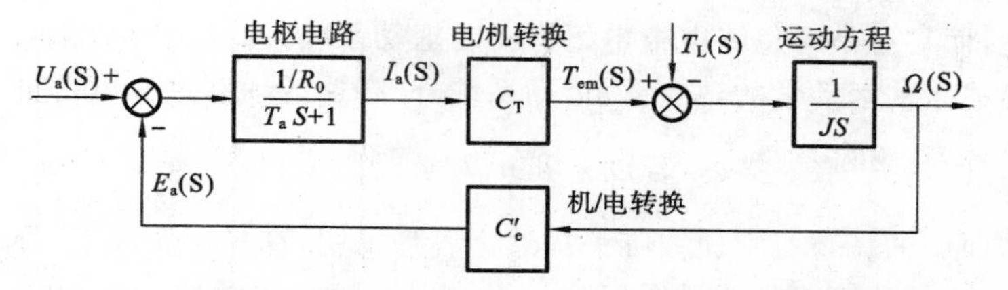

图 3-16 他励直流拖动系统恒磁恒转矩负载下的动态结构图

负载转矩输入时，为

$$\frac{\Omega(S)}{-T_L(S)}=\frac{(1+T_aS)R_0/C_e'C_T}{T_mT_aS^2+T_mS+1}$$

式中：

$$T_m=\frac{GD^2R_0}{375C_eC_T}=\frac{GD^2R_0}{4g\dfrac{60}{2\pi}C_eC_T}=\frac{JR_0}{C_e'C_T}$$

负载转矩输入通常也称为对系统转速输出的扰动输入。当需要时也不难得到输入与中间变量的传递函数，如以电枢电流为中间变量，有

$$\frac{I_a(S)}{U_a(S)}=\frac{JS/C_e'C_T}{T_mT_aS^2+T_mS+1}$$

3. 他励直流拖动系统的状态方程模型

基于建立在线性定常系统基础上的直流拖动系统传递函数模型，可以运用经典控制理论对系统进行有效的分析和控制设计。但这种方法的主要缺陷为，它仅适用于单输入、单输出的线性定常系统，对于时变系统、非线性系统和多输入、多输出系统，却无能为力。前面的分析已经发现，直流拖动系统的机电时间常数仅在磁通恒定时才能真正视为常数，如果系统采用弱磁调速，则这个时间"常数"将随磁通的变化而变化，系统不再保持定常的特性。而建立在现代控制理论基础上的状态空间模型，本质上采用的是时域的方法，可以不再受常系数的约束。

将他励、恒转矩负载的直流拖动系统微分方程组按变量的一阶导数整理，可以将系统的4个方程简化为2个：

$$\frac{di_a}{dt}=\frac{1}{L_a}u_a-\frac{C_e'}{L_a}\Omega-\frac{R_0}{L_a}i_a$$

$$\frac{d\Omega}{dt}=\frac{C_T}{J}i_a-\frac{T_L}{J}$$

写成矩阵方程的形式，有

$$\begin{bmatrix}\dot{i}_a\\ \dot{\Omega}\end{bmatrix}=\begin{bmatrix}-\dfrac{R_0}{L_a} & -\dfrac{C_e'}{L_a}\\ \dfrac{C_T}{J} & 0\end{bmatrix}\begin{bmatrix}i_a\\ \Omega\end{bmatrix}+\begin{bmatrix}\dfrac{1}{L_a} & 0\\ 0 & -\dfrac{1}{J}\end{bmatrix}\begin{bmatrix}u_a\\ T_L\end{bmatrix}\tag{3-28}$$

式(3-28)称为直流拖动系统的状态方程模型。电枢电流 i_a 和机械角速度 Ω 称为系统的状态变量，电枢电压 u_a 和负载转矩 T_L 称为控制变量。

六、他励式直流电动机转速调节的机电过程

机械特性方程及其函数图形的意义在于，它不仅是对拖动系统稳态下电动机转矩与转速

关系的数学描述，而且还是对忽略电枢电感影响时拖动系统升、降速的动态下电动机转矩与转速关系的数学描述。从运动学的观点看，运动系统升、降速的动态过程可由每一瞬间系统的运动速度 n 和加速度 $\dot{n}=\frac{\mathrm{d}n}{\mathrm{d}t}$ 唯一描述，若以 $\dot{n}$ 和 n 为坐标组成 $\dot{n}-n$ 坐标平面，则系统的动态过程可由此坐标平面中的一条特定轨线唯一描述。容易证明，在一定条件下，静态的机械特性曲线所在的 $T_{em}-n$ 坐标平面可视为动态下的 $\dot{n}-n$ 坐标平面，此时的机械特性曲线就是描述系统动态过程的特定轨线。实际上，由运动方程可知，当 $T_L=0$ 时，$T_{em}=\frac{GD^2}{375}\frac{\mathrm{d}n}{\mathrm{d}t}=C\dot{n}$，此处 $C=\frac{GD^2}{375}$ 对一特定直流电机拖动系统为常数。这一关系表明，在适当的比例尺下，$T_{em}-n$ 坐标平面可转换为 $\dot{n}-n$ 坐标平面。当 $T_L\neq0$ 时，只要 T_L 为常数，则通过简单的坐标平移变换将 n 轴移到 $T_{em}=T_L$ 处后，$T_{em}-n$ 平面仍可视为 $\dot{n}-n$ 平面。借用自动控制理论中的术语，称动态下的 $\dot{n}-n$ 坐标平面为相平面，称相平面中的坐标点为相点，称相点的运动轨迹为相轨迹。这样，在忽略电枢电感和适当的比例尺下，系统的相轨迹不仅可与此时电动机的机械特性曲线绘在同一坐标平面中，且两者重合。或者说，拖动系统的升、降速过程中，系统的相点沿此时的机械特性曲线移动。这一结论使我们有可能利用静态下的机械特性曲线对拖动系统调速和制动的过程作定性分析。了解这一点，对理解直流电动机调速与制动动态过程中各物理量的变化与相互关系是十分重要的。下面利用这一思想对不同调速方式下的机电动态过程进行分析。

1. 电枢回路中串接附加电阻调速的机电过程

由图 3-16 可知，他励直流拖动系统运行时，在直流电动机内部存在一个负反馈闭环，这个依靠电动机原理和发电机原理维系的闭环可用图 3-17 来说明。

如图 3-17 所示，在他励直流电动机通过励磁绕组建立磁场后，在电枢上施加电压 U_a，在电枢绕组导体中形成电枢电流，依照电动机原理，导体所在电枢产生旋转加速度运动的电磁力和电磁转矩。电枢运动后，又依照发电机原理在电枢绕组中感生速度电动势，这个电动势的极性与电枢电压的相反，对驱动电磁转矩起到削弱、平衡作用，最终使系统自动达到转矩平衡，进入稳速运行。

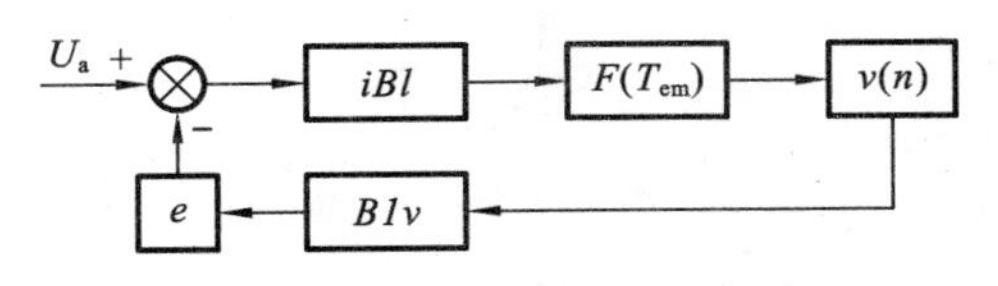

图 3-17 直流电动机内的负反馈闭环

利用描述他励直流拖动系统的微分方程组，在忽略电枢电感时，这个闭环可用图 3-18 表示。

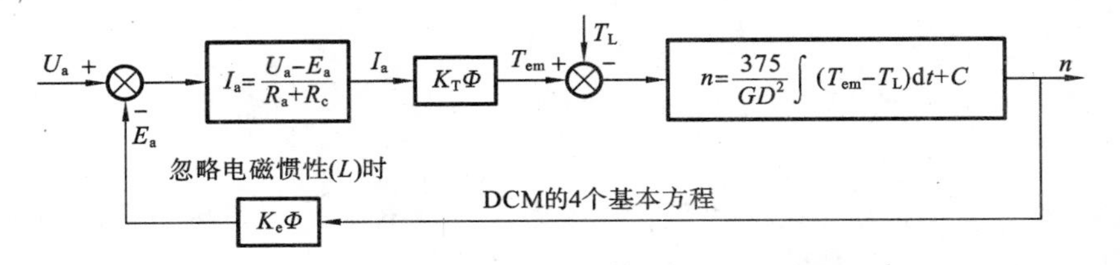

图 3-18 数学模型描述的他励直流拖动系统内部闭环

在改变电枢电路电阻调速前，假定系统电枢回路原有附加电阻为 R_{c1}，带有恒转矩负载 T_L，稳定运行于转速 n_2 上，如图 3-19 所示。调速时，将电枢回路附加电阻增大至 R_{c2}，系统机械特性相应变为特性 3。由于拖动系统的机械能不能突变，在改变电阻瞬间，转速保持 n_2 不变，机械特性图中系统工作的相点由点 n_2 水平向左移动到点 c。这时反电势 $E_a=K_e\Phi n$ 也保持不变。根据电势平衡方程，因回路电阻增大，电枢电流减小，电磁转矩相应也减小到 T_c，小于负载转矩，作用于电枢的合转矩为负，使电动机转速下降，相点沿特性曲线 3 移动。转速下降的同时，反电势相应减小，电枢电流和电磁转矩得以回升，电动机减速变缓，这一自动调节过程不断重复，直到转速下降到形成的反电势使电枢电流对应的电磁转矩回升到再次等于负载转矩为止，系统到达新的平衡点 n_3 后稳速运行。

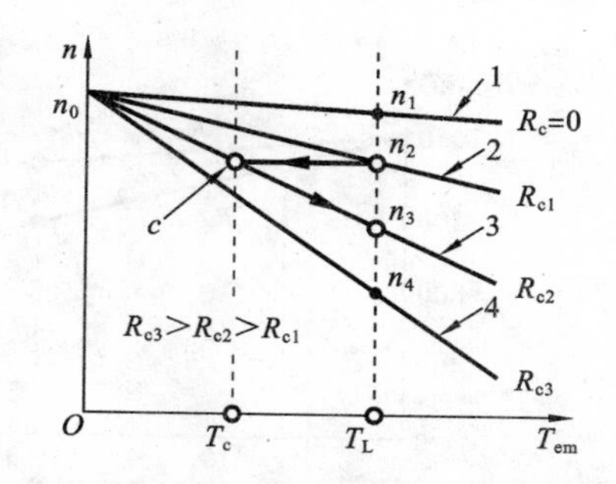

图 3-19 他励直流电动机串电阻调速的动态过程定性分析

改变电枢附加电阻调速动态过程在机械特性图上相点(T,n)沿 $n=f(T)$曲线的运动，可用简单的箭头关系分析表述为

$$R_c\uparrow=R_{c2}\rightarrow n=n_2,E_a,U_a\text{ 不变}\rightarrow I_a^{\downarrow}\rightarrow T_{em}^{\downarrow}\rightarrow T_{em}-T_L<0$$
$$\rightarrow n^{\downarrow}\rightarrow E_a^{\downarrow}\rightarrow I_a^{\uparrow}\rightarrow T_{em}^{\uparrow}\rightarrow\cdots T_{em}=T_L,n=n_3$$

这一过程表明，旧的平衡打破之后，系统有能力通过自身的调节稳定在新的平衡点，在这个调节过程中，反电势的自动变化是一个关键因素。

【例 3-4】 例 2-1 中的他励直流电动机在额定工况运行时，在电枢回路串入 $R_c=2.7\ \Omega$，求串入时电动机的转矩和 n 稳定后的转速。

解 因串入电阻瞬间，转速不能突变，励磁没有改变，反电势仍是额定值：

$$E_a=C_e n_N=0.133\times1500\ \text{V}=199.5\ \text{V}$$

故此时有

$$I_a=\frac{U_a-E_a}{R_a+R_c}=\left(\frac{220-199.5}{1.3+2.7}\right)\ \text{A}=5.125\ \text{A}$$

$$T_{em}=C_T I_a=9.55\times0.133\times5.125\ \text{N}\cdot\text{m}=6.5\ \text{N}\cdot\text{m}$$

电磁转矩小于负载转矩 $T_L=T_N=19.8\ \text{N}\cdot\text{m}$，电机减速。$n$ 稳定后，

$$\frac{dn}{dt}=0\Rightarrow T_L=T_N\Rightarrow I_a=I_N=15.6\ \text{A}$$

$$n=\frac{U_a-(R_a+R_c)I_N}{C_e}=\frac{220-(1.3+2.7)\times15.6}{0.133}\ \text{r/min}=1185\ \text{r/min}$$

这一过程的机械特性如图 3-20 所示。

此例也说明，他励直流电动机稳态运行时的电枢电流仅取决于负载转矩而与电枢回路是否串入电阻及电阻的大小无关。

2. 改变电枢电压调压调速的机电过程

假定他励直流拖动系统原在额定电压、恒转矩负载 T_L 下以转速 n_1 稳定运行，如图 3-21 所示，调速时，电枢电压降至 U_2，对应理想空载转速由 U_N/C_e 下降到 U_2/C_e，机械特性向下平行移动，降压瞬间机械能不能突变，转速仍为 n_1，即相点水平左移至新机械特性的点 c。由电势平衡方程，电压降低、反电势不变，则电枢电流和电磁转矩均减小，对应的电磁转矩为 $T_c<T_L$，产生一个与串电阻调速情况相似的转速、电流、转矩的自动调节过程，最终当转速降到 n_2，电磁转矩等于负载转矩时，系统进入新的稳态运行状态。

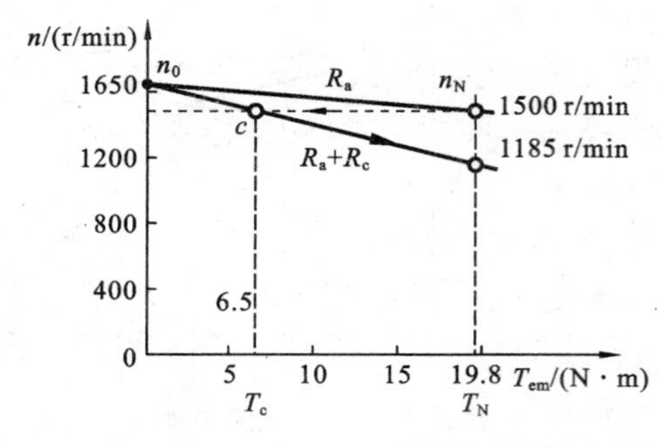

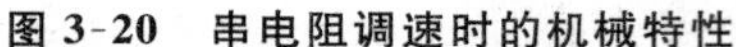
图 3-20 串电阻调速时的机械特性

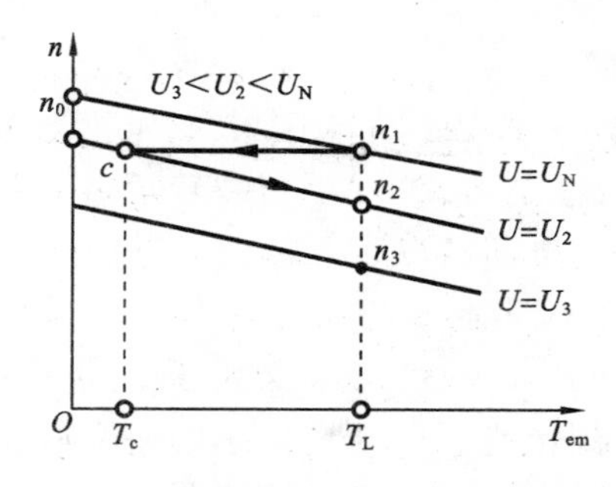

图 3-21 调压调速时的机械特性

【例 3-5】 已知他励直流电动机拖动系统电动机参数为 $P_N=2.5$ kW，$U_N=220$ V，$I_N=12.5$ A，$n_N=1500$ r/min，50%额定负载下将电枢电压调至 160 V，求电动机的稳定运行速度。

解 因没有电枢电阻数据，首先进行估算，取电阻功耗占总损耗 50%估算：

$$R_a=0.5\left(1-\frac{P_N}{U_N I_N}\right)\frac{U_N}{I_N}=0.5\left(1-\frac{12.5\times1000}{220\times12.5}\right)\frac{220}{12.5}\ \Omega=0.792\ \Omega$$

$$C_e=\frac{U_N-R_a I_N}{n_N}=\frac{220-0.792\times12.5}{1500}\ \text{Wb}=0.14\ \text{Wb}$$

电动机的稳定运行速度为

$$n=\frac{U_a}{C_e}-\frac{R_a}{C_e}I_a=\frac{160-0.792\times0.5\times12.5}{0.14}\ \text{r/min}=1108\ \text{r/min}$$

$$n_0=\frac{U_a}{C_e}=\frac{160}{0.14}\ \text{r/min}=1143\ \text{r/min}$$

$$\Delta n=n_0-n=(1143-1108)\ \text{r/min}=35\ \text{r/min}$$

调速前的转速为

$$n=\frac{220-0.792\times0.5\times12.5}{0.14}\ \text{r/min}=1536\ \text{r/min}$$

$$n_0=\frac{U_a}{C_e}=\frac{220}{0.14}\ \text{r/min}=1571\ \text{r/min}$$

$$\Delta n=n_0-n=(1571-1536)\ \text{r/min}=35\ \text{r/min}$$

即调压前后两机械特性平行。

调压调速过程可归纳如下：

(1) 降低电枢电压，反电势不变，导致电枢电流下降；

(2) 电枢电流下降，磁通不变，使电磁转矩下降；

(3) 电磁转矩小于负载转矩，电机减速；

(4) 电机转速下降，反电势下降，电枢电流回升；

(5) 电枢电流增大，电磁转矩增大，电动机减速减缓，重复(4)、(5)，直到电磁转矩与负载转矩相等，电动机在一低于原速的转速下进入新的稳定运行状态。

请注意调压调速时电枢电压变化对理想空载转速的影响，以及调压调速机械特性平行移动的特点。

3. 弱磁调速时的机电过程

假定系统原运行于额定励磁、额定电枢电压状态，带有恒转矩负载 T_L，稳定运行速度为

n_1。调速时，磁通降为 Φ_1，对应转速特性和机械特性变化如图 3-22 所示。磁通下降后，理想空载转速由 $n_{0N}=U_N/K_e\Phi_N$ 增大为 $n_{01}=U_N/K_e\Phi_1$。按照前面调压、串电阻调速的分析方法，弱磁瞬间，机械能不能突变，机械特性相点应该水平向右移动到点 c，弱磁时，因电枢电压没变，转速不变但磁通减小，反电势减小，电枢电流增大至 I_b，对应电磁转矩增大至 $T_b>T_L$，电动机加速。随着转速升高，反电势增长、电枢电流、转矩回落，到转矩与负载转矩平衡时，到达新的稳定运行速度 n_2。实际弱磁时，因励磁电路电磁时间常数影响，励磁电流不能突变，磁通的减弱实际是逐渐进行的，结果导致 I_a、T_{em} 均不可能达到最大值；理想空载转速也是逐渐变化的。相点运动轨迹为曲线，这个曲线是由众多连续变化的特性曲线上的相点共同形成的。因弱磁过程中产生的转矩增量 dT_{em} 较小，系统机电时间常数以磁通平方反比的速率增大，弱磁升速过渡过程要远比调压调速、串电阻调速的过渡过程时间长。

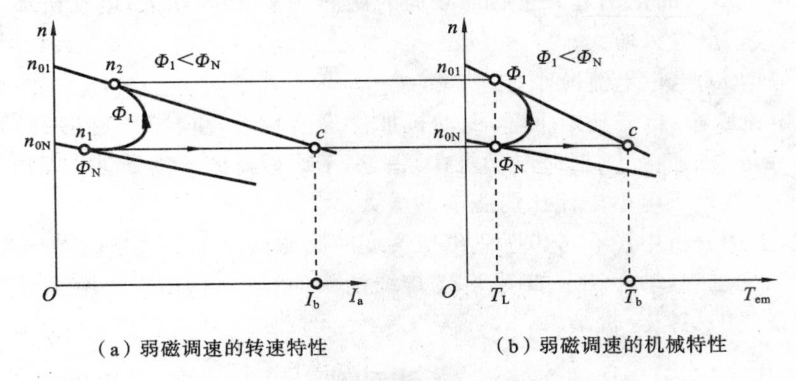

（a）弱磁调速的转速特性　　（b）弱磁调速的机械特性

图 3-22　弱磁调速时的机电过程

如果负载具有恒转矩性质，调速前电磁转矩与负载转矩是平衡的，电磁转矩由磁通与电枢电流的乘积决定，弱磁调速在磁通减弱的同时电枢电流会增大，那么弱磁瞬间转矩究竟会如何变化？形成的转矩究竟会使转速发生什么变化？要回答这个问题，最简单的办法是通过对一个实例进行考查。

【例 3-6】　以例 2-1 在额定状态时将磁通降低 10%，分析弱磁后的机械特性、转速特性和调速过程。

解　由例 2-1 已知：$U_N=220$ V，$I_N=15.6$ A，$n_N=1500$ r/min，$R_a=1.3$ Ω，$n_0=1650$ r/min，$K_e\Phi_N=0.133$ Wb，$T_N=19.8$ N·m。

弱磁后：

$$K_e\Phi=0.9K_e\Phi_N$$

$$n_0=\frac{U_N}{K_e\Phi}=\frac{U_N}{0.9K_e\Phi_N}=\frac{220}{0.9\times0.133}\ \text{r/min}=1838\ \text{r/min}$$

弱磁瞬间机械能不能突变，n 不能突变：

$$I_{ab}=\frac{U_a-E_a}{R_a}=\frac{U_N-0.9K_e\Phi_N n_N}{R_a}=\frac{220-0.9\times0.133\times1500}{1.3}\ \text{A}=31.1\ \text{A}$$

由此可见，当磁通减弱 10% 时，电枢电流增大了近 100%。显然弱磁时磁通减弱的比例远小于电枢电流增大的比例，电磁转矩会增大，如果负载转矩保持恒定，系统将获得加速转矩，转速会升高。

$$T_b=K_T\Phi I_a=0.9\times9.55K_e\Phi_N I_{ab}=0.9\times9.55\times0.133\times31.1\ \text{N}\cdot\text{m}=35.6\ \text{N}\cdot\text{m}$$

$T_b>T_L=T_N$，电动机加速。然而，随着速度的升高，反电势相应增大，使电枢电流和电磁转矩回落，最后，电磁转矩与负载转矩再次取得平衡，稳定后电磁转矩与负载转矩相等：

$$T_{em}=T_N=K_T\Phi I_a=0.9K_T\Phi_N I_a=K_T\Phi_N I_N$$

$$I_a=\frac{I_N}{0.9}=\frac{15.6}{0.9}\ \mathrm{A}=17.3\ \mathrm{A}$$

$$n=\frac{U_a-R_aI_a}{K_e\Phi}=\frac{U_N-R_aI_a}{0.9K_e\Phi_N}=\frac{220-1.3\times17.3}{0.9\times0.133}\ \mathrm{r/min}=1650\ \mathrm{r/min}$$

负载转矩不变时弱磁调速过程可归纳如下：

(1) 通过励磁回路控制减弱磁通；

(2) 磁通降低、转速不变，反电势下降；

(3) 反电势下降、电枢电压不变，电枢电流增大；

(4) 电枢电流增大的比例远大于磁通减弱的比例，电磁转矩增大，电动机加速；

(5) 电机加速，反电势增大；

(6) 反电势增大，电枢电流减小；

(7) 电枢电流减小，电磁转矩下降，电动机加速逐渐减缓，重复(5)、(6)、(7)，直到电磁转矩与负载转矩相等，加速停止，这时电动机在某一高于原转速的速度下进入新的稳态运行。由于磁通下降，同样转矩下电枢电流比弱磁前的增大。

如前所述，上述分析中没有考虑励磁电压突变时励磁回路电磁惯性的影响，实际弱磁发生时磁通有一个渐变过程，动态调节如图 3-23 虚线箭头曲线所示，但不影响上述调速过程各量的变化趋势和最终的稳态分析结果。

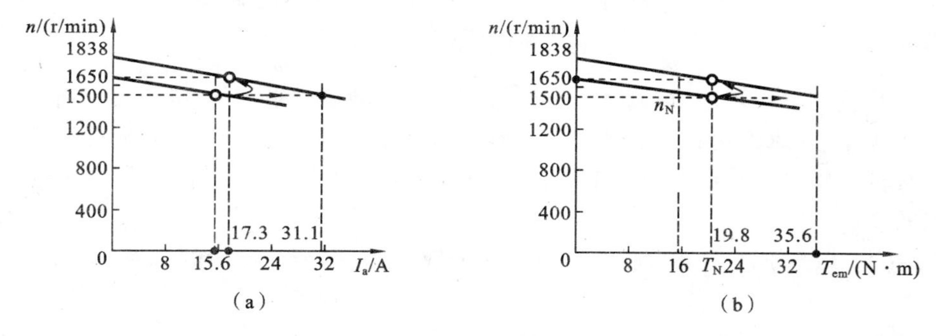

图 3-23 例 3-6 中弱磁调速的机电过程

在电动机高速运行时，增大磁通将产生相反的动态调节过程，使电动机的转速降低。

弱磁调速一般用在高于电动机额定转速的速度范围。由图 3-11(b)可以看到，在速度很低时，减弱磁通，电动机的转速反而会下降。这是因为，在非常低的速度下，反电势本身很小，减弱磁通使反电势下降带来的电枢电流增大已不足以补偿减弱磁通对电磁转矩的削弱作用，即电流增大的比例还小于磁通减弱的比例，导致弱磁时电磁转矩是下降的，形成电动机减速运行。某些用于控制目的的小型直流电动机经常运行在接近停止的极低转速下，这时如果采用弱磁调速，则减弱磁通时有可能对转速没有影响，即磁通减弱比例和电枢电流增大比例相当；也有可能导致电动机减速，或者使电动机升速。由于结果的不确定性，因此在低速运行时，一般不采用弱磁方法调速而改用调压方法调速。

在直流电力拖动系统中，电枢、励磁回路中的一些电气参数(如电压、电阻等)与负载转矩的突然变化，会引起过渡过程，但由于惯性，这些变化不会导致电动机的转速、电流、电磁转矩和磁通等参量突变，而呈现一个连续变化的过程。系统中一般存在有机械惯性、电磁惯性和热惯性三种惯性。机械惯性主要反映在系统的转动惯量 J 上，它存储的机械能使转速不能突变；电磁惯性主要反映在电枢和励磁回路电感上，它们分别使电枢电流和励磁电流不能突变，普通直流电动机励磁回路的电感通常远大于电枢回路电感，调磁调速时，励磁电流变化相对比较缓慢，致使由励磁电流决定的磁通不能突变，因此弱磁调速时系统的响应要比调压调速时的慢；代表电枢回路电磁惯性的电磁时间常数与系统机电时间常数相比通常(千瓦以上级电机拖动系统)要小很多，在定性分析系统转速变化过渡过程时可忽略它的影响；热惯性使电机的温度不能突变。由于温度变化比转速、电流等参量的变化要慢得多，一般在分析系统机电过渡过程时不考虑它的影响。

七、直流电动机运行时的励磁保护

为了保证直流电动机的运行安全，主磁通的正常建立是必需的。一旦励磁回路出现故障，导致励磁电流减小甚至等于零，电动机的运行安全就将受到致命的威胁。由于电动机的定子和电枢铁芯均采用铁磁材料构造，励磁电流消失时，铁芯中还会有剩磁存在。直流电动机运行中失去励磁的危害可通过下面一个例子来说明。

【例 3-7】一并励直流电动机，$U_N=220$ V，$I_N=10$ A，$n_N=1500$ r/min，$R_a=1$ Ω。负载转矩分别在额定值和额定值的10%下稳定运行时，励磁回路断线，剩磁为额定值的2%。

分别计算两种情况下断线瞬间电枢电流和电磁转矩和进入稳态后的电枢电流和转速。不考虑电枢反应影响。

解　额定运行时，电枢反电势和电磁转矩分别为

$$E_{aN}=U_N-I_NR_a=(220-10\times1)\ \text{V}=210\ \text{V}$$

$$T_N=\frac{P_{emN}}{\Omega_N}=\frac{E_{aN}I_N}{\frac{2\pi}{60}n_N}=\frac{210\times10}{\frac{2\pi}{60}\times1500}\ \text{N}\cdot\text{m}=13.37\ \text{N}\cdot\text{m}$$

励磁断瞬间，电枢反电势变为

$$E_a=\frac{\Phi}{\Phi_N}E_{aN}=0.02\times210\ \text{V}=4.2\ \text{V}$$

电枢电流为

$$I_a=\frac{U_N-E_a}{R_a}=\frac{220-4.2}{1}\ \text{A}=215.8\ \text{A}$$

电磁转矩为

$$T_{em}=\frac{\Phi I_a}{\Phi_N I_N}T_N=0.02\times\frac{215.8}{10}\times13.37\ \text{N}\cdot\text{m}=5.77\ \text{N}\cdot\text{m}$$

小于额定负载转矩，电动机减速停车。转速为0时，电枢电流最大值为

$$I_a=\frac{U_N}{R_a}=\frac{220}{1}\ \text{A}=220\ \text{A}$$

达到额定电流的20多倍，而电磁转矩最大值为

$$T_{em}=\frac{\Phi I_a}{\Phi_N I_N}T_N=0.02\times\frac{220}{10}\times13.37\ \text{N}\cdot\text{m}=5.88\ \text{N}\cdot\text{m}$$

仍小于负载转矩，电动机不能启动，处于“堵转”停车状态。

10%额定负载时

$$E_{aN}=U_N-I_NR_a=(220-10\times1\times0.1)\ \text{V}=219\ \text{V}$$

$$T_{em}=0.1T_N=1.337\ \text{N}\cdot\text{m}$$

励磁断瞬间，电枢反电势变为

$$E_a=0.02\times 219\ \text{V}=4.38\ \text{V}$$

电枢电流

$$I_a=\frac{U_N-E_a}{R_a}=\frac{220-4.38}{1}\ \text{A}=215.62\ \text{A}$$

电磁转矩为

$$T_{em}=\frac{\Phi I_a}{\Phi_N I_N}T_N=0.02\times\frac{215.62}{10}\times 13.37\ \text{N}\cdot\text{m}=5.76\ \text{N}\cdot\text{m}$$

大于负载转矩，电动机加速。稳定时

$$T_{em}=K_T\Phi I_a=0.1T_N=0.1K_T\Phi_N I_N=K_T\times 0.02\Phi_N I_a$$

$$I_a=\frac{0.1I_N}{0.02}=\frac{0.1\times 10}{0.02}\ \text{A}=50\ \text{A}$$

为额定电流的 5 倍。

反电势

$$E_a=U_N-I_aR_a=(220-50\times 1)\ \text{V}=170\ \text{V}$$

电势系数为

$$K_e\Phi=0.02K_e\Phi_N=0.02\frac{E_{aN}}{n_N}$$

转速为

$$n=\frac{E_a}{K_e\Phi}=\frac{E_a}{0.02E_{aN}}n_N=\frac{170}{0.02\times 210}\times 1500\ \text{r/min}=60714\ \text{r/min}$$

远远高于额定转速，形成“飞车”状态运行。

这样，无论负载轻重，直流电动机运行中失磁均会造成电枢回路严重过流而损坏。轻载时可能产生“飞车”现象，重载下可能导致电动机“堵转”。这些情况在直流电动机运行中都是绝对需要避免的。因此，通常在直流电动机的控制系统中都必须设置失磁保护，具体方法将在后续章节中介绍。特别对励磁回路一般不宜采用保险熔断的过流保护措施，以防止因保险熔断造成电动机失磁运行。

3-3 直流电动机的制动运行状态

令运行中的直流拖动系统停止下来（又称为停车），似乎是一件很容易的事情，只需切断对它的供电不就可以了吗？然而，这种停车方式并不总是能够令人满意的。如果是一台大型的直流电动机拖动大惯量的负载运行，那么，断电后要它完全停止下来，可能要花费几十分钟甚至更长的时间。在大部分情况下，这样长的减速时间是不可接受的。这时，就必须考虑对电动机提供制动转矩。最简单的方法是使用机械刹车，依靠机械产生的强摩擦形成制动转矩，这种机械制动方式在车辆制动时常被采用。机械刹车制动由于存在磨损，维护成本较高。另一种快速制动方法，是通过电路使流过电枢的电流与磁通作用，形成一个制动方向的减速转矩，产生电气刹车效应。随着电力电子技术和计算机控制技术的进步，电气刹车简便易行，维护成本低，成为电力拖动系统快速制动的主要手段。有的系统则将两者结合起来，机电制动同时进行，以进一步提高制动的快速性和可靠性。下面着重分析直流电动机电气制动的基本方法。

电气制动的基本特征，是电磁转矩的方向与电动机旋转运动的方向相反，对系统形成负向加速度。电动机通过这种反方向的转矩从轴上吸收机械功率，并将其转换为电功率输出，使系统迅速失去机械能而停止运动。从机电能量转换的角度看，工作于电气制动状态下的电动机实际运行于发电机状态。

在讨论电力拖动系统的运行时，迄今为止仅考虑了电动机机械特性曲线位于$T_{em}-n$坐标平面第一象限的情形，实际上，电动机存在两个旋转方向，电磁转矩也存在两个方向。若定义n取正号为电动机正转，则电动机反转时n取负号。电机作电动机运行时，电磁转矩方向与电机旋转方向相同，同为正时其机械特性曲线在$T_{em}-n$平面第一象限，称为正向电动状态；同为负时其机械特性曲线在第三象限，称为反向电动状态；制动状态下电磁转矩的方向与电动机旋转方向相反，在共同的电动机惯例假定正向下，正、反转制动时的机械特性曲线分别位于二、四象限。可使电动机具有正、反两种运行方向的系统称为可逆系统，而对可电气制动的可逆系统，机械特性曲线上的相点运动区间可以扩展到整个$T_{em}-n$坐标平面，这种电力拖动系统称为可四象限运行的可逆系统。

根据电动机转入制动运行的外部条件和制动过程中电动机输出电功率不同，电动机的电气制动有回馈制动、反接制动和能耗制动三种方式，本节重点分析他励直流电动机在这三种制动方式下运行的机电过程，最后简要介绍串励和复励式电动机的制动运行。

一、制动的分类

1. 回馈制动

假定他励直流电机在电动状态稳定运行中，其励磁和电枢回路的原理电路如图 3-24(a)所示。图中各物理量的假定正向与实际方向相同。可以看到，电磁转矩和转速的方向是相同的。如果这时将电枢电压迅速降低，使它低于反电势E_a，励磁保持不变，则在降压瞬间因机械能不变，反电势高于电枢电压，由电枢回路电势平衡方程，将导致电枢电流I_a反向，在形成反方向的电磁转矩$T_{em}=K_T\Phi I_a$的同时，将电功率回馈送入直流电网，如图 3-24(b)所示，电机由电动机工作状态转入发电机工作状态，在反向电磁转矩和负载摩擦阻转矩的共同作用下，快速制动。这种在电动机制动的同时能将电功率回送电网的制动方式称为回馈制动或再生制动。

2. 能耗制动

电动运行中的直流电动机如果突然将电枢电源断开，电动机将继续旋转，进入自由停车状态，依靠风阻、摩擦和负载阻转矩逐渐减速停下来。由于磁场仍旧存在，反电势在这一过程中也继续存在，并随着转速的下降不断减小直到降为零，电动机像一台电枢开路的直流发电机。如果在断开电枢电源的同时在电枢回路接入一个外部限流电阻，如图 3-24(c)所示，电枢回路在反电势的作用下将形成一个与原电动工作时的电枢电流方向相反的电流I_a，这个电流与磁通作用形成的电磁转矩方向与电动机旋转方向相反，对电动机也可起到快速制动的作用。由于在制动过程中机械能转换成的电功率被送到外接电阻上以热能形式消耗掉，这种制动方式称为能耗制动。显然，能耗制动在电动机转速比较高、反电势比较大的时候可以获得较好的快

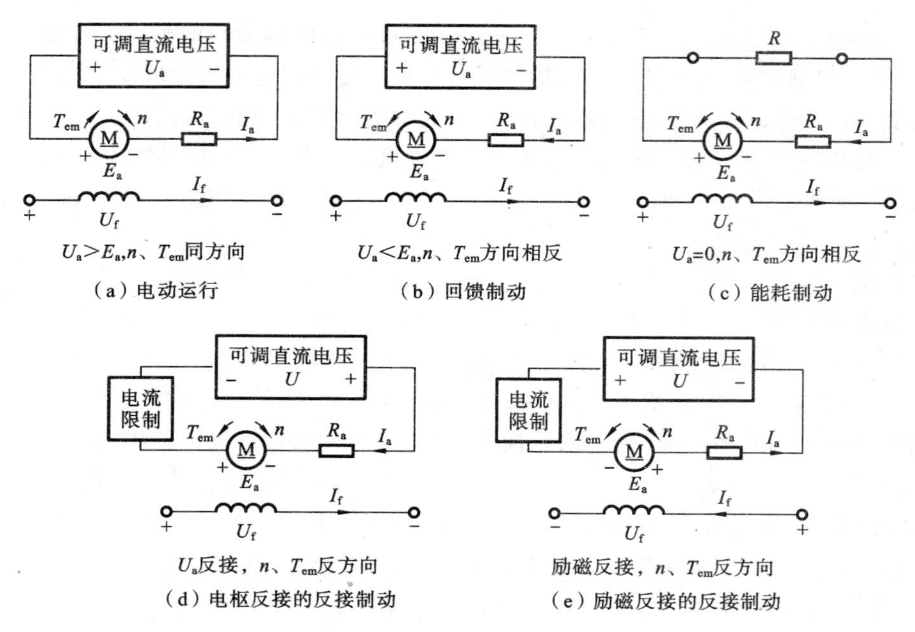

图 3-24 直流电动机的电气制动方式

速制动效果，随着转速的降低，反电势逐渐减小，制动电磁转矩也会相应减小，制动效果随之变差，最终系统会以类似自由停车的方式平滑缓慢地完成停车。

3. 反接制动

若希望更加快速的制动，可以采用一种称为反接制动的控制方式。反接制动的实现有两种途径。一种是将电枢电压突然倒换极性反向接入电枢，如图 3-24(d)所示，这时电枢回路中电枢电压的方向与反电势的相同，两者相加后在电枢回路迅速使电枢电流反向，在电流限制环节的制约下，形成一个电动机允许的最大电枢电流和电磁制动转矩，使电动机快速制动。另一种方法是电枢电压保持不变，仅在电枢回路串入电流限制环节，同时将励磁电压反接，使磁场改变方向。这时电动机速度方向不变，但励磁反向导致反电势改变极性，同样与电枢电压形成同极性串联相加效果。值得指出的是，在励磁反向反接制动时，电枢电流并没有改变原来的方向，只是由于磁场反向，电磁转矩改变了方向，变得与电动机旋转方向相反，成为制动转矩。因此，不能简单地根据电枢电流的方向来判断电动机是工作在电动状态还是制动状态。此外，反接制动时电枢回路两电源相加，如果不进行电流限制，额定转速下电枢电流可能达到额定电枢电流的数十倍，对于直流电动机，这是不可接受的。反接制动过程中，当电动机转速下降到接近零速时，如果不希望电动机反方向启动，必须及时切断电枢电源，在开环控制系统中，这个断开控制可以通过与电动机同轴安装的速度继电器实现，具体方法参见第 11 章。

4. 理想的快速制动

电气制动的快速性是由转矩平衡方程决定的。对于恒转矩负载，制动时电动机提供的反向电磁制动转矩越大，电动机制动越快。而电磁转矩正比于电枢电流，受电动机短时电枢电流过载系数的限制，为保证电动机的工作安全，在上述三种电气制动的起始时刻，通常都按这一限制条件设计来限制制动电流，这样，在制动的初始时刻，都可以获得最大的制动转矩。遗憾的是，随着制动过程的进行，转速在快速下降中，反电势也随之下降，无论采用上述三种制动方式中的哪一种，如果维持初始设计不变，都将出现电枢电流和制动转矩越来越小，制动越来越慢的情况。

理想的快速制动，是在保证电动机和功率变换装置安全的前提下，以最短的时间完成制动过程。对于带恒转矩负载、恒磁通运行的他励直流电动机，这等价于要求在整个制动过程中，保持电枢电流恒为最大允许值，使制动电磁转矩维持为常数，电动机按式(3-1)的规律，以一个最大的负斜率线性减速制动到零。为了实现这一目标，通常需要在制动过程中不断根据反电势的变化调整供电电压，这可通过反馈闭环的自动控制实现。

二、他励直流电动机的回馈制动

他励式直流电动机运行中，如出现实际运行速度高于理想空载转速，导致反电势高于电枢电压的情况时，电动机即运行于回馈制动状态。

回馈制动运行状态下电动机各机电变量的实际作用方向如图 3-24(b)所示，与电动运行状态相比，因反电势大于电枢电压，I_a 改变了方向，相应电磁转矩也改变了方向，由与 n 方向一致的拖动转矩变为与 n 方向相反的制动转矩，建立制动转矩的电枢电流称为制动电流。

在讨论制动运行状态下电动机的功率平衡关系时，为便于与电动运行状态下的功率平衡关系相比较，取此时各机电变量的实际方向为假定正向，如图 3-24(b)所示，可得到回馈制动运行状态下的电枢回路电势平衡方程为

$$U_a=E_a-I_aR_a$$

方程两边同乘以 $-I_a$，得

$$-U_aI_a=I_a^2R_a-E_aI_a \tag{3-29}$$

即

$$-P_1=P_{Cur}-P_{em}$$

$$-P_{em}=-P_2+P_0$$

式中：P_1 为电枢回路输入功率；P_{Cu} 为电枢回路铜耗；P_{em} 为电机电磁功率；P_2 为电机轴上输出功率；P_0 为电机空载损耗功率。

式(3-29)即为回馈制动下电机的功率平衡方程式。从表 3-1 中可看出，与电动运行状态相比，回馈制动下电机的输入功率和轴上输出功率分别因电枢电流和电磁转矩改变方向而改变了符号。电磁功率为负，代表电机实际是将轴上机械功率吸收并转换为电功率；输入功率为负，代表由机械功率转换成的电功率在付出电枢回路中的铜耗后，被全部回馈到直流电网，如图 3-25 所示。

表 3-1　电动运行与回馈运行状态下功率关系的比较

	输入电功率	电枢铜耗	电磁功率	电机空载损耗	输出机械功率
功率关系	P_1	P_{Cua}	P_{em}	P_0	P_2
	$UI_a=$	$I_a^2R_a+$	E_aI_a		
			$T\Omega=$	$T_0\Omega+$	$T_L\Omega$
电动运行状态	+	+	+	+	+
回馈制动状态	−	+	−	+	−

在讨论包括回馈制动在内的四象限运行条件下电动机的机械特性时，为了能将不同运行状

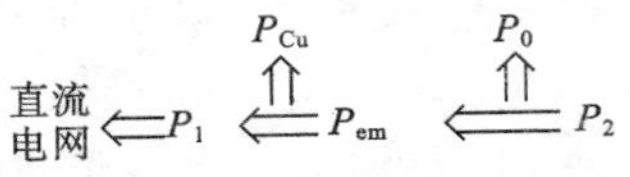

P_{Cu} P_0

直流电网 $\Longleftarrow P_1 \Longleftarrow P_{em} \Longleftarrow P_2$

图 3-25 直流电动机回馈制动的功率流

态下的机械特性绘制在同一坐标平面内，各不同运行状态下的电机转矩 T_{em} 和转速 n，以及与之对应的电枢电流和反电势必须有统一的假定正向，一般均按电动机惯例统一规定，如图 3-24(a)所示。在此条件下，他励直流电动机无论运行在何种状态，位于机械特性坐标平面的哪个象限，其机械特性方程统一表示为

$$n=\frac{U_a}{K_e\Phi}-\frac{R_a}{K_eK_T\Phi^2}T_{em}$$

如果磁通恒定，则可表示为

$$n=\frac{U_a}{C_e}-\frac{R_a}{C_eC_T}T_{em} \tag{3-30}$$

这时，式中各变量均为有符号数，其正负的选取由工作点在机械特性坐标平面的所在象限决定。正向电动运行时，机械特性的函数图形在 $T_{em}-n$ 坐标平面的第一象限中，式中自变量 T_{em} 应取正值；反向电动运行时，机械特性的函数图形在第三象限，T_{em} 取负值；正、反向回馈制动运行时，机械特性的函数图形分别在第二、四象限，T_{em} 分别取负、正值；电压的正负与理想空载转速的符号对应。由于回馈制动状态仅由外部运行条件的变化所引起，电机本身的接线未作任何改变，因而正、反向回馈制动状态下的机械特性函数图形分别为第一、三象限电动运行机械特性曲线在第二、四象限内的延伸。

电力拖动系统中，电机实际运行转速高于理想空载转速的现象可能在下述情况下发生。

1. 电枢电压突然降低时的回馈制动过程

电枢电压突然降低时系统的减速过程如图 3-26 所示，减速过程中电动机经历了两个阶段。相点由点 b 向点 c 运动的过程中，电动机运行在回馈制动状态，根据式(3-1)，此时 T_{em} 与 n 符号相反而 T_L 与 n 符号相同，电磁转矩与负载转矩均成为制动转矩，迫使转速迅速下降；在相点 c 向点 d 运动的过程中，电磁转矩的符号由负变正，电动机运行在电动状态，但因电磁转矩小于负载转矩，转速继续下降。转速下降时各机电变量间的自动调节过程可利用图 3-18 进行分析，但须注意，回馈制动运行状态下，随着转速的下降，因反电势高于电枢电压形成的制动电流绝对值会随着反电势的下降而减小，使系统转速下降的速率逐渐变慢。当转速下降到由降压后电枢电压对应的理想空载转速时，反电势与电枢电压相等，制动方向的电枢电流和电磁转矩均下降为零，回馈制动过程即告结束，而系统将在负载转矩的制动作用下继续减速，进入电动运行。电动运行状态的调节过程读者可自行分析，系统最终将在电磁转矩与负载转矩重新平衡时，在点 d 稳定运行于 n_2。

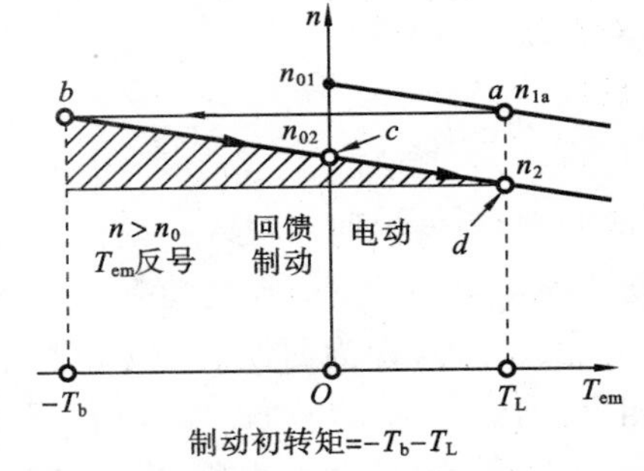

图 3-26 电枢电压突降时的回馈制动

2. 磁通突然增大时的回馈制动过程

图 3-27(a)、(b)所示的是两条不同 Φ 值下的转速特性和机械特性曲线。由 $n_0=\dfrac{U}{K_e\Phi}$ 知，Φ 增大意味着 n_0 下降，若下降后的 n_0 低于原稳定运行速度，则电动机将进入回馈制动运行状态。磁通突变和渐变时，相点的运动轨迹分别如图 3-27 中虚线 ab 和实线所示。它是弱磁升速的逆过程，其机电过程请读者自行分析。

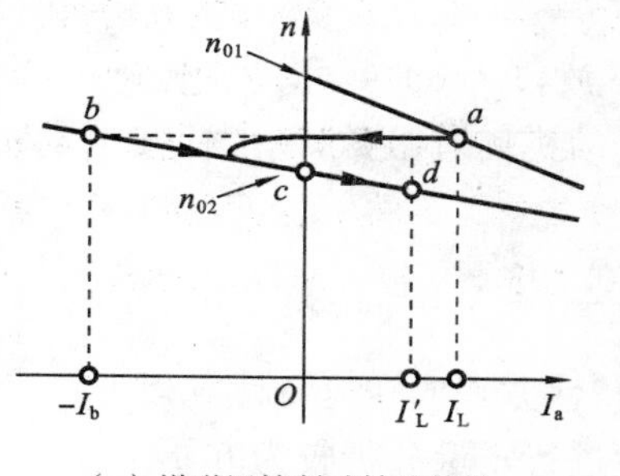

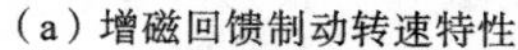
(a) 增磁回馈制动转速特性

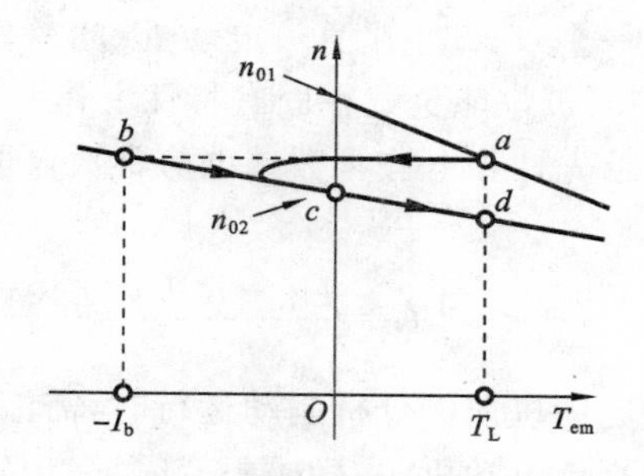

(b) 增磁回馈制动机械特性

图 3-27　增磁减速时的回馈制动

3. 位能负载转矩作为拖动转矩带动电动机旋转时的回馈制动过程

习惯上将起重机、电梯类拖动系统中的电动机正向旋转方向定义为提升重物方向、反转定义为下放方向。由重力产生的位能负载转矩始终保持一个固定的对系统产生反向加速的方向。提升重物时，它作为阻转矩，为保持平稳的提升速度，电动机必须产生同样大小的拖动转矩与之平衡；下放重物时则成为拖动转矩，作用于使系统产生负向加速度的方向，为使重物保持匀速下降，电动机必须产生制动转矩以平衡此拖动转矩。现代调速系统中，若要以回馈制动运行状态下放重物，应先令电机负方向低压启动，电压的大小由电动机允许的短时最大电枢电流和下放速度决定，并利用 T_L 的拖动作用使系统在负方向超越理想空载转速的条件下建立稳定平衡状态，如图 3-28 所示。电动机由零加速到 n_{c1} 的过程分为两个阶段：相点从零速向负方向的理想空载转速运动时，电动机运行于反向电动状态，此时电磁转矩为负、负载转矩为正，对系统而言均为加速转矩；转速超越理想空载转速后，反电势高于电枢电压使电流、电磁转矩反向，对反向旋转的电动机而言，电磁转矩是制动转矩，电动机转入回馈制动运行，机械特性相点进入第四象限，当反电势升高到形成的电流使电磁转矩与负载转矩平衡时，电动机进入稳速运行，以 n_{c1} 的转速匀速将重物下放。到达稳态前系统各机电变量的调节过程读者可根据图 3-28 自行分析。当需要以较高速度下放重物时，可通过逐渐增大负向电枢电压实现。

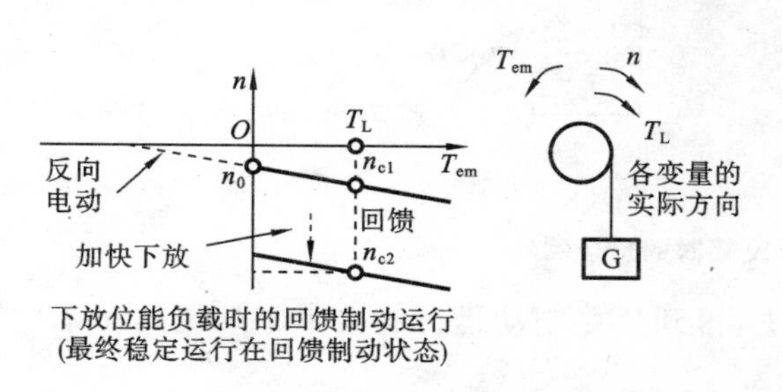

图 3-28　重物下放时的回馈制动

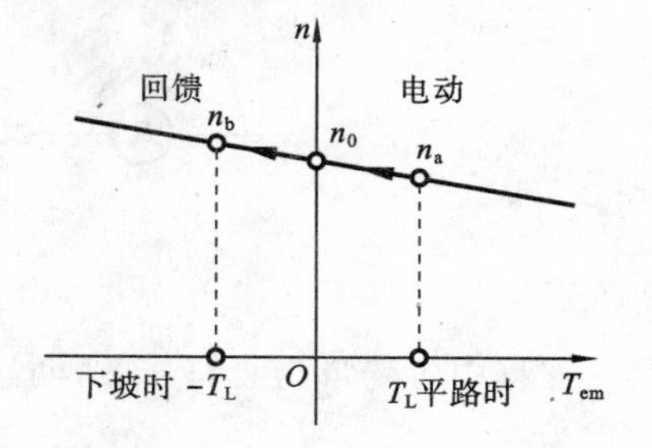

图 3-29　机车下坡形成的回馈制动

电力机车一类拖动系统，在从平路进入比较陡的下坡道路行驶时，也会形成因位能负载产生的回馈制动。习惯上定义电动机在平路运行前进方向为电动机正转方向，下坡时，如果电机所受到的重力与摩擦转矩之和为拖动性质，则电动机将在自身电磁转矩和重力形成的拖动转矩下加速，使转速高于原电枢电压决定的理想空载转速而进入回馈制动状态，这时转速仍为正，电磁转矩变负，变为阻转矩性质，相点在第二象限中，当 $-T_{em}=-T_L$ 时，以速度 n_b 稳速行驶下坡，如图 3-29 所示。

【例 3-8】 已知他励直流电动机：$P_N=29$ kW，$U_N=440$ V，$I_N=76.2$ A，$R_a=0.393$ Ω，$n_N=1050$ r/min，带位能负载在固有特性上作回馈制动下放，$I_a=60$ A，求下放转速。

解 首先计算电势常数。电势常数仅取决于电动机固有参数，一般通过电动机额定参数计算。

$$C_e=\frac{U_N-R_aI_N}{n_N}=\frac{440-76.2\times0.393}{1050}\ \text{Wb}=0.39\ \text{Wb}$$

采用电动机惯例分析制动运行时，需清楚机械特性方程或转速特性方程中各变量的符号。对于他励直流电动机，在励磁不变时，采用转速特性进行定量分析较为方便。

符号分析如下。

位能负载，回馈下放：电动机工作在机械特性第四象限，因此电流用正值、电枢电压用负值代入方程。此电动机应是在第三象限反向启动后被位能负载拖入第四象限，超额定转速进行回馈制动下放重物的，求得 n 应为负，绝对值应大于额定转速值。因此，解得

$$n=\frac{U_a-R_aI_a}{C_e}=\frac{(-440)-0.393\times(+60)}{0.39}\ \text{r/min}=-1190\ \text{r/min}$$

三、他励直流电动机的反接制动

当他励直流电动机电枢电压或电枢反电势在外部条件作用下改变极性时，电动机进入反接制动运行状态。

1. 反接制动运行状态下的功率平衡关系与机械特性

在讨论反接制动运行状态下的功率平衡关系和机械特性时，各机电变量亦取两种不同的假定正向。讨论功率平衡关系时，取反接制动状态下各机电变量的实际方向为正向，如图 3-30(b)所示，此时反接制动运行状态下电动机的电势平衡方程为

$$U_a=-E_a+R_aI_a$$

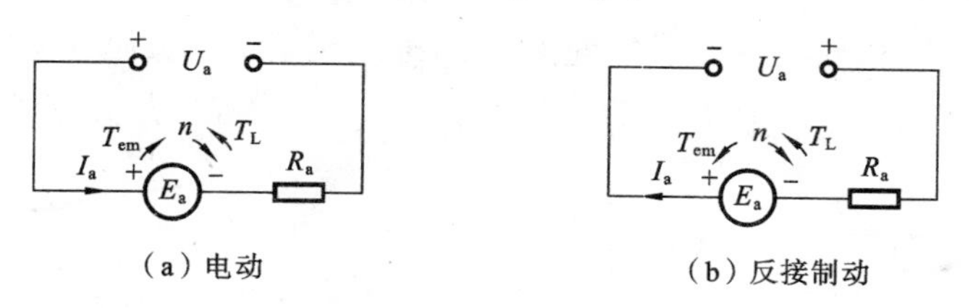

图 3-30 电枢反接时的反接制动

方程中各变量为无符号数，两边同乘以 I_a，得到反接制动运行状态下电动机的功率平衡方程为

$$UI_a=-E_aI_a+R_aI_a^2$$

即

$$P_1=-P_{em}+P_{Cua}$$

表 3-2 中对电动机电动和反接制动运行状态下的功率关系进行了对比。从表 3-2 中可以看出，与电动运行状态相比，反接制动运行状态下电动机的输入电功率符号未变，输出机械功率则因电磁转矩 T_{em} 的符号由正变负，表明此时电动机从直流电网和电动机轴两个方向同时接受输入功率，轴上输入的机械功率通过电动机转换成为电磁功率 E_aI_a 后，连同电网输入功

率一道均消耗在电枢回路的电阻中。

表 3-2 电动运行与反接制动运行状态下功率关系的比较

	输入电功率	电枢铜耗	电磁功率	电机空载损耗	输出机械功率
功率关系	P_1	P_{Cua}	P_{em}	P_0	P_2
	$UI_a=$	$I_a^2R_a+$	E_aI_a		
			$T_{em}\Omega=$	$T_0\Omega$	$T_L\Omega$
电动运行	+	+	+	+	+
反接制动	+	+	−	+	−

定量讨论反接制动状态下的机械特性时，各机电变量的假定正向应改用电动机惯例，在此前提条件下，机械特性方程仍保持采用式(2-33)的统一形式，但式中各机电变量均为有符号变量。其正负方向的反接制动机械特性函数图形曲线分别是其第一、第三象限电动运行状态下机械特性在第四、第二象限的延伸。

实际拖动系统中，电枢电压与反电势方向一致的现象可能在以下三种情况下发生：电动运行状态下，电枢电压改变极性(电枢反接)；位能负载转矩强迫电动机反转，使反电势改变方向；励磁电压改变极性(励磁反接)。

2. 电枢反接时的反接制动过程

在早期的直流电力拖动系统中，为了使高速运行的电动机迅速停车，常采用的一种措施就是将电枢电压突然反接，因从反接开始到转速下降到零之前，反电势不会改变方向，故形成电枢电压与反电势同向串联，共同建立制动电流和制动转矩的状态，迫使电动机在反接制动运行状态下快速制动。但为使制动时的电枢电流不超过允许最大值，在电枢反接的同时必须在电枢回路串入阻值足够大的限流电阻，电枢电压反接后形成的人为机械特性曲线如图 3-31 中的曲线 2 所示。这种实现方式的优点是控制简单，无需改变直流电压的幅值，但串入的制动电阻在制动过程中会产生较大的能量损耗，这种方案在现代拖动控制系统中已不再采用。现代电力拖动在电动机高速运行时采用的快速制动方案是，通过计算机控制，使电动机在高速时首先以形成电动机允许最大制动电流为原则，逐步降压，以回馈制动形式令电动机减速，这个制动过程可以一直持续到电枢电压降到零为止，如图 3-32 中相点 b 到点 c，这时电动机转速还未下降到零，如果保持电枢电压等于零，制动电流和转矩仅由越来越低的反电势维持，将越来越弱，使停车变得缓慢。要继续维持最大制动电流和转矩，就必须继续降压，即电枢电压改变极性，与反电势相加来共同建立制动电流，使电动机进入反接制动方式，快速制动到速度等于零。这一过程如图3-32中相点 c 到点 d 所示。这种计算机参与控制的快速制动，无需在电枢回路串入电阻，制动的大部分过程为回馈制动，具有良好的节能效果，是当前拖动系统普遍采用的控制方案，但需提供可正负调压的功率电源、计算机控制装置和相应的闭环自动控制系统。

反接制动时，T_{em} 为负、T_L 为正，对 $+n$ 而言两者均为制动转矩，在它们的联合作用下，n 迅速下降。计算机控制使电枢电压跟踪反电势的下降而向负向相应增大，维持最大制动电流不变，相点由点 c 迅速向点 d 移动，当转速下降到零时，反接制动过程结束。如果制动的目的是为了使系统迅速停车，则当转速为 0 或基本接近为 0 时，须立即切断电动机的供电电源，否则电动机将会反向启动。

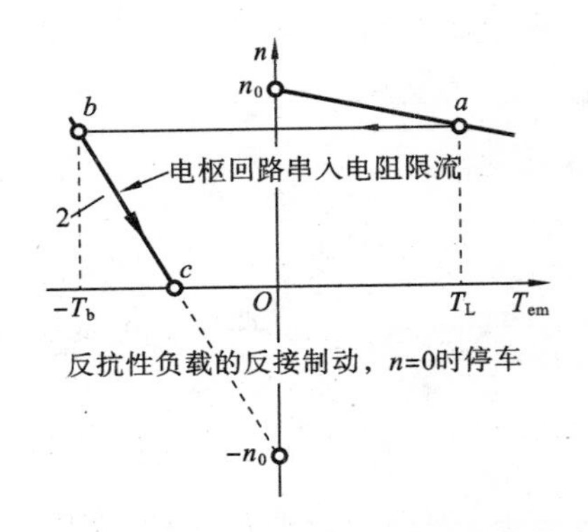

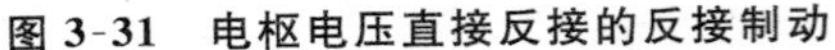

图 3-31 电枢电压直接反接的反接制动

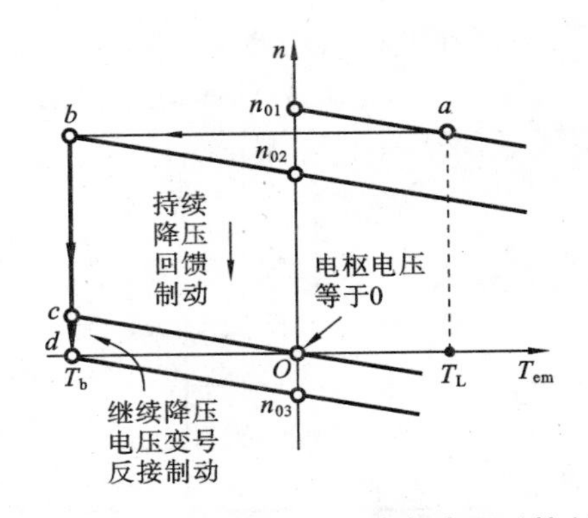

图 3-32 现代拖动系统中的电枢电压反接制动

3. 位能负载转矩强迫电动机反转时的反接制动过程

卷扬机下放重物时，亦可采用反接制动保证重物匀速下降。图 3-33 所示的是早期的直流拖动系统利用反接制动完成重物匀速下放的情形。设系统原运行于重物提升状态，稳定运行点为图 3-33 中的点 a。当希望利用反接制动下放重物时，在电枢回路串入适当大小的电阻，使电枢电流减小，相应电磁转矩减小到相点 b 对应的转矩大小。虽然此时电动机仍然工作于电动状态，但电磁转矩小于负载转矩，电动机减速，相点从点 b 向点 c 移动。减速过程与电枢回路串电阻调速相同。当转速下降至零时，电磁转矩仍然小于负载转矩，电动机将在位能负载转矩拖动下反转，迫使反电势改变方向，电动机进入第四象限的反接制动运行状态。注意此时 T_{em}、T_L 虽均未改变符号，但因 n 由正变负，对 $-n$ 而言，T_{em} 成为制动转矩，而 T_L 成为拖动转矩。在相点由 c 向 d 移动的过程中，T_{em} 随 n 的负向上升而增大，并在相点到达点 d 时上升到与负载转矩相等，系统在反接制动运行状态下达到新的平衡状态，电动机转入稳速运行，将重物匀速下放。值得注意的是，在 a、d 两平衡点上转矩平衡条件虽均为 $T_{em}=T_L$，但在点 a 处 T_{em} 为拖动转矩而 T_L 为制动转矩；在点 d 处 T_{em} 为制动转矩而 T_L 为拖动转矩。基于同样高能耗的原因，这种串电阻反接制动下放重物的方式在现代拖动系统中也已不再采用。由于电压平滑可调，现代拖动系统在重物下放转速较高时均采用回馈制动（电枢电压与转速同为负）以节能，仅在极低速下放时采用反接制动方式，如图 3-34 所示，即当电枢电压为零时下放转速仍不够低时，可对电枢加一很小的正向电压，依靠反接制动（电枢电压为正，转速为负）来获得足够低的平稳下放速度。

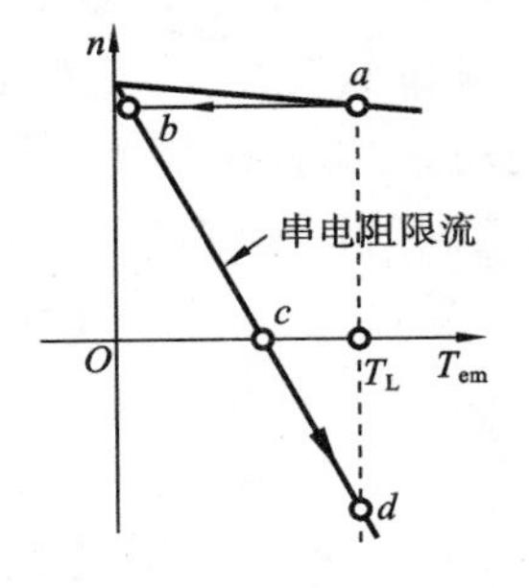

图 3-33 早期的位能负载反接制动匀速下放

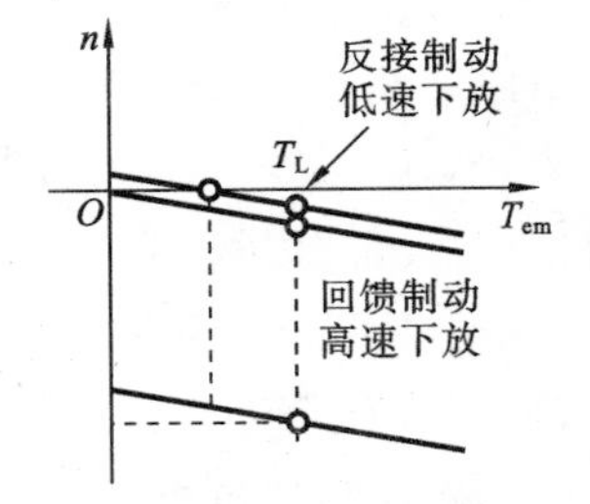

图 3-34 反接制动低速下放位能负载

励磁反接的情形与电枢反接相似，不再重述。需要指出的是，励磁反接时必须从控制上采取措施使励磁电流迅速反向，快速渡越零励磁点和弱磁区，防止出现因弱磁产生的电动机速度不但不降反而升高，甚至有飞车的现象发生。

四、他励直流电动机的能耗制动运行状态

他励式直流电动机运行中，在不改变其励磁电路工作状态的情况下，令其电枢电压突然降为零，例如在图3-35中将 K_1 突然断开，K_2 同时突然闭合，瞬间将运行于电动状态的电动机切换成右图接线形式，电动机即进入能耗制动运行状态。此时电枢电流是由反电势建立的制动电流，它产生的电磁转矩是与运动方向相反的制动转矩。与上述两种制动状态一样，在讨论能耗制动运行状态下的功率平衡关系时，取各机电变量的实际方向为假定正向，如图3-35所示。此时电枢回路的电势平衡方程为

$$E_a=(R_a+R_c)I_a$$

其功率平衡方程为

$$I_aE_a=(R_a+R_c)I_a^2$$

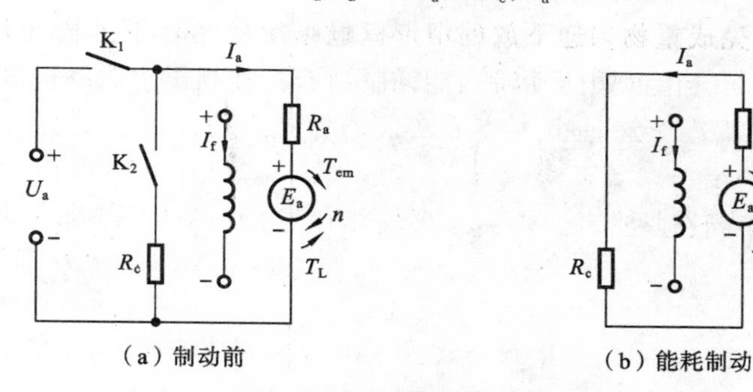

（a）制动前　　（b）能耗制动

图3-35　直流电机的能耗制动

表3-3中就电动机在电动运行状态和能耗制动运行状态下的功率平衡关系进行了对比，从表中可以看出，能耗制动状态下，电动机的输入功率为零，电磁功率和轴上输出功率则因 T_{em} 其符号由正变负，表明能耗制动状态下电动机的作用是将运动系统内贮藏的机械动能或位能转换为电能，最终转化为热能全部消耗在电枢回路。待系统内存储的机械能量全部消耗完毕，制动作用即自行终止。

表3-3　电动机电动状态与能耗制动状态下功率关系的比较

	输入电功率	电枢铜耗	电磁功率	电机空载损耗	输出机械功率
功率关系	P_1	P_{Cua}	P_{em}	P_0	P_2
	$UI_a=$	$I_a^2(R_a+R_c)+$	E_aI_a		
			$T_{em}\Omega=$	$T_0\Omega$	$T_L\Omega$
电动运行	+	+	+	+	+
能耗制动	0	+	−	+	−

在定量讨论能耗制动运行状态下的机械特性时，各机电变量假定正向按电动机惯例，使电动机的机械特性方程保持式(2-33)不变。为了限制电动机转入能耗制动时的最大电枢电流，通常需要在电枢回路串入附加限流制动电阻 R_c。令 $U_a=0$，可得

$$n=-\frac{R_a+R_c}{C_eC_T}T_{em}$$

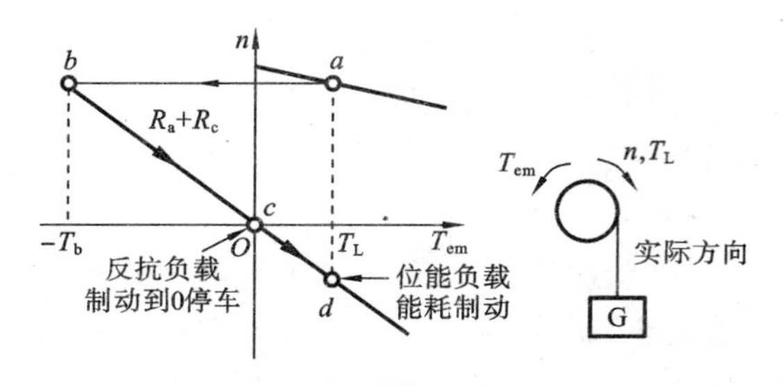

图 3-36 直流电动机的能耗制动机械特性

其函数图形如图 3-36 所示。不同 R_c 数值下的能耗制动机械特性曲线是一族通过坐标原点、不同斜率的直线。能耗制动也可用于下放位能负载，下放的稳定运行转速可以通过改变附加电阻来调节。

能耗制动的主要优点是，制动过程中系统的负向加速度是逐渐减小的，转速越低，减速越慢，因此制动比较平滑，对于摩擦反抗型负载，制动到零可以可靠停止。缺点正如它的命名，属于高能耗型方案，在现代拖动系统中一般采用如图 3-32 所示的制动方案，首先回馈制动，到电枢电压降为零后，可继续保持为零，这时电动机即进入能耗制动状态，依靠电枢回路自身电阻耗能制动停车。

【例 3-9】 已知他励直流电动机的 $P_N=12$ kW，$U_N=220$ V，$I_N=62$ A，$n_N=1340$ r/min，$R_a=0.25$ Ω。试求：带额定负载电动运行时采用回馈制动，允许最大制动转矩为 $2T_N$，求此时应将电枢电压调节到多少伏？如果制动过程中电枢电压连续可调，但电枢电压不能改变极性，则电动机将在什么速度下会由回馈制动转入能耗制动停车？画出它们的机械特性。

解 (1) $C_e=\dfrac{U_N-R_aI_N}{n_N}=\dfrac{220-0.25\times62}{1340}$ Wb$=0.1526$ Wb

额定电动运行时，电势平衡方程为

$$U_N=E_{aN}+R_aI_N$$

反电势

$$E_{aN}=C_en_N=U_N-R_aI_N=(220-0.25\times62)\text{ V}=204.5\text{ V}$$

电动机采用他励方式，电枢电流与转矩成正比，故最大制动电流 $I_a=-2I_N$。回馈制动时电枢电压降低，记电源电压为 U_b，则有

$$U_b=E_{aN}+R_aI_a=E_{aN}-2R_aI_N=(204.5-2\times0.25\times62)\text{ V}=173.5\text{ V}$$

注意：因回馈制动，按电动机惯例列方程后，U_b 应取正值代入；此时电动机工作在第二象限，T_{em}、I_a 应取负值代入；此时 n 仍为正，故反电势取正值代入。

(2) 能耗制动开始时，电枢电压降为 0，此时的反电势为

$$E_a=2R_aI_N=2\times0.25\times62\text{ V}=31\text{ V}$$

$$n_c=\frac{E_{ac}}{C_e}=\frac{31}{0.1526}\text{ r/min}=203\text{ r/min}$$

注意：因能耗制动，按电动机惯例列方程后，U_a 应取 0 值；此时电动机工作在第二象限，T_{em}、I_a 取负值代入。

(3) $n_0=\dfrac{U_N}{C_e}=\dfrac{220}{0.1526}$ r/min≈1440 r/min

$n_{b0}=\dfrac{U_b}{C_e}=\dfrac{173.5}{0.1526}$ r/min≈1137 r/min

$$\begin{aligned}T_N&=9.55C_eI_N\\&=9.55\times0.1526\times62\text{ N}\cdot\text{m}\\&\approx90\text{ N}\cdot\text{m}\end{aligned}$$

机械特性曲线如图 3-37 所示。

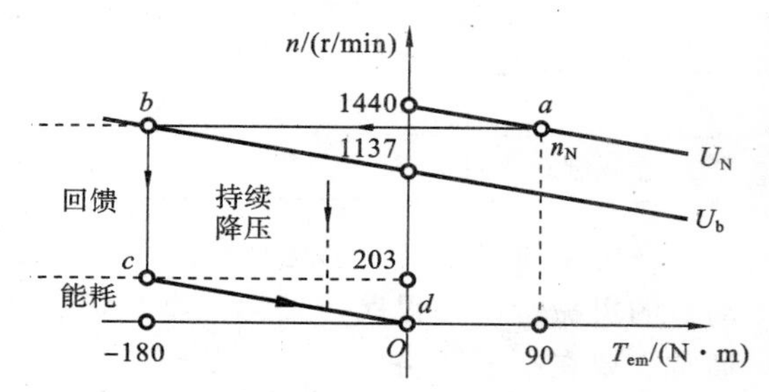

图 3-37 例 3-9 的机械特性曲线

五、串励和复励直流电动机的制动运行

由于串励直流电动机的电枢电流就是它的励磁电流，电流为零时电动机主磁通仅取决于铁芯剩磁，理想空载转速趋向于无穷大，运行中不可能满足实现回馈制动的条件，故串励式电动机只能有反接和能耗制动两种制动运行方式。

与他励电动机一样，串励电动机反接制动运行状态下也是从电网和电动机轴两个方面同时吸收功率，并以铜耗的形式消耗在电枢电路中，其机械特性曲线同样是第一、三象限中电动运行状态下的机械特性曲线分别在第四、二象限的延伸，如图 3-38 中实线所示。为了得到反向的转矩，磁通和电流应当只有一个改变方向。电枢电压反接时，电枢电流反向，这时必须保证励磁绕组流过的电流保持原来方向不变，如图 3-39 所示。如果电枢电流和励磁电流同时改变方向，由它们建立的电磁转矩不会改变方向，电动机将仍然保持电动运行。

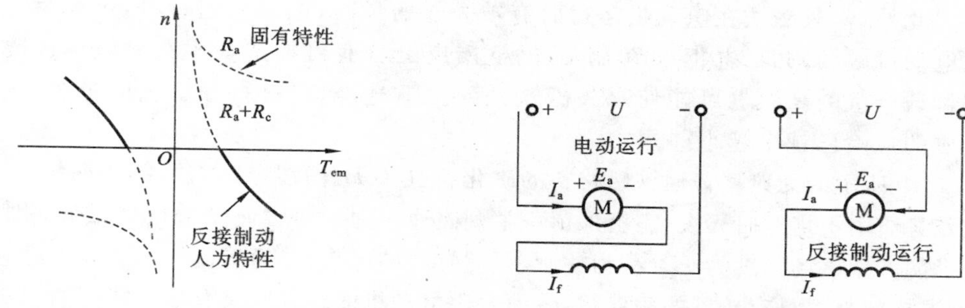

图 3-38　串励电动机反接制动特性曲线

图 3-39　串励电动机反接制动的实现

串励电动机能耗制动的获得方法，是在串励电动机具有一定转速时，把电枢由电源断开，接到制动电阻上。此时励磁可分为自励和他励两种，常用的是他励方式。不论哪种方式，均须使励磁电流方向与能耗制动前的相同，否则不能产生制动转矩。由于串励绕组电阻很小，当接成他励时，必须在励磁电路中串入限流电阻。

复励电动机因有并励绕组，理想空载转速为有限值，因此可以采用回馈、反接和能耗三种制动方式。反接制动的获得方法及特性与串励电动机的相同，也必须注意保持电枢反接时串励绕组中的电流方向不变。回馈制动时为了避免反向电流通过串励绕组削弱主磁通，此时一般将串励绕组短路。同样，在能耗制动时，也要把串励绕组短路。这样，复励电动机的回馈制动与能耗制动特性与他励电动机的完全相同，机械特性曲线成为直线。

3-4　永磁式直流电动机

直流电动机的主磁通也可以采用永久磁铁形成。采用永磁后，既保留了直流电动机的良好调速特性和机械特性，还因省去了励磁绕组和励磁损耗而具有结构工艺简单、体积小、效率高等特点。功率在 300 W 以内时，永磁直流电动机的效率比同规格电励磁直流电动机的效率高 10％～20％，而且，电动机功率越小，励磁结构体积占总体积的比例和励磁损耗占总损耗比例都越大，这些优点尤为突出，采用铁氧体永磁时总成本一般比电励磁电动机的低。因而从家用电器、便携式电子设备、电动工具到要求有良好动态性能的精密速度和位置的传动系统（如

计算机外围设备、录像机等)都大量应用永磁直流电动机。据资料报导,500 W以下的微型直流电动机中,永磁电动机占92%,而10 W以下的直流电动机中,永磁电动机占99%。目前正从微型和小功率电动机向中小型电动机扩展。

另一个优点是永磁电动机的等效气隙比普通直流机的增加了许多倍,其原因是由于磁铁充分饱和,这时外部电流建立的磁场对磁铁磁通的影响已十分微弱,磁铁变得具有接近气隙的磁导率,因此不会因电枢反应引起磁场的失真变形,从而使电枢反应显著减小,换向和电机的过载能力得到改善。还有一个优点是等效气隙的增加降低了电枢的电抗,当电枢电流变化时,响应显著加快。因此,永磁电动机比普通直流电动机更适合用于要求快速响应的拖动系统。

永磁结构也使它的拖动系统不再担心普通直流电动机的失磁飞车问题。

永磁电动机的缺点是,永久磁铁相对高的成本和不能通过弱磁升速,永久磁铁也不能产生如同外部励磁那样高强度的磁场,每安培电流产生的电磁转矩要比同等他励直流电动机的小。此外,永久磁铁在电动机运行时有被去磁的危险,电动机运行时,电枢反应磁势参与合成电动机磁场,如果电枢电流太大,电枢反应磁势有可能造成永久磁铁的去磁。电动机长期过载产生的高温也可能使永久磁铁去磁。不过,随着材料和工艺的进步,这种运行中被去磁的危险已越来越小。

图3-40所示的为典型普通铁磁材料的磁化特性B-H曲线(或磁通-磁势曲线)。当一个很强的磁势作用于它然后移去,它会保留一个剩磁通。为了使磁通变为0,需要在原来的反方向加一个能产生磁场强度为H_c(称为矫顽磁场强度)的磁势,普通直流机的矫顽磁势应尽可能小,因为这样的材料具有较低的磁滞损耗;而永磁电动机的材料应具有尽可能高的剩磁和大的H_c,其磁化特性如图3-41所示。

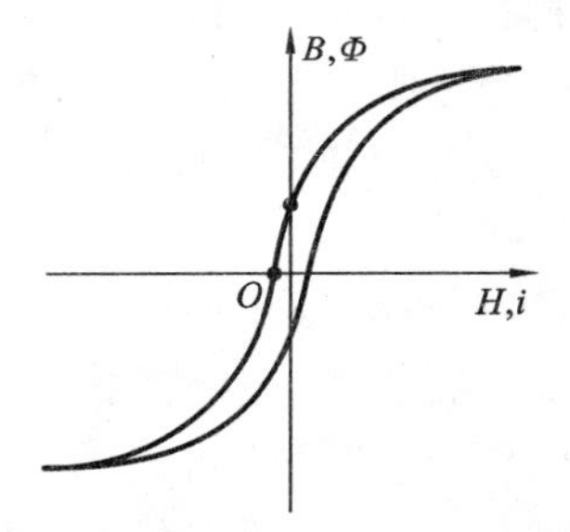

图3-40 普通电动机铁芯铁磁材料的磁化特性

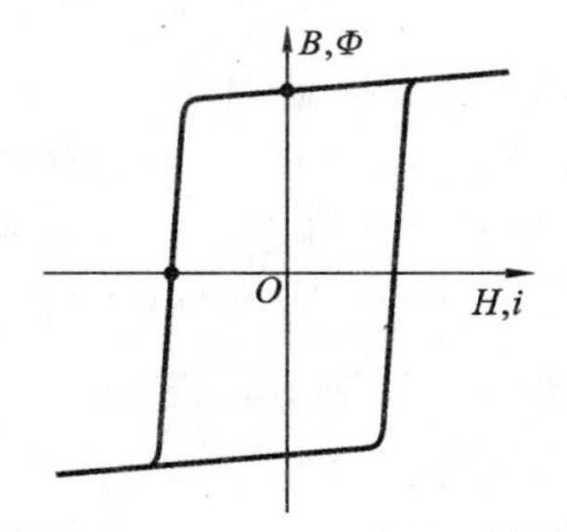

图3-41 永磁电动机铁芯的磁化特性

在过去数十年间,许多具有制作永久磁铁期望特性的新材料被研制出来,最主要的类型有陶类和稀土类磁铁。图3-42所示的是某一陶类、稀土类和普通铁磁合金磁化曲线在第二象限的比较。从图中可以看出,稀土类可以产生与普通合金相当的剩磁,同时对因电枢反应可能产生的去磁具有非常强的免疫能力。

永磁直流电动机种类很多,分类方法也多种多样。按运动方式和结构特点,永磁直流电动机可分为直线式和旋转式,其中旋转式又包括有槽结构和无槽结构。有槽结构包括普通永磁直流电动机和永磁直流力矩电动机;无槽结构包括有铁芯的无槽电枢永磁直流电动机和无铁芯的空心杯电枢永磁直流电动机、印制绕组永磁直流电动机及线绕盘式电枢永磁直流电动机。一般按用途可分为永磁直流发电机和永磁直流电动机。永磁直流发电机目前主要用做测速发电机。永磁直流电动机又可分为控制用电动机和拖动用电动机。

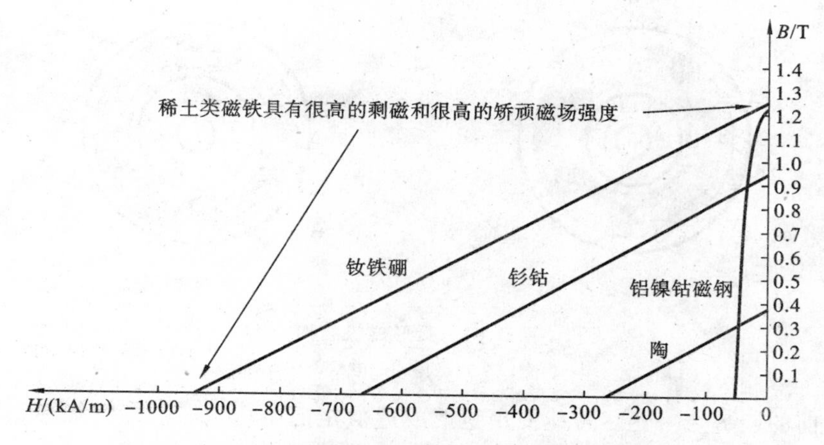

图 3-42 几种典型磁性材料的磁化特性曲线的第二象限

永磁直流电动机由于采用永磁体励磁，其结构和设计计算方法与电励磁直流电动机相比有许多显著的差别，尤其在磁极结构、磁路计算中的主要系数以及电枢磁(动)势对气隙磁场和永磁体的影响方面。

永磁直流电动机的磁路一般由电枢铁芯(包括电枢齿、电枢轭)、气隙、永磁体、机壳等构成。其中永磁体作为磁源，它的性能、结构形式和尺寸对电动机的技术性能、经济效益和体积尺寸等有重要影响。目前永磁材料的性能差异很大，因而在电动机中使用时与其性能要求相适应的、适宜的结构形式大不相同。

永磁直流电动机常用的磁极结构有瓦片形、圆筒形、弧形和矩形等结构。瓦片形磁极结构(见图 3-43(a)、(b))大多在高矫顽力的稀土永磁和铁氧体永磁直流电动机中采用。

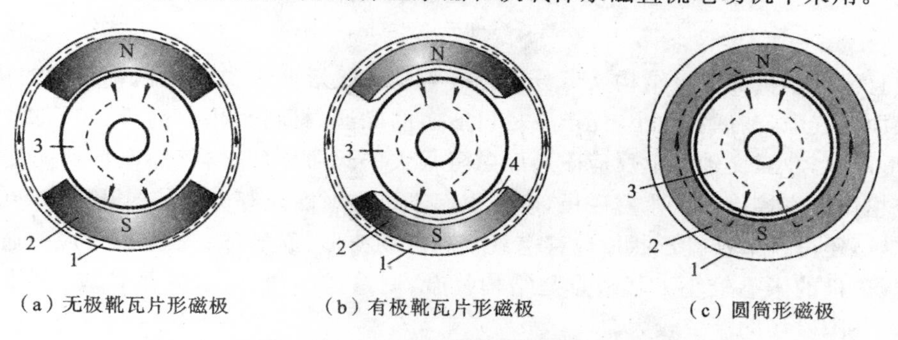

(a) 无极靴瓦片形磁极　(b) 有极靴瓦片形磁极　(c) 圆筒形磁极

图 3-43 瓦片形和圆筒形磁极结构

1—机壳；2—永磁体；3—电枢；4—极靴

当采用各向异性的铁氧体永磁或稀土永磁时，瓦片形磁极可以沿辐射方向定向和充磁称为径向充磁；也可沿与磁极中心线平行的方向定向和充磁，称为平行充磁。从产生气隙磁场的角度来看，径向充磁的圆筒形磁极(见图 3-43(c))与瓦片形磁极没有多大区别，只是圆筒形磁极的材料利用率差，极间的一部分永磁材料不起什么作用，而且圆筒形永磁体较难制成各向异性，磁性能较差。但是，它是一个筒形整体，结构简单，容易获得较精确的结构尺寸，加工和装配方便，有利于大量生产。对于价格低廉的铁氧体永磁，有时总成本反而降低。

弧形磁极结构(见图 3-44)可以增加磁化方向长度，一般应用在铝镍钴永磁直流电动机中。

瓦片形和弧形永磁体的形状复杂，加工费时，有时其加工费用甚至高于永磁材料本身的成

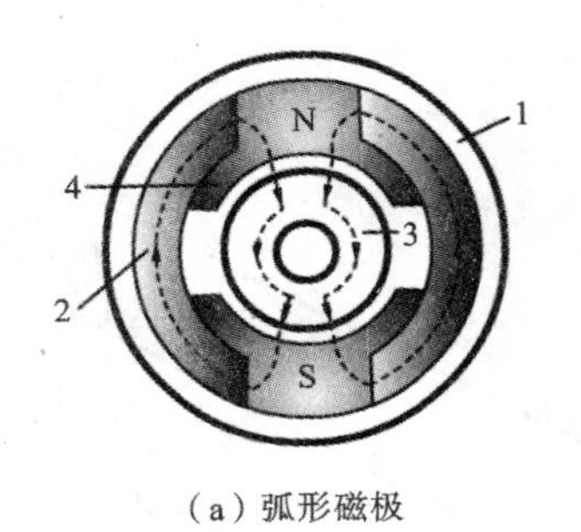

(a) 弧形磁极

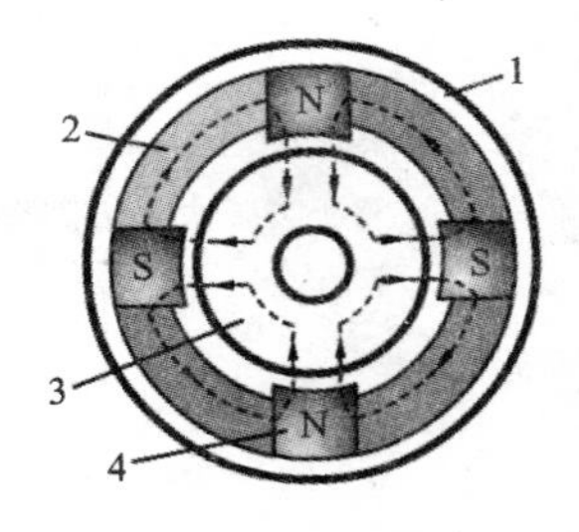

(b) 多极弧形磁极

图 3-44 弧形磁极结构

1—机壳;2—永磁体;3—电枢;4—极靴

本。因此,目前的趋势之一是尽可能使用矩形或近似矩形结构,如图 3-45 所示。但为了减小配合面之间的附加间隙,对配合面的加工精度要求较高。图 3-45(c)所示的切向式结构起聚磁作用,可以提高气隙磁密,使之接近甚至大于永磁材料的剩磁密度。

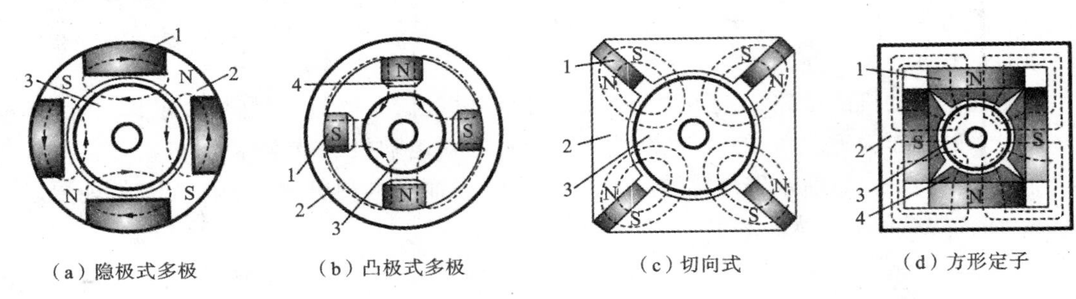

(a) 隐极式多极　(b) 凸极式多极　(c) 切向式　(d) 方形定子

图 3-45 矩形磁极结构

1—永磁体;2—机壳;3—电枢;4—极靴

永磁直流电动机的磁极结构又可分为无极靴和有极靴两大类。无极靴结构的优点是:永磁体直接面向气隙,漏磁系数小,能产生尽可能多的磁通,材料利用率高;结构简单,便于批量生产;外形尺寸较小;交轴电枢反应磁通经磁阻很大的永磁体闭合,气隙磁场的畸变较小。其缺点是电枢反应直接作用于永磁磁极,容易引起不可逆退磁。有极靴结构既可起聚磁作用,提高气隙磁密,还可调节极靴形状以改善空载气隙磁场波形,负载时交轴电枢反应磁通经极靴闭合,对永磁磁极的影响较小。其缺点是结构复杂,制造成本增加;漏磁系数较大;外形尺寸增加;负载时气隙磁场的畸变较大。

永磁直流电动机的工作原理和基本方程与电励磁直流电动机的相同,相当于一台励磁恒定的他励直流电动机,除磁通不能改变外,前述所有他励直流电动机的控制方法对它都是适用的。

在电力拖动中,永磁式直流电动机更多地被用做构造高精度的位置控制系统,也称为位置伺服系统,如用在数控机床的进给伺服驱动中。此时电动机也称为永磁直流伺服电动机。由于不必担心电枢反应,永磁直流伺服电动机可以比普通直流电动机有高得多的短时过载倍数。表 3-4 列出了两种直流永磁伺服电动机的典型参数。从表中可以看出,其最大过载转矩和电流可以允许达到额定值的 8 倍,因此这种电动机具有很好的快速响应能力。

图 3-46 所示的是这两种电动机的运行特性曲线。其中连续工作区对应电动机可长期连续运行的转速、转矩范围;断续工作区对应电动机可短时运行的转速、转矩范围,此范围一般在

电动机快速启动、快速制动或加快负载冲击下的动态恢复时使用。

表 3-4 B4 与 B8 型永磁直流伺服电动机的主要参数

参 数	单 位	B4	B8
额定功率	kW	0.4	0.8
连续堵转转矩	N·m	2.74	5.39
最大过载转矩	N·m	23.5	47.04
最高转速	r/min	2000	2000
转动惯量	$N\cdot m\cdot s^2$	0.0022	0.0044
转矩常数	N·m/A	0.2415	0.487
反电势常数	Wb	25.3	51
机械时间常数	ms	20	13
热时间常数	min	50	60
重量	kg	12	17
静摩擦转矩	N·m	0.274	0.274
最大理论加速度	rad/s^2	9000	9800
电枢直流电阻(有刷/无刷)	Ω	0.54/0.33	0.7/0.5
电枢电感	H	0.0016	0.0027
电气时间常数	s	0.0032	0.0038
黏性阻尼系数	N·m/(rad/s)	0.108	0.343
额定电流	A	12	12
最大允许电流(退磁前)	A	100	100
最高电枢温升	℃	160	160

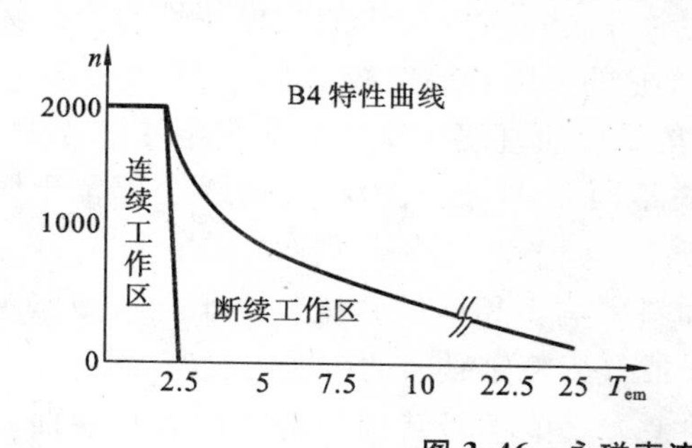

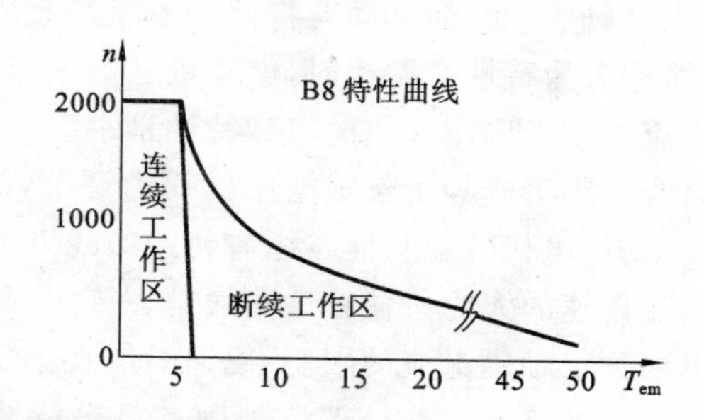

图 3-46 永磁直流伺服电动机的特性

小 结

由直流电动机、工作机械及它们之间的传动机构组成的机电运动整体,称为直流电力拖动系统。描述该系统机械运动规律的微分方程式,称为拖动系统的运动方程式。

列写拖动系统的运动方程与列写电路方程一样，必须首先规定各机械运动量的假定正向。电力拖动系统中转矩与转速的假定正向按如下惯例确定：在规定了转速 n 的正方向后，电动机电磁转矩 T_{em} 取与 n 相同的方向为正，负载转矩 T_L 取与 n 相反的方向为正。因此，当 T_{em} 与 n 符号相同时，表示它与 n 方向一致；当 T_L 与 n 符号相同时，表示它与 n 方向相反。这种惯例称为电动机惯例。

有两种不同性质的负载转矩，即反抗转矩和位能转矩。

反抗转矩由摩擦、机床的切削抗力等产生，其作用方向恒与运动方向相反，总是阻碍运动。在电动机惯例假定正向条件下，它的符号恒与 n 相同，其负载特性曲线位于 $T_{em}-n$ 坐标平面的第一、三象限。

位能转矩是由物体的重力产生的负载转矩，其作用方向固定不变。若电动机正转时它与 n 的方向相反，在电动机惯例假定正向下，它的符号与 n 相同；电动机反转时，它的符号与 n 相反。其负载特性曲线在 $T_{em}-n$ 坐标平面的第一、四象限。

$T_{em}-n$ 坐标平面上电动机机械特性曲线与工作机械负载特性曲线的交点，称为拖动系统的平衡点，在平衡点上 $T_{em}=T_L$，系统保持匀速运行状态。

直流电动机拖动系统正常工作时，当外部条件发生变化时，如负载转矩、电枢电压、励磁电压等出现波动，可通过电动机反电势改变的自动调节使系统重新回到稳定运行的转矩平衡状态，但并非所有平衡点都是稳定的。平衡点为稳定平衡点的条件是：当状态干扰引起转速升高时，干扰消除瞬间应有 $T_{em}-T_L<0$；当状态干扰引起转速降低时，干扰消除瞬间应有 $T_{em}-T_L>0$。电枢反应严重时可能导致直流拖动系统的不稳定。

根据工作机械的要求，人为地改变电动机的运行速度称为电动机的调速。具有调速功能的直流电力拖动系统，称为直流调速系统。

他励直流电动机的基本调速方式有三种：电枢回路串接附加电阻调速（简称串电阻调速）；改变电枢电压调速（简称调压调速）；改变磁通调速（简称弱磁调速），现代直流调速系统中，调压调速是最主要的调速方式，其次是弱磁调速，串电阻调速现已不采用。

当电枢电压为额定电压、磁通为额定磁通、电枢回路没有附加电阻时，电动机的机械特性称为固有机械特性，简称固有特性。不满足上述条件之一时电动机的机械特性称为人为机械特性，简称人为特性。调速时，电动机必定工作在它的人为特性曲线上。

直流电动机调压调速的机械特性是一组相互平行的直线。受电机额定电压的限制，电枢电压只能在小于或等于额定电压区间内调节，故不同 U_a 时的人为特性曲线全部位于固有特性曲线下方，电机转速只能在固有特性曲线以下向下调节。

弱磁调速的人为机械特性曲线是一族 n_0 和斜率均不相同的直线。由于电机磁路饱和及励磁电路额定励磁电流的限制，磁通只能在小于或等于额定磁通的范围内调节，正常运行范围内的人为机械特性曲线全部位于固有机械特性上方。电动机转速只能在固有特性曲线以上调节。

电动机的机械特性不仅是对拖动系统稳态下电动机转矩与转速间关系的数学描述，也是对忽略电枢绕组电感时系统升降速间关系的数学描述。可用其相点的移动来描述调速时的动态过程。

直流电动机的调速范围定义为，额定负载转矩下电机可能达到的最高转速与在保证工作机械要求的静差率下所能达到的最低转速之比。

电动机在调速过程中的负载能力，是指在保持电枢电流为额定值时，不同运行速度下电动机轴上输出转矩和输出功率的大小，即电动机在调速运行时允许长期输出的最大转矩和最大功率。他励电动机在小于或等于额定转速范围调压调速时，电动机的负载能力具有恒转矩性质，在高于额定转速范围采用弱磁调速时，电动机的负载能力具有恒功率性质。

机电时间常数是拖动系统的一个重要动态参数，它具有时间的量纲，大小与系统的总惯量与电枢电阻成正比、与磁通的平方成反比。这一特点决定了直流拖动系统在采用弱磁调速时，系统的动态响应过渡过程会趋向于变慢。

电动机运行于制动状态的主要特征是：电磁转矩是与运动方向相反的制动转矩，此时电枢电流的实际方向与反电势方向一致，但与电磁转矩方向不一定一致，是否一致与磁场方向有关；电动机此时的作用是将拖动系统运动部分存储的机械动能或位能转换为电能，即工作于发电机状态；机械特性曲线位于 $T_{em}-n$ 平面的第二、四象限。

制动运行有回馈、反接、能耗等三种制动方式。

使电动机进入回馈制动运行状态的条件是转速高于理想空载转速。此时反电势高于电枢电压，形成的电流产生制动方向的电磁转矩，运动系统存储的机械动能转换成电能后除少量电机自身损耗外大部被回馈送往直流电网。在电动机惯例假定正向条件下，回馈制动状态下电动机的机械特性曲线是电机原电动运行状态下第一、三象限的机械特性曲线向第二、四象限的延伸。

使电机进入反接制动运行状态的条件是电枢反接或励磁反接。此时电枢电压与反电势顺极性串联，共同产生制动电流和制动转矩，运动系统存储的机械动能被电机转换为电能后，连同来自电网的直流电功率一起消耗在电枢回路电阻中。在电动机惯例假定正向条件下，反接制动状态下电动机的机械特性曲线是电动机原电动运行状态下第一、三象限的机械特性曲线向第四、二象限的延伸。

为使电动机进入能耗制动，应在励磁不变的情况下将电枢从电网切除并通过一定阻值的电阻构成闭合回路。此时依靠反电势建立制动电流和制动转矩。运动系统存储的机械动能被电动机转换为电能后，消耗在电枢回路电阻中。在电动机惯例假定正向条件下，能耗制动运行状态下电动机的机械特性曲线是一条通过坐标原点、贯穿第二、四象限的直线。

回馈制动的优点是，电能可回馈电网，较为经济；不需改接线路，可从电动状态自行转移到回馈制动状态。其缺点是，反电势必须高于电源电压；仅用回馈制动，不能直接使电动机从高速制动到零。

反接制动的优点是，制动作用较强烈、制动较快；在电动机转速等于零时，也可存在制动转矩。其缺点是，制动过程能耗较大；需停车的制动在速度接近零时必须及时切断电枢电源。

能耗制动的优点是，制动降速较平稳；停车可靠。其缺点是，制动转矩随转速下降成正比减小，制动时间较长，制动过程能耗也比较大。

使用恒定励磁的他励直流电动机或永磁直流电动机构造的直流拖动系统，采用调压调速时，机械特性曲线是一组平行移动的直线，其控制特性、动态响应性能由电枢回路的四个基本关系方程决定。其线性、常系数特性使得系统很容易应用控制理论，通过比较简单的反馈闭环控制获得理想的控制性能和相当宽的调速范围，在需要超低速运行控制的领域，直流拖动系统的这一特点显得更为突出。

习题与思考题

3-1　他励直流电动机的启动电流由哪些因素决定？稳定运行时电枢电流由什么因素决定？为什么对同一

负载采用调压调速时调速前后电枢电流的稳态值可保持不变？

3-2 电动机的电磁转矩是驱动性质的转矩，电磁转矩增大时，转速似乎应该上升，但从直流电动机的机械特性和转速特性看，电磁转矩增大时转速反而下降，这是什么原因？

3-3 什么因素决定着电磁转矩的大小？电磁转矩的方向与电机运行方式有何关系？

3-4 他励直流电动机运行中励磁绕组突然断线会出现什么后果？

3-5 有哪些方法可改变他励直流电动机的旋转方向？

3-6 在他励直流电动机运行中发现电枢电流超过额定值，有人试图在电枢回路中串接一电阻来减小电枢电流，试问是否可行？为什么？

3-7 试分析在下列情况下，直流电动机的电枢电流和转速有何变化（假设电机不饱和）：

(1) 电枢端电压减半，励磁电流和负载转矩不变；

(2) 电枢端电压减半，励磁电流和输出功率不变；

(3) 励磁电流加倍，电枢端电压和负载转矩不变；

(4) 励磁电流和电枢端电压减半，输出功率不变。

3-8 对他励直流电动机有哪几种调速方法？它们各适用于什么性质的负载和转速范围？

3-9 他励直流电动机运行中负载突然减少时，电动机的转速、转矩、电枢电流、输入功率、电磁功率将如何变化？

3-10 直流电动机的机电时间常数在什么条件下才是常数？为什么在弱磁调速时不能采用传递函数来构造直流电动机电枢回路的数学模型？

3-11 为什么不能仅根据直流电动机电枢电流方向和旋转方向判定电动机是工作在电动还是制动工作状态？

3-12 请解释为什么他励直流电动机随着电动机的加速，电枢电流会减小。

3-13 他励直流电动机数据为 $P_N=6.5$ kW，$U_N=220$ V，$I_N=34.4$ A，$R_a=0.242$ Ω，$n_N=1500$ r/min。试求如下特性并绘制出其图形：

(1) 电动机的固有机械特性曲线；

(2) 电枢附加电阻 $R_c=3$ Ω 时的人为机械特性曲线；

(3) 电枢电压为额定电压的一半时的人为机械特性曲线；

(4) 磁通为额定磁通 80%时的人为机械特性和转速特性曲线。

3-14 他励直流电动机数据为 $P_N=5.6$ kW，$U_N=220$ V，$I_N=31$ A，$R_a=0.4$ Ω，$n_N=1000$ r/min，电流过载倍数 $\lambda_I=1.5$。现要求在 500 r/min 时快速停车。若电枢电压可连续正负调节：

(1) 开始制动瞬间应将电枢电压控制在多少伏？这时电机处于何种运行状态？

(2) 为了保证最快速制动，电机在转速降低到多少时应转入反接制动？

(3) 为了保证最快速制动到转速等于零，电枢功率电源应至少可将电压降至多少伏负压？

(4) 如果在 $n=500$ r/min 时采用能耗制动，电枢回路应串入多大的附加电阻？

3-15 卷扬机拖动用他励直流电动机，$P_N=11$ kW，$U_N=440$ V，$I_N=29.5$ A，$R_a=1.35$ Ω，$n_N=730$ r/min。已知提升重物时的负载转矩（包括空载转矩）$T_L=T_N$，电枢回路不串电阻。试问：

(1) 现要求以 $n=-100$ r/min 下放此重物，电枢电压应控制在多少伏？

(2) 采用能耗制动时，可获得的下放速度为多少？

(3) 依固有特性采用回馈制动时，可能获得的最低速度为多少？

3-16 卷扬机拖动用他励直流电动机，$P_N=4.2$ kW，$U_N=220$ V，$I_N=22.6$ A，$R_a=0.48$ Ω，$n_N=1500$ r/min，电枢回路无附加电阻。重物折算到电动机轴上的负载转矩（包括空载转矩）为 $T_L=0.8T_N$。

(1) 采用调压调速使下放速度为 $n=-800$ r/min，求控制电压。这时电机处于何种运行方式？

(2) 电机在以 $n=500$ r/min 转速提升重物时，要转换为以 $n=-1500$ r/min 快速下放，电机允许电枢电流过载系数 $\lambda_i=2I_N$，则在转换瞬间应将电枢电压控制在多少伏？

(3) 最终稳速下放时电枢电压为多少伏？

3-17 他励直流电动机，$P_N=21$ kW，$U_N=220$ V，$I_N=115$ A，$R_a=0.1$ Ω，$n_N=980$ r/min，折算到电动机轴上

的总飞轮矩 $GD^2=64.7\ \text{N}\cdot\text{m}$。

(1) 求系统的机电时间常数 T_m。

(2) 若电枢回路串接有 $R_c=0.1\ \Omega$ 的附加电阻，则机电时间常数变为多少？

(3) 若电动机的磁通降低一半，电枢回路无附加电阻，则机电时间常数变为多少？

3-18 他励直流电动机数据为 $P_N=29$ kW，$U_N=440$ V，$I_N=76$ A，$R_a=0.38\ \Omega$，$n_N=1000$ r/min，采用调压和调磁的方法进行调速。要求最低理想空载转速为 250 r/min，最高理想空载转速为 1500 r/min，求出在额定负载转矩时的最高转速及最低转速，并比较最高转速机械特性和最低转速机械特性时的硬度系数和静差率。

3-19 某一生产机械采用他励直流电动机作其拖动电机，该电机采用弱磁调速，其数据为 $P_N=18.5$ kW，$U_N=220$ V，$I_N=103$ A，$n_N=500$ r/min，$R_a=0.18\ \Omega$，$n_{max}=1500$ r/min。

(1) 若电机带额定恒转矩负载，当弱磁使磁通减弱到额定磁通的 1/3，求电动机的稳定转速和电枢电流。能否长期运行？为什么？

(2) 若电机带恒功率额定负载，求磁通为额定值 1/3 时电动机的稳定转速和转矩。此时能否长期运行？为什么？

3-20 试利用拖动系统的运动方程说明在图题 3-20 中的几种实际情况下，系统处于加速、减速，还是匀速运行？

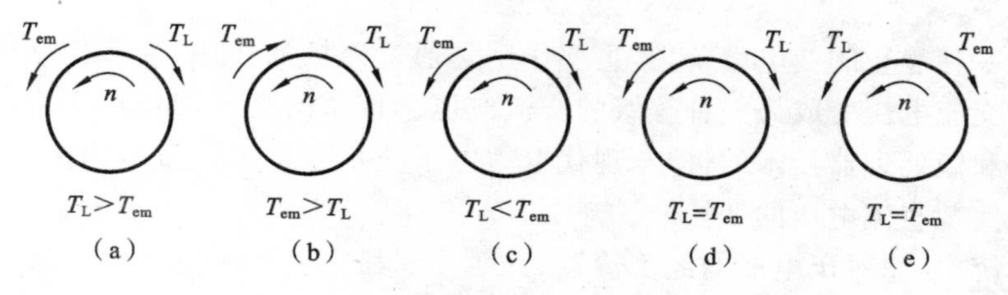

图题 3-20

3-21 两台直流电动机采用调磁调速，最高转速为 1800 r/min，最低转速为 500 r/min。电动机 A 负载为恒转矩性质，电动机 B 负载为恒功率性质。所有损耗和电枢反应可以忽略不计。

(1) 如果在 1800 r/min 时两电动机的输出功率相等，每台电动机的电枢电流是 125 A，那么在 500 r/min时的电枢电流各为多少安？

(2) 如果在 500 r/min 时两电动机的输出功率相等，每台电动机的电枢电流是 125 A，那么在 1800 r/min时的电枢电流各为多少安？

第 4 章　变压器原理

世界上最早期的电力系统是由爱迪生发明的 120 V 直流电供电系统。1882 年秋，爱迪生的第一个电力中心在美国纽约投入运行。由于该系统采用很低的电压和很大的电流传输电力，导致在传输线上形成巨大的电压降落和功率损失，严重地制约了电力传输的范围。在那个年代，发电站不得不将容量设计得比较小，效率低下。

随着变压器和交流电发电机的发明，使电力的远距离传输问题得到解决。在现代电力系统中，电站的发电机产生 12～25 kV 的电压，通过变压器进一步将电压升到 110～1000 kV 范围，这样即使传输距离很远，线路损耗也很小。送达用电区域后再通过多级变电站将电压降低到民用电压水平。

变压器是一种静止的变电设备，其主要作用是通过磁场的作用，或者说是通过电磁感应，将一种等级的交流电压变成另一种等级的交流电压。传统的变压器仅用于交流电压的变换。随着电力电子和微处理器技术的进步，现代电力电子技术中也可通过电力电子开关的控制与变压器结合来实现直流电压的变换。

在电力系统中，它对于电能的经济传输、灵活分配和安全使用起着重要作用。在电力拖动系统中，它又是变流设备及其控制系统不可缺少的变换装置。本章将阐述变压器的基本工作原理和分析方法，并介绍电力拖动系统中的几种常用的特殊变压器。其中，变压器的数学模型——T 形等值电路将成为后续交流电动机原理与数学模型分析的重要基础。

4-1　变压器基本工作原理、结构与额定数据

一、基本结构

变压器由两个或更多的缠绕在一个共同铁芯上的线圈绕组构成，其基本结构包括铁芯和绕组两大部分。电力变压器根据不同的运行需要，还有一些其他的附件。

变压作用的实现需要存在匝链各绕组的时变磁通。这一作用同样可以出现在通过空气耦合的绕组上，但用铁磁材料作为铁芯可使绕组间的耦合更加有效。这是因为铁磁材料的磁阻要比空气小数千甚至上万倍，采用铁芯后磁通的绝大部分都将被限制在明确的、高导磁性的匝链绕组的路径中。

铁芯是变压器的磁路部分，为减少铁芯中涡流引起的损耗，铁芯通常由表面涂有绝缘漆的薄硅钢片叠压而成。为了减小磁路上的空气隙和方便安装，铁芯的装配均采用交错叠接式。变压器的两种常用结构如图 4-1 所示。在心式结构中，绕组绕在矩形铁芯的两个铁芯柱上；在壳式结构中，绕组绕在中心柱上。低于数百赫兹运行的变压器，一般采用 0.3～0.4 mm 厚的

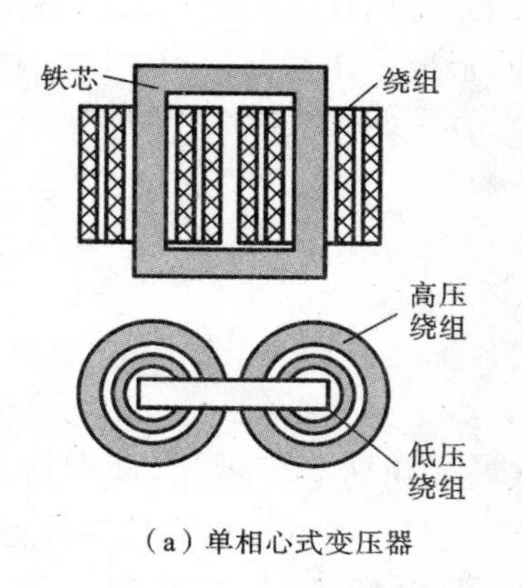

(a) 单相心式变压器

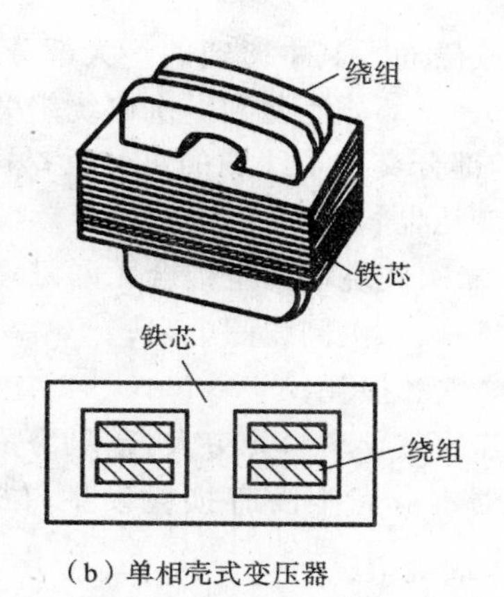

(b) 单相壳式变压器

图 4-1　变压器的基本结构

硅钢片作铁芯。

绕组是变压器的电路部分，由绝缘铜线或铝线绕制而成。实际的变压器，一、二次侧绕组是叠绕在一起的。通常高压绕组在外，低压绕组在内。这样的布置可使高压绕组易于与铁芯绝缘，并比那种将两种绕组单独绕在铁芯不同区段的方式产生的漏磁要小得多。在心式结构中，每个绕组由两段组成，每段放在铁芯两个柱的其中之一上，一次侧绕组和二次侧绕组是同心线圈，即每个心柱上均绕有一次和二次绕组。在壳式结构中，采用同心式绕组排列的变形，绕组由许多薄饼状线圈组成，一、二次侧绕组交错叠放。

变压器线圈通常相互间没有电的直接连接，相互绝缘，可有不同的匝数，它们之间唯一的联系是铁芯中共同作用于所有绕组的磁通。变压器中与电源连接的绕组称为一次侧(原边)绕组(输入绕组)，剩下的绕组称为二次侧(副边)绕组(输出绕组)、二次侧(副边)第三绕组等。二次侧绕组与负载相连。一、二次侧绕组电路中电量的频率相同，但电压和电流的幅值和相位往往是不同的，也可以有不同的相数。在后续讨论中，属于一次侧的变量和参数，均以文字符号附下标“1”表示；属于二次侧的变量和参数，均以文字符号附下标“2”表示。

小容量变压器仅由铁芯和绕组构成，依靠自然风冷降温，通称干式变压器。容量较大的变压器铁芯和绕组均浸泡在变压器油中，通称油浸式变压器。油浸式变压器还附有油柜、安全气道及气体继电器等安全设备。变压器油是一种矿物油，有绝缘作用，同时通过变压器油的对流作用，能将铁芯和绕组产生的热量传给油箱壁，散往周围空气中。为了增强散热效果，有的油箱壁上焊有散热管，或装有散热器。

二、理想变压器的运行原理

在中学物理、大学物理、电路理论、模拟电子电路等课程中，都讨论过变压器的工作原理。在作为控制工程、自动化学科的电力拖动中，再次讨论变压器，并不是无意义的知识简单重复，侧重点将和前述课程有所不同，讨论的重点将放在正确建立它的数学模型上。理解原理是建立模型的基础，正确的模型则是建立控制系统、制定控制策略的基础。模型的建立一般遵循由简单到复杂和完善的过程。下面首先讨论一种最简单、理想化的情况。

一个一次侧和二次侧各有一个绕组的变压器如图 4-2 所示。当一次侧绕组接正弦电压 u_1 时，交变电流 i_1 流入一次侧绕组，在图示假定正向和绕组缠绕方向条件下，将在线圈中按右手螺旋法则生成磁通。其中磁通的绝大部分沿铁芯按图示方向在铁芯中构成回路，称为变压器的主磁通 Φ；一小部分泄漏到一次侧绕组旁的空气中，形成一次侧漏磁通 $\Phi_{1\sigma}$。漏磁通又可分为两部分：一部分交链了线圈的每一匝；另一部分则没有交链线圈的每一匝。

若假定变压器：

(1) 一、二次侧绕组完全耦合无漏磁；

(2) 忽略一、二次侧线圈电阻；

(3) 忽略铁芯损耗；

(4) 铁芯的磁导率为无穷大，磁阻为零。

即变压器本身完全没有损耗发生，磁通被完全聚集在铁芯内，则称此变压器为理想变压器。

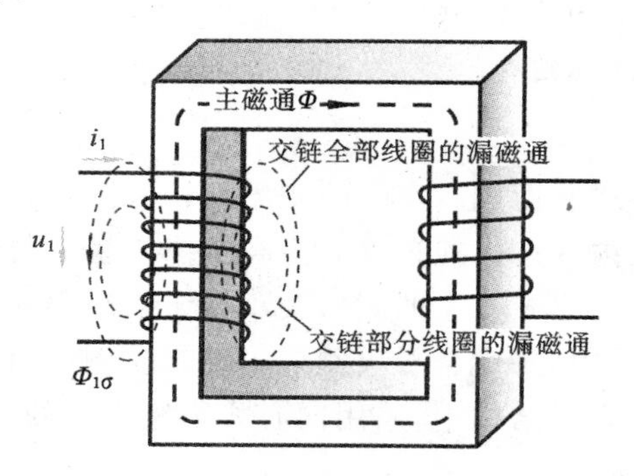

图 4-2 变压器的基本电路与磁路

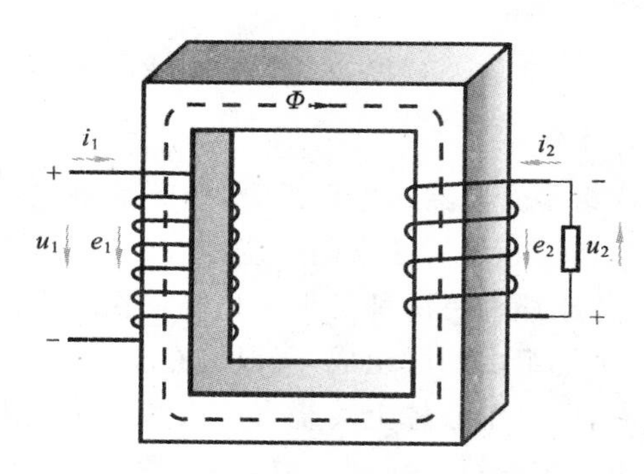

图 4-3 变压器惯例的假定正向

现将理想变压器接入交流电网，则一次侧绕组电压 u_1 产生交流电流 i_1 将在铁芯内建立同频率的交变磁通 Φ，此磁通同时交链着一、二次侧绕组，并分别在其中感生电动势 e_1 和 e_2。为了正确地表示电压、电流、磁通等量之间的关系，在列写它们的关系方程之前，必须规定它们的假定正向。图 4-3 中的箭头表示有关各量的假定正向。由电路理论的知识可知，这些箭头并不表示这些量的实际方向。在变压器中，为了用同一方程表示同一电磁现象，专业领域中规定采用习惯上通用的箭头方向选定方法，称为变压器惯例。图 4-3 中的假定正向即是按变压器惯例标注的。根据假定，线圈电阻为零，且一、二次侧绕组间完全耦合。在此条件下，有

$$\left.\begin{aligned} u_1 &= -e_1 = N_1 \frac{\mathrm{d}\Phi}{\mathrm{d}t} \\ u_2 &= e_2 = -N_2 \frac{\mathrm{d}\Phi}{\mathrm{d}t} \end{aligned}\right\} \tag{4-1}$$

式中：N_1 为一次侧绕组匝数；N_2 为二次侧绕组匝数。

1. 一次侧感应电势的符号

根据楞次定律，由 e_1 推动的电流应产生一个阻止主磁通变化的磁通，即这个电流的方向应与励磁电流方向相反，表明一次侧感生电动势实际方向应高电位在上，假定正向与实际方向相反，故有

$$e_1 = -N_1 \frac{\mathrm{d}\Phi}{\mathrm{d}t} \tag{4-2}$$

2. 二次侧感应电势的符号

同样，e_2 推动的电流也应产生一个阻止主磁通变化的磁通，即应产生与主磁通方向相反

的磁通，按图 4-3 中二次侧绕组的缠绕方向，并按右手螺旋法则，e_2 实际方向应高电位在上，图中的假定正向与实际方向相反，所以

$$e_2 = -N_2 \frac{d\Phi}{dt} \tag{4-3}$$

式(4-2)、式(4-3)表明在图 4-3 所示假定正向和线圈缠绕方向条件下，一、二次侧感应电动势具有相同的相位。由上述三式可得到理想变压器的等效电路，如图 4-4 所示。

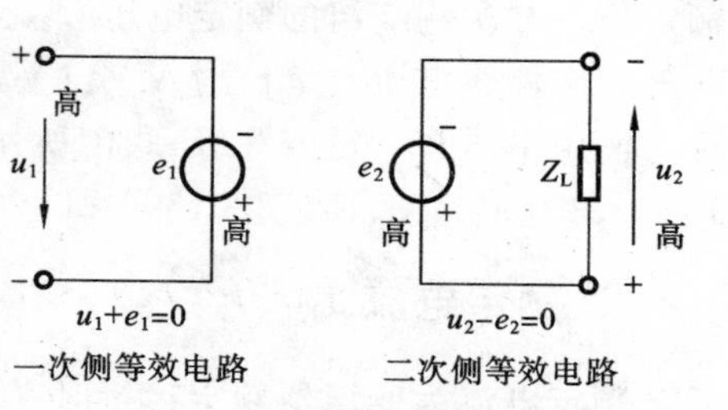

图 4-4 理想变压器等效电路（忽略线圈电阻时）

由式(4-2)和式(4-3)，有

$$K_e = \frac{e_1}{e_2} = \frac{-N_1 \dfrac{d\Phi}{dt}}{-N_2 \dfrac{d\Phi}{dt}} = \frac{N_1}{N_2} = \frac{E_1}{E_2} = -\frac{u_1}{u_2} = \frac{U_1}{U_2}$$

式中：小写字母表示的是交流电量的瞬时值，大写字母表示的是交流电量的有效值；K_e 为变压器的电压变比。

通过改变一、二次侧的匝数，可以将一次侧绕组电压变换成任何数值的二次侧绕组电压输出，这就是变压器的主要功能。

由于理想变压器无损耗，故变压器一、二次侧绕组电路视在功率相等，即

$$U_1 I_1 = U_2 I_2$$

或

$$\frac{I_1}{I_2} = \frac{U_2}{U_1} = \frac{1}{K_e}$$

二次侧绕组电路负载阻抗为

$$Z_L = \frac{U_2}{I_2}$$

如果从一次侧绕组电路来看 Z_L，则其大小为

$$Z'_L = \frac{U_1}{I_1} = \frac{K_e U_2}{I_2 / K_e} = K_e^2 \frac{U_2}{I_2} = K_e^2 Z_L$$

上述分析表明，变压器在实现对电压有效值变换的同时，还实现了对电流有效值和阻抗大小的变换：正比变压，反比变流，平方变阻抗。上述结论和物理、电路、电子技术等课程中的结论是一致的。

三、额定数据

每一台变压器都有一个铭牌，上面记载了该变压器的型号、额定数据及其他数据。变压器的额定数据有以下几项。

1. 额定容量 S_N

额定容量指变压器的额定视在功率，单位为 V・A 或 kV・A。因变压器效率极高，通常把一、二次侧绕组的容量设计得相等。因此，额定容量也代表变压器在额定工况下输出视在功率保证值。

2. 额定电压 U_{1N}、U_{2N}

额定电压均指线电压。一次侧绕组的额定电压 U_{1N} 是指加到一次绕组上的电源线电压的额定值。二次侧绕组的额定电压 U_{2N} 是指一次侧绕组加上额定电压后，变压器处于无载状态时的二次侧线电压。单位为 V 或 kV。

额定电压有一定的等级，我国所用的标准电压（单位为 kV）等级为：0.22、0.38、3、6、10、15、20、35、60、110、154、220、300 和 500 等。

3. 额定电流 I_{1N}、I_{2N}

额定电流为变压器额定运行时一、二次绕组中的线电流，单位为 A 或 kA。

已知变压器的额定容量和额定电压，可以求得它的额定电流。

对于单相变压器：

$$S_N = U_{1N} I_{1N} = U_{2N} I_{2N} \tag{4-4}$$

对于三相变压器：

$$S_N = \sqrt{3} U_{1N} I_{1N} = \sqrt{3} U_{2N} I_{2N} \tag{4-5}$$

【例 4-1】 某三相变压器额定容量 $S_N = 180\ \text{kV} \cdot \text{A}$，$U_{1N}/U_{2N} = 10\ \text{kV}/0.4\ \text{kV}$，求一、二次侧绕组的额定电流。

解

$$I_{1N} = \frac{S_N}{\sqrt{3} U_{1N}} = \frac{180 \times 1000}{\sqrt{3} \times 10 \times 1000}\ \text{A} = 10.4\ \text{A}$$

$$I_{2N} = \frac{S_N}{\sqrt{3} U_{2N}} = \frac{180 \times 1000}{\sqrt{3} \times 0.4 \times 1000}\ \text{A} = 259.8\ \text{A}$$

4. 额定频率 f_N

额定频率即额定工况下的电网频率。我国规定工业用电标准频率 $f_N = 50\ \text{Hz}$，这一频率也称为工频。

此外，变压器的铭牌上还标有额定效率、额定温升、相数、漏阻抗标幺值或短路电压、接线图与连接组别等。有关内容将在后面的章节中介绍。

4-2 变压器运行分析

为充分利用铁磁材料，实际变压器的铁芯均工作在一定的磁饱和状态，因而从本质上讲，变压器属于非线性、非正弦的电磁系统，线性电路分析中的方法和工具——符号法和相量图在此均不适用，这样就难以建立其变量与参数间的简明解析关系。为此，必须在误差允许的范围内，对其中的非线性、非正弦因素作必要的等效处理，并最终将实际变压器化作单纯的线性正弦电路，以便于进行分析、设计、计算和控制。此单纯的线性正弦电路称为变压器的等值电路。本节将以如何建立这一等值电路为线索阐述变压器的运行原理和分析方法。

一、空载运行分析与一次侧绕组等值电路

变压器一次侧接交流电网、二次侧绕组开路的运行状态，称为变压器的空载运行状态，如

图 4-5 所示。

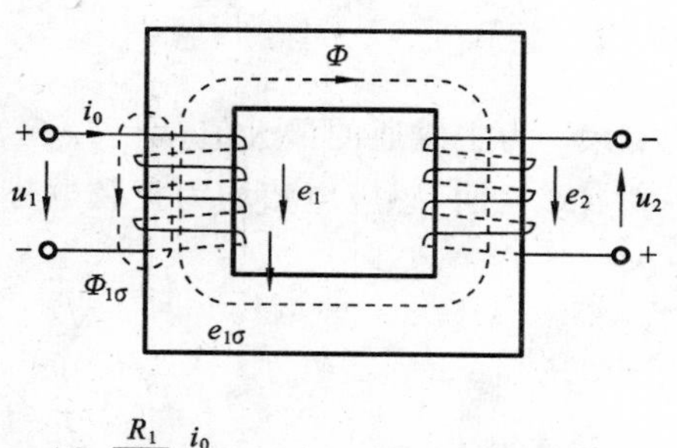

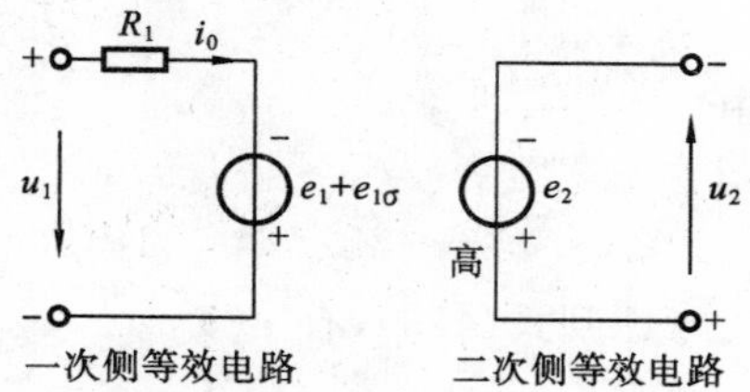

图 4-5　变压器的空载运行

变压器空载运行时，在电网电压作用下一次侧绕组中产生空载电流 i_0，由 i_0 建立的磁势 $N_1 i_0$ 激励出空载运行时的磁场。为便于建立一次侧绕组的等值电路，可将此磁场的磁通分为两部分考虑。一部分以铁芯为磁路，同时交链着一、二次侧绕组，称为主磁通；另一部分磁通从一次侧绕组缠绕的铁芯中泄漏出来，经空气或变压器油构成磁路，仅与一次侧绕组交链，称为一次侧绕组漏磁通 $\Phi_{1\sigma}$。在此仅考虑穿越一次侧绕组所有匝的漏磁通，对于数量极少的仅穿过一次侧绕组部分匝的漏磁通忽略不计。事实上，现代变压器由于材料的进步，即使这样处理，一次侧漏磁通所占比例也是极小的，主磁通可占到总磁通的 99%以上，而漏磁通通常不到总磁通的 1%。这是因为主磁通经过的是铁芯磁路，磁阻很小，而漏磁通经过的是空气或变压器油形成的磁路，磁阻很大。由磁路的欧姆定理可知，当磁阻很小时，产生足够强度的主磁通所需要的磁势（Ni）是不大的，也就是说，采用高磁导率的铁磁材料作变压器铁芯，可通过不大的励磁电流来建立主磁通。主磁通 Φ 在一、二次侧绕组中分别建立一、二次侧绕组主磁通感应电动势 e_1 和 e_2，漏磁通 $\Phi_{1\sigma}$仅在一次侧绕组中建立一次侧绕组漏磁通感应电动势 $e_{1\sigma}$。e_1 与 $e_{1\sigma}$共同将 i_0 限制在一个不大的数值上。这一物理过程如图 4-6 所示。此外，电流流过一次侧绕组，绕组的电阻也将产生能量损耗并产生电压降落。

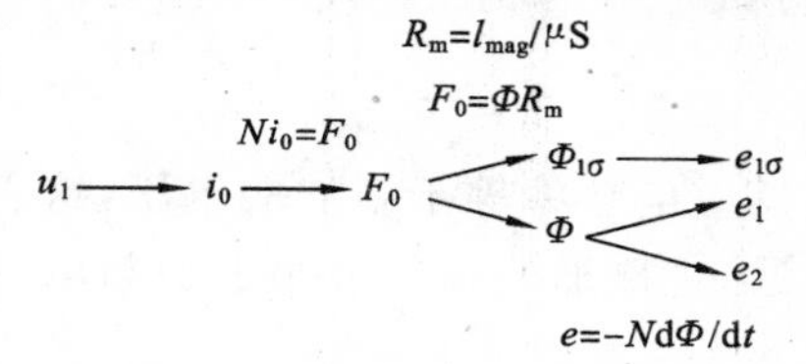

图 4-6　变压器空载运行物理流程图

1. 电动势与电动势变比

变压器空载运行时各物理量的假定正向按变压器惯例标注如图 4-5 所示。

空载运行时一次侧流过一个小的稳态电流 i_0，称为变压器的励磁电流，它在磁路中建立交变磁通。该磁通按电磁感应定律在一、二次侧绕组中感生电动势。在图示正向条件下，一、二次侧绕组电路电势平衡方程的瞬时值表达式分别为

$$u_1=-e_1-(e_{1\sigma}-i_0R_1) \tag{4-6}$$

$$u_2=e_2 \tag{4-7}$$

式中：R_1 为一次侧绕组电阻。

在多数大型变压器中，空载电阻压降和漏磁通感应电势非常小，一次侧绕组感应电势 e_1 非常接近于施加的电压 u_1。因此

$$u_1\approx e_1=-N_1\frac{\mathrm{d}\Phi}{\mathrm{d}t} \tag{4-8}$$

这表明，如果电网电压 u_1 为正弦电压，所形成的磁通在稳态时也必定十分接近正弦波。设

$$\Phi=\Phi_m\sin\omega t \tag{4-9}$$

则有

$$e_1=-N_1\frac{\mathrm{d}\Phi}{\mathrm{d}t}=-N_1\Phi_m\omega\cos\omega t \tag{4-10}$$

$$e_2=-N_2\frac{\mathrm{d}\Phi}{\mathrm{d}t}=-N_2\Phi_m\omega\cos\omega t \tag{4-11}$$

式中：Φ_m 为主磁通的最大值；$\omega=2\pi f$，f 为电网电压的频率，单位是 Hz。

上式说明，感应电势均为正弦电势，相位均滞后于主磁通 90°，其有效值分别为

$$E_1=\frac{1}{\sqrt{2}}\times 2\pi f\times N_1\Phi_m=4.44fN_1\Phi_m \tag{4-12}$$

$$E_2=\frac{1}{\sqrt{2}}\times 2\pi f\times N_2\Phi_m=4.44fN_2\Phi_m \tag{4-13}$$

式中

$$\frac{2\pi}{\sqrt{2}}\approx 4.44 \tag{4-14}$$

考虑到式(4-8)，有

$$U_1\approx 4.44fN_1\Phi_m \tag{4-15}$$

由式(4-12)、式(4-13)可得

$$\frac{E_1}{E_2}=\frac{N_1}{N_2}=K_e$$

空载运行时，$U_1\approx E_1$，$U_2=E_2$，故有

$$\frac{U_1}{U_2}\approx K_e$$

电压变比关系与理想变压器的相同。

上述分析表明，如果绕组回路中的阻抗压降可以忽略，感应电势将等于施加的电压，这表明，如果将正弦电压加到绕组，必然建立正弦变化的铁芯磁通，主磁通幅值的大小近似与电网电压的有效值成正比，与电网电压的频率成反比。

这一重要关系不仅适用于变压器，而且适用于任何施加正弦变化电压工作的装置，只要阻抗压降可以忽略。铁芯磁通由所加电压决定，而需要的励磁电流则由铁芯的磁特性决定。励磁电流必自我调整以产生必需的磁势来建立由式(4-15)决定的磁通。

由于铁磁材料的非线性，励磁电流波形不同于磁通波形。励磁电流随时间变化的函数波形可以从铁磁材料的磁化曲线通过作图求得。

2. 非正弦空载电流(励磁电流)的正弦等效处理

根据典型铁磁材料的磁化曲线，要使磁通 Φ 为正弦波，励磁电流 i_0 必为非正弦波，它与磁通间的关系是非线性的，其函数图形根据磁滞回线形状的磁化曲线作图可得，如图 4-7 中 i_0 所示。由图可知，为了产生正弦的磁通，励磁电流波形与正弦波相比，频率虽然相同，但具有明

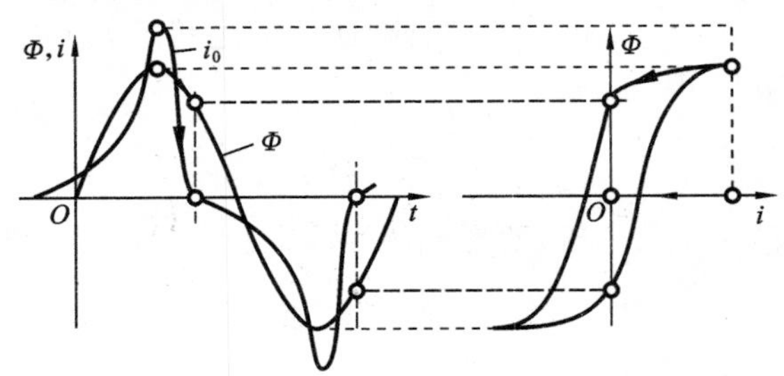

图 4-7 产生正弦磁通的非正弦励磁电流

显的畸变，其相位也超前于磁通一个角度。磁通滞后于励磁电流，表征出“磁滞”的物理意义。我们不能直接把一个非正弦的电流放入用符号法描述的正弦电路方程中去。为了建立变压器的线性正弦等值电路，必须引入一个等效正弦电流 $\dot{I}_0$ 取代 i_0，其条件是

有效值相同，频率和相位相同；等效前后有功功率不变。

作上述等效代换后，由于等效励磁电流与磁通同为正弦，故两者幅值间的非线性关系也被线性化，实际磁化曲线被直线所取代，如图 4-8 所示，等效正弦电流 i_0 如图 4-9 中粗线所示。点 B 为变压器加额定电压输入，使磁通为额定值时的磁路工作点。因为变压器的励磁电流本身很小，典型电力变压器的励磁电流为满载电流的 1%～2%，畸变谐波的影响，通常被提供给负载电路中其他线性元件的正弦电流所湮没，如此等效处理产生的误差不至于超出工程允许范围，但却使实际的非正弦非线性耦合电路实现了正弦化和线性化等效，这是建立变压器正弦等值电路、采用正弦电路相量图方法进行分析的重要一步。

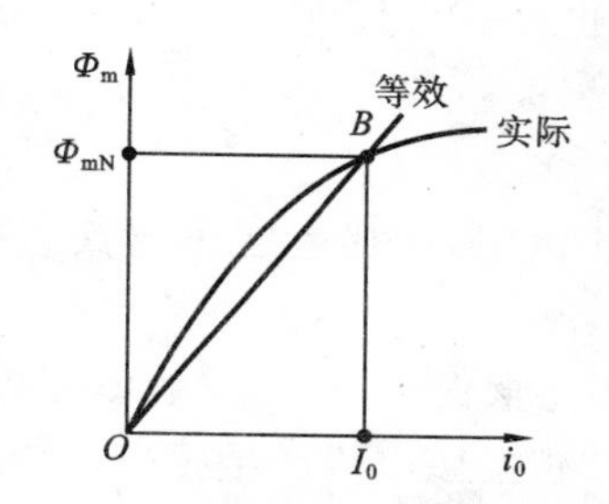

图 4-8 非线性磁化曲线(幅值)的线性化

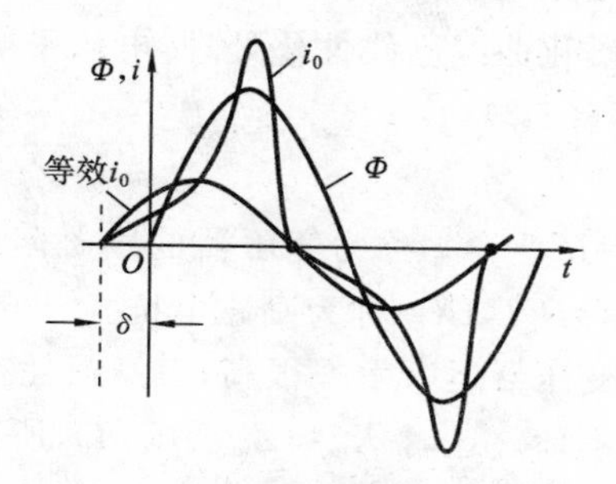

图 4-9 励磁电流的正弦等效

空载运行时，二次侧绕组是开路的，所以变压器中不产生功率传递、一次侧绕组的输入功率仅用于支付变压器内部的空载损耗 P_0，包括一次侧绕组的铜耗 P_{Cu1}、铁芯内磁滞和涡流产生的铁耗 P_{Fe}。因励磁电流很小，铜耗与铁耗相比，数值可以忽略不计，即认为空载损耗由铁耗形成。由于铁耗的存在，励磁电流应包含两个分量：与铁耗对应的有功分量和与磁通 Φ 对应的无功分量，在引入等效正弦电流概念后，其关系可用相量表示为

$$\dot{I}_0 = \dot{I}_{0a} + \dot{I}_{0r} \tag{4-16}$$

式中：下标“a”代表电流的有功分量，即对应铁耗的分量；下标“r”代表无功分量，即磁化分量，也称为励磁分量。

3. 一次侧绕组等值电路与相量图

当 i_0 等效为正弦电流后，式(4-6)可写成如下相量形式

$$\dot{U}_1 = -\dot{E}_1 - (\dot{E}_{1\sigma} - \dot{I}_0 R_1) \tag{4-17}$$

由于漏磁通 $\Phi_{1\sigma}$经空气或油闭合，与 N_1 相链，形成的 $\dot{E}_{1\sigma}$起电压降作用。$\Phi_{1\sigma}$路径主要为非磁物质，导磁系数是常数，因此，漏磁通所在磁路可视为线性的，$\Phi_{1\sigma}$与励磁电流成正比关系，从而 $\dot{E}_{1\sigma}$可视为 $\dot{I}_0$ 通过某匝数为 N_1 的空心线圈时建立的感应电势，根据电磁感应定律，有

$$e_{1\sigma} = -N_1 \frac{d\Phi_{1\sigma}}{dt} \tag{4-18}$$

即 $\dot{E}_{1\sigma}$滞后 $\dot{\Phi}_{1\sigma}$90°，按线性磁路的电磁感应定律，由式(1-18)，有

$$e_{1\sigma} = -L_{1\sigma} \frac{di_0}{dt} \tag{4-19}$$

从而有

$$N_1\Phi_{1\sigma}=L_{1\sigma}i_0$$

上式说明 $\dot{\Phi}_{1\sigma}$、$\dot{I}_0$ 具有相同的相位，也即 $\dot{E}_{1\sigma}$ 滞后 $\dot{I}_0 90°$。这样，按线性电路的处理方法，$\dot{E}_{1\sigma}$ 可用 $\dot{I}_0$ 在一线性电抗 X_1 上的压降等效代换，即

$$\dot{E}_{1\sigma}=-\mathrm{j}X_1\ \dot{I}_0 \tag{4-20}$$

并将比例常数 $X_1=\omega L_{1\sigma}$ 称为一次侧绕组漏电抗，代表漏磁通对电路的电磁效应。

将上式代入式(4-17)，得

$$\dot{U}_1=-\dot{E}_1+\dot{I}_0(R_1+\mathrm{j}X_1)=-\dot{E}_1+\dot{I}_0 Z_1 \tag{4-21}$$

此即变压器空载运行时一次侧的电势平衡方程，$Z_1=R_1+\mathrm{j}X_1$ 为一次侧绕组的漏阻抗。上式说明，一次侧端电压由三个分量组成，即一次侧电阻压降 I_0R_1、一次侧漏磁通引起的压降 I_0X_1 和由主磁通在一次侧感应的电势 E_1。

由于磁化曲线已线性化处理，电势平衡方程中的 $\dot{E}_1$ 也可视为是电流 $\dot{I}_0$ 在一个线性阻抗 Z_m 上的压降

$$\dot{E}_1=-Z_m\ \dot{I}_0=-\dot{I}_0(R_c+\mathrm{j}X_m) \tag{4-22}$$

式中：$Z_m=R_c+\mathrm{j}X_m$ 称为变压器的励磁阻抗；R_c 称为励磁电阻，为代表变压器铁芯损耗的参数，即 $P_{Fe}=R_cI_0^2$；X_m 称为励磁电抗。

一般变压器运行效率很高，自身损耗在总功率中所占比重很小，在一些近似分析中 R_c 常常可忽略不计。这时 $X_m\approx Z_m=E_1/I_0$，所以，X_m 是代表单位励磁电流产生感应电势大小的一个参数。将式(4-22)代入式(4-21)，得

$$\dot{U}_1=\dot{I}_0(Z_m+Z_1) \tag{4-23}$$

与式(4-23)对应的等值电路如图 4-10(a)所示。在电磁关系和功率关系上，此电路与空载运行时的变压器等效，称为空载等值电路。据此，可作出变压器空载运行时的相量图，如图 4-10(b)所示。由图 4-7 和图 4-9 可知，励磁电流超前于磁通一个角度，这个角度称为铁耗角。励磁电流的无功分量（磁化分量）与主磁通同相位，有功分量（铁耗分量）与 $-\dot{E}_1$ 同相位。两者合成超前于磁通的励磁电流 $\dot{I}_0$，超前的物理原因可参照图 4-7 分析得到。如图 4-10(b)所示，图中采用了夸张的画法。实际变压器的励磁电流中，无功分量远远大于有功分量，即 $I_{0r}\gg I_{0a}$，铁耗角是非常小的。

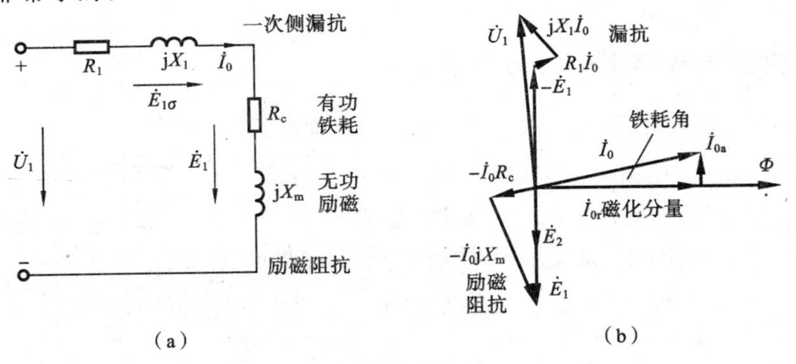

图 4-10 变压器空载等值电路与相量图

相量图的绘制方法是，首先水平向右方向绘制磁通 $\dot{\Phi}$，由式(4-10)、式(4-11)可知，$\dot{E}_1$ 和 $\dot{E}_2$ 在磁通上滞后 90°。励磁电流 $\dot{I}_0$ 超前磁通一个小的铁耗角，它的两个分量相互垂直，有功

分量平行于$-\dot{E}_1$，无功分量与磁通同轴。然后根据式(4-22)得到励磁阻抗压降的相量。在$-\dot{E}_1$相量端加上一次侧阻抗压降，得到电压相量$\dot{U}_1$，其中电阻压降相量与励磁电流相量平行，漏抗压降相量超前其90°。

需要指出的是，依照图4-8所示线性化方法获得的励磁支路参数R_c和X_m仅为额定输入电压条件下的线性电路参数，但由于普通变压器几乎全部运行在额定输入电压状态，所以这一局限性并不妨碍等值电路的普遍应用。当然，变压器运行中，与R_1和X_1不同的是，R_c和X_m不是常数，它们会随铁芯饱和程度增加而变化。因为磁路饱和时，单位励磁电流增量使主磁通的增量逐渐降低，对应感应电势幅值增量也相应减小，从而会使励磁电抗减小。变压器空载运行时励磁电流的有功分量和无功分量实际上都是非线性的，R_c和X_m仅是在额定输入电压作用下实际励磁效果的线性近似等效参数。

图4-10所示的等值电路中，励磁支路采用阻抗串联连接的形式。这种表达方式是目前国内教材普遍采用的形式。而在欧美教材中，普遍采用阻抗并联的等值电路形式，如图4-11所示，其原理没有实质上的区别，只是由于在励磁支路中励磁电流的有功分量和无功分量被分离，物理概念更加清晰。但由于电路变为串、并联结构，定量计算的工作量有所增加。应用电路理论，不难得出它们之间的变换关系，读者可自行推导。

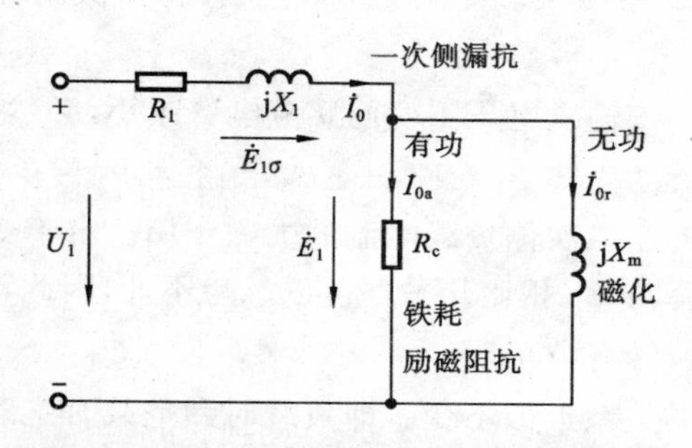

图4-11 励磁支路采用阻抗并联的等值电路

在建立变压器正弦等值电路的过程中，要注意主磁通和漏磁通的区别。

(1) 作用不同。主磁通传递能量，交链一、二次侧绕组；漏磁通只交链单侧绕组，消耗磁势，仅起磁压降作用。

(2) 特性不同。主磁通和励磁电流呈非线性关系(磁路为铁芯)，等值电路采用的是在其额定工作点邻域线性化等效的处理方法；漏磁通和励磁电流则始终呈线性关系(磁路主要为空气)。

二、变压器的负载运行与T形等值电路

变压器一次侧绕组接交流电网，二次侧绕组通过负载阻抗接成闭合电路时的运行状态，称为变压器的负载运行状态。运行电路如图4-12所示。图中“·”表示绕组的同名端。根据电路理论，变压器的同名端意味着当有电流从一个绕组的同名端流入时，将产生正的磁势。若一、二次侧的电流均从各自的同名端流入，则它们产生的磁势是相加的。如果一次侧电流从一

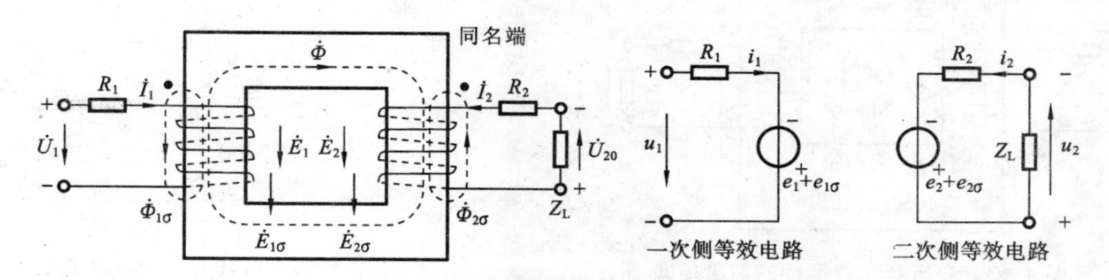

图4-12 变压器的负载运行电路

次侧绕组的同名端流入，而二次侧电流从二次侧绕组的同名端流出，它们产生的磁势就是相减的。

1. 负载运行的基本电磁过程

负载运行时，二次侧电势产生电流 i_2。根据楞次定律，这个电流产生的磁势 F_2 和磁通 Φ_2 应当阻止主磁通的变化。在变压器空载运行的讨论中已经知道，变压器的主磁通按正弦规律变化，受到阻止后，它的幅值将变小。这意味着二次侧电流形成的磁势和磁通对主磁通产生去磁作用。等价于二次侧电流在铁芯磁路中形成一个与原主磁通方向相反的磁通 $\dot{\Phi}_2$，与原主磁通叠加后形成的总主磁通比原来减弱。由式(4-12)可知，主磁通减弱，一次侧绕组感应电势 E_1 将减小。变压器负载运行时，一次侧绕组电势平衡方程为

$$\dot{U}_1 = -\dot{E}_1 + \dot{I}_1 Z_1 \tag{4-24}$$

输入电压不变而感应电势减小，必然导致一次侧电流的增大。而增大的一次侧电流所增大的磁势 $F_1 = F_{m0} + \Delta F_1$ 和磁通 $\dot{\Phi}_1 = \dot{\Phi}_0 + \Delta\dot{\Phi}_1$ 又反过来增强主磁通，使 E_1 幅值回升同时抑制二次侧负载电流的去磁作用。由于变压器一次侧的漏阻抗很小，空载与负载时产生的压降与 E_1 相比几乎都可以忽略不计，因此，变压器正常负载运行时，仍然可以保持

$$\dot{U}_1 \approx -\dot{E}_1 = \mathrm{j}4.44 f N_1 \dot{\Phi}_m \tag{4-25}$$

的关系近似不变。即负载时和空载时主磁通近似相等，$\dot{\Phi} = \dot{\Phi}_1 + \dot{\Phi}_2 \approx \dot{\Phi}_0$，进而可以得到变压器运行的一个十分重要的关系：变压器主磁通大小主要取决于电网电压、频率和变压器一次侧匝数，与负载大小基本无关。

这样，变压器在正常负载下运行时，负载电流对变压器的去磁作用将基本上被随之增大的一次侧电流的增磁作用所抵消，一、二次侧电势可以基本保持不变，源源不断地向负载输出电功率。变压器负载下的能量传递过程可以这样解释：当变压器向负载输出电流时，生成去磁磁通 $\dot{\Phi}_2$，主磁通被削弱，意味着变压器正在从磁场中抽取能量提供给负载。根据式(4-12)，一次侧绕组感应电势随主磁通的减小而减小，这样，被削弱的主磁通通过一次侧电势平衡方程被"发现"，一次侧电流自动增大，增强磁势 $F_1 = N_1 i_1$、形成磁通 $\dot{\Phi}_1 = \dot{\Phi}_0 + \Delta\dot{\Phi}_1$ 使主磁通强度基本恢复来抵消负载电流的去磁作用。这也意味着变压器从电网获取能量为磁场补充因向负载输出电能损失的磁能。这样，依靠磁场能量的动态平衡变化，变压器就可以将电功率从一个绕组传递到另一个绕组，尽管这两个绕组在电路上相互绝缘。变压器负载运行时的磁场变化和能量传递、各物理量变化相互之间的关系如图 4-13 和图 4-14 所示，图中各物理量所用假定正向按实际方向给出。

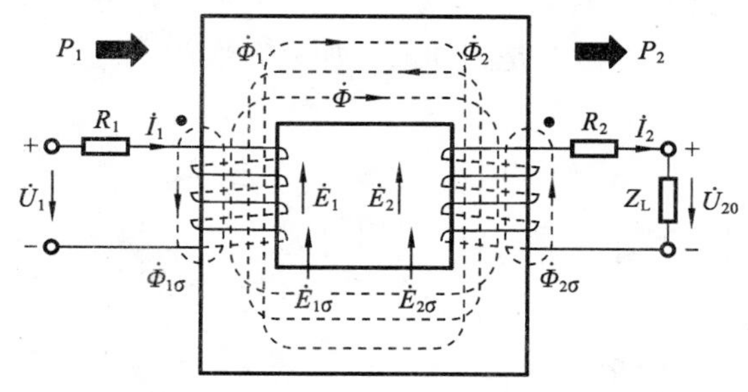

图 4-13　变压器负载运行的能量传递

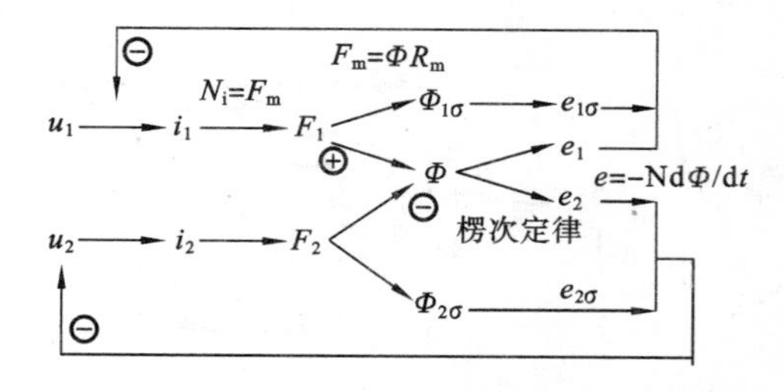

图 4-14　负载运行的物理流程

如果变压器负载运行中出现二次侧短路，主磁通被严重削弱，导致一次侧产生很大的电

流，这个电流在一次侧漏抗上的压降就不再可以忽略不计，这时的主磁通将比空载时的要下降很多。

空载下变压器的主磁通仅由一次侧励磁电流建立，磁势 $\dot{F}_{m0}=\dot{I}_0 N_1$。负载下主磁通由两侧电流共同建立，因负载时和空载时主磁通近似相等，而 $F_m=\Phi R_m$，故在图示假定正向下（均由同名端流入，磁势相加），有

$$\dot{F}_{m0}=\dot{I}_1 N_1+\dot{I}_2 N_2=\dot{I}_0 N_1 \tag{4-26}$$

式(4-26)称为变压器负载条件下的磁势平衡方程。

由磁势平衡方程(式(4-26))，可以将负载下的 $\dot{I}_1$ 分解为两个分量：励磁分量 $\dot{I}_0$ 和负载分量 $\Delta\dot{I}_1$。

$$\dot{I}_1=\dot{I}_0+\Delta\dot{I}_1=\dot{I}_0+\left(-\dot{I}_2\frac{N_2}{N_1}\right)=\dot{I}_0+\left(-\frac{1}{K_e}\dot{I}_2\right) \tag{4-27}$$

其中，励磁分量 $\dot{I}_0$ 基本不变，建立主磁通；负载分量 $\Delta\dot{I}_1$ 抵消负载的变化电流对磁通的作用，随负载的变化而变化。

$$\Delta\dot{I}_1 N_1+\dot{I}_2 N_2=0 \tag{4-28}$$

负载分量磁势与二次侧电流磁势相抵消，维持主磁通基本不变。负载运行时，因 $I_0 \ll I_1$，若予以忽略，认为

$$\dot{I}_1\approx\Delta\dot{I}_1=-\frac{1}{K_e}\dot{I}_2 \tag{4-29}$$

则电功率 $U_1 I_1$ 依电磁感应和磁势平衡，由一次侧传送到二次侧。由式(4-25)、式(4-29)，有

$$U_1\approx E_1=K_e E_2\approx K_e U_2$$

$$U_1 I_1\approx U_2 I_2$$

上述分析表明，由于变压器主磁路全部采用铁磁材料构成，励磁有功功率损耗和铜耗极小，负载运行时的功率传递与理想变压器的基本一致。

变压器在进行能量传递的过程中，磁场(主磁通)能量处于不断地被抽取、补充的动态平衡状态，磁场能量的动态变化是变压器得以实现在相互电隔离的绕组间传递能量的关键，这种通过磁场能量动态变化进行能量传递的方式与直流电动机磁场恒定的能量传递方式是不同的。

变压器负载运行时，二次侧电流除了在铁芯中形成去磁磁通 Φ_2 外，也像一次侧一样会有很小一部分磁通泄漏，形成仅交链二次侧绕组的二次侧漏磁通 $\Phi_{2\sigma}$，并感生电势 $e_{2\sigma}$，漏磁通和漏磁通感应电势均为正弦量，可分别记为 $\dot{\Phi}_{2\sigma}$ 和 $\dot{E}_{2\sigma}$，漏磁通感应电势大小为 $E_{2\sigma}=4.44 f N_2 \Phi_{2\sigma}$，方向与 $\dot{E}_2$ 相同。仿照一次侧的等效方法，根据图 4-12，不难得到变压器负载运行时二次侧的电势平衡方程为

$$\dot{U}_2=\dot{E}_2-\dot{I}_2(R_2+\mathrm{j}X_2)=\dot{E}_2-\dot{I}_2 Z_2 \tag{4-30}$$

式中：R_2 为二次侧绕组电阻；$X_2=\omega L_2$ 为二次侧绕组漏电抗。

从负载两端看，有

$$\dot{U}_2=Z_L\dot{I}_2 \tag{4-31}$$

2. T 形等值电路

综合前面的分析，可以列写出变压器负载运行时的基本方程组为

$$\left.\begin{aligned}
\dot{U}_1 &= -\dot{E}_1 + \dot{I}_1(R_1 + \mathrm{j}X_1) \\
\dot{E}_1 &= -\dot{I}_0(R_c + \mathrm{j}X_m) \\
\dot{I}_1 N_1 + \dot{I}_2 N_2 &= \dot{I}_0 N_1 \\
\dot{U}_2 &= \dot{E}_2 - \dot{I}_2(R_2 + \mathrm{j}X_2) \\
\dot{U}_2 &= \dot{I}_2 Z_L \\
\dot{E}_1 &= K_e \dot{E}_2
\end{aligned}\right\} \tag{4-32}$$

以正弦励磁电流等效实际励磁电流后，实际变压器已被等效为双线圈正弦耦合电路。利用式(4-32)已可以对变压器进行定量分析计算。但实际上解算这些方程是比较麻烦的。这些方程都是复数方程，需要联立求解。此外，如果变压器的变比较大，两侧的电量可能相差几个数量级，计算也很不方便，特别是利用相量图进行分析时更困难。为此希望有一个既能正确反映变压器内部电磁过程，又便于工程计算的单纯电路来代替既有电路关系，又有电磁耦合的实际变压器。这种电路称为等值电路。

根据方程式(4-32)可以画出双线圈变压器负载运行时的电路形式，如图 4-15 所示。若希望将其进一步等效变换为单一的正弦交流电路，需要将图中分开的节点合并。图中分离的上下各 3 个节点(A、B、C；D、E、F)要想合并，还必须通过对某一方电路的电量和参数作适当的折算，才能保证合并时电路在这个节点上能够满足电路理论的基尔霍夫节点电流定律(流进同一节点的电流代数和等于零)和节点电压定律(上下节点两侧电压相等)。

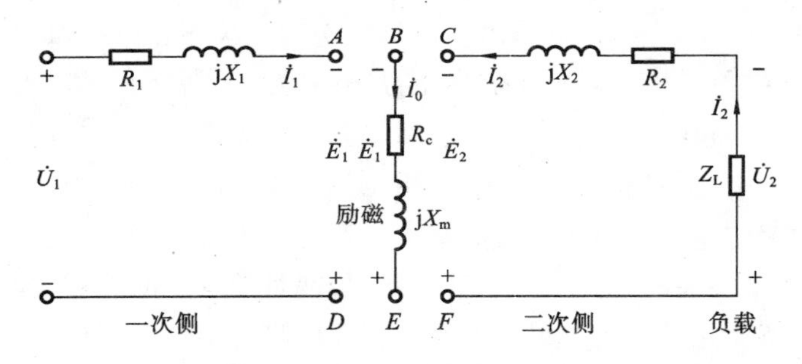

图 4-15 实际变压器的电路结构

折算的原则是等效绕组的电磁作用和传递能量应与折算前原来绕组相等。

折算的方法是，在不改变磁势平衡和能量传递关系的前提下，将一、二次侧绕组的匝数变换为相等的匝数。若以二次侧为基准，令 $N_1=N_2$，称为将一次侧折算至二次侧；若以一次侧为基准，令 $N_2=N_1$，则称为将二次侧折算至一次侧。在建立变压器的等值电路时，多采用二次侧折算至一次侧的折算方式。

从分析变压器磁势平衡关系知，二次侧绕组电路是通过它的电流所产生的磁势去影响一次侧电路的。因此，折算前后应保证二次侧绕组的磁势不变。从一次侧看，将有同样的电流和功率从电源输入，并有同样的功率传递到二次侧。这样对一次侧绕组来说，折算过的二次侧绕组与实际的二次侧绕组就是等值的。为此，二次侧绕组的各物理量都应改变，这种改变后的量值称为折算值，并用原符号加“′”表示。折算的含义是将一个匝数与一次侧绕组相等、电磁效应与二次侧绕组相同的绕组去代替实际二次侧绕组。显然，这种折算只是人为的处理，不会改变变压器运行时的物理本质。

1）折算后的二次侧绕组电势

当 $N_2=N_1$ 时，显然有

$$\dot{E}'_2=\dot{E}_1 \tag{4-33}$$

又因

$$\frac{\dot{E}_1}{\dot{E}_2}=\frac{\dot{E}'_2}{\dot{E}_2}=\frac{N_1}{N_2}=K_e$$

故

$$\dot{E}'_2=K_e\dot{E}_2 \tag{4-34}$$

2）折算后的二次侧电流

为保证二次侧绕组匝数由 N_2 变为 N_1 时，其磁势大小和相位均不变，必须保证

$$\dot{I}'_2N_1=\dot{I}_2N_2$$

故

$$\dot{I}'_2=\frac{N_2}{N_1}\dot{I}_2=\frac{\dot{I}_2}{K_e} \tag{4-35}$$

3）折算后的二次侧绕组阻抗和负载阻抗

为保证 $\dot{E}_2$ 变为 $\dot{E}'_2=\dot{E}_1$ 后二次侧绕组电流为 $\dot{I}'_2$，Z_2+Z_L 也应相应变为 $Z'_2+Z'_L$，且满足

$$Z'_2+Z'_L=\frac{\dot{E}'_2}{\dot{I}'_2}$$

即

$$Z'_2+Z'_L=K_e^2(Z_2+Z_L)$$

故有

$$Z'_2=K_e^2Z_2$$

$$Z'_L=K_e^2Z_L$$

或表示为

$$R'_2+jX'_2=K_e^2(R_2+jX_2)$$

$$R'_L+jX'_L=K_e^2(R_L+jX_L)$$

于是有

$$\left.\begin{aligned}R'_2&=K_e^2R_2\\X'_2&=K_e^2X_2\\R'_L&=K_e^2R_L\\X'_L&=K_e^2X_L\end{aligned}\right\} \tag{4-36}$$

式中：R_L、X_L 为负载阻抗中包含的电阻和电抗。

4）折算后的二次侧电压

由于

$$\dot{U}'_2=\dot{I}'_2Z'_L=\frac{\dot{I}_2}{K_e}K_e^2Z_L=K_e\dot{I}_2Z_L$$

故有

$$\dot{U}'_2=K_e\dot{U}_2 \tag{4-37}$$

经上述折算后，变压器的能量传递关系、二次侧绕组铜耗的大小、漏电抗吸收的无功功率均未改变。实际上

$$\left.\begin{aligned}\dot{U}_2'\ \dot{I}_2' &= (K_e\ \dot{U}_2)\left(\frac{\dot{I}_2}{K_e}\right) = \dot{U}_2\ \dot{I}_2 \\ (I_2')^2 R_2' &= \left(\frac{I_2}{K_e}\right)^2 K_e^2 R_2 = I_2^2 R_2 \\ (I_2')^2 X_2' &= \left(\frac{I_2}{K_e}\right)^2 K_e^2 X_2 = I_2^2 X_2\end{aligned}\right\}$$

这表明,折算前后变压器中的能量传递和能量损耗完全等效。折算以后,变压器的基本方程式(4-32)变形为

$$\left.\begin{aligned}\dot{U}_1 &= -\dot{E}_1 + \dot{I}_1(R_1 + jX_1) \\ \dot{E}_1 &= -\dot{I}_0(R_c + jX_m) \\ \dot{I}_1 &+ \dot{I}_2' = \dot{I}_0 \\ \dot{U}_2' &= \dot{E}_2' - \dot{I}_2'(R_2' + jX_2') \\ \dot{U}_2' &= \dot{I}_2' Z_L' \\ \dot{E}_1 &= \dot{E}_2'\end{aligned}\right\} \tag{4-38}$$

利用式(4-38)中的第1、2、4、5式,再次画出变压器的一次侧绕组、励磁和二次侧绕组电路,如图4-16所示。

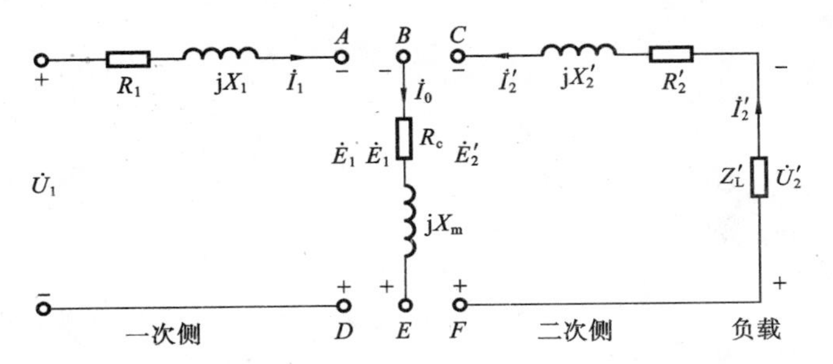

图4-16 折算后的变压器负载运行等效电路

由式(4-38)的第6式可知,图中的 A、B、C 点和 D、E、F 点已各自成为等电位点,并由式(4-38)的第3式,将 A、B、C 三点连接成一点,同时将 D、E、F 三点连接成一点时,满足节点电流定律,这样的连接符合实际的磁势平衡关系。于是,折算后就形成如图4-17所示的变压器等值电路。

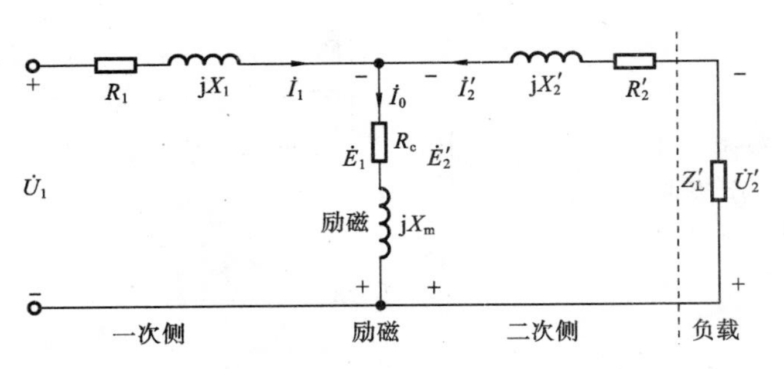

图4-17 变压器的T形等值电路

对这个等值电路,外接的负载端不属于变压器本身,属于变压器的电路呈现为T形,故称为T形等值电路。

从这个等值电路的推演过程可知，这个变压器的数学模型是基于各电量的正弦相量推导而来的，按照电路理论，它描述的应当是变压器在正弦稳态运行条件下的情况，并不适用于分析它的瞬态过程。当需要分析瞬态过程时，还必须从原始微分方程来讨论。

3. 相量图

根据图 4-17 所示的变压器 T 形等值电路，可画出相应的相量图。相量图不仅表明变压器中的电磁关系，而且还可以比较直观地看出变压器中各物理量大小和相位的关系。变压器二次侧接不同性质负载时电压、电流的相位关系也随之不同，图 4-18 所示的是感性负载时变压器的相量图。

以磁通 $\dot{\Phi}$ 为参考相量，作图步骤如下：

(1) 磁通相量 $\dot{\Phi}$ 水平向右，根据式(4-2)，$\dot{E}_1$ 滞后磁通 90°，$\dot{E}'_2=\dot{E}_1$，$-\dot{E}_1$ 反向；

(2) 励磁电流 $\dot{I}_0$ 略超前于磁通一个很小的铁耗角 $\delta=\arctan\dfrac{X_m}{R_c}$；

(3) 感性负载时，$\dot{I}'_2$ 滞后于 $\dot{E}'_2$ 一稍大角度；

(4) 二次侧漏电抗 X'_2 压降相位超前于 $\dot{I}'_2 90^\circ$，二次侧电阻 R'_2 压降相位与 $\dot{I}'_2$ 相同，即平行于 $\dot{I}'_2$，它们与相量 $\dot{U}'_2$ 相加得到 $\dot{E}'_2$；

(5) $\dot{U}'_2$、$\dot{I}'_2$ 夹角为二次侧功率因数角 θ_2；二次侧功率因数角由二次侧阻抗和负载阻抗参数共同决定；

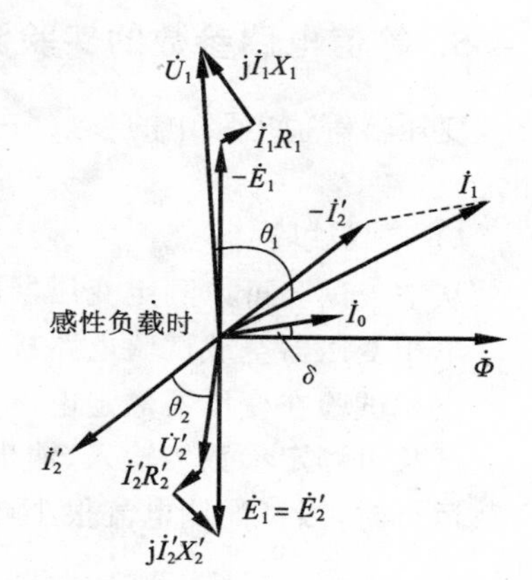

图 4-18　感性负载时变压器的相量图

(6) 因 $\dot{I}_1=\dot{I}_0+(-\dot{I}'_2)$，作辅助 $-\dot{I}'_2$，按平行四边形法则与 $\dot{I}_0$ 相量相加得到 $\dot{I}_1$；

(7) 一次侧电阻 R_1 压降平行于 $\dot{I}_1$，一次侧漏电抗 X_1 压降超前 $\dot{I}_1 90^\circ$；它们与 $-\dot{E}_1$ 相量相加得到 $\dot{U}_1$；

(8) $\dot{U}_1$、$\dot{I}_1$ 夹角为一次侧功率因数角 θ_1，由整个等值电路阻抗参数共同决定。

这样，就完成了变压器负载运行时的相量图绘制。

4. 近似等值电路

T 形等值电路虽能正确地表达变压器内部的电磁关系，但它是一种串、并联组合电路，要进行复数运算比较烦琐。考虑到在一般变压器中，$Z_m \gg Z_1$，若把励磁支路前移至如图 4-19 所示位置，即认为在一定电源电压下，励磁电流不受负载影响；同时忽略励磁电流在一次侧绕组中产生的阻抗压降，这种电路称为 G 形等值电路，也称为悬臂形等值电路。根据这种电路对变压器的运行情况进行定量计算时所引起的误差是很小的，它仅是一个并联电路，计算可大大简化。

在分析计算变压器负载运行的某些问题，例如，在负载比较重时，由于 $I'_2 \approx I_1 \gg I_0$，可进一步把励磁支路的分流作用忽略不计，即将励磁支路去掉，得到如图 4-20 所示的变压器重载运行简化近似等值电路。此时变压器等值电路的阻抗近似等效为

$$Z_k=R_1+\mathrm{j}X_1+R'_2+\mathrm{j}X'_2=R_k+\mathrm{j}X_k \tag{4-39}$$

由图 4-20 可以看出，当二次侧输出短路时，变压器的阻抗就是 Z_k，称为变压器短路阻抗参数，它可以通过短路实验得到。

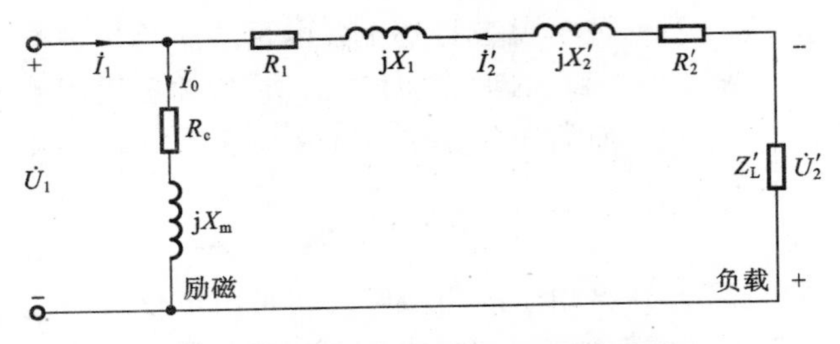

图 4-19 变压器的 G 形近似等值电路

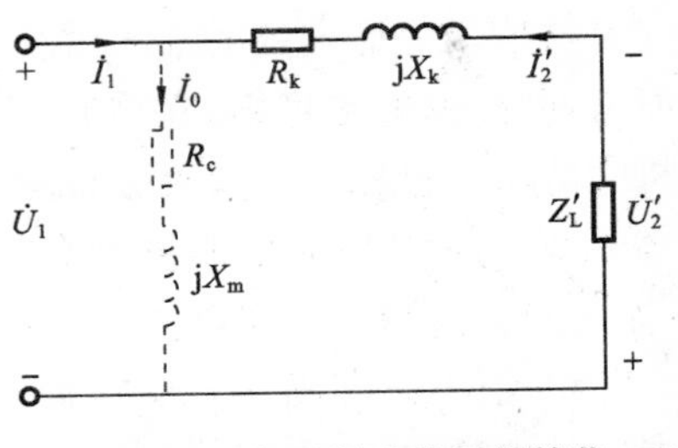

图 4-20 变压器重载运行简化近似等值电路

5. 等值电路参数的实验测定

变压器等值电路中的参数，一般由变压器生产厂商提供，也可以通过空载实验和短路实验测定。

1）空载试验

从空载试验可以测定变压器的变比 K_e、铁耗 P_{Fe}，以及等值电路中的励磁阻抗 Z_m。

单相变压器空载试验电路接线如图 4-21 所示。

空载试验在变压器额定电压条件下进行。

试验可测定参数为输入、输出电压及空载输入电流的有效值、空载输入有功功率。变压器空载运行时，因一次侧电流很小，并考虑到 $Z_m \gg Z_1$，故励磁支路阻抗的模为

$$Z_m \approx \frac{U_1}{I_0} \tag{4-40}$$

空载电流在一次侧绕组电阻上产生的铜耗可以忽略不计。这样可认为变压器空载时的输入有功功率完全是用来支付变压器铁耗的，即 $P_{Fe} \approx P_0$，故励磁支路电阻 R_c 为

$$R_c \approx \frac{P_0}{I_0^2} \tag{4-41}$$

从而，励磁电抗为

$$X_m = \sqrt{Z_m^2 - R_c^2} \tag{4-42}$$

变压器变比为

$$K_e = \frac{U_1}{U_2} \tag{4-43}$$

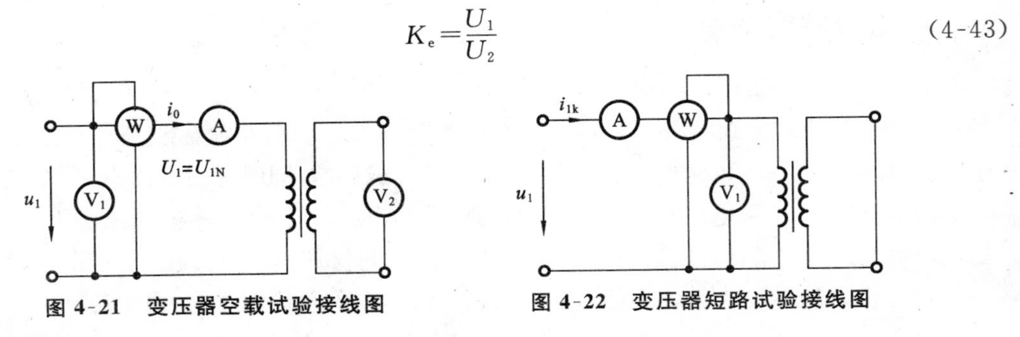

图 4-21 变压器空载试验接线图　　图 4-22 变压器短路试验接线图

2）短路试验

通过短路试验，可以测定变压器简化等值电路的短路阻抗。试验电路如图 4-22 所示。图中，变压器二次侧绕组短路，一次侧绕组电路接入必要的仪表测量短路状态下的输入功率、一次侧电压和电流。因二次侧短路，为保证变压器运行安全，在试验过程中，一般控制使一次侧电流不超过额定值，对应电压为额定电压的 5%～10%，即

$$i_{1k} \leqslant I_{1N}, \quad U_1 = (5 \sim 10)\% U_{1N}$$

由变压器T形等值电路可以看出，当二次侧输出短路时，励磁阻抗 Z_m 与二次侧阻抗 Z_2' 直接并联，而 $Z_m \gg Z_2'$，因此短路电流几乎完全由变压器内部很小的短路阻抗 $Z_k = Z_1 + Z_2'$ 决定。短路试验时一次侧输入电压很低，对应产生的主磁通也很小，故可以忽略励磁电流和铁耗而认为此时变压器从电源输入的有功功率全部转化为变压器铜耗，即

$$R_k \overset{i_{1k} \gg i_0}{\approx} \frac{P_{1k}}{I_{1k}^2} \tag{4-44}$$

式中：P_{1k} 为短路试验时的输入有功功率；I_{1k} 为一次侧电流，一般取额定电流时的数据计算。短路阻抗则按额定电流时输入电压与电流有效值之比算出

$$Z_k \approx \left.\frac{U_{1k}}{I_{1k}}\right|_{I_{1k}=I_{1N}} \tag{4-45}$$

$$X_k = \sqrt{Z_k^2 - R_k^2} \tag{4-46}$$

因绕组的电阻值与温度有关，计算所得电阻还必须换算到国标规定工作温度(75 ℃)：

$$R_{k75\ ℃} = R_{k\theta} \frac{T_0 + 75}{T_0 + \theta} \tag{4-47}$$

式中：θ 为室温，对于铜线 T_0 为 234.5 ℃，对于铝线 T_0 为 228 ℃。

$$Z_{k75\ ℃} = \sqrt{R_{k75\ ℃}^2 + X_k^2} \tag{4-48}$$

通过试验可以得到按一次侧折算的总串联阻抗，但没有简单的方法将阻抗分配给两侧每个元件，因而解决实际问题时通常没有这种必要。

短路试验时，当绕组电流达到额定值时，加到一次侧绕组上的电压称为变压器短路电压，又称为阻抗电压，用百分数表示为

$$u_k = \frac{U_k}{U_{1N}} \times 100\% = \frac{I_{1N} Z_{k75\ ℃}}{U_{1N}} \times 100\% \tag{4-49}$$

阻抗电压是变压器的重要参数，它在变压器铭牌上给出。阻抗电压越小，变压器负载运行时内部漏阻抗压降也越小，二次侧输出电压的波动受负载影响越小，但一旦短路，短路电流也越大。

6. T形等值电路的另一种形式

欧美教材中普遍采用的变压器T形等值电路如图4-23所示。励磁支路采用物理含义更为明晰的阻抗并联形式。

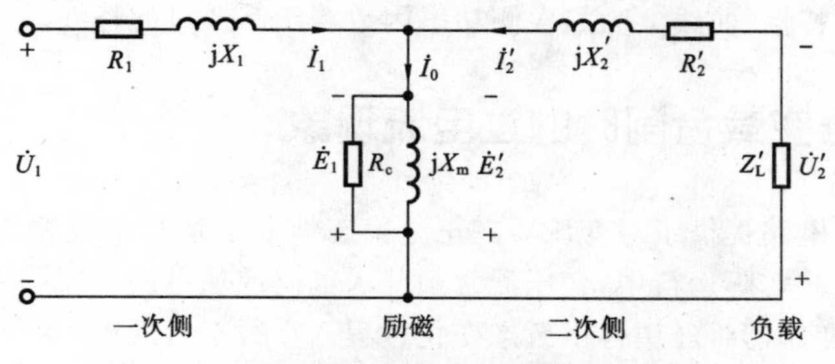

图4-23 变压器T形等值电路的另一种形式

三、变压器运行特性

变压器的外特性和效率特性是变压器的两个重要运行特性。

1. 外特性与电压变化率

变压器负载运行时，电流流过变压器绕组必然产生内部电压降，其输出电压会随负载的变化而产生波动。输出电压与输出电流（二次侧）的函数关系，称为变压器的外特性，其函数图形如图 4-24 所示。当变压器负载为纯电阻时，其外特性比较平直（曲线 1）；接感性负载时，其外特性曲线下垂的程度变大（曲线 2）；接容性负载时曲线可能是上翘的（曲线 3）。电压随电流变化的程度可用电压变化率 ΔU 来表示，ΔU 定义为当 $U_1=U_{1N}$，负载阻抗角一定，I_2 由零变化到额定值时，U_2 变化量与额定值之比

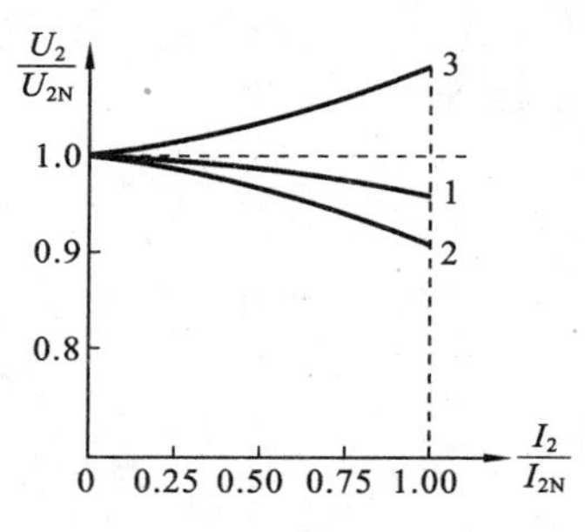

图 4-24 变压器的外特性

$$\Delta U=\frac{U_{2N}-U_2}{U_{2N}}\times 100\%=\frac{U_{1N}-U_2'}{U_{1N}}\times 100\%$$

变压器的外特性代表了变压器输出电压的稳定性，一定程度上反映了变压器向负载提供电能的质量，是变压器的主要性能指标之一。变压器的电压变化率不仅取决于它的短路参数和负载程度，还与负载的性质即负载的功率因数有关。

2. 效率特性

变压器在传递能量过程中会产生损耗。变压器的损耗可分为铜耗和铁耗两大类。变压器的效率指变压器输出有功功率与输入有功功率的比值，用百分数表示为

$$\eta=\frac{P_2}{P_1}\times 100\%=\frac{1-\sum P}{P_1}\times 100\%$$

式中：$\sum P$ 为变压器内部总损耗功率。

变压器的效率特性是指效率随负载变化的关系特性，如图 4-25 所示。从图中看出，当负载超过 30%时，变压器的效率可达到 97%左右，且基本不变，可见，变压器在正常负载的情况下，运行效率是很高的。最大效率大致产生在半载运行状态下。图中，曲线 1 为二次侧功率因数等于 1 时的特性；曲线 2 为二次侧功率因数等于 0.8 时的特性。

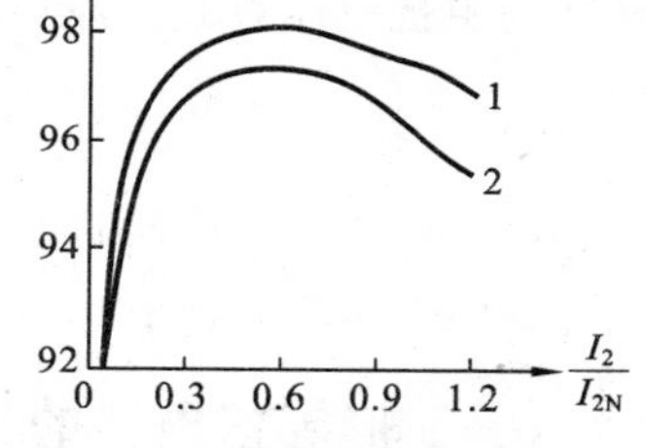

图 4-25 变压器的效率特性

四、变压器空载合闸时的过电流现象

变压器的等值电路提供了对变压器在正弦稳态情况下运行的电路模型，它仅限用于变压器的稳态运行情况。实际运行中，变压器常须并入电网或从电网上切除，变压器的负载有时也会急剧变化，这时变压器将经历一个暂态变化过程。在暂态过程中，变压器的电流可能超过额定电流很多倍，称为暂态浪涌电流。过程本身延续的时间很短，但却可能对变压器及其供电设备造成损害。其中对含变压器的电气自动化设备影响最大的是变压器在空载接入电网时产生的过电流现象。为了防止这种过电流对设备的损害，必须有针对性地采取有效防护措施。

变压器空载运行时，空载电流仅为额定电流的 1%～10%（只有小型变压器才能达到 10%），但值得注意的是，将二次侧开路的变压器接入电网（合闸）时，会产生一次侧电流的瞬时

冲击，经过一个短暂的暂态过程，然后达到稳态运行。这个冲击电流往往可以达到额定电流值的 6～8 倍。

一台单相变压器空载情况下合闸接正弦电网如图 4-26 所示，合闸瞬时，一次侧近似有

$$u_1=-e_1-e_{1\sigma}+R_1 i_0\approx -e_1=N_1\ \frac{\mathrm{d}\Phi}{\mathrm{d}t}=U_{1\mathrm{m}}\sin(\omega t+\alpha)$$

式中：α 为变压器接通（$t=0$）时决定电压瞬时值的角度。

解之，得

$$\Phi(t)=-\frac{U_{1\mathrm{m}}}{\omega N_1}\cos(\omega t+\alpha)+\Phi_0$$

Φ_0 由初始条件决定。设合闸前变压器无剩磁，则

$$\Phi(0)=-\frac{U_{1\mathrm{m}}}{\omega N_1}\cos\alpha+\Phi_0=0$$

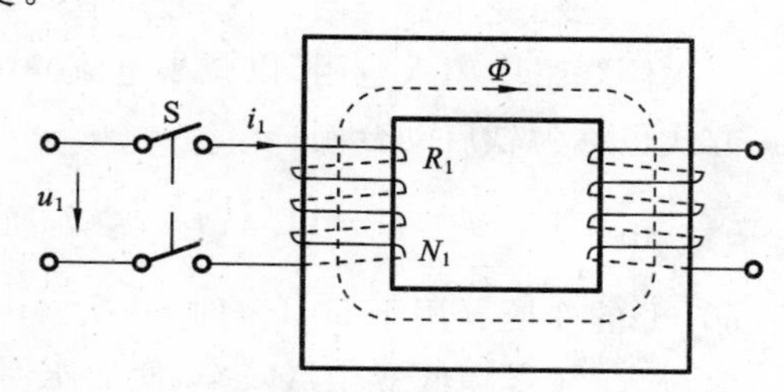

图 4-26　单相变压器的空载合闸

解得

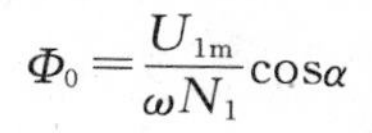

$$\Phi_0=\frac{U_{1\mathrm{m}}}{\omega N_1}\cos\alpha$$

因此

$$\Phi(t)=\frac{U_{1\mathrm{m}}}{\omega N_1}[\cos\alpha-\cos(\omega t+\alpha)]=\Phi_\mathrm{m}[\cos\alpha-\cos(\omega t+\alpha)]$$

考虑两种极端情况：

（1）若合闸时 $\alpha=\frac{\pi}{2}$，则有

$$\Phi(t)=-\Phi_\mathrm{m}\cos\left(\omega t+\frac{\pi}{2}\right)=\Phi_\mathrm{m}\sin\omega t$$

此时非周期分量为零，无瞬变过渡过程，合闸后立即进入稳态运行。

（2）最不利情况下，合闸时 $\alpha=0$，则有

$$\Phi(t)=\Phi_\mathrm{m}(1-\cos\omega t)$$

此时非周期分量为 Φ_m，周期分量为 $-\Phi_\mathrm{m}\cos\omega t$，磁通最大值可能达到稳态时磁通最大值的 2 倍。变压器设计时，为了提高运行效率，通常将变压器铁芯的额定运行点设计在较饱和状态。在最不利情况下合闸，铁芯磁饱和程度可变得非常严重，根据磁通的暂态值和变压器铁芯磁化曲线，可求出对应的合闸电流。这个暂态电流值可达正常值的几十倍，甚至上百倍，也即相当于额定电流值的 6～8 倍，如图 4-27 所示。

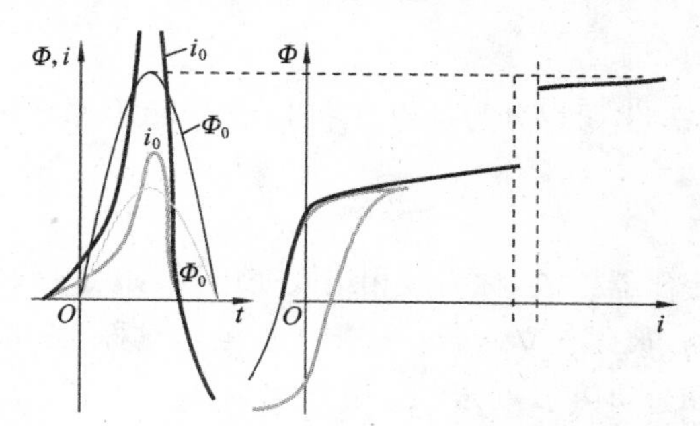

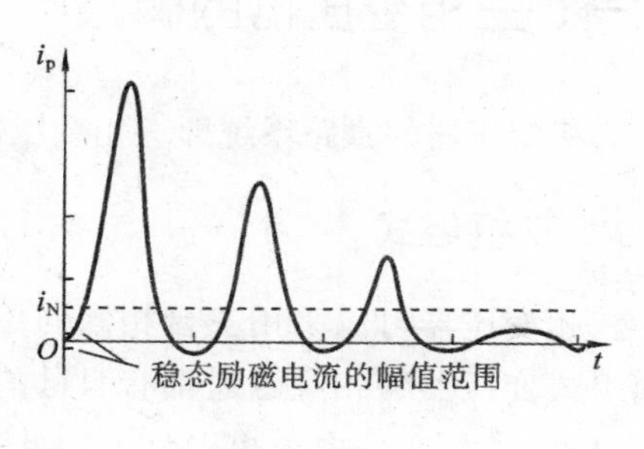

图 4-27　变压器空载合闸时可能产生的电流冲击

以上分析忽略了变压器的损耗，实际在损耗的阻尼作用下，这个瞬间冲击电流会迅速衰

减，变压器可很快过渡到正弦稳态运行。

一般小变压器几个周波即达稳定，大型变压器衰减则比较慢。变压器的合闸冲击电流由于持续时间较短，对变压器本身一般无直接危险，但能引起一次侧过电流保护跳闸，同时对电网产生的电流冲击干扰可能影响其他电子设备的正常运行。因此，含变压器的电气设备合闸时发生跳闸现象，不一定是设备故障。

当三相变压器合闸时，一般总有一相会有较大的合闸电流。这时为了保证顺利合闸，常在一次侧绕组中串入电阻，以减小电流冲击，并加快其衰减，合闸后再将该电阻切除。这种合闸方式也称为软启动合闸。

由于$\dot{U}_1 \approx -\dot{E}_1 = \mathrm{j}4.44 f N_1 \dot{\Phi}_{\mathrm{m}}$，所以变压器磁通 $\Phi_{\max} = k\dfrac{U_{1\max}}{f}$与电源频率成反比。若60 Hz的变压器用于 50 Hz 时，一次侧电压必须相应降低 1/6，否则磁通将过饱和造成励磁电流过大，显著降低变压器效率，使变压器不能输出额定功率；而 50 Hz 的变压器用于 60 Hz 时，只要不引起绝缘问题，可以将一次侧电压提高 20%。但相应铁耗（磁滞涡流损耗）会增加，铁芯发热增加，变压器效率会降低。

4-3 三相变压器

三相变压器用于实现三相制电网的电压隔离与变换。在三相对称条件下，三相变压器的每一相可视为一台独立的单相变压器。可以说，对单相变压器的讨论实际上已经包括了对三相变压器主要内容的讨论。对三相变压器的研究，与三相对称正弦电路一样，可利用一相来进行分析，求出一相的电量后，再根据对称关系直接获得其他两相的电量。因此，单相变压器的基本方程、等值电路和运行特性分析完全适用于三相变压器。但是，三相变压器也有其自身特殊的问题，即它的磁路、电路结构、线圈的连接方式及其对磁通、电势和电流波形的影响问题。理解这些问题，对三相变压器的正确使用是十分重要的。

当三相不对称时，不论是输入电压不对称还是输出负载不对称，其分析略显复杂，一般可采用对称分量法，本教材主要讨论电力拖动问题，对三相变压器的不对称问题不展开讨论。对不对称问题感兴趣的读者可参阅相关专著和教材。

一、三相变压器的磁路

三相变压器的磁路系统即三相变压器的铁芯，可以分为各相磁路独立和相互联系两种类型。

1. 三相组式

三相变压器可以采用三台相同的单相变压器组成，称为三相组式变压器，如图 4-28 所示。三相组式变压器各相主磁通都有自己的磁路，彼此独立。若一次侧三相电压对称，各相主磁通必然对称，各相空载电流也对称。因此，单相分析方法可完全适用。

2. 三相心式

将三个单相变压器铁芯并在一起，如图 4-29(a)所示。对称运行时，三相主磁通也是对称

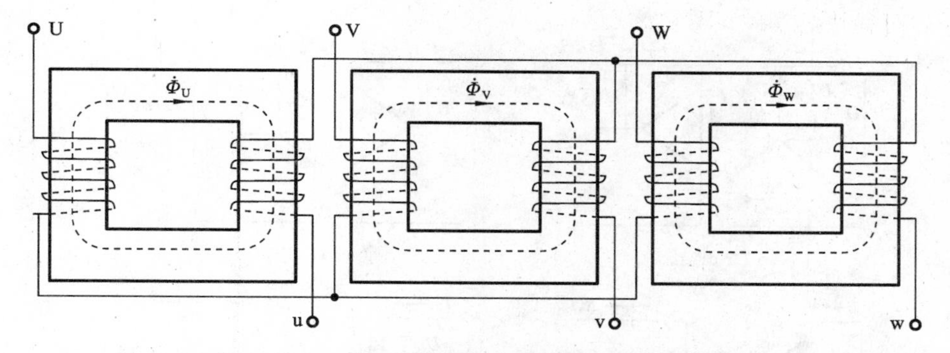

图 4-28　一种三相组式变压器的结构与连接方式

的，因此，与三相对称电压一样，三相主磁通的相量和在任意瞬时均等于零，即 $\dot{\Phi}_U+\dot{\Phi}_V+\dot{\Phi}_W=0$。根据磁路定律，互相并在一起的中间铁芯柱中的磁通相量应为三相磁通相量之和，即等于零，如同对称三相电路电流不存在于对称三相电路的中线一样。因此，中心柱可以省去，如图 4-29(b)所示。为便于制造，降低成本，把三相铁芯布置在同一平面内，就形成图 4-29(c)所示的形式。这样，三相磁路就变成相互联系的了。这种结构的三相变压器称为三相心式变压器。

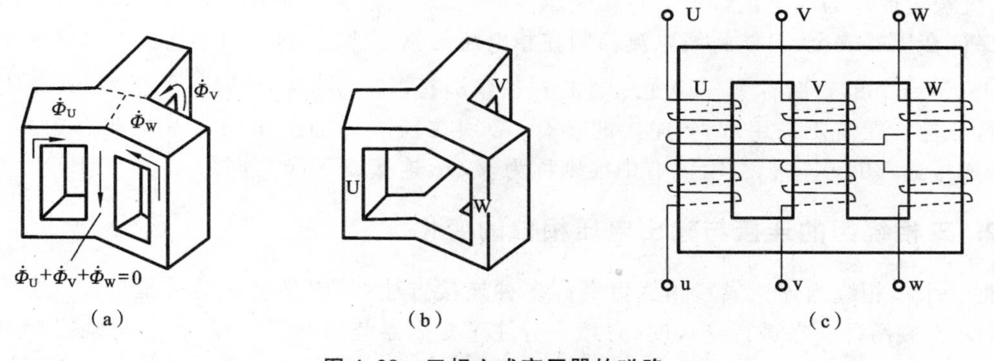

图 4-29　三相心式变压器的磁路

二、三相变压器绕组的连接方式和磁路系统对电势波形的影响

1. 三相变压器绕组的连接方式

三相变压器六个绕组可以按图 4-30 所示的四种方式的任一种来连接，各图中，左侧的三个绕组为一次侧绕组，右侧的三个为二次侧绕组。图中也显示了当一次侧加有三相对称的线电压 U 和线电流 I 时，对应二次侧的线电压和线电流。注意，三相变压器中一次侧和二次侧绕组的额定电压及电流取决于所采用的连接方式，但不管怎样连接，三相变压器的额定容量是单台单相变压器的 3 倍。其中，D 连接又称为三角形连接、△连接；Y 连接又称为星形连接，大写字母代表一次侧，小写字母代表二次侧。

Y,d 连接一般用于将高压降为中、低压，其理由之一是一次侧可提供中点以便高压侧接地，许多场合都有这种需要。相反 D,y 连接一般用于升高电压。D,d 连接的优点是，可以将其中某一相变压器移出进行维修，而剩余的两相变压器仍可继续起到三相供电作用，只是额定

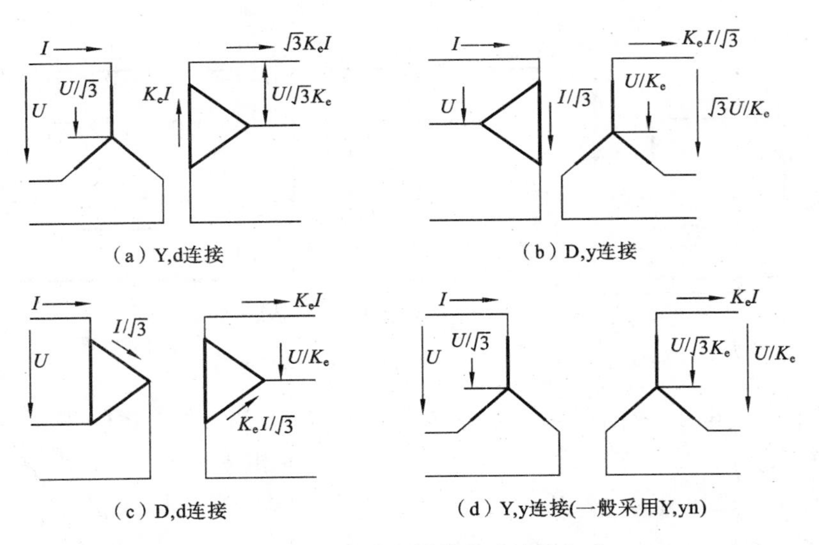

图 4-30 三相变压器的基本连接方式

容量将下降为原来容量的 58%左右，这是因为三角形连接时变压器的额定容量是$\sqrt{3}U_N I_N$，电压、电流额定值均为线电流。移去一相变压器后，变压器缺失端的两线电流将与相电流相等。为了保证变压器安全，只能将线电流控制在相电流的额定值范围，三角形连接时相电流是线电流的 $1/\sqrt{3}=0.58$，这时称为三相变压器的开三角运行。Y,y 连接一般不予采用，其原因后面将进行分析。在需要采用 Y,y 连接的场合，必须在任一侧加上中线。一次侧有中线，称为 Yn,y 连接或 Y0,y 连接，二次侧有中线则称为 Y,yn 连接或 Y,y0 连接。

2. 三相绕组的连接与输出电压相位的变化

把三个单相绕组连接成三相绕组有许多种连接方法，其中最基本的是星形(Y)连接和三角形(D)连接两种。在进行连接时，必须十分注意变压器绕组的同名端，通常将绕组标有同名端符号的一端称为绕组的头端，另一端称为尾端。三相一、二次侧各绕组的头尾必须严格按规范接线，不可接错；否则可能使变压器不能正常运行，甚至造成事故。例如，将变压器二次侧接成三角形时，如果有一相绕组同名端接反了，也就是极性反了，那么在闭合的三角回路中，三相总电势就不等于零，而是 2 倍的相电势，如图 4-31 所示，这时如果一次侧加额定电压，二次侧三角形连接的绕组中将形成很大的短路环流，损坏变压器。

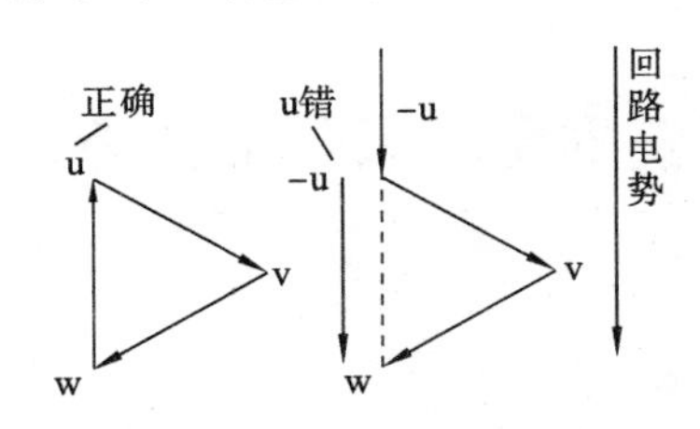

图 4-31 三角形连接时 u 相同名端接反时的电势

三相变压器一、二次侧各有三个绕组，可以通过不同的连接方式来构成图 4-30 所示的基本连接，形成不同的连接组别。不同的连接组别使一次侧和二次侧相对应的线电压之间有不同的相位移。实践和理论证明，对于三相绕组，无论采用什么连接方法，一、二次侧线电势的相位差总是 30°的倍数。因此，采用时钟的 12 个数字来表明这种相位差是很简明的。这种表示方法为：以一次侧线电势为钟表上的长针，始终指向 12，而以二次侧线电势为短针，它所指的数字即表示两侧线电势间的相位差，这个数字称为三相变压器连接组的组别，将它乘以 30 就得到两侧线电势相位相差的角度。指针移动的假定正向规定为,每当相位向滞后方向移动30°,指针数加1。并规定三相电压与电势的相位关系为U相超前于V相120°、V相超前于W相120°。采用这种方法判断三相变压器两侧线电势相位关系的方法称为电位升位图法。分别说明如下。

1）D,y 连接

决定三相变压器连接组别的作图方法为:用 E_{ij} 的下标表示由 i 到 j 电位升高。对图4-32所示连接,可依以下步骤作图。

(1) 作一次侧电位升位图:以V-U为垂线,V在上,U在下,这样,电势 $\dot{E}_{UV}$ 就已固定在12点方向。W位于垂线右侧垂直平分线上。将这三个字母用直线连接成三角形,并约定一次侧大写字母所在位置为该相绕组的头。

(2) 按要识别组别的变压器连接组接线图,如图4-32所示的一次侧各绕组头尾连接关系确定电压相量所在位置。对于图4-32所示电路,一次侧绕组U的头连接V的尾;V的头连接W的尾;W的头连接U的尾。为了更加明确,可以在图上字母U附近加注 V_2,代表这个位置同时是V绕组的尾端;依次在V附近标注 W_2,W附近标注 U_2。从而可以看出,U-W的连线是U相,V-U间的连线是V相,V-W间的连线是W相。分别在线上标注箭头,箭头指向同名端,代表电位升高方向,即指向大写字母端,并标注 $\dot{E}_{UV}$ 相量。

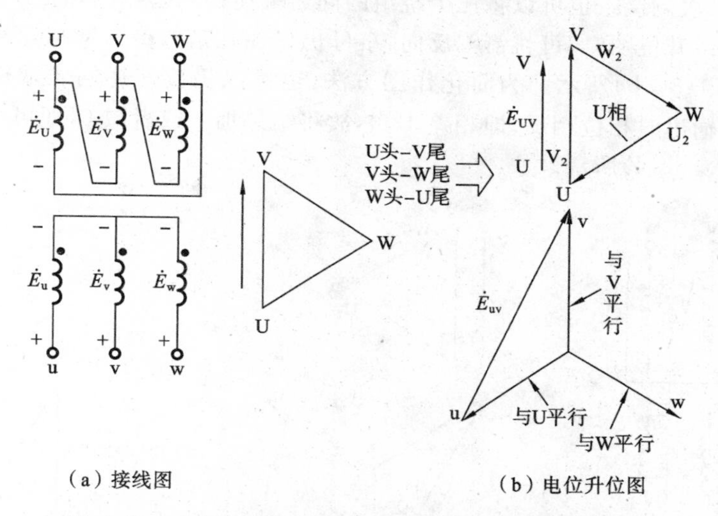

(a) 接线图　　(b) 电位升位图

图4-32　三相变压器的一种D,y连接方式和电位升位图

(3) 二次侧相量按一次侧平行作图。对于图4-32所示Y连接,当同名端在输出端字母侧时,平行移动各相量,连接成Y形,箭头均背离中心点。与一次侧相量平行的相量,相量名为电路图中位于一次侧绕组垂直下方绕组出线端的符号。例如,图4-32中为u,故二次侧的相量u是与一次侧的相量U平行的,箭头指向左下方。

按此方法,依次标注v和w。

(4) 在二次侧连接u-v,即得到二次侧电势相量 $\dot{E}_{uv}$。这个电势指向1点方向,可判定此变压器的连接组别为D,y-1,即二次侧线电势滞后一次侧线电势30°。

需要指出的是,根据约定,相位滞后方向为加指针方向。上述判断是按顺时针方向进行的。那么,顺时针方向是相位滞后方向吗?观察图中字母排列的规律不难得到答案。顺时针方向旋转时,图中字母是按UVW的顺序排列的。因此,顺时针方向正好是相位滞后的方向。

如果图4-32所示连接一次侧不变,二次侧输出定义的改变如图4-33(a)所示,那么根据上述方法作图，结果如图 4-33(b)所示，连接组别变为 D，y-9。说明按此连接时，二次侧线电势相位滞后一次侧线电势 270°。

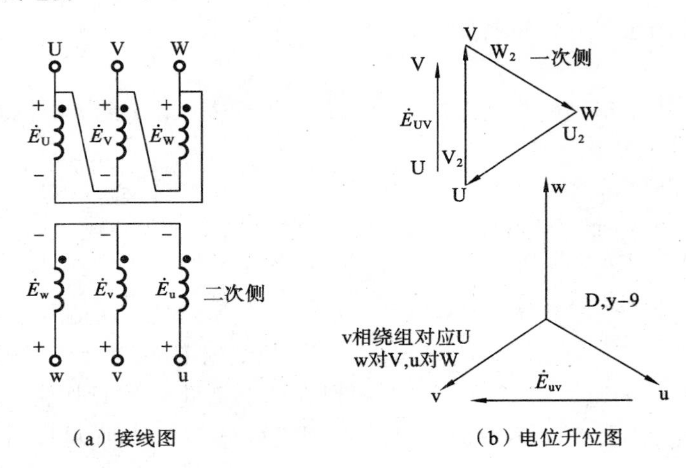

(a) 接线图　　(b) 电位升位图

图 4-33　D，y-9 连接组

星形连接的二次侧绕组也可以将三个绕组的同名端连在一起，从非同名端输出三相电压。这时，作二次侧电位升位图时，可将箭头反向，字母仍标注在箭头旁来对应这种各相电压反向输出的情况，如图 4-34(b)所示。为简化作图方法，也可以仍按前述同名端输出时的方法作图，考虑非同名端输出时相位相反，即相差 180°，故将结果加 6 或者减 6，即可得到非同名端输出时的组别，如图 4-34(c)所示。

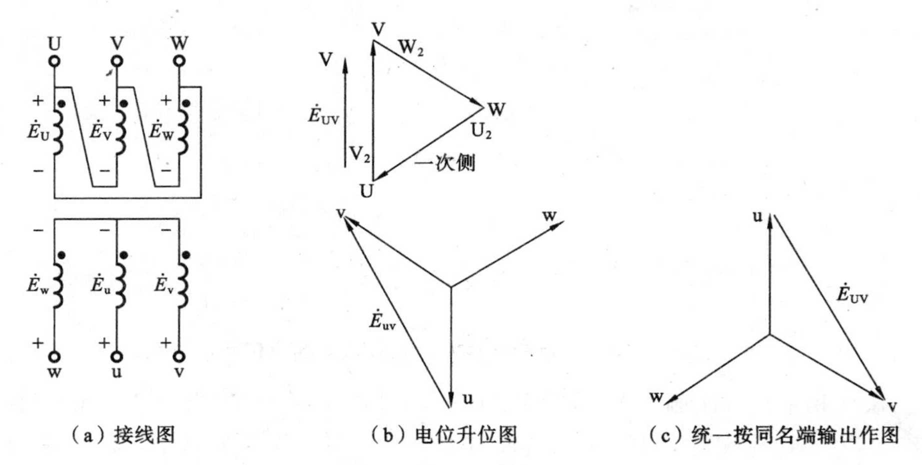

(a) 接线图　　(b) 电位升位图　　(c) 统一按同名端输出作图

图 4-34　二次侧非同名端输出的 D，y 连接与电位升位图

改变二次侧出线端相序标志和一、二次侧绕组连接方式，可构成 D，y 接线的 6 种不同连接方式。图中一次侧接法将超前电压相量的头接到滞后电压相量的尾端，称为负相序接法。若将一次侧改接为：U 尾-V 头、V 尾-W 头、W 尾-U 头，这时滞后电压相量的头接在超前相量的尾，称为正相序接法。改接为正相序后又可得到另外 6 种不同的 D，y 连接方式。

下面讨论逆相排列问题。

若在接线图中一次侧绕组字母不是按 UVW 排列，如图 4-35 所示，上述作图方法仍然有效。当采用上述方法时，得到的连接组别为 D，y-7。

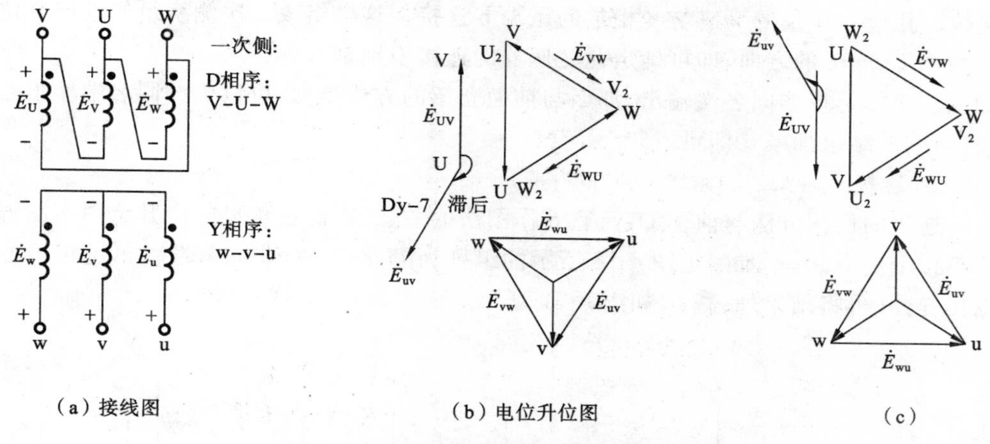

图 4-35 变压器连接的逆排列组别判断

如果一次侧三角形作出后,字母按接线图一次侧顺序仿照前述方法标注,第一个字母 V 标在三角形下方,U 标注在上,W 标注在右,二次侧按前述方法作图,可得到的电位升位图如图 4-35(c)所示,这时仍按前述方法判断,似乎连接组别应为 D,y-5。这个结果并不是作图产生了错误。问题在于利用电位升位图判定连接组别时,曾定义每当二次侧线电势滞后一次侧线电势 30°,时钟数加 1。当一次侧按图 4-35(b)绘出时,UVW 为顺时针旋转方向,即二次侧线电势相量向顺时针方向转动为滞后方向,而在图 4-35(c)中,一次侧三角形的 UVW 是按逆时针旋转方向排列的,这时二次侧电位升位图线电势的滞后角度应该也改按逆时针旋转方向计算。这样,同样可以得到此变压器的连接组别是 D,y-7。

2)Y,y 连接

Y,y 连接时的作图方式,对一次侧首先按 D,y 连接作图的第一步作出 UVW 三角形,然后在三角形中心向 3 个顶点作相量,箭头指向字母。二次侧绕组的作图与 D,y 连接时的相同。按照前述方法,不难得到图 4-36 的组别为 Y,y-12。

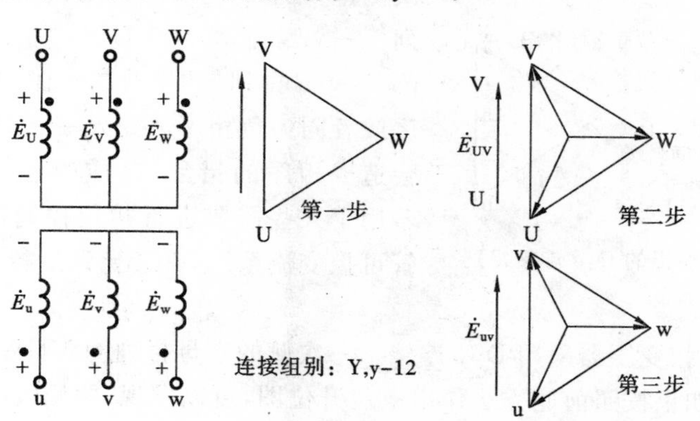

图 4-36 Y,y 连接的电位升位图与组别

3)Y,d 连接

Y,d 连接时,一次侧作图同 Y,y 连接。二次侧相量平移时,为避免错误,可在相量尾端标注此处是哪一相量的尾端,它在接线图中是与哪相绕组相连,相量平移后组成三角形时就与代表该绕组的相量相连,如图 4-37 所示。图中,二次侧 w 相对应一次侧的 U 相、u 对 V、v 对 W。U 平移作 w,尾端标上 c,代表是 w 绕组的尾端,它应该与 v 连接,而 w 端则应该与 u 相量的尾

端 a 连接。相应 u 相量的头应与 v 相量的尾端 b 连接。这样组成二次侧绕组的电位升位图三角形。根据 $E(u,v)$ 的方向，即可确定此变压器的连接组别是 Y，d-3。

如果二次侧选择非同名端输出，那么与前面介绍的方法类似，可以仍按同名端输出看待作图，并将得到的结果加减 6 即可。

4）D，d 连接

D，d 连接的作图方法与前述 D，y、Y，d 作图法的一、二次侧三角形电位升位图作图方法完全相同。按上述方法，不难判定图 4-38 所示的组别为 D，d-6。对非同名端输出也仍可按先同名端输出作图，再将结果加、减 6，如图 4-39 所示。

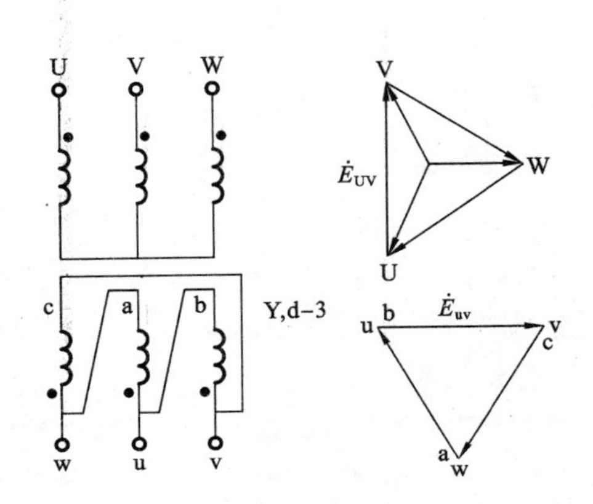

图 4-37 Y，d 连接时的电位升位图与组别

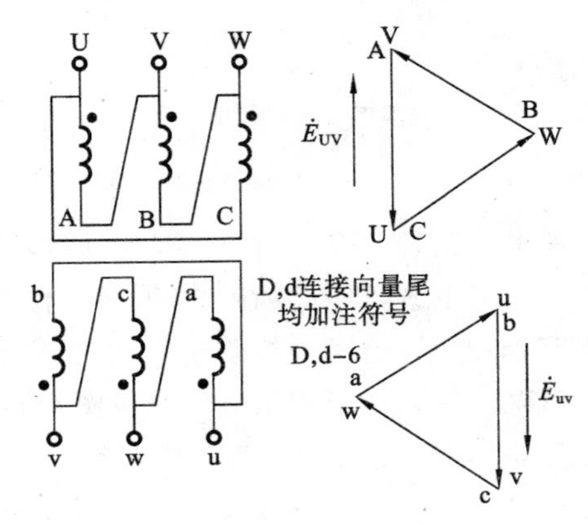

图 4-38 D，d 连接时的电位升位图与组别

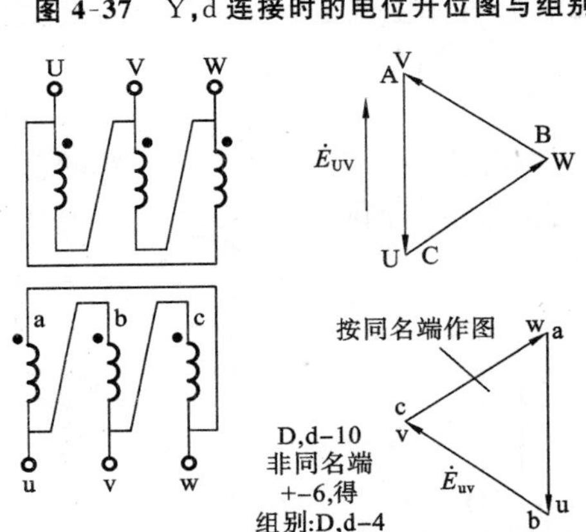

图 4-39 非同名端输出的 D，d 连接组别

在上述分析中，必须注意的是，三相变压器连接时，一、二次侧的相序必须保持一致。简单来说，就是在接线图上，一次侧的字母排列从左到右的顺序与二次侧的字母排列顺序必须一致。例如，如果一次侧排列为 UVW，二次侧只能按 uvw、vwu、wuv 排列；一次侧排列为 VUW，则二次侧只能按 vuw、uwv、wvu 排列。即一、二次侧的相序必须同为正相序或者同为负相序。如果一、二次侧相序不一致，就会造成相序的错乱，这样的连接就没有组别可言。若用于某些需要进行相位控制的控制系统，如晶闸管可控变流系统，就会导致运行异常，甚至造成设备事故。

图 4-40 中的三相变压器采用 D，y 连接。一次侧的字母排列为 VUW，二次侧为 uvw。两侧相序相反。这时如果按照前述方法作出电位升位图，可以发现，两侧线电势的相位差三相各不相同。其中，$\dot{E}_{uv}$ 滞后 $\dot{E}_{UV}$ 150°；$\dot{E}_{vw}$ 滞后 $\dot{E}_{VW}$ 270°；$\dot{E}_{wu}$ 滞后 $\dot{E}_{WU}$ 30°。这样，这种变压器连接就没有连接组别。从图中一、二次侧的电位升位图的线电势箭头方向也可以看出，两侧三相箭头形成的旋转方向是相反的。

对于各种连接，具有规律性的是，Y，y 连接和 D，d 连接只能有偶数组别，即 2、4、6、8、10、12；Y，d 连接和 D，y 连接则只能有奇数组别，即 1、3、5、7、9、11。

采用不同的连接方式，可实现一、二次侧电动势相位差在 360°范围内以 30°级差的有级

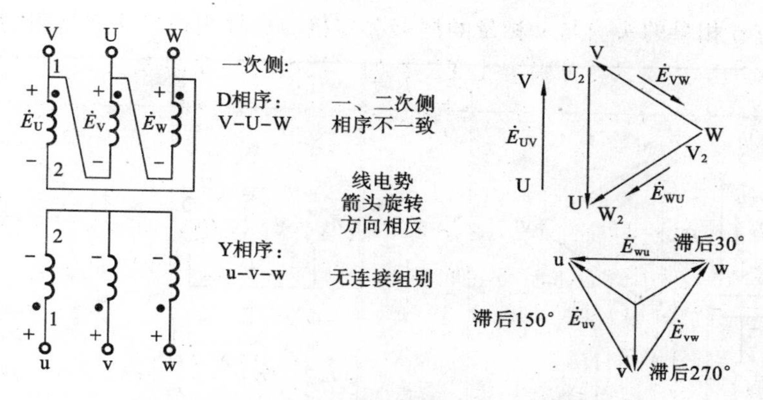

图 4-40 相序不一致的连接没有连接组别

调节。

考虑到三相变压器一、二次侧各有三个绕组，它们既可以从同名端也可以从非同名端与外电路连接，其连接方式按排列组合可以有很多种结构形式，为便于生产和现场安装调试，除特殊需要，一般三相变压器均按我国采用的三种标准连接组设计：Y，yn-12、Y，d-11 和 Yn，d-11。其中“n”表示有中线引出。

作为组别的一个应用实例，现将晶闸管可控整流电路中同步变压器的 12 种连接方式按其编号顺序列于表 4-1 中。

表 4-1 三相变压器的 12 种连接方式

连接图	连接方式	连接图	连接方式
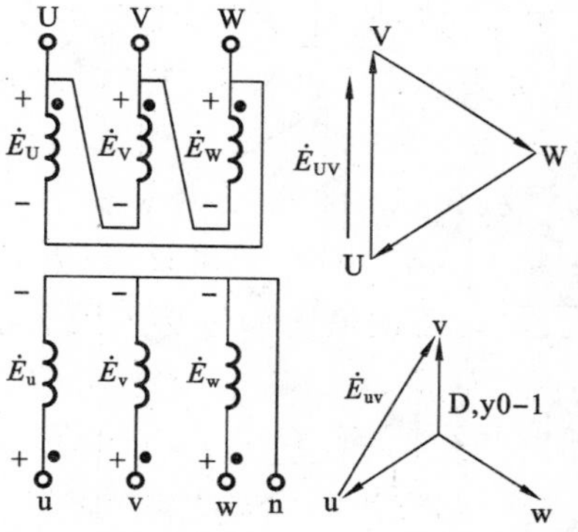 D,y0−1	D，yn-1	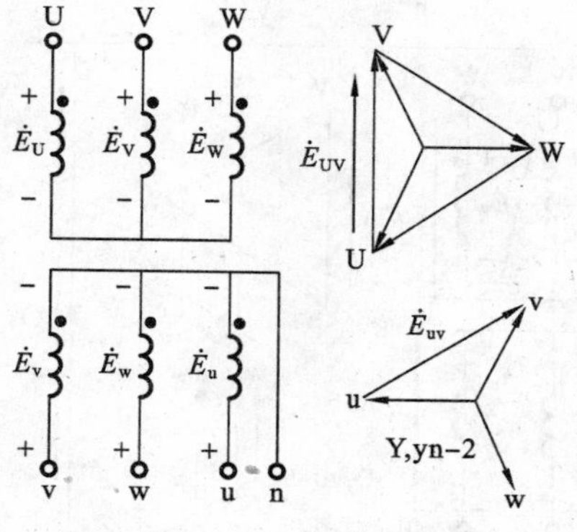 Y,yn−2	Y，yn-2
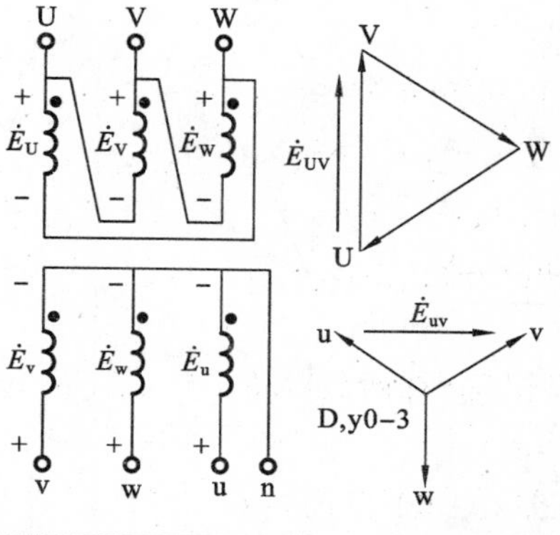 D,y0−3	D，yn-3	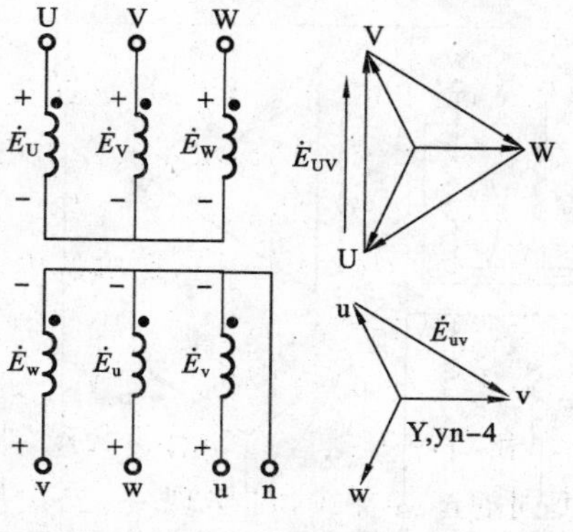 Y,yn−4	Y，yn-4

续表

连接图	连接方式	连接图	连接方式
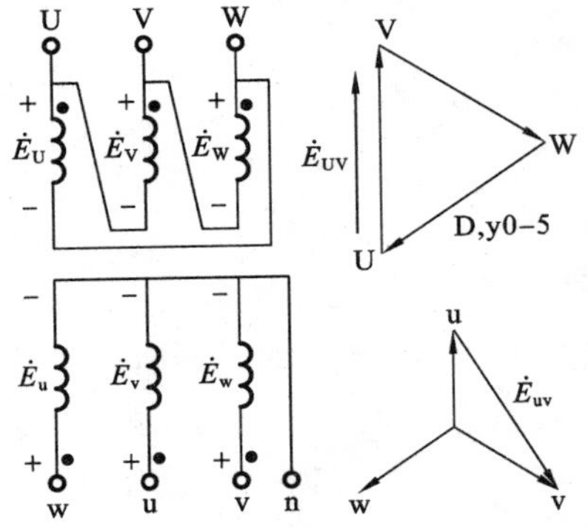 D,y0-5	D,yn-5	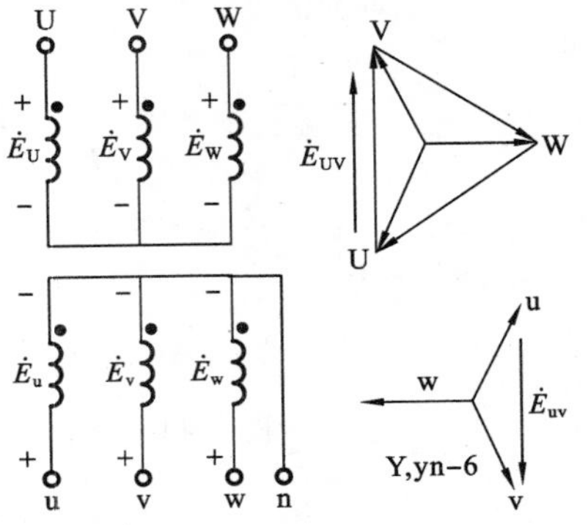 Y,yn-6	Y,yn-6
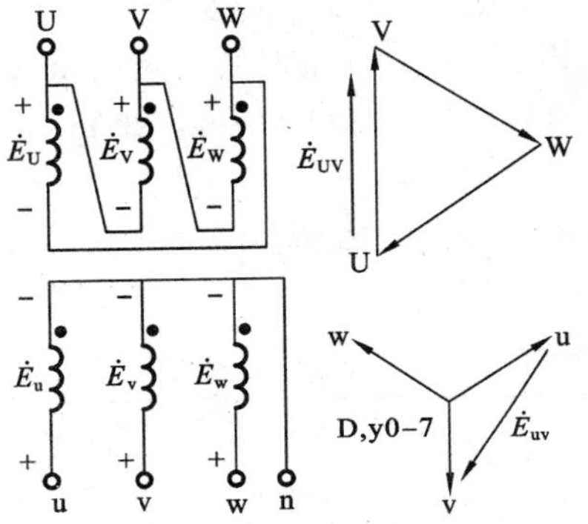 D,y0-7	D,yn-7	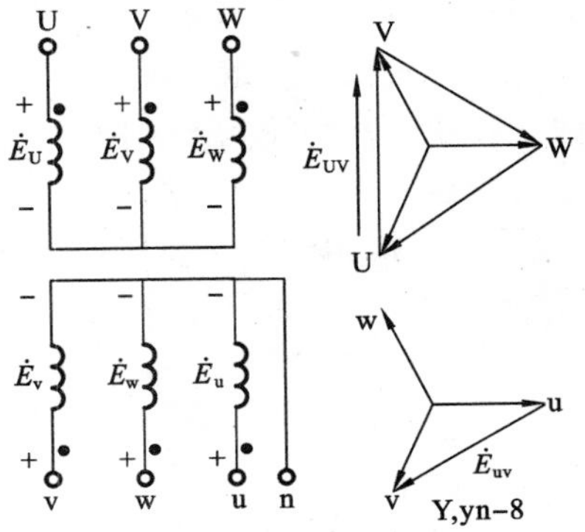 Y,yn-8	Y,yn-8
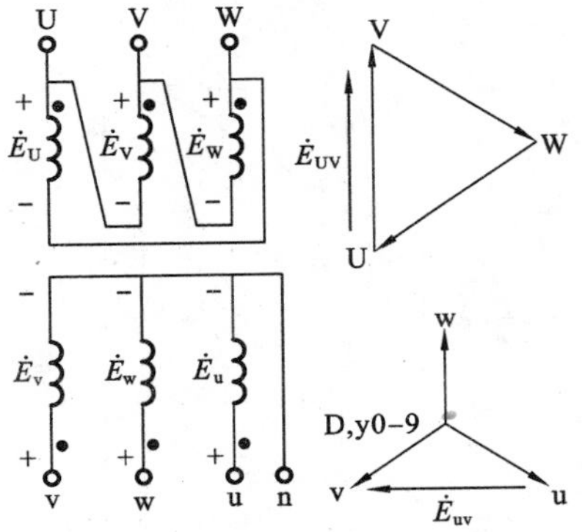 D,y0-9	D,yn-9	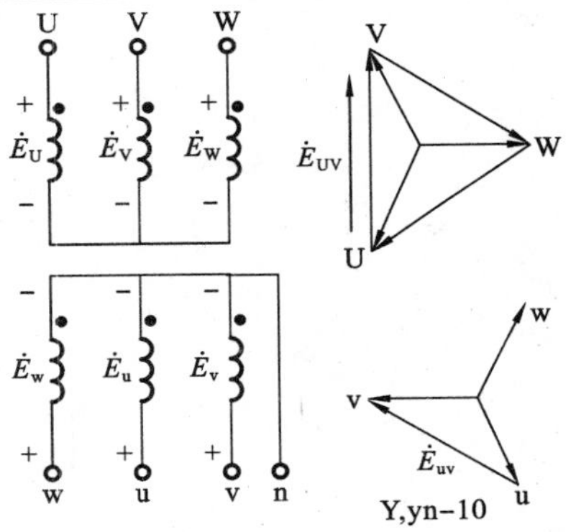 Y,yn-10	Y,yn-10
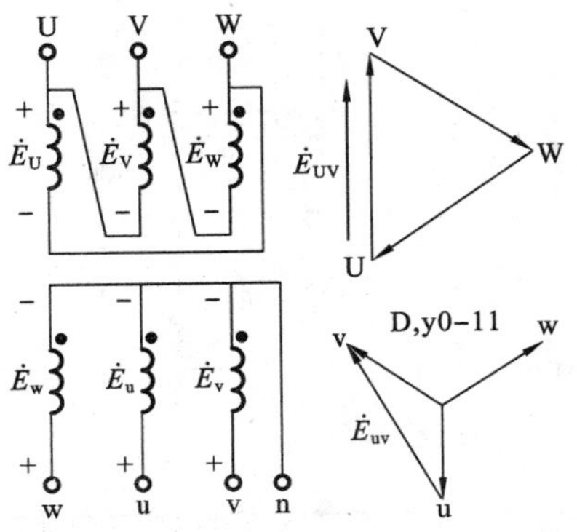 D,y0-11	D,yn-11	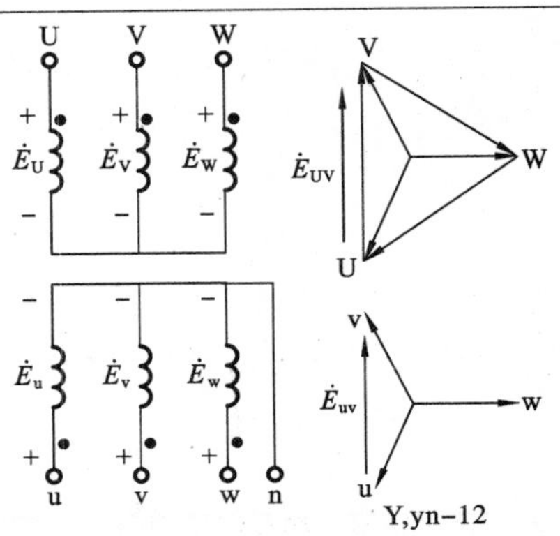 Y,yn-12	Y,yn-12

三、磁路形式和绕组连接方式对电动势波形的影响

铁磁材料的磁滞与饱和非线性特性，决定了单相变压器主磁通与空载励磁电流之间呈现的非线性关系，如图4-8所示，当输入电网电压为正弦波时，磁通必定也是一个十分近似的正弦波，导致励磁电流只能为严重畸变的尖顶波，这种尖顶波，含有较强的三次谐波分量(与基波对应，当三次谐波的第一半波为负，则其两个负的第一和第三半波将使基波第一半波的两侧幅值被削弱，而正的第二半波将使基波半波的中心幅值部分被增强，形成尖顶瘦腰的形状)。而在三相变压器中，若一次侧三相绕组采用星形连接，则励磁电流中的三次谐波电流因无通路而不可能存在，因为在对称的三相正弦电路中，三次谐波电压、电流的相位是相同的，按照节点电流定律，它们不可能同时流进或流出星形连接的中点，这就迫使励磁电流只能近似变成正弦波，这必将对主磁通及一、二次侧绕组相电势产生影响，其后果则与磁路形式和绕组接线方式有关。

1. 当变压器采用Y,y接线时

对于三相组式变压器，三相磁路是独立的，当励磁电流为正弦波时，根据其磁化曲线利用图解法容易证明各相磁通均为平顶波，其感应相电势则为尖顶波，如图4-41所示。感应的相电势因三相中 e_{u3}、e_{v3}、e_{w3} 同相，线电势中无三次谐波。忽略高次谐波，相电势有效值为

$$E_1=\sqrt{E_{11}^2+E_{13}^2}$$

线电势有效值为

$$E_L=\sqrt{3}E_{11}<\sqrt{3}E_1$$

相电势的增高可能危害绕组绝缘，所以，三相组式变压器均不采用Y,y连接。若必须采用这种接线方式时，则可将一次侧绕组改为带中线的星形连接，利用中线为励磁电流中的三次谐波电流提供通路。此时，三相变压器实际已变为三台独立的变压器，因而不再存在磁通及感应电势波形畸变的问题。另一种方法是增加一个三角形连接的第三绕组(主绕组额定功率的1/3)。它的作用将在下面的叙述中介绍。

对于三相心式变压器，因三相磁通中的三次谐波分量相位也相同，与三相对称电路相似，它们无法从三相共用的铁芯中通过，只能以漏磁通的方式通过周围空气或变压器油构成磁路，如图4-42所示，这种磁路的磁阻很大，导致磁通三次谐波的幅值很小，主磁通及感应电势实际上仍可近似保持为正弦波。因此，对于小容量的三相心式变压器，可以采用Y,y连接。但当容量超过一定数额，如超过1800 kV·A时，因三次谐波磁通在漏磁回路铁体中会产生较大的

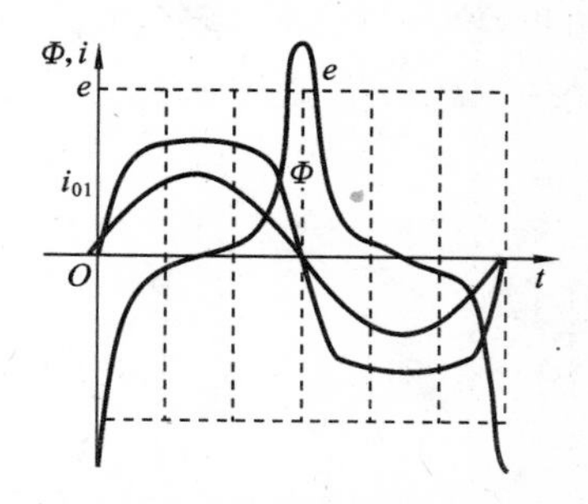

图4-41 正弦励磁电流导致磁通与电势畸变

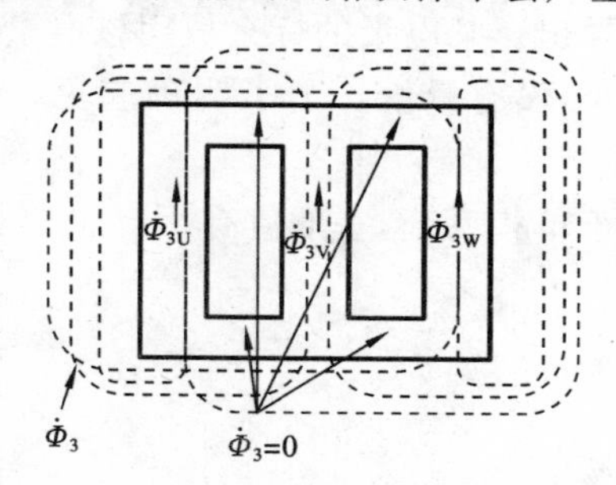

图4-42 心式变压器的磁通三次谐波路径

涡流损耗，降低效率，并引起局部发热，原则上也不采用 Y，y 连接方式。

我国规定的标准连接 Y，yn-12，要求使用心式变压器。

2. 当变压器采用 Y，d 接线时

变压器采用 Y，d 连接时，基于同样原因，二次侧绕组电势可能畸变为尖顶波。但由于二次侧采用了三角形接线，二次侧绕组三次谐波电势推动的三次谐波电流可以在三角形内以短路环流的形式流动，如图 4-43 所示，由此产生的三次谐波磁势叠加在一次侧绕组磁势上，根据楞次定律，这个三次谐波电流产生的三次谐波磁通将阻止主磁通中的三次谐波磁通的变化，即对主磁通中的三次谐波形成去磁作用，主磁通中的三次谐波磁通被削弱时，由于一次侧 Y 连接，它并不能在一次侧从电网输入三次谐波电流来获得补偿，从而使导致主磁通平顶的三次谐波磁通分量在很大程度上被削弱。铁芯中的主磁通接近于正弦波，一、二次侧绕组相电势的波形均近似为正弦波。

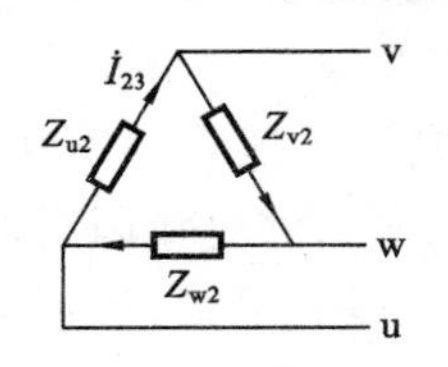

图 4-43　三角形连接时的三次谐波电流环流

3. 当变压器采用 D，y 接线时

当一次侧绕组采用三角形连接时，显然可在三角形内以环流形式产生三次谐波电流，从而使主磁通和两侧相电势均近似为正弦波。

因此，三相变压器只要有一侧为三角形连接，即可改善一、二次侧电动势波形，D，d 连接更是如此。这也说明了为什么在采用 Y，y 无中线连接时，可以通过增加一个三角形连接的第三绕组来防止主磁通和电势的畸变。

在三角形连接的绕组侧，三次谐波电流仅在三角形内流动，即绕组的相电流中含有三次谐波分量，但不会出现在线电流中。

四、标幺制

在进行电动机、变压器的有关计算时，常采用一种称为标幺值的体制。在标幺制中，电压、电流、功率、阻抗和其他电量不再使用通常的 SI 单位（伏、安、瓦、欧姆等），每一电量的度量都采用对某基准值的比值表示。

$$\text{标幺值}=\frac{\text{实际值}}{\text{基准值}}$$

按照惯例，电压、功率（或视在功率）常用来作为基准值。所有其他基准都根据它们按照电路原理导出。某电量的标幺值用该电量符号在右上角标注“*”表示。标幺值是一个相对值，只有大小，没有量纲。为了明确起见，国外文献一般在标幺值数值后加“pu”表示该值是标幺值。

对于单相系统，基准值有

$$\left.\begin{aligned}&P_b\\&Q_b\\&S_b=U_bI_b\\&Z_b=\frac{U_b}{I_b}=\frac{U_b^2}{S_b}\end{aligned}\right\}\tag{4-50}$$

式中：各电量的下标“b”代表该电量为基准值。

【例 4-2】 某系统交流电源为 480 V，60 Hz，通过 1∶10 升压变压器，经阻抗为(20+j60) Ω 的传输线，再经 20∶1 降压变压器对 10∠30° Ω 负载供电。假定变压器为理想变压器。该系统的基准值选为电源侧电压 480 V 和额定功率 10 kV·A。求系统任一位置的基准电压、电流、阻抗和视在功率。

解 电源侧电压、电流和阻抗的值为

$$U_{b1}=480\ \text{V},\quad S_{b1}=10\ \text{kV}\cdot\text{A}$$

$$I_{b1}=\frac{S_{b1}}{U_{b1}}=\frac{10000}{480}\ \text{A}=20.83\ \text{A}$$

$$Z_{b1}=\frac{U_{b1}}{I_{b1}}=\frac{480}{20.83}\ \Omega=23.04\ \Omega$$

传输线区域电压、电流和阻抗的值为

$$U_{b2}=\frac{U_{b1}}{K_{e1}}=\frac{480}{\frac{1}{10}}\ \text{V}=4800\ \text{V},\quad S_{b2}=10\ \text{kV}\cdot\text{A}$$

$$I_{b2}=\frac{S_{b2}}{U_{b2}}=\frac{10000}{4800}\ \text{A}=2.083\ \text{A}$$

$$Z_{b2}=\frac{U_{b2}}{I_{b2}}=\frac{4800}{2.083}\ \Omega=2304\ \Omega$$

负载侧电压、电流和阻抗的值为

$$U_{b3}=\frac{U_{b2}}{K_{e2}}=\frac{4800}{\frac{20}{1}}\ \text{V}=240\ \text{V},\quad S_{b3}=10\ \text{kV}\cdot\text{A}$$

$$I_{b3}=\frac{S_{b3}}{U_{b3}}=\frac{10000}{240}\ \text{A}=21.67\ \text{A}$$

$$Z_{b3}=\frac{U_{b3}}{I_{b3}}=\frac{240}{21.67}\ \Omega=5.76\ \Omega$$

电源的标幺值为

$$U_s^*=\frac{480\angle 0^\circ}{480}=1.0\angle 0^\circ$$

传输线阻抗的标幺值为

$$Z_l^*=\frac{20+\text{j}60}{2304}=0.0087+\text{j}0.0260$$

负载阻抗的标幺值为

$$Z_L^*=\frac{10\angle 30^\circ}{5.76}=1.736\angle 30^\circ$$

用标幺值表示的电路如图 4-44 所示。

$$I_s^*=I_l^*=I_L^*=I^*$$

$$I^*=\frac{U_s^*}{Z_\Sigma^*}=\frac{1\angle 0^\circ}{(0.0087+\text{j}0.0260)+1.736\angle 30^\circ}=0.569\angle -30.6^\circ$$

负载侧

$$R_L^*=1.736\cos 30^\circ=1.505$$

$$P_L^*=I^{*2}R_L^*=0.569^2\times 1.503=0.487$$

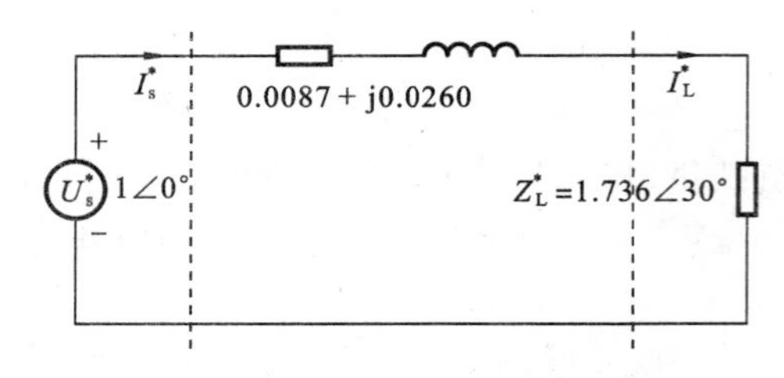

图 4-44 例 4-2 用标幺值表示时的电路

实际功率为

$$P_L = P_L^* P_b = 0.487 \times 10000\ \text{W} = 4870\ \text{W}$$

线损为

$$P_l^* = I^{*2} R_l^* = 0.569^2 \times 0.0087 = 0.00282$$

实际线损为

$$P_l = P_l^* P_b = 0.00282 \times 10000\ \text{W} = 28.2\ \text{W}$$

对于各种不同功率或电压的变压器，用其额定值为基准时，其标幺值的变化很小。例如，变压器的串联阻抗（短路阻抗）通常在 0.02～0.1。通常变压器越大，串联阻抗越小。励磁阻抗通常在 10～40，而铁耗电阻在 50～200（对并联型等值电路）。

因此，标幺值提供了一个比较不同功率变压器特性的便利方法。标幺值体系有许多优点。当用基于额定值的标幺值表示时，电机、变压器的参数值一般落入一个相当窄的数值范围。变压器匝比已转变为 1∶1，省去了阻抗归算，特别适合包含不同匝比的多变压器系统的参数计算。当用于三相系统时，标幺值体系基准值的选择，应保持其之间的三相对称关系，一般以每相计算：

$$S_{b,相} = \frac{1}{3} S_{b,3相}, \quad I_{b,相} = \frac{S_{b,相}}{U_{b,相}} = \frac{S_{b,3相}}{3U_{b,相}}, \quad Z_b = \frac{3(U_{b,相})^2}{S_{b,3相}}, \quad I_{b,线} = \frac{S_{b,3相}}{\sqrt{3}U_{b,线}}$$

基准值一般选额定值。

4-4 电力拖动自动控制系统中的特殊变压器

一、整流变压器

整流变压器是电力变流装置的电源变压器，其运行特点是，负载中包含有非线性特性的整流二极管和滤波电感，因而二次侧电流 i_2 为非正弦电流。在不适当的绕线方式和磁路形式下，这一特点可能导致正常磁势平衡关系遭到破坏，使铁芯内出现有害的剩余磁通，严重破坏变压器的正常运行。下面重点介绍剩余磁通产生的原因及其消除方法。

图 4-45 所示的为三相半波整流装置的主电路，整流变压器的二次侧三相绕组各有一只大功率整流二极管，变压器的实际负载为一台直流电动机和与之串联的滤波电感 L。由于任一瞬间仅阳极电压最高的一只二极管导电，其余两只二极管皆因承受反向电压而截止关断，故二次侧绕组只能轮换工作，每相有电流通过的时间均为 $T/3$，T 为电源周期。当滤波电感 L 数值充分大时，u 相二次侧电流 i_u 的波形如图 4-45 所示，近似为一种周期的按矩形方波变化的单方向直流电流，与普通变压器的正弦二次侧绕组电流波形相差甚远。将其在图示时间坐标下分解为傅里叶级数

$$i_u = I_{d0} + \sum_{n=1}^{\infty} \frac{2I_d}{n\pi} \sin\frac{n\pi}{3} \cos n\omega t \tag{4-51}$$

式中：I_{d0} 为该电流的直流分量；第二项为基波及各次谐波分量，注意其中不含 $3n(n=1,2,\cdots)$ 次谐波。

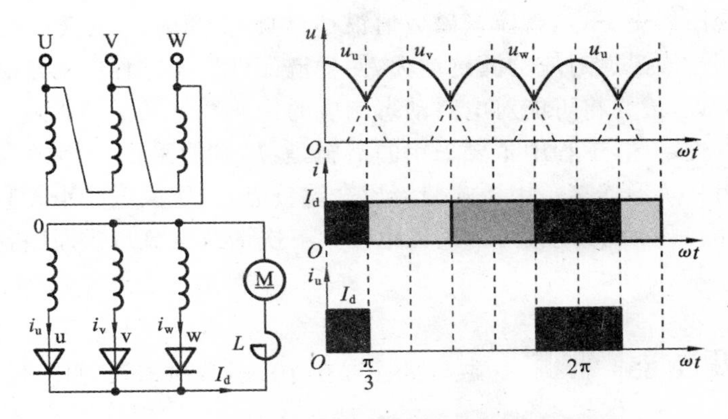

图 4-45　三相半波整流电路与输出电压、电流波形

依变压器的基本工作原理，基波及各次谐波电流均可反映到一次侧绕组中，以实现磁势平衡，而直流分量不能反映到一次侧绕组中，致使二次侧出现的直流磁势因无相应的一次侧直流磁势与之平衡而被“剩余”在磁路中，形成所谓直流剩余磁势。在三相心式变压器中，直流剩余磁势形成的磁通和三次谐波磁通一样以空气或变压器油为磁路，数值很小，对变压器的正常运行无实质性影响。但在三相组式变压器中则不同，由于各相直流磁通可以分别以各自的铁芯为磁路，并叠加在各相主磁通上，可导致使铁芯出现不应有的深度饱和，十分不利于变压器的运行。

为进一步说明直流剩磁所引起的不良后果，设三相组式变压器铁芯磁化曲线如图 4-46 所示，当存在直流剩磁 Φ_d 时，一次侧仍然依电势平衡方程保持电势近似与电网电压相等，因 $e_1 = -N_1 d\Phi/dt$，直流剩磁不能产生电势，要使电势平衡，磁通的交流成分仍须保持近似正弦，且幅值 Φ_m 与没有剩磁时相同，造成磁化特性曲线产生纵向坐标平移。这样，在含剩磁的一侧，磁通幅值必须达到 $\Phi = \Phi_m + \Phi_d$。由于变压器正常工作时磁通一般选择在浅饱和工作点，继续增大磁通幅值意味着铁芯将进入深饱和区，与变压器合闸励磁电流浪涌相似，必将导致励磁电流剧烈增加，如图 4-46 所示，$\Delta\Phi = \Phi_d$ 增大一点，励磁电流增量 Δi 就要增加很多。剩磁越严重，励磁电流增加的倍数将越大，一次侧电流畸变也越严重。但变压器合闸的励磁电流激增仅是暂态现象，经历几个电源周期即可回落到正常励磁状态，而因三相半波整流产生的直流剩磁在三相组式结构的变压器运行时却是始终存在的，励磁电流的激增使励磁功耗显著增大，铁耗相应激增，铁芯发热严重，变压器运行效率下降，严重时会导致变压器的损毁。为避免铁芯深饱和，需增大铁芯截面积，使设备体积、容量加大，性能价格比下降，因此实际上很少应用这种结构的三相变压器电路。

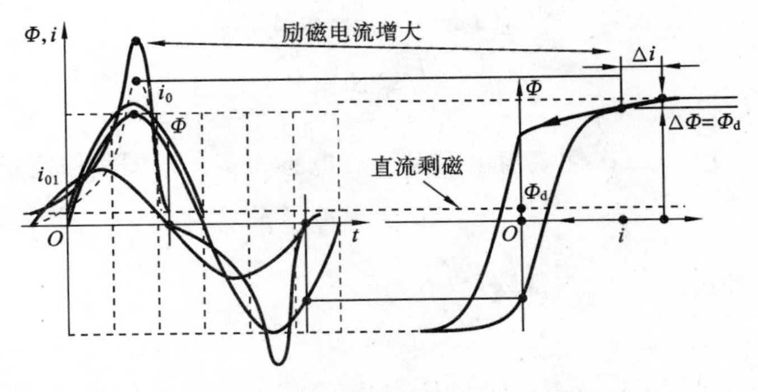

图 4-46　直流剩磁对励磁电流的影响

在三相心式变压器中，虽然直流剩磁数值很小，但因其磁通以空气或变压器油为磁路，可导致变压器二次侧与漏磁通对应的漏抗增大，使整流元件换流过程中的重叠时间显著加长，整流电源等效内阻增大，最终将可能对电路动态响应的快速性带来不利影响。

为避免产生直流剩磁，工程中主要采用的措施是：尽可能采用三相桥式整流电路，且变压器一次侧绕组采用三角形连接。因桥式整流属全波整流，二次侧电流中无直流分量，不会出现直流剩磁磁通；一次侧三角形连接可为励磁电流中三次谐波电流提供通路，保证两侧电势的正弦度。

二、脉冲变压器

脉冲变压器是，脉冲电路的主要部件之一，主要用于实现脉冲信号的电流放大及电路间的阻抗匹配，以及强电动力电路与弱电控制、信息处理电路之间的电隔离。

脉冲变压器的主要运行特点是，一次侧绕组施加的不是正弦电压而是一串单极性的方波脉冲电压。脉冲电压前、后沿变化率极高，分析脉冲变压器的电磁过程理应考虑分布参数的影响，但对电力拖动系统中使用的脉冲变压器而言，主要应用领域是对前、后沿要求不高的工频电路。为突出主要电磁过程，可只考虑集中参数的作用。

1. 基本工作原理

脉冲变压器的基本结构与普通单相变压器的相同，其原理电路如图 4-47 所示。图中，R_{11} 和 R_{21} 分别为一、二次侧绕组的附加限流电阻，R_{12} 为一次侧绕组的放电电阻，R_L 为变压器的负载电阻，VD_1 和 VD_2 为消除负输出脉冲的二极管。图中给出了变压器铁芯的磁化曲线，输入方波电压波形如图 4-48(a)所示。

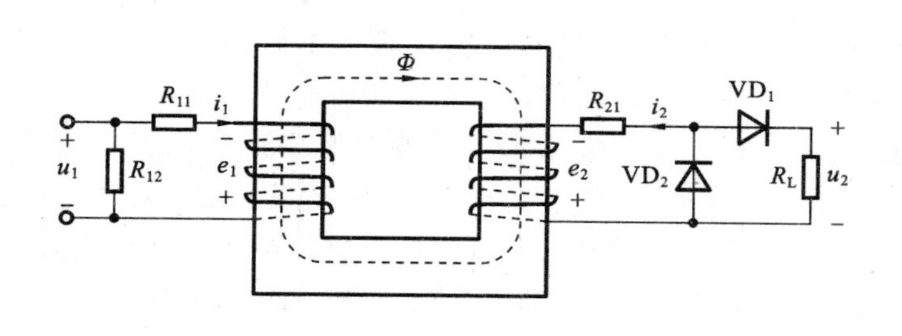

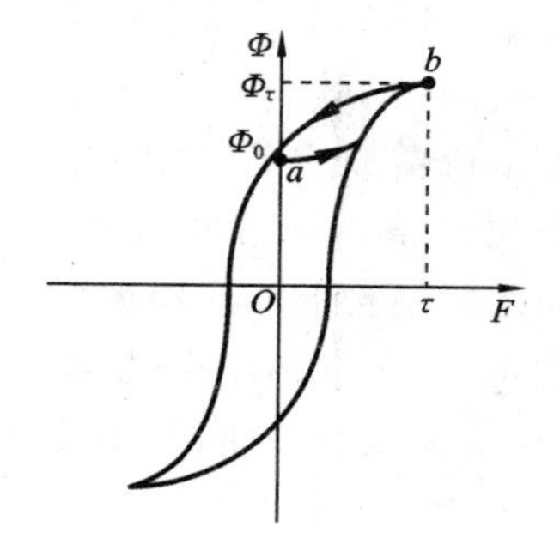

图 4-47 脉冲变压器电路

$$u_1=\begin{cases}U_1, & 0\leqslant t<\tau \\ 0, & \tau\leqslant t<T\end{cases}$$

为简化分析，首先假定一、二次侧绕组电阻及漏磁电感为零。依图示假定正向，有

$$u_1=-e_1=N_1\frac{\mathrm{d}\Phi}{\mathrm{d}t}$$

在 $0\leqslant t\leqslant\tau$ 区间内输入电压 u_1 为常数，故有

$$u_1=U_1=N_1\frac{\mathrm{d}\Phi}{\mathrm{d}t} \tag{4-52}$$

$$\Phi=\frac{U_1}{N_1}t+\Phi_0$$

式中：Φ_0 为磁通初值。

在双线圈脉冲变压器中，Φ_0 等于铁芯的剩磁磁通，如图4-47所示。式(4-52)表明，在矩形脉冲作用期间，铁芯内磁通随时间线性增长，如图 4-48(b)所示，升速与 U_1 成正比，与 N_1 成反比。由磁路欧姆定律，这时一次侧励磁电流 i_1 也线性上升，如图 4-48(d)所示。

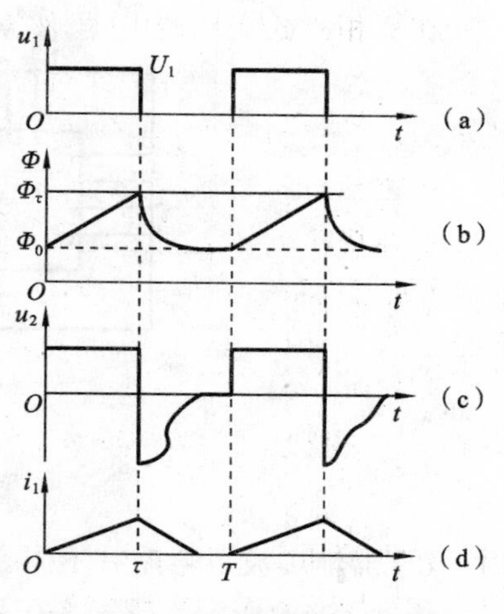

图 4-48　脉冲变压器工作波形

依图示正向，在区间 $0\leqslant t\leqslant\tau$，有

$$u_2=-e_2=N_2\ \frac{\mathrm{d}\Phi}{\mathrm{d}t}$$

将式(4-52)代入，得

$$u_2=\frac{N_2}{N_1}u_1=\frac{1}{K_\mathrm{e}}u_1 \tag{4-53}$$

此结果和普通变压器相同。由式(4-53)，并依 $u_1i_1=u_2i_2$，可得

$$i_2=K_\mathrm{e}i_1$$

由一次侧看二次侧负载阻抗时，其大小应为

$$Z'_\mathrm{L}=\frac{u_1}{i_1}=K_\mathrm{e}^2\ \frac{u_2}{i_2}=K_\mathrm{e}^2Z_\mathrm{L}$$

可见，在铁芯未饱和前，脉冲变压器具有普通变压器相同功能。

在 $\tau\leqslant t<T$ 区间，$u_1=0$，变压器一次侧绕组存储的能量经 R_{12} 放电，磁通逐渐下降至 Φ_0，并在二次侧绕组感生负脉冲电势，如图 4-48(c)所示。在两个二极管的嵌位和反向阻断作用下，此负脉冲电势不可能出现在负载阻抗两端，从而保证了二次侧负载端输出电压也是一串宽度与输入电压相同的单极性方波脉冲电压。其后各脉冲周期内的电磁过程与此相同。每经过一周期，铁芯的工作点由图 4-46 中的 a 点开始顺箭头方向沿局部磁化曲线移动一周。

为了保证磁通能够线性增长，脉冲变压器输入方波电压的脉冲宽度必须足够窄，且零电压的时间区间必须足够宽。如果 $u_1=U_1$ 的宽度过大，将导致在其作用期间磁通会上升进入到饱和区，在铁芯饱和区磁通变化缓慢，变压器感生电势将趋于零，使一次侧励磁电流剧增，二次侧输出电压 u_2 接近等于零，输出脉冲宽度变窄。这不仅破坏了脉冲变压器的正常工作，还会对输入电源构成危险(短路)。为防止这种情况发生，除了对输入电压的要求外，在变压器自身结构方面，可从三方面采取措施：

(1) 减小铁芯中的磁通密度以提高铁芯的饱和磁通裕量；

(2) 限制磁通上升速度；

(3) 降低初始磁通 Φ_0。

降低铁芯磁通密度需要放大铁芯截面；限制磁通上升速度要求增加 N_1 或减小 U_1。两种方法都将使二次侧输出电压 u_2 幅值下降。降低初始磁通的方法是，在铁芯上增加一个偏移绕组 N_3，如图 4-49(a)所示。偏移绕组由固定的直流电源供电，其偏移磁势与变压器励磁磁势方向相反。由图 4-49(b)可看出，当偏移磁势为 $F_3=a$ 时，可使 Φ_0 下降为零。进一步令 $F_3=b$，可使初始磁通降至负值，这样，适当选择偏移绕组电流，可有效消除运行中的磁饱和现象。

2. 参数对输出波形的影响

上述脉冲变压器的有关结论，是以假定忽略变压器绕组阻抗为前提的，当这些参数不为零

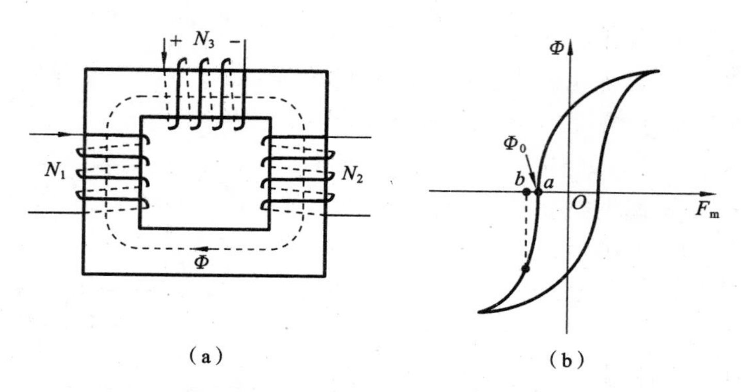

（a）　　　　（b）

图 4-49　脉冲变压器的磁偏移绕组

时，变压器输出波形会略有不同。

图 4-50(a)所示为脉冲变压器的 T 形等值电路，它与普通变压器的等值电路有完全相同的形式。但因电路工作于非正弦的瞬变状态，故主磁通和漏磁通建立的感应电势不能以线性电抗上的压降等效代换。图中，$L_{1\sigma}$为一次侧绕组漏电感，$L'_{2\sigma}$为二次侧绕组漏电感折算值，L_m为励磁电感，R'_L 为负载电阻的折算值。

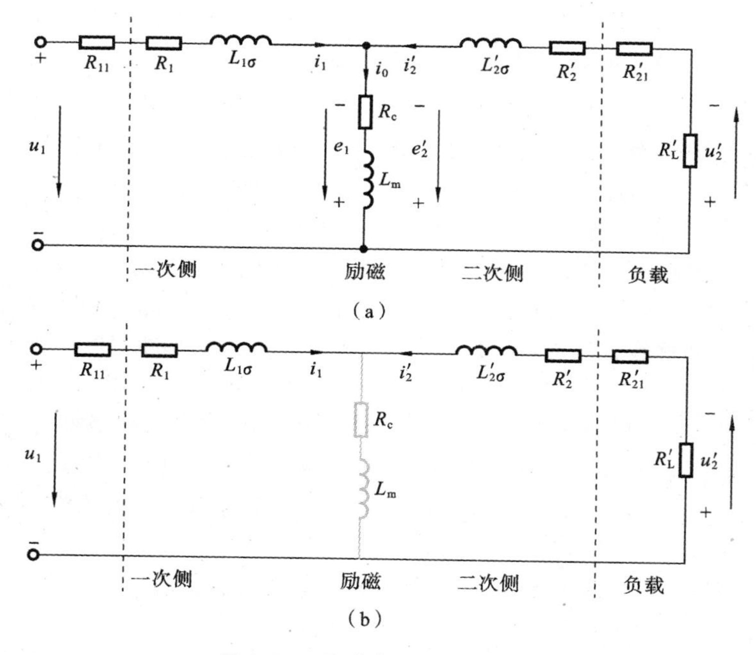

图 4-50　脉冲变压器等值电路

在脉冲到来前瞬间，励磁电流尚未建立，励磁支路开路，等值电路可简化为图 4-50(b)所示。当脉冲到来时，负载电流将按如下指数规律上升，即

$$i_1=-i'_2=\frac{u_1}{R}(1-e^{-t/T_L})$$

相应地，变压器输出电压的前沿也按相同的指数规律上升，时间常数 $T_1=L/R$，R 为忽略励磁支路时的回路总电阻，$R=R_{11}+R_1+R'_2+R'_{21}+R'_L$，$L$ 为回路总电感，$L=L_{1\sigma}+L'_{2\sigma}$。这表明，由于漏感不为零，输出电压不可能复现输入电压阶跃式的前沿，要提高前沿陡度，漏抗应尽可能小。因此，脉冲变压器一、二次侧绕组匝数不宜过多，且以并绕方式为好；或将一次侧绕组分

为内外两层，而将二次侧绕组绕于其间，以减小漏感。

根据变压器原理，一次侧电流中包括励磁分量和负载分量，对励磁分量，实际的励磁电流要受到励磁支路时间常数 $T_{pm}\approx L_m/(R_1+R_{11})$ 制约只能按指数规律而非直线规律上升，因此，输出电压的波顶不可能保持水平状态而呈指数曲线下降，下降的时间常数为 T_{pm}。为使脉冲波顶不致过分下塌，T_{pm} 应尽可能大些。为增大 T_{pm}，必须提高一次侧绕组匝数 N_1 和降低磁路的磁阻，但增大 N_1 会影响前沿陡度，故增大 T_{pm} 的主要措施是减小 R_c、增大 L_m，为此，脉冲变压器的铁芯应选用高导磁率的材料，且磁路以尽可能短为宜。最好采用环形铁芯，以消除铁芯装配时留下的气隙。

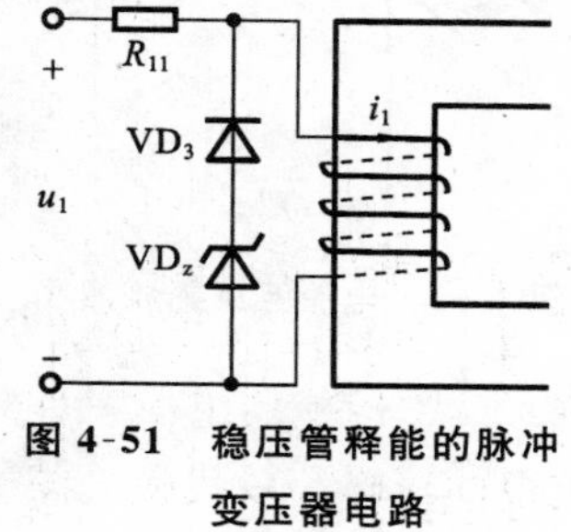

图 4-51 稳压管释能的脉冲变压器电路

对于电力拖动自动控制系统中的脉冲变压器而言，输出脉冲电压的下降沿无特殊意义，此处不作讨论。值得注意的是，一次侧放电电阻 R_{12} 的选取，若阻值过大，则 u_1 为 0 瞬间因电流 i_1 不能突变，如图 4-47 中时刻 τ，将在 R_{12} 两端形成过高的放电电压，但若 R_{12} 值过小，则可能因放电时间常数过大而导致 u_1 等于零期间磁场能量泄放不彻底，引起每个脉冲周期的初始磁通值逐渐上升，最终导致铁芯不应有的饱和。若以稳压管 VD_z 和二极管 VD_3 取代 R_{12}，如图 4-51 所示，则可利用稳压管的动态内阻达到缩短放电时间和限制放电电压的双重目的。

三、电流互感器

变压器在实现电压变换的同时，可实现电流及阻抗的变换。一台升压变压器同时也是一台电流衰减器，它能使一次侧绕组的大电流按一定比例转化为二次侧的小电流。变压器的这一特点，在电力拖动系统中被用来对交流大电流进行间接测量，成为电流传感器。完成这种转换任务的特殊变压器称为电流互感器。

1. 工作原理与测量误差

电流互感器原理图如图 4-52 所示。互感器一次侧绕组只有一匝或数匝，串接在大电流的动力电路中，其导线应可通过动力电路额定电流的数倍。用于大电流显示测量时，其二次侧绕组通过电流表短接；用做电流传感器时，二次侧取样负载电阻阻值也必须选得足够小，使电流互感器始终运行于二次侧绕组接近短路的状态。在图 4-52 所示假定正向下，依变压器磁势平衡关系，有

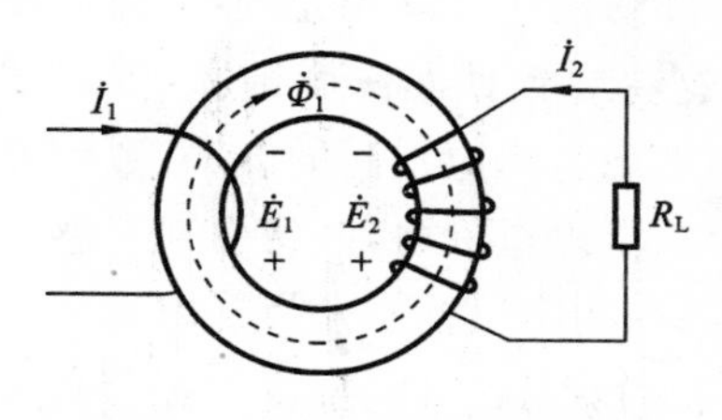

图 4-52 电流互感器原理图

$$\dot{I}_1 N_1+\dot{I}_2 N_2=\dot{I}_0 N_1$$

因其工作在二次侧接近短路状态，$I_1\gg I_0$，上式变为

$$\dot{I}_1 N_1+\dot{I}_2 N_2\approx 0$$

或

$$\dot{I}_1\approx-\frac{1}{K_e}\dot{I}_2=-K_i\ \dot{I}_2 \tag{4-54}$$

此式即为通过 I_2 检测 I_1 的理论依据。比例系数 $K_i=\dfrac{1}{K_e}=\dfrac{N_2}{N_1}$ 为变压器的电流比，称为互

感比。

由于变压器的励磁电流不可能为零，因此采用上述近似关系时，不可避免会出现两方面的误差。

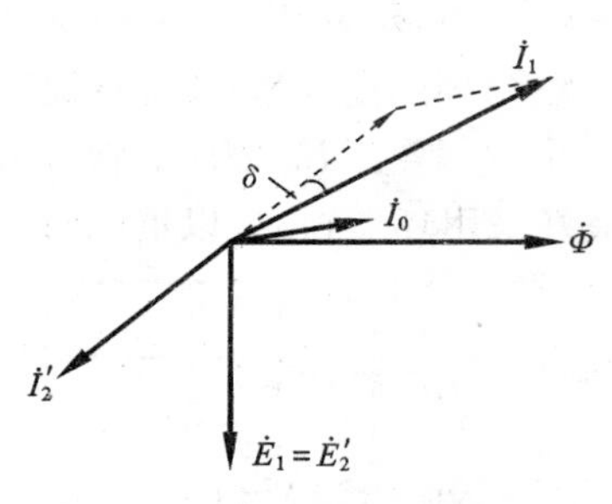

图 4-53　电流互感器相量图

1）比值误差 Δf

励磁电流不等于零时，I_2 仅与 I_1 中的负载分量成正比，用 K_iI_2 代替 I_1 时，必然产生数值上的误差，称为互感器的比值误差，定义为

$$\Delta f=\frac{K_iI_2-I_1}{I_1}\times 100\%$$

2）相角误差 δ

由图 4-53 所示的电流互感器相量图可知，当励磁电流不等于零时，$-K_i\ \dot{I}_2$ 与 $\dot{I}_1$ 之间存在相位差 δ，称为电流互感器的相角误差。

2. 运行特点

与普通变压器不同，电流互感器的一次侧绕组不是并联在电网上而是串联在动力电路中，因而形成了运行上的特点，主要表现在以下几个方面。

（1）I_1 的大小与 I_2 基本无关。

在普通变压器中，I_2 的变化通过对主磁通影响 E_1 使 I_1 随之变化，而电流互感器中则因一次侧绕组匝数极少，E_1 与 U_1 相比数值很小，对 I_1 影响甚微，可以认为 I_1 与 I_2 基本无关。

（2）磁路饱和程度与 I_1 和 R_L 的值有关。

这是电流互感器作为电流传感器使用时必须注意的问题。当 R_L 不变而 I_1 增大时，为使 I_2 能按比例增大，E_2 必须相应升高，这表明 Φ_m 在随同 I_1 而增大，当 Φ_m 增大至一定程度时，磁路进入饱和，使 $I_2=-K_iI_1$ 的线性关系被破坏，这必然会增大检测误差。因此在电流互感器的使用中，应注意 I_1 不能超过其限定值。如果 I_1 不变、R_L 增大，为保持磁势平衡，E_2 必须相应地增大以保持 I_2 不变，此时 Φ_m 也必将随同 R_L 而增大，当 R_L 增大到一定程度时，也会导致磁饱和。因此，电流互感器的负载取样电阻值不能随意改变。

值得注意的是，电流互感器的二次侧绕组必须永远闭合，否则因 $I_2=0$，在铁芯内会形成近正比于 $\dot{I}_1$ 的磁通：$\dot{I}_1N_1=\dot{I}_0N_1$，即 I_1 全部变成励磁电流，这将导致铁芯深度饱和，磁通波形几乎变为矩形波，其前、后沿的陡度极大，可致使二次侧绕组端感生峰值很高的电势，数值可以达到数千甚至上万伏，对拖动系统的设备和工作人员的安全构成严重威胁，并将引起互感器铁芯极度过热。因此，对运行中的电流互感器，在任何情况下二次侧绕组绝不允许开路。

最后还应指出，为保证检测的线性度，电流互感器一次侧电流不能含直流分量。在含有直流电流分量的场合，必须改用其他类型的电流传感器，如霍尔传感器等。

小　　结

变压器是一种静止的变电设备，其主要功用是将一种等级的交流电压变换为另一种等级的交流电压。

单相变压器的基本结构是一个闭合的铁芯上套装着相互绝缘的一、二次侧绕组。

基于磁势平衡方程和电磁感应定律，变压器在实现电压等级变换的同时，也实现了电流和负载阻抗的变换以及一次侧绕组到二次侧绕组的功率传递。与直流电动机通过电刷、换向器直接将电功率送入电枢的电功率传送方式不同，变压器的电功率传递是通过磁场能量的动态变化实现的。

为了求得变压器的电路模型，必须预先确定电路各电量的假定正向。原则上假定正向可以任意选取，但为避免技术交流出现形式上的混乱，一般应采用已公认的惯例。在假定正向确定后，列写电势平衡与磁势平衡方程时，楞次定律对符号的确定起着十分重要的作用。

根据铁磁材料的磁滞回线，正弦的磁通对应的励磁电流必为非正弦，这种励磁电流含有较高的三次谐波分量，其相位也略微超前于磁通。

变压器的T形等值电路，是一种对磁路的非线性特性作线性化处理并经绕组折算后获得的线性正弦稳态等效电路模型，是变压器分析、计算的重要工具。电路中的励磁参数 R_c、X_m 均与一次侧电压大小有关，但由于普通变压器一次侧基本运行在额定电压状态，故使用等值电路时均以此时的 R_c、X_m 值作为电路中的线性参数值。等值电路将变压器电隔离的两侧电路通过折算合成一个电路，但不能因此认为变压器的电功率是直接通过电路传递的。

等值电路的参数，可以通过试验求得。开路试验可测定励磁阻抗，短路试验可测定短路阻抗。

变压器的主要额定值有视在功率、电压、电流和频率。额定值决定了绕组的绝缘耐压，在额定范围内运行，可保护绕组不会因过压击穿绝缘而烧毁。

电压额定值与磁化曲线有关，变压器在额定范围内运行时，一次侧阻抗压降很小，有 $U_1 \approx E_1 = 4.44 f N_1 \Phi_m$ 成立。即电网电压频率不变时，变压器磁通幅值与输入电压幅值成正比，基本与负载电流大小无关。通过这个关系，变压器正常运行时会自动调节励磁电流的波形，使磁通的波形趋向于正弦。当电压增加时，磁通也相应增加，可是当磁路饱和时，励磁电流增加得很快，畸变也更加严重，这往往是不允许的。

额定的视在功率和电压决定了额定电流，额定电流决定了变压器容许的损耗和温升。当电流超过额定时，发热以平方关系增长，长时间运行将导致变压器烧毁。

变压器自身损耗主要包括绕组铜耗（包括一、二次侧绕组电阻热损耗）和铁耗（包括涡流损耗和磁滞损耗）。

变压器合闸时，其瞬间电压的角度不同，可能在几个电源周期内有较大的电流冲击。通常在实际系统中，合闸瞬间是不控制的，所以，变压器和供电系统应该能够承受这个冲击电流。

三相变压器根据铁芯结构形式，分为三相组式和三相心式变压器两类，实际应用以心式居多。

适当选择三相变压器的连接组，可达到按30°的整数倍改变输出电压相位的目的。当一、二次侧三相绕组同为星形或同为三角形接线时，可获得偶数组别，接线相异时，可获得奇数组别。

三相变压器输出电压波形与三相绕组的接线相关。为保证输出正弦电压，一般不采用Y，y接线，必须采用时，则需在任一侧加一中线，或者在二次侧增加三角形连接的第三绕组，为三次谐波励磁电流提供通路，以保证磁通为正弦波。

无论变压器还是电机，其功率和尺寸大小的变化范围很大，参数的变化范围也很大。使用标幺值，其额定数据可仅在较小的范围变化。在控制工程的应用研究中，往往以某一特定的对象进行研究，使用标幺值时，研究结果可较易于推广应用到不同功率等级的同类对象上去。采用标幺值，各物理量都是其对应基值的一个比例值，无量纲，给计算也带来便利。

整流变压器的运行特点是，以非线性的整流电路为负载，因而二次侧绕组电流为非正弦波；负载电流中的直流分量和三次谐波分量可能在变压器铁芯中产生直流剩磁和三次谐波剩磁。对三相组式变压器，直流剩磁可导致铁芯深饱和，引起励磁电流剧增，危及变压器运行安全；三次谐波剩磁可导致磁通畸变引起输出电压波形畸变。对三相心式变压器，直流磁势和三次谐波磁势不可能在铁芯主磁路中建立剩磁，但可导致变压器的漏抗大大增加，使变压器输出特性变差，最终将影响到由它供电的拖动系统的动态性能。采用桥式整流和三角形连接可有效抑制直流剩磁和三次谐波剩磁。

脉冲变压器的运行特点是，一次侧绕组输入为周期性单极性方波脉冲电压。在脉冲电压作用期间，铁芯内磁通线性上升，并在二次侧绕组中感生与一次侧波形相同的方波电压，从而实现脉冲信号的幅值和强度的变换。

脉冲变压器具有与普通变压器形式相同的 T 形等值电路，但由于电路非正弦，感应电势不能用线性电抗上的压降等效。

电流互感器的运行特点是，一次侧绕组并不与电网并联，而是串接在动力电路中，一次侧电流由动力电路中的电流决定而与二次侧电流无关。电流互感器采集电流信号，它的二次电流正比于一次电流。为保证电流检测精度，电流互感器应工作于铁芯磁化曲线的线性段，以尽可能减少励磁电流引起的误差。运行中，一次侧电流和二次侧负载电阻的增大均会引起铁芯内磁通的上升，当其上升至铁芯饱和时，输出电流波形将畸变导致电流互感器的电流变换线性关系不再成立。因此，应用中，电流互感器一次侧电流和负载电阻均不可超过其设计值。

电流互感器运行中若二次侧开路，将会造成铁芯深度饱和，二次侧绕组会出现危险的高压，这是不允许的。

习题与思考题

4-1 为什么需要进行折算才能构成变压器的等值电路？变压器的等值电路由哪几个方程组成？折算中采用一个匝数为多少的绕组代替二次侧绕组？折算的原则是什么？

4-2 变压器一、二次绕组间没有电路的连接，为什么在负载运行时，二次侧电流变化的同时，一次侧电流也跟着变化？

4-3 为什么三相组式变压器不采用 Y,y 连接？而三相心式可以？

4-4 为什么单相变压器输入正弦电压而励磁电流却不能保持正弦？

4-5 为什么三相变压器只要一、二次侧绕组中有一侧接成三角形，即可使两侧电动势的波形近似为正弦波？

4-6 变压器若一次侧接与交流额定电压值相同的直流电压会产生什么结果？是否同样可以改变直流电压的电压比？

4-7 Y,d 连接的三相变压器空载运行，一次侧加正弦额定电压，则一次侧电流、二次侧相电流和线电流中有无三次谐波？

4-8 一台额定电压为 220 V/110 V 的单相变压器，不慎将其二次侧绕组接在 220 V 交流电源上，问其励磁电流、主磁通及二次侧绕组电势波形会产生什么变化？

4-9 脉冲变压器的一次侧电压从其局部看为直流电压，为什么变压器仍能正常工作？

4-10 为什么电流互感器的负载电阻值不能过大？

4-11 绘出如图题 4-11 所示三相变压器的电位升位形图，判断其所属连接组的组别。

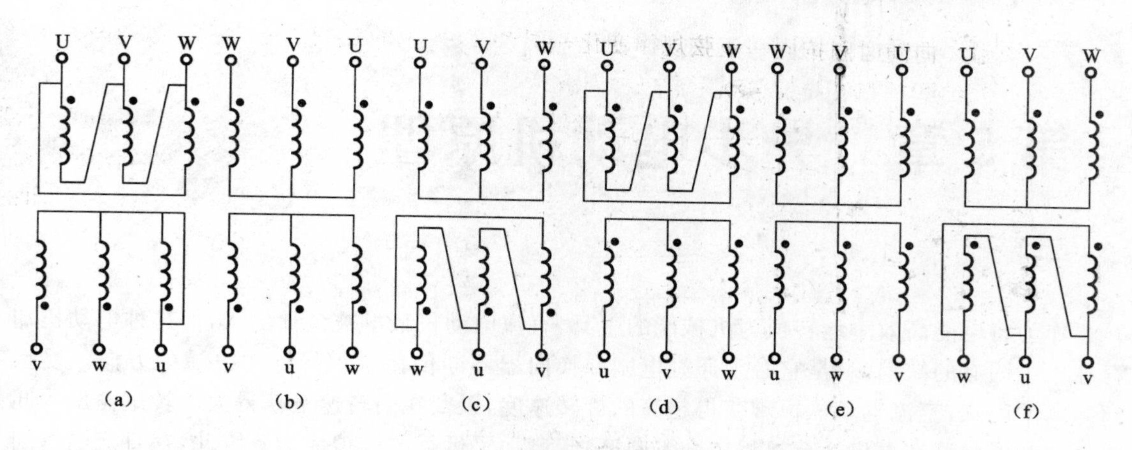

图题 4-11

4-12 一台单相变压器用于将一个 8 Ω 的阻抗变换为 75 Ω 的阻抗。假设变压器是理想变压器，计算所需的匝数比。

4-13 一台 50 kV · A，2400 V/240 V，50 Hz 单相变压器的短路试验高压侧读数为 48 V，20.8 A 和 617 W。开路试验低压侧读数为 240 V，5.41 A 和 186 W。试确定此变压器的短路阻抗及满载运行于 0.80 滞后功率因数时变压器的运行效率。

第 5 章　异步电动机原理

作为将电能高效率地转换为机械能的工具，直流电动机最早被设计出来，但这种电动机却存在一个固有的缺陷，就是它必须通过电刷和换向器不断倒换电枢导体中电流的方向。受换向问题的困扰，直流电动机很难获得超高的旋转速度，以及在高转速下获得大的转矩输出。同时电刷和换向器在电机运行过程中会不断磨损，增加了运行的维护成本。因此，在直流电机问世不久，人们就已转而寻求构造出一种不需要电刷、换向器的电动机来取代直流电动机。1871 年，凡·麦尔准发明了交流发电机，1885 年，意大利物理学家费拉利斯发现了两相电流可以产生旋转磁场，1886 年，费拉利斯和美籍塞尔维亚人尼古拉·特斯拉几乎同时发明了一种使用两相交流电的感应电动机模型，这种电动机没有电刷和换向器，依靠一个由交流电产生的旋转磁场产生转矩，从此交流电机开始登上了机电能量转换的舞台。1888 年，多里沃·多勃罗沃尔斯基提出了交流电三相制，由于三相交流电形成的旋转磁场可以更有效地产生电磁转矩，从而奠定了三相交流电机的基础。

传统的交流电机可分为同步电机和异步电机两大类，两者都有电动机和发电机之分。其中，异步电动机结构简单，运行可靠，价格低廉，应用最广。本章首先介绍异步电动机的结构特征、工作原理和运行特性。

5-1　三相异步电动机的基本工作原理与基本结构

一、异步电动机的基本工作原理

交流电动机的设计构想是通过交流电产生的旋转磁场实现的。如果这个旋转磁场已经构造完成，为理解交流电动机的基本工作原理，现假定在空间有一磁铁绕 OO' 以 n_0 转速旋转，并且在磁铁旋转所包围的空间内，有一可以围绕 OO' 转动的闭合导体线圈 $abcd$，如图 5-1 所示，其中线圈的 ab 段和 cd 段平行于 OO'，即与磁铁的磁力线方向垂直。磁铁旋转时，磁极下的导体 ab 段和 cd 段中按发电机原理 $e=Blv$ 感生电动势，其方向正好是串联相加的。由于线圈是闭合的，因此按 e 的方向会在线圈中产生短路电流 i。

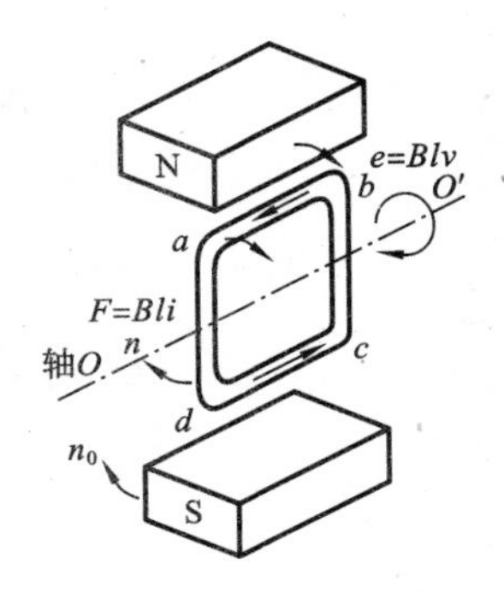

图 5-1　异步电机原理

这时，根据电动机原理，导体的 ab 和 cd 段将受到电磁力 $F=Bli$ 的作用，这个电磁力形成的电磁转矩的方向总是试图推动导体向磁场旋转方向加速运动。导体线圈与旋转磁场的相对旋转速度越大，线圈受到的电磁转矩也越大，线圈的转速越接近

n_0,线圈中的感生电动势、短路电流和电磁转矩也越小,如果线圈的转速等于 n_0,则线圈中的感生电动势、短路电流和电磁转矩也都等于零,这时线圈会在空气、摩擦等阻力产生的阻转矩作用下减速。因此,如果希望依靠旋转磁场产生电磁力使这样一种结构的线圈形成旋转运动,线圈的转速是无法达到 n_0 的,实际的异步电动机中,线圈的转速略低于 n_0。因 $n<n_0$,线圈导体 ab 会逐渐远离磁极 N,使受到的电磁力越来越小,为了保证线圈能够持续受力,可在邻近空间增加其他线圈导体来接替 ab,如图 5-2 所示。当这样的线圈沿导体 ab 所在圆周均匀分布得足够多时,只要线圈的转速不等于 n_0,总可有足够多的导体位于磁极下,获得足够的加速转矩。有趣的是由于导体 ab 的转速低于 n_0,它会渐渐离开 N 极下方而跑到 S 极下方。这时,根据发电机原理和电动机原理不难得知,导体中的感生电动势、电流和所受到的电磁转矩均会自动改变方向,使电磁转矩仍然保持为向磁场旋转方向推动线圈作加速运动的方向不变。这样一来,就免去了像直流电机电枢那样不得不使用电刷、换向器来改变电流方向的麻烦。由于线圈中平行于磁力线的两条边 ad 和 cb 只需起到将两段导体连接短路的作用,考虑到制造方便,实际的交流电机是通过两个短路圆环将所有旋转导体两端分别短路连接在一起的,形成一个圆筒形状,容量不是很大的电机,导体和短路环一般采用铝材料构成,安装在铁芯上,称为电机的转子,如图 5-3 所示。这个圆筒与装养松鼠的笼子形状很相似,因此又把这种结构的电机称为笼型转子电机。

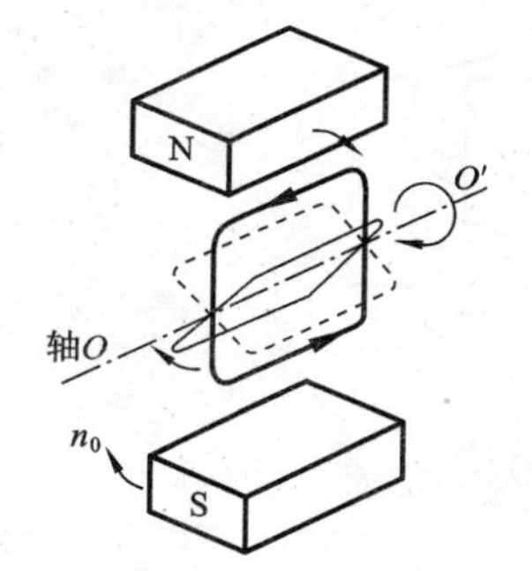

图 5-2 异步电机的转子导体

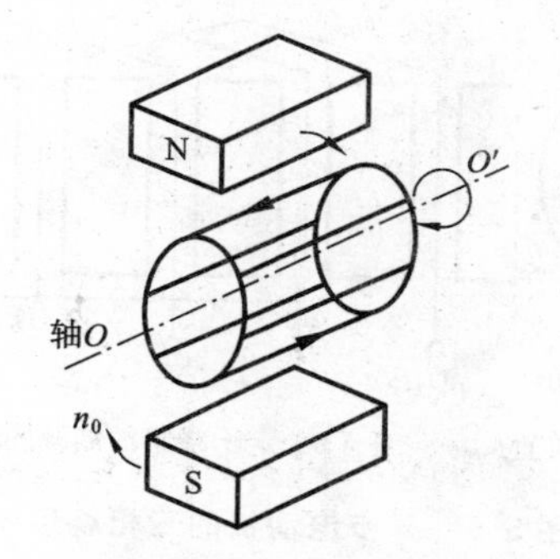

图 5-3 异步电机的笼型转子

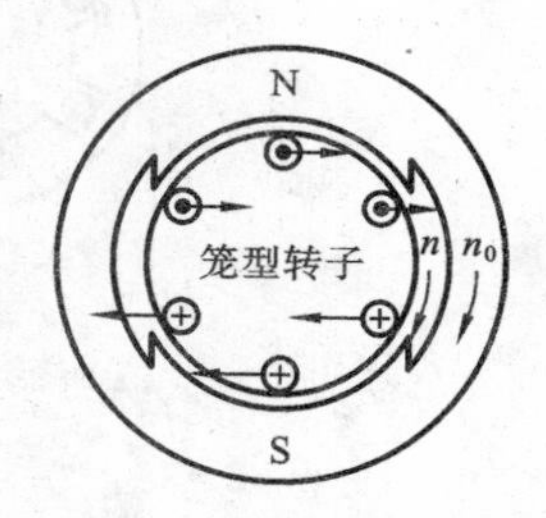

图 5-4 异步电动机模型

一台异步电动机模型如图 5-4 所示。图中,两个磁极之间装有一铁磁材料制成的可转动圆柱体,称为转子。转子表面沿轴向开有若干槽,嵌放着一组被其端环短路的导体,称为笼型转子绕组。如前所述,当磁极在图中所示方向下以一定转速 n_0 旋转时,会在转子导体中感生电动势,根据发电机原理右手定则,可判定感应电动势的方向,如图中"+"、"·"所示。注意此时磁极 N、S 是以转速 n_0 运动的,转子导体旋转速度比它的低,在图示旋转方向下,导体相对于磁极的运动方向是逆时针的。如认为此电势产生的电流与电势同相位,则转子导体在磁场中所受电磁力 F 的方向依电动机左手定则,如图 5-4 中箭头所示。在 F 建立的电磁转矩推动下,转子将以转速 n 顺磁场旋转方向旋转,并从轴上输出一定大小的机械功率。此即异步电动机最简单的工作原理,其主要特点是:

(1) 电机内必须有一个在空间以一定转速 n_0 旋转的磁场,这是异步电动机实现机电能量转换的前提;

(2) 转子的转速 n 不能与旋转磁场的转速 n_0 相等,否则转子导体中将不可能出现感应电势和电流,因而无法产生电磁转矩。或者说,转子的转速不可能与旋转磁场的转速同步,这也就是异步电动机名称的由来。

二、旋转磁场的形成

由异步电动机的基本工作原理可知，要使异步电动机的转子转起来，必须在转子的周围存在一个旋转磁场。那么，这个旋转磁场是怎样形成的呢？在电动机运行之前，所有电机内的线圈都是空间静止的。因此，异步电动机的主磁场，必须先依靠空间静止的绕组来建立。特斯拉的研究指明，电机内的旋转磁场，可以由空间对称的多相绕组中通过时间对称的多相电流形成合成旋转磁势来建立。这种多相绕组后来通称为交流绕组。图 5-5 所示的是一种最简单的三相交流绕组模型。图中，三相绕组均匀地分布在定子铁芯内圆周上，各相绕组具有相同的参数，匝数、阻抗完全相同，每相绕组占有两个槽。从图中右侧的平面展开图可以看出，每相绕组有两个有效导体（线圈中与磁力线正交的导体称为有效导体）元件边，与上述的 *ab*、*cd* 等同，一个称为绕组元件的头，用下标“1”表示，如图中的 U_1、V_1、W_1；另一个称为绕组元件的尾，用下标“2”表示，如图中的 U_2、V_2、W_2。每个绕组头尾空间角度相距 180°，三相绕组各相的头相距 120°空间角度，即三相绕组均匀分布于 360°圆周空间上。这种结构称为绕组的空间对称分布。

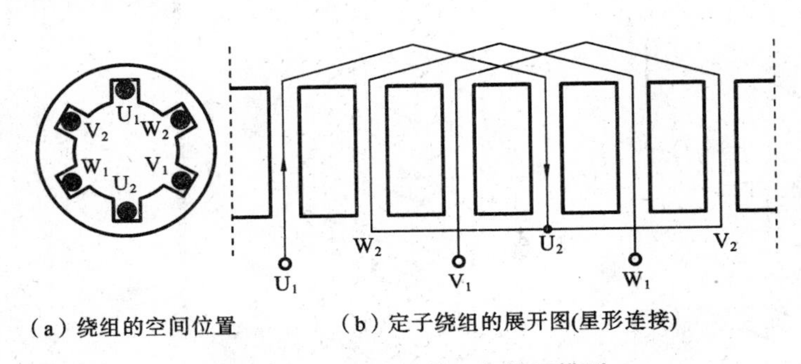

（a）绕组的空间位置　　（b）定子绕组的展开图(星形连接)

图 5-5　异步电动机的三相绕组模型

电网提供的三相交流电，是一种在时间上各相依次滞后 120°相位的电源。按惯例，假定 U 相超前于 V 相 120°、V 相超前于 W 相 120°。现将此三相电源对应从三相绕组的头端接入定子绕组，各绕组尾端连接在一起形成星形连接。这时，星形连接的定子三相绕组中将有三相交流电流流过。因电路三相对称，这三相电流具有相同的幅值，其频率与电源电压频率一致，时间相位上虽然由于线圈电感的原因与其相电压并不同相，但三相电流也将依次滞后 120°，如图 5-6 所示。这种电流称为时间对称的三相电流。

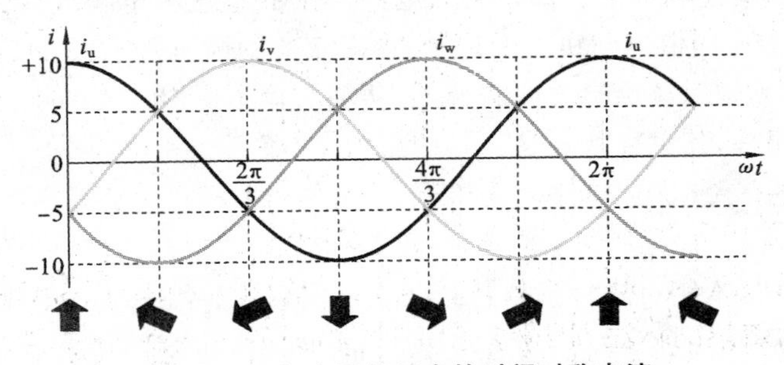

图 5-6　三相定子绕组中的时间对称电流

现假定三相电流的表达式为

$$i_u = I_m \sin(\omega t + 90°)$$
$$i_v = I_m \sin(\omega t - 30°)$$
$$i_w = I_m \sin(\omega t - 150°)$$

则在 $\omega t=0$ 时刻，U 相绕组中的电流 i_u 达到正最大值，对应正弦时间函数的 90°相角，与之对应，V 相绕组中的电流 i_v 滞后其 120°相角，即为正弦时间函数的 -30°相角，对应电流的幅值为其最大值的 -1/2；W 相绕组中的电流 i_w 再滞后 120°，即正弦时间函数的 -150°，对应电流的幅值也在最大值的 -1/2 处，如果 U 相电流幅值为 10 A，则此时另外两相电流的幅值均为 -5 A，如图 5-6 所示。

现假定某相绕组电流大于零时，电流从该绕组的头流入，用“+”表示，这时同一电流将从这个绕组的尾端流出，用“·”表示。电流为负时，电流将从该绕组的尾端流入、头端流出。将零时刻三相电流的流动状态标注在定子绕组上，如图 5-7(a)所示。可见，此时三相电流通过三相绕组形成一种左半侧流出、右半侧流入的形态，三相绕组此时的电磁状况与电流流入一个螺线管线圈的状况相似，按照螺线管的右手螺旋法则，不难判断出这时三相电流将在电机的转子空间形成一个磁力线由下向上的磁场。

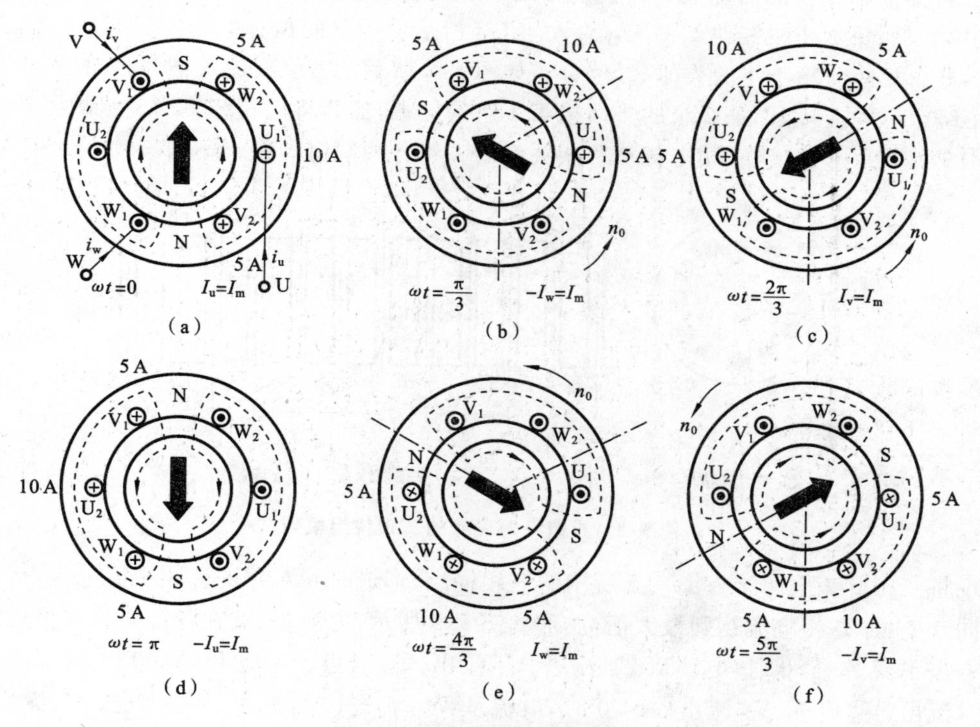

图 5-7 旋转磁场的形成原理

流过绕组的三相电流的瞬时值随时间按正弦规律不断变化，到 $\omega t=\pi/3=60°$ 时，i_u 下降到最大值的 1/2、i_v 变正，上升到最大值的 1/2，而 i_w 达到负的最大值，依照前面的标记方法，此瞬间的电流分布如图 5-7(b)所示。不难看出，此刻这个“螺线管线圈”形成的磁场与图 5-7(a)相比在空间沿逆时针旋转了 60°。于是，随着时间的推移，三相电流不断改变着它们各自的幅值和方向，按照上面叙述的标注方法，参照图 5-6 和图 5-7 中各图，可以看到，每当时间变化电网电压频率决定的 1/6 个电源周期，这个“螺线管线圈”磁场就会在空间逆时针旋转 60°。经历一个完整周期，这个磁场的方向就转回到原来的空间位置。

上述定性分析表明，在一个空间 120°对称分布的三相绕组中通以时间三相对称的交流电流时，可产生一个磁极对数为 $p=1$ 的空间旋转磁场，每电源周期这个磁场旋转一周，即转过两个极距，并且这个旋转磁场还具有这样一个重要性质，即当某相绕组中电流达到最大值时，这个旋转磁场磁极的轴线恰好旋转到该相绕组轴线上。绕组的轴线定义为该绕组两元件边（头尾）的中心线，即在头尾连线正中并与之垂直位置。例如，在图 5-7(a)所示的对应时刻，U 相电流达到最大值，磁极轴线就位于 U_1U_2 连线正中与连线垂直位置；图 5-7(c)中，V 相电流达到最大值，磁极轴线也位于 V 相绕组轴线上；图 5-7(e)则对应 W 相电流达到最大时的情况。

如果每相空间对称分布的绕组将其线圈分割串联分布，可使合成磁场磁极对数增加。下面通过一个两对磁极（$p=2$）的情况加以说明。

现将三相绕组由 3 个线圈增加到 6 个，要将它们均匀地分布在定子铁芯内圆周上，需要在定子上开 12 个槽，每槽相距 30°度空间机械角度，如图 5-8 所示。6 个线圈按每 3 个组成 1 组三相绕组，用下标“1”代表线圈所属组别，下标“2”代表头尾，每组中的 3 个绕组的头端在 180°空间中对称分布，即每隔 60°放置其中一相绕组的头端，如在第 1 槽内放入 U_{11}，则 V_{11} 应在第 3 槽、W_{11} 在第 5 槽。线圈的尾端则与头端相距 90°空间角度，如 U_{12} 应在第 4 槽、V_{12} 在第 6 槽、W_{12} 在第 8 槽；第 2 组三相绕组的 U_{21} 放入与 U_{11} 相距 180°空间位置的槽中，即第 7 槽，其他绕组头尾分布规律与第 1 组的类似，具体分布如图 5-8 所示。各绕组放入槽后，先将属于每一相的两个绕组串联连接，即第 2 组的头端接第 1 组的尾端，然后将三相绕组第 2 组的尾端连接在一起构成三相星形连接，三相电源从三相绕组第 1 组各相绕组的头端输入。

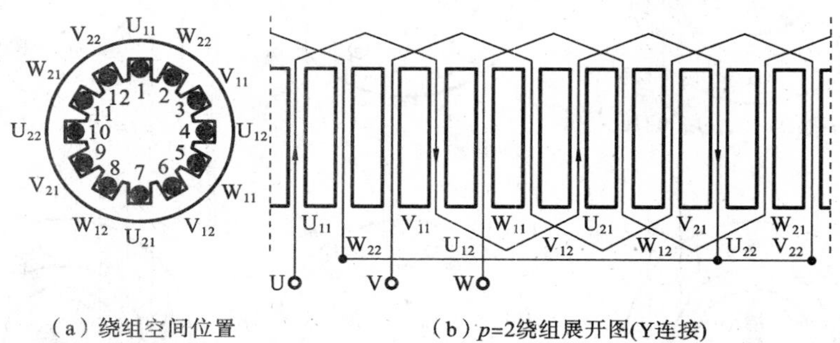

(a) 绕组空间位置　　(b) $p=2$绕组展开图(Y连接)

图 5-8　具有 2 对磁极的三相绕组模型

现将三相交流电源接入图 5-8 所示的三相绕组，形成时间对称的三相交流电流，与前述方法相同，0 时刻 U 相电流达到最大值，波形如图 5-9 所示，电流正、负在各绕组头尾流进流出的标注方法不变。$i_u>0$ 时，电流从 U_{11} 流进、U_{12} 流出、U_{21} 流进、U_{22} 流出；$i_v<0$ 时，电流从 V_{22} 流进、V_{21} 流出、V_{12} 流进、V_{11} 流出；$i_w<0$ 时，电流从 W_{22} 流进、W_{21} 流出、W_{12} 流进、W_{11} 流出，电流

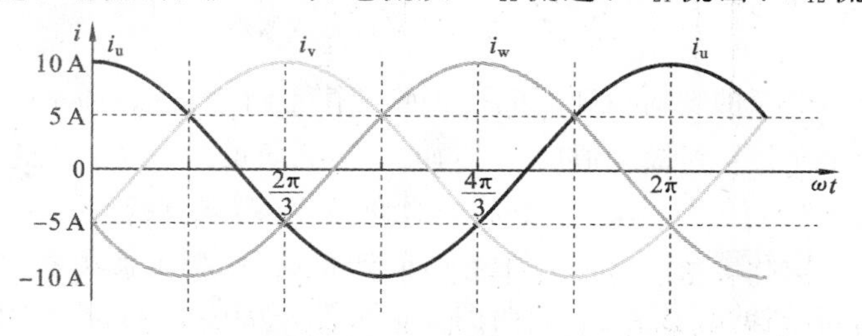

图 5-9　三相绕组中的电流波形

的空间分布情况如图 5-10(a)所示。与前述单三绕组的情况比较，可发现有一个现象是相同的，即相邻 3 个槽内绕组元件边中电流的方向是相同的，而下 3 个相邻槽内绕组元件边中电流方向一致但与前 3 槽的电流方向相反。这样的 6 个元件边在空间组成一个"螺旋管线圈"，"螺旋管线圈"的电流(其实是分属于不同相的三相电流)在定子与转子之间的空气隙中形成一个磁场，根据右手螺旋法则，不难判定这个气隙磁场具有 2 对磁极，如图 5-10(a)所示。其中，磁力线从定子穿过气隙进入转子定义为气隙磁场的 N 极、从转子穿过气隙进入定子定义为气隙磁场的 S 极。

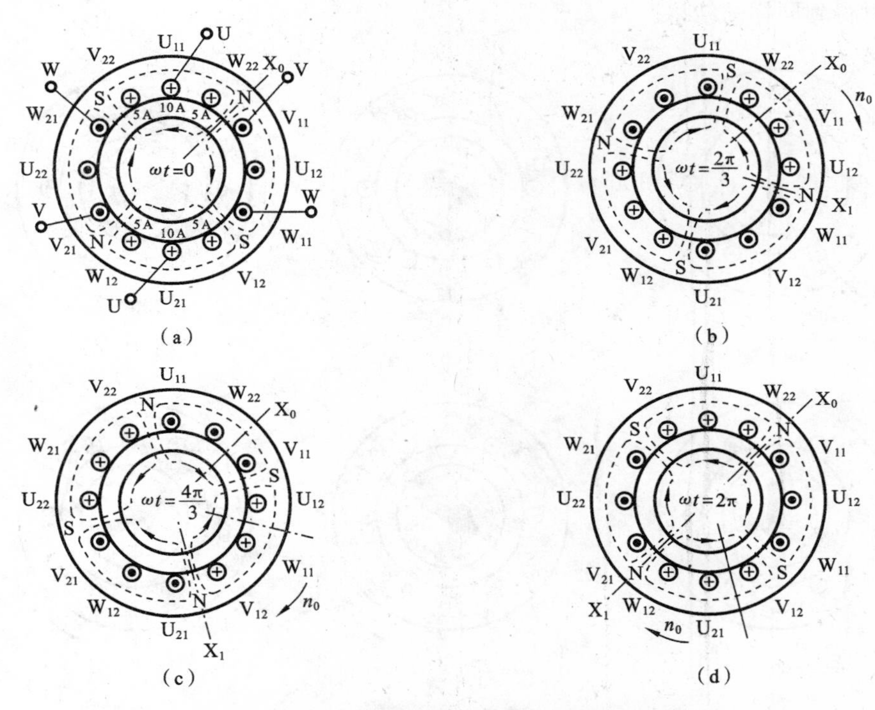

图 5-10　两对极电机的空间电流与气隙磁场分布

参照前述分析方法，不难得到 $\omega t=2\pi/3$、$\omega t=4\pi/3$ 和 $\omega t=2\pi$ 时刻的电流与磁场空间分布，分别如图 5-10(b)、(c)、(d)所示。从图中可以看出，若假定在 $\omega t=0$ 时刻，气隙磁场中的一个 N 极在图中 X_0 角度位置，当 $\omega t=2\pi/3$ 时，这个 N 极将顺时针旋转到图 5-10(b)中 X_1 角度位置，对应转过了 60°空间机械角度；到 $\omega t=4\pi/3$ 时刻，这个 N 极又继续沿顺时针转过 60°空间机械角度，旋转到图 5-10(c)中 X_1 角度位置；$\omega t=2\pi$ 时则来到图 5-10(d)中的 X_1 角度位置。这时，电源已变化一个周期，磁极 N 在空间从 X_0 角度旋转到图 5-10(d)中的 X_1 角度，转过了 180°空间机械角度。因此可得到一个重要结论：在 $p=2$ 时，电源电压变化一周，磁场在空间旋转半周，即 180°机械角度。在 X_0 角度位置，经历了由 N 变为 S 再回到 N 的一个周期的变化，对应电角度应为 360°。不失一般性，交流电动机中空间机械角度与电角度之间的关系可表示为

$$\theta=p\theta_{\Omega} \tag{5-1}$$

式中：θ 为电角度；θ_{Ω} 为机械角度；p 为磁极对数。

通过上述分析可以看出，磁场的旋转速度 n_0 与磁极对数成反比，与电源频率成正比。从而得到交流电机理论中的一个重要结论：交流电机中的合成旋转磁场速度

$$n_0 = \frac{60f}{p}\ \text{r/min} \tag{5-2}$$

式中：f 为电源频率；p 为电机磁极对数。

对图 5-5 所示的电机绕组模型，如果将三相绕组中任意两相中的电流交换，即任意交换两相绕组的输入电压，例如保持 U 相电压不变，将 V 相电压与 W 相电压交换，则 V 相绕组将注入 i_w，W 相绕组注入 i_v，如图 5-11 所示。这时，继续按照前述的方法分析可以观察到一个有趣的现象，旋转磁场的旋转方向是与原来电压交换之前相反的。对图 5-8 所示的模型作同样的尝试，可以得到同样的结果。

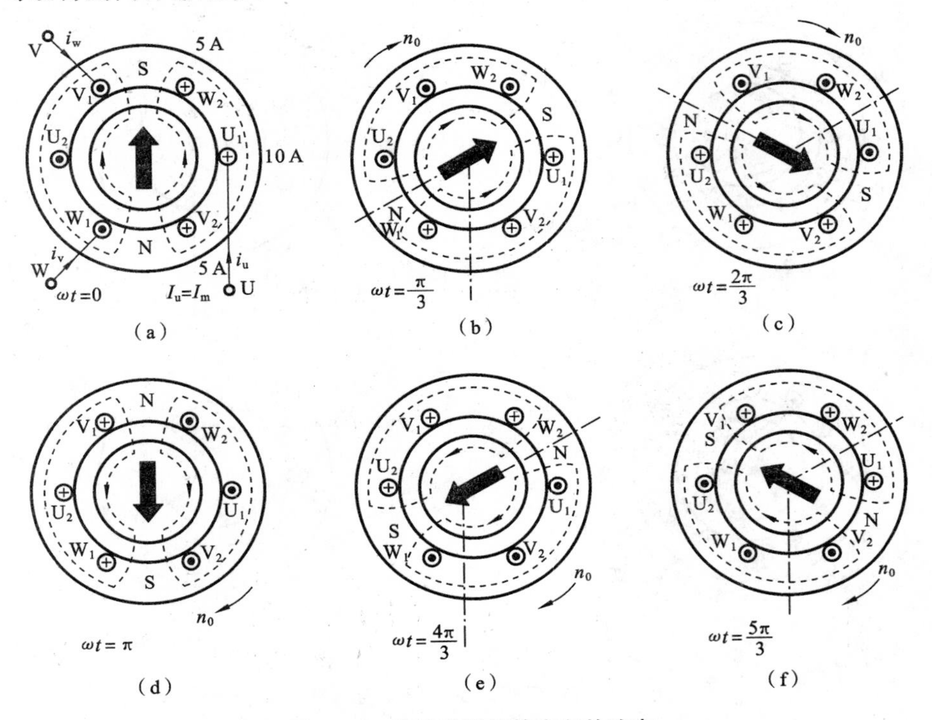

图 5-11　旋转磁场旋转方向的改变

可以验证，这一结论适用于具有任意 p 对磁极的三相交流电机。根据前面所述异步电动机的基本工作原理，电机电动运行时转子的旋转方向总是与磁场的旋转方向相同，因此改变交流异步电动机旋转方向的方法是，在三相输入电压中任意交换其中两相。

通过上述定性分析，得到一个重要的结论：当在空间对称分布的多相绕组中流过时间上对称的多相电流时，合成的磁势，即由"螺线管线圈"电流形成的合成磁势，为旋转磁势，由此磁势建立的磁场为旋转磁场。磁场旋转的方向由电源接入时的 UVW 排列方向（顺时针还是逆时针）决定。交换三相接入线中的任意两相，旋转磁场改变方向。旋转磁场的速度与电源频率成正比，与该磁场磁极对数成反比。

三、三相异步电动机的基本结构

三相异步电动机由定子和转子两大部分构成，两者之间有一定大小的空气隙。这种交流电机主要分为笼型转子和绕线式转子两大类。这两类三相异步电动机的结构分别如图 5-12

和图 5-13 所示。对产品级电机的深入了解尚有赖于读者对电动机的实际观察。

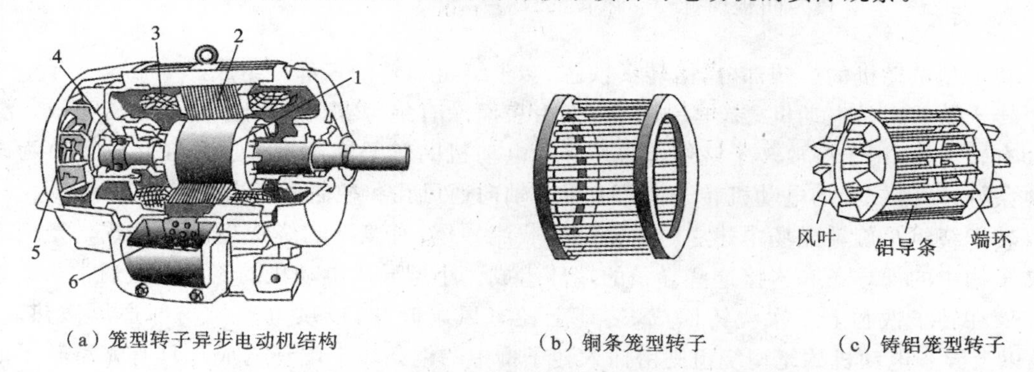

(a) 笼型转子异步电动机结构　(b) 铜条笼型转子　(c) 铸铝笼型转子

图 5-12　笼型转子三相异步电动机的结构模型

1—笼型转子；2—定子铁芯；3—定子绕组；4—轴承；5—风扇；6—出线盒

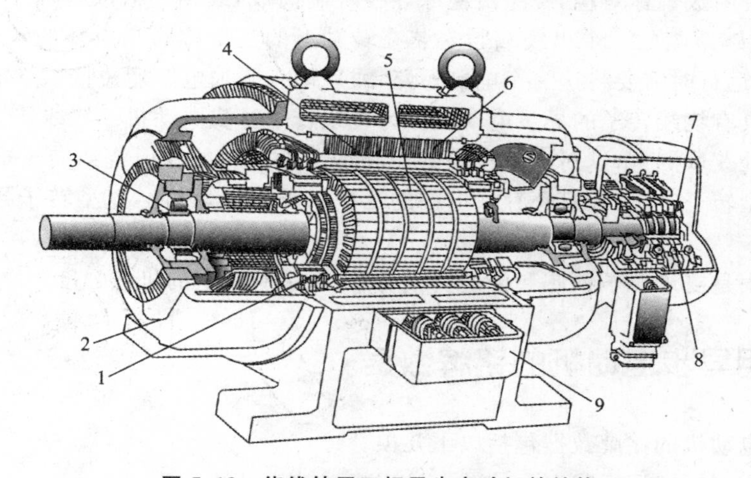

图 5-13　绕线转子三相异步电动机的结构

1—转子绕组；2—端盖；3—轴承；4—定子绕组；5—转子；6—定子；7—集电环；8—电刷；9—出线盒

1. 定子

定子是电动机的静止部分，由定子铁芯、定子绕组和机座三部分组成。

定子铁芯是电动机磁路的一部分，由涂有绝缘漆的硅钢片冲片叠压而成。叠片上冲有定子槽，用于嵌放定子绕组。为改善铁芯的散热条件，功率较大的电动机定子铁芯上开有径向通风沟。

定子绕组在作为励磁绕组建立电动机内旋转磁场的同时，还兼作电枢绕组承受负载电流。注意，在电机术语中，电枢绕组是指直接流过功率电流的绕组。在直流电动机中，直接通过功率电流的电枢绕组是旋转的，习惯上将直流电机的转子称为电枢。而三相交流电机的电枢绕组在定子一侧，这意味着交流电机的电枢是静止不动的。交流电机的转子不能称为电枢。定子绕组由铝质或铜质绝缘导线绕制连接而成，嵌放在定子槽内，绕组与槽壁之间必须可靠地绝缘。如果定子槽中分上、下两层嵌放两个线圈元件边，上、下层间也必须可靠地绝缘。

机座主要用做支撑定子铁芯和固定端盖。中小型异步电动机的机座采用铸铁铸成，封闭式异步电动机的机座上还铸有散热片，以增大电动机表面的散热面积。大型异步电动机的机座则用钢板焊接而成。

2. 转子

转子是电动机的旋转部分，由转子铁芯、转子绕组和转轴三部分组成。

转子铁芯也是电动机磁路的一部分，亦由表面涂有绝缘漆的硅钢片冲片叠压而成。叠片上冲有转子槽，用于嵌放转子绕组。小型异步电动机的转子铁芯直接压装在转轴上。为改善散热条件，功率较大的电动机转子铁芯上设有轴向通风孔和径向通风沟。

转子绕组是旋转磁场中建立电磁转矩的载流导体，有笼型和绕线型两种型式。笼型绕组由转子槽中的裸导条和连接这些导条的端环组成。小型异步电动机的笼型绕组通常采用熔化的铝液在转子铁芯上一次浇铸而成，端环上铸有风扇叶片，以供电动机内部通风散热。100 kW 以上异步电动机的笼型绕组则由插入转子槽中的铜条焊上端环构成。具有笼型转子的异步电动机称为笼型转子异步电动机。绕线型转子绕组结构与定子绕组结构相同，它的三相绕组与定子三相绕组成镜像对应，绕组由绝缘导线绕制而成，线圈边嵌放在转子槽中，三相绕组一般采用 Y 连接，绕组的三个出线端与安装在转轴上的三个称为集电环的铜环相接，并通过三只电刷引出，运行时需要将这三个电刷短路，或者串入附加电路后短接以形成转子电流来产生电磁转矩。具有绕线转子的异步电动机称为绕线转子异步电动机。绕线转子电机的转子电流可以从电刷处获取测量，这对电机转矩的控制是十分有利的。但绕线转子电机在制造成本上要远高于笼型转子电机，并且还存在电刷的维护保养问题，因此，笼型转子异步电机的应用更为普遍。

转轴的作用是支承转子铁芯和传递机械功率，要求有一定的机械强度和刚度。

四、三相异步电动机的铭牌数据

三相异步电动机的铭牌数据包括以下几项。

额定功率 P_N：额定运行状态下的轴上输出机械功率，kW。

额定电压 U_N：额定运行状态下加在定子绕组上的线电压，V 或 kV。

额定电流 I_N：额定电压下电动机输出额定功率时定子绕组的线电流，A。

对额定电流，还可以采用如下经验公式进行估算：

$$I_N \approx 600P_{h(\text{马力})}/U_N = 600P_N/0.746U_N \approx 800P_N/U_N$$

式中：功率的单位为 kW，电压的单位为 V。

例如，若一台 2.2 kW 的三相笼型转子异步电动机额定电压为 380 V，利用上式估算得到的额定电流为

$$I_N \approx 800 \times 2.2/380\ \text{A} = 4.63\ \text{A}$$

该电机产品手册提供的额定电流实际值为 4.9 A，估算的准确度是可以接受的。

额定转速 n_N：电动机在额定输出功率、额定电压和额定频率下的转速，r/min。

额定频率 f_N：电动机电源电压标准频率。我国工业电网标准频率为 50 Hz。

三相交流电动机轴上额定输出功率与输入电功率的关系为

$$P_N = \sqrt{3}U_N I_N \cos\theta_N \eta_N \tag{5-3}$$

式中：$\cos\theta_N$ 是电动机在额定运行状态下定子侧的功率因数；η_N 为额定运行状态下电动机的效率。

此外，绕线转子异步电动机还标有转子额定电势和转子额定电流。前者系指定子绕组加额定电压、转子绕组开路时两集电环之间的电势（线电势）；后者系指定子电流为额定值时转子

绕组的线电流。

5-2 三相异步电动机的定子绕组与磁势

上一节通过对时间对称的三相电流中的几个特定时刻，定性地分析了三相异步电动机旋转磁场的形成原理与方法。那么，这个磁场的旋转是连续平滑的还是跳跃式的？旋转过程中由三相正弦交流电流形成的这个磁场的强度是恒定不变的还是随时间按正弦规律变化的？要回答这些问题，还必须从数学上加以严格地推证。接下来要解决的问题，就是如何定量建立这个旋转磁场的模型，这对于后续进一步定量分析交流电动机电磁转矩和运行控制方法是十分重要的。

通过直流电机原理已经分析得知，直流电机每个主磁极下气隙磁场的磁通密度是近似呈梯形分布的，在极靴下几乎等于常数。由电动机原理，气隙磁场每个磁极下磁密分布的形态对电磁转矩和感生电势的大小起着决定性的作用。那么，交流电动机内气隙中旋转磁场的每个磁极下，磁密是怎样分布的呢？从旋转磁场的形成原理可以知道，它是由三相时间对称的三相正弦电流流过空间对称分布的三相绕组生成的。三相正弦电流可以通过三相正弦电网电压获得，但它形成的旋转磁场也会对定子三相绕组产生相对运动，在定子绕组中感生电动势。这个感生电势如同直流电动机中的反电势一样，会在定子回路对定子电流产生影响。若希望形成旋转磁场的电流保持正弦，定子绕组中的这个感生电势也应当是正弦的，否则按照定子回路的电势平衡关系就会产生谐波电流。这些谐波电流中除频率为基波频率 f 的整数倍外，都会在气隙中产生自己的旋转磁场，这些谐波旋转磁场有的旋转方向与基波的相同，称为正序谐波旋转磁场，有的与基波旋转磁场方向相反，称为负序谐波旋转磁场。它们一方面使原基波旋转磁场发生畸变，造成定、转子感生电势和电流的畸变，同时，负序谐波旋转磁场形成的电磁转矩是制动性质的，它将降低电机的最大转矩和过载能力，谐波的存在还会增大铁芯的磁滞涡流损耗和铜耗，使电机的效率降低，并且定子绕组中相应产生的谐波电流还会使电机输电线中的高次谐波电流产生谐波电磁场，成为对通信设备有害的电磁干扰源。按照发电机原理，当期望定子绕组感生电势为不含谐波的正弦波时，磁密应该呈正弦分布。因此，设计中一般期望，通过定子三相绕组中三相电流建立的旋转磁场除了具有一定磁极对数、一定大小外，还应使其空间的磁密分布波形接近正弦波，并保证由该旋转磁场在定子三相绕组中感生的电势是对称的。

根据安培环路定理，电流生成的磁场取决于该电流形成的磁势。要在气隙中建立期望中的空间正弦分布旋转磁场，首先应考虑通过三相定子绕组电流建立幅值恒定并沿气隙径向正弦分布的空间旋转磁势，简单采用图5-5和图5-8所示的三相定子绕组构造配置方法是不能满足要求的。下面将围绕改善绕组磁势空间分布波形来阐明定子绕组构成原理和结构特征。

一、一相定子绕组及其磁势

1. 单层整距集中绕组的缺陷

1）单层整距集中绕组中电流产生的磁势

对磁场空间分布和磁势的分析，可以先从仅含一个头尾相距180°机械空间角度的单个 N_y

匝线圈的简单绕组所产生的磁势和磁场入手，如图 5-14(a)所示。这种绕组又称为单层整距集中绕组。假定它与一个 $p=1$ 的定子三相绕组中的 U 相绕组对应。当对绕组注入正弦电流 $i_y=I_m\sin\omega t$ 时，在某一时刻，线圈中的电流方向如图中"⊕"、"⊙"所示，线圈电流所产生的磁场磁力线如图 5-14(a)中虚线所示，方向由右手螺旋法则确定。

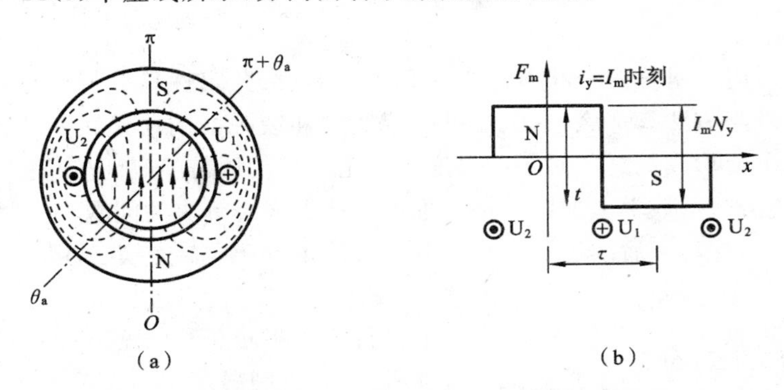

图 5-14　均匀气隙中单绕组产生的磁通与磁势示意图

电机气隙磁场与前面章节中讨论的变压器磁场有相同之处，也存在很大的差别。变压器的磁路主要由铁芯组成，励磁电流与产生的磁通取决于变压器铁芯材料的磁化曲线，呈现一种严重非线性关系。而电机气隙磁场的磁路中除定转子铁芯外，还存在两段气隙。只要铁芯没有深度饱和，定、转子铁芯的磁导率都要远大于空气磁导率，与气隙磁阻相比，忽略铁芯磁阻对分析的结果不会产生明显影响，励磁电流与所产生的磁通在一个较大的范围内可以近似为线性关系，铁磁材料磁化的非线性关系仅在铁芯逐渐进入深度饱和区时才显现出来，因为此时铁芯的磁导率将迅速降低到与空气磁导率接近，铁芯磁阻不再可以忽略。变压器励磁特性和电机气隙励磁特性对比如图 5-15 所示。由图可见，气隙的存在，除了磁化关系线性范围较大之外，达到同等磁场强度所需电流的幅值也大大增加。资料显示，如果采用标幺值表示，额定工作时，电力变压器的励磁电流为 0.01～0.02 pu，小型变压器一般也在 0.05 pu 以下，而三相异步电机的励磁电流一般在 0.2～0.6 pu 之间，典型值为 0.3 pu。这意味着，即使完全空载，三相异步电动机的定子电流也将达到其额定值的 30%左右，有的电机甚至可达到 60%。这与直流电动机空载运行时电枢电流通常不到额定值 10%的情况有很大不同。

由于磁路结构对称，显然在图 5-14(a)中某极面下位置角度为 θ_a 处磁场强度 H_a 和相对极面下位置角 $\pi+\theta_a$ 处的磁场强度幅值相等，方向相反。

根据安培环路定理，沿图 5-15 所示的任何一条磁力线所代表的闭合路径上消耗的磁势均为 N_yi_y。假设忽略铁芯磁阻，磁路的所有磁阻均在气隙中，且气隙是均匀的，磁力线所穿过的两个气隙上的磁势分配应该相同。每条磁力线经过两个气隙，一个气隙上的磁势应等于磁路总磁势的一半，即

$$F_y=\frac{1}{2}i_yN_y=\frac{1}{2}I_mN_y\sin\omega t \tag{5-4}$$

图 5-14(b)所示的是气隙和绕组磁势的平面展开图。图中气隙磁势的分布用幅值为 $N_yi_y/2$ 的矩形波表示。假设定子槽开得很窄，则从线圈的一侧到另一侧时，磁势突变幅值为 N_yi_y，图中给出的是当电流正好达到正最大幅值时刻的情况。由于电流是随时间按正弦规律变化的，磁势幅值会在正负最大值间随时间按正弦规律变化，因此这个磁势是一个空间位置固定、幅值随时间按电流的正弦变化规律不断改变其大小和符号的矩形空间脉振磁势。

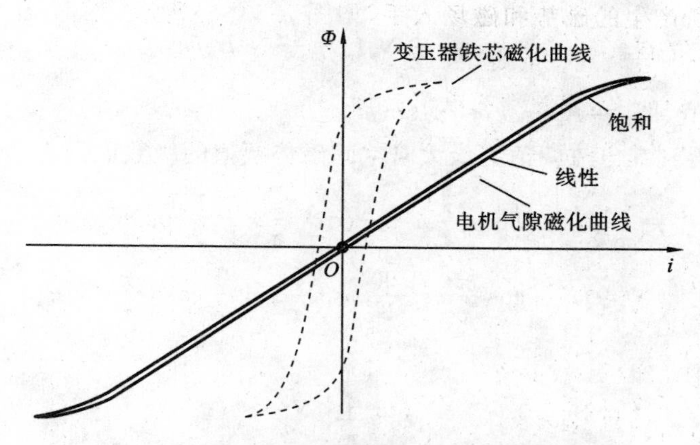

图 5-15　变压器铁芯磁化与电机气隙磁化特性

2）空间磁势的谐波分析

利用傅里叶级数可以将图 5-14(b)所示的空间矩形磁势分解为以直流分量、基波和各高次谐波之和描述的空间磁势。分解的目的是希望找到一种方法来削弱或抑制除基波以外的分量，使最终得到的磁势接近期望的正弦波。

如图 5-14(b)所示，空间磁势在空间是以两个极距(2τ)作周期变化的。我们把这个变化周期记为 2π 电弧度，其对应的物理空间角度与电机的磁极对数有关。当 $p=1$ 时，机电角度是相等的，2π 机械弧度相当于 2π 电弧度；当 $p>1$ 时，2π 机械弧度相当于 $p\times2\pi$ 电弧度。用极距为参量表示时，x 机械弧度相当于 $\pi x/\tau$ 电弧度，即机械弧度 x 为一个极距时电弧度等于 π。

现将图 5-14(b)所示 $i_y=I_m$ 瞬间的空间矩形波磁势按傅里叶级数展开，傅里叶级数的一般表达式为

$$f(x)=a_0+\sum_{n=1}^{+\infty}[a_n\cos nx+b_n\sin nx]$$

因图示波形具有偶函数性质，$b_n=0$，且由图可看出，其直流分量也为零，因此级数展开式可简化为

$$f(x)=\sum_{n=1}^{\infty}a_n\cos nx$$

$$a_n=\frac{2}{\pi}\int_0^{\pi}f(x)\cos nx\,\mathrm{d}x,\quad n=1,2,\cdots$$

用极距为参量的电弧度表示空间位置，上式可改写为

$$f(x)=\sum_{n=0}^{\infty}a_n\cos n\frac{\pi}{\tau}x \tag{5-5}$$

$$\begin{aligned}
a_n&=\frac{2}{\pi}\int_0^{\tau}f_m\left(\frac{\pi}{\tau}x\right)\cos n\left(\frac{\pi}{\tau}x\right)\mathrm{d}\left(\frac{\pi}{\tau}x\right)\\
&=\frac{2}{\pi}\left\{\int_0^{\frac{\tau}{2}}f_m\cos n\left(\frac{\pi}{\tau}x\right)\mathrm{d}\left(\frac{\pi}{\tau}x\right)-\int_{\frac{\tau}{2}}^{\tau}f_m\cos n\left(\frac{\pi}{\tau}x\right)\mathrm{d}\left(\frac{\pi}{\tau}x\right)\right\}\\
&=\frac{2}{\pi}f_m\frac{1}{n}\left\{\sin n\left[\frac{\pi}{\tau}x\right]_0^{\frac{\tau}{2}}-\sin n\left[\frac{\pi}{\tau}x\right]_{\frac{\tau}{2}}^{\tau}\right\}\\
&=\frac{2}{\pi}f_m\frac{1}{n}\left(\sin n\frac{\pi}{2}+\sin n\frac{\pi}{2}\right)=\frac{4}{\pi}f_m\frac{1}{n}\sin\left(n\frac{\pi}{2}\right)
\end{aligned}$$

$$f_m=\frac{1}{2}N_yI_m=\frac{\sqrt{2}}{2}N_yI$$

式中：I 为电流有效值，即 $i=I_m\sin\omega t=\sqrt{2}I\sin\omega t$。

代入式(5-5)，得到在电流幅值为最大时空间磁势幅值的级数展开表达式为

$$\begin{aligned}F_{ym}&=\frac{4}{\pi}\frac{\sqrt{2}}{2}IN_y\left(\cos\frac{\pi}{\tau}x-\frac{1}{3}\cos3\frac{\pi}{\tau}x+\frac{1}{5}\cos5\frac{\pi}{\tau}x-\cdots\right)\\&=0.9IN_y\left(\cos\frac{\pi}{\tau}x-\frac{1}{3}\cos3\frac{\pi}{\tau}x+\frac{1}{5}\cos5\frac{\pi}{\tau}x-\cdots\right)\end{aligned}\tag{5-6}$$

其中

$$0.9\approx\frac{4}{\pi}\times\frac{\sqrt{2}}{2}$$

当电流按正弦规律变化时，这个空间矩形分布磁势的级数展开瞬时表达式为

$$F_y(x,t)=F_{ym}(x)\sin\omega t=0.9IN_y\left(\cos\frac{\pi}{\tau}x-\frac{1}{3}\cos3\frac{\pi}{\tau}x+\frac{1}{5}\cos5\frac{\pi}{\tau}x-\cdots\right)\sin\omega t\tag{5-7}$$

由式(5-6)可以看出，在空间上的这个矩形波磁势所包含的 v 次谐波磁势最大幅值是基波磁势最大幅值的 $1/v$ 倍，其基波和主要的 3、5 次谐波磁势分布如图 5-16 所示，它们都随时间按正弦规律在正负最大值间变化，幅值脉振变化的频率都等于电源频率。

上述分析中，应当注意空间和时间的区别。磁势沿空间按矩形分布，可分解表示为空间基波磁势与各高次谐波磁势之和。时间上则是按同一频率的正弦规律变化的。上述谐波指的不是时间而是空间磁势分布中的谐波。

式(5-6)表明，3、5、7 次空间磁势谐波分量的幅值分别是基波磁势分量幅值的 1/3、1/5 和 1/7，在总磁势中占相当大的比重。这种谐波磁势所建立的谐波磁场，将在定、转子绕组内感生相应的谐波电势，恶化电动机的运行性能。为尽可能减小这种谐波磁势，使各相绕组磁势在空间近似呈正弦分布，在实际构造定子绕组时，采取了“分布”和“短距”两种措施。

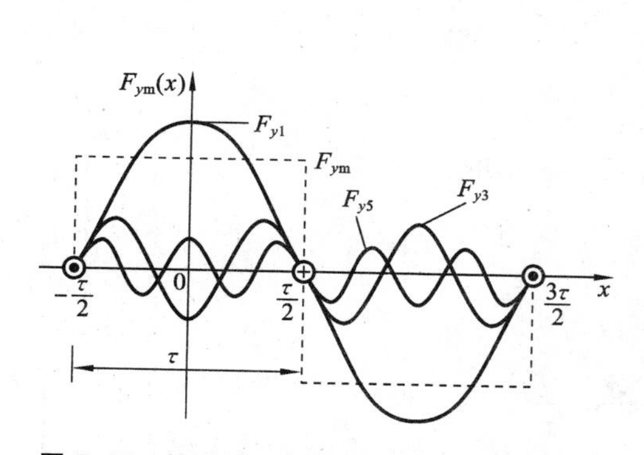

图 5-16 矩形波磁势中的基波和 3、5 次谐波

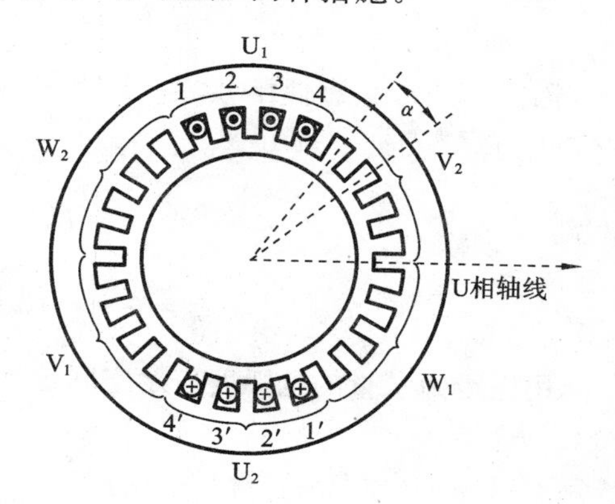

图 5-17 单层整距分布绕组结构

2. 单层整距分布绕组对空间谐波磁势的抑制作用

为叙述方便，以下提及的基波和高次谐波磁势均指对空间分布波而言。

为抑制空间谐波磁势，现将图 5-14(a)所示的集中在一个槽中的线圈分布到图 5-17 所示的相邻的 q 个槽中，变为匝数相等、电路相互串联的 q 个线圈，此处 $q=4$，这种形式的绕组称为单层整距分布绕组。在描述这种绕组结构特征时，采用了以下专业术语。

1）线圈组

一对极下属于一相绕组的 q 个线圈构成的串联电路称为每极每相线圈组，简称线圈组。图 5-17 所示的四个线圈就是一个线圈组。

2）每极每相槽数

每个极下一相绕组所占的槽数，称为每极每相槽数，在数值上等于一个线圈组中的串联线圈个数 q，且

$$q=\frac{Z_s}{2p\times m_s} \tag{5-8}$$

式中：m_s 为定子绕组相数，一般情况下，$m_s=3$；Z_s 为定子总槽数。

3）相带

每极每相的 q 个槽所占有的区域称为相带。普通的三相绕组中，一个极距内分布着 U、V、W 三个相带，每个相带各占 60°电角度空间。

4）槽距角

相邻两槽间弧长对应的圆心角称为槽距角，记作 α，以电角度表示，且

$$\alpha=\frac{360p}{Z_s} \tag{5-9}$$

式中：p 为磁极对数。

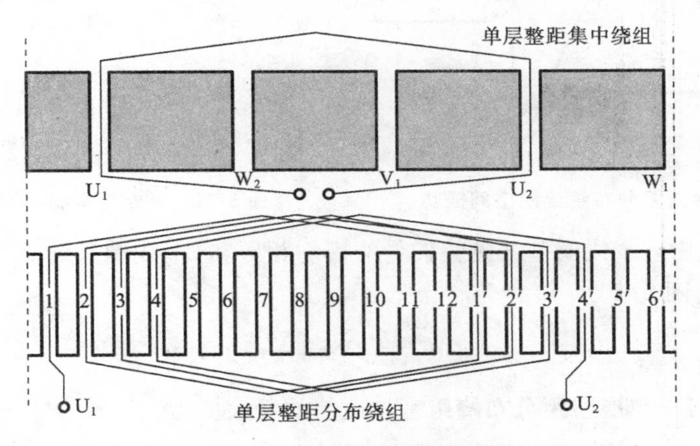

图 5-18　单层整距分布绕组平面展开图

在图 5-19 中，用“⊕”、“⊙”标出了某瞬间 U 相各线圈边中的电流方向。各线圈所建立的气隙磁势空间均呈矩形分布，但由于每个线圈空间依次相距一个槽距角 α，故四个线圈建立的四个矩形波磁势空间依次滞后 α，如图中 $\boldsymbol{F}_1$、$\boldsymbol{F}_2$、$\boldsymbol{F}_3$、$\boldsymbol{F}_4$ 所示。线圈组建立的磁势则为这四个矩形波磁势的叠加，如图中所示，呈阶梯波形状，与矩形波相比，它较接近正弦波。这表明整距集中绕组改为整距分布绕组后，空间磁势波中的高次谐波成分受到了抑制。

为定量地说明这一结论，引入一空间矢量来描述空间呈正弦分布的磁势，并以大写黑体文字符号表示。此空间矢量的模等于空间正弦波的幅值，空间相位与正弦波幅值的空间位置对应。因为基波磁势与矩形波磁势具有相同的极距，故图 5-19 中的四个线圈的基波磁势 $\boldsymbol{F}_{11}$、$\boldsymbol{F}_{21}$、$\boldsymbol{F}_{31}$、$\boldsymbol{F}_{41}$ 在空间的相位差也依次相差 α 角，线圈组的合成基波磁势 F_{qm1} 则应为上述四个线圈基波磁势的叠加。若将 $\boldsymbol{F}_{11}$、$\boldsymbol{F}_{21}$、$\boldsymbol{F}_{31}$、$\boldsymbol{F}_{41}$ 表示为四个空间相位依次相差 α 度的空间矢量，则其矢量和即为基波合成磁势的空间矢量 $\boldsymbol{F}_{qm1}$，如图 5-20 所示。因四个线圈的磁势均为脉振磁势，故合成磁势也是脉振磁势，即 $\boldsymbol{F}_{11}$、$\boldsymbol{F}_{21}$、$\boldsymbol{F}_{31}$、$\boldsymbol{F}_{41}$ 和 $\boldsymbol{F}_{qm1}$ 的空间位置固定、矢量模的大小和方

向随时间按同一正弦规律变化。图 5-20 所示的是当电流为最大值瞬间的矢量图。图中各线圈的基波磁势矢量形成一个正多边形的一部分(考虑到三相绕组的空间对称性,每个线圈的参数相同、其中流过电流的最大值也相同,因此每个线圈磁势在其中电流达到最大值时幅值是相同的,但空间依次相差 α 角。若将所有线圈在电流达到最大值和负最大值时的磁势全部画出,它们将均匀分布在一个完整的圆周上,彼此相位相差 α 角。将它们全部相加,形成一个封闭的正多边形)。若记它的外接圆半径为 R,则这个多边形的每条边对应的圆心角正好等于 α,利用图中的几何关系可求出线圈组的基波磁势矢量模的最大值为

$$F_{qm1}=2R\sin\frac{q\alpha}{2}$$

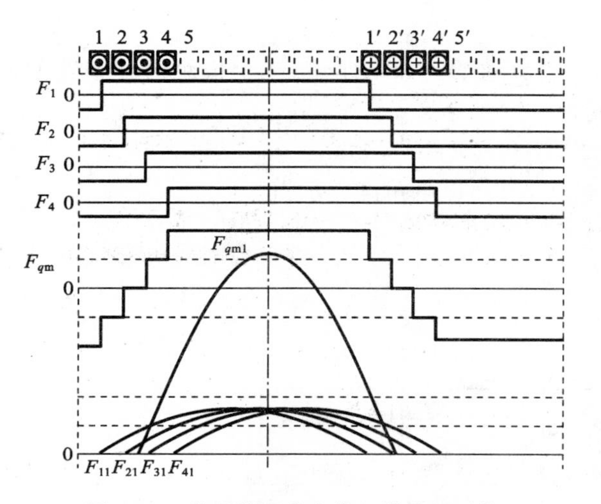

图 5-19 单层整距分布绕组的空间磁势

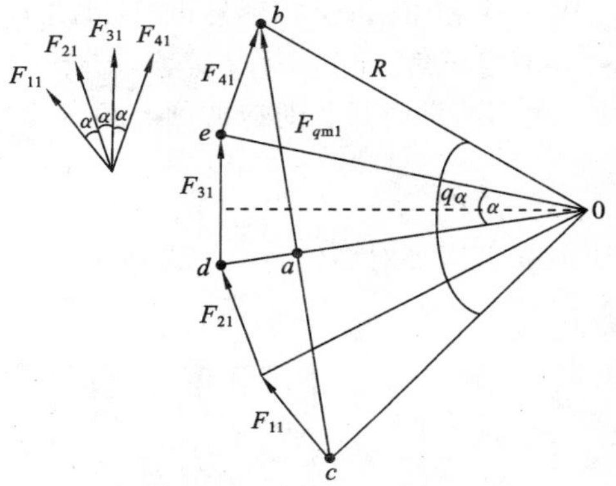

图 5-20 单层整距分布绕组的基波磁势合成

注意到线圈组中 q 个线圈基波磁势矢量的模均相等,每个线圈基波磁势的最大值以通用表达式 F_{y1} 表示,由图 5-20 可知

$$F_{y1}=2R\sin\frac{q}{2}$$

比较两式消去 R,可得单层整距分布绕组基波磁势的最大值为

$$F_{qm1}=qF_{y1}\frac{\sin\frac{q\alpha}{2}}{q\sin\frac{\alpha}{2}}$$

定义

$$K_{q1}=\frac{\sin\frac{q\alpha}{2}}{q\sin\frac{\alpha}{2}} \tag{5-10}$$

为线圈组磁势的基波分布系数,则基波磁势最大值为

$$F_{qm1}=K_{q1}qF_{y1} \tag{5-11}$$

式中:qF_{y1} 是将 q 个线圈集中嵌放在一个定子槽中时的线圈组基波磁势最大值。

$K_{q1}<1$,所以采用整距分布绕组后,与具有相同匝数的整距集中绕组相比,线圈组基波磁势的幅值下降,下降的比例等于绕组的基波分布系数 K_{q1}。

谐波磁势也有相同的结果。从图 5-16 可看出,基波磁势的一个极距等于 v 次谐波磁势的

v 个极距，因此，各线圈 v 次谐波磁势矢量的空间相位依次相差 $v\alpha$。按讨论基波磁势完全相同的方法，可得 v 次谐波磁势最大值为

$$F_{qmv}=qF_{yv}\frac{\sin v\dfrac{q\alpha}{2}}{q\sin v\dfrac{\alpha}{2}}=K_{qv}\times qF_{yv} \tag{5-12}$$

其中

$$K_{qv}=\frac{\sin v\dfrac{q\alpha}{2}}{q\sin v\dfrac{\alpha}{2}},\quad v=3,5,7,\cdots \tag{5-13}$$

称为线圈组的 v 次谐波分布系数，且 $K_{qv}<1$。

显然，采用整距分布绕组代替整距集中绕组后，线圈组基波磁势和谐波磁势的幅值均下降，但谐波磁势的幅值下降比例远大于基波。以图示绕组为例，已知 $\alpha=360p/Z_s=15°$，$q=4$，可分别求得 $k_{q1}=0.96$，$k_{q3}=0.65$，$k_{q5}=0.21$，$k_{q7}=-0.16$，由此可见，采用整距分布绕组后，基波磁势幅值仅下降 4%，所受影响不大，而 3、5、7 次谐波磁势幅值则分别下降 35%、79% 和 84%，谐波磁势比基波磁势受到更大的削弱，使最终合成的磁势更接近正弦波。

由于气隙磁势的空间分布波形仅取决于线圈边电流的方向，与定子槽外线圈边之间的端接部分无关，只要保证各相带线圈边中电流方向正确，端接部分的形式原则上可以任取。这种灵活性十分有利于绕组的结构设计。电机制造厂家可以为节约铜量和根据不同制造工艺的要求设计出不同形式的绕组。目前中小型异步电动机广泛应用的单层整距分布绕组有单层叠绕组、同心式绕组、链式绕组和交叉链式绕组四种。

(1) 单层叠绕组。

图 5-18 中的整距分布绕组就是一种单层叠绕组。它因其各线圈的端接部分相互搭叠而得名。现以一台 $2p=4$、$Z_s=24$ 的异步电动机为例，说明这种绕组的构成方法。

大致的步骤如下。

按式 $\tau=Z_s/2p$ 计算极距。本例中 $\tau=Z_s/2p=24/4=6$，据此将 24 个定子槽划分为某瞬间的 4 个主磁极区间，每区间占 6 槽。

按式(5-8)计算每极每相槽数 q，本例中 $q=Z_s/2pm_s=24/(2\times2\times3)=2$，即一个相带占有两个定子槽。然后根据三相绕组在空间对称分布且两线圈边跨距等于极距的原则确定各相相带的空间位置，如图 5-21 所示。

标出各线圈边电流的方向。为了形成两对磁极的磁场，在同一磁极区间内的线圈中电流方向应相同，相邻两极下区间内的线圈边中电流方向应相反，如图 5-21 所示。

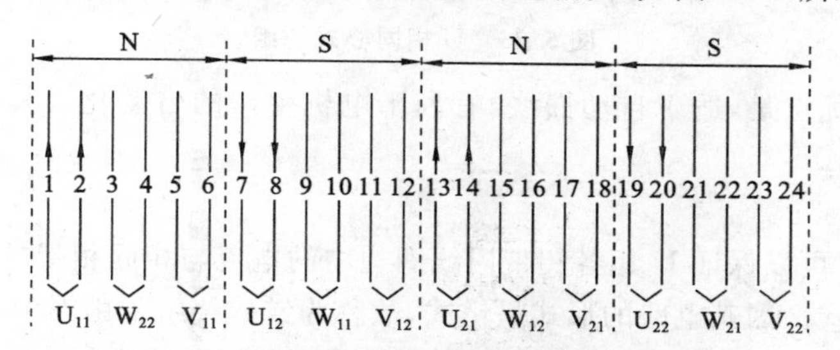

图 5-21 两对极电动机极下空间及相带的划分

按叠绕组的特点将相带 U_{11}、U_{12} 内的线圈边连接成一个线圈组，将相带 U_{21}、U_{22} 内的线圈边连接成另一个线圈组，并将两个线圈串联成 U 相绕组，如图 5-22 所示。图中线圈边 1、7 下方的连接线表示嵌放在一个槽中的线圈边是由多匝线圈的线圈边构成的，下方菱形连接线为匝间连接线，槽中线圈的末端由下方矩形带小箭头的连接线接至 2、8 槽中的第二个线圈。即从 U_{11} 进入的线圈沿 1 至 7 缠绕数匝后再通过匝间连接线至 2、8 缠绕数匝，从 U_{12} 引出。后面的连接方法相同。

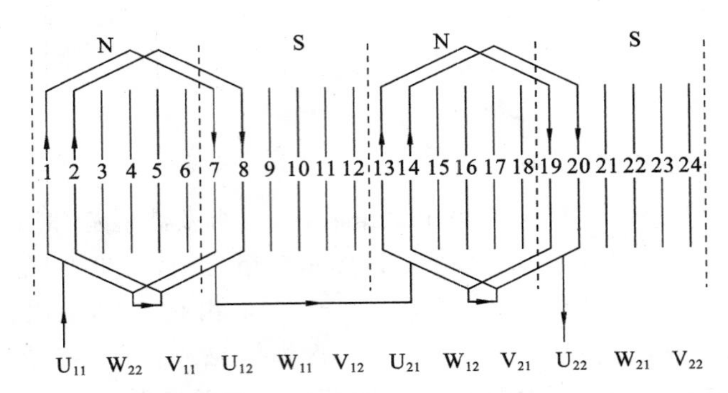

图 5-22 单层叠绕组 U 相连接方法

V、W 相绕组连接图可按相同步骤作出。

(2) 同心式绕组。

在保持图 5-21 所示各相带电流方向不变的前提下，将 U 相绕组端接部分改作图 5-23 所示的形式，即构成同心式绕组，由图中看出，同心式绕组线圈边的跨距为 7 时，跨距大于一个极距，称为长距；为 5 时，小于一个极距，称为短距。但因各相带电流与相同相带的单层叠绕组完全一致，故它们的空间磁势也必然完全相同，从这个意义上讲，仍称同心式绕组为整距绕组，V、W 相的构成原则与 U 相的完全相同。

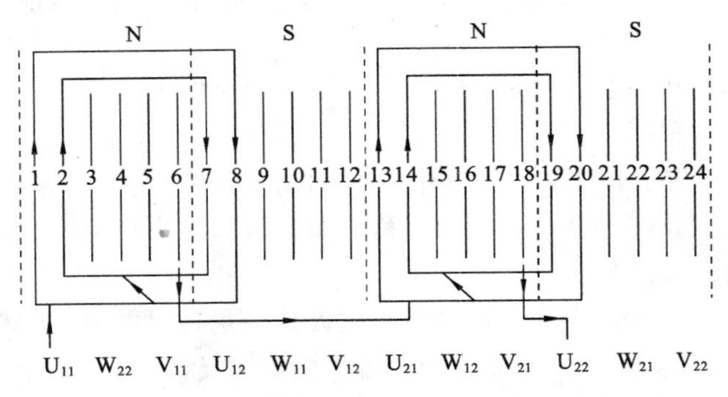

图 5-23 U 相同心式绕组

同心式绕组的优点是，适于自动嵌线，有利于电机生产的自动化。其缺点是端接部分较长，耗铜量较大。

(3) 链式绕组。

图 5-24 给出了可以保证 U 相各相带内线圈边中的电流与相同相带的单层叠绕组完全一致的又一种端接方式。因其电路的形式呈链式，故称为链式绕组。由图中可以看出，链式绕组线圈的跨距 $y_1=5<\tau$，不是整距。但基于与同心式绕组相同的理由，仍称它为整距绕组，其主要优点是端接部分较短，耗铜量较小。

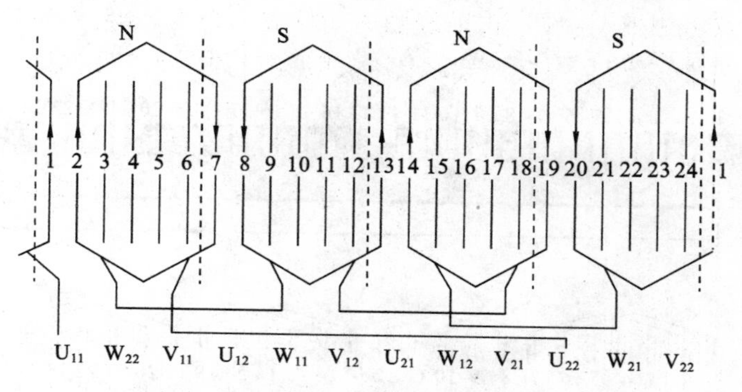

图 5-24 U 相链式绕组

(4) 交叉链式绕组。

$q=3$ 时的 U 相链式绕组如图 5-25 所示，这是一种叠式与链式的混合型绕组，称为交叉链式绕组。其优点与链式绕组相同，应用也非常广泛。

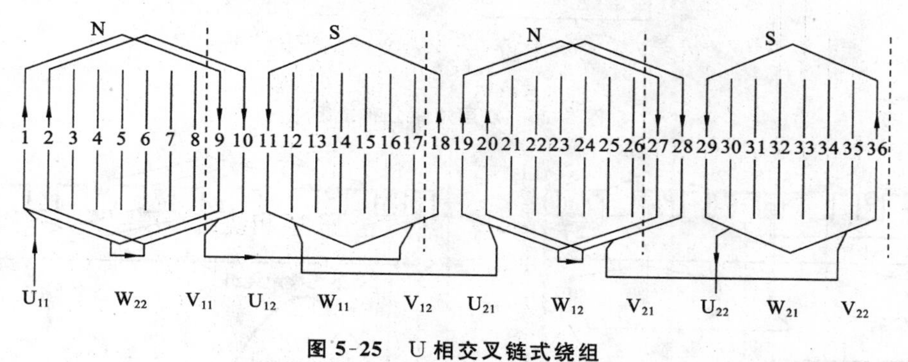

图 5-25 U 相交叉链式绕组

3. 用双层短距分布绕组进一步改善磁势波形

单层整距分布绕组可以在一定程度上抑制磁通空间分布波中的高次谐波分量，对改善气隙磁势的空间分布波形能起一定的作用，且绕制方便，国产小功率三相异步电动机均采用这种绕制方式。但对于中型功率以上的异步电动机和同步电动机而言，为进一步抑制空间磁势中的高次谐波，尚需采取进一步的措施，即采用双层短距绕组。

双层短距绕组是一种同一定子槽中嵌放有上、下两层线圈边、线圈跨距 $y_1<\tau$ 的分布绕组。它在一定条件下可以进一步抑制绕组磁势空间分布波中的高次谐波分量，使气隙磁势的空间分布更接近正弦波。

仍以上述 $2p=4$、$Z_s=24$ 的异步电动机为例，其极距 $\tau=6$ 槽。现取线圈跨距 $y_1=5<\tau$，则 U 相绕组的线圈边在定子槽中的分布平面展开情况如图 5-26(a)所示，图 5-26(b)所示的为绕组接线的平面展开图，图中实线代表上层边，虚线代表下层边。因绕组是双层的，故一相中有四个线圈，各线圈之间的连接如图 5-26(c)所示。

因绕组磁势的空间分布波形仅取决于各相带内线圈边中电流的方向，与线圈端接部分的形式无关，考虑到线圈上下层元件边中电流的方向，可将图 5-26(a)中的双层短距分布绕组视为两套单层整距分布绕组的组合，其中一套全部由线圈的上层边组成，另一套全部由下层边组成，且两套绕组在空间错开一个角度 ε，如图 5-27(b)所示。由图可见，ε 等于极距 τ 与线圈跨距 y_1 之差，称为绕组的短距角，用电弧度表示时，有

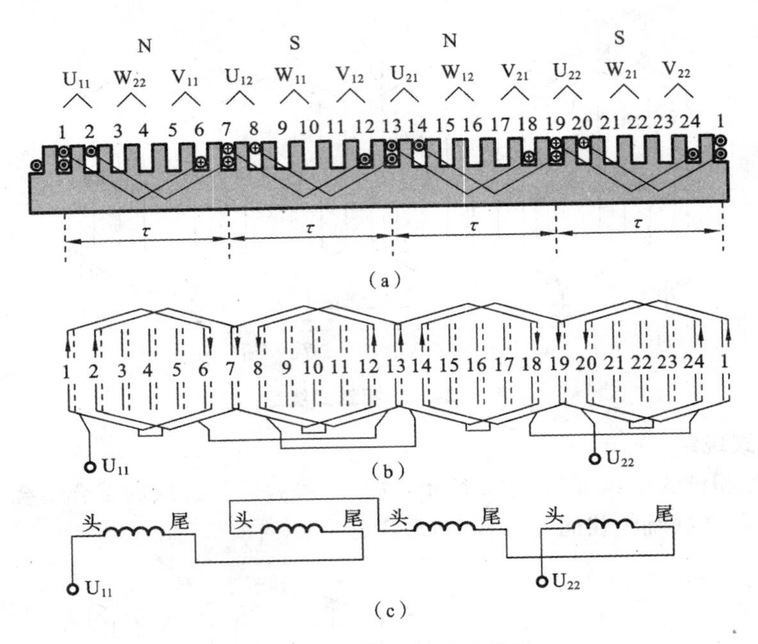

图 5-26　双层短距分布绕组

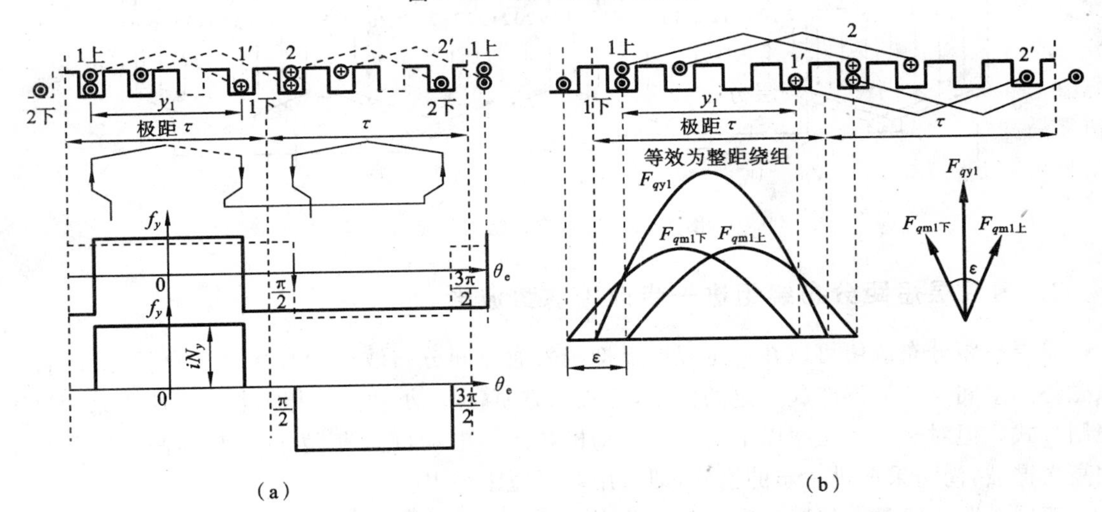

图 5-27　双层短距分布绕组对空间磁势分布高次谐波的抑制

$$\varepsilon=\pi\left(\frac{\tau-y_1}{\tau}\right)=\pi\left(1-\frac{y_1}{\tau}\right) \tag{5-14}$$

分别记上、下层两套分布绕组的基波磁势为 $\boldsymbol{F}_{qm1上}$ 和 $\boldsymbol{F}_{qm1下}$，如图 5-27(b)所示，其空间相位差也应为 ε，实际双层短距分布绕组的基波磁势 $\boldsymbol{F}_{qy1}$ 应等于它们的矢量和。利用图中的几何关系，并注意到两矢量的模 $F_{qm1上}=F_{qm1下}$，记作 F_{qm1}，可以求出 $\boldsymbol{F}_{qy1}$ 的模 F_{qy1} 等于

$$F_{qy1}=2F_{qm1}\cos\frac{\varepsilon}{2}=k_{y1}\times 2F_{qm1} \tag{5-15}$$

式中

$$k_{y1}=\cos\frac{\varepsilon}{2}<1 \tag{5-16}$$

称为绕组的基波短距系数；$2F_{qm1}$ 为采用相同串联匝数的双层整距分布绕组时基波合成磁势的

最大值。

这样，以双层短距分布绕组代替双层整距分布绕组后，基波磁势的幅值进一步下降，下降的比例等于绕组的基波短距系数。

高次谐波磁势也有类似的情况。因基波磁势的一个极距相当于 v 次谐波的 v 个极距，故上、下两套绕组的 v 次谐波磁势矢量的空间相位差应为 $v\varepsilon$，利用上述相同的方法可求出双层短距分布绕组 v 次谐波磁势的最大幅值 F_{qyv} 为

$$F_{qyv}=2F_{qmv}\cos\frac{v\varepsilon}{2}=k_{yv}\times 2F_{qmv} \tag{5-17}$$

式中：k_{yv} 为 v 次谐波短距系数，

$$k_{yv}=\left|\cos\frac{v\varepsilon}{2}\right|<1 \tag{5-18}$$

显然，以双层短距分布绕组代替双层整距分布绕组后，v 次谐波磁势的幅值也进一步下降，下降的比例等于绕组的 v 次谐波短距系数。

现以图 5-26 所示绕组为例，说明双层短距分布绕组的谐波抑制效果。图中，$y_1=5$，$\tau=6$，故

$$\varepsilon=\pi\left(\frac{\tau-y_1}{\tau}\right)=\pi\left(1-\frac{5}{6}\right)=\frac{\pi}{6}$$

据此，可分别求出 $k_{y1}=0.97$，$k_{y3}=0.7$，$k_{q5}=0.26$，$k_{q7}=-0.26$。说明当取 $\varepsilon=\pi/6$ 时，与双层分布整距绕组相比，基波磁势幅值下降 3%，3 次谐波磁势幅值下降 30%，5 次和 7 次谐波磁势幅值均下降 74%。可见，双层分布绕组采用短距后，对基波磁势影响不大，但谐波磁势受到了很强的抑制。若在绕组设计时，令影响最大的 i 次谐波短距系数 $k_{yi}=0$，则磁势波中可不含有 i 次谐波分量。

当绕组同时采用分布、双层短距两种措施时，基波被削弱的比例将是两种衰减系数的乘积，称为基波双层短距分布绕组系数，简称基波绕组系数，记为 k_{N1}，有

$$k_{qy1}=k_{q1}k_{y1}=k_{N1} \tag{5-19}$$

采取双层短距、分布绕组后，基波磁势

$$F_{qy1}=k_{q1}(2F_{qm1})=2k_{q1}k_{y1}qF_{y1}=k_{N1}(2qF_{y1})=k_{N1}F_{ym1} \tag{5-20}$$

同理，对于磁势的高次谐波也有

$$F_{qyv}=k_{qv}k_{yv}F_{ymv}=k_{Nv}F_{ymv} \tag{5-21}$$

式中：F_{ymv} 为相同匝数整距集中绕组 v 次谐波磁势的幅值；k_{Nv} 为 v 次谐波双层短距分布绕组系数，简称为 v 次谐波绕组系数。

对于图 5-26 所示绕组，$q=2$，$\alpha=360p/Z_s=360\times 2/24=30°$，据此，可求得 $K_{N1}=0.93$，$k_{N3}=0.5$，$k_{N5}=0.07$，$k_{N7}=-0.07$。这说明，在采用了双层短距分布措施后，一相绕组磁势中的 5 次及 7 次谐波受到了很强的抑制，3 次谐波成分虽然仍较大，但在后面的分析中可以发现，在对称的三相绕组中，3 次谐波合成磁势将等于零，对电动机的运行不产生影响。因此，可以认为一相绕组的空间磁势波十分接近正弦波。

由式(5-7)可知，匝数为 N_y 的线圈中通过有效值为 I 的正弦电流时，其基波磁势的最大值 $F_{y1}=0.9IN_y$，故当采用双层短距分布绕组时，有

$$F_{qy1}=k_{N1}2q(0.9IN_y) \tag{5-22}$$

式中：2 表示双层；q 为分布槽数。

若在相同的电流下采用匝数为 N'_y 的双层整距集中绕组建立幅值与 F_{qy1} 相等的基波磁

势，则

$$F_{qy1}=2q(0.9IN'_y) \tag{5-23}$$

比较式(5-22)、式(5-23)，有

$$k_{N1}N_y=N'_y \tag{5-24}$$

式(5-24)说明，在保持基波磁势幅值不变的前提下，可利用式(5-24)将双层短距分布绕组折算为整距集中绕组。

对一相绕组，总串联匝数为 $N_1=p(2qN_y)$，属于一对磁极的匝数为$\frac{N_1}{p}$。这样，将双层短距分布绕组折算为整距集中绕组的系数为$\frac{k_{N1}N_1}{p}$，从而可得到这种绕组的一相绕组基波磁势幅值为

$$F_{m1}=\frac{4}{\pi}\frac{N_1k_{N1}}{2p}I_m=\frac{4}{\pi}\frac{N_1k_{N1}}{2p}\sqrt{2}I=\frac{0.9N_1k_{N1}}{p}I \tag{5-25}$$

在上述分析中，利用傅里叶级数，讨论了一相绕组结构对空间磁势谐波抑制的作用，明确了每相绕组线圈采用分布、短距结构的目的和效果，为后续分析可只考虑基波磁势奠定了理论基础。以上关于定子绕组结构和磁势波形的分析结论同样适用于绕线转子异步电动机的转子绕组。

二、交流电动机绕组磁势的性质

1. 一相绕组基波磁势

考虑到采用双层短距分布绕组后，高次谐波磁势已受到很强的抑制，故一相绕组中正弦电流形成的空间磁势波可近似用它的基波分量表示，即

$$F_1(x,t)=F_{m1}\cos\frac{\pi}{\tau}x\sin\omega t \tag{5-26}$$

此式表明，一相绕组的基波磁势不仅是空间位置 x 或空间角度的函数，而且也是时间 t 的函数。它是一个在空间呈余弦规律分布、幅值随时间按正弦规律变化的脉振磁势，如图 5-28 所示。利用三角积化和差公式 $\sin\alpha\cos\beta=\frac{1}{2}[\sin(\alpha+\beta)+\sin(\alpha-\beta)]$，将其分解为两项之和，可得

$$F_1(x,t)=\frac{F_{m1}}{2}\left[\sin\left(\omega t-\frac{\pi}{\tau}x\right)+\sin\left(\omega t+\frac{\pi}{\tau}x\right)\right]=F_{1F}(x,t)+F_{1R}(x,t) \tag{5-27}$$

$$F_{1F}(x,t)=\frac{F_{m1}}{2}\sin\left(\omega t-\frac{\pi}{\tau}x\right) \tag{5-28}$$

$$F_{1R}(x,t)=\frac{F_{m1}}{2}\sin\left(\omega t+\frac{\pi}{\tau}x\right) \tag{5-29}$$

上面两式表明，这两个磁势分量波具有物理学中称为“行波”的性质。

(1) 它们对任一时刻在空间呈正弦分布。例如，式(5-28)在 $t=t_1$ 时刻，有

$$F_{1F}(x,t_1)=\frac{F_{m1}}{2}\sin\left(-\frac{\pi}{\tau}x+\omega t_1\right)$$

所描述的显然是以 ωt_1 为初相位的、以 x 为自变量的空间正弦波。

(2) 波的幅值为常数，并以一定的速度和方向移动。令方程中正弦值为 1，可得这个正弦

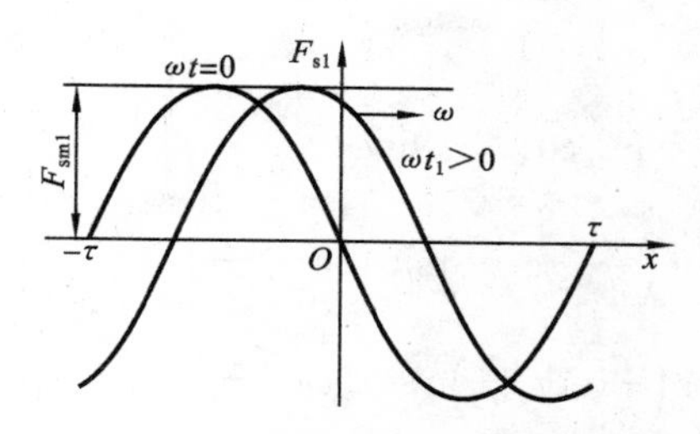

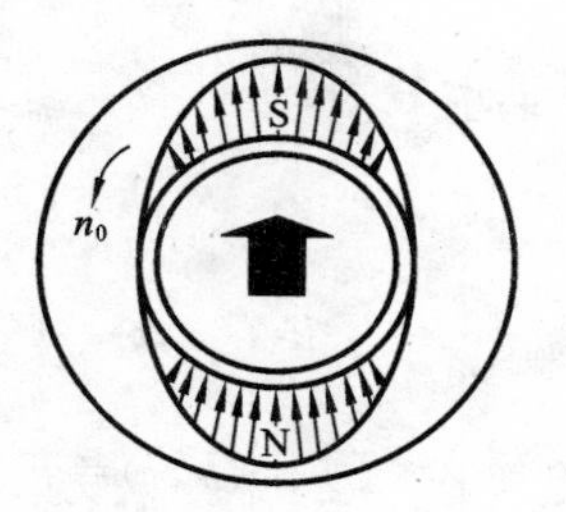

图 5-28 三相合成基波磁势的行波特性

行波波顶(幅值)的运动方程为

$$x=\pm\frac{\tau}{\pi}\left(\omega t-\frac{\pi}{2}\right)$$

对时间求导数，并考虑到 $\omega=2\pi f$，可得到波顶运动的线速度，也就是磁势波的空间移动速度为

$$v=\frac{dx}{dt}=\pm\frac{\tau\omega}{\pi}=\pm 2\tau f \text{ m/s}$$

针对电机的运动特点，将其转换为旋转速度，即将 ν，单位为 m/s，转换为每分钟内的转数，单位为 r/min，并假定在一个直径为 D 的圆周上，电机具有 p 对磁极，磁极的极距为 τ，则有 $D\pi=2p\tau$，因此，波顶的旋转速度为

$$n_0=\pm\frac{60v}{D\pi}=\pm 60\frac{2\tau f}{2p\tau}=\pm\frac{60f}{p} \text{ r/min} \tag{5-30}$$

其中

$$n_{0F}=\frac{60f}{p} \text{ r/min}$$

$$n_{0R}=-\frac{60f}{p} \text{ r/min}$$

分别为 $F_{1F}(x,t)$ 和 $F_{1R}(x,t)$ 的转速。

通过上面的分析，可得到以下结论：

(1) 一相绕组中电流所建立的磁势在忽略三次谐波的条件下可近似视为一个空间正弦分布的脉振磁势；

(2) 这个脉振磁势可分解成两个幅值相等的正弦旋转磁势，其幅值均为脉振磁势最大幅值的一半；

(3) 分解得到的两个磁势旋转速度相同，$|n_0|=60f/p$，方向相反。

2. 三相绕组合成磁通势的性质

图 5-29 所示的为空间直角坐标系中的三相等效集中整距绕组分布示意图。图中，三相绕组在空间依次滞后 $\frac{2\pi}{3}$ 电弧度，并取 U 相绕组的轴线为纵坐标轴。设三相绕组电流为

$$\left.\begin{aligned} i_U&=I_m\sin\omega t\\ i_V&=I_m\sin\left(\omega t-\frac{2\pi}{3}\right)\\ i_W&=I_m\sin\left(\omega t+\frac{2\pi}{3}\right)\end{aligned}\right\} \tag{5-31}$$

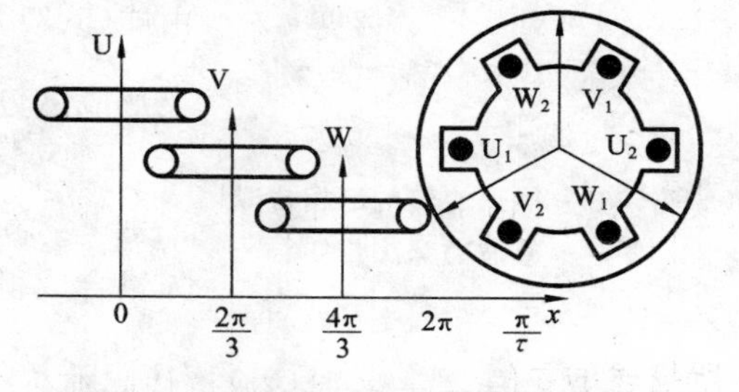

图 5-29 三相等效绕组空间位置示意图

则三相绕组的基波磁势为

$$F_{\mathrm{U1}}(x,t)=F_{\mathrm{m1}}\cos\frac{\pi}{\tau}x\sin\omega t$$

$$F_{\mathrm{V1}}(x,t)=F_{\mathrm{m1}}\cos\left(\frac{\pi}{\tau}x-\frac{2\pi}{3}\right)\sin\left(\omega t-\frac{2\pi}{3}\right)$$

$$F_{\mathrm{W1}}(x,t)=F_{\mathrm{m1}}\cos\left(\frac{\pi}{\tau}x+\frac{2\pi}{3}\right)x\sin\left(\omega t+\frac{2\pi}{3}\right)$$

将它们分别分解成两个旋转磁势：

$$F_{\mathrm{U1}}(x,t)=\frac{F_{\mathrm{m1}}}{2}\left[\sin\left(\omega t-\frac{\pi}{\tau}x\right)+\sin\left(\omega t+\frac{\pi}{\tau}x\right)\right]$$

$$F_{\mathrm{V1}}(x,t)=\frac{F_{\mathrm{m1}}}{2}\left[\sin\left(\omega t-\frac{\pi}{\tau}x\right)+\sin\left(\omega t+\frac{\pi}{\tau}x+\frac{2\pi}{3}\right)\right]$$

$$F_{\mathrm{W1}}(x,t)=\frac{F_{\mathrm{m1}}}{2}\left[\sin\left(\omega t-\frac{\pi}{\tau}x\right)+\sin\left(\omega t+\frac{\pi}{\tau}x-\frac{2\pi}{3}\right)\right]$$

三相绕组的基波合成磁势 $F_{\mathrm{s1}}(x,t)$等于上述三磁势之和，即

$$F_{\mathrm{s1}}(x,t)=F_{\mathrm{U1}}(x,t)+F_{\mathrm{V1}}(x,t)+F_{\mathrm{W1}}(x,t)=\frac{3}{2}F_{\mathrm{m1}}\sin\left(\omega t-\frac{\pi}{\tau}x\right)$$

式中

$$F_{\mathrm{sm1}}=\frac{3}{2}F_{\mathrm{m1}}=1.5\times0.9\,\frac{N_1k_{N1}}{p}I=1.35\,\frac{N_1k_{N1}}{p}I \tag{5-32}$$

由此得到一个重要关系式

$$F_{\mathrm{s1}}(x,t)=F_{\mathrm{sm1}}\sin\left(\omega t-\frac{\pi}{\tau}x\right) \tag{5-33}$$

上式表明，空间对称分布的三相绕组通过频率为 f 的三相对称正弦电流时，其基波合成磁势具有如下重要性质。

(1) $F_{\mathrm{s1}}(x,t)$是一个空间呈正弦分布、幅值固定，并以转速 n_0 旋转的旋转磁势，且比照对式(5-28)的讨论，有

$$n_0=\frac{60f}{p}$$

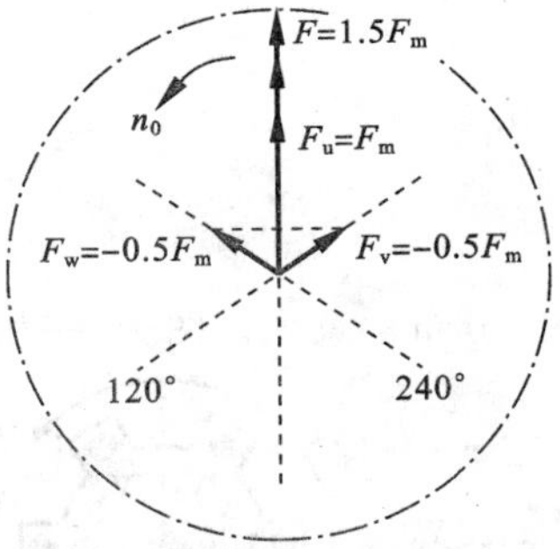

如果采用空间矢量 $\boldsymbol{F}_{\mathrm{s1}}$ 来表示 $F_{\mathrm{s1}}(x,t)$，则 $\boldsymbol{F}_{\mathrm{s1}}$ 是模为常数并以转速 n_0 旋转的旋转矢量，矢量端点的运动轨迹为一圆周，故称 $\boldsymbol{F}_{\mathrm{s1}}$ 为圆形旋转磁势。如图 5-30 所示，虽然每相磁势矢量仅在各自轴上按各自正弦电流的变化规律脉振，但它们的合成矢量的矢端却在空间圆周上旋转。对图示瞬间，对应 $\omega t=\pi/2$，由式(5-31)，有 $i_{\mathrm{u}}=I_{\mathrm{m}}$，$i_{\mathrm{v}}=i_{\mathrm{w}}=-\frac{1}{2}I_{\mathrm{m}}$，它们在各自绕组轴线上形成磁势为

图 5-30 圆形旋转的三相合成基波磁势矢量

$$\boldsymbol{F}_{\mathrm{u}}=\boldsymbol{F}_{\mathrm{m}},\quad \boldsymbol{F}_{\mathrm{v}}=-\frac{1}{2}\boldsymbol{F}_{\mathrm{m}},\quad \boldsymbol{F}_{\mathrm{w}}=-\frac{1}{2}\boldsymbol{F}_{\mathrm{m}}$$

矢量合成得到三相合成磁势的模为$\frac{3}{2}F_{\mathrm{m}}$，与 F_{u} 同方向。$\omega t=\frac{2\pi}{3}+\frac{\pi}{2}$和 $\omega t=\frac{4\pi}{3}+\frac{\pi}{2}$时情况可依同理分析。

(2) 上述分析同时表明，某相电流达到最大值时，$F_{s1}(x,t)$的幅值恰好旋转到这一绕组的轴线上。这个特性，易从图5-30得出。以U相为例，当$\omega t=\frac{\pi}{2}$时，$i_U=I_m$，为求出此时$F_{s1}(x,t)$的幅值所到达的空间位置，可将$\omega t=\frac{\pi}{2}$代入式(5-33)，并令$\sin\left(\frac{\pi}{2}-\frac{\pi}{\tau}x\right)=1$，求得$x=0$，也表明$F_{s1}(x,t)$的幅值正处于U相绕组的轴线上。

上述两种性质与上一节定性分析时所得的结论是一致的。

(3) $F_{s1}(x,t)$的转向取决于三相电流的相序。当三相绕组的相序为U—V—W时，合成旋转磁势的幅值依U—V—W的空间顺序经过相应绕组的轴线；若电流相序改为U—W—V，则合成旋转磁势的幅值就应依U—W—V的空间顺序经过相应绕组的轴线，即旋转方向发生了变化。

此结论也可用解析法予以证明：若将V、W相电源对调，则三相绕组的基波磁势相应变为

$$F_{U1}(x,t)=F_{m1}\cos\frac{\pi}{\tau}x\sin\omega t$$

$$F_{V1}(x,t)=F_{m1}\cos\left(\frac{\pi}{\tau}x-\frac{2\pi}{3}\right)\sin\left(\omega t+\frac{2\pi}{3}\right)$$

$$F_{W1}(x,t)=F_{m1}\cos\left(\frac{\pi}{\tau}x+\frac{2\pi}{3}\right)x\sin\left(\omega t-\frac{2\pi}{3}\right)$$

按相同的方法求出此时的三相基波合成磁势为

$$F_{s1}(x,t)=\frac{3}{2}F_{m1}\sin\left(\omega t+\frac{\pi}{\tau}x\right)$$

对比式(5-33)可知，若电源改变相序，$F_{s1}(x,t)$的旋转方向就会发生改变。

3. 三相绕组的谐波合成磁势

1) 三相合成磁势的三次谐波和零序谐波

对应空间基波磁势的一个极距，空间三次谐波磁势已经是3个极距，如图5-16所示，各相表达式为

$$F_{U3}(x,t)=F_{m3}\cos3\frac{\pi}{\tau}x\sin\omega t$$

$$F_{V3}(x,t)=F_{m3}\cos3\left(\frac{\pi}{\tau}x-\frac{2\pi}{3}\right)\sin\left(\omega t-\frac{2\pi}{3}\right)$$

$$F_{W3}(x,t)=F_{m3}\cos3\left(\frac{\pi}{\tau}x+\frac{2\pi}{3}\right)\sin\left(\omega t+\frac{2\pi}{3}\right)$$

三相三次谐波合成磁势为三相之和，有

$$\begin{aligned}F_{s3}(x,t)&=F_{U3}(x,t)+F_{V3}(x,t)+F_{W3}(x,t)\\&=F_{m3}\cos3\frac{\pi}{\tau}x\left[\sin\omega t+\sin\left(\omega t-\frac{2\pi}{3}\right)+\sin\left(\omega t+\frac{2\pi}{3}\right)\right]=0\end{aligned}$$

因此，由于各相三次谐波磁势的空间位置相同，即

$$\cos\left[3\left(\frac{\pi}{\tau}x\right)\right]=\cos\left[3\left(\frac{\pi}{\tau}+\frac{2\pi}{3}\right)\right]=\cos\left[3\left(\frac{\pi}{\tau}-\frac{2\pi}{3}\right)\right]=\cos3\frac{\pi}{\tau}x$$

而三相电流在时间上互差120°电角度，故三相合成三次谐波磁势恒为零。

依此推论：凡3整数倍次的谐波，三相合成磁势都为零。3整数倍次的谐波因相位是相同的，也称为零序谐波。

2）三相合成磁势的正序谐波

次数为 7，13，19，…，$n=6k+1$，$k=1,2,3,\cdots$的谐波，以 7 为代表，每相磁势为

$$F_{U7}(x,t)=F_{m7}\cos 7\frac{\pi}{\tau}x\sin\omega t$$

$$F_{V7}(x,t)=F_{m7}\cos 7\left(\frac{\pi}{\tau}x-\frac{2\pi}{3}\right)\sin\left(\omega t-\frac{2\pi}{3}\right)=F_{m7}\cos\left(7\frac{\pi}{\tau}x-\frac{2\pi}{3}\right)\sin\left(\omega t-\frac{2\pi}{3}\right)$$

$$F_{W7}(x,t)=F_{m7}\cos 7\left(\frac{\pi}{\tau}x+\frac{2\pi}{3}\right)\sin\left(\omega t+\frac{2\pi}{3}\right)=F_{m7}\cos\left(7\frac{\pi}{\tau}x+\frac{2\pi}{3}\right)\sin\left(\omega t+\frac{2\pi}{3}\right)$$

利用三角公式，令$\frac{\pi}{\tau}=\alpha$

$$F_{U7}(x,t)=\frac{1}{2}F_{m7}[\sin(\omega t-7\alpha)+\sin(\omega t+7\alpha)]$$

$$F_{V7}(x,t)=\frac{1}{2}F_{m7}\left[\sin(\omega t-7\alpha)+\sin\left(\omega t+7\alpha-\frac{4\pi}{3}\right)\right]$$

$$F_{W7}(x,t)=\frac{1}{2}F_{m7}\left[\sin(\omega t-7\alpha)+\sin\left(\omega t+7\alpha-\frac{2\pi}{3}\right)\right]$$

三相合成为

$$F_{s7}(x,t)=F_{U7}(x,t)+F_{V7}(x,t)+F_{W7}(x,t)=\frac{3}{2}F_{m7}(\sin\omega t-7\alpha)=F_{s7}\sin\left(\omega t-7\frac{\pi}{\tau}x\right)$$

得到的结果也是一个旋转磁势。对于空间固定的点 x，磁势随时间变化，频率与基波相同。令$\omega t-7\frac{\pi}{\tau}x=C$，对时间微分，得到 7 次谐波的转速$\frac{d\alpha}{dt}=\frac{1}{7}\omega$，说明 7 次谐波的转速是基波的1/7，旋转方向与基波相同，故称为正序谐波。在任何固定的瞬间，在 $\alpha=0$ 到 $\alpha=2\pi$ 之间有 7 个整波，所以 7 次谐波的极数 7 倍于基波，它以 7 倍于基波极数和 1/7 基波转速滑过定子绕组，产生的谐波电势频率仍为 f。其他 $6k+1$ 次谐波结论相同。

3）三相合成磁势的负序谐波

次数为 5，11，17，…，$n=6k-1$，$k=1,2,3,\cdots$的谐波，以 5 为代表，每相磁势为

$$F_{U5}(x,t)=F_{m5}\cos 5\alpha\sin(\omega t)$$

$$F_{V5}(x,t)=F_{m5}\cos 5\left(\alpha-\frac{2\pi}{3}\right)\sin\left(\omega t-\frac{2\pi}{3}\right)=F_{m5}\cos\left(5\alpha+\frac{2\pi}{3}\right)\sin\left(\omega t-\frac{2\pi}{3}\right)$$

$$F_{W5}(x,t)=F_{m5}\cos 5\left(\alpha+\frac{2\pi}{3}\right)\sin\left(\omega t+\frac{2\pi}{3}\right)=F_{m5}\cos\left(5\alpha+\frac{4\pi}{3}\right)\sin\left(\omega t+\frac{2\pi}{3}\right)$$

同样利用三角公式可得

$$F_{U5}(x,t)=\frac{1}{2}F_{m5}[\sin(\omega t-5\alpha)+\sin(\omega t+5\alpha)]$$

$$F_{V5}(x,t)=\frac{1}{2}F_{m5}\left[\sin\left(\omega t-5\alpha-\frac{4\pi}{3}\right)+\sin(\omega t+5\alpha)\right]$$

$$F_{W5}(x,t)=\frac{1}{2}F_{m5}\left[\sin\left(\omega t-5\alpha-\frac{2\pi}{3}\right)+\sin(\omega t+5\alpha)\right]$$

三相合成，得到

$$F_{s5}(x,t)=F_{U5}(x,t)+F_{V5}(x,t)+F_{W5}(x,t)=\frac{3}{2}F_{m7}(\sin\omega t+5\alpha)=F_{s5}\sin\left(\omega t+5\frac{\pi}{\tau}x\right)$$

可见这也是一个旋转磁势。对于空间固定的点 x，磁势随时间变化，频率与基波相同。令 $\omega t+$

$5\frac{\pi}{\tau}x=C$,对时间微分,得到5次谐波的转速$\frac{d\alpha}{dt}=-\frac{1}{5}\omega$,说明5次谐波的转速是基波的1/5,旋转方向与基波相反,称为负序谐波。它以5倍于基波极数和1/5基波转速滑过定子绕组,产生的谐波电势频率仍为f。其他$6k-1$次谐波结论相同。

5、7次谐波磁势及更高次谐波,由于采用双层分布短距绕组已被削弱到极小,尚余的三次谐波又因三相合成为零,所以三相绕组产生的磁势可以忽略谐波分量,认为气隙磁势是一个正弦分布的旋转磁势。

4. 三相磁势与每极磁通、磁密和旋转磁场的关系

气隙旋转磁势建立旋转磁场,产生磁通。由于气隙的存在,电机每极磁通Φ与磁势$F_{s1}(x,t)$间近似为线性关系,如图5-15所示,磁路线性时,按照磁路欧姆定理,$F_m=\Phi R_m$,这里的磁阻近似全部由气隙磁阻构成。当磁势在两极距间的空间呈正弦分布(见图5-8)时,它在两个极距间建立的磁通密度分布也将具有相同的形状,即磁通密度B也在两极距间呈正弦分布,如果考虑在一个与旋转磁场同步旋转的坐标系上来观察这时的空间磁通密度分布,就可以发现异步电动机的磁通密度分布和直流电动机的磁通密度分布具有一定的相似性,如图5-31所示,它们都在两个极距空间呈周期正负对称变化,唯一的区别是在波形上一个为正弦另一个接近正负梯形而已。通过前面的分析我们已经了解到,只要电流不变,尽管异步电动机中的气隙磁场是旋转的,但每个磁极下磁密正弦分布、幅值固定的特征是不会改变的。每极磁通则是一个磁极下磁通密度对其覆盖面积的积分,这个面积的定义与直流电机的情形相同,等于电机转子导体的有效长度乘以极距τ。根据式(5-32)和磁路欧姆定理,它的大小只与电流的有效值有关而与电流的交变无关。这也就是说,如果我们站在一个与旋转磁场同步旋转的空间坐标系观察,只要电流的有效值不变,异步电动机的每极磁通大小就是一个常量,它并不随时间作正弦变化。

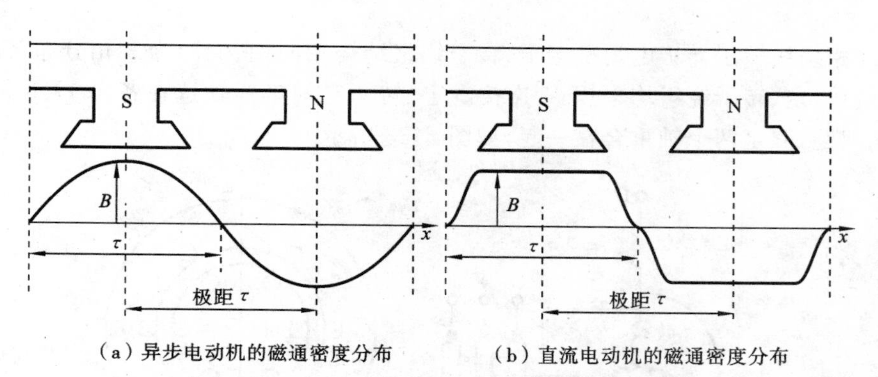

(a) 异步电动机的磁通密度分布　　(b) 直流电动机的磁通密度分布

图5-31　异步电动机与直流电动机的磁通密度空间分布

气隙磁场的磁通也分为主磁通和漏磁通两部分,如图5-32所示。主磁通由定子铁芯经过气隙进入转子铁芯并同时交链定、转子绕组,成为异步电动机实现机电能量转换的媒介;漏磁通仅与定子绕组交链,情况与变压器一次侧的漏磁通类似,但由于气隙的存在,异步电动机的漏磁通远比变压器的严重。同时应当注意,变压器的主磁通为脉振磁通,而异步电动机中的主磁通则是三相交流绕组合成磁势建立的旋转磁通。

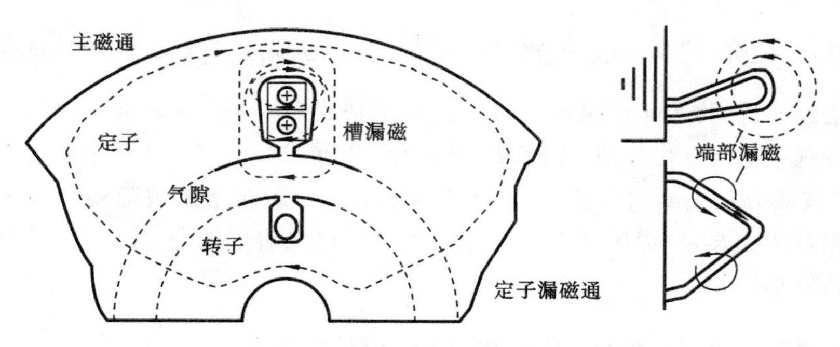

图 5-32　异步电动机的主磁通与漏磁通

5-3　三相异步电动机的运行分析

从电路和磁路理论的观点看，异步电动机与变压器运行中的主要电磁关系相同，虽然异步电动机的转子绕组随转子一道以转速 n 旋转，且耦合定、转子绕组的磁场是三相定子、转子绕组电流共同激励建立的合成旋转磁场，但若能在一定条件下建立起 $n\neq0$ 和 $n=0$ 两种运行状态间的等效关系，并能从三相合成磁场的磁势平衡关系中分离出一相定、转子绕组间的磁势平衡关系，则可以认为异步电动机与变压器完全等效，因而可以利用与分析变压器完全相同的方法建立异步电动机的等值电路，以利于分析计算。本节首先以绕线转子异步电动机为例展开讨论，并说明所得结论均适用于笼型转子，然后利用等值电路导出异步电动机的转矩、功率平衡方程和机械特性方程。

一、转子静止、转子绕组开路时异步电动机内的电磁关系

假定三相绕线转子异步电动机定子、转子绕组结构相同，它们同为三相分布绕组、具有相同的磁极对数，定、转子绕组均采用 Y 连接。定、转子空间坐标轴选在各自 U、u 相绕组轴线上，为简化问题，假定两个轴重合在一起，如图 5-33 所示。

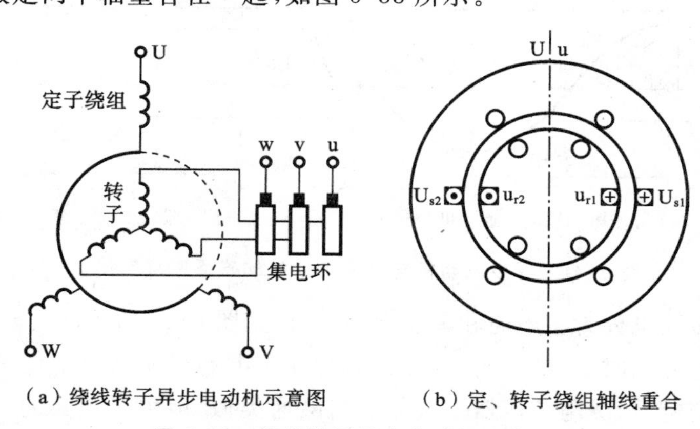

（a）绕线转子异步电动机示意图　　（b）定、转子绕组轴线重合

图 5-33　绕线转子异步电动机示意图

首先考虑一种与变压器最接近的运行状态，即 $n=0$ 时的运行状态。

绕线转子异步电动机定子绕组接入三相交流电源后，在两种情况下转速为零：一是转子绕

组开路，转子电流为零，不能产生电磁转矩；二是转子绕组短路，但转子转轴被机械卡住堵转，电动机虽能建立电磁转矩，但转子无法转动。两种情况分别与变压器的空载运行状态和短路运行状态相当。

1. $n=0$ 时的定、转子绕组电势

考虑将定子绕组接幅值恒定、频率为 f 的三相交流电源、转子绕组开路、$n=0$ 时的情形。此时定子绕组中流有时间对称的三相正弦电流，如同电路理论学习中对正弦三相对称电路的分析方法一样，取其中一相研究，对定子侧采用下标“s”、转子侧采用下标“r”表示，记这时的定子相电流为 i_{s0}，称为空载电流。电流在定子三相绕组中建立起的空间合成磁势为圆形旋转磁势 $\boldsymbol{F}_{s0}$，$\boldsymbol{F}_{s0}$ 相应建立起一个磁通密度沿气隙呈正弦分布且幅值恒定、旋转速度为 $n_0=60f/p$ 的恒速旋转磁场。根据发电机原理，此旋转磁场在定、转子各相绕组中感生的速度电势必为正弦电势，分别记作 $\dot{E}_s$ 和 $\dot{E}_r$。假定定、转子绕组轴线重合，则两电势具有相同的相位。为导出 $\dot{E}_s$ 和 $\dot{E}_r$ 有效值的计算公式，首先将定、转子绕组折算为整距集中绕组，$p=1$ 时，折算后的定、转子绕组示意图如图 5-33(b)所示。记定子基波绕组系数为 k_{Ns}、转子基波绕组系数为 k_{Nr}，则定、转子整距集中绕组的有效匝数分别为 $k_{Ns}N_s$、$k_{Nr}N_r$。此处，N_s 和 N_r 分别是一相定、转子绕组的实际串联总匝数，与 p 是否为 1 无关。

若记一个磁极下气隙磁通密度的平均值为 B_{av}，则依发电机原理可知，半电源周期中定、转子绕组每一根导体内感应电势的平均值应为

$$E_{av}=B_{av}lv$$

其中 v 为导体与磁场间的相对运动速度，因旋转磁场转速 $n_0=60f/p$，转过两极距所需的时间应等于周期 $T=1/f$，故

$$v=\frac{2\tau}{T}=2\tau f$$

从而，有

$$E_{av}=2f(B_{av}l\tau)$$

式中，括号内的物理量对应为一个磁极下气隙中的总磁通量，称为每极气隙磁通，记作

$$\Phi_m=B_{av}l\tau \tag{5-34}$$

于是有

$$E_{av}=2f\Phi_m$$

因正弦函数最大值是其半波平均值的 $\pi/2$ 倍，有效值是最大值的 $1/\sqrt{2}$，故一根导体内感应电势的有效值为

$$E=\frac{\pi}{2}\frac{1}{\sqrt{2}}2f\Phi_m=2.22f\Phi_m$$

又因为一相定、转子绕组线圈的总串联匝数为 N_s 和 N_r，每匝线圈中包含有头、尾两根有效导体，再将其折算为整距集中绕组，则定、转子一相线圈组的总有效导体数分别是 $2k_{Ns}N_s$ 和 $2k_{Nr}N_r$，最后得到一相定子绕组中感应电动势的有效值为

$$E_s=4.44f_sN_sk_{Ns}\Phi_m \tag{5-35}$$

式中：$f_s=f$ 代表定子电势的频率，它与电源频率相等。

同理可得转子不转时一相转子绕组中的感应电动势有效值为

$$E_r=4.44f_rN_rk_{Nr}\Phi_m \tag{5-36}$$

式中：f_r 代表转子电势的频率，在转子静止时它也与电源频率相等。

比较式(5-35)、式(5-36)，并注意到此时两个电势的频率相等，可以得到定、转子的电势

比为

$$K_{em}=\frac{E_s}{E_r}=\frac{N_s k_{Ns}}{N_r k_{Nr}} \tag{5-37}$$

如果当定子与转子绕组轴线不重合，则此时两电势间会出现相位差，但对有效值的大小不产生影响。

2. 每极磁通的定量分析

异步电动机气隙每极磁通也可以通过定义由积分求出。

旋转磁势 $\boldsymbol{F}_{s0}$ 建立的气隙磁通密度也是一个空间正弦分布、幅值恒定，并以转速 n_0 旋转的行波，在一个磁极下的磁通密度可表示为

$$B(x,t)=B_m\sin\left(\omega t-\frac{\pi}{\tau}x\right)\quad 0\leqslant x<\tau \tag{5-38}$$

因为无论旋转到空间什么角度，气隙中一个磁极下磁通密度的分布波形是恒定的正弦形状，这样每极磁通可以选择任意角度通过在一个极距面积范围(若极距方向为宽度方向，则有效导体 l 方向就是长度方向，两者相乘可得到一个磁极下磁通覆盖的面积)的积分得到，为简化计算，可取 $t=0$，则每极气隙磁通

$$\Phi_m=\oint_s B\mathrm{d}s=l\int_0^{\tau}B\mathrm{d}x=l\int_0^{\tau}B_m\sin\left(-\frac{\pi}{\tau}x\right)\mathrm{d}x=\frac{2}{\pi}B_m l\tau \tag{5-39}$$

磁通密度的幅值则可用安培环路定理、磁路欧姆定理并忽略铁芯磁阻获得

$$B_m\approx\mu_0 H=\mu_0\frac{F_m}{\delta}$$

此处 F_m 为三相合成磁势的幅值，在转子绕组开路时，$F_m\approx F_{sm1}$（见式(5-32)），H 是气隙磁场强度，δ 为气隙沿径向的尺寸，称为气隙长度。实际电机中，定、转子绕组必须嵌放在铁芯槽内，铁芯槽的存在增大了磁路空间非磁性材料所占的比例，在异步电机中，一般把槽口的影响按其平均的影响来考虑，而忽略它对磁通密度波形的影响，用计算气隙长度 $\delta'=k_\delta\delta$ 来代替原来的气隙长度 δ，此时气隙是假定为完全均匀的。其中，k_δ 称为气隙系数。这样，有

$$B_m=\mu_0\frac{F_{sm1}}{k_\delta\delta}$$

因为气隙已经等效处理为均匀的，所以磁通密度在气隙各处都正比于磁势，故有式(5-38)成立。

3. 变压器电势与动生电势的等效性

若将上述结果与三相变压器比较，对于变压器的一相绕组，有 $E_1\approx4.44fN_1\Phi_m$，$E_2\approx4.44fN_2\Phi_m$；一、二次侧相电势变比 $K_e=\dfrac{E_1}{E_2}=\dfrac{N_1}{N_2}$，可见其电势关系是极其相似的。这样一个结果并不是偶然的。其实一台绕线式的三相异步电动机在转子不动时，其结构就如同一台铁芯含有气隙的三相变压器一样，如图 5-34 所示。

式(5-35)和式(5-36)中定、转子绕组电势是根据旋转磁场与静止导体的相对运动由电磁感应定律的动生电势表达式推得的。在推导过程中，我们对一个旋转运动中的磁极计算每极磁通，这等价于站在一个与磁场同步旋转的坐标系上观察每个磁极下的磁通密度分布情况，这时看到的是一个固定幅值的近似正弦半波磁通密度，通过对它的面积分得到每极磁通。其实

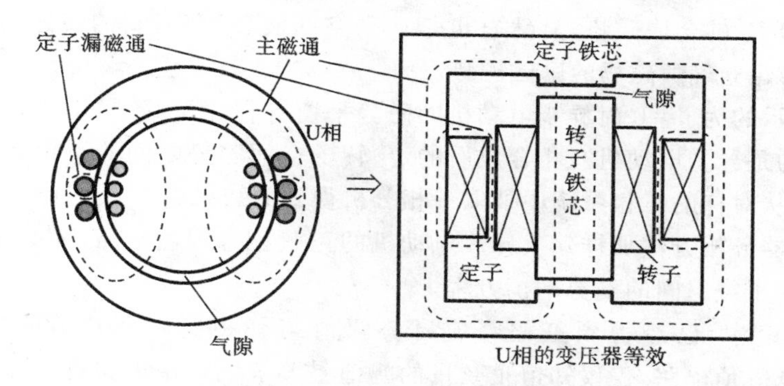

图 5-34 异步电动机的变压器等效

定、转子绕组电势也可以由电磁感应定律的变压器电势表达式推得。

由式(5-38)，若将空间位置 x 固定为常数，即对于定、转子气隙空间任意一个角度位置来说，这个位置的磁通密度是随时间按正弦规律变化的。这种观察方法，等价于站在一个与定子绕组空间一致的静止空间坐标系上来观察每个极距下磁通的变化情况。这时可以看到，对定子气隙空间的一个极距，其磁通是随时间按正弦规律变化的。这个情况与变压器一次侧接正弦交流电压时铁芯中某一固定位置磁通密度变化的规律没有什么区别。转子不转时，位于这个空间位置的定、转子绕组线圈，必然将依照电磁感应定律感生变压器电势，并依楞次定理使感生电势推动的电流去阻止磁通的变化。

若已知与这个磁通密度对应的每极磁通幅值是 Φ_m，那么仅需要借鉴变压器分析得到的结论就可以直接得到式(5-35)和式(5-36)，唯一要做的是将异步机的双层短距分布绕组折算到整距集中绕组。

二、转子堵转、转子绕组短路时的磁势平衡方程式

1. 磁势空间矢量平衡方程

现在前述基础上，将转子绕组短路，为了不让转子转动，先用机械装置将转子转轴卡住，使电机堵转，保持 $n=0$。

此时，转子绕组电势 $\dot{E}_r$ 将在转子绕组中建立正弦转子绕组电流，记作 $\dot{I}_r$，与之对应的定子电流亦为正弦电流，记作 $\dot{I}_s$。由于转子三相绕组也是空间对称的，对应三相电流也具有时间对称特性，故三相定、转子绕组电流在气隙中将同时建立起两个旋转磁势：定子绕组磁势 $\boldsymbol{F}_s$ 和转子绕组磁势 $\boldsymbol{F}_r$。由于 $n=0$ 时，定、转子电势频率相同，电流 $\dot{I}_s$、$\dot{I}_r$ 也应具有相同的频率，且电机绕组设计时已保证了由这两个旋转磁势各自产生的旋转磁场具有相同的磁极对数，$\boldsymbol{F}_s$ 和 $\boldsymbol{F}_r$ 转速均应由式(5-2)决定，转速相同；又因转子三相绕组电流是由定子三相电流建立的旋转磁场感应产生的，它与定子电流必有相同的相序，这表明 $\boldsymbol{F}_s$ 和 $\boldsymbol{F}_r$ 旋转方向也是一致的。

通过上述分析可以得到一个重要结论：

$n=0$ 时，定、转子旋转磁势 $\boldsymbol{F}_s$ 和 $\boldsymbol{F}_r$ 在空间是相对静止的。

因此，可以将它们放在同一矢量空间进行矢量合成运算。在转子处于定、转子绕组轴线重合的位置时，在按变压器负载运行分析中相同假定正向惯例的条件下，有

$$\boldsymbol{F}_s+\boldsymbol{F}_r=\boldsymbol{F}_m \tag{5-40}$$

式中：$\boldsymbol{F}_m$ 为 $\boldsymbol{F}_s$ 和 $\boldsymbol{F}_r$ 的合成磁势，显然它也是一个空间旋转磁势，它的转速、转向与 $\boldsymbol{F}_s$ 和 $\boldsymbol{F}_r$ 的相同。$\boldsymbol{F}_m$ 即为建立气隙磁场的励磁磁势。

式(5-40)所示的为 $n=0$ 时异步电动机的磁势平衡方程。与变压器的磁势平衡方程不同的是，它所描述的是异步电动机三相合成后的定、转子空间磁势之间的平衡关系，而变压器的磁势平衡方程是从对称的三相系统中抽取一相分析得到的结果。

为了像变压器分析方法那样建立异步电动机的正弦稳态等值电路，还必须从式(5-40)中分离出一相定、转子绕组间的磁势平衡方程。

在前面的讨论中，已经得到三相合成磁势幅值与一相电流有效值间的关系式，即式(5-32)。但对正弦等值电路，仅仅知道正弦量的幅值是不够的。由电路理论，正弦电路包括三个要素，即幅值、频率和相角。从式(5-32)仅可获得幅值信息，加上 $n=0$ 时定、转子各电量的频率相同，要建立等值电路，尚缺少各电量的相位信息。

方程式(5-40)为空间磁势平衡方程，它给出了定、转子励磁磁势在空间的相位信息，这些磁势是由三相定、转子电流建立的，它们的空间相角必定与电流的时间相角有关。如何从中得到磁势空间矢量 $\boldsymbol{F}$ 相角与电流时间相量 $\dot{I}$ 相位间的关系，成为构建异步电动机正弦等值电路必须要解决的一个问题。

此外，异步电动机的磁路虽然存在气隙，但大部分路径的材料仍然为铁磁材料。铁磁材料的磁饱和特性使气隙磁场的磁化曲线仍然呈磁滞回线形态，因此磁通与励磁电流之间的关系实际上仍然是非线性的，虽然非线性程度要比变压器全铁芯磁路时的低。如同变压器一章中分析的那样，若磁通保持为正弦波时，励磁电流必定是非正弦的，相位上也会略微超前于磁通一个铁耗角。要构造正弦等值电路，同样需要对异步电动机中的励磁电流作正弦等效线性化处理，其等效条件和方法与变压器中的相同。后续分析中所提及的励磁电流，如无特别声明，均指已等效处理后的无畸变正弦电流。

2. 空间矢量 $\boldsymbol{F}$ 和时间相量 $\dot{I}$ 间的关系——时空矢量图

按正弦交流电路符号法的规则，复平面上旋转相量 $\dot{I}_s$ 的瞬时值等于该瞬间 $\dot{I}_s$ 的模 $\sqrt{2}I_s$ 在纵轴+j上的投影。因此，若以U相定子电流 $\dot{I}_U$ 旋转至与+j轴重合的时刻作为时间坐标的原点，则 $t=0$ 时的 $\dot{I}_U$ 位置如图5-35所示。现取该纵轴为 $\dot{I}_U$ 的时间参考轴，简称时轴。

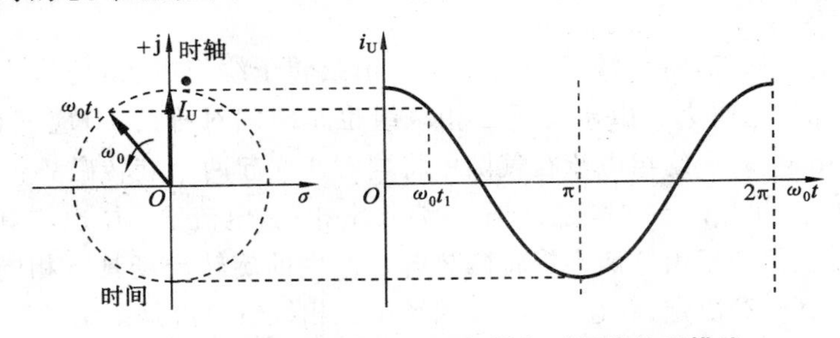

图5-35 正弦电量的复平面相量与时间的关系描述

随着时间的推移，正弦相量 $\dot{I}_U$ 在复平面内沿一个以该相量模为半径的圆周旋转，在图示电流变化状态下，相量旋转是逆时针的，旋转的角频率 $\omega_0=2\pi f$，f 为这个定子电流的频率。

对磁势空间，前面已经分析过，三相合成磁势矢量具有如下旋转规律：当某相定子电流达到最大值时，$\boldsymbol{F}_s$ 正好旋转到与该相绕组轴线重合的位置。图5-36给出了 $\boldsymbol{F}_s$ 正处于与U相绕组轴线重合的位置，对应U相定子电流也恰好达到最大值的情况。参照图5-6和图5-7，在图示三相电流相序下，随时间的推移，$\boldsymbol{F}_s$ 也将逆时针沿一个以它的模为半径的圆周旋转，旋转的角速度也是 $\omega_0=2\pi f$，f 为定子电流的频率。

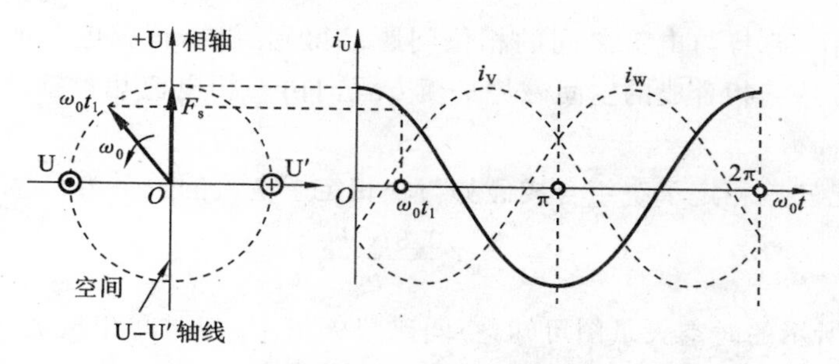

图 5-36 定子三相合成磁势空间矢量与时间的关系描述

现取此绕组轴线为磁势空间的参考坐标轴，如图 5-36 中＋U 所示，称为相轴。显然，若取 U 相电流的时轴与该相相轴重合，则 $\dot{I}_U$ 和 $\boldsymbol{F}_s$ 有相同的初相，它们均以相同的角速度 ω_0 逆时针旋转，在 $t=t_1$ 瞬间两者转过的角度相同，均为 $\alpha=\omega_0 t_1$，两者仍保持相同的相位，如图5-37所示。从它们的形成过程可以知道，随着时间的推移，它们将继续沿逆时针旋转，但这个空间矢量与时间相量将始终叠在一起，不会分开，利用这一特点，就可以用某一瞬间 $\dot{I}_U$ 和 $\boldsymbol{F}_s$ 在图中的相对位置描述它们在任一瞬间的相对相位关系，这个图形称为时空矢量图。根据这个方法，按照式(5-40)可作出 $n=0$ 时描述异步电动机磁势平衡关系的时空矢量图，如图 5-38 所示。图中转子相电流与定子相电流间的相位关系可以依据前述变压器电势的等效关系仿照变压器负载等值电路感性负载相量图作出。作图步骤为，首先重叠作出励磁磁势 $\boldsymbol{F}_m$ 和励磁电流 $\dot{I}_m$，若适当考虑铁磁材料的磁滞涡流损耗时，它们将略微超前磁通一个很小的铁耗角，按变压器假定正向惯例，转子电势(与变压器二次侧电势对应)滞后其 90°相角，转子短路电流则因转子绕组为感性将滞后转子电势一个转子阻抗角，即转子电流将滞后励磁电流一个大于 90°的角度，转子磁势与转子电流重叠。最后依据磁势平衡方程式(5-40)重叠作出定子磁势和定子电流。注意，时空矢量图中的磁势是三相合成的旋转磁势，而电流是三相电流中的某一相电流，图5-38(a)中选择为 U 相。当选择 V 相或 W 相也有相同的结果。因为三相合成磁势转到任一相绕组轴线时，该相电流就达到最大，只要这时将描述磁势的空间相轴和描述电流的时间时轴重叠在一起，这两个旋转物理量就不会再分开。

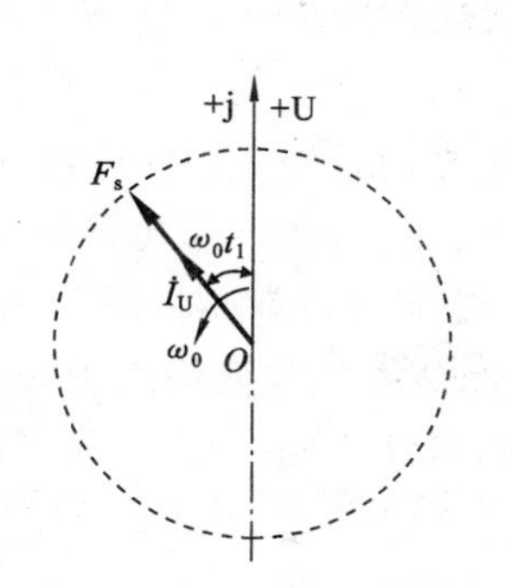

图 5-37 时、相轴重合时空矢量图

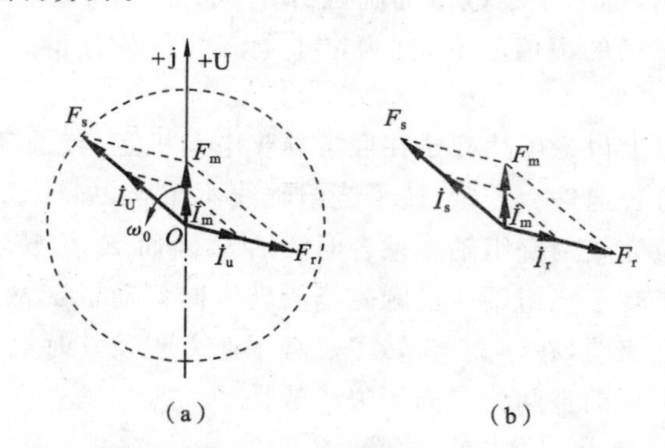

图 5-38 电流、磁势平衡与时空矢量图

不失一般性，可用 $\dot{I}_s$ 表示任意一相定子电流，$\dot{I}_r$ 表示任意一相转子电流，略去时轴、相轴，仅绘出各量之间的相对相位关系的时空矢量图，如图 5-38(b)所示。

3. 一相定、转子绕组间的磁势平衡方程

通过时空矢量图，磁势与电流之间的相位问题已得到解决，正弦电路的三个要素已经齐备，据此就可以完成从三相合成的空间磁势平衡方程向由一相电流相量描述的磁势平衡方程的分离变换。

由式(5-32)，已知三相定子绕组合成磁势与一相定子电流的关系为

$$F_s=\frac{3}{2}\times\frac{0.9N_sk_{Ns}}{p}I_s$$

由图 5-38(b)所示的时空矢量图可知，空间磁势矢量 $\boldsymbol{F}_s$ 和时间相量 $\dot{I}_s$ 具有相同的相位、角频率和旋转方向，因此可将标量方程式(5-32)扩展为矢量方程

$$\boldsymbol{F}_s=1.35\frac{N_sk_{Ns}}{p}\dot{I}_s$$

转子侧同理有

$$\boldsymbol{F}_r=1.35\frac{N_rk_{Nr}}{p}\dot{I}_r$$

定子、转子合成，有

$$\boldsymbol{F}_m=1.35\frac{N_sk_{Ns}}{p}\dot{I}_m$$

代入式(5-40)，得到

$$1.35\frac{N_sk_{Ns}}{p}\dot{I}_s+1.35\frac{N_rk_{Nr}}{p}\dot{I}_r=1.35\frac{N_sk_{Ns}}{p}\dot{I}_m$$

消去常数 1.35，得到

$$\dot{I}_sN_sk_{Ns}+\dot{I}_rN_rk_{Nr}=\dot{I}_mN_sk_{Ns} \tag{5-41}$$

此即为由一相电流相量描述的定、转子绕组间的磁势平衡方程，其中，$\dot{I}_m$ 为磁路线性化后的等效正弦励磁电流。

式(5-41)两边同除以 N_sk_{Ns}，并定义异步电动机变比 $K_{em}=\frac{N_sk_{Ns}}{N_rk_{Nr}}$，得

$$\dot{I}_s+\frac{\dot{I}_r}{K_{em}}=\dot{I}_m \tag{5-42}$$

还可以写成

$$\dot{I}_s=\dot{I}_m+\dot{I}_{sL} \tag{5-43}$$

式(5-43)表明，转子短路时，定子电流 $\dot{I}_s$ 包含着两个分量：$\dot{I}_m$ 用于建立 $\boldsymbol{F}_m$ 并激励此时的气隙磁场，称为定子电流的励磁分量；$\dot{I}_{sL}=\dot{I}_r/K_{em}$ 则用于抵消 $\dot{I}_r$ 产生的去磁作用，力图维持气隙磁场的幅值不变，称为定子电流的负载分量。上述结论和变压器负载运行中所得结论一致。

以上讨论虽然都是在假定异步电动机定、转子绕组轴线重合的条件下进行的，但所得结论却具有普遍性。若定、转子绕组轴线不重合，如转子绕组轴线顺磁场旋转方向移动了 α，则 $\dot{I}_r$ 的相位亦较两绕组轴线重合时滞后 α，因而 $\boldsymbol{F}_r$ 旋转至转子轴线上的时刻亦将滞后 $\Delta t=\alpha/\omega_0$。但由于转子绕组轴线已顺磁场旋转方向移动了 α，故 $\boldsymbol{F}_r$ 的空间位置仍与两绕组轴线重合时相同。这表明，在建立定、转子磁势平衡方程及其时空矢量图时，可认为同一相定、转子绕组轴线处于重合的空间位置而不失一般性。

4. $n=0$、转子绕组短路时的电势平衡方程(正弦稳态)

因磁势实现了相分离且三相对称，故三相绕组可用一相为代表讨论。$n=0$ 且转子绕组短路，三相定、转子绕组同时有电流通过时，由 $\dot{I}_s$ 和 $\dot{I}_r$ 共同建立的励磁磁势 $\boldsymbol{F}_m$ 在气隙中建立同

时交链定、转子绕组的磁通密度按正弦分布的主磁通，根据式(5-38)，在空间某一定点，磁密随时间按正弦规律变化，从空间静止定子坐标系观察，每个相隔一个极距的固定空间面积下所有磁通密度积分值随时间的变化必然也遵循正弦规律，若将此静止坐标系下每个极距空间面积下磁通密度的积分值定义为每极距磁通，则此每极距磁通可表示为正弦量 $\Phi=\Phi_m\sin(\omega t)$，用符号法表示为 $\dot{\Phi}$。在 $\omega t=\pi/2$ 时刻，$\Phi=\Phi_m$，对应旋转磁场恰好旋转到磁极极距与此静止坐标系极距重合位置，显然 Φ_m 就是由式(5-39)决定的每极磁通；此外，还将产生仅交链自身绕组的定子漏磁通 $\dot{\Phi}_{s\sigma}$ 和转子漏磁通 $\dot{\Phi}_{r\sigma}$。这样，后续分析可完全仿照负载运行的变压器进行：主磁通 $\dot{\Phi}$ 同时在定、转子绕组中感生定子绕组电势 $\dot{E}_s$ 和转子绕组电势 $\dot{E}_r$，漏磁通 $\dot{\Phi}_{s\sigma}$、$\dot{\Phi}_{r\sigma}$ 则分别在各自的绕组内感生定子漏磁电势 $\dot{E}_{s\sigma}$ 和转子漏磁电势 $\dot{E}_{r\sigma}$，参照图 5-39，延用变压器负载运行时各电磁量的假定正向，有

$$\dot{U}_s=-\dot{E}_s-\dot{E}_{s\sigma}+\dot{I}_sR_s \tag{5-44}$$

$$\dot{E}_r=\dot{I}_rR_r-\dot{E}_{r\sigma} \tag{5-45}$$

以线性电抗压降等效代换 $\dot{E}_{s\sigma}=\mathrm{j}X_s\ \dot{I}_s$ 和 $\dot{E}_{r\sigma}=\mathrm{j}X_r\ \dot{I}_r$，则

$$\dot{U}_s=-\dot{E}_s+\dot{I}_s(R_s+\mathrm{j}X_s)=-\dot{E}_s+\dot{I}_sZ_s$$

$$\dot{E}_r=\dot{I}_r(R_r+\mathrm{j}X_r)=\dot{I}_rZ_r$$

式中：X_s、X_r 分别为一相定、转子漏电抗；R_s、R_r 分别为定、转子绕组铜阻；$Z_s=R_s+\mathrm{j}X_s$ 为定子一相绕组漏阻抗；$Z_r=R_r+\mathrm{j}X_r$ 为转子一相绕组漏阻抗。

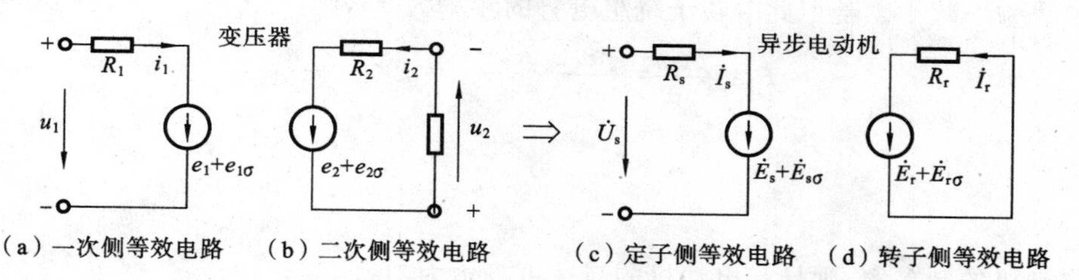

(a) 一次侧等效电路　(b) 二次侧等效电路　(c) 定子侧等效电路　(d) 转子侧等效电路

图 5-39　异步电动机与变压器的电势平衡方程

再以线性阻抗压降等效代换 $\dot{E}_s$，有

$$\dot{E}_s=(R_m+\mathrm{j}X_m)\dot{I}_m=Z_m\ \dot{I}_m$$

式中：R_m 为表征铁耗的一相等效励磁电阻；X_m 为一相等效励磁电抗；$Z_m=R_m+\mathrm{j}X_m$ 为一相等效励磁阻抗。

并注意到 $\dot{I}_s=-\dfrac{\dot{I}_r}{K_{em}}+\dot{I}_m$，将这些结果合在一起，重新整理得到

$$\left.\begin{aligned}\dot{I}_s&=-\frac{\dot{I}_r}{K_{em}}+\dot{I}_m\\ \dot{U}_s&=-\dot{E}_s+\dot{I}_sZ_s\\ \dot{E}_s&=-\dot{I}_mZ_m\\ \dot{E}_r&=\dot{I}_rZ_r\end{aligned}\right\} \tag{5-46}$$

由于转子不动，定子电势频率和转子电势频率相等，且有 $\dot{E}_s=K_e\ \dot{E}_r$，所以利用变压器等值电路的方法，很容易通过折算得到异步电动机在转子不动时的一相等值电路，如图 5-40 所示。其中，$\dot{I}'_r=\dfrac{1}{K_{em}}\dot{I}_r$，$\dot{E}'_r=\dot{E}_s=K_{em}\ \dot{E}_r$，$Z'_r=K^2_{em}Z_r$，$R'_r=K^2_{em}R_r$，$X'_r=K^2_{em}X_r$。

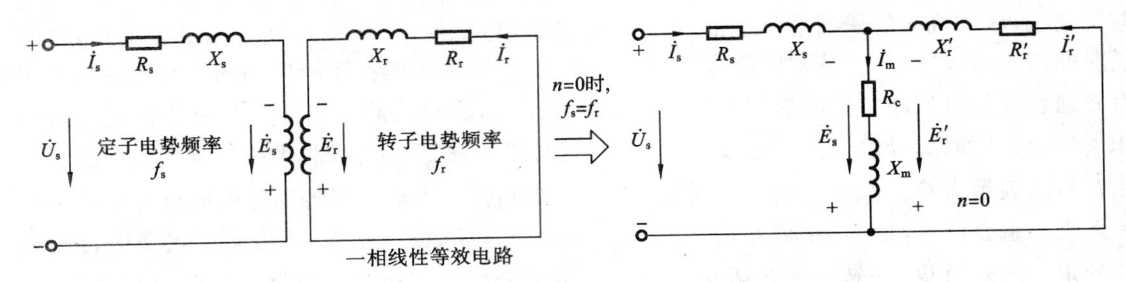

图 5-40 异步电动机 $n=0$ 时的一相等值电路

三、转子旋转时异步电动机内的电磁过程

1. 转子电势的变化

转子不转时，转子、定子电势频率与电源电压频率相等，$f_r=f_s=f$。当异步电动机转子在电磁转矩推动下沿磁场旋转方向以一定转速 n 旋转时，与转子不转相比，旋转磁场与转子导体间的相对速度由 n_0 下降为 $\Delta n=n_0-n$，导致转子绕组电势的大小和频率均下降。由于转子导体经过一对磁极下空间的距离时，转子绕组电势变化一周，扫过一对磁极空间的时间变长，将使转子电势频率减小。若记此时转子绕组电势的频率为 f_{rf}，则

$$f_{rf}=\frac{p\Delta n}{60}=\frac{pn_0}{60}\times\frac{n_0-n}{n_0}=f\times\frac{n_0-n}{n_0}$$

定义

$$s=\frac{n_0-n}{n_0} \tag{5-47}$$

为异步电动机的转差率，则异步电动机的转速可表示为

$$n=n_0(1-s) \tag{5-48}$$

转子电势频率为

$$f_{rf}=fs=f_rs \tag{5-49}$$

即转子以转速 n 旋转时，转子绕组电势的频率 f_{rf} 在数值上等于转子转速为零时转子电势频率 f_r 与此时转差率的 s 乘积。

由于转子绕组转过两个极距所需的时间应当等于周期 $T_{rf}=1/f_{rf}$，所以有

$$v_f=2\tau/T_{rf}=2\tau f_{rf}$$

即磁场对转子导体切割速度降为

$$v_f=2\tau\times f_{rf}=2\tau f_rs=vs$$

故转子电势有效值也减小为

$$E_{rf}=4.44(f_rs)N_rk_{Nr}\Phi_m=E_rs \tag{5-50}$$

即转子以转速 n 旋转时，转子绕组电势的有效值 E_{rf} 在数值上等于转子转速为零时转子电势有效值 Er 与此时转差率的 s 乘积。

转子绕组电势的大小和频率均与运行速度 n 有关，是异步电动机运行中的一个重要特点。运行速度越高，转差率 s 越小，转子电势幅值和频率越低。中小容量三相异步电动机的定子相

电压一般为220 V，频率为50 Hz，转子转速为零时的转子绕组电势 E_r 约为120 V，当转速等于额定转速时，转差率 $s\approx0.06$，此时转子电势 E_{rf} 的幅值可减少到 $E_r s=120\times s=7.2$ V，频率为 $f_s=fs=50\times0.06$ Hz$=3$ Hz，数值都很低。

转子绕组电势大小和频率的变化，必然引起转子绕组电流、漏电抗和转子侧功率因数角的变化。

已知转子转速为零时转子绕组漏电抗 $X_r=\omega L_r=2\pi f_r L_r$，若记转子以转速 n 旋转时的转子绕组漏电抗为 X_{rf}，则有

$$X_{rf}=2\pi(f_r s)L_r=X_r s \tag{5-51}$$

即转子以转速 n 旋转时，转子绕组漏电抗在数值上等于转子转速为零时漏电抗与此时转差率 s 的乘积。

相应地，转子电流将减小为

$$\dot{I}_{rf}=\frac{\dot{E}_{rf}}{R_r+jX_{rf}} \tag{5-52}$$

注意此时的 $\dot{E}_{rf}$ 是一个频率为 $f_{rf}=fs=f_r s$ 的电势，在数值上等于 $E_r s$，E_r 为转子不转时的转子电势，参见式(5-50)。

转子侧电路的功率因数角则变为

$$\theta_r=\arctan\frac{X_r s}{R_r} \tag{5-53}$$

转速非零时，异步电动机定子侧绕组导体与旋转磁场的相对速度没有发生变化，定子电势的频率仍然等于电源频率不变。此时异步电动机的一相定、转子等值电路如图5-41所示。

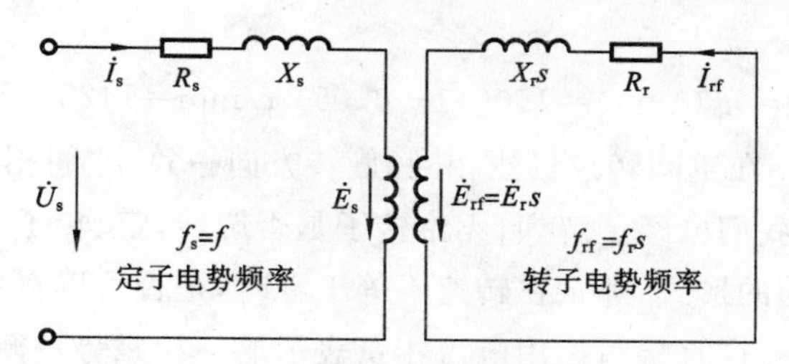

图5-41　转速不为零时的异步电动机一相定、转子等值电路

2. 转速不等于零时的磁势平衡与电势平衡方程

经过前面分析得到的图5-41所示电路，定、转子侧依然是电隔离的，要将它们用一个等值电路来描述，显然还需要进行折算。回顾前面转子不动时等值电路的折算过程，在进行电流折算时曾经利用了一个重要的关系：磁势平衡方程。在转子不动时，三相合成的定、转子磁势在空间是相对静止的，因此可以在矢量空间通过矢量运算建立起它们的磁势平衡方程(5-40)，然后借助时空矢量图进行相分离，最终得到相电流折算公式(5-42)。

那么 $n\neq0$ 时，这个空间磁势平衡方程(5-40)是否还能成立？这取决于 $\boldsymbol{F}_s$ 和 $\boldsymbol{F}_r$ 是否仍能在空间保持相对静止。

转子以速度 n 旋转时，由于转子绕组电流频率下降为 $f_{rf}=fs=f_r s$，故三相转子绕组的合成旋转磁势 $\boldsymbol{F}_r$ 在转子上的旋转速度亦相应下降为

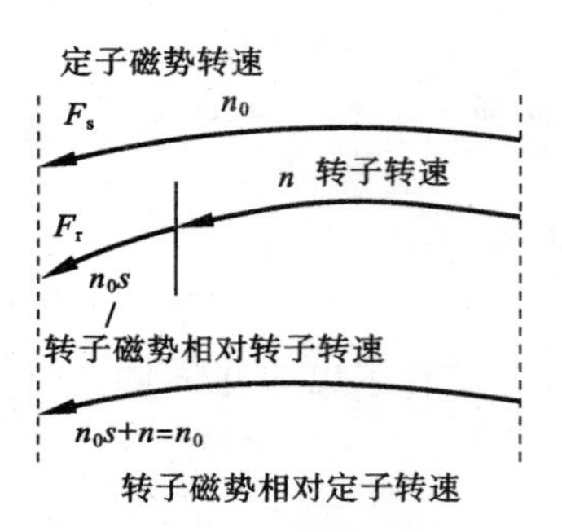

图 5-42 转速不为零时定、转子磁势的转速

$$n_f=\frac{60f_{rf}}{p}=\frac{60f}{p}s=n_0s$$

而转子本身在以转速 n 旋转，故转子绕组旋转磁势 $\boldsymbol{F}_r$ 相对于定子的转速应为

$$n_f+n=n_0s+n=n_0$$

如图 5-42 所示。这说明，不论转子的转速为何值，转子绕组旋转磁势相对于定子的转速恒等于定子绕组磁势的旋转速度，即当电动机转速不为零时，$\boldsymbol{F}_s$ 和 $\boldsymbol{F}_r$ 在空间仍然是相对静止的。因此，转子旋转时的空间磁势平衡方程与转子不动时的式(5-40)有完全相同的形式。

【例 5-1】 有一台 50 Hz、三相、四极($p=2$)异步电动机，若转差率 $s=0.05$，试求此时的转子电流的频率、转子磁势相对于转子的转速、转子磁势在空间的转速和转子的转速。

解 转子电流频率为

$$f_{rf}=fs=50\times0.05\ \text{Hz}=2.5\ \text{Hz}$$

转子磁势相对于转子的转速为

$$n_{fr}=\frac{60f_{rf}}{p}=\frac{60\times2.5}{2}\ \text{r/min}=75\ \text{r/min}$$

转子磁势在空间的转速为

$$n_{fr0}=n+n_{fr}=n_0(1-s)+n_0s=n_0=\frac{60f}{p}=\frac{60\times50}{2}\ \text{r/min}=1500\ \text{r/min}$$

转子的转速为

$$n=n_0(1-s)=1500(1-0.05)\ \text{r/min}=1425\ \text{r/min}$$

计算表明，$\boldsymbol{F}_s$ 和 $\boldsymbol{F}_r$ 在空间转速仍然相同、旋转方向一致，空间相对静止，与 n 无关。

通过上面的分析，我们已经了解到，无论转子是否旋转，定、转子三相绕组电流形成的空间磁势平衡方程具有相同的形式，那么在转速不等于零时，是否可以直接利用磁势平衡方程进行相分离，像转子不动时那样直接写出用电流相量表示的一相磁势平衡方程

$$\dot{I}_sN_sk_{Ns}+\dot{I}_{rf}N_rk_{Nr}=\dot{I}_mN_sk_{Ns}$$

注意到这时定、转子相电流的频率并不相同，定子电流的频率仍等于电源频率，但转子电流的频率已经变为 $f_{rf}=fs=f_rs$，两个不同频率的电流是不能写在一个符号法方程中直接相加的，因此上述等式并不能成立。为了建立一相磁势平衡方程，在进行相分离之前还必须首先将转子电量的频率作预处理，使转子电量的频率与定子电量一致。为解决这个问题，可以利用 $\boldsymbol{F}_s$ 和 $\boldsymbol{F}_r$ 在空间相对静止这一特点将旋转的转子等效为转速为零的转子，转速为零时，定、转子电量的频率是相等的。这个处理过程称为零速等效，亦称为频率折算。

3. 转子绕组的零速等效(频率折算)

将式(5-52)

$$\dot{I}_{rf}=\frac{\dot{E}_{rf}}{R_{rf}+\text{j}X_{rf}}$$

按转子电流不变原则进行频率折算，根据式(5-50)和式(5-51)将其改写为

$$\dot{I}_r=\frac{\dot{E}_r}{\frac{R_r}{s}+jX_r} \tag{5-54}$$

式中：$\dot{E}_r$、X_r 均为 $n=0$ 时的转子电势和漏电抗。

与原式相比，看似仅作了一步代数运算，即仅将原电势和漏电抗中的转差率 s 因子提出同除该分式，表达式中各量的物理本质却发生了变化，各电量的频率已相应变为 $n=0$ 时的频率 $f=f_r$。显然，式(5-52)中的 $\dot{I}_{rf}$ 和式(5-54)中的 $\dot{I}_r$ 仅是同一运行状态下同一转子绕组电流的两个不同的代表符号，它们所建立的转子绕组磁势的幅值、转速和空间相位均相同。但式(5-52)中各变量和参数对应的电路频率是 $f_{rf}=f_r s$，而式(5-54)各变量和参数对应的电路频率是 $f=f_r$。这表明，一台转差率为 s、转速 $n\neq 0$ 的异步电动机在磁势关系上与一台 $n=0$ 的异步电动机等效，实际上定、转子绕组电路间与转速有关的频率关系 $f_{rf}=f_r s=f_s s=fs$ 可用 $n=0$ 时的频率关系 $f_s=f_r=f$ 等效代换，根据式(5-54)，等效条件是实际的每相转子绕组电阻均由 R_r 增大为 $R_r/s=R_r+[(1-s)/s]R_r$，如图 5-43 所示。

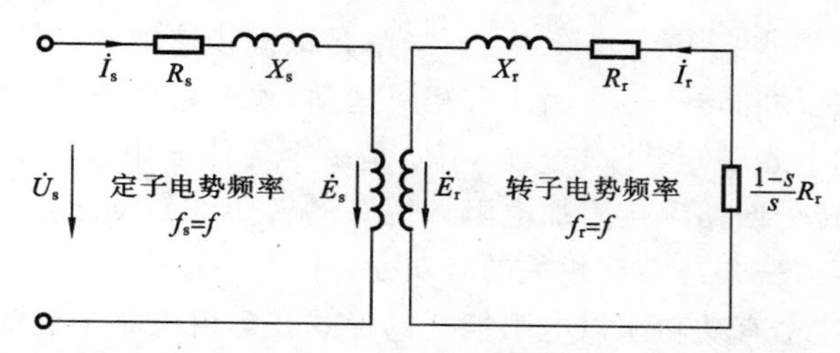

图 5-43　频率折算后的异步电动机一相定、转子电路

通过频率折算，用一个电阻为 R_r/s 的假想静止等效转子替代了电阻为 R_r 的实际旋转的转子，假想等效转子与实际转子具有同样的转子磁势：等效前后转子磁势转速相同、相位相同、幅值未变，转子电流幅值及阻抗角均未改变。不难证明，等效前后转子反应相同，定子侧所有物理量及传送到转子的功率均保持不变。

等效后定、转子电流频率相同。后续分析可以看到，图 5-43 中转子电阻增大部分$[(1-s)/s]R_r$ 将与电机轴上输出的有功功率相关。

4. T 形等值电路

图 5-43 表明，经零速等效后，异步电动机定、转子绕组电路与变压器的一、二次侧绕组电路形式完全相同，可以用与变压器完全相同的方法将转子绕组电路中的变量和电路参数折算到定子绕组，折算后的量仍以原符号加“′”表示。并用

$$\dot{E}_s=-\dot{I}_m Z_m=-\dot{I}_m(R_c+jX_m)$$

取代 $\dot{E}_s$，于是有

$$\left.\begin{aligned}\dot{E}'_r&=K_e\dot{E}_r\\ \dot{I}'_r&=\frac{\dot{I}_r}{K_e}\\ R'_r&=K_e^2R_r\\ X'_r&=K_e^2X_r\end{aligned}\right\} \tag{5-55}$$

折算后的基本方程组为

$$\left.\begin{aligned}\dot{U}_s&=-\dot{E}_s+\dot{I}_sZ_s\\\dot{E}'_r&=\dot{I}'_r\left(R'_r+\mathrm{j}X'_r+\frac{1-s}{s}R'_r\right)\\\dot{I}_s+\dot{I}'_r&=\dot{I}_m\\\dot{E}_s&=\dot{E}'_r\\\dot{E}_s&=-\dot{I}_mZ_m\end{aligned}\right\}\tag{5-56}$$

根据式(5-56)，按与变压器完全相同的分析方法，可绘出异步电动机的T形等值电路和相量图，分别如图5-44和图5-45(a)所示，它们与变压器的T形等值电路和相量图形式相同，区别仅在于异步电动机的磁路上存在气隙，产生相同大小的磁通需要更大的励磁电流，因此输入侧功率因数角比变压器稍大。

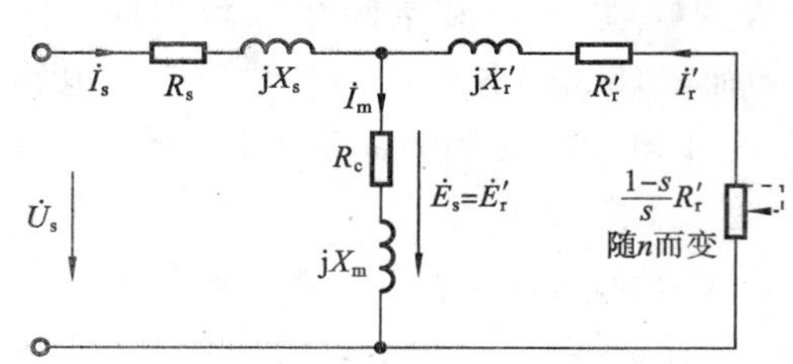

图5-44 异步电动机T形等值电路

异步电动机正常运行时，定子磁场和转子磁场都是以同步速度 n_0 旋转的，而转子本身的速度比同步速度慢，这样磁场和转子导体间才有相对运动，才可能在转子中感生电势并形成转子电流和推动转子运动的电磁转矩。$[(1-s)/s]R'_r$ 是一个等值电阻，转子旋转时转子绕组是短路的，并没有人为地在转子回路串接附加电阻。短路的转子在转动之后，如果把转子视为静止，就会在等值电路中多出一个与转速相关的有功元件$[(1-s)/s]R'_r$，这是因为转子转动之后，开始有机械功率输出，这个有功功率以电阻能耗的形式在等值电路中被等值体现出来。

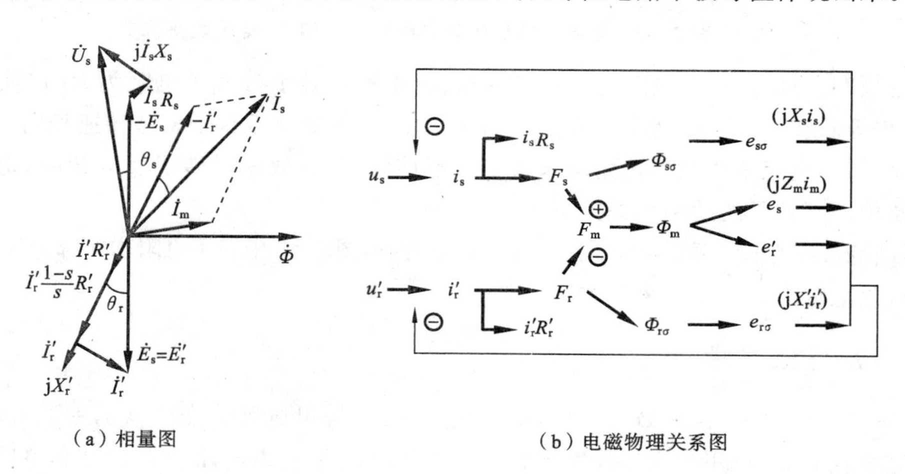

图5-45 异步电动机等值电路相量和电磁关系示意图

总结上述的三相异步电动机的电磁关系，可用图5-45(b)表示。

实际使用等值电路时，可在满足工程计算精度的前提下，针对不同的运动条件适当简化。例如，在当电动机用做调速系统拖动电机时，常将电机运行时的铁耗归并到电机的空载损耗中考虑，而将励磁支路中代表铁耗的 R_c 略去，将T形等值电路简化为图5-46所示的形式，这一形式在现代交流调速系统中常常被使用。

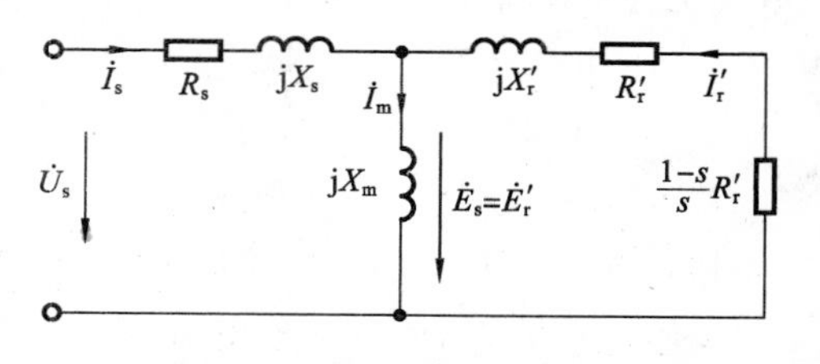

图5-46 忽略铁耗时的T形等值电路

等值电路中转子电势已经被折算为转子静止且绕组匝数与定子绕组相等时的数值，它的幅值、相位和频率均不再与转子是否旋转相关。当输入电压恒定时，它可近似视为常数。转子不同转速的影响完全通过转子电阻的变化来反应。由于转子阻抗

$$Z'_r = R'_r/s + jX'_r$$

当电动机转速十分接近同步转速、转差率很小时，转子阻抗中的电阻项 $R'_r/s \gg X'_r$，转子电流主要受阻性制约，这时转子电流随转速即转差率的变化近似呈线性关系，与他励直流电动机的转速特性十分相似；转速比同步转速低很多、转差率较大时，随着转子电流频率的上升，转子感抗增大，转子电阻在转子阻抗中所占的比重变得很小，这时转速的变化对转子电流的数值关系不再保持线性，转速继续向低速变化时，电流的变化将越来越小。

5. 关于 n_0 的讨论

定子旋转磁场转速，又称为同步转速，也即异步电动机的理想空载转速 $n_0 = 60f/p$，在非变频控制条件下，因我国普遍采用频率为 50 Hz 电源，且磁极对数 p 仅可为整数，故仅可能在表 5-1 中的数值选取。

表 5-1 三相异步电动机的磁极对数与同步转速

磁极对数 p	1	2	3	4	5	6
同步转速 n_0(r/min)	3000	1500	1000	750	600	500

三相异步电动机在正常运行时，转差率是比较小的，电动机铭牌给出的额定转速一般比同步转速低得不多，因此很容易根据额定转速推算出电机的同步转速和磁极对数。

【例 5-2】 已知异步电动机 $n_N = 1435$ r/min，求额定转差率。

解 根据 n_0 略高于 n_N，可知 $n_0 = 1500$ r/min，即该电动机 $p=2$。

$$s_N = \frac{n_0 - n_N}{n_0} = \frac{1500-1435}{1500} = 0.043$$

四、笼型异步电动机转子的相数和极对数

以上分析异步电动机运行的电磁过程时，是以绕线转子异步电动机为对象，因绕线转子绕组有确定的相数和极对数，且绕组设计时已保证了定、转子磁势形成的磁极对数相等，故两磁势空间相对静止，这是其基本方程组、等值电路和时空矢量图得以成立的基础。下面进一步说明，由于笼型转子异步电动机在磁势平衡关系上与绕线转子异步电动机完全等效，因此由绕线转子异步电动机导出的相关结论均适用于笼型转子异步电动机。

当气隙磁场以转速 $\Delta n = n_0 - n = sn_0$"切割"笼型转子导条时，每根导条中都同时感生电势和电流，其频率为 $f_r s = fs$，相邻两导条中电势的相位差均等于以电弧度表示的转子槽距角 α。转子绕组的相数由转子电流的相位决定，同相绕组电流相位应当一致。若转子总导条数为 N_r，转子绕组具有 p_r 对磁极，而转子导条数能被极对数整除时，N_r 个转子导条电势将构成一套对称的 $m = N_r/p_r$ 相电源。这样笼型转子绕组即构成一套空间对称分布的 m 相绕组，通过 m 相对称电流的电磁系统，其合成磁势 $\boldsymbol{F}_r$ 也是一个空间旋转磁势，旋转速度为 $n_f = 60f_{rf}/p_r$。如果不能整除，则所有导条电流相位均不相同，这时转子的相数就等于导条数，每相绕组只有一根导条，每相匝数相当于半匝。

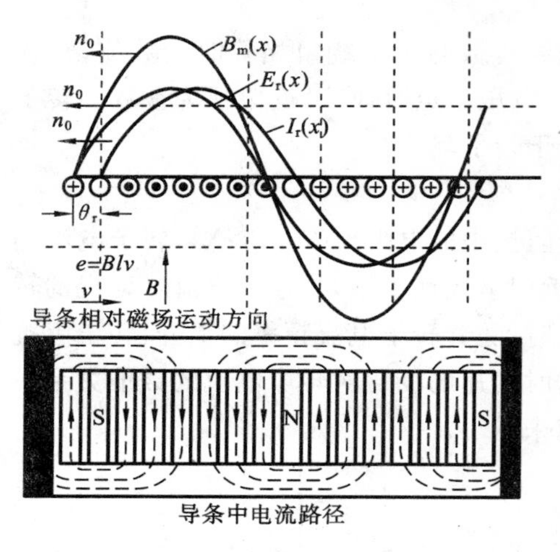

图 5-47 笼型转子绕组的磁极对数

为说明笼型转子绕组的磁极对数如何确定，图5-47绘出了一对磁极下笼型绕组的展开图和气隙磁通密度的空间分布曲线 $B_m(x)$，同时给出了转子绕组电势和电流的空间分布曲线 $E_r(x)$ 和 $I_r(x)$。气隙磁通密度在空间呈正弦分布并以转速 n_0 旋转，由发电机原理 $e=Blv$ 可知，各导条内感生的转子电势和电流值在空间亦呈正弦分布，且 $E_r(x)$ 与 $B_m(x)$ 空间相位相同，$I_r(x)$ 则因转子绕组阻抗的作用滞后于 $E_r(x)$ 一定空间相位角度 θ_r，如图 5-47 所示。根据 $I_r(x)$ 作出图中所示瞬间各转子导条中电流的方向和通路（图中虚线）后可看出，转子绕组电流产生的合成磁势 $\boldsymbol{F}_r(x)$ 形成的磁极对数与气隙磁场的相同。这表明，笼型转子绕组产生的转子合成磁势，其磁极对数取决于气隙磁场的磁极对数。换言之，笼型转子绕组的磁极对数恒等于定子绕组的磁极对数，即 $p_r=p$。而只要定、转子绕组磁极对数相等，定、转子磁势在空间就是相对静止的。因此，从磁势平衡的观点看，笼型转子异步电动机和绕线转子异步电动机本质相同，笼型转子的多相绕组可等效为三相绕组，笼型转子的磁极对数会自动跟随定子的磁极对数，由绕组转子异步电动机导出的基本方程组、等值电路和相量图，同样适用于笼型转子异步电动机。

笼型转子的这一特点，也使得其等值电路中转子侧的每相参数难以根据电机制造参数确定。由于笼型转子没有确定的三相绕组，等值电路折算时需要的定、转子电势变比就不能简单从定、转子每相匝比及绕组系数确定，幸而工程中可以采用试验的方法来测定其等值电路相关参数，具体方法将在后续章节介绍。

5-4 利用等值电路分析三相异步电动机的功率与转矩

一、功率平衡方程

借助异步电动机的等值电路，可以十分清晰地理解它的机电能量变换和功率传递过程。如图 5-48 所示，由于等值电路是取一相作出的，所以在此异步电动机的输入功率用相电压、相电流表示，当采用铭牌数据时，应注意铭牌参数是线值。用相值表示时，三相异步电动机的输入功率为

$$P_1=3U_sI_s\cos\theta_s \tag{5-57}$$

从图 5-48 中可见，有功功率 P_1 输入到电机后，首先有一小部分会转化为热能消耗在定子绕组电阻 R_s 上，即定子绕组铜耗 P_{Cus}；另一小部分以磁滞、涡流的形式消耗在定子铁芯中，即定子铁耗 P_{Fes}；剩余部分通过气隙传递到转子，称为电磁功率 P_{em}。显然电磁功率

$$P_{em}=P_1-(P_{Cus}+P_{Fes}) \tag{5-58}$$

其中，定子铜耗

$$P_{Cus}=3I_s^2R_s \tag{5-59}$$

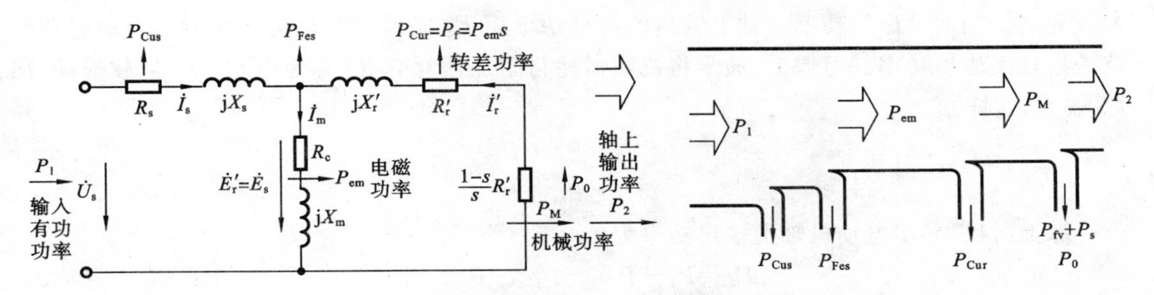

图 5-48 借助一相等值电路分析异步电动机功率流

定子铁耗

$$P_{Fes}=3I_m^2R_c \tag{5-60}$$

注意，由于这里是利用一相等值电路的参数计算三相功率，因此采用等值电路参数计算的功率都要乘以3倍。

电磁功率 P_{em} 是传递到转子的有功功率。从转子电路的输入侧看，输入到转子电路的电压是转子电势 E'_r，电流是 I'_r，与式(5-57)类似，这个输入到转子的有功功率可以表示为

$$P_{em}=3E'_rI'_r\cos\theta_r=3E_rI_r\cos\theta_r \tag{5-61}$$

电磁功率输入到转子电路后，全部转化为转子等值电路的有功功率损耗，由于转子等值电路中的总电阻为 R'_r/s，因此电磁功率又可以表示为

$$P_{em}=3I'^2_r\frac{R'_r}{s}=3I_r^2\frac{R_r}{s} \tag{5-62}$$

P_{em} 中一小部分消耗在转子绕组电阻上，即转子绕组铜耗 P_{Cur}，因为异步电动机在正常工作时转子频率很低，一般仅有1～3 Hz，转子铁耗实际很小，可以忽略。电磁功率减去转子铜耗后，剩余部分转换为机械功率 P_M，即

$$P_M=P_{em}-P_{Cur} \tag{5-63}$$

其中转子铜耗

$$P_{Cur}=3I'^2_rR'_r=3I_r^2R_r \tag{5-64}$$

比较式(5-62)，转子铜耗又可以表示为

$$P_{Cur}=P_{em}s=P_f \tag{5-65}$$

即转子铜耗与异步电动机的转差率有关，因此又被称为转差功率 P_f。

由式(5-63)、式(5-65)还可得到机械功率的另一种表达形式

$$P_M=P_{em}(1-s)=3I'^2_r\left(\frac{1-s}{s}R'_r\right)=3I_r^2\left(\frac{1-s}{s}R_r\right) \tag{5-66}$$

式(5-66)清晰地表达了转子电路中等效电阻$[(1-s)/s]R_r$ 的物理意义。

在上述计算功率的公式中，由于等值电路折算前后功率不变，因此利用转子侧电量、参数计算功率时即可以采用等值电路折算后的参量，也可以采用原参量。

机械功率 P_M 还不能完全提供给负载。电动机完全空载运行时，支撑转子的轴承存在摩擦抗力产生的阻转矩，以及同轴安装的冷却风扇及转子旋转也都要受到风阻产生的阻转矩。主要由电机的轴承摩擦和风阻摩擦构成的损耗称为机械损耗，用 P_{fv} 表示，对绕线转子异步电动机还应包括电刷摩擦损耗在内。此外，还要消耗一小部分附加损耗，附加损耗 P_s 主要由磁场中的高次谐波磁通和漏磁等引起，这部分损耗不好计算，在小电机中满载时能占到额定功率的1%～3%，在大型电机中比例小一些，约占0.5%。机械功率扣除机械损耗和附加损耗后，

才成为电机轴上输出的功率。轴上输出的机械功率用 P_2 表示。电动机铭牌给出的额定功率就是指轴上输出功率。习惯上，通常将机械损耗与附加损耗合并，称为电动机的空载损耗，用 P_0 表示，这样，有

$$P_0=P_{fv}+P_s$$

$$P_2=P_M-P_0$$

综上所述，异步电动机轴上输出功率为

$$P_2=P_1-P_{Cus}-P_{Fes}-P_{Cur}-P_0 \tag{5-67}$$

异步电动机的功率传递过程可用功率流图 5-48 来描述。

二、转矩平衡方程

三相异步电动机的电磁转矩是指转子电流与主磁通依据电动机原理相互作用产生电磁力形成的总转矩。通过前面的分析已经了解到，来自电网的电功率输入到异步电动机后，定子电阻和铁芯消耗掉一小部分，余下的通过气隙传递到转子，再被转子电阻消耗一小部分后，剩下的全部通过电机完成电能向机械能的转换，形成机械功率 P_M。这一机电能量转换可用公式表述为

$$T_{em}=\frac{P_M}{\Omega} \tag{5-68}$$

式中：Ω 为电机转子的机械角速度，单位为 rad/s。T_{em} 为电磁转矩，单位为 N·m，机械功率 P_M 的单位为 W。

考虑到

$$\Omega_0=\frac{2\pi}{60}n_0$$

$$1-s=\frac{n_0}{n_0}-\frac{n_0-n}{n_0}=\frac{\Omega_0}{\Omega_0}-\frac{\Omega_0-\Omega}{\Omega_0}=\frac{\Omega}{\Omega_0}$$

将式(5-66)代入式(5-69)，可得到

$$T_{em}=\frac{P_{em}}{\Omega_0} \tag{5-69}$$

式中：Ω_0 为旋转磁场的机械角速度，也称为同步角速度。

因此，电磁转矩既可以通过机械功率除以角速度得到，也可以通过电磁功率除以同步角速度获得。在进行定量计算分析时必须注意两种角速度的区别。

同步角速度又可以表示为

$$\Omega_0=\frac{2\pi}{60}n_0=\frac{2\pi}{60}\times\frac{60f}{p}=\frac{2\pi f}{p} \tag{5-70}$$

而电磁功率可用式(5-61)表示，$P_{em}=3E_rI_r\cos\theta_r$，转子电势又可表述为式(5-36)，$E_r=4.44f_rN_rK_{Nr}\Phi_m$，$f_r=f$，将它们代入式(5-69)，可以得到

$$T_{em}=\frac{P_{em}}{\Omega_0}=\frac{3\times4.44fN_rK_{Nr}}{\dfrac{2\pi f}{p}}\Phi_mI_r\cos\theta_r$$

$$=\left(3p\frac{2.22}{\pi}N_rK_{Nr}\right)\Phi_mI_r\cos\theta_r$$

定义 $K_T=3p\frac{2.22}{\pi}N_rK_{Nr}$为三相异步电机的转矩常数，得

$$T_{em}=K_T\Phi_m I_r\cos\theta_r \tag{5-71}$$

电磁转矩的这个表达式被称为它的物理表达式。这个表达式与直流电机的电磁转矩表达式十分相似。在直流电动机部分的学习中已经了解到，直流电动机的电磁转矩为 $T_{em}=K_T\Phi I_a$。这两个表达式都反映了载流导体与磁场间的相互作用，体现出电动机原理的特征，因此称之为电磁转矩的物理表达式。

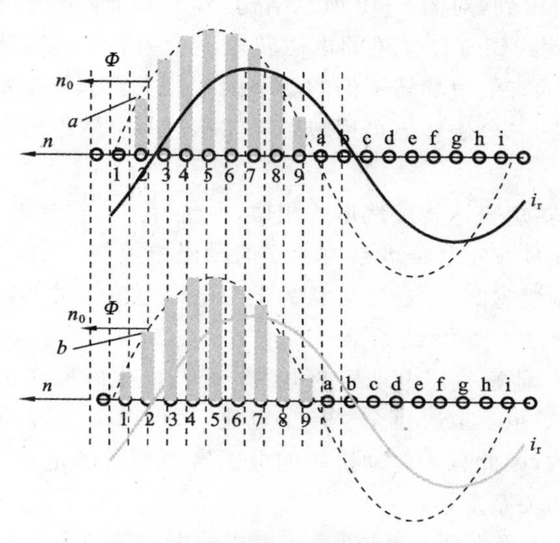

图 5-49 笼型转子的转矩瞬时值与平均值

在式(5-71)中，出现有转子电流有效值因子。在三相异步电动机运行时，转子电流的瞬时值是按正弦规律变化的，这种瞬时值变化是否会影响异步电机电磁转矩的平稳性呢？答案显然应该是否定的，否则异步电动机不可能取得稳定的运行速度，只要转子电流有效值不变、磁通恒定、转速稳定(即转子功率因数角稳定)，异步电机的电磁转矩就可基本保持为常数。这是因为异步电动机的电磁转矩来源于旋转磁场与转子导体的相对运动，是由转子所有导体中的短路电流与磁场相互作用对各导体产生的电磁转矩总和构成的。从图 5-47 可以看到，如果电机在某一速度下稳速运行时，在任意瞬间的一对极距空间中，磁通的波形是恒定的，因为磁通具有幅值恒定，以同步转速旋转的特性；转子导体中按发电机原理感生的电势与磁通相位一致，速度稳定时，转子导体中感生的电势 sE_r、电流幅值也是恒定的。由于转子的阻抗作用，电流相位滞后于电势，也即滞后于磁通，造成每个磁极下有大部分转子导体中的电流形成推动方向的电磁转矩，对应图 5-47 中磁通密度与电流同正负；也有小部分转子导体中的电流形成制动方向的转矩，对应图中磁通密度与电流符号相异，这种推动与制动方向的转矩相互抵消效应，对应式(5-71)中的转子功率因数因子。由于一个磁极下磁通密度波形固定，转子导体以 n_0-n 的转差速度在磁极下运动，每磁极下感生电势的平均值是恒定的，如果转子导体能在转子表面连续均匀分布，则瞬时值也是恒定的，但由于导体必须嵌放在转子铁芯槽内，导体在转子空间的分布就不是连续的，如图 5-49 所示。当旋转磁场以同步速度向左运动时，转子导体也以速度 n 向左运动，这样，如果将坐标系建立在旋转磁场上，观察到的转子导体将是以转差速度向右运动。假定一个磁极下大约有 9 个导体，以 2 号导体为例，在图中上图空间位置时，感生电势为 a，移动到下图位置时，感生电势为 b，幅值是增大的，但同时观察 9 号导体，移动后

电势的幅值是下降的，因此从综合效应来看，转子电势推动的电流有效值在转子运动各瞬间变化是不大的，即每磁极下所有转子导体感生电势的总和是基本不变的。当 2 号导体移动到上图 3 号导体位置，这时一个磁极下所有导体感生的电势又恢复到与上图完全相同。这样，转子中所有导体中的电流依照 $F=Bli$ 形成的电磁力总和以及相应的总电磁转矩应基本为常数，转矩的瞬间波动也是因为转子异步运行，使处于一磁极下空间角度为 γ 的导体槽在向 $\gamma+\alpha$ 角度空间移动过程中，每磁极下转子导体电势总和的波动引起的，这里 α 为槽距角，波动的大小可以很容易通过仿真分析得到，对图 5-49 所示结构，容易验证其转子电势和的波动约在标幺值的 1%～2%范围。因此式(5-71)描述的电磁转矩不会因转子电流随时间按正弦规律变化而变化，而只与转子电流的有效值和转子侧的功率因数相关，当转速稳定、转子电流处于正弦稳态时可基本保持为常数，总电磁转矩可用转子导体移过一个槽距角空间的转矩平均值表示，也称为平均转矩。

交、直流电机的电磁转矩表达式虽然形式相似，但也有三点重要差别：

(1) 他励直流电动机的每极磁通 Φ 是由独立的励磁电流建立的，当电机结构设计已充分考虑了对电枢反应的抑制措施时，主磁通可认为是与电枢电流无关的，而异步电动机的每极磁通 Φ_m 则是由定、转子电流共同磁化的结果；

(2) 当磁通为常数时，他励直流电动机的电磁转矩与电枢电流成正比，而对异步电动机即使磁通保持常数，电磁转矩也不取决于全部转子电流，而仅取决于转子电流的有功分量，这个有功分量是转差率的函数，因此异步电动机中的电磁转矩与转子电流的关系要比直流电动机中电磁转矩与电枢电流的关系复杂得多；

(3) 无论电枢电流处于稳态还是动态，直流电机的电磁转矩表达式都是有效的，它实际上是直流电动机电磁转矩的瞬时值表达式，当磁通恒定时，电磁转矩完全正比于电枢电流，控制电枢电流的瞬时值即可无时间滞后地控制电磁转矩的瞬时值，且电枢电流易于检测，从控制的观点看，它是一个完全能观能控的线性对象，这使得对直流电动机的转矩控制变得十分容易。这对电力拖动自动控制系统是极重要的优点。而式(5-71)是依据异步电动机的正弦稳态等值电路推导得出的，它仅适用于稳态，即当转速稳定、定转子电流过渡过程结束、已进入正弦稳态的情形。对异步电动机工作中的瞬变过程，如负载突然变化、电网波动、转速指令突然变化等暂态过程中的电磁转矩分析与控制并不适用。即使在稳态，对于笼型转子，因转子电流无法直接检测，是一个能控不能观的变量，再加上转子功率因数角 $\theta_r=\arctan(X_r s/R_r)$ 是转差率 s 即 n 的函数，即使磁通和转子电流不变，不同 n 下的 T_{em} 也有很大差别，使得对交流电动机转矩的控制变得比较困难。从电力拖动自动控制系统的角度看，电磁转矩瞬时控制的困难，是异步电动机的最大缺陷，这直接导致了在 20 世纪 80 年代以前的很长一段时间，直流电机一直在高精度调速系统和位置伺服系统等要求高品质控制的电力拖动系统中占据主导地位，而异步电动机在这些控制领域长期得不到应用，直到一种创造性的控制方法被研究出来，才根本扭转了这种局面，这种称为矢量控制的现代交流电动机控制方法，将在后续课程“运动控制系统”中详细介绍。

机械功率 P_M 减去空载损耗功率 P_0 后得到最终从电机轴上输出的机械功率 P_2。即式(5-67)，两边同除以机械角速度，得

$$\frac{P_2}{\Omega}=\frac{P_M}{\Omega}-\frac{P_0}{\Omega}$$

从而有

$$T_2 = T_{em} - T_0 \tag{5-72}$$

式中：$T_2 = \frac{P_2}{\Omega}$为轴上输出转矩；$T_0 = \frac{P_0}{\Omega}$称为空载转矩。

同样这里要注意，公式中是实际运行角速度而不是同步角速度。按照惯例，定义空载转矩与轴上输出转矩之和为负载转矩 T_L，则有

$$T_{em} = T_L \tag{5-73}$$

此即为电动机的稳态转矩平衡方程。这个稳态转矩方程对交直流电机是完全相同的。

【例 5-3】 已知三相异步 50 Hz 绕线式异步电动，$U_N = 380$ V，$P_N = 100$ kW，$n_N = 950$ r/min，在额定转速运行时，机械摩擦损耗 $P_{fv} = 1$ kW，忽略附加损耗。求额定运行时的额定转差率、电磁功率、转子铜耗、额定电磁转矩、额定输出转矩和空载转矩。

解 (1) 根据 $n_0 = \frac{60f}{p} = \frac{3000}{p} > n_N = 950$ r/min，可推断此电机 $p = 3$，$n_0 = 1000$ r/min。额定转差率为

$$s_N = \frac{n_0 - n_N}{n_0} = \frac{1000 - 950}{1000} = 0.05$$

(2) 额定运行时的电磁功率 P_{em}

因
$$P_{em} = P_2 + P_0 + P_{Cur}, \quad P_{Cur} = s_N P_{em}, \quad P_0 \approx P_{fv}$$

故
$$P_{em} = P_N + P_{fv} + s_N P_{em}$$

$$P_{em} = \frac{P_N + P_{fv}}{1 - s_N} = \frac{100 + 1}{1 - 0.05}\ \text{kW} = 106.3\ \text{kW}$$

(3) 额定运行时的转子铜耗为

$$P_{Cur} = s_N P_{em} = 0.05 \times 106.3\ \text{kW} = 5.3\ \text{kW}$$

(4) 额定电磁转矩为

$$T_{emN} = \frac{P_{em}}{\Omega_0} = \frac{P_{em}}{\frac{2\pi}{60} n_0} = 9.55 \times \frac{106.3 \times 1000}{1000}\ \text{N} \cdot \text{m} = 1015\ \text{N} \cdot \text{m}$$

(5) 额定输出转矩为

$$T_N = \frac{P_N}{\Omega_N} = 9.55 \times \frac{100 \times 1000}{950}\ \text{N} \cdot \text{m} = 1005\ \text{N} \cdot \text{m}$$

(6) 额定运行时的空载转矩为

$$T_0 = T_{emN} - T_N = (1015 - 1005)\ \text{N} \cdot \text{m} = 10\ \text{N} \cdot \text{m}$$

或

$$T_0 = \frac{P_0}{\Omega_N} = \frac{P_{fv}}{\Omega_N} = \frac{9.55 \times 1000}{950}\ \text{N} \cdot \text{m} = 10.1\ \text{N} \cdot \text{m}$$

【例 5-4】 一台 460 V、25 马力、60 Hz、2 对极、Y 连接异步电动机，等值电路参数为：$R_s = 0.641\ \Omega$，$R'_r = 0.332\ \Omega$，$X_s = 1.106\ \Omega$，$X'_r = 0.464\ \Omega$，$X_m = 26.3\ \Omega$，铁耗归并到空载损耗中。空载损耗为 1100 W。如果在额定电压、额定频率运行时，电动机的转差率 $s = 0.022$，试计算电动机的转速、定子电流、功率因数、机械功率、输出功率、电磁转矩、输出转矩和效率。

解 (1) 电动机的转速为

$$n_0 = \frac{60f}{p} = \frac{3600}{2}\ \text{r/min} = 1800\ \text{r/min}$$

$$n = n_0(1 - s) = 1760\ \text{r/min}$$

（2）定子电流为

$$Z'_r=\frac{R'_r}{s}+jX'_r=\frac{0.332}{0.022}+j0.464=15.10\angle1.76°\ \Omega$$

$$Z_f=\frac{1}{\frac{1}{Z_m}+\frac{1}{Z'_r}}=\frac{1}{-j0.038+0.0662\angle-1.76°}=12.94\angle31.1°\ \Omega$$

$$Z=Z_s+Z_f=0.641+j1.106+12.94\angle31.1°=14.07\angle33.6°\ \Omega$$

$$\dot{I}_s=\frac{\dot{U}_s}{Z}=\frac{460/\sqrt{3}\angle0°}{14.07\angle33.6°}=18.88\angle-33.6°\ A$$

（3）功率因数为

$$PF=\cos33.6°=0.833,滞后$$

（4）机械功率和输出功率为

$$P_1=\sqrt{3}UI\cos\theta_s=\sqrt{3}\times460\times18.88\times0.833\ W=12530\ W$$

$$P_{Cus}=3I_s^2R_s=3\times18.88^2\times0.641\ W=685\ W$$

$$P_{em}=P_1-P_{Cus}=11845\ W$$

$$P_M=P_{em}(1-s)=11585\ W$$

$$P_2=P_M-P_0=10485\ W$$

（5）电磁转矩和输出转矩为

$$T_{em}=\frac{P_{em}}{\Omega_0}=62.8\ N\cdot m$$

$$T_2=\frac{P_2}{\Omega}=56.9\ N\cdot m$$

（6）效率为

$$\eta=\frac{P_2}{P_1}\times100\%=83.7\%$$

5-5 异步电动机的机械特性

三相异步电动机的机械特性是指定子电压、定子频率和电动机参数固定的条件下，电动机电磁转矩与运行速度间的函数关系 $n=f(T_{em})$。由于转差率与转速之间存在线性关系，因此也可以用 $s=f(T_{em})$ 来表示三相异步电动机的机械特性。

异步电动机机械特性有三种表达式。

一、用物理表达式描述的机械特性

在异步电动机电磁转矩的物理表达式(5-71)中，转子功率因数可利用图 5-50 所示的转子阻抗关系得到

$$\cos\theta_r=\frac{\frac{R'_r}{s}}{\sqrt{\left(\frac{R'_r}{s}\right)^2+X'^2_r}}=\frac{R'_r}{\sqrt{R'^2_r+s^2X'^2_r}}=\frac{R_r}{\sqrt{R_r^2+s^2X_r^2}}$$

根据等值电路，转子电流

$$I'_r=\frac{E'_r}{\sqrt{\left(\frac{R'_r}{s}\right)^2+X'^2_r}}=\frac{sE'_r}{\sqrt{R'^2_r+(sX'_r)^2}}$$

它们都是转差率 s 的函数。

根据转速表达式(5-48)，利用等值电路参数，借助仿真工具如 Matlab，以转差率 s 为自变量可以很容易作出 $n=f(I'_r)$ 和 $n=f(\cos\theta_r)$ 的函数图形，如图 5-51 曲线 1 和曲线 2 所示。从仿真结果可以看出，电机转速与转子电流 $n=f(I'_r)$ 特性曲线的特点为：当 $n=n_0$，$s=0$ 时，$I'_r=0$；n 下降，转子电势随 s 正比增长；开始时 s 较小，与电阻相比，sX'_r 可忽略，电流随 s 正比增长；随着 n 继续减小，s 增大，sX'_r 变大。从不可忽略到渐成为分母主要部分，电流增长越来越缓慢。电机转速与转子功率因数 $n=f(\cos\theta_r)$ 特性曲线的特点为：当 $n=n_0$，$s=0$ 时，$\cos\theta_r=1$；随着 n 逐渐下降，$\cos\theta_r$ 逐渐减小，$n=0$，$s=1$ 时转子功率因数的典型值 $\cos\theta_r\approx0.2\sim0.3$。

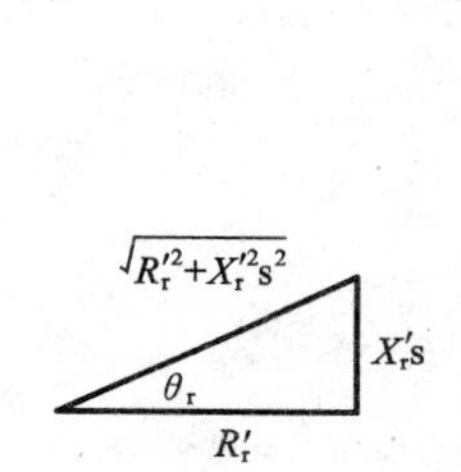

图 5-50 转子阻抗关系

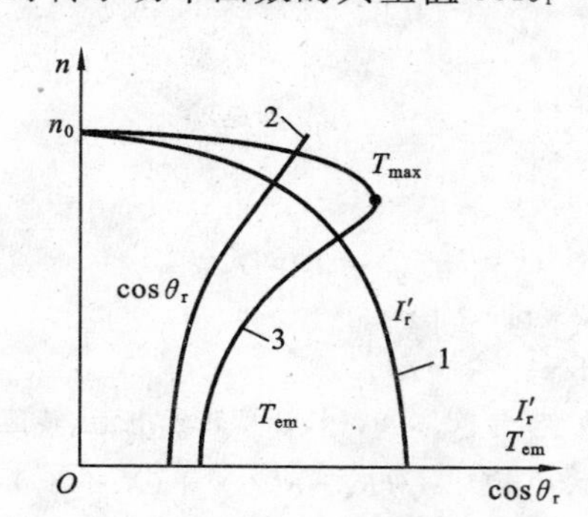

图 5-51 三相异步电动机的机械特性曲线

异步电动机的固有机械特性可以通过式(5-69)和式(5-62)得到。如果忽略定子阻抗压降对磁通的减弱影响，将曲线 1、2 相乘并乘以转矩和磁通决定的比例常数就是三相异步电动机电磁转矩的物理表达式 $T_{em}=K'_T\Phi_m I'_r\cos\theta_r$ 的特性曲线，即固有机械特性曲线，如图 5-51 中曲线 3 所示。转子电流折算与否仅与常数 K_T 定义有关，即可认为 $K_T I_r=K'_T I'_r$，因此该曲线也就是 $T_{em}=K_T\Phi_m I_r\cos\theta_r$ 在不同转速下的特性曲线，即机械特性曲线。

由图可知，三相异步电动机的机械特性具有以下性质：

(1) 转速与转子电流 $n=f(I'_r)$ 的特性曲线和转速与电磁转矩 $n=f(T_{em})$ 特性曲线的形状不同，不成正比；

(2) n 从同步转速 n_0 逐渐减小时，电流增加很快，此时功率因数数值较大，转矩增加很快，转子电流增长基本与电磁转矩增长成比例；

(3) 转速 n 从 0 到同步转速 n_0 间电磁转矩存在一个最大值，称为异步电动机的最大转矩 T_{max}；

(4) 当转速从最大转矩点继续下降时，电流增长已明显变慢，而转子功率因数下降很快，导致虽然转子电流增大而电磁转矩反而减小；

(5) $n=0$ 时转子电流虽很大但由于转子功率因数较小，电磁转矩并不大。

物理表达式 $T_{em}=K_T\Phi_m I_r\cos\theta_r$ 反映了不同转速时转矩、磁通及转子电流有功分量间的关系，在形式上与直流电机的转矩表达式相似，用于在物理上定性分析电机在各种运行状态下各电磁变量之间的关系及判定各变量的方向较为方便。

【例 5-5】 （Matlab 计算示例）一台三相 1 对极异步电机，额定电压为 380 V，额定频率为 50 Hz，已知 $R_s=1.04\ \Omega$，$X_s=1.56\ \Omega$，$R'_r=0.72\ \Omega$，$X'_r=2.12\ \Omega$。Z_m 可忽略，求作该电机的 $n=f(I'_r)$、$n=f(\cos\theta_r)$和机械特性。

解 仿真程序为

```
% 例
    clc
    clear
% 电机参数
    Us = 380/sqrt(3);           %相电压
    nph = 3;                    %相数
    p =1;                       %磁极对数
    f = 50;                     %频率
    Rs = 1.04;
    Rr = 0.72;
    Xs = 1.56;
    Xr = 2.12;
%计算同步转速 Ω0=2πf/p,n0=60f/p
    omegas=2 * pi * f/p;
    n0=60 * f/p;
%计算循环:改变 s=[0.005,1],计算转子电流、转速、电磁转矩、转子功率因数
%n=n0(1-s),I'r=Us/sqrt((Rs+R'r/s)^2+(Xs+X'r)^2),Tem=Pem/Ω0=3I'r^2R'r/sΩ0
%cosθr=R'r/sqrt(R'r^2+s^2X'r^2)
    for n=1:200
      s(n)=n/200;
      rpm(n)=n0 * (1-s(n));
      Ir(n)=Us/sqrt((Rs+Rr/s(n))^2+(Xs+Xr)^2);
      Tmech(n)=nph * Ir(n)^2 * Rr/(s(n) * omegas);
      c(n)=Rr/sqrt(Rr^2+s(n)^2 * Xr^2);
    end
%绘图
    for m=1:3
      if m==1
      plot(Tmech,rpm,"k",…
                    'LineWidth',2)          %黑色、粗线为转矩
      xlabel('T(N.m),I(A),cos')
      ylabel('n(rpm)')
      elseif m==2
    plot(Ir,rpm,'*',...
      'Color','k')
                  %"*"号线为转子电流
    else
      plot(c*10,rpm,'k')                    %黑色细线为10倍的转子功率因数
end
```

```
  if m==1
        hold
  end
end
```

仿真结果如图 5-52 所示。

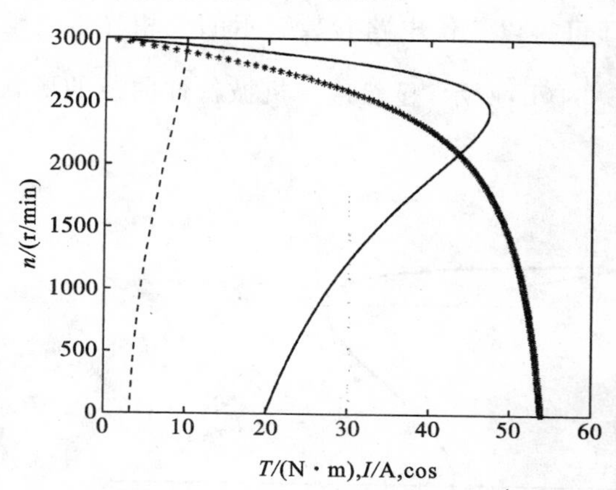

图 5-52 异步电动机机械特性参数表达式的仿真结果

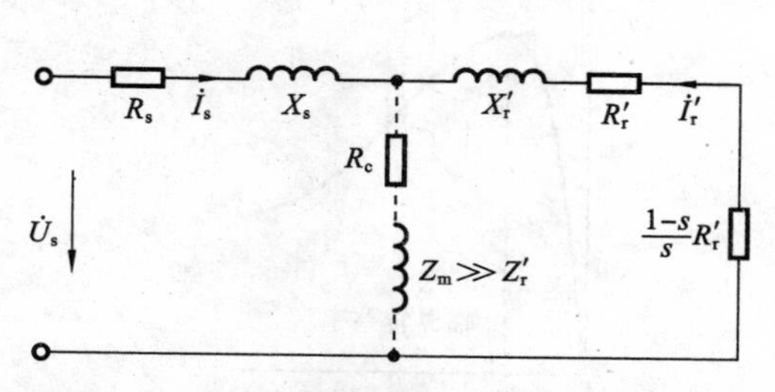

图 5-53 借助忽略励磁支路的等值电路分析异步电机的机械特性

二、机械特性的参数表达式

1. 电磁转矩的参数表达式

在图 5-43 所示的 T 形等值电路中,因 $Z_m \gg Z_s + Z'_r$,故在计算 I'_r 时,可以近似地认为励磁支路是开路的,如图 5-53 所示。这时,转子电流的有效值为

$$I'_r \approx \frac{U_s}{\sqrt{\left(R_s+\frac{R'_r}{s}\right)^2+(X_s+X'_r)^2}} \tag{5-74}$$

代入式(5-62),得

$$P_{em}=3I'^2_r\frac{R'_r}{s}\approx 3\frac{U_s^2\frac{R'_r}{s}}{\left(R_s+\frac{R'_r}{s}\right)^2+(X_s+X'_r)^2}$$

由式(5-70)

$$\Omega_0=\frac{2\pi f}{p}$$

代入式(5-69),有

$$T_{em}=\frac{P_{em}}{\Omega_0}=\frac{3I'^2_r\frac{R'_r}{s}}{\frac{2\pi}{60}n_0}=\frac{3I'^2_r\frac{R'_r}{s}}{\frac{2\pi f}{p}}$$

再将转子电流有效值代入,得到

$$T_{\mathrm{em}}=\frac{3pU_{\mathrm{s}}^{2}\frac{R_{\mathrm{r}}'}{s}}{2\pi f\left[\left(R_{\mathrm{s}}+\frac{R_{\mathrm{r}}'}{s}\right)^{2}+(X_{\mathrm{s}}+X_{\mathrm{r}}')^{2}\right]} \tag{5-75}$$

这是一个电磁转矩与转差率的函数关系，称为异步电动机机械特性的参数表达式。其特性曲线如图 5-54(a)所示。将转差率 $s=\frac{n_0-n}{n_0}$ 代入，即可得以等值电路参数表示的三相异步电动机的机械特性 $n=f(T_{\mathrm{em}})$，其函数图形曲线如图 5-54(b)所示，显然这一机械特性曲线的形状应与物理表达式的相同。

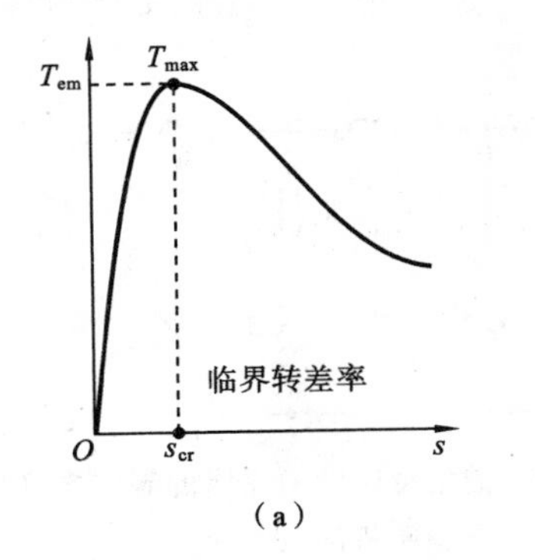

(a)

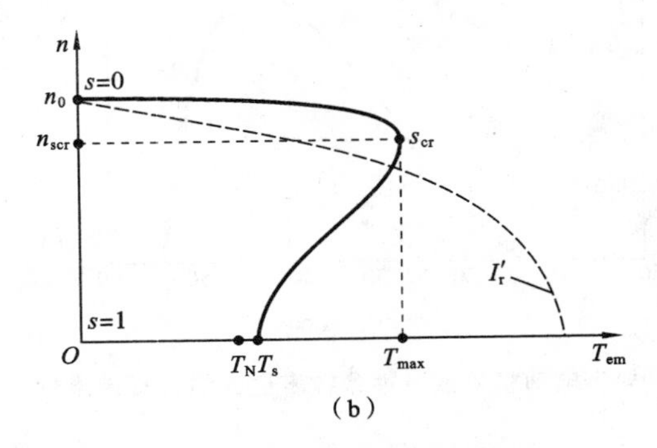

(b)

图 5-54 用参数表达式近似描述的三相异步电动机机械特性

由图 5-54 可看出，异步电动机的机械特性被三个特殊的坐标点分作两个运行段。

2. $f(T_{\mathrm{em}},n)$的三个特殊坐标点

1）同步运行点 $f(0,n_0)$

在这个运行点上，$n=n_0$，即电动机转速与旋转磁场转速同步，故转子绕组电势和电流均为零，因此电磁转矩亦为零。

2）临界运行点 $f(T_{\max},n_{\mathrm{scr}})$

该运行点上，电磁转矩达到最大值 $T_{\max}$，记与之对应的转差率为 s_{cr}，称为异步电动机的临界转差率。对式(5-75)两边求 T_{em}对 s 的导数，并令$\frac{\mathrm{d}T_{\mathrm{em}}}{\mathrm{d}s}=0$，可以求得临界转差率为

$$s_{\mathrm{cr}}=\pm\frac{R_{\mathrm{r}}'}{\sqrt{R_{\mathrm{s}}^{2}+(X_{\mathrm{s}}+X_{\mathrm{r}}')^{2}}} \tag{5-76}$$

在后面的学习中可以看到，其中正号对应异步电机工作于电动机状态，负号则对应发电机状态。将其代入参数表达式，得到最大电磁转矩为

$$T_{\max}=\pm\frac{3p}{4\pi f}\times\frac{U_{\mathrm{s}}^{2}}{R_{\mathrm{s}}+\sqrt{R_{\mathrm{s}}^{2}+(X_{\mathrm{s}}+X_{\mathrm{r}}')^{2}}} \tag{5-77}$$

若取正号考虑，且忽略定子绕组电阻的影响，则式(5-76)及式(5-77)可分别简化为

$$s_{\mathrm{cr}}=\frac{R_{\mathrm{r}}'}{X_{\mathrm{s}}+X_{\mathrm{r}}'} \tag{5-78}$$

$$T_{\max}=\frac{3p}{4\pi f}\times\frac{U_{\mathrm{s}}^{2}}{X_{\mathrm{s}}+X_{\mathrm{r}}'} \tag{5-79}$$

在电动机的产品说明书中，$T_{\max}$通常是以转矩过载倍数 λ_{T} 的形式给出，定义为

$$\lambda_T = \frac{T_{max}}{T_N} \tag{5-80}$$

对普通型号的异步电动机，$\lambda_T = 1.6 \sim 2.2$。

在机械特性的这个坐标点上具有如下特点：

(1) 当电机各参数及电源频率不变时，最大转矩与电源电压的平方成正比；

(2) 临界转差率与电源电压无关；

(3) 最大转矩与转子电阻大小无关；

(4) 临界转差率与转子电阻成正比。

3) 启动状态点 $f(T_s, 0)$

该运行点上，电动机定子绕组已接入电网，但转子因机械惯性的作用仍处于静止状态。T_s 称为电动机的启动转矩，以 $n=0$ 即 $s=1$ 代入式(5-75)，得

$$T_s = \frac{3pU_s^2 R_r'}{2\pi f[(R_s + R_r')^2 + (X_s + X_r')^2]} \tag{5-81}$$

可见，启动转矩也与电源电压的平方成正比。在异步电动机产品说明书中，启动转矩以额定转矩的倍数给出，定义为

$$\lambda_s = \frac{T_s}{T_N} \tag{5-82}$$

对普通型号的异步电动机，λ_s 一般为 0.8～1.2。

3. 两个运行段

(1) 介于$(0, n_0)$，(T_{max}, s_{cr})间的线段称为稳定运行段，简称运行段，其主要特点为：当电动机工作在机械特性的第一象限的此区间时，机械特性呈向右下方倾斜的曲线形态，对电力拖动的三种典型负载即恒转矩、恒功率和风机类负载，电机在此运行段上的平衡工作点都是稳定的平衡工作点。

在此区段上，转差率 s 数值很小，$s \approx 0.05 \sim 0.2$，$R_r'/s \gg X_r'$，$\cos\theta_r \approx 1$，电磁转矩近似与转子电流成正比。特性比较硬，额定转矩范围内的机械特性与他励直流电机的固有机械特性十分相似。

(2) 介于(T_{max}, s_{cr})，(T_s, s_{cr})间的线段称为非稳定运行段，特点为：对恒转矩、恒功率负载，电动机均不能获得稳定的平衡工作点，仅有当电动机带风机类负载时可以在此区段稳定运行。

在此区段上转速较低，$X_r s$ 随 s 增大导致 $\cos\theta_r$ 下降，使电磁转矩随转速的降低而减小。

使用参数表达式利于定量分析讨论转矩与电动机参数间的关系，适用于对电机运行与控制作理论分析。但一般电动机产品说明书中无定、转子参数，使用不够方便。

【例 5-6】 已知三相笼型电机，$U_N = 380$ V，$P_N = 4$ kW，$n_N = 1442$ r/min，$f_N = 50$ Hz，Δ 连接，$R_s = 4.47\ \Omega$，$R'_r = 3.18\ \Omega$，$X_s = 6.7\ \Omega$，$X'_r = 9.85\ \Omega$。忽略 Z_m，试求电动机的额定转差率、额定转速时的电磁转矩、最大转矩、启动电流和启动转矩。

解 (1)
$$s_N = \frac{n_0 - n}{n_0} = \frac{1500 - 1442}{1500} = 0.0387$$

(2) 三角形连接，相电压等于线电压：

$$T_{emN} = \frac{3pU_s^2 \dfrac{R_r'}{s}}{2\pi f\left[\left(R_s + \dfrac{R_r'}{s}\right)^2 + (X_s + X_r')^2\right]}$$

$$=\frac{3\times2\times380^2\ \frac{3.18}{0.0387}}{2\times3.14\times50\left[\left(4.47+\frac{3.18}{0.0387}\right)^2+(6.7+9.85)^2\right]}\ \text{N}\cdot\text{m}$$

$$=29.1\ \text{N}\cdot\text{m}$$

（3）最大转矩为

$$T_{\max}=\frac{3p}{4\pi f}\times\frac{U_s^2}{R_s+\sqrt{R_s^2+(X_s+X'_r)^2}}$$

$$=\frac{3\times2}{4\times3.14\times50}\times\frac{380^2}{4.47+\sqrt{4.47^2+(6.7+9.85)^2}}\ \text{N}\cdot\text{m}$$

$$=63.8\ \text{N}\cdot\text{m}$$

（4）启动电流为

$$I_{ss}\approx I'_{rs}=\frac{U_s}{\sqrt{(R_s+R'_r)^2+(X_s+X'_r)^2}}=\frac{380}{\sqrt{(4.47+3.18)^2+(6.7+9.85)^2}}\ \text{A}$$

$$=20.8\ \text{A}$$

（5）启动转矩为

$$T_s=\frac{3pU_s^2R'_r}{2\pi f[(R_s+R'_r)^2+(X_s+X'_r)^2]}$$

$$=\frac{3\times2\times380^2\times3.18}{2\times3.14\times50[(4.47+3.18)^2+(6.7+9.85)^2]}\ \text{N}\cdot\text{m}$$

$$=26.4\ \text{N}\cdot\text{m}$$

三、机械特性的实用表达式

由于三相异步电动机的参数不易得到，使用式(5-75)计算电动机的机械特性略显不便，为此，以最大转矩除之，得

$$\frac{T_{em}}{T_{\max}}=\frac{3pU_s^2\frac{R'_r}{s}}{2\pi f\left[\left(R_s+\frac{R'_r}{s}\right)^2+(X_s+X'_r)^2\right]}\times\frac{4\pi f}{3p}\times\frac{R_s+\sqrt{R_s^2+(X_s+X'_r)^2}}{U_s^2}$$

$$=\frac{2R'_r[R_s+\sqrt{R_s^2+(X_s+X'_r)^2}]}{s\left[\left(R_s+\frac{R'_r}{s}\right)^2+(X_s+X'_r)^2\right]}$$

考虑式(5-76)，有 $R'_r/s_{cr}=\sqrt{R_s^2+(X_s+X'_r)^2}$，代入上式，得

$$\frac{T_{em}}{T_{\max}}=2\frac{R'^2_r\left(\frac{R_s}{R'_r}+\frac{1}{s_{cr}}\right)}{s\left[R_s^2+2\frac{R_sR'_r}{s}+\frac{R'^2_r}{s^2}+(X_s+X'_r)^2\right]}=2\frac{\left(\frac{R_s}{R'_r}+\frac{1}{s_{cr}}\right)}{s\left[2\frac{R_s}{R'_rs}+\frac{1}{s^2}+\frac{R_s^2+(X_s+X'_r)^2}{R'^2_r}\right]}$$

分子分母同除 R'^2_r 并注意到 $s_{cr}^2=R'^2_r/[R_s^2+(X_s+X'_r)^2]$，可得到

$$\frac{T_{em}}{T_{\max}}=2\frac{\left(\frac{R_s}{R'_r}+\frac{1}{s_{cr}}\right)}{s\left[2\frac{R_s}{R'_rs}+\frac{1}{s^2}+\frac{1}{s_{cr}^2}\right]}=2\frac{\left(\frac{R_s}{R'_r}s_{cr}+1\right)}{s\left[2\frac{R_s}{R'_rs}s_{cr}+s_{cr}\frac{1}{s^2}+\frac{1}{s_{cr}}\right]}$$

$$=2\frac{\frac{R_s}{R'_r}s_{cr}+1}{2\frac{R_s}{R'_r}s_{cr}+\frac{s_{cr}}{s}+\frac{s}{s_{cr}}}$$

考虑普通异步电动机 $s_{cr}\approx0.1\sim0.2$，若忽略 $(R_s/R'_r)s_{cr}$ 项，则机械特性稳定运行段的表达式可近似为

$$\frac{T_{em}}{T_{max}}=\frac{2}{\frac{s}{s_{cr}}+\frac{s_{cr}}{s}} \tag{5-83}$$

其中临界转差率可利用电动机的额定数据求出。因最大转矩可由电动机产品说明书中查得，故较实用。因此，式(5-83)称为三相异步电动机机械特性的实用表达式。

若记 $T_{em}=T_N$ 时，$s=s_N=(n_0-n_N)/n_0$，代入式(5-83)得

$$\frac{1}{\lambda_T}=\frac{2}{\frac{s_N}{s_{cr}}+\frac{s_{cr}}{s_N}}$$

从中可解出

$$s_{cr}=s_N(\lambda_T+\sqrt{\lambda_T^2-1}) \tag{5-84}$$

对于普通型号的异步电动机，在稳定运行段的额定转矩范围内，$s<0.05$，$\frac{s}{s_{cr}}\ll\frac{s_{cr}}{s}$，实用表达式可以进一步简化为

$$T_{em}=\frac{2T_{max}}{s_{cr}}s \tag{5-85}$$

这个近似表达式说明，三相异步电动机在额定负载范围内运行时，机械特性近似为一直线，电磁转矩与转差率 s（速降）成正比，与他励直流电动机的机械特性相似。显然，它不适用于机械特性的非稳定运行段，且应用应限于稳定运行段的额定转矩范围内。非稳定运行段异步电动机的机械特性与直流电机有很大差别。

等值电路是分析三相异步电动机运行规律、机电能量转换过程的重要工具，它把电机中最主要的参量用简洁的方式表达出来，从电势、电流的角度进行分析，掌握这种分析方法是很重要的。借助等值电路，可以很容易地理解电机的能量传递和转换过程，分析它的电磁转矩和运行机械特性。但由于这种方法简便，也往往把电机中一些重要的参量如磁势、磁通、转矩、频率以及在电机运行过程中的一些过程的物理本质掩盖起来，至少是不能清晰地显示出来，应用时还应注意正弦稳态的制约条件。

5-6 三相异步电动机的参数测定与缺相运行

等值电路作为一种工具，在异步电动机的运行分析中起着重要的作用。与变压器中的情况类似，其电路参数也可通过空载和短路试验进行测定。

一、短路试验对定转子阻抗参数的测定

短路试验又称为堵转试验，试验线路如图 5-55 所示。在做试验时，若是绕线转子，需将转

子绕组短路，定子绕组接入三相交流电源，转子用外力堵住，使电机不能旋转，此时 $n=0$，$s=1$，因而$[(1-s)/s]R'_r=0$。为了保证电动机内转子短路电流不至太大，应控制定子电流不超过1.5～2倍额定电流。普通三相异步电动机在堵转状态、定子电流达到额定值时对应的定子电压为额定电压值的15%～25%。因此堵转试验时，需先用调压器将电源电压调至40%额定值后再接入定子绕组，然后逐步降低电压，直至电流降至额定值为止，记录试验过程中的输入定子线电压 U_{sL}、定子绕组电流 I_{sk} 和定子三相输入功率 P_{sk}，并绘出堵转试验结果曲线 $I_{sk}=f(U_{sL})$ 和 $P_{sk}=f(U_{sL})$，如图5-56所示。为避免绕组过热，试验应尽快进行。

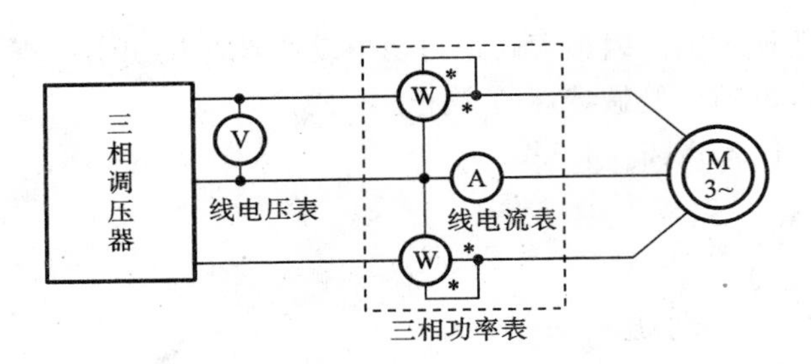

图 5-55 异步机参数测定堵转试验线路原理图

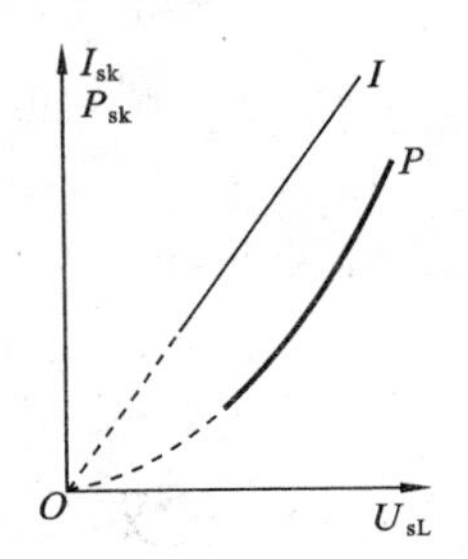

图 5-56 异步机的堵转试验结果曲线

因试验中电压较低，电动机磁路饱和程度不高，励磁电流 I_m 较小，T形等值电路的励磁支路可近似视为开路，铁耗和励磁电流可忽略不计。同时，转子无运动，摩擦风阻损耗为零，输入功率全部消耗在定、转子电阻上，因此有

$$P_{sk}=3I_s^2R_s+3I_r'^2R_r'\approx 3I_{sk}^2(R_s+R_r')=3I_{sk}^2R_k$$

由此得短路电阻 R_k、短路阻抗和短路电抗分别为

$$R_k=\frac{P_{sk}}{3I_{sk}^2} \tag{5-86}$$

$$Z_k=\frac{U_{sL}}{\sqrt{3}I_{sk}}=\frac{U_s}{I_{sk}} \tag{5-87}$$

$$X_k=\sqrt{Z_k^2-R_k^2} \tag{5-88}$$

短路电阻、电抗与等值电路参数的关系为

$$R_k=R_s+R_r',\quad X_k=X_s+X_r'$$

对于定、转子电抗的分配，电气与电子工程师协会(the Institute of Electrical and Electronics Engineers，IEEE)Standard 112 给出的推荐感应电动机漏电抗分配经验值如表5-2所示。对于大中型电机，可认为 $X_s\approx X_r'$。计算工作特性时，采用 $I_s\leqslant I_{sN}$ 时的数据；计算启动特性时，采用 $I_s=2I_{sN}$ 时的数据。

表 5-2 感应电动机漏电抗分配推荐经验值

电动机类别	描　述	X_s	X_r'
A	额定启动转矩、额定启动电流，低转差率	0.5	0.5
B	额定启动转矩，75%启动电流，低转差率	0.4	0.6
C	高启动转矩，低启动电流，较高转差率	0.3	0.7
D	高启动转矩，高转差率($s_N=0.07$～0.11)	0.5	0.5
绕线转子	性能随转子电阻变化	0.5	0.5
未知类别		0.5	0.5

定子电阻 R_s 可由直流伏安法测定，试验线路如图5-57所示。

测定方法为：定子绕组加直流电压，分级逐步加大直到额定电流为止，记录各级直流电压、电流，计算绕组电阻，取平均值。按国家标准，测出的电阻应换算到75 ℃时的数值：

$$R_{75}=R\frac{234.5+75}{234.5+\theta} \tag{5-89}$$

式中：θ 为测试时的室温，单位为℃。假定定子绕组为Y连接，则

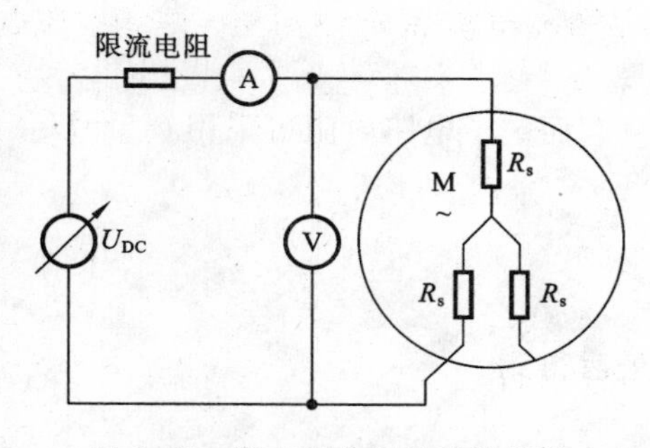

图 5-57 测定子电阻的试验线路

$$R_s=\frac{R_{75}}{2} \tag{5-90}$$

二、空载试验对励磁支路参数的测定

进行空载试验时，电动机轴上不加任何负载，定子接入三相交流电源，并从 $U_{sL}=1.2U_N$ 开始，逐渐降低电压，直到电动机转速有明显下降为止。记录 U_{sL}、空载定子绕组电流 I_{s0}、三相输入总功率 P_{10} 并绘制曲线，如图5-57所示。异步电动机空载运行时，转子绕组电流很小，转差率 $s\approx0$，转子铜耗可以忽略不计，输入功率仅用于支付定子铜耗 P_{Cus}、定子铁耗 P_{Fes}、风摩损耗 P_{fv} 和附加损耗 P_s。

$$P_{10}=P_{Cus}+P_{Fes}+P_{fv}+P_s$$

改写为

$$P_{10}-P_{Cus}=P_{Fes}+P_{fv}+P_s$$

因铁耗与磁通密度平方成正比（即与端电压平方成正比），附加损耗的大小也近似与电压的平方成正比，因此绘制 $P_{Fe}+P_{fv}+P_s=f(U_{sL}^2)$ 关系曲线，延长交于直轴 O'，过 O' 作水平虚线，典型结果如图5-58所示。因风摩损耗仅与转速有关，空载下转速 $n\approx n_0$，近似为常数，因此虚线下代表风摩损耗，虚线上部的曲线近似一条直线，表示对应 U_{sL} 大小的铁耗和附加损耗。

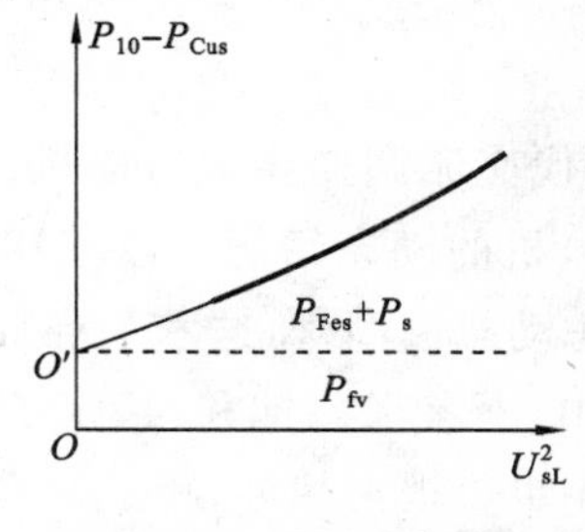

图 5-58 分离风摩损耗

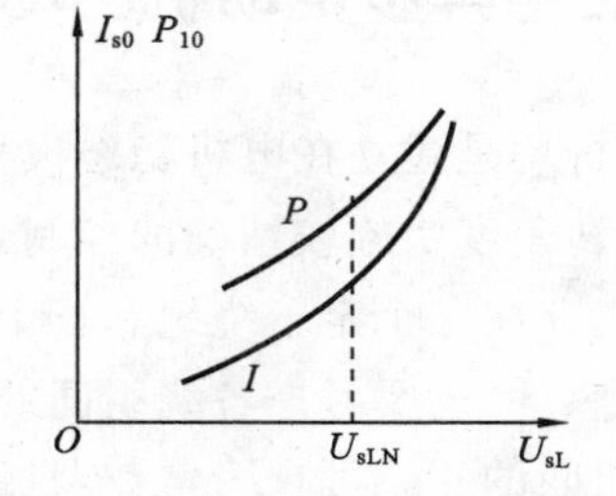

图 5-59 空载电流与电压的关系曲线

绘制 $I_{s0}=f(U_{sL})$ 曲线如图5-59所示，图中，U_{sL} 为定子线电压，U_{sLN} 为定子线电压额定值，即异步电动机的额定电压。

定子绕组Y连接时，有

$$Z_0 = \frac{U_{sL}}{\sqrt{3} I_{s0}} = \frac{U_s}{I_{s0}} \tag{5-91}$$

而定子电路电阻可采用 $U_{sL} = U_{sLN}$ 时的数据计算

$$R_0 = \frac{P_{10} - P_{fv}}{3I_{s0}^2} \tag{5-92}$$

$$X_0 = \sqrt{Z_0^2 - R_0^2} \tag{5-93}$$

最后得到

$$X_m = X_0 - X_s \tag{5-94}$$

$$R_c = R_0 - R_s \tag{5-95}$$

采用直流伏安法测定的定子电阻值还不能完全反映电机实际运行时的定子电阻值。因为它忽略了电机交流运行时绕组导体的趋肤效应。堵转试验时，定转子都运行在额定频率下，而实际电机运行时，转子电势、电流频率很低，因此堵转试验测定的转子电阻数值因趋肤效应影响与实际电机运行时的阻值存在一定误差。

因电机参数对运行和控制有较大影响，近年来交流电机的定转子参数在线辨识成为研究的一个热点。

三、三相异步电动机的缺相运行

三相异步电动机定子绕组因某种异常出现失去一相电源的工作状态，称为缺相运行或单相运行状态。当缺相发生时，如果定子绕组是 Y 连接，剩余两相电源变为加至两相串联绕组上的线电压，定子电路中仅剩下一条电流通路，电动机变为单相运行。若为三角形连接，则三相定子绕组形成两相串联后与另一相并联的电路，在剩余两相形成的线电压下同样转为单相运行。其表现为，若电机还未启动，则通电后电机也不能启动；若是在以一定速度运行中突然缺相，则电机仍能继续运转，但如果轴上负载转矩不变，则定子绕组电流会增大，时间稍长即可能因过流发热损坏绝缘。因此，三相异步电动机缺相运行被视为一种故障。由于缺相运行与单相异步电动机的运行等效，故将产生这种现象的原因合并到后续介绍单相交流电动机运行原理的章节中一同详细分析，以避免重复。

四、三相异步电动机的动态模型

上述分析均是建立在电机稳态模型基础上的。现代交流调速要求对电机的瞬态电流、转矩、转速、旋转角度实施较精确的控制，这时需要考虑电机的动态情况。以三相绕线式异步电机为例，电机存在三个定子绕组和三个转子绕组。考虑动态模型时，这六个绕组除了需要考虑自身具有电感外，还要考虑各绕组间的互感存在。其中，不考虑磁饱和时，定子三绕组空间位置固定，绕组间的互感可视为常数，且三相对称，其大小也可视为相等；转子三绕组间的互感情形也相同；但定、转子绕组间的互感却不一样。电机运行时，转子绕组随同转子旋转，转子绕组与定子绕组间的相互空间位置（角度）不断发生变化，某一转子绕组与某一定子绕组间的互感也会随着转子的旋转发生变化，使定、转子绕组间的互感成为空间角度的函数。这一事实使得三相电机的动态模型变得复杂起来。

1. 基本方程

假定：

(1) 三相绕组对称，空间互差 120°电角度，忽略空间谐波，磁势沿气隙圆周按正弦分布；

(2) 在工作点邻域对磁路作线性化处理，忽略磁饱和，各绕组自感、互感呈线性关系；

(3) 忽略铁损；

(4) 不考虑频率和温度变化对绕组参数的影响；

(5) 无论转子是笼型还是绕线式，均等效为绕线转子，并折算到定子侧；

(6) 转子绕组与定子绕组轴线空间电角度为 θ，转子转速为 ω_r，如图 5-60 所示。

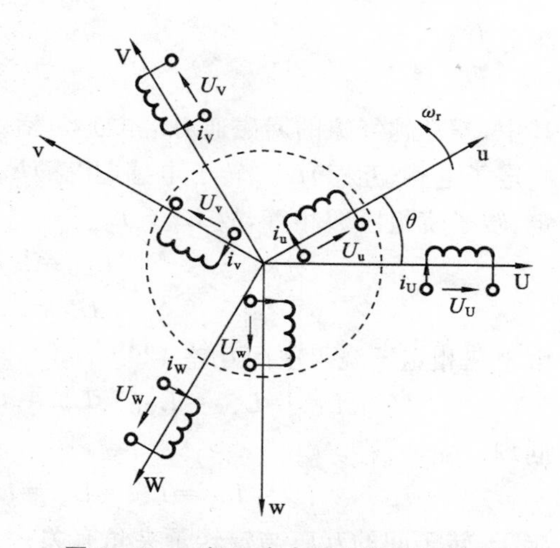

图 5-60　三相异步电动机的绕组模型

这时，按变压器惯例假定正向，定子的电压方程可表示为

$$u_U = r_s i_U + \frac{d}{dt}\Psi_U$$

$$u_V = r_s i_V + \frac{d}{dt}\Psi_V$$

$$u_W = r_s i_W + \frac{d}{dt}\Psi_W$$

转子的电压方程(折算后)为

$$u_u = r_r i_u + \frac{d}{dt}\Psi_u$$

$$u_v = r_r i_v + \frac{d}{dt}\Psi_v$$

$$u_w = r_r i_w + \frac{d}{dt}\Psi_w$$

式中：Ψ_X 为定子 X 相绕组磁链，Ψ_x 为转子 x 相绕组磁链。一般有

$$u = ri + \frac{d\Psi}{dt} = ri + \frac{d(Li)}{dt} = ri + L\frac{di}{dt} + i\frac{dL}{dt}$$

$$= ri + L\frac{di}{dt} + i\frac{dL}{d\theta}\frac{d\theta}{dt}\bigg|_{\omega_r=\frac{d\theta}{dt}} = ri + L\frac{di}{dt} + i\omega_r\frac{dL}{d\theta}$$

式中：$L\frac{di}{dt}$称为变压器电势；$i\omega_r\frac{dL}{d\theta}$称为旋转电势(速度电势)，$\omega_r$ 为转子转速。

电动机的磁链方程为

$$\begin{bmatrix}\Psi_U\\ \Psi_V\\ \Psi_W\\ \Psi_u\\ \Psi_v\\ \Psi_w\end{bmatrix} = \begin{bmatrix} L_{UU} & L_{UV} & L_{UW} & L_{Uu} & L_{Uv} & L_{Uw}\\ L_{VU} & L_{VV} & L_{VW} & L_{Vu} & L_{Vv} & L_{Vw}\\ L_{WU} & L_{WV} & L_{WW} & L_{Wu} & L_{Wv} & L_{Ww}\\ L_{uU} & L_{uV} & L_{uW} & L_{uu} & L_{uv} & L_{uw}\\ L_{vU} & L_{vV} & L_{vW} & L_{vu} & L_{vv} & L_{vw}\\ L_{wU} & L_{wV} & L_{wW} & L_{wu} & L_{wv} & L_{ww}\end{bmatrix}\begin{bmatrix} i_U\\ i_V\\ i_W\\ i_u\\ i_v\\ i_w\end{bmatrix}$$

简记为

$$\boldsymbol{\Psi}=\boldsymbol{L}\boldsymbol{i}$$

其中，不穿越气隙的漏磁通对应电感包括定子漏感 L_{ss}、转子漏感 L_{rr}；穿越气隙公共主磁通对应定子电感（互感）L_{sm}、转子电感（互感）L_{rm}；由于互感（主）磁通均通过气隙、磁阻相同，折算后定、转子绕组匝数相等，故 $L_{sm}=L_{rm}$。

$$L_{UU}=L_{VV}=L_{WW}=L_{sm}+L_{ss}$$
$$L_{uu}=L_{vv}=L_{ww}=L_{rm}+L_{rr}$$

由于三相定子绕组空间互差 120°

$$L_{UV}=L_{VW}=L_{WU}=L_{WV}=L_{UW}=L_{VU}=L_{sm}\cos 120°=-L_{sm}\times 1/2$$

同理

$$L_{uv}=L_{vw}=L_{wu}=L_{wv}=L_{uw}=L_{vu}=L_{sm}\cos 120°=-L_{sm}\times 1/2$$

定子、转子间的互感与定转子夹角有关：

$$L_{Uu}=L_{Vv}=L_{Ww}=L_{uU}=L_{vV}=L_{wW}=L_{sm}\cos\theta$$
$$L_{Uv}=L_{Vw}=L_{Wu}=L_{wV}=L_{uW}=L_{vU}=L_{sm}\cos(\theta+120°)$$
$$L_{Uw}=L_{Vu}=L_{Wv}=L_{vW}=L_{wU}=L_{uV}=L_{sm}\cos(\theta-120°)$$

当夹角为 0 时定子转子互感最大，等于 L_{sm}。将磁链方程写成分块矩阵形式

$$\begin{bmatrix}\boldsymbol{\Psi}_s\\ \boldsymbol{\Psi}_r\end{bmatrix}=\begin{bmatrix}\boldsymbol{L}_{ss} & \boldsymbol{L}_{sr}(\theta)\\ \boldsymbol{L}_{rs}(\theta) & \boldsymbol{L}_{rr}\end{bmatrix}\begin{bmatrix}\boldsymbol{i}_s\\ \boldsymbol{i}_r\end{bmatrix}$$

其中

$$\boldsymbol{L}_{ss}=\begin{bmatrix}L_{ms}+L_{ls} & -\frac{1}{2}L_{ms} & -\frac{1}{2}L_{ms}\\ -\frac{1}{2}L_{ms} & L_{ms}+L_{ls} & -\frac{1}{2}L_{ms}\\ -\frac{1}{2}L_{ms} & -\frac{1}{2}L_{ms} & L_{ms}+L_{ls}\end{bmatrix},\quad \boldsymbol{L}_{rr}=\begin{bmatrix}L_{ms}+L_{lr} & -\frac{1}{2}L_{ms} & -\frac{1}{2}L_{ms}\\ -\frac{1}{2}L_{ms} & L_{ms}+L_{lr} & -\frac{1}{2}L_{ms}\\ -\frac{1}{2}L_{ms} & -\frac{1}{2}L_{ms} & L_{ms}+L_{lr}\end{bmatrix}$$

$$\boldsymbol{L}_{rs}(\theta)=\boldsymbol{L}_{sr}(\theta)^{T}=L_{ms}\begin{bmatrix}\cos\theta & \cos(\theta-120°) & \cos(\theta+120°)\\ \cos(\theta+120°) & \cos\theta & \cos(\theta-120°)\\ \cos(\theta-120°) & \cos(\theta+120°) & \cos\theta\end{bmatrix}$$

考虑恒转矩负载，转矩平衡方程为

$$T_{em}=T_L+\frac{J}{p}\frac{d\omega}{dt}$$

式中：p 为电机极对数，按照机电能量转换理论，磁场的储能为

$$\boldsymbol{W}_m=\frac{1}{2}\boldsymbol{i}^{T}\boldsymbol{L}\boldsymbol{i} \tag{5-96}$$

电磁转矩等于电流不变只有机械位移变化时，磁场储能对机械位移角的偏导为

$$T_{em}=-\frac{\partial W_m(\boldsymbol{\Psi},\theta_m)}{\partial\theta_m}\bigg|_{\Psi=c}=\frac{1}{2}p\boldsymbol{i}^{T}\frac{\partial\boldsymbol{L}}{\partial\theta}\boldsymbol{i} \tag{5-97}$$

式中：$\theta=p\theta_m$，θ_m 为机械角度。

对于异步机

$$\boldsymbol{i}=[i_U\ i_V\ i_W\ i_u\ i_v\ i_w]^T,\quad \boldsymbol{u}=[u_U\ u_V\ u_W\ u_u\ u_v\ u_w]^T$$

定义

$$R=\begin{bmatrix} r_s & & & & & \\ & r_s & & & & \\ & & r_s & & & \\ & & & r_r & & \\ & & & & r_r & \\ & & & & & r_r \end{bmatrix}$$

交流电机的动态数学模型为

$$\begin{cases} \boldsymbol{u}=\boldsymbol{R}\boldsymbol{i}+\boldsymbol{L}(\theta)\dfrac{\mathrm{d}\boldsymbol{i}}{\mathrm{d}t}+\omega\dfrac{\partial\boldsymbol{L}(\theta)}{\partial\theta}\boldsymbol{i} \\ T_{\mathrm{em}}=\dfrac{1}{2}p\boldsymbol{i}^{\mathrm{T}}\dfrac{\partial\boldsymbol{L}(\theta)}{\partial\theta}\boldsymbol{i}=T_{\mathrm{L}}+\dfrac{J}{p}\dfrac{\mathrm{d}\omega}{\mathrm{d}t} \\ \omega=\dfrac{\mathrm{d}\theta}{\mathrm{d}t} \end{cases} \tag{5-98}$$

式中：$\boldsymbol{u}$ 为 6×6 矩阵。

2. 异步电动机动态数学模型的性质

(1) 式(5-98)中的第 2 式表示电流与磁通产生转矩(电动机原理)，第 1 式表示转速与磁通产生异步电动势(发电机原理)，它们都是同时变化的，模型中含有这两个乘积项，即使不考虑磁饱和，模型也是非线性的。

(2) 定子 3 绕组、转子等效 3 绕组，每绕组产生磁通都有自己的电磁惯性(由自感与互感及绕组电阻决定)，加上运动系统的机械惯性和转速与转角的积分关系，三相异步电动机的动态模型表现为一个 8 阶系统。

3. 交流电机铁芯线圈的电感与磁场能量

下面讨论式(5-96)和式(5-97)的由来。

缠绕在交流电机定、转子铁芯上的线圈两端加有电压 u 时，线圈中流过的电流 i 在线圈中产生磁链 Ψ，在变压器惯例假定正向下，该电路的电压方程为

$$u=Ri+\frac{\mathrm{d}\Psi}{\mathrm{d}t}$$

式中：R 为线圈电阻。

$\mathrm{d}t$ 时间内从电源端输入的电能为

$$ui\mathrm{d}t=Ri^2\mathrm{d}t+i\mathrm{d}\Psi$$

显然，上式右边第一项代表电阻消耗的热能，第二项则代表被磁场所吸收的能量，包括铁芯损耗和磁场储能的增量。如果铁芯损耗可以忽略，上述第二项就代表磁场储能。在零初始条件下，t_1 时刻的磁能可表述为

$$W_{\mathrm{m}}=\int_0^{t_1}(ui-i^2R)\mathrm{d}t=\int_0^{t_1}i\mathrm{d}\Psi$$

由于存在气隙，交流电动机磁路中气隙磁阻起主要作用，磁化曲线的线性范围要宽于变压器磁路。若忽略磁滞时磁路的磁化曲线如图 5-61 所示，在零初始条件下，如果 t_1 时刻磁化工作点到达 a 点，这时 abO 的面积就代表 t_1 时段的磁场储能。

若所研究的磁路为线性(或工作在线性部分)，磁化曲线成为一条直线，则积分变为一个三

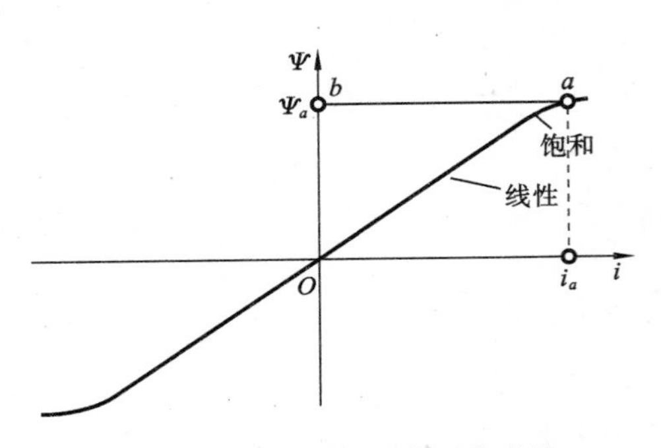

图 5-61 忽略磁滞时的磁化曲线

角形的面积，即

$$W_{\mathrm{m}}=\frac{1}{2}i\Psi$$

对线性磁路，有

$$\Psi=Li$$

L 为线圈电感。因此磁场储能又可表示为

$$W_{\mathrm{m}}=\frac{1}{2}Li^2 \quad 或 \quad W_{\mathrm{m}}=\frac{1}{2L}\Psi^2$$

当铁芯上有两个线圈，且磁路线性时，其磁场储能可表示为

$$W_{\mathrm{m}}=\frac{1}{2}L_1 i_1^2+Mi_1 i_2+\frac{1}{2}L_2 i_2^2$$

式中：L_1、L_2 分别是线圈 1 和 2 的自感；M 为两线圈的互感；i_1 和 i_2 分别为流过两线圈的电流。

写成矩阵形式即得到式(5-96)

$$\boldsymbol{W}_{\mathrm{m}}=\frac{1}{2}\begin{bmatrix}i_1 & i_2\end{bmatrix}\begin{bmatrix}L_1 & M\\ M & L_2\end{bmatrix}\begin{bmatrix}i_1\\ i_2\end{bmatrix}=\frac{1}{2}\begin{bmatrix}i_1 & i_2\end{bmatrix}\begin{bmatrix}L_1 & L_{12}\\ L_{21} & L_2\end{bmatrix}\begin{bmatrix}i_1\\ i_2\end{bmatrix}=\frac{1}{2}\boldsymbol{I}^{\mathrm{T}}\boldsymbol{L}\boldsymbol{I}$$

其中，线圈 1 对 2 的互感为 L_{12}，线圈 2 对 1 的互感为 L_{21}，且有 $L_{12}=L_{21}=M$。

如果线圈电感对应交流电动机的定、转子绕组电感，电机旋转时，这些电感将表现为空间角位移 θ 的函数，即

$$\boldsymbol{W}_{\mathrm{m}}=\frac{1}{2}\boldsymbol{I}^{\mathrm{T}}\boldsymbol{L}(\theta)\boldsymbol{I}$$

电机旋转时，交流电机的机械功率可用电磁转矩与机械角速度的乘积表示为

$$P_{\mathrm{M}}=T_{\mathrm{em}}\Omega=T_{\mathrm{em}}\frac{\mathrm{d}\theta}{\mathrm{d}t}$$

$\mathrm{d}t$ 时间内消耗的机械能必须通过相应的电磁能增量来补充以取得能量平衡：

$$\mathrm{d}W_{\mathrm{em}}=P_{\mathrm{em}}\mathrm{d}t=T_{\mathrm{em}}\Omega\mathrm{d}t=T_{\mathrm{em}}\mathrm{d}\theta$$

如前所述，异步电动机负载时轴上输出的机械能可以看做是从气隙磁场储存的能量中抽取出来的，并自动通过定子侧提供电磁能增量使气隙磁场能量获得补充，以维持气隙磁通基本不变。根据能量守恒，令 $\mathrm{d}W_{\mathrm{em}}=\mathrm{d}W_{\mathrm{m}}$，则可得到电磁转矩的计算公式为

$$T_{\mathrm{em}}=\frac{\mathrm{d}W_{\mathrm{m}}}{\mathrm{d}\theta}=\frac{1}{2}\boldsymbol{I}^{\mathrm{T}}\frac{\mathrm{d}\boldsymbol{L}(\theta)}{\mathrm{d}\theta}\boldsymbol{I}$$

因此，三相异步电动机的动态数学模型是一个高阶、非线性、强耦合的多变量系统模型，仅用常规方法是难以实现对此模型的高品质控制的。在运用现代交流电机控制技术对此模型实施控制之前，还需进行一系列的变换处理，详细内容留在后续课程“运动控制系统”中介绍。

小　　结

三相异步电动机从基本原理来看与变压器的很相似，都采用交流输入，通过电磁感应传递能量，均以电压平衡、磁势平衡、电磁感应、安培环路定理、楞次定理为理论基础。但变压器中

在对称电流时形成的磁势为脉振磁势，建立的磁场也是脉振磁场，而异步电机虽然各相电流形成的磁势仍为脉振磁势，但三相合成磁势却是旋转的。这个合成磁势空间呈正弦分布，幅值固定，并以转速 $n_0=60f/p$ 旋转，并且具有当某相电流达到最大值时，合成磁势空间矢量就旋转到该相绕组轴线上的重要性质。用空间矢量表示时，磁势矢量的端点轨迹是一个圆周，故称为圆形旋转磁势。

磁场旋转的方向与电流注入的相序相关，任意交换电源中的两相即可改变磁场旋转方向，旋转的速度与电源频率成正比，与电机磁极对数成反比，与电源电压幅值无关。

异步电机电动运行时转速与磁场旋转速度间存在转差。转子电势的幅值和频率会随转差率变化，但定、转子磁势及其合成磁势的旋转速度和方向均与转速无关，空间相对静止。

三相异步电动机依靠三相交流电建立的旋转磁场在转子中感生电势，转子电势在短路的转子绕组中产生电流，依电动机原理形成电磁转矩推动电动机转子顺磁场旋转方向旋转。在空间对称分布的多相绕组中流过时间对称的多相电流是旋转磁场产生的充分必要条件，两个对称缺一不可。

电机定子绕组构成的基本原则是，力求使绕组建立的磁势沿气隙呈正弦分布，即力图保全其空间分布磁势中的基波分量而尽可能削弱其他各次谐波分量。为此，设计实际绕组时主要采取了“分布”和“双层短距”两项措施。其抑制谐波的效应可用绕组系数描述。基波绕组系数同时也是在保持基波磁势幅值不变的前提下，将双层短距分布绕组折算为整距集中绕组时的折算系数。

在三相异步电动机中，表示合成磁势的空间旋转矢量的旋转角速度与电流时间相量的角速度相等，均为 $\omega_0=2\pi f$，在取某相相轴与时轴重合时，可将两者绘在同一坐标系中，构成时空矢量图。但应注意，电流时间相量是一相电路变量，而空间磁势矢量是三相合成变量。利用时空矢量图，可实现磁势平衡方程的相分离。

三相异步电动机的等值电路是通过频率折算和转子电参量折算得出的。借助一相等值电路可以分析电机中电能与机械能的转化问题，导出相关功率、转矩、机械特性的计算公式。应注意的是这个等值电路属于正弦稳态性质，所得结论并不适用于交流电机的瞬态分析与控制。

三相异步电动机的电磁转矩物理表达式形式上虽与直流电动机的电磁转矩表达式相似，但实际上有很大不同。式中的磁通是定、转子电流共同磁化的结果，即使磁通为常数，电磁转矩也仅与转子电流的有功分量成正比。

异步电动机的机械特性不是一条直线。以临界转差率对应的最大电磁转矩为分界，分为两个运行段。在同步运行点至临界运行点间的运行段称为稳定运行段，在稳定运行段上，特别是在额定转矩范围内，转子功率因数接近等于1，电磁转矩近似与转差率成正比，机械特性近似为直线；临界点至启动运行点之间称为非稳定运行段，非稳定运行段上，转子功率因数随转速下降而降低，转子电流却增加有限，导致电磁转矩随转差率的增大而减小。

习题与思考题

5-1 为什么三相异步电动机在作电动机运行时不能运行在同步转速？

5-2 三相异步电动机旋转磁场的转速由哪些因素决定？为什么改变定子电压的幅值不能改变旋转磁场的转速？

5-3 为什么三相异步电动机稳定运行时定、转子磁势在空间始终是相对静止的？

5-4 在采取了短距、分布措施后，磁势中的三次谐波分量仍具有一定比例，为什么可以将其忽略而仅考虑基波？

5-5 异步电机气隙旋转磁场形成的充分条件是什么？旋转的方向由什么决定？如何改变异步机的旋转方向？

5-6 比较异步机电磁转矩与直流机电磁转矩的异同。

5-7 为什么三相异步电动机运行于高转差率时效率很低？

5-8 当三相异步电动机运行于额定状态时，如果轴上负载减轻，以下各量将如何变化？

(1) 转速；(2) 转差率；(3) 转子电势；(4) 转子电流；(5) 转子电量频率；(6) 转差功率

5-9 三相异步电动机定、转子绕组中的感应电势均由主磁通感应产生，但两者的频率却不同，原因何在？它们的频率之间存在什么样的数量关系？

5-10 三相异步电动机 T 形等值电路是经历哪些等效工作得到的？为什么要进行这些等效处理？

5-11 为什么当电流有效值不变时三相异步电动机气隙中的每极磁通就是恒定的？这个磁通为什么在等值电路相量图中可以表示为随时间按正弦规律变化的时间相量？

5-12 同样基于发电机原理，为什么直流电动机转速越高反电势越大，而三相异步电动机转速越高转子电势却越小？

5-13 异步电动机机械特性的参数表达式是在忽略什么因素条件下得到的？为什么可以这样处理？实用表达式又是在何种近似情况下得到的？它适用于何种速度范围？简化实用表达式呢？

5-14 一台铭牌上标明为额定电压 380/220 V，定子绕组接法为 Y/△的笼型转子三相异步电动机，在下述情况下能否正常运行？

(1) 定子绕组改为△接线后接 380 V 交流电网；

(2) 定子绕组改为△接线后接 220 V 交流电网；

(3) 定子绕组采用 Y 接线后接 220 V 交流电网。

5-15 一台三相异步电动机，$U_N=380$ V，$f_N=50$ Hz，$p=2$，$s=0.05$。求

(1) 电机气隙旋转磁场的转速；(2) 电机转速；(3) 转子电量的频率。

5-16 一台三相异步电动机，$f_N=50$ Hz，空载转速为 990 r/min，满载转速为 960 r/min。

(1) 此电机有多少对磁极？(2) 满载时转差率是多少？(3)空载和满载时转子电势的频率各是多少？

5-17 一台三相异步电动机，$f_N=50$ Hz，额定转速为 1460 r/min，假设电动机运行在额定工况。

(1) 此电机有多少对磁极？

(2) 转子的转差率是多少？

(3) 转子电势的频率是多少？

(4) 定子电流产生的相对于定子的气隙磁通的转速是多少？相对转子呢？

(5) 转子电流产生的相对于定子的气隙磁通的转速是多少？相对转子呢？

5-18 若将绕线转子三相异步电动机定子绕组短路，转子绕组接三相工频电源，此时气隙磁场的转向与转子转向关系如何？转差率应如何计算？转差率为 0 时转子的转速为多少？

5-19 一台 3 对极 Y 连接三相异步电动机，$P_N=100$ kW，$U_N=380$ V，$I_N=190$ A，$f_N=50$ Hz，额定转差率 $s_N=0.05$，定子绕组每相电阻 0.07 Ω。额定工况下，风阻摩擦损耗为 1 kW，铁耗为 600 W，忽略附加损耗。试求：

(1) 额定转速；(2) 轴上输出转矩；(3) 转子铜耗；(4) 电磁转矩与电磁功率；(5) 输入功率因数。

5-20 一台三相，Y 连接，220 V(线电压)，7.5 kW，60 Hz，6 极感应电动机，等值电路参数为：$R_s=0.294$ Ω，$X_s=0.503$ Ω，$X_m=13.25$ Ω，$R'_r=0.144$ Ω，$X'_r=0.209$ Ω；风阻摩擦以及铁芯损耗总和为 403 W。当电动机在额定电压、频率下运行时转差率为 0.02。试求：

(1) 电动机的转速；(2) 电磁功率；(3) 输出转矩；(4) 输出功率；(5) 定子电流；(6) 定子功率因数；(7) 效率。

5-21 电机数据与上题相同，忽略励磁电抗 X_m 时，试求此电动机的临界转差率和最大电磁转矩。

第 6 章　三相异步电动机的电力拖动

掌握了三相异步电动机的工作原理和运行特性后，即可进一步深入分析用其构成的交流电力拖动系统的运行控制问题。作为交流拖动的基础，本章讨论三相异步电动机在开环条件下的启动、调速及制动等拖动问题。

6-1　三相异步电动机的启动

一、直接启动与存在的问题

采用三相异步电动机的电力拖动系统对启动的一般要求是：

(1) 有足够大的启动转矩和对电网最小的冲击电流，保证拖动系统能正常启动；

(2) 启动过程平滑、快速、机械冲击小，损耗小；

(3) 启动控制设备简单，易操作。

与普通工业用直流电动机不同，三相异步电动机允许直接加额定电压全压启动。当三相异步电动机定子绕组加三相对称额定电压时，若产生的电动机电磁转矩大于负载转矩（包括空载转矩在内），电动机即可获得加速度开始启动，迅速加速到某一转速稳速运行，但在启动瞬间，启动电流很大，由式(5-74)，有

$$I'_{r} \approx \frac{U_{s}}{\sqrt{\left(R_{s}+\frac{R'_{r}}{s}\right)^{2}+(X_{s}+X'_{r})^{2}}}$$

启动瞬间，$n=0$，$s=1$，转子导体与旋转磁场的相对切割速度等于同步速度，感生的转子电动势 $\dot{E}_{rf}=\dot{I}_{rf}(R_{r}+jX_{r}s)=\dot{I}_{r}(R_{r}+jX_{r})$ 很大，转子等效电阻 $R'_{r}/s=R'_{r}$ 数值很小，异步电动机相当于一个二次侧短路的三相变压器，定子电流可达额定电流的 4～8 倍。如果电机能够迅速启动，随着电机的加速，转差率迅速减小，转子电势相应迅速下降，同时转子等效电阻迅速增大，电流很快将减小到额定范围以内。由于不存在直流电动机那样的电流换向问题，只要不过于频繁，短时间过电流不至对三相异步电动机带来损坏，因此允许直接启动。但若频繁启动，大电流会导致电动机绕组过热，一般需限制其每小时的最高启动次数。

直接启动虽然对电动机本身是允许的，但如果为电动机提供三相电源的电网变压器容量不是很大，则这个瞬间大电流可能会对电网形成冲击，引起电网电压的瞬间低落，对电网供电的其他设备正常运行带来不利影响。因此，在工程实践中，仅当供电变压器的额定容量相对电动机额定功率足够大时，才允许三相异步电动机直接启动。

在他励直流电动机的学习中我们已经了解到，当启动电流大时，启动转矩也是很大的，这

是由于他励直流电动机的电磁转矩是与电枢电流成正比的。但是，三相异步电动机直接启动瞬间，虽然启动电流很大，启动转矩却并不是很大(参见图 5-51)，这是什么原因造成的呢？

(1) 从三相异步电动机的等值电路可以看出，当启动电流很大时，定子绕组漏阻抗压降 I_sZ_s 必然相应增大，使定子电势 E_s 相应降低。由于定子电势 $E_s=4.44fN_sk_{Ns}\Phi_m$，定子电势减小即意味着每极气隙磁通量 Φ_m 的下降。

(2) 三相异步电动机正常运行时，转差率很小，一般在 0.015～0.05 的范围内，转子功率因数

$$\cos\theta_r=\frac{R'_r}{\sqrt{(R'_r)^2+(sX'_r)^2}}$$

接近于 1；但在启动瞬间，$s=1$，转子侧功率因数 $\cos\Phi_r$ 很小，一般仅为 0.3 左右。

基于上述两方面原因，从三相异步电动机的电磁转矩表达式 $T_{em}=K_T\Phi_m I'_r\cos\theta_r$ 可以看出，磁通的降低和转子功率因数的下降在很大程度上抵消了启动瞬间大电流对转矩的增大作用，使得普通三相异步电动机在加额定电压直接启动时，虽然付出了 4～8 倍的额定电流，获得的启动转矩仅为

$$T_{st}=(0.8\sim1.2)T_N$$

【例 6-1】 三相异步电动机参数为：$P_N=10$ kW，$U_N=380$ V，$n_N=1452$ r/min，$R_s=1.33\ \Omega$，$X_s=2.43\ \Omega$，$R'_r=1.12\ \Omega$，$X'_r=4.4\ \Omega$，$R_m=7\ \Omega$，$X_m=90\ \Omega$，定子绕组为 Y 连接。忽略励磁电流影响，求该电动机的转子电流额定值折算值、启动电流、启动转矩、额定电磁转矩和最大电磁转矩。

解 此三相异步电动机的额定转差率为

$$s_N=\frac{n_0-n_N}{n_0}=\frac{1500-1452}{1500}=0.032$$

忽略励磁支路时，由式(5-74)得到转子额定电流折算值为

$$I'_{rN}\approx\frac{U_s}{\sqrt{\left(R_s+\frac{R'_r}{s}\right)^2+(X_s+X'_r)^2}}=\frac{220}{\sqrt{\left(1.33+\frac{1.12}{0.032}\right)^2+(2.43+4.4)^2}}\ \text{A}\approx5.8\ \text{A}$$

启动瞬间，转差率 $s=1$，转子启动电流折算值为

$$I'_{rS}=\frac{U_s}{\sqrt{\left(R_s+\frac{R'_r}{s}\right)^2+(X_s+X'_r)^2}}=\frac{220}{\sqrt{(1.33+1.12)^2+(2.43+4.4)^2}}\ \text{A}\approx30\ \text{A}$$

启动瞬间定子侧电流近似与转子电流折算值相等。转子额定功率因数为

$$\cos\theta_{rN}=\frac{R'_r}{\sqrt{(R'_r)^2+(sX'_r)^2}}=\frac{1.12}{\sqrt{1.12^2+(0.032\times4.4)^2}}=0.99$$

可见，在额定工作范围内转子的额定功率因数是十分接近于 1 的。启动瞬间转子功率因数为

$$\cos\theta_{rS}=\frac{R'_r}{\sqrt{(R'_r)^2+(sX'_r)^2}}=\frac{1.12}{\sqrt{1.12^2+4.4^2}}=0.247$$

可见，启动瞬间，转子功率因数比额定运行时约下降了 75%。电动机的额定转矩为

$$T_{emN}=K_T\Phi_m I'_r\cos\theta_r=\frac{P_{em}}{\Omega_0}=\frac{3I'^2_r\frac{R'_r}{s}}{\Omega_0}=\frac{3\times5.8^2\times\frac{1.12}{0.032}}{2\pi\times\frac{1500}{60}}\ \text{N}\cdot\text{m}\approx22.5\ \text{N}\cdot\text{m}$$

启动转矩为

$$T_{\rm emS}=K_{\rm T}\Phi_{\rm m}I'_{\rm r}\cos\theta_{\rm r}=\frac{P_{\rm em}}{\Omega_0}=\frac{3I'^2_{\rm r}\dfrac{R'_{\rm r}}{s}}{\Omega_0}=\frac{3\times30^2\times1.12}{2\pi\times\dfrac{1500}{60}}\ \text{N}\cdot\text{m}=19\ \text{N}\cdot\text{m}\approx0.84T_{\rm emN}$$

临界转差率为

$$s_{\rm cr}=\frac{R'_{\rm r}}{\sqrt{R_{\rm s}^2+(X_{\rm s}+X'_{\rm r})^2}}=\frac{1.12}{\sqrt{1.33^2+(2.43+4.4)^2}}\approx0.16$$

最大电磁转矩为

$$T_{\max}=\frac{3p}{4\pi f}\frac{U_{\rm s}^2}{R_{\rm s}+\sqrt{R_{\rm s}^2+(X_{\rm s}+X'_{\rm r})^2}}=\frac{3\times2}{4\pi\times50}\frac{220^2}{1.33+\sqrt{1.33^2+(2.43+4.4)^2}}$$
$$=55.8\ \text{N}\cdot\text{m}\approx2.5T_{\rm emN}$$

此电机在正常额定运行时，定子电势为

$$E_{\rm sN}=U_{\rm s}-I_{\rm sN}Z_{\rm s}\approx(220-5.8\times\sqrt{1.33^2+2.43^2})\ \text{V}=(220-16)\ \text{V}=204\ \text{V}$$

在启动瞬间，启动电流在定子绕组阻抗上产生的压降增大，使定子电势下降至

$$E_{\rm sS}=U_{\rm s}-I_{\rm sS}Z_{\rm s}\approx(220-30\times\sqrt{1.33^2+2.43^2})\ \text{V}=(220-83)\ \text{V}=137\ \text{V}$$

由于 $E_{\rm s}=4.44fN_{\rm s}k_{\rm Ns}\Phi_{\rm m}$，在这个表达式中，当电源不变时，除磁通外均为常数，可见在启动瞬间，因启动电流在定子阻抗上的压降将使电机的每极磁通下降到额定运行时的

$$\frac{\Phi_{\rm mS}}{\Phi_{\rm mN}}=\frac{E_{\rm sS}}{E_{\rm sN}}=\frac{137}{204}\approx0.67$$

通过这个实例可以清楚地看出，三相异步电动机直接启动时启动电流大而启动转矩并不大的原因。由于普通三相异步电动机直接启动的转矩不大，因此在需要带额定负载启动的场合，就必须改变启动方式，否则会导致无法启动，或者启动时间很长。

二、绕线转子三相异步电动机的启动

针对三相异步电动机直接启动时启动电流大、启动转矩小的问题，传统交流电力拖动系统根据电机特点提供了一些有效的解决方案。绕线转子电动机由于转子绕组可以通过电刷引出，因此过去曾经十分广泛地采用过在转子回路串入附加三相对称启动电阻的方法来抑制过大的启动电流，同时增大启动转矩。当附加电阻参数选择适当时，可使启动转矩增大到最大转矩附近，使电机快速启动，并随着电动机转速的升高，通过一种称为接触器的电器开关将启动电阻逐级自动切除，使电动机最终能以固有特性运行，运行效率不受影响。下面简要分析一下这种启动方法的基本原理。

根据式(5-74)，启动瞬间，转差率 $s=1$，故有

$$I'_{\rm rs}\approx\frac{U_{\rm s}}{\sqrt{(R_{\rm s}+R'_{\rm r})^2+(X_{\rm s}+X'_{\rm r})^2}}$$

可见，若希望减小启动电流，可以选择改变的参量有5个，即降低定子电压，或者增大定、转子4个阻抗中的任何1个或几个同时增大。

进一步考察电磁转矩，由式(5-75)、式(5-77)有

$$T_{\rm em}=\frac{3pU_{\rm s}^2\dfrac{R'_{\rm r}}{s}}{2\pi f\left[\left(R_{\rm s}+\dfrac{R'_{\rm r}}{s}\right)^2+(X_{\rm s}+X'_{\rm r})^2\right]}$$

$$T_{\max}=\frac{3p}{4\pi f}\frac{U_s^2}{R_s+\sqrt{R_s^2+(X_s+X_r')^2}}$$

可以看出，除了转子电阻以外，试图采用改变其他 4 个参量来减小启动电流的结果都将使电动机的电磁转矩和最大转矩变小，这对于直接启动转矩已然不足的三相异步电动机来说，显然不是一个好的方法。幸而转子电阻是个例外。增大转子电阻时，电磁转矩是增大的，而最大电磁转矩与转子电阻大小无关，产生最大电磁转矩转速对应的临界转差率

$$s_{cr}=\frac{R_r'}{\sqrt{R_s^2+(X_s+X_r')^2}}$$

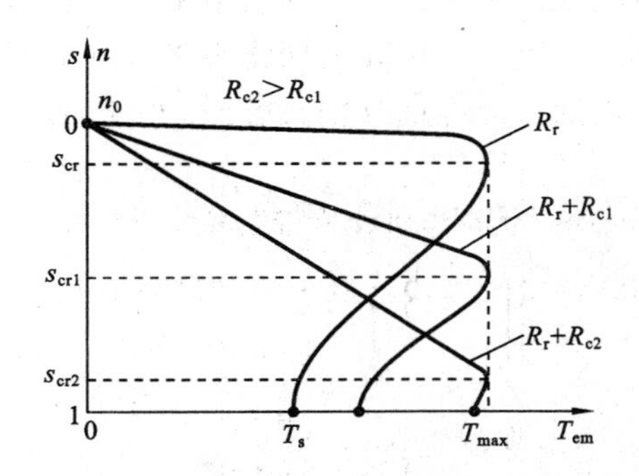

图 6-1　绕线转子异步电动机转子串电阻启动时的机械特性

却与转子电阻成正比。加上三相异步电动机的同步转速 $n_0=60f/p$ 与转子绕组电阻无关，因此，如果能在转子回路串入附加电阻使临界转差率 $s_{scr}=1$，就可以使启动转矩和最大转矩相等，达到既减小启动电流又获得最大启动转矩的目的。从前面的例题可以看到，三相异步电动机的最大转矩可以达到额定转矩的 2 倍以上，显然它比直接启动要大得多。图 6-1 给出了当转子回路串入附加电阻时电机机械特性曲线的变化情况。

从电磁转矩的参数表达式(5-75)和最大转矩表达式不难推知，当转子串电阻使转子总电阻值等于定、转子电抗之和时，启动转矩可达到最大值。

【例 6-2】　对例 6-1 所示电机，若在电机启动时在转子回路串入附加启动电阻使转子回路总电阻折算值与电机定、转子电抗之和相等，求电机的启动转矩。

解

$$I_{rs}'=\frac{U_s}{\sqrt{(R_s+(X_s+X_r'))^2+(X_s+X_r')^2}}\approx 20.67\ \text{A}$$

$$T_{emS}=K_T\Phi_m I_r'\cos\theta_r=\frac{P_{em}}{\Omega_0}=\frac{3I_r'^2\dfrac{R_r'}{s}}{\Omega_0}=\frac{3\times 20.67^2\times 6.83}{2\pi\times\dfrac{1500}{60}}\ \text{N}\cdot\text{m}$$

$$=55.7\ \text{N}\cdot\text{m}\approx T_{\max}=2.57T_{emN}$$

既可减小启动电流又可增大启动转矩，因此这种方案曾经成为绕线转子异步电动机普遍采用的启动控制方案。近年来，这种启动控制方案逐渐被抛弃的原因一方面是电阻的串入毕竟增大了能耗，不符合节能降耗要求，有触点开关的引入也增大了设备的控制复杂性和可靠性隐患；另一方面十分关键的还是现代交流电机矢量控制技术与相关技术的进步，使人们找到了更为有效的启动控制方法。由于这种方法已属于一种陈旧的控制方法，其进一步深入的分析讨论在此从略。

除此之外，绕线转子电动机还广泛采用过一种在转子回路串入频敏变阻器的启动控制方法。这种方法的基本思想是，利用铁磁材料中涡流损耗与励磁电流频率的平方成正比的特点，用涡流损耗较大的材料作铁芯做成电抗器，启动时串入转子绕组，如图 6-2 所示。这种电抗器的附加电阻部分由铜阻和反映铁耗的等值电阻 R_{Lc} 两部分组成。启动时，转差率接近等于 1，流过电抗器的转子电流频率 f_{rf} 较高，电抗器涡流损耗较大，R_{Lc} 相应较大，与频率成正比的感抗 X_{st} 也较大，可以起到增加启动转矩、限制启动电流的作用；随着转速的上升，转子电流频率

f_{rf}不断下降，涡流损耗跟着下降，R_{Lc}、X_{st}自动平滑地减少，到启动结束时，$n \geqslant n_N$，f_{rf}很小，R_{Lc}、X_{st}的值近似为零，电动机运行特性与固有特性十分相近。这样，采用转子回路串入频敏变阻器启动，既可以有效抑制启动电流，又能使启动转矩增大一些，并且在启动过程中不需要像串电阻启动那样逐级切除，甚至有的拖动系统在启动完成后也可以不切除频敏变阻器，使控制更为简单，加上频敏变阻器结构简单、坚固、制造容易、无磨损、不怕振动和粉尘，运行可靠，易维护，因而获得了广泛的应用。但从电磁转矩表达式(5-75)可知，这种方案对启动转矩的增大十分有限，因为启动时较大的感抗部分抵消了转子电阻增大对启动转矩的增大效应，启动时转子功率因数要比串电阻时低一些，最高只能达到0.8左右。

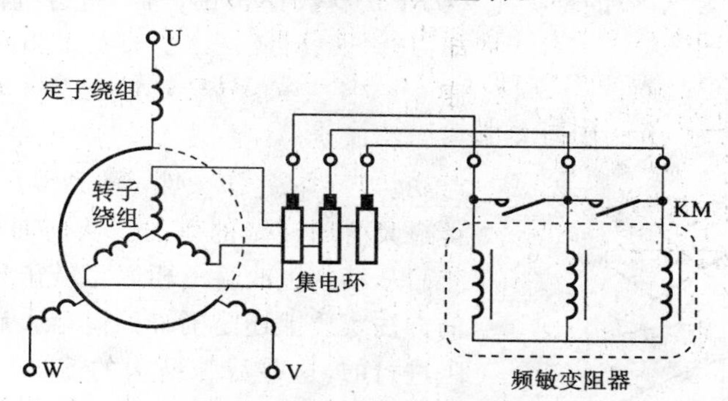

图6-2 绕线转子异步机转子绕组串频敏变阻器启动原理图

三、三相笼型转子异步电动机的启动

1. 通过结构设计改善启动特性

对笼型转子异步电动机，由于转子绕组无法引出，因此不能采用像绕线转子电机那样的启动措施，直接启动成为这种电机最常见的启动方法。在一些场合，这种直接启动引起的电流冲击对供电电网是不可接受的。为了解决这个问题，多年来电机设计人员在电机结构上做了许多改进设计，使笼型转子电动机因启动时，转子有效电阻和电机额定功率的不同，启动电流有很大不同。为了估计笼型转子异步电动机的启动电流，目前国外对笼型电机在铭牌上都标注有一个与电机设计等级字母含义不同的“启动代码”字母。这个字母表明了电机在启动瞬间可能产生的最大启动电流，它们是电机额定功率的函数，国外电机的额定功率单位为马力，1马力约等于746 W。表6-1给出了美国电气制造商协会电机额定功率、启动代码字母与启动电流间的函数关系，对每个字母这个函数关系是以启动的每马力千伏安(KV·A/hp)表示的。

表6-1 启动代码字母与电机额定功率、启动电流间的关系

代码字母	堵转 kV·A/hp	代码字母	堵转 kV·A/hp	代码字母	堵转 kV·A/hp	代码字母	堵转 kV·A/hp	代码字母	堵转 kV·A/hp
A	0～3.15	E	4.50～5.00	J	7.70～8.00	N	11.20～12.50	T	18.00～20.00
B	3.15～3.55	F	5.00～5.60	K	8.00～9.00	P	12.50～14.00	U	20.00～22.40
C	3.55～4.00	G	5.60～6.30	L	9.00～10.00	R	14.00～16.00	V	≥22.40
D	4.00～4.50	H	6.30～7.10	M	10.00～11.00	S	16.00～18.00		

根据电动机铭牌给出的额定电压、功率和启动代码，通过表 6-1，即可求得启动电流的最大值。

$$I_L=\frac{hp_N\times x}{\sqrt{3}U_N} \tag{6-1}$$

式中：x 为启动代码字母对应的表中数据。

【例 6-3】 一台三相笼型转子异步电动机额定功率为 15 hp，额定电压为 208 V，启动代码字母为 F，它的启动电流是多少？

解 根据表 6-1，F 对应的最大每马力千伏安数是 5.6，因此，这台电机启动的最大千伏安数为

$$S_{st}=15\times 5.6\ \text{kV}\cdot\text{A}=84\ \text{kV}\cdot\text{A}$$

启动电流为

$$I_L=\frac{84}{\sqrt{3}\times 208}\ \text{A}=233\ \text{A}$$

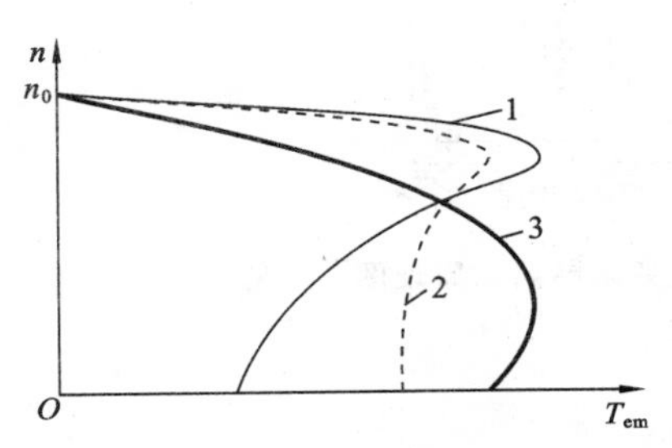

图 6-3 三种三相异步电动机的机械特性

从结构上改善三相笼型转子异步电动机启动特性的方法实质上还是围绕如何增大启动时电机的转子电阻进行的，这些特殊结构的笼型异步电机又称为高启动转矩电机，常见的主要有以下两类三种，它们的机械特性和普通笼型三相异步电机的机械特性如图 6-3 所示。其中，曲线 1 为普通笼型的机械特性，曲线 2 为深槽及双笼型的机械特性，曲线 3 为高转差率笼型异步电机的机械特性。比较这些特性，可以看出高启动转矩笼型电机的共同特点是启动转矩大、机械特性软。这是由于它们都具有较大的转子电阻。下面简要介绍这三种电机。

1）高转差率笼型异步电动机

根据对绕线转子异步电动机转子绕组串电阻启动的分析已知，增大转子电阻可使启动电流减小、转矩增大。因此，如果采用较小截面的导线或用电阻率较高的金属来构造鼠笼，就能获得较高的启动转矩。但是这种电机在额定负载下的效率将稍降低。这种电机由于正常运行时在同等负载下的转差要大于普通感应电机的转差，因此称为高转差率笼型异步电动机，主要运用于要求在负载下启动而且启动频繁但又不经常工作在重负载下运行的机械上，这种结构一般仅限于较小容量的电机。

2）深槽式笼型异步电动机

这种电机的结构特点是，转子槽形窄而深。当转子绕组中有电流流过时，槽中的漏磁通分布如图 6-4(a)所示，导线下部所链的磁通要比上部的多。在启动时，转子中频率为电网频率，漏磁通也以此频率交变，它们将在导线截面的各部分感生不同的电动势，使电流分布不均匀，从电路等效看，导线下部的漏抗比上部的大，因此电流将较集中在槽口处，分布情况如图 6-4(b)所示。电流集中在上部的效果就相当于减小了导线的有效截面，增大了电阻，因此在启动时将产生较大的启动转矩。同时电流向上部挤也减小了总磁链数，减小了转子漏抗。这种现象也称为趋肤效应或集肤效应。集肤作用的强弱与电流的频率及槽形尺寸有关，频率越高，作用越显著。电机启动结束后稳定运行时，转子电流频率很低，集肤作用将变得很弱，电流将趋于均匀分布，因此不会增大转子电阻和增大转子损耗，从而可以获得与普通感

应电机相近的工作性能和效率。应该指出，转子电流的集肤效应在普通异步机中也是存在的，只是因为槽不深，影响不显著而已。

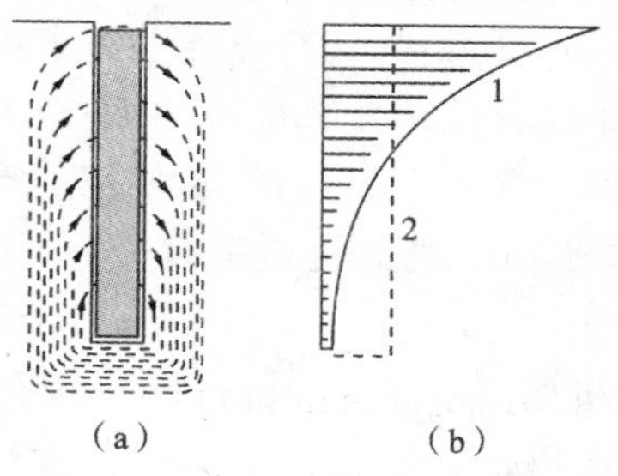

图 6-4　深槽转子的启动电流分布

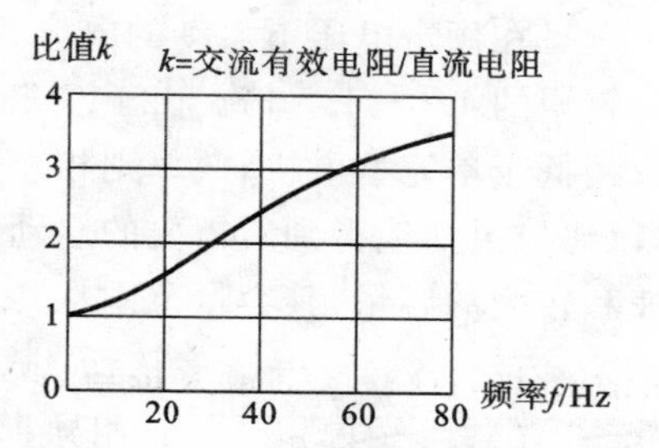

图 6-5　2.5 cm 深的转子铜条中的集肤效应

图 6-5 给出了一个深度为 2.5 cm 的铜导条，其有效交流电阻与直流电阻的比值随频率的变化曲线，深槽笼型转子可以很方便地设计成在定子频率下的有效电阻比它的直流电阻大几倍，实现启动时转子电阻大、启动结束后小转差率时转子电阻自动接近直流电阻的目的。

传统深槽电机的启动电流一般为额定电流的 4～6 倍，启动转矩为额定转矩的 1.0～1.6 倍，多用于容量为 50～200 kW 的电机中。

3）双笼型异步电动机

双笼型转子电机有两套鼠笼，上层绕组的导线截面较细，而且采用电阻较大的黄铜制成，下层的导线截面大，电阻较小，但由于槽较深，漏磁通较多，电抗较大。两套绕组一般分别有自己的端环。

图 6-6 所示的为双笼型转子的自漏磁通和互漏磁通及其相应的感抗的示意图。图6-6(a)中的 x_2 为上层绕组的自漏抗；图 6-6(b)中的 x_3 为下层绕组的自漏抗；图 6-6(c)中的 x_{pn} 为上下层绕组间的互漏抗。由于转子上存在两个绕组，双笼型转子电机的等值电路比单笼型的要复杂，它的等值电路转子侧有两个并联回路，列写方程时还必须考虑两个回路间互漏抗的影响。详细分析这个等值电路是比较困难的，通常需将其经过适当的简化和等效变换为单笼型等值电路的结构形式，具体方法可参见文献[2]。

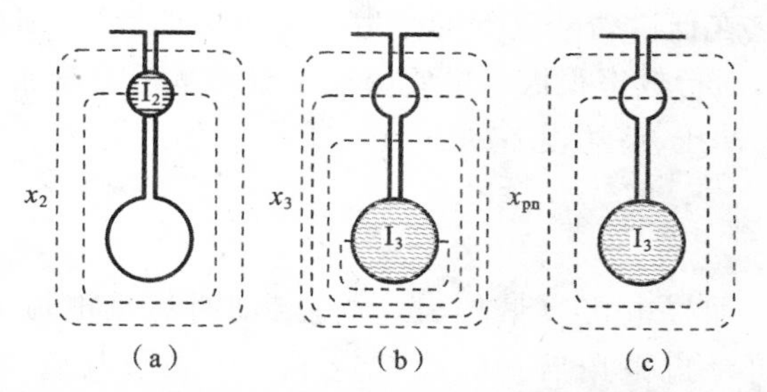

图 6-6　双笼型转子的自漏磁通和互漏磁通及其相应的感抗

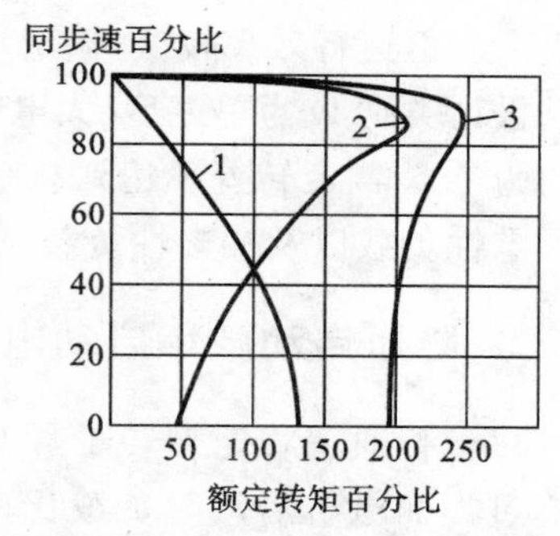

图 6-7　双笼型转子的机械特性曲线

当电机启动时，转子电流的频率是电网频率，下层绕组由于电抗较大因而电流较小，转子电流主要集中在上层绕组中。由于上层绕组电阻较大，因此可以产生较大的启动转矩。电机启动后，随着转差的减小，转子电流频率下降，使下层绕组电抗逐渐减小，下层绕组中的电流相应增加，从而使总的转子绕组等效电阻降低，转子中的损耗是不大的。实际上这种转子可以看成是上、下两个鼠笼并联运行产生转矩。上层绕组因电阻大，在启动时起主要作用，可以称为启动绕组；下层绕组在正常运行时起主要作用，称为运行绕组。图 6-7 中曲线 1 和曲线 2 分别为启动、运行绕组的机械特性曲线，曲线3为合成机械特性曲线。通过改变两个绕组的设计参数，可以得到具有各种形状机械特性曲线的电机。

双笼型电机在额定电压下启动的电流为额定电流的4～6.5倍，传统双笼型转子电机启动转矩为额定转矩的1.0～1.5倍。由于双笼型电机的转子漏抗比单笼型电机的大，双笼型电机的功率因数稍低于单笼型电机，效率则相差不大。与深槽式异步电机相比，它使用的有色金属略多，但可以比较灵活地得到所需要的启动特性，而且双笼型电机的机械强度较好，可适用于较高的转速和较大的容量，其容量范围从几十千瓦到上千千瓦。

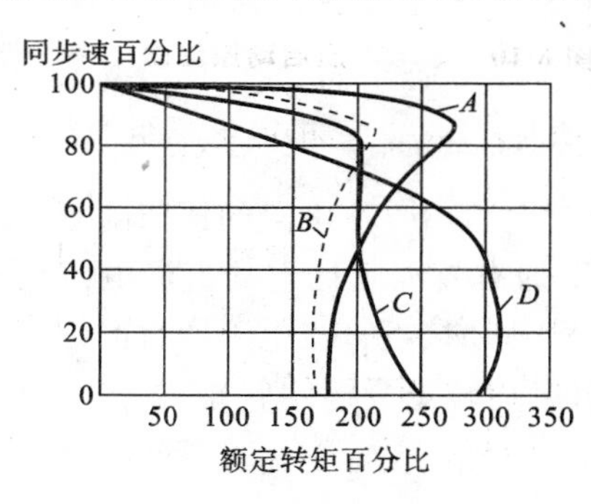

图6-8 1800 r/min通用感应电动机典型机械特性曲线

随着材料和电机制造技术的不断进步，现代各类三相异步感应电动机的启动转矩特性有了很大改进。据国外教材介绍，现代感应电机根据不同用途可有很多不同设计类型，以满足各种启动和运行的需要，最有代表性的四种机械特性如图6-8所示。尽管个别电动机的机械特性曲线可能与这些曲线略有差别，但这些曲线对于60 Hz、1800 r/min同步转速的电动机在7.5～200 hp额定值范围是相当典型的。

其中，曲线A对应设计类别A，即普通单笼型转子电动机。其特点是，额定转矩时转差率低、最大转矩超过2倍额定转矩，临界转差率小于0.2。直接启动转矩已从传统的0.8～1.2倍额定转矩提高到1.0～2.0额定转矩之间。小型电动机一般可达到2倍额定转矩，大型电动机则约为1倍。启动电流则由原来的4～7倍额定电流增大到5～8倍。

设计类别B的电动机启动转矩与A类近似，但启动电流只有A类的75%，这种电动机采用了双笼型或深槽结构，因此启动电流得以减小而启动转矩得以保持基本不变，额定转差率与A类基本相同，但最大转矩比A类低。这种设计主要用于对启动转矩要求不严格的恒速驱动，如风扇、通风机、泵等。

设计类别C采用的双笼型转子比B类设计具有更大的转子电阻，启动电流更低、启动转矩更大。但运行效率较低，额定转差率低于A、B类。主要用于压缩机和传动装置的驱动。

设计类别D为单笼型、大电阻转子，它在低启动电流下可产生很高的启动转矩，临界转差率约为0.5，额定转差率达到0.07～0.11，运行效率很低。主要用途是驱动承担快速加速任务的间歇性负载以及冲击性负载，例如，用于冲压、剪切设备的驱动。

2. 降压启动减小启动电流冲击

对于普通三相笼型转子异步电动机，如果电机容量较大，直接启动时启动电流对电网影响过大而电机启动时负载比较轻时，可考虑采用启动时降低定子电压来限制启动电流。由于在电源频率固定时，电磁转矩、启动转矩均与电源电压的平方成正比，降压必将导致它们的大幅度降低，电动机的同步转速则与电压大小无关，降压启动的机械特性如图6-9所示。如果电机启动时负载比较重，则降压可能导致电机因启动转矩小于负载转矩而无法启动，这时这种方法是不能使用的。

电力拖动系统中最常使用的降压启动实现方法是星-三角降压启动。所谓星-三角降压启动，是指启动时将三相定子绕组接成星形(Y形)，达到一定条件时，再将三相定子绕组接成三角形(△形)运行的一种降压启动法。简称Y-△降压启动。

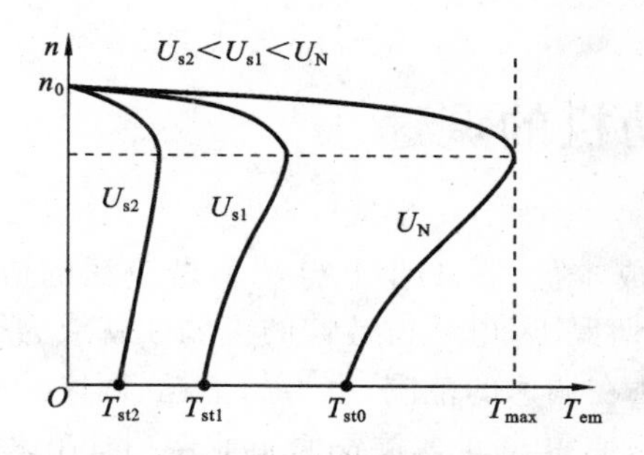

图 6-9 笼型转子电机降压启动特性

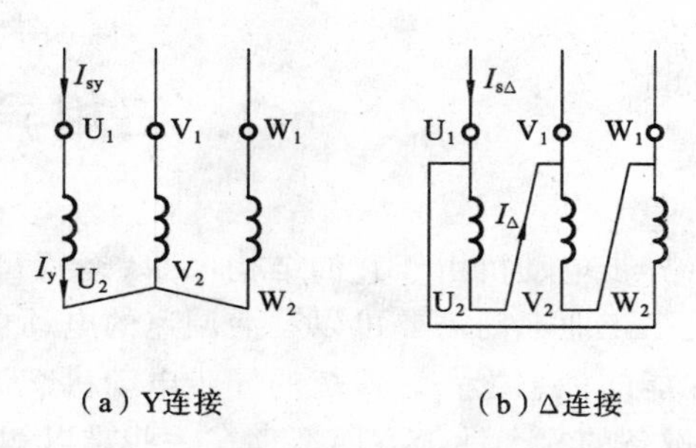

图 6-10 Y-△降压启动原理图

Y-△降压启动的原理图 6-10 所示，启动过程如下：启动时，首先将三相定子绕组通过外部开关（交流接触器的触点，详见电器控制一章）接成 Y 形连接，如图 6-10(a)所示，此时，定子每相绕组上的电压是电源线电压 U_L 的 $1/\sqrt{3}$，电动机在此电压的作用下启动升速，待转速上升到一定值时，再通过外部开关将定子绕组换接成△形连接，如图 6-10(b)所示，使每相定子绕组承受的电压由 $U_L/\sqrt{3}$上升到 U_L，电动机的转速进一步上升，直至稳定转速值。

从图 6-10 可以看出，Y 形连接降压启动时，从电网电源线输入到电机定子绕组的启动线电流 I_{sY}等于相电流 I_Y，由于此时定子绕组相电压为线电压的 $1/\sqrt{3}$，因此，它也等于定子绕组接线电压启动时每相电流 $I_\triangle$ 的 $1/\sqrt{3}$；如果此电动机以三角形连接直接启动，则定子绕组相电压等于线电压，启动时每相绕组的相电流将是 $I_\triangle$，根据电路理论，三角形连接时线电流 $I_{s\triangle}$ 应等于相电流的$\sqrt{3}$倍，即 $I_{s\triangle}=\sqrt{3}I_\triangle$，从而有

$$\frac{I_{sY}}{I_{s\triangle}}=\frac{I_\triangle/\sqrt{3}}{\sqrt{3}I_\triangle}=\frac{1}{3}$$

这样，星-三角降压启动电流冲击只有三角形直接启动时的 1/3。但同时，由于启动转矩与相电压的平方成正比，启动转矩也相应降为三角形直接启动时的 1/3。

这种启动方法要求电动机额定运行状态为定子绕组△连接，且定子绕组的三相六个接线端子全部可引出。由于无需添加任何功率部件，简便易行，减小启动电流冲击效果明显，故应用十分广泛。

在传统的降压启动方式中，尚有采用以自耦变压器降压来减小启动电流冲击的方法。这时由于所降电压大小可通过自耦变压器调节，适应不同启动转矩和启动电流控制要求的范围可宽一些。但由于要添加足够功率的笨重自耦变压器，随着现代交流电机控制技术的进步，近年来已十分少见了。其他如定子绕组串电阻、串电抗等降压启动方法也基于同样原因基本不再使用，在此从略。

3. 变频变压启动

降压启动虽然能够有效抑制启动电流对电网的冲击，但对启动转矩的削弱也十分显著。随着现代电力电子技术和微电子技术的迅速发展，以及生产机械对三相笼型转子异步电动机启动性能和工作性能上的要求不断提高，采用高性能变频器这一新设备对三相笼型转子异步电动机供电已日趋广泛。在这种情况下，三相笼型异步电动机的启动就变得相当容易，只要通过控制施加到电动机定子上电压的频率和幅值，就可以较大的启动转矩快速、平滑地启动电机。有关这方面的详细内容，将在下节中结合变频调速介绍。

6-2 三相异步电动机的调速

异步电动机由于它的结构简单、运行可靠、维护成本低，在工业上得到了最广泛的应用。但许多工业部门需要可以灵活调速的电动机，在这种情况下，电动机转速的可调性就成为衡量它性能的标志之一。传统的异步电动机交流调速方法在调速的范围、电力的消耗、调速的平滑性、设备的复杂性等方面都存在一些难以解决的问题，使得在许多重要的工业部门如轧钢、运输、造纸、纺织等有较高调速要求的还不得不使用直流电动机作拖动电机，但现代交流调速技术已在过去的数十年间取得了令人瞩目的进步，三相异步电动机拖动系统的调速性能已逐渐可以和直流拖动系统媲美，采用交流调速获得较高调速性能已成为可能，从而大大拓展了交流调速的应用范围，研究三相异步电动机交流调速的原理和方法也显得更为重要。

目前，交流调速的应用主要有下述三个方面。

(1) 一般性能的节能调速。

传统风机、水泵等通用机械采用的是不变速的交流拖动，其总容量几乎占工业电力拖动总容量的一半以上，因交流拖动本身不具备调速功能，不得不依赖挡板、阀门来调节送风和送水的流量，电能浪费十分严重。采用现代交流调速后，每台风机、水泵平均都可以节约20%～30%的电能。在空调、冰箱、洗衣机中采用现代交流调速也可以显著达到节能效果。这些系统对调速范围和动态性能、稳速精度的要求都不高。

(2) 高性能的交流调速与伺服驱动。

所谓高性能调速主要指宽的调速范围、高的稳速精度和空间转角位置控制精度以及调速动态过程的快速性能。传统高性能调速主要采用直流电动机作拖动电机。现代交流传动控制技术使交流电机已可取代直流电动机，而交流电机的免维护、低成本特性使其更具竞争力。高性能交流调速更多采用交流永磁同步电动机，这种电机将在后续章节中详细介绍。

(3) 高速、大容量拖动系统的调速。

由于没有换向问题，交流电动机更适合工作于高速、大容量及超大容量场合。采用现代变频功率变换驱动，功率为500～1000 kW交流电动机的转速已可达到20000～120000 r/min。这是传统直流拖动难以达到的。

交流调速的方法根据所依据的模型可分为两大类型，本章主要介绍基于三相异步电动机稳态模型的调速方法，而现代高性能的交流调速需依据异步机的动态模型和矢量变换技术，这部分内容将放在本专业后续的“运动控制系统”课程中介绍。

由前所述，三相异步电动机的转速可表示为

$$n=n_0(1-s)=\frac{60f}{f}(1-s) \tag{6-2}$$

所以，人为调节三相异步电动机转速的方法，从原理上讲可有三种，即改变转差率 s 调速，改变磁极对数 p 调速，改变定子电源电压频率 f 调速。

下面分别予以介绍。

一、改变转差率调速

从图5-48借助三相异步电动机等值电路分析其作电动机运行时的功率流动情况不难理

解改变转差率调速的工作原理。为了方便讨论，现再将其表示为图6-11所示。

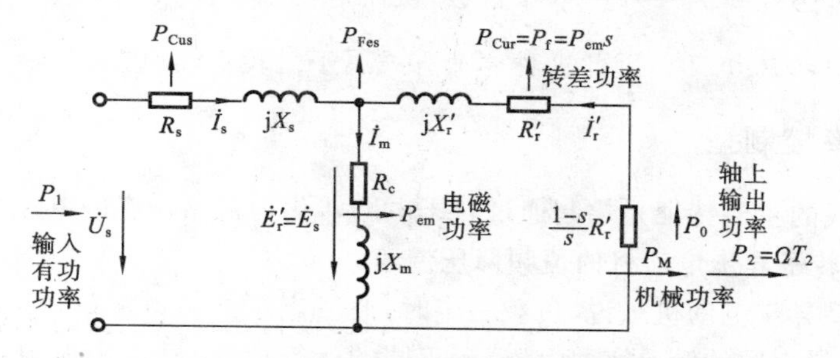

图 6-11 三相异步电动机的功率流与一相等值电路的关系

由式(5-68)、式(5-58)和式(5-65)，异步电动机的轴上输出功率可表示为

$$P_2=\Omega T_2=P_1-P_{Cus}-P_{Fes}-P_{Cur}-P_0=P_{em}-sP_{em}-P_0\approx P_{em}-sP_{em}$$

由此可知，当输入到电动机的交流有功功率一定时，这一有功功率中的绝大部分经过电机定子以电磁功率 P_{em} 的形式穿过气隙传入转子，到达转子的电磁功率可分为两部分：一部分成为拖动负载的有效输出机械功率 $P_M=P_{em}(1-s)$；另一部分转子电路耗损功率 sP_{em} 是转子电路中的转差功率，与转差率 s 成正比。变转差率调速的实质是将三相异步电动机电磁功率的一部分转化为转差功率，转移到运动系统之外，以达到削弱轴上输出功率 P_2，降低电动机转速的目的。从能量转换的角度看，调速时转差功率是否增大，是变成热能消耗掉还是再回收，是评价调速系统效率高低的标志。依据对转差功率的处理方式可以把这种调速方法分为消耗功率控制型和电磁功率控制型两类。

1. 消耗功率控制型

这种调速方式的主要特征是将转差功率全部消耗在转子电路中。

消耗型变转差率调速最具有代表性的是三相绕线转子异步电动机在转子绕组中串接附加电阻调速。负载转矩 T_L 一定时，转子绕组中串接的附加电阻 R_c 阻值越大，转差率也越大，转子稳定运行的速度就越低，相应转子电阻消耗的转差功率 $sP_{em}=P_{Cur}=3I_r^2(R_r+R_c)$ 也越大，如图6-12所示。这种调速方法曾经被广泛用在各种提升机械如桥式起重、矿井提升机一类要求调速系统简单可靠，且调速性能要求不高的电力拖动系统中。与直流电动机电枢回路串电阻调速方案一样，由于不符合节能降耗的设计要求，近年来也已逐渐淡出市场。

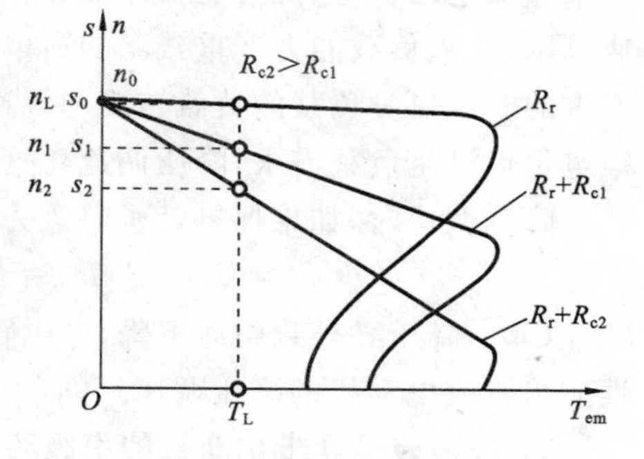

图 6-12 绕线式异步电动机转子串电子调速

从图中可以看出，转子串电阻调速对同步转速没有影响，负载转矩一定时，电阻越大转速越低。最大电磁转矩与转子附加电阻无关，临界转差率随转子电阻增大而增大，由于 $T_{em}=K_T\Phi_m I_r\cos\theta_r$，串电阻调速时，电源电压不变，$U_s\approx E_s=4.44fN_sk_{Ns}\Phi_m=C\Phi_m$，即磁通基本不变，如果调速时可保持 $I_r=I_{rN}$，则有

$$I_r=I_{rN}=\frac{E_r}{\sqrt{\left(\frac{R_r}{s_N}\right)^2+X_r^2}}=\frac{E_r}{\sqrt{\left(\frac{R_r+R_n}{s}\right)^2+X_r^2}}$$

上式说明此时必有$\frac{R_r}{s_N}=\frac{R_r+R_n}{s}$等于常数，从而可得知在此条件下有 $\cos\theta_r=\cos\theta_{rN}$，这样，$T_{em}=K_e\Phi_m I_{rN}\cos\theta_r\approx K_e\Phi_m I_{rN}$，因此这种调速方式属于恒转矩调速方式。

2. 电磁功率控制型

这种调速方式的主要特征是控制通过转子电路转化为机械功率的电磁功率。

1）三相笼型转子异步电动机的恒频降压调速

对于三相笼型异步电动机来说，负载一定时，改变定子绕组电源电压的有效值，保持电源频率不变，可以获得不同的转差率，从而得到不同的运行速度，显然这种调速也是一种改变转差率的调速方式。

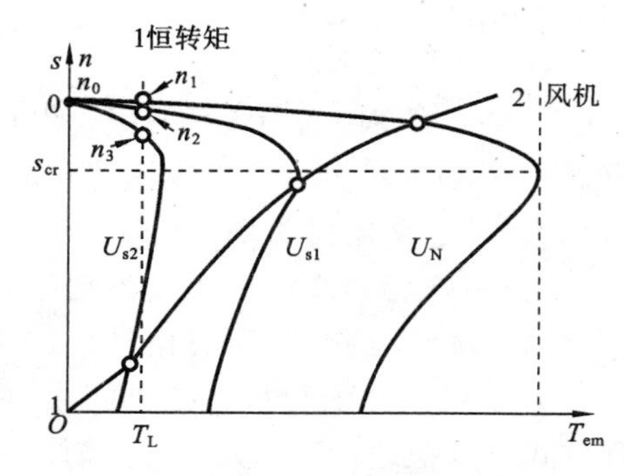

图 6-13 笼型转子异步机的调压调速特性

受定子绕组绝缘和铁芯磁饱和的制约，笼型异步电动机的调压调速只能在额定电压以下进行，故又称为降压调速。降压调速的同时输入到电动机的交流有功功率也发生了改变，因此它归类于电磁功率控制型调速方式。笼型转子异步电动机调压调速的机械特性曲线如图 6-13 所示。虚线 1 为恒转矩负载特性，曲线 2 为风机类负载特性。由图可知，负载一定时，定子绕组电源电压越低，转差率越大，转子转速也越低。降压调速时，同步转速不会改变，但最大电磁转矩会随之按电压平方的比例迅速减小，与之对应的临界转差率却是固定不变的。从前面对直流电动机的稳定运行条件分析已知，对恒转矩负载，交流电动机只能在机械特性的稳定运行段即临界转差率以上的转速段才具备稳定运行条件，因此，笼型异步电动机的降压调速对恒转矩负载只能取得从同步转速至临界转差率对应转速的调速范围，从图中可以看出，电机轻载运行时，即使电压下降很多，转速的降落也十分有限，而重载运行时，如果降低电压，则电机可能会因电磁转矩不足而导致电机堵转。从实际应用的角度看，这种调速范围狭小、负载能力严重减弱的简单调压调速是难以满足恒转矩负载拖动系统调速的实际要求的。风机类负载的负载转矩与转速的平方近似成正比关系，降压调速在低速时的电磁转矩也足可满足负载需求，降压调速对这类负载可以取得较宽的调速范围。

降压调速时，如果保持转子电流为额定值不变，则当 $I_r=I_{rN}$时，

$$T_{em}=K_e\Phi_m I_{rN}\cos\theta_r\approx K_e\Phi_m I_{rN}$$

$U_s\approx C\Phi_m$，降压必导致磁通下降，电磁转矩也相应下降，因此三相异步电动机降压调速的负载性质与直流电动机的降压调速不同，不属于恒转矩调速性质。

2）绕线转子异步电动机的串级调速

绕线转子异步电动机转子串电阻调速，实质上是设法将一部分本来要转换为机械功率的电磁功率消耗在转子电阻上，使实际的输出功率减小，迫使一定负载转矩下电动机的运行速度下降。电阻越大，转差率越大，电动机本身的损耗也越大，效率越低。如果能将转子附加电阻消耗的功率回送电网，同样可以达到减小机械功率输出、降低转速的目的，功率回馈自然节约了电能，使同样调速下的效率得以提升。串级调速就是依据这种思路设计出来的。

串级调速的基本原理接线图如图 6-14(a)所示。电动机的定子绕组仍接三相电网，而转子绕组电路中串接另一个三相电源，相电压为 $\dot{E}_{ks}$，其频率与转子绕组电势 $\dot{E}_{rf}$的频率相同，相

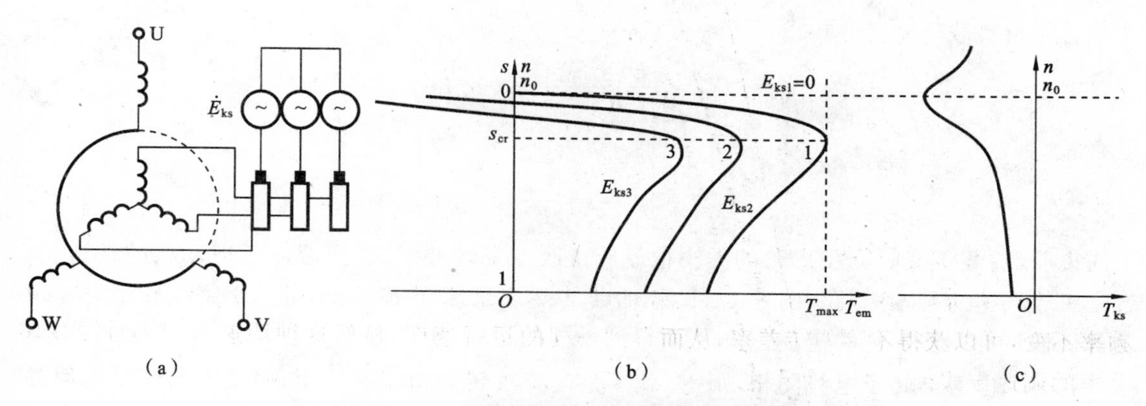

图 6-14　绕线转子异步电动机的串级调速

位则与 $\dot{E}_{rf}$ 相差 180°，以吸收原本消耗在转子绕组中串入的附加电阻上的那部分转差功率。

因为 $\dot{E}_{rf}$ 与 $\dot{E}_{ks}$ 相位相反，故调速时转子绕组电流为

$$I_{rf}=\frac{E_{rf}-E_{ks}}{R_r+jX_r s}$$

将上式中转子绕组电流的有功分量

$$I_r=\frac{E_r-E_{ks}/s}{\sqrt{\left(\frac{R_r}{s}\right)^2+(X_r)^2}}$$

和转子功率因数

$$\cos\theta_r=\frac{R_r/s}{\sqrt{\left(\frac{R_r}{s}\right)^2+(X_r)^2}}$$

代入 $T_{em}=K_e\Phi_m I_{rN}\cos\theta_r$ 中，得到

$$T_{em}=K_T\Phi_m E_r\frac{R_r/s}{(R_r/s)^2+X_r^2}-K_T\Phi_m E_{ks}\frac{R_r}{R_r^2+(X_r s)^2}=T_{em0}+T_{ks}$$

等式右边的第一项对应串入电势为零，即电机固有特性决定的电磁转矩 T_{em0}，它所描绘的机械特性曲线即为普通的三相异步电动机特性，如图 6-14 中曲线 1 所示。第二项为串入电势产生的附加转矩 T_{ks}，当 $s=0$，即电机运行于同步转速时，其绝对值达到最大，如图 6-14(c)所示，机械特性为两项之和，如图 6-14(b)中曲线 2、3 所示。

由图可见，当串入电势 E_{ks} 相位与转子电势反相，且其绝对值增大时，机械特性向下移动，最大转矩、启动转矩减小。如果 E_{ks} 与转子电势同相，且绝对值增大时，机械特性向上移动，最大转矩、启动转矩增大。

异步电动机稳速运行时通常转差率很小，转子功率因数接近等于 1，$R_r\gg sX_r$，现忽略 sX_r 的影响，设转子绕组串入电势时电动机运行于某一转差率 s，此时

$$I_{rf}\approx\frac{sE_r}{R_r}$$

串入电势后，设转子绕组中的电流为

$$I'_{rf}=\frac{s'E_r-E_{ks}}{R_r}$$

式中：s' 为 $\dot{E}_{ks}\neq 0$ 时的转差率。

若保持负载不变，则应有

$$I'_{\mathrm{rf}}=\frac{s'E_{\mathrm{r}}-E_{\mathrm{ks}}}{R_{\mathrm{r}}}=\frac{sE_{\mathrm{r}}}{R_{\mathrm{r}}}=I_{\mathrm{rf}}$$

即有

$$s'=s+\frac{E_{\mathrm{ks}}}{E_{\mathrm{r}}}$$

上式说明，负载不变时，改变 E_{ks} 的大小也就等于改变了转差率，从而改变了电动机的转速，这就是串级调速的基本原理。图 6-14(b)中曲线 2、3 表示改变 E_{ks} 大小时三相绕线转子异步电动机机械特性曲线变化的情况。

若串入电势与转子电势同相，则 $\dot{E}_{\mathrm{ks}}$ 就不是起吸收转差功率的作用，而变为向转子电路注入电功率。

下面讨论相位差为其他值时的情况。

若 $\dot{E}_{\mathrm{ks}}$ 超前 $s\dot{E}'_{\mathrm{r}}$ 90°，转子合成电势 $\dot{E}'_{\mathrm{r}}$ 将在相位上超前 $s\dot{E}'_{\mathrm{r}}$，相量图如图 6-15(b)所示，其中图 6-15(a)所示的为固有特性相量图。这时，转子电流幅值稍有增长，转子功率因数角 θ_{r} 基本不变，定子功率因数角 θ_{s} 减小，输入功率因数提高。若 $\dot{E}_{\mathrm{ks}}$ 超前 $s\dot{E}'_{\mathrm{r}}$ 一个任意角 γ，则其 cos 分量与 $s\dot{E}'_{\mathrm{r}}$ 同相，可使电动机调速；sin 分量则可提高输入功率因数。

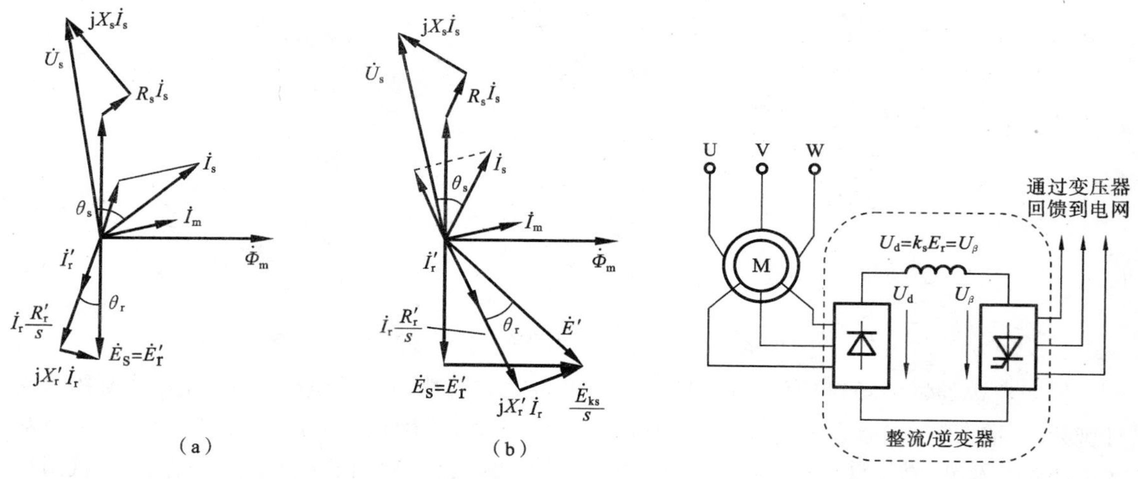

图 6-15 串入电势相位相差 90°时的情况

图 6-16 串级调速的一种实现方案

图 6-14(a)所示串级调速方案的最大不便是串入电势必须始终与转子电势同频率，调速过程中转子电势频率是随着转速不断变化的。为克服这一不足，工程实现时常先将三相转子电势整流成直流电压，然后再通过一种称为逆变器的功率变换装置将此直流电变换成工频三相交流电回馈电网。这样，既避开了串入电势与转子电势同频率的问题，又达到了从转子回路吸收电功率、降低输出功率，以节能方式实现速度调节的目的。某一种以这种方案实现的原理接线图如图 6-16 所示。可以证明，若忽略功率变换装置本身损耗的影响，可有

$$U_{\mathrm{d}}=k\times sE_{\mathrm{r}}=U_{\beta}$$

式中：k 为依赖于整流电路形式的系数，电路一定时，k 为常数；U_{β} 为与逆变控制有关的反抗 U_{d} 的直流电压，于是有

$$s=\frac{U_{\beta}}{kE_{\mathrm{r}}}$$

显然，由于 E_r 为转子静止时的电势，它不随速度调节而改变，只要改变 U_β 的大小，即可以使转差率 s 改变而实现调速。同时表明串级调速也属于改变转差率的调速。

串级调速的优点是，运行效率高。其缺点是，设备体积随调速范围的扩大而增大，成本较高，并且对恒转矩负载调速范围较小。

二、改变磁极对数调速

1. 改变磁极对数的方法

由式(6-2)可知，三相异步电动机的转速 n 与磁极对数 p 成反比。因此，改变三相异步机的磁极对数也可以改变电动机的转速。这种调速方式称为变极调速。

那么，如何改变电机的磁极对数呢？先看图 6-17 所示的定子绕组(只画出一相)的不同接线方式对电动机磁场形成的影响。图中，为简便起见，每相绕组用两个等效集中线圈来代表。

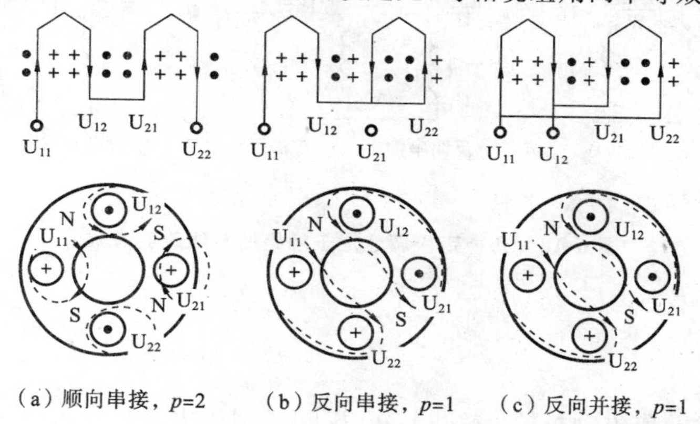

图 6-17　磁极对数的改变

图 6-17(a)所示为 U 相的两个线圈采用一个线圈的尾端与另一个线圈的首端相接，即所谓顺向串接的方式串联，线圈中的电流方向为首端流向尾端，相应的磁场方向及导体截面电流方向均用图中的“＋”和“·”表示，由图可知，这时的磁极对数 $p=2$。

如果将图 6-17(a)改为图 6-17(b)所示的反向串接接法，则磁极对数 $p=1$，显然转速升高一倍。如果改为图 6-17(c)所示的反向并接接法，则也有 $p=1$。由此可知，改变磁极对数可以通过改变定子绕组的接线方式实现。

这样，当定子每相绕组有两个以上线圈引出时，就可通过改变线圈的连接方式改变电机的磁极对数，实现变极调速。图 6-18 给出了三种变极方式，它们的共同特点是，改变接线前，每相绕组的两部分线圈均为顺向串接，电流方向一致；改变接线后，每相绕组中的上半部分电流反向，使磁极对数减少一半。

2. 改变磁极对数后三相异步电动机的负载能力

设变极前后，每半相绕组中均流过额定电流 I_N，并假定输入功率因数 $\cos\theta_s$ 及电机的效率 η 保持不变，则 Y 接线时，电机的输入功率为

$$P_{sY}=3\frac{U_N}{\sqrt{3}}I_N\cos\theta_s$$

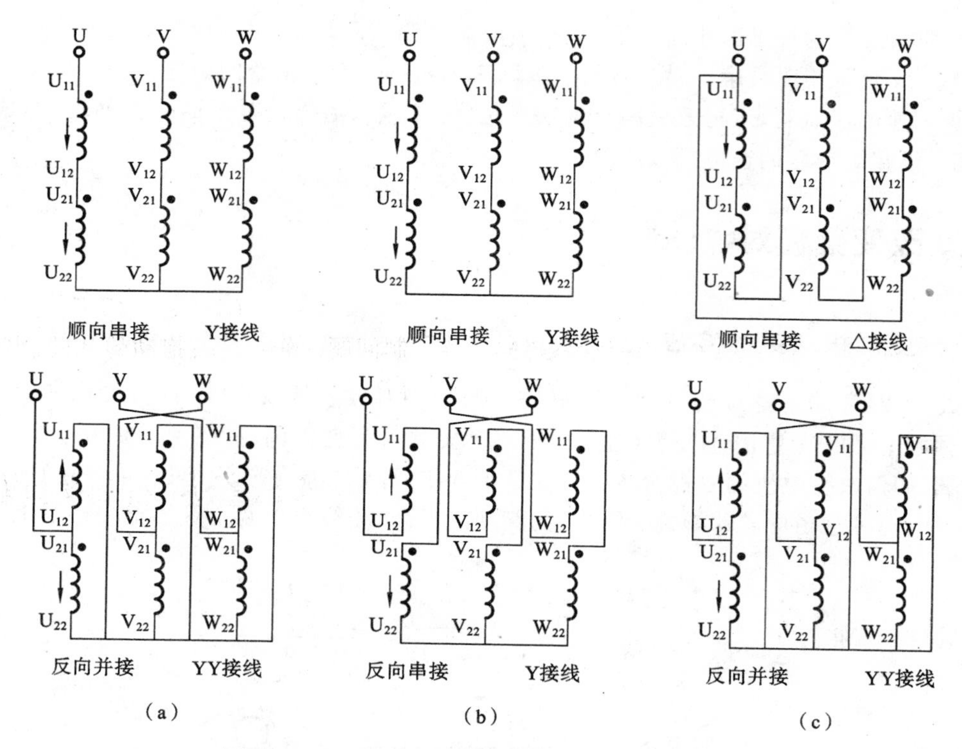

图 6-18 几种变极调速定子绕组的接线改变方式

YY 接线时，输入功率为

$$P_{sYY}=3\frac{U_N}{\sqrt{3}}(2I_N)\cos\theta_s=2P_{sY}$$

若不计电动机损耗，电动机轴上输出转矩 T_2 可近似用 P_s/Ω_s 表示，Y 接线时，有

$$T_{2Y}=9550\frac{\eta P_{sY}}{n_Y}\approx 9550\frac{P_{sY}}{n_Y}$$

YY 接线时，有

$$T_{2YY}=9550\frac{\eta P_{sYY}}{n_{YY}}\approx 9550\frac{P_{sYY}}{n_{YY}}=9550\frac{2P_{sY}}{2n_Y}=T_{2Y}$$

即变极调速前后，电动机输出转矩可认为不变，因此，以图 6-18(a)所示方式进行的 Y-YY 变极调速属恒转矩调速。

但是，要注意不能由上面的假定条件下得到的 $T_{2YY}=T_{2Y}$ 就推定两者的转矩特性或机械特性也一样。假定每半组绕组参数相等，分别为$\frac{R_s}{2}$，$\frac{R'_r}{2}$，$\frac{X_s}{2}$，$\frac{X'_r}{2}$，变极调速时，定、转子绕组按同样方式改变接线，则 Y 接线时，每相绕组（串联）参数为 R_s，R'_r，X_s，X'_r；YY 接线时，每相绕组（并联）参数为$\frac{R_s}{4}$，$\frac{R'_r}{4}$，$\frac{X_s}{4}$，$\frac{X'_r}{4}$，相应地，Y 接线时最大电磁转矩和电磁转矩为

$$T_{maxY}=\frac{3p}{4\pi f}\times\frac{U_s^2}{R_s+\sqrt{R_s^2+(X_s+X'_r)^2}}$$

$$T_{sY}=\frac{3pU_s^2R'_r}{2\pi f[(R_s+R'_r)^2+(X_s+X'_r)^2]}$$

YY 接线时最大电磁转矩和电磁转矩变为

$$T_{\max YY}=\frac{3\frac{p}{2}}{4\pi f}\times\frac{U_s^2}{\frac{R_s}{4}+\sqrt{\left(\frac{R_s}{4}\right)^2+\left(\frac{X_s}{4}+\frac{X'_r}{4}\right)^2}}=2T_{\max Y}$$

$$T_{sYY}=\frac{3\frac{p}{2}U_s^2\frac{1}{4}R'_r}{2\pi f\left[\left(\frac{1}{4}R_s+\frac{1}{4}R'_r\right)^2+\left(\frac{1}{4}X_s+\frac{1}{4}X'_r\right)^2\right]}=2T_{sY}$$

由于Y接线改为YY接线后，定、转子绕组参数都发生了变化，导致转子电流和转子功率因数的大小相应也发生了变化，因此转矩特性并不相同。实际使用表明，Y接线改为YY接线后，转子功率因数有所下降，而转子电流却大有增加，结果，总的效果是Y接线改为YY接线后，电动机的电磁转矩会增大，如图6-19所示。

图6-18(b)、(c)所示的变极方式，可依据类似上述的分析方法得到：顺向串接的Y改为反向串接的Y进行变极调速时属于恒功率性质的调速，这是因为改变接线时，等值电路参数没有改变，电磁转矩与磁极对数成正比而转速与磁极对数成反比，它们的乘积即机械功率保持不变，其机械特性如图6-20所示。

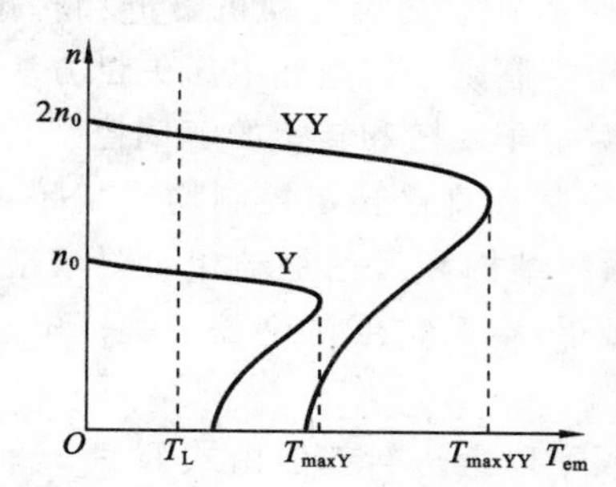

图6-19 Y-YY变极调速特性对比

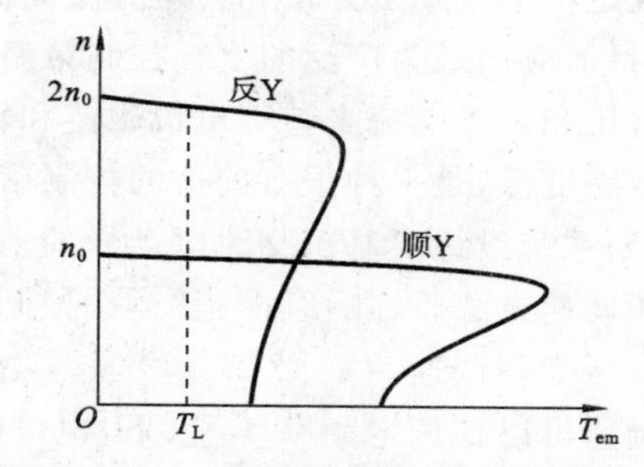

图6-20 顺串Y-反串Y变极调速机械特性对比

△接线改为YY接线进行变极调速时，输出功率不完全相等，输出转矩也不能保持不变。因为，△接线时输出功率为

$$P_{\triangle}=\sqrt{3}U_N\sqrt{3}I_N\eta_{\triangle}\cos\theta_{s\triangle}$$

YY接线时输出功率为

$$P_{YY}=\sqrt{3}U_N 2I_N\eta_{YY}\cos\theta_{sYY}\neq P_{\triangle}$$

但实际输出功率之差值基本上保持在工程允许的误差(约15%)范围，因此，可以近似视为恒功率调速。

上述变极调速方法用于调速比为2:1的双速电机。如果在定子槽内有两个不同极对数的独立绕组，则可实现调速比为4∶3或6∶5等的调速。若在定子槽内有两个不同极对数的独立绕组，而且每个绕组又可以有不同的组合，取得不同的极对数，则可有3种或4种同步速度可供调速时选择。

绕线转子电机的转子绕组具有与定子相对应的磁极对数，如果定子绕组重新组合，转子上也要进行相应的重新组合，因此是不方便的。笼型转子能自动适应定子的极对数，所以更适合变极调速。

3. 变极后三相异步电动机的转向问题

比较图5-7和图5-10可以看到，当磁极对数改变时，如果定子绕组接电网的相序不变，如

图 5-5 和图 5-8 所示的均为 UVW 顺时针方向，则在进行变极前后旋转磁场的旋转方向是相反的，因此在变极调速时需将两相接电网的线端对调，才能保证变极前后旋转磁场的旋转方向保持一致。

三、改变定子绕组供电电源频率调速——变频调速

由式(6-2)，改变定子绕组供电电源频率 f，三相异步电动机的同步转速随之改变，因此也可以改变电机的转速，这种调速简称为变频调速。近年来，电力电子与微电子技术的进步，已使得平滑地改变电源频率变得十分容易，原来不太容易实施的交流电机变频调速，现已成为交流电机调速的主要方式。

从控制策略上看，变频调速又可分为变压变频调速、矢量控制调速和直接转矩调速。其中，变压变频调速是最简单的一种，具有结构简单、响应速度快的优点，但其本质上是一种开环控制类型，电动机转矩利用率相对较低，控制性能对电机参数敏感，容易出现系统不稳定现象，系统动态性能较差。矢量控制是借助于直流电机的控制思想，通过坐标变换，按转子磁场定向的原则实现定子电流励磁分量和转矩分量间的解耦，从而达到对交流电动机磁链和转矩的分别控制，是目前应用最为广泛的变频控制策略。直接转矩控制则采用空间电压矢量方法，通过检测定子电压和定子电流来计算电机磁链和转矩，实现对定子磁链和转矩的解耦控制，控制对电机参数敏感度低，是一种很有前途的控制策略。矢量控制和直接转矩控制均属于闭环控制类型，其控制系统设计要基于交流电动机的动态模型，系统结构和理论基础相对要繁杂一些，这两种变频调速方法将在后续课程“运动控制系统”中介绍，本教材仅讨论基于交流电动机稳态模型的变压变频调速。

变频调速可以在额定频率 f_N 以下，也可以在额定频率以上进行。但由式 $U_s \approx E_s = 4.44 f N_s k_{Ns} \Phi_m$ 可知，在额定频率 f_N 以下调速时，如果电源电压幅值维持不变，降频将导致气隙磁通增加，过分增磁会使铁芯饱和，导致励磁电流过大，使绕组过热，严重时可能损坏电机。为了不使气隙磁通饱和，降频时必须同时降低电源电压；而在额定频率 f_N 以上调速时，受绝缘耐压限制，供电电源电压只能维持额定值不变，故气隙磁通 Φ_m 就必随频率的上升而下降。以下分别介绍这两种情形。

1. 在额定转速以下保持 E_s/f 为常数的变频调速

根据式 $U_s \approx E_s = 4.44 f N_s k_{Ns} \Phi_m$，若保持 E_s/f 为常数进行变频调速，即意味着在调速时将保持每极气隙磁通为常数。

对三相异步机的等值电路，在不考虑 R_c 影响时可简化为图 6-21 所示的形式。

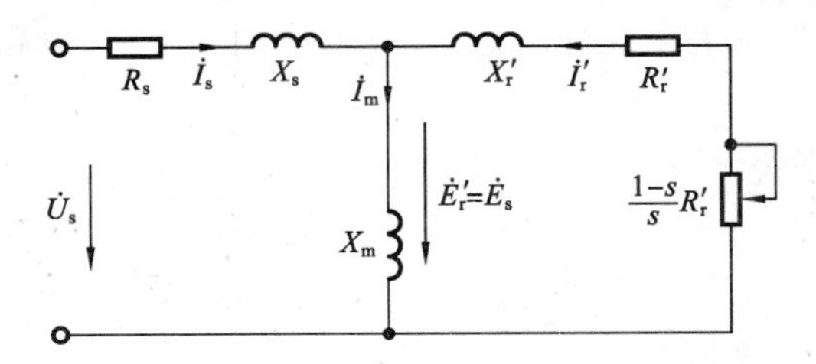

图 6-21 忽略励磁支路电阻的近似异步机等值电路

由式(5-70)和式(5-62)有

$$T_{em}=\frac{P_{em}}{\Omega_0}=\frac{3I_r'^2\frac{R_r'}{s}}{\frac{2\pi}{60}n_0}=\frac{3I_r'^2\frac{R_r'}{s}}{\frac{2\pi}{60}\times\frac{60f}{p}}=\frac{3p}{2\pi f}I_r'^2\frac{R_r'}{s}$$

而

$$I_r'=\frac{E_r'}{\sqrt{\left(\frac{R_r'}{s}\right)^2+X_r'^2}}$$

$$E_r'=E_s$$

因此,有

$$T_{em}=\frac{3p}{2\pi}\left(\frac{E_s}{f}\right)^2 f\frac{R_r'}{s}\frac{1}{\left(\frac{R_r'}{s}\right)^2+X_r'^2}=\frac{3pf}{2\pi}\left(\frac{E_s}{f}\right)^2\frac{1}{\frac{R_r'}{s}+\frac{sX_r'^2}{R_r'}} \tag{6-3}$$

注意到其中 E_s/f 为常数,令 $\mathrm{d}T_{em}/\mathrm{d}s=0$

$$\frac{\mathrm{d}T_{em}}{\mathrm{d}s}=\frac{3pf}{2\pi}\left(\frac{E_s}{f}\right)^2\frac{-\left[-\frac{R_r'}{s^2}+\frac{X_r'^2}{R_r'}\right]}{\left[\frac{R_r'}{s}+\frac{sX_r'^2}{R_r'}\right]^2}=0$$

可求得使电磁转矩取得最大值的临界转差率为

$$s_{cr|E_s/f=C}=\pm\frac{R_r'}{X_r'} \tag{6-4}$$

式中:$X_r'=\omega L_r'=2\pi fL_r'$。

注意等值电路转子参数折算到定子侧时频率也同时折算到与定子侧频率相等。变频时定子侧频率发生变化,转子电抗折算频率也随之变化。

对应临界转速为

$$n_{cr}=n_0(1-s_{cr})=\frac{60f}{p}-\frac{60R_r'}{2\pi pL_r'}=n_0-\Delta n$$

式中:L_r' 为转子静止时一相绕组折算到定子侧的漏电感;$\Delta n=\frac{60R_r'}{2\pi pL_r'}$,对同一电机 Δn 为与 n_0 即频率无关的常数,将临界转差率代入式(6-3),得到最大电磁转矩

$$T_{max}=\frac{3p}{2\pi}\left(\frac{E_s}{f}\right)^2\frac{1}{4\pi L_r'}$$

也是一个与频率 f 无关的常数。

综上分析可得到下述结论:

(1) 三相异步电动机在额定频率 f_N 以下变频调速时,若保持 E_s/f 等于常数,则最大转矩与频率 f 无关;

(2) 最大转矩对应的转速降落相等,即不同频率的机械特性曲线的稳定运行段是平行的。

保持 E_s/f 为常数变频调速的机械特性曲线如图 6-22所示。其中,$f_N=f_1>f_2>f_3$。

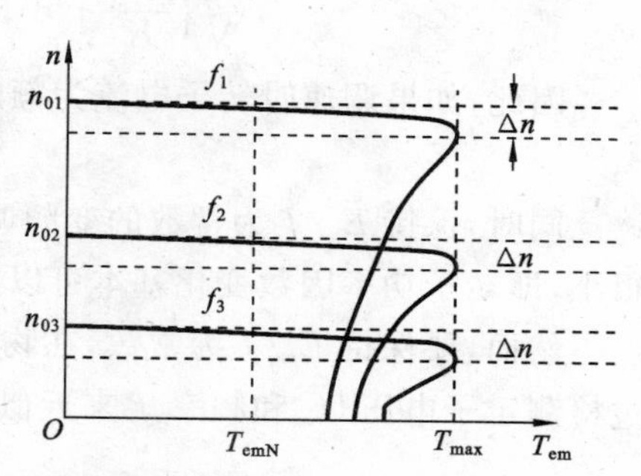

图 6-22　保持 E_s/f 为常数变频调速的机械特性曲线

由图 6-22 可知,这种变频调速在正常负载范围运行时转差比较小,对速度比较高的区域,电机要求的电

磁功率较大，但转差率很小，使转差功率损耗 sP_{em} 较小，在低速区同步转速降低，同样的转差，转差率 $s=(n_0-n)/n_0=\Delta n/n_0$ 是不一样的，随着频率、速度的降低，转差率将增大。但在低速区，对恒转矩负载来说，这时的电磁功率 $P_{em}=\Omega_0 T_{em}$ 也相应减小，转差功率损耗 sP_{em} 也不大。因此，采用这种变频调速时，电动机的运行效率很高。

2. 保持 E_s/f 为常数变频调速的负载能力

若电磁转矩为常数，则由

$$T_{em}=\frac{3p}{2\pi}\left(\frac{E_s}{f}\right)^2 f\frac{R'_r}{s}\frac{1}{\left(\frac{R'_r}{s}\right)^2+X'^2_r}=C$$

有

$$f\frac{R'_r}{s}\frac{1}{\left(\frac{R'_r}{s}\right)^2+X'^2_r}=C$$

即

$$f\frac{R'_r}{s}=C\left(\frac{R'_r}{s}\right)^2+CX'^2_r$$

$$fR'_r s=CR'^2_r+CX'^2_r s^2$$

$$CX'^2_r s^2-fR'_r s+CR'^2_r=0$$

解此方程，并注意到 $X'_r=\omega L'_r=2\pi fL'_r$，有

$$s=\frac{fR'_r+\sqrt{(fR'_r)^2-4C^2(2\pi fL'_r)^2R'^2_r}}{2C(2\pi fL'_r)^2}=\frac{K}{f} \tag{6-5}$$

式中：$K=\dfrac{R'_r+\sqrt{(R'_r)^2-4C^2(2\pi L'_r)^2R'^2_r}}{2C(2\pi L'_r)^2}$为常数。

转子电流为

$$I'_r=\frac{E'_r}{\sqrt{\left(\frac{R'_r}{s}\right)^2+X'^2_r}}=\frac{E_s}{\sqrt{\left(\frac{R'_r}{s}\right)^2+(2\pi fL'_r)^2}}$$

当保持 E_s/f 为常数 k 时，有 $E_s=kf$，注意到式(6-5)，有

$$I'_r=\frac{fk}{\sqrt{\left(\frac{R'_r f}{K}\right)^2+(2\pi fL'_r)^2}}=\frac{k}{\sqrt{\left(\frac{R'_r}{K}\right)^2+(2\pi L'_r)^2}}=\text{常数}$$

因此，如果调速时转子电流为额定值，调速前后均有

$$I'_r=I'_{rN}$$

同时，保持 E_s/f 为常数的变频调速，磁通不变，机械特性平行移动，调速前后转差率变化很小，即转子功率因数变化基本可以忽略，所以这种变频调速可视为恒转矩调速性质。

然而，要保持 E_s/f 为常数，在物理实现上存在着难以直接测知 E_s 的问题。通常，只能通过检测定子电压 U_s 和频率 f 来近似实现。

3. 在额定转速以下保持 U_s/f 为常数的变频调速

对式(5-75)稍加变形，可得到

$$T_{em}=\frac{3p}{2\pi}\left(\frac{U_s}{f}\right)^2 f\frac{R'_r}{s}\frac{1}{\left(R_s+\frac{R'_r}{s}\right)^2+(X_s+X'_r)^2} \tag{6-6}$$

当电动机工作于稳定运行段，转差率 s 很小时，有

$$\begin{aligned}T_{em}&=\frac{3p}{2\pi}\left(\frac{U_s}{f}\right)^2 f\frac{R'_r}{s}\frac{s^2}{(sR_s+R'_r)^2+s^2(X_s+X'_r)^2}\\&=\frac{3pf}{2\pi}\left(\frac{U_s}{f}\right)^2 s\frac{1}{\frac{R_s^2}{R'_r}s^2+2R_s s+R'_r+\frac{(X_s+X'_r)^2}{R'_r}s^2}\\&\approx\frac{3pf}{2\pi}\left(\frac{U_s}{f}\right)^2\frac{1}{R'_r}s\end{aligned}$$

即

$$T_{em}\propto sf \tag{6-7}$$

对某一给定频率下，电磁转矩近似与 s 成正比，机械特性曲线是一段直线。这一特性说明，在保持气隙磁通基本不变的前提下，可以通过改变转差率来控制转矩，或通过控制转差频率 sf 或转差角频率 $s\omega_s$ 来控制转矩，这里 $\omega_s=2\pi f$，f 为给定定子电源电压频率。这种利用转差频率来进行变频调速的方法称为“转差频率控制”，其控制系统组成与控制实现方法将在后续课程“运动控制系统”中详细讨论。上述分析表明，交流电动机的转差频率控制调速本质上就是保持电压频率之比等于常数的变频调速。

对式(6-6)取极值，可求得最大电磁转矩及其对应的临界转差率为

$$T_{max}=\frac{3p}{4\pi}\left(\frac{U_s}{f}\right)^2\frac{f}{R_s+\sqrt{R_s^2+(X_s+X'_r)^2}} \tag{6-8}$$

$$s_{cr}=\pm\frac{R'_r}{\sqrt{R_s^2+(X_s+X'_r)^2}} \tag{6-9}$$

$$\Delta n=n_0 s_{cr}=\frac{60f}{p}\frac{R'_r}{\sqrt{R_s^2+(X_s+X'_r)^2}}$$

异步电动机的定子电阻远小于定转子电抗之和，忽略定子电阻时，有

$$\Delta n=\frac{60}{p}\frac{R'_r}{2\pi(L_s+L'_r)}=C \tag{6-10}$$

式(6-10)表明，如果定子电阻可以忽略，在转差率 $s\leqslant s_{cr}$ 的范围内，不同 f 时机械特性为一族平行曲线。而最大电磁转矩为

$$T_{max}=\frac{3p}{4\pi}\left(\frac{U_s}{f}\right)^2\frac{f}{R_s+\sqrt{R_s^2+(X_s+X'_r)^2}}=\frac{Kf}{R_s+\sqrt{R_s^2+f^2k}} \tag{6-11}$$

在忽略定子电阻时，T_{max} 也为常数。当然实际因定子电阻的存在，T_{max} 会随频率的减少而减少。

对非稳定运行段，转差率 s 从临界转差率向 1 趋近，$(R_s+R'_r/s)\approx R_s+R'_r$，因此，

$$\begin{aligned}T_{em}&=\frac{3p}{2\pi}\left(\frac{U_s}{f}\right)^2 f\frac{R'_r}{s}\frac{1}{\left(R_s+\frac{R'_r}{s}\right)^2+(X_s+X'_r)^2}\\&\approx\frac{3p}{2\pi}\left(\frac{U_s}{f}\right)^2\frac{fR'_r}{(R_s+R'_r)^2+(X_s+X'_r)^2}\frac{1}{s}\end{aligned}$$

如果进一步忽略分母中的电阻，则可以看出当转差率 s 接近于 1 时，转矩近似与 s 成反

比。这时的机械特性近似是关于原点对称的双曲线的一部分。综上所述，保持 U_s/f 为常数的变频调速，其所得的机械特性曲线如图 6-23 所示。

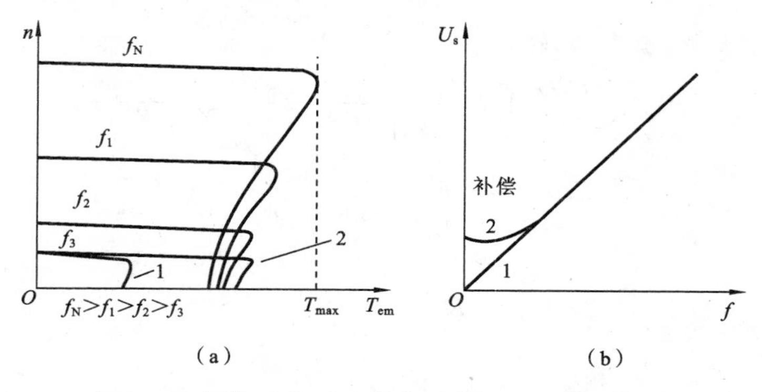

图 6-23　保持 U_s/f 为常数变频调速的机械特性曲线

在图 6-23(a)中，保持 U_s/f 为常数进行变频调速时，高低速时的最大电磁转矩不一致，由式(6-11)可知，这主要是定子绕组电阻 R_s 的影响所致。由于要保持 U_s/f 为常数，低速时定子电压很低，在定子回路的电势平衡方程中，定子电阻压降所占的比例比较大，使得此时已不能满足定子电压和定子电势近似相等的条件，定子电势与电压的比例显著变小，导致主磁通相应减弱，电磁转矩降低。为了使保持 U_s/f 为常数进行变频调速时的调速效果尽可能接近保持E_s/f为常数时的调速效果，一种最简单的方法就是对 U_s/f 的线性关系进行修正，低速时适当增高电压补偿定子电阻上的压降，图 6-23(b)所示为这种补偿的原理，曲线 1 为无补偿时的控制特性，曲线 2 为加补偿的控制特性。补偿后获得的低速下机械特性曲线如图 6-23(a)所示。但需要注意的是，根据式 $U_s \approx 4.44 f N_s k_{Ns} \Phi_m$，定子电压补偿过多时会导致磁通深度饱和，励磁支路阻抗显著减小，电磁转矩不再能够按照参数表达式规律增大，而定子电流励磁分量会明显增大，铁耗显著增加，使电机运行效率降低。

在额定频率以下保持 U_s/f 为常数的变频调速又称为基频以下的电压频率协调控制变频调速。

【例 6-4】 三相笼型转子异步电动机，$P_N=10\ \text{kW}$，$U_N=380\ \text{V}$，$f_N=50\ \text{Hz}$，$n_N=1440\ \text{r/min}$，带 80%额定负载运行。试求：

(1) 当电源电压下降到 300 V 时电动机的转速；

(2) 采用恒压频比调速，当电源频率降为 40 Hz 时电源电压应为多少伏？转速为多少？

解　(1) 由于 $T_L=0.8T_N<T_N$，机械特性稳定运行区段采用线性近似

$$\Delta n_N=(1500-1440)\ \text{r/min}=60\ \text{r/min}$$

$$\Delta n_L \approx \Delta n_N \times \frac{T_L}{T_N}=60\times 0.8\ \text{r/min}=48\ \text{r/min}$$

$$n=n_0-\Delta n_L=1425\ \text{r/min}$$

$$s_L=\frac{n_0-n_L}{n_0}=\frac{1500-1452}{1500}=0.032$$

采用实用表达式线性近似计算，$T_{em}\approx \frac{2T_{max}}{s_{cr}}s$。

$$s_{cr}=\frac{2T_{max}}{T_L}s_L=0.032\times\frac{2T_{max}}{T_L}$$

电压下降时临界转差率与电压无关，最大转矩按电压平方成比例下降

$$T_{\max 300}=\left(\frac{U}{U_{\mathrm{N}}}\right)^2 T_{\max}=\left(\frac{300}{380}\right)^2\times T_{\max}=0.623T_{\max}$$

$$s\approx s_{\mathrm{crL}}\frac{T_{\mathrm{em}}}{2T_{\max 300}}=0.032\times\frac{2T_{\max}}{T_{\mathrm{L}}}\times\frac{T_{\mathrm{L}}}{2T_{\max 300}}=0.032\times\frac{1}{0.623}=0.051$$

$$n=n_0(1-s)=1500\times(1-0.051)\ \mathrm{r/min}=1424\ \mathrm{r/min}$$

（2）

$$U=U_{\mathrm{N}}\times\frac{f}{f_{\mathrm{N}}}=380\times\frac{40}{50}\ \mathrm{V}=304\ \mathrm{V}$$

$$n_0=\frac{60f}{p}=\frac{60\times 40}{2}\ \mathrm{r/min}=1200\ \mathrm{r/min}$$

额定频率时，$\Delta n_{\mathrm{L}}=48$ r/min，变频后，速降不变

$$n=n_0-\Delta n=(1200-48)\ \mathrm{r/min}=1152\ \mathrm{r/min}$$

4. 在额定频率以上保持 U_{s} 为额定值不变的弱磁升速

三相异步电动机在额定频率以上变频调速时，若仍保持 E_{s}/f 为常数，则定子电压将超出电动机的额定电压，这是不允许的，这时只能维持定子绕组供电电源电压为额定值 $U_{\mathrm{s}}=U_{\mathrm{N}}$ 不变。但根据 $U_{\mathrm{s}}\approx E_{\mathrm{s}}=4.44fN_{\mathrm{s}}k_{\mathrm{Ns}}\Phi_{\mathrm{m}}$ 可知，当 U_{s} 为常数时，频率的升高必然导致磁通 Φ_{m} 的降低，因而是一种弱磁性质的调速，且与直流电动机的弱磁调速有某些相似之处。不同点在于，此处弱磁效果的产生并非直接的控制目的，而只是在额定频率以上实现变频调速时产生的必然结果。

弱磁升速时，临界转差率的式(6-9)仍然成立。由于高速运行中稳定运行段的转差率极小，所以定子电阻 $R_{\mathrm{s}}\ll R'_{\mathrm{r}}/s$，$R_{\mathrm{s}}\ll X_{\mathrm{s}}+X'_{\mathrm{r}}=2\pi f(L_{\mathrm{s}}+L'_{\mathrm{r}})$，可以忽略不计。这样

$$s_{\mathrm{cr}}=\pm\frac{R'_{\mathrm{r}}}{\sqrt{R_{\mathrm{s}}^2+(X_{\mathrm{s}}+X'_{\mathrm{r}})^2}}\approx\pm\frac{R'_{\mathrm{r}}}{(X_{\mathrm{s}}+X'_{\mathrm{r}})}\propto\frac{1}{f}\tag{6-12}$$

$$T_{\max}=\frac{3p}{4\pi}\left(\frac{U_{\mathrm{s}}}{f}\right)^2\frac{f}{R_{\mathrm{s}}+\sqrt{R_{\mathrm{s}}^2+(X_{\mathrm{s}}+X'_{\mathrm{r}})^2}}\approx\frac{3pU_{\mathrm{s}}^2}{4\pi f^2}\frac{1}{2\pi(L_{\mathrm{s}}+L'_{\mathrm{r}})}\propto\frac{1}{f^2}\tag{6-13}$$

即额定频率以上变频调速时，最大电磁转矩近似与频率的平方成反比。临界转差率近似与频率成反比。

最大转矩对应的转速降落为

$$\Delta n_{\mathrm{m}}=s_{\mathrm{cr}}n_{0f}\approx\frac{R'_{\mathrm{r}}}{X_{\mathrm{s}}+X'_{\mathrm{r}}}\times\frac{60f}{p}=\frac{R'_{\mathrm{r}}}{2\pi f(L_{\mathrm{s}}+L'_{\mathrm{r}})}\times\frac{60f}{p}=C$$

即额定频率以上变频调速时最大转矩对应的转速降落近似为常数。

电磁功率为

$$P_{\mathrm{em}}=T_{\mathrm{em}}\Omega_0=\frac{3pU_{\mathrm{s}}^2\dfrac{R'_{\mathrm{r}}}{s}}{2\pi f\left[\left(R_{\mathrm{s}}+\dfrac{R'_{\mathrm{r}}}{s}\right)^2+(X_{\mathrm{s}}+X'_{\mathrm{r}})^2\right]}\frac{2\pi f}{p}$$

$$=\frac{3U_{\mathrm{s}}^2}{\dfrac{R_{\mathrm{s}}^2}{R'_{\mathrm{r}}}s^2+2R_{\mathrm{s}}s+R'_{\mathrm{r}}+\dfrac{(X_{\mathrm{s}}+X'_{\mathrm{r}})^2}{R'_{\mathrm{r}}}s^2}s$$

因稳定运行段 s 很小，忽略分母中的含 s 项，近似有

$$P_{\mathrm{em}}\approx\frac{3U_{\mathrm{s}}^2}{R'_{\mathrm{r}}}s\tag{6-14}$$

又因为 $E_r' = E_s \approx U_s = U_{sN} = C$，因

$$I_r' = \frac{E_r'}{\sqrt{\left(\frac{R_r'}{s}\right)^2 + X_r'^2}} \approx \frac{C}{\frac{R_r'}{s}}$$

运行时若保持电流不变，则转差率 s 将基本不变，由式(6-14)可知，电磁功率也基本不变。这表明，额定频率以上的变频调速近似为恒功率调速性质。综上所述，可得到弱磁升速时三相异步电动机的机械特性如图 6-24 所示。

变频调速的特点是，调速的平滑性好，为无级调速，普通三相异步电动机采用变频调速一般高速时其同步转速可以达到 2 倍额定值，低速时可以达到额定值的 5%左右，调速范围较宽，是一种相当理想的调速方式。其中额定频率以下近似为恒转矩调速、额定频率以上近似为恒功率调速。其电磁转矩、电磁功率、定子电压与频率的关系如图 6-25 所示。

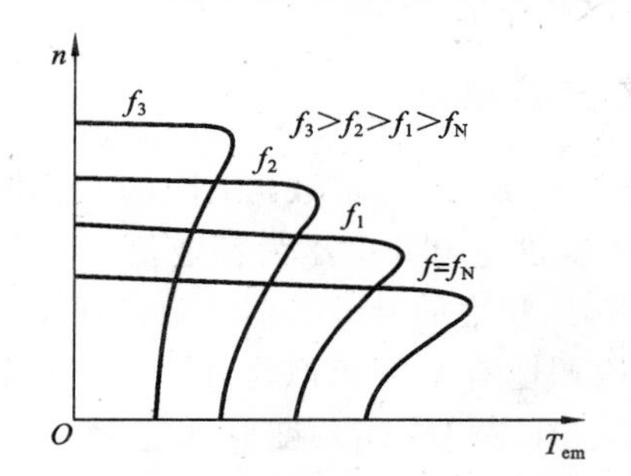

图 6-24　变频弱磁调速时的机械特性

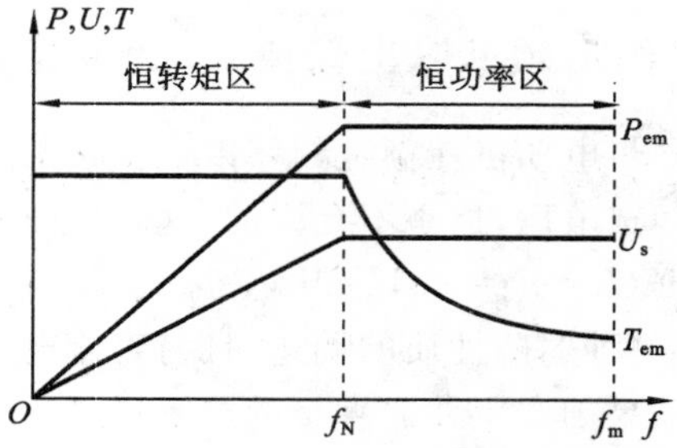

图 6-25　变频调速时的功率转矩电压频率关系

上述变频调速方法是建立在三相异步电动机正弦等值电路模型基础之上的，这个模型是一个正弦稳态模型。因此上述方法的缺点表现为，动态性能较差，且低速时性能受定子参数影响较大，进行补偿控制时若补偿不合适可能会发生不稳定现象。

近年来，随着科学技术的发展和生产上对电力拖动的高指标要求，人们在一般变频调速的基础上，探索出了许多新的更高性能的变频调速方案，最典型的是建立在交流电机动态模型基础之上的以矢量控制为标志的交流变频调速控制方式。这些新方法的共同特点是，力图实现线性化的转矩控制。有关这方面的详细原理、内容和控制方法，将在后续的专业课程"运动控制系统"中介绍。

6-3　三相异步电动机的制动

与直流电动机拖动系统的控制需求一样，异步电动机在电动运行中也有快速制动的控制要求，这时，拖动电动机必须能发出与实际运行方向相反的制动电磁转矩。快速制动的特征依然是将电机拖动系统的机械能转化成的电能快速转移出去，使其失去动能而快速停止，显然此时电机应运行在发电机状态。按照转移能量的方式，三相异步电动机的快速制动方式如同直流电动机一样也有三种，即回馈、反接和能耗制动。

一、三相异步电动机的回馈制动

回馈制动即是要将拖动系统的能量回送电网。在三相异步电动机的变频调速过程中，如

果供电电源频率 f 突然降低，就会出现电机的实际运行速度高于同步转速的情况，此时，转差率为

$$s=\frac{n_0-n}{n_0}<0 \tag{6-15}$$

由式(5-62)$P_{em}=3I_r'^2\frac{R_r'}{s}=3I_r^2\frac{R_r}{s}$可知，电动机的电磁转矩将为负值。在不计电动机自身损耗的前提下，轴上输出的机械功率为

$$P_2\approx P_M=3I_r'^2\frac{1-s}{s}R_r'<0$$

$P_2<0$，$P_{em}<0$，表明在此制动运行过程中，电动机转作发电运行，电机轴上的机械能被吸收转换成电能，由转子侧通过气隙传送到定子侧。

由于 $s<0$，转子功率因数为

$$\cos\theta_r=\frac{R_r'/s}{\sqrt{(R_r'/s)^2+X_r'^2}}<0$$

且其相位由转子回路电势平衡方程决定，即

$$\dot{E}_r'=\dot{I}_r'\frac{R_r'}{s}+\mathrm{j}\,\dot{I}_r'X_r'$$

因 $\theta_r>90°$，故三相异步电动机的等值电路、功率流和相量图分别如图 6-26(a)、(b)所示。

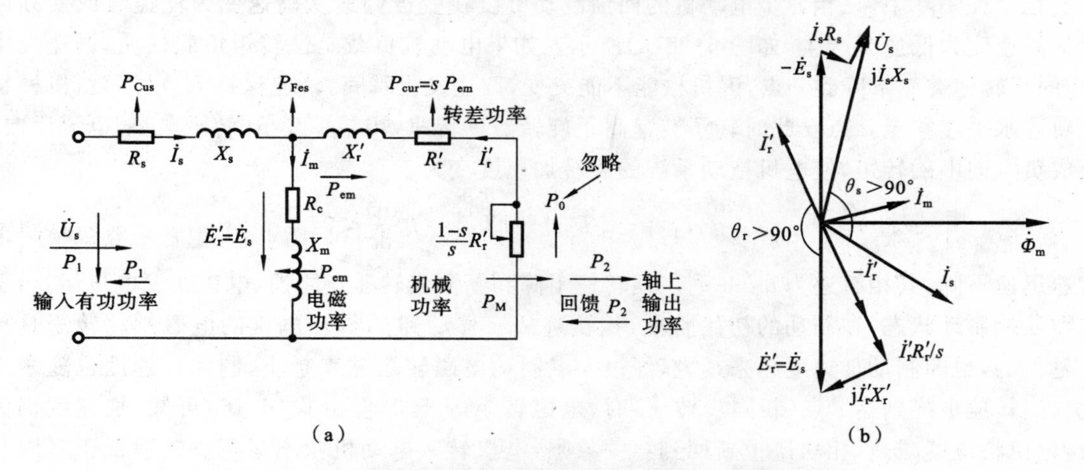

图 6-26　三相异步电机回馈制动时等值电路、功率流与相量图

由于 $\theta_r>90°$，由相量图可知，定子侧功率因数角 θ_s 也将在 90°～180°范围内，这意味着在此制动工作状态下，电动机的输入功率为

$$P_1=3U_sI_s\cos\theta_s<0$$

输入功率为负，表明由转子侧经过气隙传送至定子侧的功率(电磁功率)除定子自身损耗外，其余的功率最终被回馈到电网(供电电源)，三相异步电动机像一台三相异步发电机一样工作，将系统的动能转变为电能回馈电网，故称此制动为回馈制动。

回馈制动时，虽然定子功率因数角 $\theta_s>90°$，输入有功功率为负，但输入的无功功率 $Q=3U_sI_s\sin\theta_s$ 仍为正值。这说明，尽管回馈制动时电机轴上的机械能可以转变成电能回馈电网，但三相异步电动机仍需从电网输入滞后的无功功率。换言之，即使电网的负载是纯电阻性的，接上工作在发电机状态的三相异步电动机后，电网的功率因数也会变成滞后性的，其原因在于

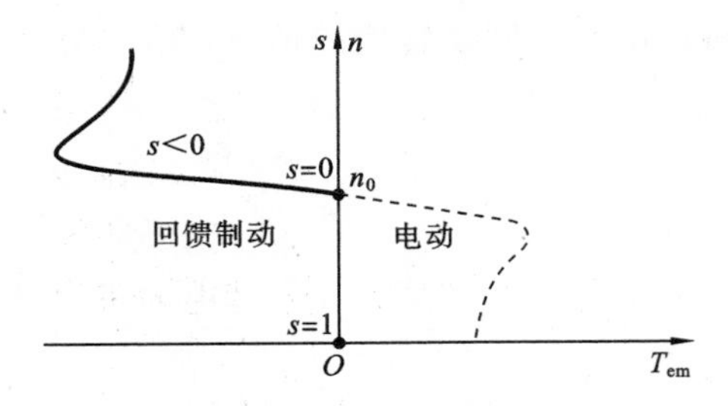

图 6-27　三相异步机回馈制动时的机械特性曲线

三相异步电动机的旋转磁场必须依靠定子电流励磁来形成。这也是生产实际中很少采用三相异步发电机的原因。

根据式(5-75)，即

$$T_{em}=\frac{3pU_s^2\dfrac{R_r'}{s}}{2\pi f\left[\left(R_s+\dfrac{R_r'}{s}\right)^2+(X_s+X_r')^2\right]}$$

对转差率 $s<0$，可得到回馈制动运行时三相异步电动机的机械特性如图 6-27 中的实线所示，它是电动机状态下的机械特性曲线在第二象限的延伸，这个情况与直流电动机回馈制动时机械特性的情形是一样的。如同它在第一象限的形状，回馈制动时的机械特性曲线也存在一个转矩最大的极值点，对应的临界转差率即为式(5-76)中的负值。这个最大转矩的数值要比此电机在电动运行状态下的最大转矩值大，这是因为回馈制动时转差率小于 0，电磁转矩表达式的分母中原来定子电阻与转子折算电阻因 $s>0$ 是相加关系，回馈时因 s 变负成相减关系，对同样数值的临界转差率，回馈时的最大电磁转矩数值大于电动时电磁转矩的最大值。同理，电动机反转时，回馈制动运行时的机械特性曲线是其第三象限中电动机状态下机械特性曲线向第四象限中的延伸。

在工程实际中，三相异步电动机的回馈制动可以在变极调速从高速变为低速时或变频调速从高速变为低速时产生，如图 6-28(a)所示。如果电动机负载是恒转矩负载性质，调速发生时，同步转速突然下降到 c 点，因机械能不能突变，调速发生瞬间，转速保持为 n_1 不变，机械特性轨迹水平左移至 a 点。此时转子转速高于旋转磁场转速，转差率变负，转子电势、电流反向，形成负方向电磁转矩，使电机拖动系统的旋转加速度变为

$$T_{em}-T_L=-|T_{em}|-|T_L|=J\frac{d\Omega}{dt}<0 \tag{6-16}$$

转速迅速下降，其相轨迹为 a-b-c-n_2。在转速下降到新同步转速点之前，电机作发电机运行，工作在回馈制动状态，在制动的初始阶段，相轨迹从 a 移动到 b，异步电机的电磁制动转矩是越来越大的，也即制动加速度越来越大，经过 b 点制动电磁转矩越来越小，制动加速度也随之变化。当转速下降到达 c 点(新同步转速)时，电磁转矩等于 0，但由式(6-16)可知，加速度仍为负，电机将继续减速，相轨迹重新回到第一象限，电机转入电动机状态运行。转速低于新同步转速后，转差率改变符号变正，转子电势、电流回到正方向，产生拖动性质电磁转矩，直到到达 n_2 与负载转矩平衡，转为稳速运行。显然，在这种情况下，回馈制动仅仅是调速过程中的一个

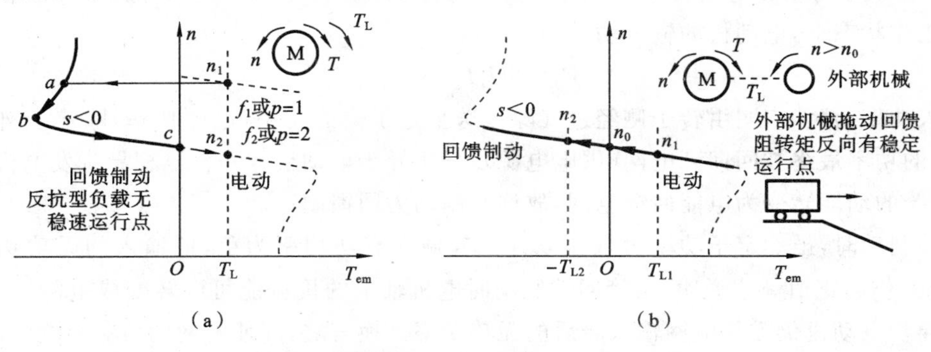

图 6-28　变极或变频调速时的回馈制动

短暂时间段，电机在第二象限不存在稳速运行点。

当电动机轴上有外转矩拖动时，电机也可能进入回馈制动状态运行。例如，某电力机车采用异步电机拖动，运行于水平路面时，在某一供电频率下，电机提供拖动性质电磁转矩，克服重力摩擦和阻力以低于同步转速的 n_1 稳速运行，当机车转入下坡路面，如果此时保持供电频率不变，由重力产生的拖动方向转矩大于摩擦转矩，即作用于机车电机轴上的负载合转矩变为拖动性质，加上电机自身的拖动电磁转矩，机车将加速运行，使电机转速超过同步转速而进入回馈制动，如图 6-28(b)所示。当转速升高到 n_2 时，回馈制动形成的电磁转矩与拖动性质的负载转矩平衡，机车进入稳速运行。在这种情形下，电机可在回馈制动状态取得稳速运行点。这种外力拖动使异步电动机稳定运行于回馈制动的情形还常出现在电机拖动位能型负载作下放动作时，如图 6-29 所示。图中曲线 1 对应以变频调速方式下放重物时的回馈制动特性，曲线 2 则对应绕线转子异步电机转子回路串电阻下放重物时的回馈制动特性。

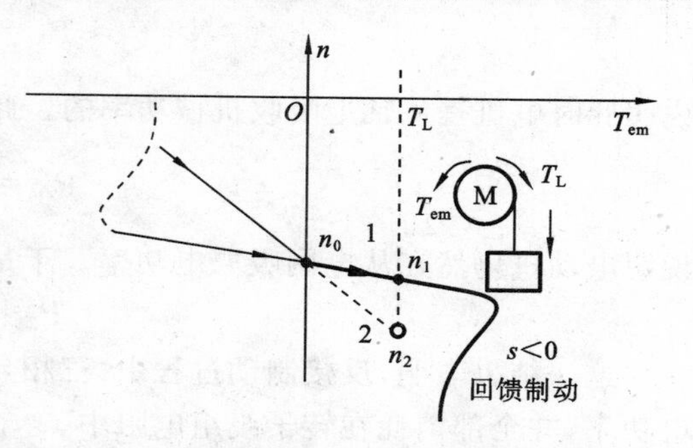

图 6-29　位能负载时三相异步机的回馈制动

【例 6-5】　三相绕线转子异步电动机 $P_N=2.2$ kW，$U_N=380$ V，$n_N=1440$ r/min，$f_N=50$ Hz。要求在 $T_L=50\%T_N$ 时，以 $n=800$ r/min 在回馈状态稳定运行，若此电动机在稳定运行段机械特性曲线可视为直线，求定子电源频率和供电线电压幅值。

解　依题意可知，电机将在第二象限以回馈制动状态稳定运行。根据额定转速，可知此电机的同步转速应为 1500 r/min。额定电动运行时，转速降落为

$$\Delta n_N=(1500-1440)\ \text{r/min}=60\ \text{r/min}$$

对应 50%额定负载为

$$\Delta n_L=50\%\times\Delta n_N=30\ \text{r/min}$$

回馈制动时，转速高于同步转速

$$n=n_0+\Delta n_L=800\ \text{r/min}$$

$$n_0=770\ \text{r/min}$$

$$f=\frac{p}{60}n_0=\frac{2}{60}\times770\ \text{Hz}\approx25.67\ \text{Hz}$$

$$U_L=\frac{f}{f_N}U_{LN}=\frac{25.67}{50}\times380\ \text{V}\approx195\ \text{V}$$

二、三相异步电动机的反接制动

所谓反接制动，是指通过改变三相异步电动机供电电源的相序来对正在运行的异步电动机实施制动的制动方式。

当正在运行的异步电动机供电电源相序突然改变(或者说“反相序”)时，定子旋转磁场的方向也随之改变。但因机械惯性，转子转速是逐渐下降的。因此，在转子降速过程中，转子的实际旋转方向与气隙旋转磁场的旋转方向相反，电磁转矩反方向，成为制动性质转矩。异步电

动机的这种工作状态，称为反接制动状态。

因电源相序反向，原来的同步转速 n_0 变成 $-n_0$，转差率为

$$s=\frac{(-n_0)-n}{(-n_0)}>1 \tag{6-17}$$

忽略空载损耗时，轴上输出机械功率为

$$P_2 \approx P_M = 3I_r'^2 \frac{1-s}{s}R_r' < 0$$

说明此时电机是从轴上吸收机械功率的。此时的电磁功率为

$$P_{em} = 3I_r'^2 \frac{R_r'}{s} > 0$$

说明电动机仍然在从电网吸取电功率。于是电动机总的输入功率为

$$-P_2 + P_{em} = 3I_r'^2 R_r'$$

这一结果表明，反接制动过程中，三相异步电动机即从轴上输入机械功率，也从电网输入电功率，并全部消耗在转子绕组电阻中。

反接制动时，电源反相序，三相异步电动机本应工作在反转电动机状态，但实际电机转速仍在正方向，转差率 $s>1$，根据等值电路绘出的反接制动时的机械特性为第三象限反转电动机状态下的机械特性曲线向第二象限的延伸，如图 6-30(a)所示。

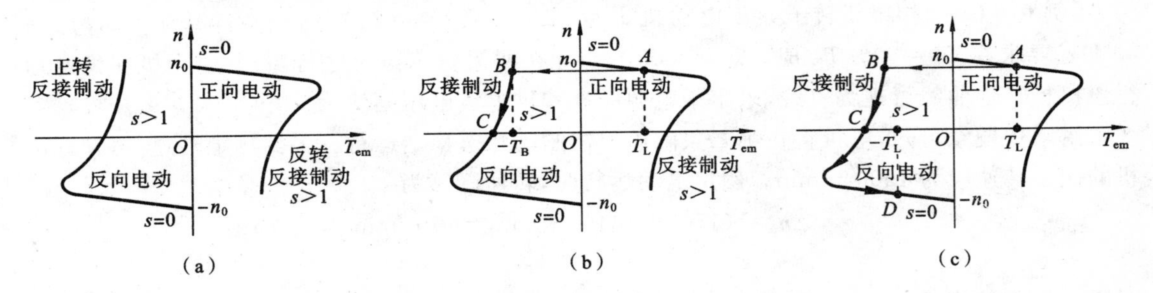

图 6-30　三相异步电动机反接制动的机械特性

图 6-30(b)所示的为处于正转电动状态下的三相异步电机实施反接制动时转速变化的相轨迹。反接制动开始前，电机稳定电动运行于第一象限曲线 1 上的 A 点，制动开始时，电源反相序，由于机械惯性，转速不能突变，三相异步电动机首先从机械特性曲线上的 A 点向左平移至反转电动状态下的机械特性曲线在第二象限的延伸部分上的 B 点，对应电磁转矩为 $-T_B$，运动方程为 $-T_B-T_L=J\frac{d\Omega}{dt}$，电机以此较大的负向加速度快速制动，沿特性曲线制动到 C 点停车。由图可知，随着电机的降速，制动转矩将越来越大，如果在转速下降到 0 前不切断定子绕组的供电电源，电机会反向启动。为避免产生这种情况，需要采取一定的控制措施，具体方案将在后续电器控制内容中介绍。

对反抗型负载，正向电动反接制动到转速为 0 时不切断电源，电机将反向启动。电机反转后，负载转矩也随之改变反向，电机运动方程变为 $-T_{em}-(-T_L)=J\frac{d\Omega}{dt}$，方程中转矩均为无符号数，转速升至图 6-30(c)中的 D 点后，转矩达到新的平衡，电机反向电动稳速运行。电源刚反相序时，转子绕组中的感应电动势 sE_r 比启动时还大，不过此时转子电抗 sX_r 也相应增大，转子电流仅会比直接启动时的电流略大一些，对中小功率的笼型转子异步电机，只要机械上能够承受制动冲击，电机本身是可以直接进行反接制动的，但单位时间内的次数不能过于频

繁。当需要限制反相序开始时的冲击电流时，对绕线转子电机可在转子回路串入适当限流电阻。

传统卷扬机常采用绕线转子三相异步电动机拖动。为了取得较低的重物下放速度，常采用所谓“倒拉反转”的工作方式，如图 6-31 所示。假定电机反转对应重物下放。为了取得较低的下放速度，在转子回路串入较大的电阻，此时异步机稳定工作区段的机械特性变软，当串入电阻使启动转矩小于重物负载产生的反向拖动性质转矩时，给电机施加正相序电源，则此时运动方程为 $T_{\mathrm{em\_st}}-T_{\mathrm{L}}=J\dfrac{\mathrm{d}\Omega}{\mathrm{d}t}<0$，$T_{\mathrm{em\_st}}$ 为正向启动转矩，电机将被负载拖着反向启动进入反接制动工作状态，如图 6-31 中曲线 1 所示。显然，通过改变转子回路电阻，可以获得不同的下放速度，如图 6-31 中曲线 2 所示。

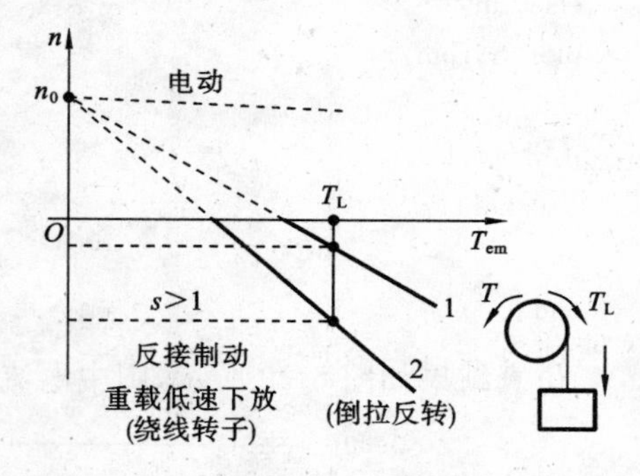

图 6-31　位能负载倒拉反转反接制动

【例 6-6】　一台三相笼型转子异步电动机，电机参数为：$p=2$，$P_{\mathrm{N}}=10$ kW，$U_{\mathrm{N}}=380$ V，$f_{\mathrm{N}}=50$ Hz，三角形连接，定子每相电阻 $R_{\mathrm{s}}=1.33$ Ω，漏抗 $X_{\mathrm{s}}=2.43$ Ω；转子每相电阻折算值为 $R_{\mathrm{r}}'=1.12$ Ω，漏抗 $X_{\mathrm{r}}'=4.4$ Ω。

试利用 Matlab 仿真求取此电机在转差率在[－1,2]之间变化时的机械特性。

解　根据电机参数，依据式(5-75)，编制仿真程序如下：

```
clc
clear
Us=380;                                          %三角形连接，相电压等于线电压
nph=3;                                           %三相电机
p=2;                                             %磁极对数
f=50;                                            %额定频率
Rs=1.33;                                         %参数
Rr=1.12;
Xs=2.34;
Xr=4.40;
omegas=2*pi*f/p;                                 %角频率
n0=60*f/p;                                       %同步转速
for n=1:600
    s(n)=(n-200)/200;                            %转差率[-1,2]
    rpm(n)=n0*(1-s(n));                          %转速
    Ir(n)=Us/sqrt((Rs+Rr/s(n))^2+(Xs+Xr)^2);     %转子电流
    Tmech(n)=nph*Ir(n)^2*Rr/(s(n)*omegas);       %电磁转矩
end

for m=1:3
    if m==1
    plot(Tmech,rpm,'b')
    xlabel('T(N.m),I(A)')
    ylabel('n(rpm)')
```

```
elseif m==2
plot(Ir,rpm,'r')
end
if m==1
    hold
end
end
```

仿真结果如图 6-32 所示，图中电流为有效值。

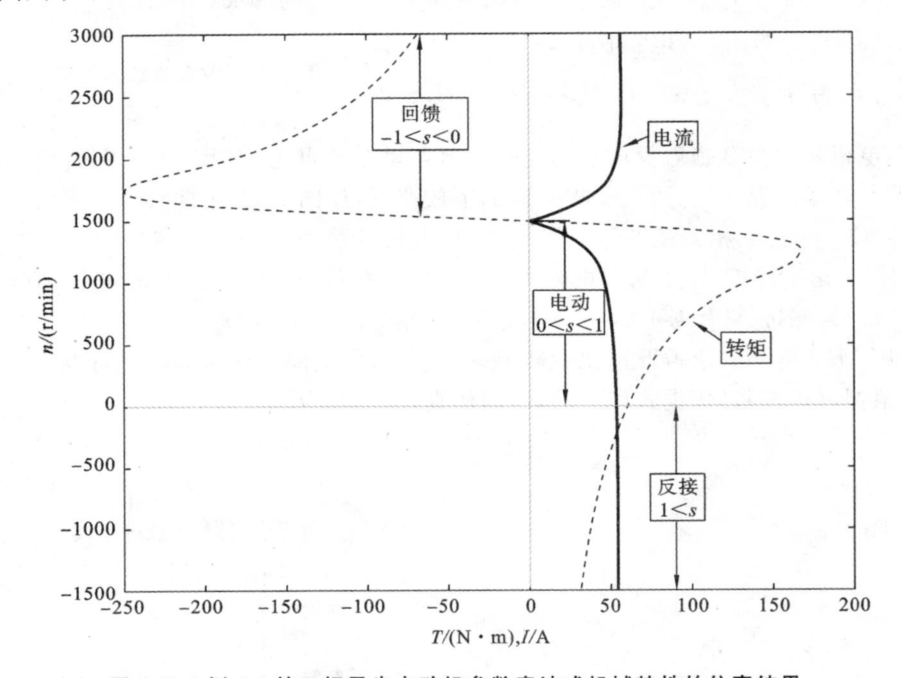

图 6-32 例 6-5 的三相异步电动机参数表达式机械特性的仿真结果

从仿真结果可以看出，回馈制动的最大电磁转矩(约 250 N·m)明显大于电动运行时的最大电磁转矩(约 170 N·m)。反接制动时转子电流的数值(约 54 A)基本与启动电流(约 53 A)相当，增大十分有限，且由于此时转子功率因数较低，反接制动时的电磁转矩数值并不大。

三、三相异步电动机的能耗制动

所谓能耗制动，即是需将拖动系统的旋转机械能通过电机转化为电能后通过在电阻上发热的形式将此能量消耗掉，使电机迅速丧失动能而减速制动停车。为了使需制动的三相异步电动机断开交流电源后能通过发电完成机械能向电能的转换，在实施能耗制动时还需要立即对定子绕组提供直流电源，以在绕组中建立直流磁势，同时在气隙空间建立起如他励直流电机那样的方向恒定且静止不动的磁场，如图 6-33 所示。旋转中的转子和这个静止磁场相互作用，转子绕组中感生速度电势和短路电流，形成制动方向的电磁转矩。制动过程中，转子的绝大部分动能转换成电能后只能消耗在转子电阻中，故称之为能耗制动。

显然，外加直流电压 U_z 或直流电流 I_z 之值越大，制动作用会越强。但为了使制动平滑又迅速，直流电压、电流的数值通常按照经验公式(6-18)确定，即

$$\left.\begin{aligned}U_z&=I_zR\\I_z&=(3.5\sim4)I_{s0}\end{aligned}\right\}\tag{6-18}$$

式中：R 为任意两个定子绕组引线端间的电阻值；I_{s0} 为电动机空载时定子绕组电流。

前面的系数是为了既考虑到不至于使电动机绕组过热又考虑到制动效果满意而设置的。

分析能耗制动过程中异步电动机的机械特性是一个比较复杂的问题。通常用的方法是，先将处于恒定磁场下能耗制动的三相异步电动机按照磁势幅值相等的原则化为等效的三相电源供电下的三相异步电动机，再按照前面分析三相异步电动机的方法进行处理。

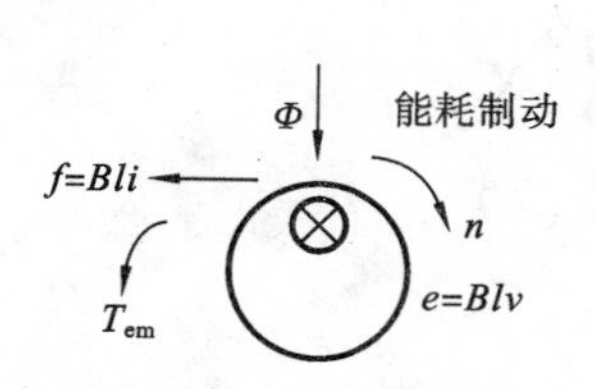

图 6-33　异步电机的能耗制动示意图

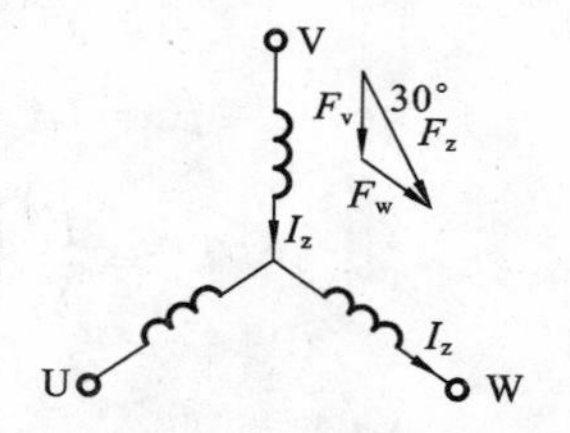

图 6-34　能耗制动时定子绕组中的直流电流与磁势

如图 6-34 所示，当直流电流流过 V、W 两相定子绕组时，每相绕组所产生的磁势相等，由式(5-25)可知，若该电流有效值为 I 的交流电流时，每相绕组产生的磁势应为

$$F_{m1}=\frac{0.9N_1k_{N1}I}{p}=\frac{4N_1k_{N1}I_m}{2\pi p}$$

现令当直流电流 I_d 流过 V、W 绕组时，每相绕组所产生的磁势基波幅值与之相等，则有

$$F_v=F_w=\frac{4}{\pi}\frac{I_dN_1k_{N1}}{2p}$$

两相绕组磁势的合成磁势基波幅值为

$$F_d=2F_v\cos30°=\sqrt{3}\frac{4}{\pi}\frac{I_dN_1k_{N1}}{2p}$$

若将此磁势看成是由有效值为 I_s 的三相交流电流所产生的，由(5-32)式，有

$$F_1=\frac{3}{2}\times\frac{4}{\pi}\frac{\sqrt{2}I_sN_1k_{N1}}{2p}$$

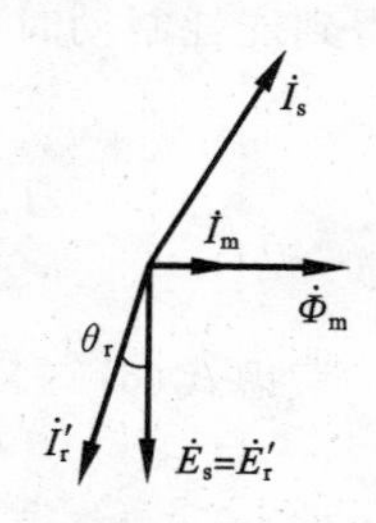

图 6-35　能耗制动等效电流相量图

令 $F_1=F_d$，可得

$$I_s=\sqrt{\frac{2}{3}}I_d\tag{6-19}$$

即相当于由有效值为 $\sqrt{2/3}I_d$ 的三相交流电流所产生的合成磁势。该磁势与转子相对转速为 $-n$。定义使当转差达到交流同步转速时转差率绝对值等于1，即若同步转速为 $n_0=60f/p$，则能耗制动转差率定义为

$$v=-\frac{n}{n_0}\tag{6-20}$$

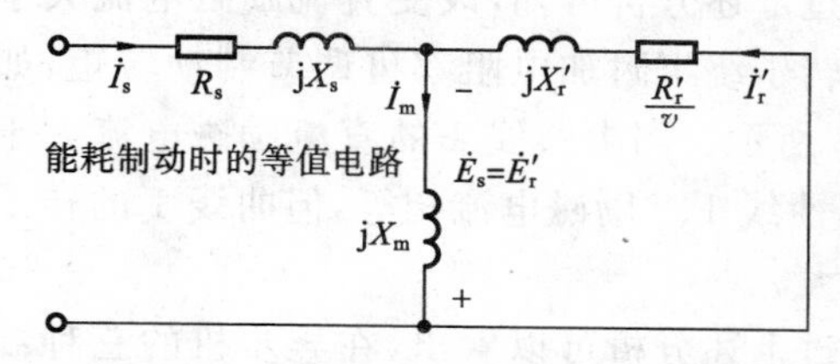

图 6-36　异步电机能耗制动等效等值电路

能耗制动时，电动机采用直流励磁，励磁电流频率为0，铁耗很小，可忽略不计。能耗制动时电流交流等效的等值电路如图 6-36 所示。由相量图有

$$\begin{aligned}I_s^2&=I_r'^2+I_m^2-2I_r'I_m\cos(90°+\theta_r)\\&=I_r'^2+I_m^2+2I_r'I_m\sin\theta_r\end{aligned}$$

忽略铁耗时

$$I_m \approx \frac{E_s}{X_m} = \frac{E'_r}{X_m} = \frac{I'_r Z'_r}{X_m} = \frac{I'_r}{X_m}\sqrt{\left(\frac{R'_r}{v}\right)^2 + X'^2_r}$$

另有

$$\sin\theta_r = \frac{X'_r}{\sqrt{\left(\frac{R'_r}{v}\right)^2 + X'^2_r}}$$

所以

$$\begin{aligned} I_s^2 &= I'^2_r + \frac{I'^2_r}{X_m^2}\left[\left(\frac{R'_r}{v}\right)^2 + X'^2_r\right] + 2\frac{I'^2_r}{X_m}X'_r \\ &= \frac{I'^2_r}{X_m^2}\left[X_m^2 + X'^2_r + \left(\frac{R'_r}{v}\right)^2 + 2X_m X'_r\right] \end{aligned}$$

即

$$I'^2_r = \frac{I'^2_s X_m^2}{\left(\frac{R'_r}{v}\right)^2 + (X_m + X'_r)^2}$$

由

$$T_{em} = \frac{P_{em}}{\Omega_0} = \frac{3I'^2_r \frac{R'_r}{v}}{\Omega_0}$$

可得到能耗制动时异步电动机的机械特性表达式为

$$T_{em} = \frac{3I_s^2 X_m^2 \frac{R'_r}{v}}{\Omega_0\left[\left(\frac{R'_r}{v}\right)^2 + (X_m + X'_r)^2\right]} = \frac{3I_s^2 X_m^2 R'_r}{\Omega_0\left[R'^2_r + v^2(X_m + X'_r)^2\right]}v$$

考虑式(6-19)，有

$$T_{em} = \frac{2I_d^2 X_m^2 R'_r}{\Omega_0\left[R'^2_r + v^2(X_m + X'_r)^2\right]}v \tag{6-21}$$

令$\frac{dT_{em}}{dv}=0$，可得能耗制动最大电磁转矩为

$$T_{max} = \pm\frac{3}{\Omega_0}\frac{I_s^2 X_m^2}{2(X_m + X'_r)} = \pm\frac{3}{\Omega_0}\frac{\frac{2}{3}I_d^2 X_m^2}{2(X_m + X'_r)} = \pm\frac{1}{\Omega_0}\frac{I_d^2 X_m^2}{(X_m + X'_r)} \tag{6-22}$$

临界能耗制动转差率为

$$v_{cr} = \pm\frac{R'_r}{X_m + X'_r} \tag{6-23}$$

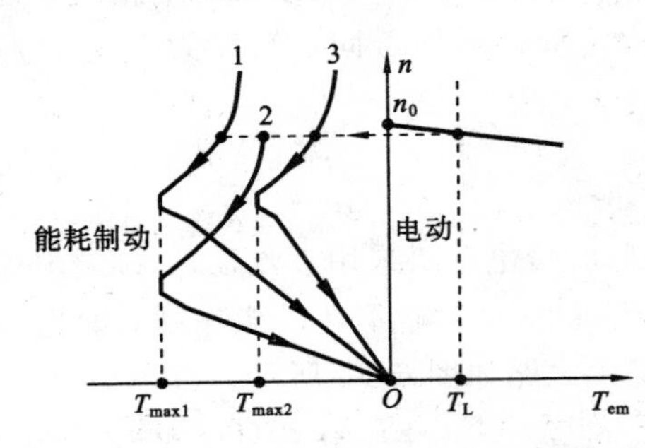

图 6-37　三相异步电机能耗制动时的机械特性

通过上述分析可知，改变直流励磁电流大小或改变转子绕组附加电阻都可调节制动转矩，如图 6-37 所示。图中曲线 1 的直流励磁电流大于曲线 3，曲线 1、2 励磁电流相等，但曲线 1 的转子电阻更大。

通过上述分析可以看出，在异步机的三种制动方式中，回馈制动具有制动转矩大、节约能源

的特点，当有变频电源时，自然是设计快速制动的首选方案；反接制动无需添加功率设备，在电网能够接受制动电流冲击、电机非频繁制动时，也是一种常用的低成本快速制动和直接反转控制方案；能耗制动的优点则是对反抗型负载时能保证停车的平滑可靠，不足的是能耗较大并需要配置直流励磁电源。

小　　结

由于不存在换向问题，与工业直流电动机不能直接启动不同，三相异步电动机直接启动对电机而言是允许的。但直接启动电流会达到额定电流的4～8倍，而启动转矩却不大。

星-三角启动是笼型转子三相异步电动机常用的减小启动电流冲击的启动方法，但启动转矩将下降为直接启动时的1/3。改进转子绕组结构可以获得提高启动转矩的效果。

绕线转子三相异步电机传统常用在转子回路串电阻的方法启动。其优点是能获得大的启动转矩并减小启动电流。其缺点是启动损耗大。串频敏变阻器启动，虽然特性好，启动平滑，但功率因数不高。现代三相异步电动机启动更多采用变频方式。

三相异步电动机的调速主要有变转差率、变极和变频调速，变转差率包括调压调速、转子绕组串电阻调速和串级调速。后两种仅适合绕线转子异步电动机。其中串电阻调速属于耗能型，效率低，应用已日渐减少。串级调速属于节能型，效率高，但调速范围有限。调压调速对转矩影响很大，恒转矩负载下的调速范围也十分有限，主要适用于风机类负载。

变极调速的实质是改变定子绕组接线方式，使每相定子绕组中一半绕组内的电流改变方向。变极调速时电动机的极对数、转速高低和方向，以及最大电磁转矩都将发生变化，适用于笼型转子电机，因为笼型转子电机转子的磁极对数能够自动跟随定子磁极对数的变化。

变频调速是能对三相异步电动机转速进行宽范围、连续调节的一种调速方式。它的控制功率小、调节方便。其中，保持E_s/f为常数的变频调速，实质上就是保持每极气隙磁通不变的变频调速，所得到的不同频率下的三相电动机机械特性曲线的稳定运行段基本上相互平行，最大电磁转矩也相等。保持U_s/f为常数的变频调速，只有在较高的转速范围能够得到近似保持E_s/f为常数的调速效果。低速时，定子电阻压降的影响变得不可忽视，只有通过补偿，才能较好地接近保持E_s/f为常数的变频调速的效果。而弱磁升速，是在保持定子电压为额定值的前提下进一步提高定子绕组供电电源频率的变频调速，速度越高、最大电磁转矩越小，属于一种恒功率的调速性质。

三相异步电动机的快速制动方法与直流电机的相同，有回馈、反接、能耗等三种。制动运行的共同特征是，电磁转矩的方向与电机实际旋转方向相反。

回馈制动时，电机超同步运行，转差率小于0，电机作发电机运行向供电电源回馈能量，机械特性是第一象限（或第三象限）中电动状态下机械特性曲线向第二（或第四）象限的延伸。

反接制动可有两种情况：三相电源反相序所引起；位能负载时因转子绕组串入的附加电阻很大，使得位能负载转矩大于电动机的启动转矩而将电机倒拉反转引起。其共同特征是，电机旋转方向与同步转速方向相反，转差率大于1，机械特性是第一象限（或第三象限）中电动状态下机械特性曲线向第四（或第二）象限的延伸。电机同时吸收来自电网的电功率和转子轴上的机械功率，并将其绝大部分消耗在转子回路的电阻上。

能耗制动时，定子任意两相接入外加直流电压，转子的动能使转子继续旋转，切割恒定的磁场产生制动转矩。分析能耗制动状态下的三相异步电动机的机械特性，是根据磁势平衡的原则将直流磁势等效折算为三相交流磁势的情况下进行的。能耗制动的强弱可以通过改变直流励磁电流的大小或(对绕线转子电机)转子回路串入的附加电阻大小来调节。

习题与思考题

6-1 为什么三相绕线转子异步电动机在转子绕组中串入适当附加启动电阻启动时，启动电流减少了而启动转矩反而增大？如果电机等值电路参数已知，电阻如何选择可使启动转矩达到最大？

6-2 为什么工业级直流电动机不允许直接启动，而三相笼型异步电动机可以直接启动？

6-3 一台笼型异步电动机技术数据为：$P_N=28$ kW，$U_N=380$ V，$n_N=1450$ r/min，，$\eta_N=0.9$，$\cos\theta_{sN}=0.88$，额定运行时定子绕组按三角形连接，直接启动电流为 $5.6I_N$。如果采用星-三角降压启动，求启动电流为多大？

6-4 三相异步电动机技术参数如下：$p=2$，$U_N=380$ V，$n_N=1440$ r/min，$f_N=50$ Hz，带有 $T_L=0.8T_N$ 的恒转矩性质负载。

(1) 若电机稳定运行段机械特性可视为直线，为使电机以电动机方式运行于 1000 r/min，电源频率应变为多少？相应线电压应变为多少？

(2) 如果临界转差率为 0.2，是否可以通过调压调速方式使电机以电动机方式运行于 1000 r/min？试说明理由。

6-5 如果桥式起重机主钩的拖动电动机(三相异步电动机)正在提升重物时，将供电电源相序反接，试说明结果如何？

6-6 三相异步电动机在固有特性运行时，回馈制动时的最大电磁转矩绝对值为什么会大于电动工作时的最大电磁转矩？

6-7 普通笼型异步电动机在额定电压下启动时，为什么启动电流很大而启动转矩却不大？

6-8 恒转矩负载下变频调速时，为什么在变频时必须同时改变电源电压的大小？

6-9 为什么星-三角启动不能用于电机带额定负载启动的场合？

6-10 三相异步电动机运行中，电动、回馈制动、反接制动时的转差率各有什么特点？

6-11 异步电动机作能耗制动时为了增大初始制动转矩，可通过哪两种方法实现？

6-12 交流电机能耗制动时为什么要用直流电源？

6-13 三相异步电动机在额定频率以下进行保持 E_s/f 为常数的变频调速时其机械特性有什么特点？改用保持 U_s/f 为常数后机械特性主要发生了什么变化？产生变化的主要原因是什么？

6-14 为什么在额定频率以上作变频调速时，三相异步电动机的最大电磁转矩会减小？

6-15 三相异步电动机在进行反接制动时既吸收旋转体的机械功率，又从电网吸收电功率，这些功率主要被消耗到什么地方去了？

6-16 异步电动机等值电路中的$\frac{1-s}{s}R_r'$ 所消耗的功率在各种运行状态(电动、回馈制动、反接制动)下各代表什么物理意义？

6-17 三相异步电动机带额定转矩负载以 1460 r/min 额定转速运行中负载转矩突然降低 50%，设其机械特性按直线规律变化，该电机内部是如何通过自动调节达到新的稳定运行状态的？稳定时的输出功率，转速将变为多少？

6-18 某三相异步电动机采用保持 E_s/f 为常数的变频调速方案，$f=50$ Hz 时，$n=2900$ r/min，问当频率降低到 40 Hz 时，电动机的转速是多少？

6-19 描述下列条件下对感应电动机机械特性的影响：

(1) 外加电源电压减小一半；

(2) 外加电源电压和频率都减小一半；

(3) 以额定电压和额定频率下的机械特性为基准，画出上述两种情况下的机械特性曲线，定子电阻和电抗的影响可忽略。

6-20　当电动机在额定转速下运行时，如果不作任何其他控制，直接进行反接制动，为什么对直流电动机直接反接制动瞬间的制动电流将到达其直接启动电流的2倍，而三相异步电动机直接反接制动瞬间的制动电流却仅略大于其直接启动电流？

6-21　一台380 V，50 Hz，2对极，Y连接异步电动机，额定功率为75 kW。等值电路参数为：$R_s=0.075\ \Omega$，$X_s=0.17\ \Omega$，$R'_r=0.065\ \Omega$，$X'_r=0.17\ \Omega$，忽略励磁支路影响，利用Matlab仿真绘制。

(1) 固有机械特性。

(2) 采用恒压频比变频调速时当频率为5 Hz时的机械特性，讨论此时定子电阻对特性的影响，给出补偿方法并通过仿真进行验证。

(3) 如果考虑励磁支路，这种补偿可能带来什么不利因素？

6-22　一台380 V，50 Hz，2对极，Y连接异步电动机。等值电路参数为：$R_s=0.332\ \Omega$，$X_s=2.32\ \Omega$，$R'_r=0.344\ \Omega$，$X'_r=2.30\ \Omega$，$X_m=64.4\ \Omega$，$R_c=2.5\ \Omega$。采用恒压频比变频调速时，利用Matlab仿真绘制频率为50 Hz、30 Hz、15 Hz、10 Hz、5 Hz和2 Hz时的机械特性曲线。

第7章 交流同步发电机

除了异步电动机外，还有一种称为同步电机的三相交流电机。传统同步电机主要用做发电机(synchronous generators)。它与原动机同轴连接，将原动机的机械功率转换成特定频率电压的三相交流电功率输送至电网，世界上绝大部分电力都是由同步发电机产生的，汽轮机、水轮机是原动机的典型代表。所谓同步，是指发电机输出电压的频率完全与原动机轴旋转的速度保持同步关系，即 $n=60f/p$，只要原动机转速恒定，同步发电机输出电压的频率就是恒定的，与负载大小无关。

与直流电机、异步电机一样，同步电动机的物理结构与同步发电机相同，只是功率的传输方向与发电机相反。传统同步电动机由于启动和调速困难，在电力拖动系统中很少应用。与直流电动机和交流异步电动机最大的区别是只要供电电源频率恒定，同步电动机的稳态转速就是恒定的，无论空载还是满载，转速都一样，恒为同步转速，转差恒等于零。因此可以说，同步电动机的机械特性非常好，无需闭环控制，对于转速控制而言就是无静差的。这一控制性能上的优良特性，使得近年来随着现代电力电子、微电子及其相关控制技术的进步，同步电动机特别是永磁同步电动机在拖动领域中的应用已变得十分广泛。

除此之外，同步电机还可以作为补偿机运行。作补偿机运行时，同步电机中没有有功功率的转换，仅发出或吸收无功功率、用于调节电网的功率因数。

7-1 同步发电机的结构与基本工作原理

一、同步发电机的结构

与直流电机磁极空间静止、电枢旋转的结构不同，同步电机采用的通常是一种旋转磁极式结构，而电枢空间静止。同步电机的定子绕组结构与异步电机相同，也是在定子铁芯槽内嵌放三相空间对称绕组，电励磁型同步电机转子上装有磁极和励磁绕组。励磁绕组采用直流供电，当励磁绕组通有直流电流时，电机内就会产生磁场。作发电机运行时，转子由原动机(如水轮机、汽轮机、风力等)拖动后，磁场旋转切割定子绕组，在三相定子绕组中感生出三相交流电势输出。这个交流电势的频率 f 取决于电机的磁极对数和转子转速 n，与三相异步电机的同步转速与频率的关系表达式完全相同，即

$$f=\frac{pn}{60} \tag{7-1}$$

上式表明，当电机的磁极对数和转速一定时，发出的交流电势的频率也是一定的。我国电网规定交流电的频率为 50 Hz，这个频率一般也称作“工频”，因此如果同步电机为 1 对磁极，

发电运行的额定转速就应为3000 r/min，2对极时为1500 r/min，依此类推。

如果同步电机作电动机运行，则与三相异步电动机运行一样，需要在定子绕组通以三相交流电。时间对称的三相交流电流流过空间对称的三相定子绕组，就会在电机内产生一个旋转磁场。当转子绕组已通入直流励磁电流，则转子就像一个"磁铁"，于是旋转磁场就依靠磁极间异性相吸的磁力带动这个"磁铁"，并按照旋转磁场的转速和方向旋转，其转速表达式与三相异步机的同步转速表达式相同，为

$$n=\frac{60f}{p} \tag{7-2}$$

注意，这个表达式中转速并没有下标"0"，它说明同步电机作电动机运行时不论负载在允许负载能力范围内如何变化，其稳定运行时的转速是没有转差的。

同步电机的转子绕组称为磁场绕组或励磁绕组，定子绕组称为电枢绕组。

同步电机的转子基本上是一个大的电磁铁。磁极有凸极（salient）和隐极（nonsalient）两种基本结构，如图7-1所示。定、转子铁芯之间具有均匀气隙的同步电机，称为隐极式（interior pole）同步电机。气隙不均匀的则称为凸极式同步电机。凸极转子结构和加工比较简单，制造成本低。中小容量电机一般采用凸极以降低成本；对大容量、高转速原动机拖动的高速旋转发电机，转子将承受很大的离心力，采用隐极可以更好地固定励磁绕组。水轮机转速低（每分钟几十、几百转），采用凸极式；汽轮机转速高（3000 r/min），采用隐极式。由于汽轮发电机转速很高，转子直径受离心力影响，为增大容量，通常采用细长的转子结构。

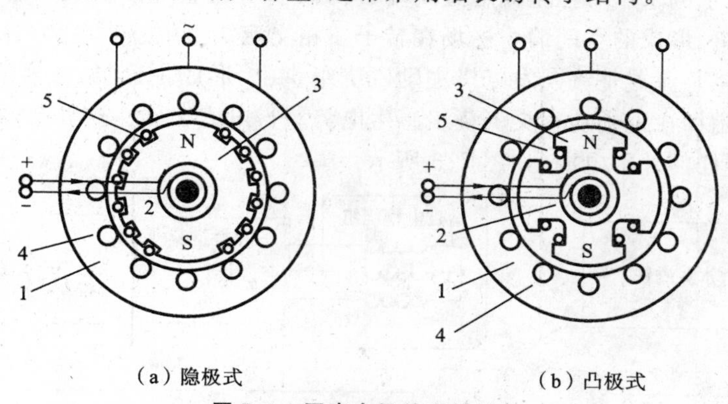

（a）隐极式　　（b）凸极式

图7-1　同步电机的磁极结构

1—定子铁芯；2—电刷、滑环；3—转子铁芯；4—定子绕组；5—转子励磁绕组

普通凸极式同步电机结构如图7-1(b)所示。其主要部件包括转子铁芯（凸极）、转子直流励磁绕组、三相定子电枢交流绕组、定子铁芯、电刷和滑环。

普通凸极同步电机的转子本质上是一个由直流励磁形成的电磁铁。同步电机励磁所需的直流功率为电机额定功率的百分之一到百分之几，由它的励磁系统提供。向转子提供直流电流有以下几种基本方法。

（1）像绕线转子异步电动机那样通过电刷和滑环（小功率电机，低成本）接入直流电流，如图7-1所示。

（2）通过安装在同步电机轴上的直流电源直接供电（无刷励磁，大容量电机）。这种结构的同步电机在定子上有一个小功率的直流励磁绕组，需要外部提供小功率三相交流电源经过整流后将直流电送入这个辅助励磁绕组；励磁电流应可控，这个安装在定子铁芯上的辅助励磁绕组形成的磁场，在原动机（汽轮机、水轮机）拖动转子旋转时可在转子上的三相交流辅助绕组

中感生电动势，再通过安装在转子上的三相整流器(二极管不控整流)整流形成同步电机的主励磁绕组的直流电源，如图 7-2 所示。这种方式无需使用电刷，直流励磁电源是通过电磁感应形成的，降低了维护成本，不足的是需要外部提供一个小功率可控整流辅助电源。

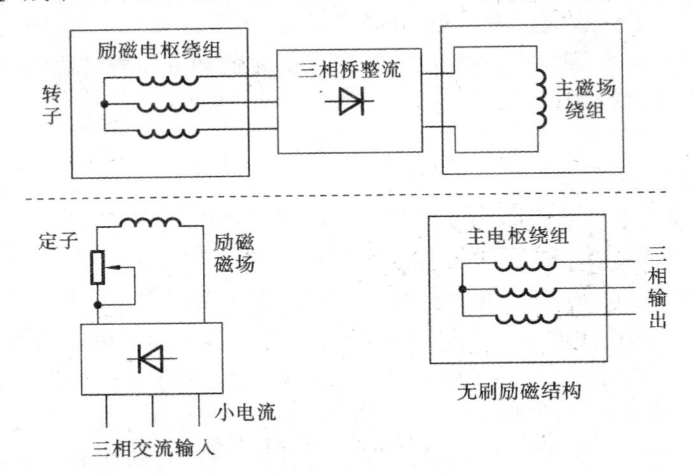

图 7-2 同步电机的无刷励磁结构 1

(3) 转子上装有小型永久磁铁，原动机拖动转子旋转，旋转磁场切割定子辅助励磁绕组产生三相交流电；定子侧采用可控整流通过闭环自动调节励磁电流控制发电输出直流电压给定子侧直流励磁绕组，形成的空间静止磁场在转子三相交流绕组中感生电势，再次通过安装在转子上的三相半导体整流器整流向发电机主励磁绕组供电，形成主磁场，并实现励磁功率放大，最终通过主旋转磁场在定子功率交流绕组感生电势获得电力输出。这种结构也是一种无刷励磁结构，而且无需任何外部电源，如图 7-3 所示。

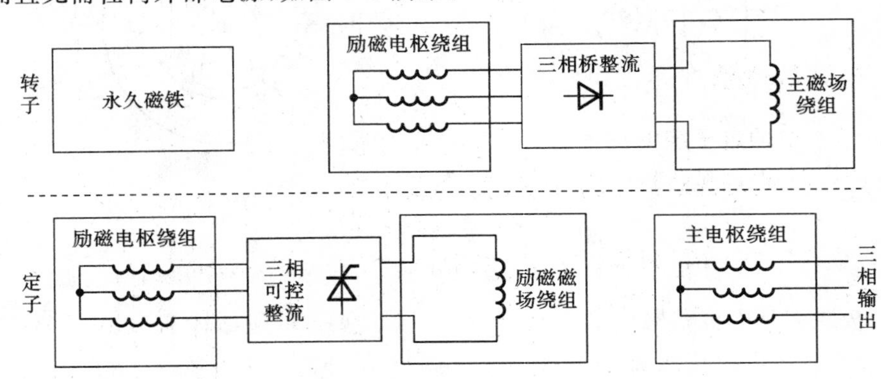

图 7-3 同步电机的无刷励磁结构 2

凸极转子同步电机为了获得近似正弦的感应电势，转子凸极的圆弧曲率半径比定子内圆半径小，且两圆弧中心不重合，极弧中间气隙最小，两侧逐渐变大，一般最大气隙为中心气隙的 1.5～2 倍，如图 7-4 所示，从而使气隙磁通密度空间分布接近正弦，但同时也造成凸极电机气隙不均匀的问题。

二、同步发电机的感生电压

同步电机作发电机运行时，转子通入直流电流建立转子直流主磁势 F_r 和主磁极磁场，原

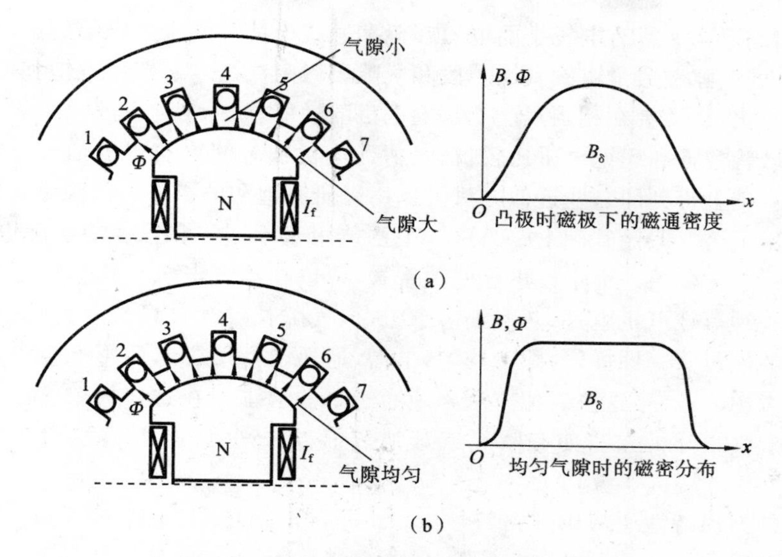

图 7-4　同步电机的凸极结构与磁密分布

动机拖动电机转子磁极旋转，定子电枢三相对称绕组中即感生出三相正弦交流电势。

如图 7-5 所示，当原动机拖动同步电机转子逆时针方向旋转时，依图示假定正向，磁极逆时针旋转切割定子绕组，等价于磁极不动，定子绕组顺时针旋转在磁场中运动，由发电机原理右手定则，可知在 N 极上方定子导体中感生电势的方向是从纸面出来的，而 S 极下的导体中感生电势的方向则是进入纸面的。

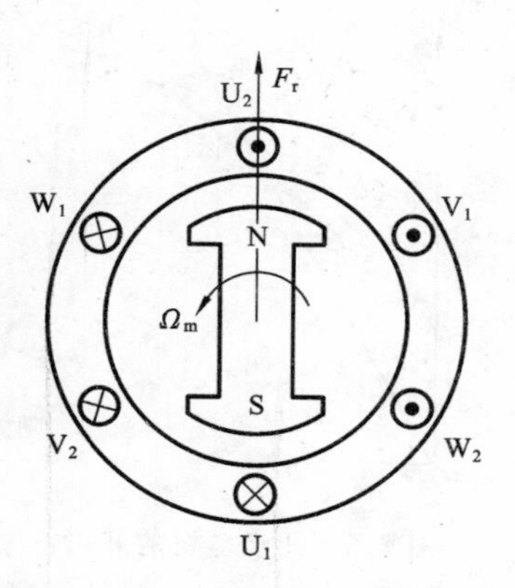

图 7-5　开路运行的电势与磁势

1. 相电势的幅值

三相同步电机的定子绕组与三相异步机的结构相同，不论它作发电机还是作电动机运行，感生电势的表达式形式也是一样的，可表示为

$$E_s = 4.44 f N_s k_{Ns} \Phi_m$$

电势的幅值取决于电机中的每极磁通，转速（或频率）以及电机的结构。由于同步电机的转速与负载大小无关，与频率成正比，因此同步电机的定子电势表达式在电机接工频电网时可简化为

$$E_s = K\Phi_m\omega = K'\Phi_m\Omega$$

式中：K、K' 为由电机结构决定的常数；ω 为电机旋转磁场的电角速度；Ω 为电机转子的机械角速度。

同步发电机的定子绕组按惯例又称为发电机的电枢绕组，定子电势也称为电枢电势或发电机电势，与直流电机相似，也用 E_a 表示，但应注意它是交流电势。

$$E_a = E_s = K\Phi_m\omega = K'\Phi_m\Omega \tag{7-3}$$

发电机电势与磁通和转速的乘积成比例，发电机开路运行时磁通仅取决于转子励磁电流。

2. 开路特性(无载特性)

同步电机的特性很大程度上取决于磁性材料的性能。随着磁通的增加，磁性材料会逐渐饱和，磁导率随之下降。所有电机中的电磁转矩和感应电势都取决于绕组的磁链，根据安培环路定理，电机中的气隙磁通量由磁路铁芯段和气隙段磁阻决定。磁路一旦饱和，铁芯段磁阻会产生相当大的变化，从而会在相当程度上影响电机的性能。

如果没有试验数据和理论分析比较，精确估计电机铁芯的饱和程度是十分困难的。在一些基本假设的基础上得到的一些近似方法可以用来研究饱和的影响。气隙磁势的关系通常建立在忽略铁芯磁阻这一假设基础上。当这一关系被用于不同饱和程度的实际电机时，理论分析结果会出现一定的偏差。为了改进这些关系式，可以用等效电机来代替实际电机以考虑饱和因素。其中一种等效电机就是，忽略铁芯磁阻，但气隙长度却被增大一定的量，以计及实际电机在铁芯中的磁位降。同样，气隙不均匀，如槽、通风道等所带来的影响也可以用增大有效气隙的方法来考虑。最终，这些近似方法必须通过试验验证。在这些简单方法不能适用的情况下，就要用详细的分析方法如有限元或其他数值方法来处理，但模型的复杂程度会随之加大。

同步电机的饱和特性通常用开路特性（open-circuit characteristic，OCC）表示，也称为磁化曲线或饱和曲线。

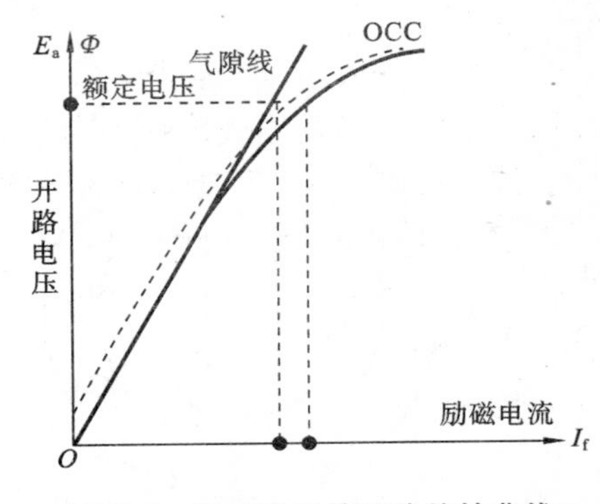

图 7-6 同步电机的开路特性曲线

当同步发电机运行于正常额定转速而且电枢电流为 0 时，发电机输出电压 U_s（又称端电压）和定子绕组内感生的电势 E_a 完全相等，它们由气隙磁通即转子直流励磁磁势决定。端电压或感生电势与转子励磁电流的关系曲线称为开路特性，如图 7-6 所示。

开始阶段，开路特性呈现良好的线性，到励磁电流达到较大数值后进入逐渐饱和状态。在同步电动机中，未饱和时的铁芯具有数千倍于空气的磁导率，铁芯进入饱和后，磁导率显著下降，磁通随磁势的增长越来越慢。OCC 的线性部分称为开路特性的气隙线。

开路特性可以通过实验获得，实验时一般从顶值做起，逐渐减小励磁电流，得到的曲线会与横坐标轴相交于一个很小的负值，如图中虚线所示，将此曲线右移至通过原点即为此同步电机的开路特性曲线。

3. 开路特性的标幺值

开路特性可采用标幺值。选额定电压和在开路时使端电压达到额定的励磁电流为标准单位。采用标幺值后，不同容量的同步机开路特性彼此相差很小。典型数据如表 7-1 所示。

表 7-1 不同容量同步电机开路特性的标幺值

励磁电流	0.5	1.0	1.5	2.0	2.5	3.0	3.5
电压	0.58	1.0	1.21	1.33	1.40	1.46	1.51

开路特性虽然是在无载条件下获得的，但它的使用不限于无载范围，在负载条件下，只要获得磁路总磁势，就可以用开路特性求得定子绕组中的感应电动势。由于同步电机运行时，由式(7-3)决定的电枢电势实际上是磁通的单值函数，因为同步电机的转速是恒定的，这样，通过控制励磁调节磁通，就可以控制同步电机电枢电势的大小，因此，同步电机的开路特性对正确建立同步电机的稳态控制模型是十分重要的。

7-2 同步发电机的等值电路

E_a 是同步发电机每相内部感生电势，它通常并不是发电机输出电压，仅当没有电枢电流（定子电流）时它才和发电机每相输出电压相等。发电机输出电压的影响因素有以下几点：

（1）电枢电流产生电枢反应使气隙磁场畸变；

（2）电枢绕组自感压降；

（3）电枢绕组电阻压降；

（4）转子凸极效应。

其中，电枢反应的影响最大。当发电机工作时，电枢绕组感生电势。如果发电机带有负载，将形成绕组电流。三相定子电流将产生自己的磁场，使原有的转子磁场发生畸变，进而影响定子最终输出电压。

一、同步发电机负载运行时的电枢反应影响

以1对极同步电机为例。电枢开路时，转子磁场旋转在定子电枢绕组中感生电势 E_a，依照发电机原理，位于磁极轴线下的电枢绕组导体中感生的电势幅值最大，即 E_a 的最大值与磁场方向一致。由于开路，没有定子电枢电流，发电机输出电压 U_s 与内部电势 E_a 相等。

当发电机向电网或负载输出电能时，电枢绕组有三相对称交流电流流过，如同三相异步电动机一样，这个三相对称电流也将在电机内合成建立一个以同步转速旋转的电枢反应磁势 $\boldsymbol{F}_a$。因此，同步发电机稳定负载运行时，气隙中有两个磁势：直流主磁势 $\boldsymbol{F}_r$ 和交流电流建立的电枢反应磁势 $\boldsymbol{F}_a$，两者均以同步转速相对定子旋转，相对静止，且相对转子是不动的。这样，当同步发电机稳速运行时，由它们合成产生的气隙磁场仅在定子绕组中感生电动势。

如果电机处于负载突变的瞬态或不平衡状态时，电机转子的转速与定子电流形成的旋转磁场会产生瞬间的转差，励磁绕组的磁链将随时间变化，转子励磁电路中的感生电势会对电机性能产生重大影响，本教材对此不展开深入讨论，而将重点放在稳态模型的建立与分析上。

在三相异步电动机的分析中我们已经了解到，异步电机运行时，定子电流总是滞后于定子电压的。这对同步电机却不一定。后面的分析表明，同步电机电枢电流的相位是可通过控制调节的，它既可滞后于定子电压，也可超前，还可使其与相电压相位保持一致。图7-7(a)给出了同步电机发电运行当电枢电流相位与电势一致时的磁势分布情况。这时直流磁势 $\boldsymbol{F}_r$ 的方向为垂直向上，由于假定电枢电流与电枢电势同相位，电枢反应磁势 $\boldsymbol{F}_a$ 的方向依右手螺旋法则是水平向右的。这两个空间磁势按矢量相加关系合成总磁势方向将向右倾斜，即与电势同相的电枢反应磁势对原无电枢电流（无载）时空间磁势产生的磁场产生歪扭作用；当 $\dot{I}_U$ 滞后于 $\dot{E}_U 90°$ 时，即 $\theta=90°$ 时，$\boldsymbol{F}_a$ 与 $\boldsymbol{F}_r$ 方向相反，表明滞后电流将产生去磁作用，如图7-7(b)所示；当 $\dot{I}_U$ 超前于 $\dot{E}_U 90°$ 时，即 $\theta=-90°$ 时，$\boldsymbol{F}_a$ 与 $\boldsymbol{F}_r$ 方向相同，表明超前电流将产生助磁作用，如图7-7(c)所示。当电势与电流相差任意角度时，则可通过正交分解，这时电枢反应磁势与原磁势同轴的分量产生去磁或助磁作用，与原磁势正交的分量产生歪扭作用。

当同步发电机接有滞后型负载时，定子负载相电流 $\dot{I}_a$ 的峰值将滞后于发电机输出电压 $\dot{U}_s$ 峰值一个角度，这个电流产生与另两相电流磁势合成产生自己的旋转磁场磁通 $\boldsymbol{F}_{sa}$ 和磁密

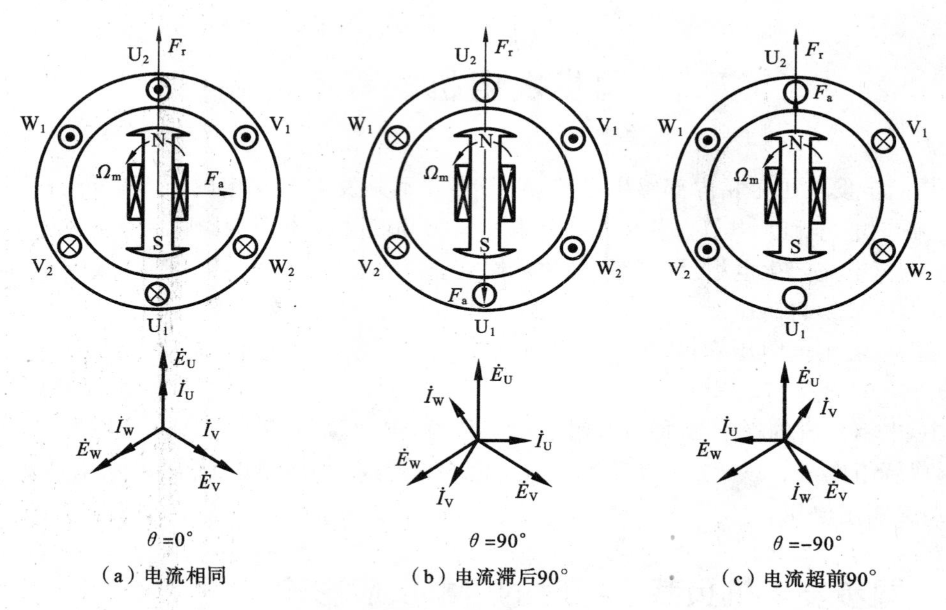

图 7-7　同步发电机负载运行

$\boldsymbol{B}_{sa}$，方向由右手螺旋法则决定，如图 7-8 所示，其旋转方向和旋转速度与转子磁场保持同步。该磁场依据发电机原理 $e_{sa}=B_s lv$ 也在定子绕组中感生电枢反应电势 $\dot{E}_{sa}$。设同步电机定子绕组为 Y 连接，忽略磁路饱和以利用叠加原理。这时定子绕组总电压等于两电压的相量和，总磁密等于两磁密的矢量和，即

$$\dot{U}_s=\dot{E}_a+\dot{E}_{sa}$$

$$\boldsymbol{B}_{net}=\boldsymbol{B}_r+\boldsymbol{B}_{sa}$$

二、隐极发电机的等值电路

注意到由 $e_{sa}=B_{sa}lv$ 决定的电枢反应电势 $\dot{E}_{sa}$ 滞后于电流 90°，如图 7-8 所示，图中 $\dot{I}_{au}$ 为 U 相电流，假定磁路不饱和，隐极同步电机具有均匀的气隙，磁密 B_{sa} 与它的励磁电流 $\dot{I}_a$ 成比例，故电枢反应电势的大小也与电流 $\dot{I}_a$ 成比例，令比例常数为 X，则电枢反应电势可以表示为

$$\dot{E}_{sa}=-\mathrm{j}X\dot{I}_a \tag{7-4}$$

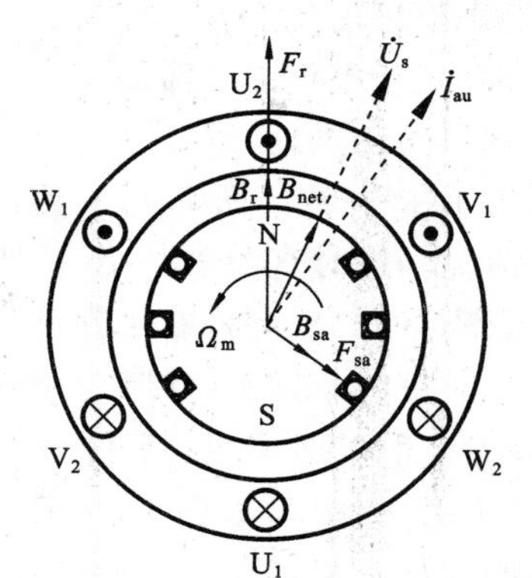

图 7-8　隐极同步发电机的滞后负载运行特性

发电机输出相电压为

$$\dot{U}_s=\dot{E}_a-\mathrm{j}X\dot{I}_a$$

除了电枢反应外，与异步机一样，同步机各相定子绕组还存在电阻 R_s 和漏抗 X_s，负载电流也将在它们上产生压降，将漏抗与 X 合并，称为同步电抗 X_c，有

$$X_c=X+X_s$$

则发电机负载条件下的输出电压方程为

$$\dot{U}_s=\dot{E}_a-\mathrm{j}X_c\dot{I}_a-R_s\dot{I}_a \tag{7-5}$$

三相负载平衡时，每相等值电路如图 7-9 所示。

总结上述的三相隐极式同步发电机的电磁关系，可用图 7-10 表示。

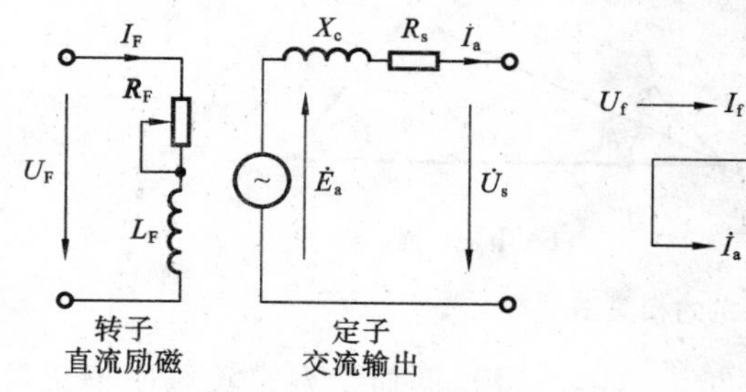

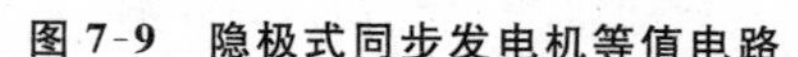
图 7-9 隐极式同步发电机等值电路

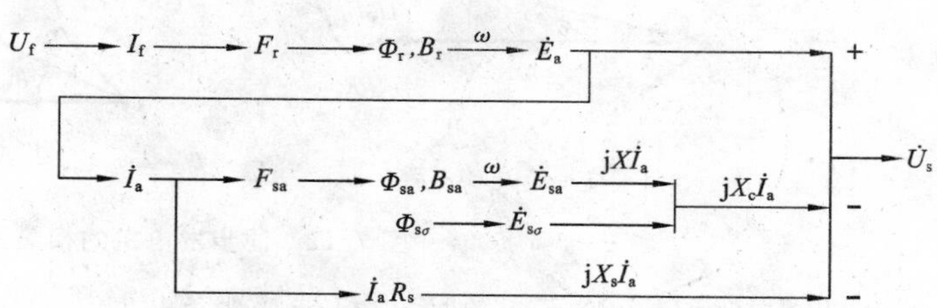

图 7-10 隐极式同步发电机电磁关系示意图

1. 磁路饱和的影响

上述分析忽略了磁路的饱和。事实上，同步电机运行时总是处于不同程度的磁饱和状态。磁路一旦饱和，叠加原理就不能成立。由开路特性可知，不同直流励磁电流对应的电枢电势因磁饱和程度不同并不与励磁电流保持线性关系，同步电抗的近似值随磁路的饱和程度也会发生变化。采用忽略磁饱和的方法分析会带来一定的误差。同步电机的磁路饱和程度是随励磁电流大小、电枢电流幅值、相位变化的，应用由线性磁路导出的等值电路分析特定问题时必须注意电机的工作点。例如，对应不同的励磁电流，电枢电势应根据开路特性取对应的值；磁路饱和时，单位励磁电流增量引起的磁密增量比未饱和时是减小的，因此当励磁电流增大时，由 $e_{sa}=B_s lv$ 决定的电枢反应电势比例常数 X 将减小，同步电抗的数值也相应减小，如图 7-11 所示。

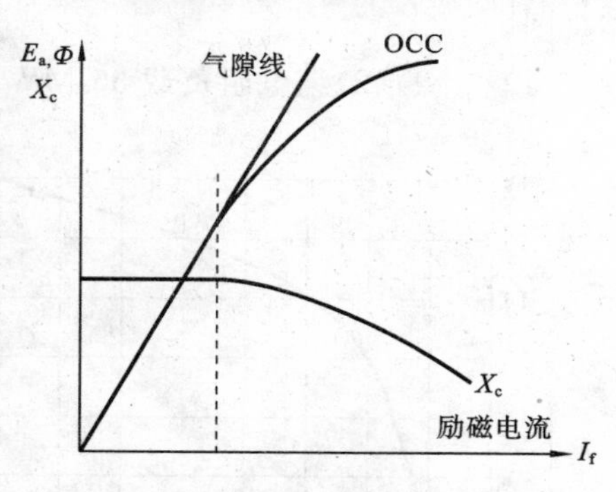

图 7-11 磁路饱和对同步电抗的影响

2. 三相负载不对称的影响

以一相等值电路分析三相同步发电机的运行特性要求发电机输出的三相负载完全相同，实际上发电机运行时三相负载往往是不相同的，三相不平衡负载下同步发电机的运行分析需要采用另外的分析方法，本教材重点讨论拖动问题，对发电机这方面的问题不作深入讨论。感兴趣的读者请参阅相关发电机方面的教材。

三、同步发电机等值电路的相量图

同步发电机在带不同性质负载时，相电流与相电压的相位关系也不同。由式(7-5)可知，考虑电流的不同相位，可绘出同步发电机等值电路的相量图如图 7-12(a)、(b)所示。

由图可知，相电压和相电流幅值不变时，滞后型感性负载时的电枢电势幅值要高于超前型容性负载时的电枢电势，因此，如果要求发电机保持输出电压幅值不变，对感性负载所需要的励磁电流要大于超前型。这一特点同时也表明为什么同步发电机不能采用永磁转子结构而必须采用磁场强度可调的直流励磁结构。发电机输出电压频率的稳定则应由原动机转速的恒定来保证。

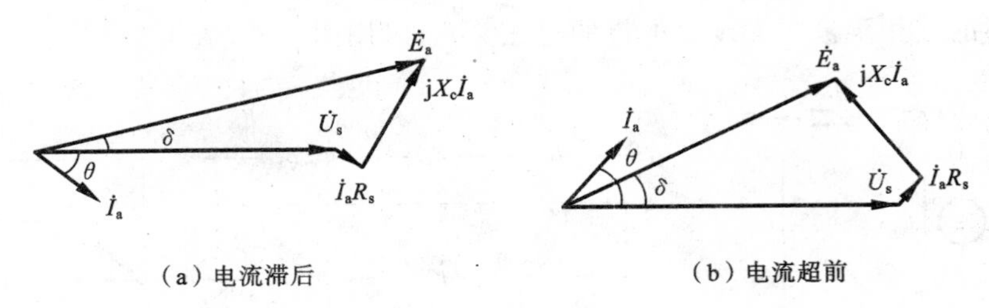

图 7-12 同步发电机的相量图

如果保持励磁电流不变，则发电机带感性负载时输出电压将较低而带容性负载时输出电压会较高。

由于电枢反应的影响已经在同步电抗压降上考虑，因此等值电路中的电势 E_a 的大小仅由直流励磁决定，即仅由转子磁密 $\boldsymbol{B}_r$ 决定，与电枢反应磁密 $\boldsymbol{B}_{sa}$ 无关。

【例 7-1】 一台 36 MV·A，20.8 kV 同步发电机，Y 连接，开路特性如图 7-13 所示，同步电抗为 9 Ω。如果调节励磁使输出电压保持额定不变，计算在下列条件下的励磁电流，并画出相量图：

(1) 空载；(2)纯电阻负载 36 MW；(3)容性负载 12 Mvar。

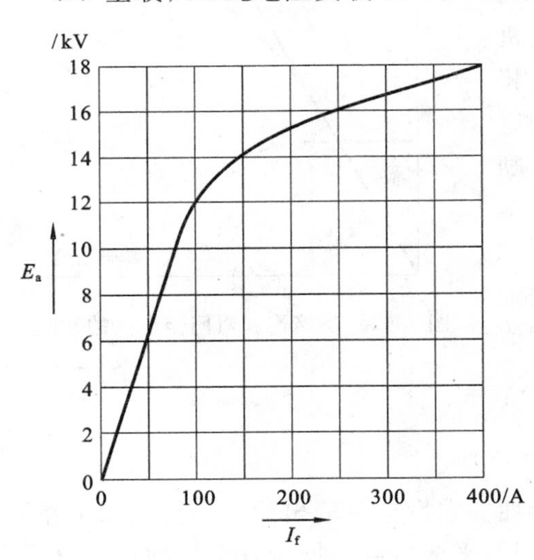

图 7-13 例 7-1 同步电机的开路特性

解 (1) 空载时发电机输出电压与电势相等，通过开路特性可得到

$$E_a=U_s=20.8/\sqrt{3}=12\ \text{kV}$$

由图 7-13 可得

$$I_f=100\ \text{A}$$

(2) 每相功率

$$P=36/3\ \text{MW}=12\ \text{MW}$$

每相电流

$$I=P/U_s=12\times10^6/12000\ \text{A}=1000\ \text{A}$$

电流在同步电抗上压降

$$\dot{E}_x=\text{j}X_c\,\dot{I}_a=\text{j}9\times1000\angle0^\circ\ \text{kV}=9\angle90^\circ\ \text{kV}$$

$$E_a=\sqrt{U_s^2+E_x^2}=\sqrt{12^2+9^2}=15\ \text{kV}$$

由图 7-11，得

$$I_f=200\ \text{A}$$

可见，为保持输出电压恒定，励磁电流增加了 1 倍，电势高于输出电压。

(3) 容性负载 12 Mvar 时每相无功功率

$$Q=12/3\ \text{Mvar}=4\ \text{Mvar}$$

每相电流

$$I_a=Q/U_s=4\times10^6/12000\ \text{A}=333\ \text{A}$$

容性负载时

$$\dot{I}_a=333\angle90^\circ$$

$$\dot{E}_x=\text{j}X_c\,\dot{I}_a=\text{j}9\times333\angle90^\circ=3\angle180^\circ\ \text{kV}$$

$$\dot{E}_a=\dot{U}_s+\dot{E}_x=12+(-3)\ \text{kV}=9\ \text{kV}$$

由图 7-13 得

$$I_f = 70\ \text{A}$$

可见,容性负载时为保证输出电压恒定,应使励磁电流减小,电势低于输出电压。相量图如图 7-14 所示。

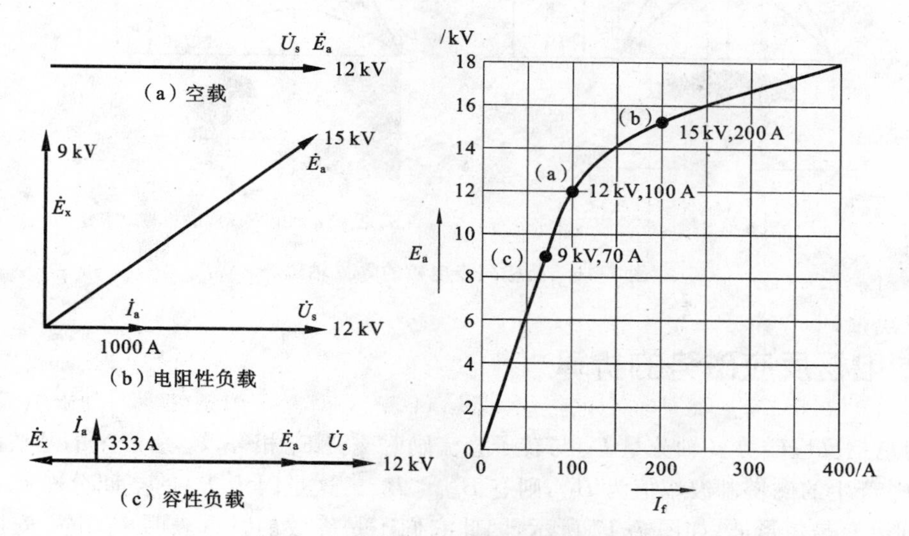

图 7-14 例 7-1 同步发电机的相量图

7-3 凸极结构对电枢反应磁场的影响

凸极同步电机的主要特点是它的转子磁路沿气隙是不均匀的,在两极间存在很大的空隙。因此当定子电流形成空间旋转磁势时,相应形成的磁通与磁势间并不保持简单线性关系。由于同步,定子旋转磁场和转子磁场间没有相对运动,它们的相对位置由负载性质决定。

一、凸极电机电枢磁势的 d、q 分解——双反应理论

因为定子电枢反应基波磁势 $\boldsymbol{F}_a$ 是正弦分布的,可以把它分解成两个分量,一个沿着转子磁极轴线,称为 d 轴分量 $\boldsymbol{F}_{ad}=\boldsymbol{F}_a\sin\gamma$,另一个垂直于转子磁极轴线,且超前于 d 轴 $90°$,称为 q 轴分量 $\boldsymbol{F}_{aq}=\boldsymbol{F}_a\cos\gamma$。这里 γ 为电枢相电流滞后于相电势的角度,如图 7-15 所示。作用于 d 轴上的磁势分量沿 d 轴磁路形成 d 轴磁通分量,该磁路气隙较小,磁阻较小,而 q 轴磁路气隙较大,磁阻也较大,因此如果两个磁势分量数值相等,形成的磁通 d 轴分量要远大于 q 轴分量。

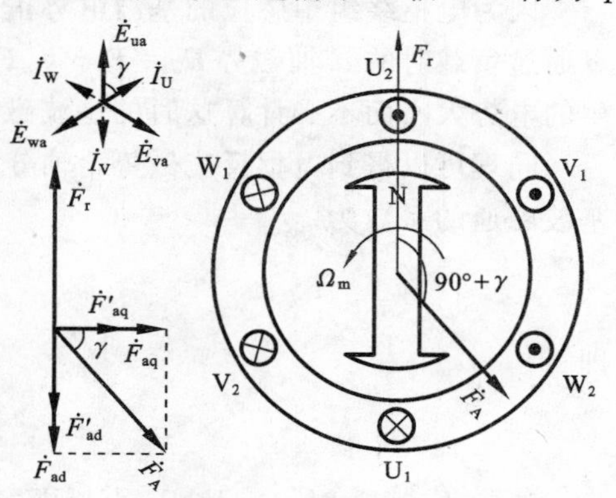

图 7-15 凸极电机的电枢磁势 d、q 分解

分解的目的是根据 d、q 轴不同的磁阻可以分别按各自磁势求出对应的磁通。给定气隙和极靴尺寸时,用磁场作图法和富氏分析法可以得到图 7-16(a)、(b)所示曲线。图中曲线 1 为磁势,曲线 2 为实际气隙磁通密度,曲线 3 为磁通密度的基波分量。

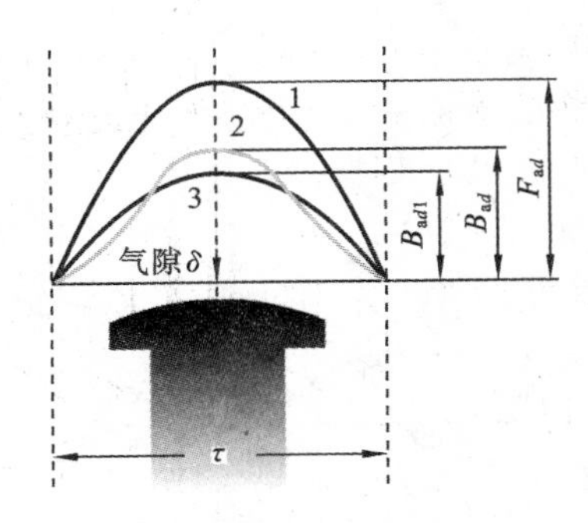

(a) 凸极 d 轴电枢反应磁势与磁密分布

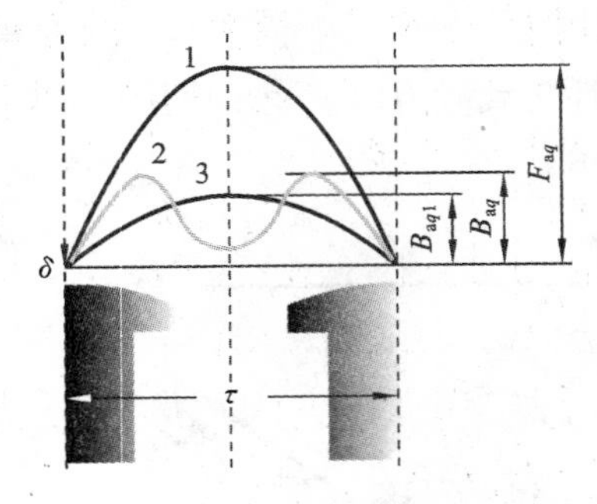

(b) 凸极 q 轴电枢反应磁势与磁密分布

图 7-16 凸极同步电机的 d、q 轴磁势

二、电枢反应磁势的折算

假定电枢反应磁势 d 轴分量 $\boldsymbol{F}_{ad}$ 与转子直流励磁磁势 $\boldsymbol{F}_r$ 相等，$\boldsymbol{F}_{ad}$ 所产生的基波磁密幅值为 B_{ad1}、$\boldsymbol{F}_r$ 产生的磁密基波幅值为 $B_{\delta1}$，则有 $B_{ad1}<B_{\delta1}$。这是因为 $\boldsymbol{F}_{ad}$ 的空间分布是正弦波而 $\boldsymbol{F}_r$ 的空间分布是矩形波，如图 7-17 所示，因此它们不是等效的。这表明 $\boldsymbol{F}_{ad}$ 中一安匝在产生基波磁通上效果不如 $\boldsymbol{F}_r$ 中一安匝那样大。令这个比例为

$$k_{ad}=\frac{B_{ad1}}{B_{\delta1}}<1$$

即 $\boldsymbol{F}_{ad}$ 中一安匝只相当于 $\boldsymbol{F}_r$ 中的 k_{ad} 安匝。如果 $\boldsymbol{F}_{ad}\neq\boldsymbol{F}_r$，则由其产生的磁密基波必须乘上 F_r/F_{ad} 后才能得到两者相等时的磁密 B_{ad1}，因此当任何 F_{ad} 数值时，有

$$k_{ad}=\frac{B_{ad1}}{B_{\delta1}}\times\frac{F_r}{F_{ad}}$$

即

$$B_{ad1}=B_{\delta1}\frac{k_{ad}F_{ad}}{F_r} \tag{7-6}$$

图 7-17 d 轴直流励磁磁势与磁密分布

这个公式表明 $\boldsymbol{F}_{ad}$ 在乘以 k_{ad} 后的每安匝与 $\boldsymbol{F}_r$ 的每安匝产生同样大小的基波磁通。这一做法称为电枢反应 d 轴基波磁势向转子磁势基波磁势的折算。

因为电枢绕组中感应的基波电势正比于相应的基波磁通，那么在发电机负载运行时，就可以通过负载时的 d 轴磁势 $\boldsymbol{F}_d=\boldsymbol{F}_r-k_{ad}\boldsymbol{F}_{ad}$ 从开路特性上直接查出这个磁势在定子绕组中所产生的电势大小而不必计算这时的基波磁通。

同理可以得到电枢反应磁势 q 轴分量所产生的基波磁通折算到与等效直流励磁磁势产生基波磁通的系数为

$$k_{aq}=\frac{B_{aq1}}{B_{\delta1}}\times\frac{F_r}{F_{aq}}$$

即

$$B_{aq1}=B_{\delta1}\frac{k_{aq}F_{aq}}{F_r} \tag{7-7}$$

通常 $F_r=F_{aq}$ 时，B_{aq1} 比 $B_{\delta1}$ 小得更多，因此一般有 $k_{aq}<k_{ad}<1$。

知道 F_{aq} 时乘以 k_{aq}，在开路特性的直线部分可求得其在定子绕组中相应感生的电势。采

用直线特性是因为 q 轴磁路气隙大而不受饱和影响。

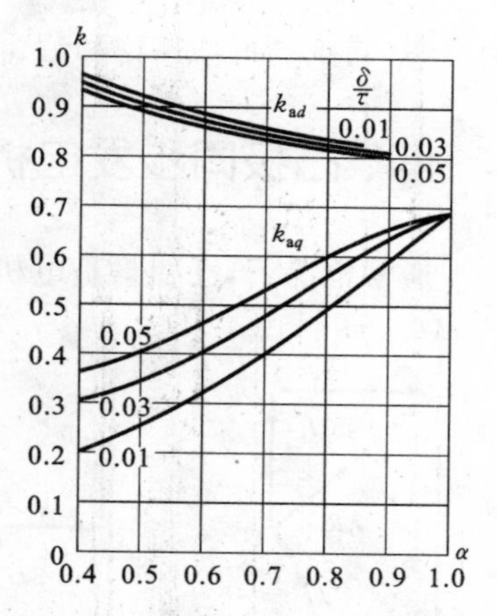

图 7-18　当 $\delta_{max}/\delta=1.5$ 时的 k_{ad} 和 k_{aq} 曲线

折算系数 k_{ad} 与 k_{aq} 与凸极同步电机磁极的形状有密切关系，它们是 α＝极靴宽度/极距和最大气隙 δ_{max}/最小气隙 δ，以及 δ/τ 三个比值的函数，可以通过磁场图解法和谐波分析法求出其基波的幅值得到。其中，$\delta_{max}/\delta=1.5$ 是较通用的数值，这时的 k_{ad} 和 k_{aq} 的曲线如图 7-18 所示。

通过等效折算，电枢反应磁势的两个分量分别为 $\boldsymbol{F}'_{ad}=k_{ad}\boldsymbol{F}_{ad}$ 和 $\boldsymbol{F}'_{aq}=k_{aq}\boldsymbol{F}_{aq}$，如图 7-15 所示。

三、直轴、交轴电枢反应电抗

在同步电机中，定子漏抗主要为槽漏抗和端接漏抗，与气隙间磁导变化无关，凸极电机定子漏抗在 d、q 轴上的差异很小，可以忽略。磁路不饱和时，电枢反应磁势的 d、q 轴分量将分别按比例产生电势

$$\dot{E}_d=-\mathrm{j}\,\dot{I}_d X_{ad}$$
$$\dot{E}_q=-\mathrm{j}\,\dot{I}_q X_{aq}$$

式中：X_{ad}、X_{aq} 分别定义为直轴、交轴电枢反应电抗。

凸极电机中 $X_{aq}<X_{ad}$。对于隐极电机，则 $X_a=X_{aq}=X_{ad}$。对定子漏抗压降按 d、q 分解，有

$$\dot{E}_\sigma=-\mathrm{j}\,\dot{I}_a X_s=-(\mathrm{j}\,\dot{I}_q X_s+\mathrm{j}\,\dot{I}_d X_s)$$

定义直轴、交轴同步电抗分别为

$$X_d=X_{ad}+X_s$$
$$X_q=X_{aq}+X_s$$

这两个同步电抗分别计及了沿直轴和沿交轴的电枢电流各自所产生的总磁通的感应作用，这里的总磁通包括电枢漏磁通和电枢反应磁通。一般汽轮发电机(隐极)和凸极发电机的同步电抗标幺值如表 7-2 所示。

表 7-2　同步发电机同步电抗标幺值

电机类型	X_d	X_q
一对极汽轮发电机	平均 1.62	
	范围 1.32～2.19	
凸极发电机	平均 1.0	平均 0.61
	范围 0.67～1.20	范围 0.48～0.76

其中，电抗标幺值定义为

$$X_{pu}=\frac{X}{U_{sN}/I_{sN}} \tag{7-8}$$

即相电抗实际值除以额定相电压对额定相电流的比。

磁路的饱和对 X_{aq} 影响不大，对 X_{ad} 的影响与隐极电机的情况类似，随着磁路的饱和，直轴电枢反应电抗的数值将减小，如图 7-8 所示，凸极电机 q 轴同步电抗的数值一般在 d 轴同步电抗数值的 60%～70%。同步电抗的饱和值适用于电机的典型运行状态，后续章节中，如无特

别声明，同步电抗均指饱和值。

四、凸极同步发电机的相量图

通常情况下，已知量是电机定子侧功率因数角、相电压和相电流。为了实现枢电流的分解，必须首先对轴定位，确定相电压 $\dot{U}_s$ 和相电势 $\dot{E}_a$ 间的夹角角，这个夹角称为功率角 δ，简称功角，即 $\delta=\angle(\dot{U}_s,\dot{E}_a)$。

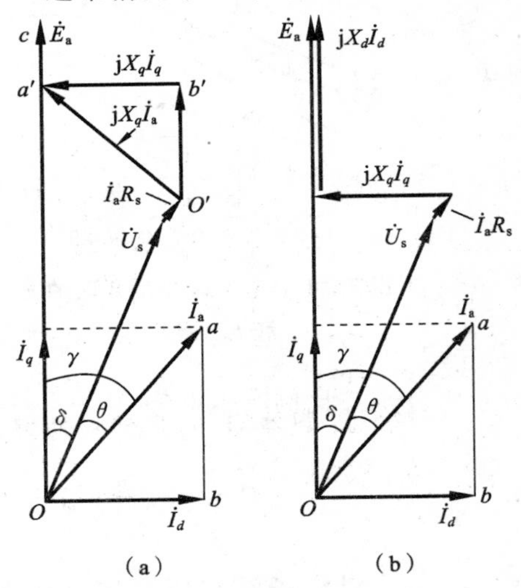

图 7-19 凸极发电机相量图

为了确定功角，绘制凸极同步发电机的辅助相量图如图 7-19 所示，图中 $O'a'$ 垂直于 $\dot{I}_a$，并等于 $j\dot{I}_aX_q$，这个结果可以证明如下：令 $b'a'=X_q|\dot{I}_q|$，则由图 7-19(a)知，三角形 $O'a'b'$ 和 Oab 对应边均正交，所以这两个三角形是相似三角形，因此有

$$\frac{O'a'}{Oa}=\frac{b'a'}{ba} \tag{7-9}$$

$$O'a'=\left(\frac{b'a'}{ba}\right)Oa=\frac{|\dot{I}_q|X_q}{|\dot{I}_q|}|\dot{I}_a|=X_q|\dot{I}_a|$$

且与电流 $\dot{I}_a$ 正交，所以线段 $O'a'$ 相量等于相量 $jX_q\dot{I}_a$。由于 $\dot{I}_a=\dot{I}_d=\dot{I}_q$，两个分量相互垂直，故有

$$jX_q\dot{I}_a=jX_q\dot{I}_d+jX_q\dot{I}_q$$

因此线段相量

$$b'a'=jX_q\dot{I}_q$$

$$O'b'=jX_q\dot{I}_d$$

同理可证

$$a'c=j\dot{I}_d(X_d-X_q)$$

这样，相量和 $\dot{U}_s+\dot{I}_aR_s+j\dot{I}_aX_q$ 就确定了感应电势 $\dot{E}_a$ 的相位，也就确定了直轴和交轴的方位。通过电势和电压的相位可得到功角 δ，进而得到

$$\dot{E}_a=\dot{U}_s+R_s\dot{I}_a+jX_d\dot{I}_d+jX_q\dot{I}_q \tag{7-10}$$

或

$$\dot{E}_a=\dot{U}_s+R_s\dot{I}_a+jX_q\dot{I}_a+j(X_d-X_q)\dot{I}_d \tag{7-11}$$

凸极同步发电机的输出电压

$$\dot{U}_s=\dot{E}_a-jX_d\dot{I}_d-jX_q\dot{I}_q-R_s\dot{I}_a \tag{7-12}$$

从而得到相量图如图 7-19(b)所示。忽略定子电阻影响时，有

$$\dot{U}_s\approx\dot{E}_a-jX_d\dot{I}_d-jX_q\dot{I}_q$$

分别考虑电流超前、滞后两种不同负载情况，并假定电机磁路处于不饱和状态，可得到凸极同步发电机的磁势、电势矢量、相量图如图 7-20(a)、(b)所示。

从磁势分解的 d 轴分量可以得知，滞后的电流起去磁作用，超前的电流起助磁作用。给定相电压和相电流时，感性负载下需要对电机提供更大的励磁电流。

实际应用中电机铁芯常处于一定程度的饱和状态。饱和时，应先获得总磁势，再由这个磁

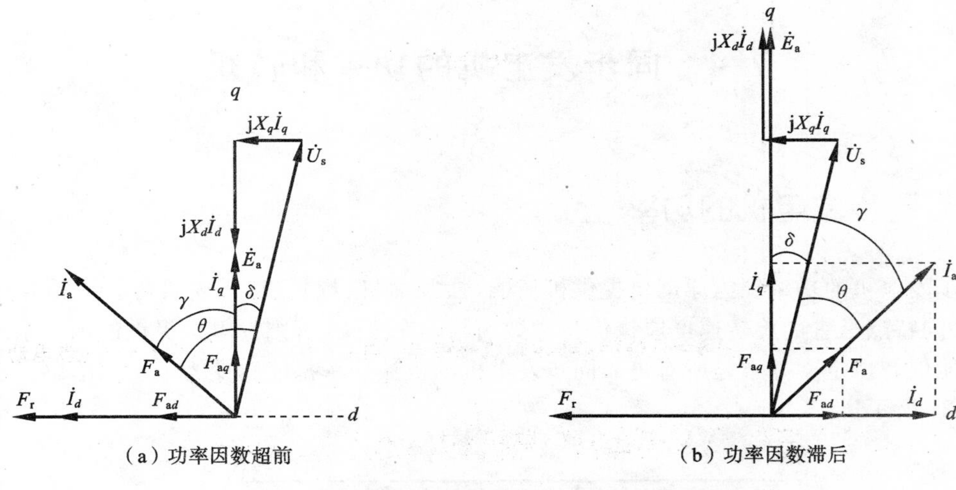

图 7-20 忽略定子电阻时凸极同步发电机的磁势与电势

势根据磁化曲线求所产生的电势。只有在不饱和情况下，才能由磁势矢量图转化为电势相量图。但不饱和状态下的磁势电势矢量相量图，磁势、电势关系清楚，是研究、理解同步机电压控制和稳定的基础。

饱和会带来一定分析误差。实际应用中应根据电机饱和状态考虑适当修正。下面通过一个例题说明凸极同步发电机相量图的绘制方法。

【例 7-2】 某凸极同步电机电抗 X_d 和 X_q 的标幺值分别为 1.0 和 0.6，电枢电阻忽略不计。当发电机运行在额定状态，功率因数为滞后 0.8，端电压为额定电压时，计算其感应电势。

解 首先求电势相量。选择端电压为参考相量：

$$\dot{U}_s = U_s\angle 0° = U_s \theta = \cos^{-1}0.8_{\text{滞后}} = -36.9°$$

$$\dot{I}_a = I_a\angle\theta = 1.0\angle -36.9°$$

相电势定位：

$$\dot{E}' = \dot{U}_s + jX_q\dot{I}_a = 1.0 + j0.60\times(1\angle -36.9°) = 1.0 + j0.60\times(0.80 - j0.60)$$
$$= 1.36 + j0.48 = 1.44\angle 19.4°$$

这一计算结果表明功角 $\delta = 19.4°$，如图 7-20(b)所示。这样，电势与电流间的相角差为

$$\gamma = \delta - \theta = 19.4° - (-36.9°) = 56.3°$$

将电流按 d、q 分解，幅值为

$$I_d = |\dot{I}_a|\sin\gamma = 1.0\sin 56.3° = 0.832$$

$$I_q = |\dot{I}_a|\cos\gamma = 1.0\cos 56.3° = 0.555$$

相位零度角仍以相电压相量为基准：

$$\dot{I}_d = 0.832\angle(-90° + 19.4°) = 0.832\angle -70.6°$$

$$\dot{I}_q = 0.555\angle 19.4°$$

因此，感应电势为

$$\dot{E}_a = \dot{U}_s + jX_d\dot{I}_d + jX_q\dot{I}_q = 1.0 + j1.0\times 0.832\angle -70.6° + j0.6\times 0.555\angle 19.4°$$
$$\approx 1.78\angle 19.4°$$

即感应电势标幺值为 1.78，位于交轴上。

7-4 同步发电机的功率和转矩

一、同步发电机的功率

同步发电机的功率源为原动机提供机械能，如柴油机、汽轮机、水轮机等。无论什么功率源，其共同特点是它的旋转速度应该保持常数而与功率无关，否则发电机提供的电力系统的频率将不能保持恒定。并不是所有进入同步发电机的机械功率都能转变为电功率输出。功率流如图 7-21 所示。

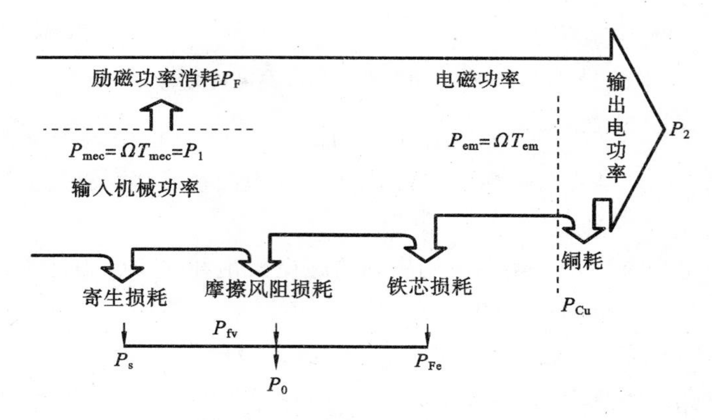

图 7-21 同步发电机的功率流图

原动机提供的机械功率以 $P_1=P_{mec}=\Omega T_{mec}$ 的形式从同步发电机轴上输入，这里 Ω 为原动机的机械角速度，也就是同步发电机的机械角速度，T_{mec} 为原动机作用于同步发电机轴上的转矩。这一输入总功率除一小部分支付同步发电机的寄生损耗（也称为附加损耗）P_s、风阻摩擦损耗（也称为机械损耗）P_{fv}、铁芯损耗 P_{Fe} 和同步发电机励磁功率 P_F 消耗外，其余部分通过电机转换为电磁功率通过气隙传到定子，再减掉定子铜耗 P_{Cu}，余下部分成为发电机输出的电功率 P_2。其中，电磁功率的表达式为

$$P_{em}=\Omega T_{em}=3E_aI_a\cos\gamma \tag{7-13}$$

式中：γ 为电势 $\dot{E}_a$ 和电流 $\dot{I}_a$ 间的相角，$\gamma=\angle(\dot{E}_a,\dot{I}_a)$。

而同步发电机的输出电功率 P_2 的表达式为

$$P_2=\sqrt{3}U_LI_L\cos\theta \tag{7-14}$$

其中，电压、电流均为线值，θ 为输出相电压与相电流间的相角，$\theta=\angle(\dot{U}_s,\dot{I}_a)$。输出的无功功率

$$Q_2=\sqrt{3}U_LI_L\sin\theta \tag{7-15}$$

当用相量表示时

$$P_2=3U_sI_a\cos\theta \tag{7-16}$$

$$Q_2=3U_sI_a\sin\theta \tag{7-17}$$

二、隐极式同步电机的功角特性

一般情况下，同步发电机中同步电抗在数值上远大于定子电阻，忽略定子电阻，则可以得到一个实用的隐极同步发电机输出功率近似表达式。

由式(7-5)，忽略定子电阻时，隐极式同步发电机的相量图可用图 7-22 表示，这里假定负载为滞后性质。由图中几何关系，有

$$\overline{bc}=E_a\sin\delta=X_c I_a\cos\theta$$

因此，有

$$I_a\cos\theta=\frac{E_a\sin\delta}{X_c}$$

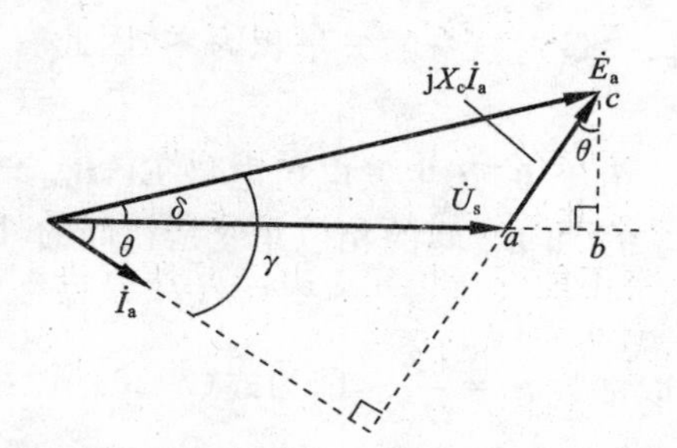

图 7-22　忽略定子电阻时隐极式同步发电机的相量图(电流滞后时)

由式(7-16)，有

$$P_2=3U_s I_a\cos\theta\approx\frac{3U_s E_a\sin\delta}{X_c}$$

在忽略定子电阻的假定前提下，不计定子铜耗，输出功率和电磁功率相等，故隐极式同步发电机输出的有功功率和电磁功率为

$$P_{em}=P_2=\frac{3U_s E_a\sin\delta}{X_c} \tag{7-18}$$

此外，由图可知

$$E_a\cos\delta=U_s+I_a X_c\sin\theta$$

因此，有

$$I_a\sin\theta=\frac{E_a\cos\delta-U_s}{X_c}$$

故隐极式同步发电机在忽略定子电阻影响时的输出无功功率为

$$Q_2=3U_a I_a\sin\theta=3U_s\times\frac{E_a\cos\delta-U_s}{X_c} \tag{7-19}$$

方程说明同步发电机的输出电功率取决于输出电压相量与电势相量间的夹角 δ。因此，δ 称为电机的功角。如果功角达到 90°，则发电机输出功率达到最大。通常同步发电机的功角不会达到这个极限，额定负载时功角一般在 15°～20°。

按照电磁功率与电磁转矩的关系，不难得到忽略定子电阻时隐极式同步发电机的电磁转矩表达式为

$$T_{em}=\frac{3U_s E_a\sin\delta}{\Omega X_c} \tag{7-20}$$

显然它也是功角的函数，故功角有时也被称为转矩角或矩角。当矩角增加到 90°时，电磁转矩达到最大，该值称为临界转矩。到达临界转矩点后，任何原动机转矩的再增加将无法由对应的同步电磁转矩的增加来平衡，结果使同步性难以维持，转子将会升速，这种现象称为失步。在这种情况下，发电机应通过断路器的自动动作使脱离电网，并迅速令原动机制动停机以防止发电机出现危险高速。

这个电磁转矩也可以通过两个磁场间的作用力得到。同步发电机转子直流励磁形成的磁密为 $\boldsymbol{B}_r$，定子交流电流电枢反应形成的磁密为 $\boldsymbol{B}_{sa}$，则电磁转矩的大小可表示为

$$T_{em}=k|\boldsymbol{B}_r\times\boldsymbol{B}_{sa}|$$

气隙磁密 $\boldsymbol{B}_{net}$ 由转子磁密与电枢反应磁密合成

$$\boldsymbol{B}_{net}=\boldsymbol{B}_r+\boldsymbol{B}_{sa}$$

因此

$$T_{em}=k|\boldsymbol{B}_r\times\boldsymbol{B}_{sa}|=k|\boldsymbol{B}_r\times(\boldsymbol{B}_{net}-\boldsymbol{B}_r)|$$

任何矢量对自身的矢量积为零，因此有

$$T_{em}=k|\boldsymbol{B}_r\times\boldsymbol{B}_{net}|=kB_rB_{net}\sin\delta$$

由于 $\boldsymbol{B}_r$ 产生发电机电势 $\dot{E}_a$，$\boldsymbol{B}_{net}$ 产生发电机输出电压 $\dot{U}_s$，电势 $\dot{E}_a$ 与电压 $\dot{U}_s$ 间的相位角 δ 与 $\boldsymbol{B}_r$ 和 $\boldsymbol{B}_{net}$ 间的相位角 δ 是相同的，因此上式可改写为

$$T_{em}=k_cE_aU_s\sin\delta$$

若取常数 $k_c=\dfrac{3}{\Omega X_c}$，即为式(7-20)所示。

三、凸极同步发电机的功角、矩角特性

上节中，图 7-20 曾给出了凸极式同步发电机在忽略定子电阻时的相量图。现以电流滞后的图 7-20(b)为例，分析凸极同步发电机的功角、矩角特性。由图可知

$$X_dI_d=E_a-U_s\cos\delta$$

$$X_qI_q=U_s\sin\delta$$

有

$$I_d=\frac{E_a-U_s\cos\delta}{X_d}$$

忽略定子电阻时，有

$$I_q=\frac{U_s\sin\delta}{X_q}$$

$$\theta=\gamma-\delta$$

$$P_{em}=P_2=3U_sI_a\cos\theta=3U_sI_a\cos(\gamma-\delta)=3U_sI_a\cos\gamma\cos\delta+3U_sI_a\sin\gamma\sin\delta$$

又因

$$I_d=I_a\sin\gamma$$

$$I_q=I_a\cos\gamma$$

故

$$\begin{aligned}P_{em}&=3U_sI_q\cos\delta+3U_sI_d\sin\delta=3U_s\frac{U_s\sin\delta}{X_q}\cos\delta+3U_s\frac{E_a-U_s\cos\delta}{X_d}\sin\delta\\&=3\frac{E_aU_s}{X_d}\sin\delta+3U_s^2\left(\frac{1}{X_q}-\frac{1}{X_d}\right)\sin\delta\cos\delta\end{aligned}$$

最后得到

$$P_{em}=3\frac{E_sU_s}{X_d}\sin\delta+\frac{3U_s^2}{2}\left(\frac{1}{X_q}-\frac{1}{X_d}\right)\sin2\delta \tag{7-21}$$

$$T_{em}=\frac{P_{em}}{\Omega}=3\frac{E_aU_s}{\Omega X_d}\sin\delta+\frac{3U_s^2}{2\Omega}\left(\frac{1}{X_q}-\frac{1}{X_d}\right)\sin2\delta \tag{7-22}$$

它们表明，当输出电压和相电势为常数时，凸极式同步发电机的电磁功率只随功角变化。

四、功角的双重物理意义

同步电机的功角从定义上看首先是电势 $\dot{E}_a$ 和电压 $\dot{U}_s$ 间的时间相位角。从图 7-6 不难

看出，功角实际上也是由直流励磁磁势 $\boldsymbol{F}_{\mathrm{r}}$ 产生的主磁通 Φ_{r} 与电枢反应磁势 $\boldsymbol{F}_{\mathrm{sa}}$ 产生的磁通 Φ_{sa} 共同形成的合成磁通 Φ_{net} 与主磁通 Φ_{r} 在空间的夹角决定的。假定合成磁通 Φ_{net} 是由定子的一个等效合成磁势 $\boldsymbol{F}_{\mathrm{net}}$ 所产生，那么功角也就是直流励磁磁势 $\boldsymbol{F}_{\mathrm{r}}$ 和合成磁势 $\boldsymbol{F}_{\mathrm{net}}$ 间的空间夹角，同时也是转子磁极轴线与这个假想定子合成磁通磁极轴线间的夹角。

在发电机运行时，发电机要输出有功功率，则必须有 $\delta>0°$，这意味着转子磁极轴线超前于定子合成磁极轴线一个 δ 角。稳定运行时，转子磁极拖动定子合成磁极同步旋转，定子合成磁极给转子磁极一个反作用力，形成制动转矩。

转子因有原动机的驱动转矩克服定子合成磁极的制动转矩而做功，实现机电能量转换，将由原动机输入的机械能转变为电能输出。可见，功角是研究同步发电机运行状态的一个重要参数，它不仅决定了发电机输出有功功率的大小，而且还反映发电机转子的相对空间位置，通过它可以把同步电机的电磁关系和机械运动紧密联系起来。

7-5　同步电机参数测定与额定数据

一、同步电机参数的实验测定

由式(7-5)，对隐极式同步发电机，为了得到它的等值电路必须知道以下三个参数：

(1) 励磁电流（或磁势）与磁通（磁密）的关系，即励磁电流与电势的关系；

(2) 同步电抗；

(3) 定子电阻。

下面介绍实验测定它们的方法。

1. 开路实验

令同步发电机在原动机拖动下运行于额定转速，定子绕组开路。励磁电流从0逐渐增加使定子输出电压达到1.2倍额定值，测量记录此时的定子输出电压和励磁电流，然后逐渐将励磁电流减小到0，测量记录若干点数据，平滑作图得到发电机的励磁电流与输出电压关系曲线，如图7-25中虚线，将其右平移并使其通过原点时的曲线即为开路特性曲线 $E_{\mathrm{a}}=f(I_{\mathrm{f}})$。由于开路，输出电压等于电势。根据获得的曲线，可以求得在任意给定励磁电流条件下的发电机电势。

典型的开路特性曲线如图7-6和图7-25所示的曲线OCC所示，在开始阶段特性曲线几乎是直线，励磁电流较大后出现一定程度的饱和。

2. 短路实验

同步发电机短路实验的原理接线如图7-23所示。

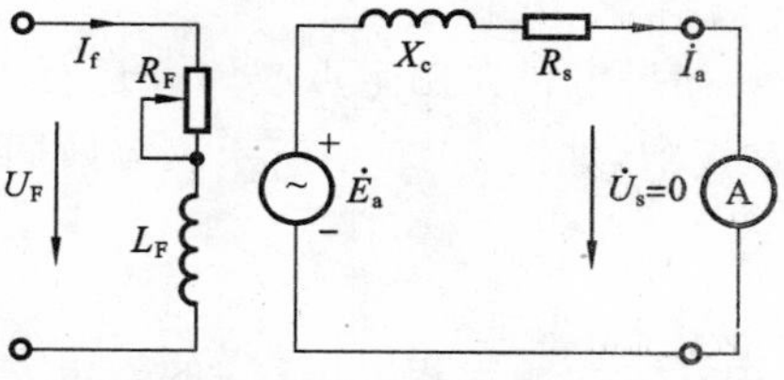

实验中首先令励磁电流等于0，发电机定子输出端用电流表短路。然后将同步发电机在原动机拖动下运行于额定转速，逐渐增加励磁电流，测量短路电流。将实验获得的数据绘制出励磁电流与电枢电流的关系曲

图7-23　隐极式同步发电机短路实验原理接线图

线称为短路曲线，它基本是一条直线。

定子短路时，定子电枢电流

$$\dot{I}_a=\frac{\dot{E}_a}{R_s+jX_c},\quad I_a=\frac{E_a}{\sqrt{R_s^2+X_c^2}}$$

相量图如图 7-24(a)所示。

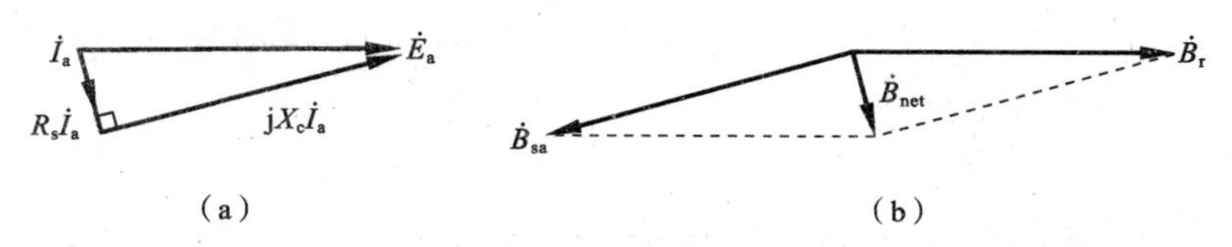

图 7-24 同步电机短路实验时的相量图

由于短路时电枢反应磁场几乎抵消了转子直流励磁生成的磁场，合成磁场很小，如图 7-24(b)所示，电机铁芯始终处于不饱和状态，导致短路特性始终保持线性，如图 7-25 中曲线 SCC 所示。由于普通同步电机的同步电抗在数值上远远大于定子电阻，因此

$$X_c\approx Z_s=\frac{E_a}{I_a}=\sqrt{R_s^2+X_c^2}$$

这样，近似获得给定励磁电流条件下同步电抗的方法是：

(1) 从开路特性依据给定励磁电流得到发电机电势 E_a；

(2) 由短路特性得到对应励磁电流的定子电枢短路电流 I_a；

(3) 近似计算

$$X_c\approx\frac{E_a}{I_a}\tag{7-23}$$

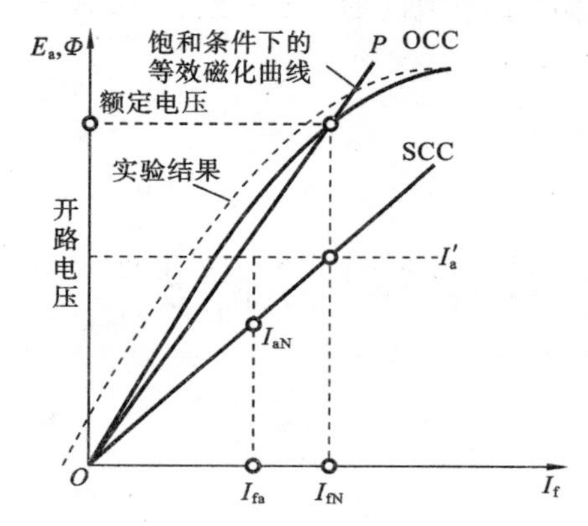

图 7-25 同步电机的开路和短路特性

3. 讨论

短路实验中电势是根据励磁电流由开路特性得到的。开路特性在励磁电流较大时，电机磁场进入部分饱和状态，而短路特性不论励磁电流大小，电机磁场始终不饱和。因此在励磁电流较大时，从开路特性获得的电势与短路特性下同样励磁电流下发电机的电势是不相同的，从而计算得到的同步电抗仅是近似的。上述短路实验是在电机磁场不饱和时进行的，但同步电抗会随磁场饱和程度变化，因此将它用于同步电机运行分析计算时，得到的结果是近似的。

4. 一种对磁路饱和的处理方法

如果电机在额定点或邻近运行，可把电机处理成一个等效不饱和电机，磁化曲线以直线 OP 近似，如图 7-25 中所示。等效同步电抗为

$$X_c=\frac{U_{sN}}{I'_a}\tag{7-24}$$

式中：U_{sN} 为额定相电压；I'_a 的确定方法为：从开路特性 $E_a=U_{sN}$ 读取对应的励磁电流 I_{fN}，然后在短路特性上读取此励磁电流对应的电枢电流即为 I'_a，如图 7-25 所示。这种以饱和电抗表示饱和效应的方法，对精度要求不高时，效果是令人满意的。

开路特性上对应于额定电压的励磁电流 I_{fN} 与短路特性上对应于电枢额定电流 I_{aN} 的励磁电流 I_{fa} 的比值定义为短路比 K_{scr}，根据图 7-25 所示相似三角形关系可以看出，短路比是额定电压时同步电抗饱和值标幺值的倒数：

$$\left.\begin{aligned} K_{scr}&=\frac{I_{fN}}{I_{fa}} \\ X_c&=\frac{U_{sN}}{I'_a} \\ \frac{1}{K_{scr}}&=\frac{I_{fa}}{I_{fN}}=\frac{I_{aN}}{I'_a}=\frac{I_{aN}}{U_{sN}}X_c=\frac{X_c}{X_{cN}}=X_{c.pu} \end{aligned}\right\} \tag{7-25}$$

【例 7-3】 一台 45 kV·A，三相 Y 连接 220 V(线电压)，6 极，60 Hz 同步电机的开路特性和短路特性数据为

开路特性：线电压 220 V 时，励磁电流 2.84 A；

气隙线：线电压 202 V 时，励磁电流 2.20 A；

短路特性：励磁电流为 2.84 A 时，电枢电流 152 A；励磁电流 2.20 A 时，电枢电流 118 A。计算同步电抗的不饱和值、额定点处的饱和值和短路比。

解 当励磁电流为 2.20 A 时，气隙线上相电压为

$$U_{sN}=\frac{202}{\sqrt{3}}\ \text{V}=116.7\ \text{V}$$

对应同一励磁电流，从短路特性可得，电枢电流为 118 A。忽略电枢电阻，不饱和同步电抗

$$X_c=\frac{U_{sN}}{I_a}=\frac{116.7}{118}=0.987\ \Omega$$

注意到额定电枢电流为

$$I_{aN}=\frac{45000}{\sqrt{3}\times 220}\ \text{A}=118\ \text{A}$$

对应电枢电流标幺值为 1。

气隙线上对应电压标幺值为

$$\frac{202}{220}=0.92\ \text{pu}$$

不饱和同步电抗标幺值为

$$X_{c.pu}=\frac{\dfrac{U}{I}}{\dfrac{U_N}{I_{aN}}}=\frac{0.92}{1.0}=0.92\ \text{pu}$$

饱和同步电抗

$$X_{cs}=\frac{U_{sN}}{I'_a}=\frac{220/\sqrt{3}}{152}=0.836\ \Omega$$

$$I_{a.pu}=\frac{152}{118}=1.29\ \text{pu},\quad X_{cs.pu}=\frac{1}{1.29}=0.755\ \text{pu}$$

$$K_{scr}=\frac{2.84}{2.2}=1.29=\frac{1}{X_{cs.pu}}$$

5. 同步电机定子电阻的测定

定子电阻可以通过直流伏安法近似测得。但实际的同步电机由于趋肤效应，电机绕组的

交流运行下的电阻会略大于直流电阻。测得的电阻可以计入上述方程以提高同步电抗的近似计算精度。不过,由饱和引起的误差要远远超过忽略电阻引起的计算误差。

需要指出的是,同步电机的参数在不同运行条件下是有变化的。具体参数必须根据运行条件决定,如有对称运行的参数、不对称运行的参数、突然短路或瞬变过程的参数等。本教材讨论的仅是电机对称稳定运行时所需的参数。

6. 凸极式同步电机同步电抗的实验测定

通过上述实验测定的同步电抗 X_c,对凸极式同步电机而言即为它的直轴同步电抗 X_d。通过令图 7-24(a)中的定子电阻为 0 以及令图 7-20(b)中的相电压为 0 即可看出这一点,因此对凸极式同步电机剩下的问题是如何通过实验测定它的交轴同步电抗 X_q。

一种称为"转差法"的实验方法可以用来测定 X_q。这种方法需要使用另外一台电机来拖动同步电机,并令其转速与同步转速略有差异,同步机的转子开路,即没有直流励磁,转子仅因凸极结构影响磁路的磁阻。对同步电机的定子绕组上施加约为 1/4 额定电压的较低电压,并串入电流表测量电枢电流,此时定子的旋转磁场与转子转速略有不同,旋转磁场缓缓滑过转子凸出的磁极铁芯。有时它正对磁极 d 轴,即正对凸极的中心,这时磁路的磁阻最小、磁通最大,也即定子电势最大、电流最小;同时线路压降也小,测得的端电压较大,它们的比例应当是 X_d,即

$$X_d=\frac{U_{\text{smax}}}{I_{\text{amin}}} \tag{7-26}$$

经过一个较短的时间,定子磁势对正了两凸极间的 q 轴,这时磁通最小,测得的电流最大,端电压最小。它们的比例即为 X_q

$$X_q=\frac{U_{\text{smin}}}{I_{\text{amax}}} \tag{7-27}$$

如果测量采用指针式仪表时,电流表和电压表的指针随转子的转差摆动。转差越大摆动越快,仪表的惯性会使指针读数产生误差,所以采用指针式仪表进行实验时,转差越小越容易获得较准确的读数。采用示波器则可以不受此限制。通过读取电压、电流波形峰值的最大、最小值即可获得测定结果。

上述实验中,因为电流远低于额定电流,且没有直流励磁,因此测定的同步电抗是未饱和值。但因为 q 轴同步电抗由于磁路气隙大,一般总是不饱和的,因此测定的 X_q 可以用做凸极式同步电机的交轴同步电抗。

二、同步电机的额定数据

额定容量 S_N,同步发电机的输出额定值用额定容量表示,单位为 kV・A 或 MV・A,它表示同步发电机的输出额定视在功率。

额定功率 P_N,单位为 kW 或 MW,它表示同步电机输出的有功功率,作电动机时是指轴上的输出机械功率。额定电压、额定电流定义与异步机相同,均为线值。对同步发电机,额定值间关系为

$$P_N=S_N\cos\theta_N=\sqrt{3}U_N I_N\cos\theta_N \tag{7-28}$$

$$S_N=\sqrt{3}U_N I_N \tag{7-29}$$

其他额定参数有功率因数、效率、频率、转速、励磁电流、励磁电压等。

对同步电动机，额定值之间的关系为

$$P_N = P_1 \eta_N = \sqrt{3} U_N I_N \cos\theta_N \eta_N \tag{7-30}$$

【例 7-4】 某同步发电机，额定容量为 200 kV · A，480 V，50 Hz，Y 连接，额定励磁电流 5 A。实验数据为：额定励磁开路线电压 540 V；额定励磁短路线电流 300 A；Y 连接定子绕组两端口加 10 V 直流电压时，测得的电流为 25 A。求此同步机在额定条件下的定子电枢电阻和近似同步电抗。

解 (1) 定子电阻

$$2R_s = \frac{U_{DC}}{I_{DC}}$$

$$R_s = \frac{10}{2\times 25}\ \Omega = 0.2\ \Omega$$

(2) 同步电抗

$$E_a = U_{s0} = \frac{540}{\sqrt{3}}\ \text{V} = 311.8\ \text{V}$$

考虑定子电阻影响时，有

$$Z_s = \frac{E_a}{I_a} = \sqrt{R_s^2 + X_c^2} = \sqrt{0.2^2 + X_c^2} = \frac{311.8}{300}\ \Omega$$

$$X_c = 1.02\ \Omega$$

忽略定子电阻时

$$Z_s = \frac{E_a}{I_a} \approx X_c$$

$$X_c = \frac{311.8}{300}\ \Omega = 1.04\ \Omega$$

从上述结果可以看出，忽略定子电阻与不忽略电阻相比误差很小。因此一般同步电抗的近似计算可以忽略定子电阻。

7-6　同步发电机的负载运行特性

一、同步发电机接无穷大电网负载时的运行特性

同步发电机的特性与其负载类型有关。负载类型主要可分为以下两大类。

(1) 单台发电机独立对负载供电，负载性质由阻性、感性、容性和它们的组合决定，其特性前面已讨论。

(2) 电机输出接入电网——无穷大电网负载。一旦发电机接入无穷大电网，它就成为电网成百上千台发电机之一，电网驱动成千上万的负载，这时不可能确定这台发电机负载的性质。但可以确定的是这台发电机的端电压和频率是恒定的，它们完全由无穷大电网决定。因此对这台发电机可改变的参数只能有两个，即励磁电流和由原动机提供的机械转矩。下面分别讨论这两个参数改变时同步发电机的运行特性。

1. 无穷大电网下改变励磁的影响

假定一同步发电机接入无穷大电网时,发电机电势等于电网电压并同相。这时负载电流 $\dot{I}_a$ 为 0,发电机不消耗功率,称为浮在线上,其相量图如图 7-26 所示。

增加转子直流励磁电流,电势将增加,忽略定子电阻时

$$\dot{U}_s = \dot{E}_a - jX_c\dot{I}_a = \dot{E}_a - \dot{E}_x$$

$$\dot{I}_a = (\dot{E}_a - \dot{U}_s)/X_c$$

相量图如图 7-27 所示,这里 $\dot{E}_x = jX_c\dot{I}_a$ 为同步电抗压降。

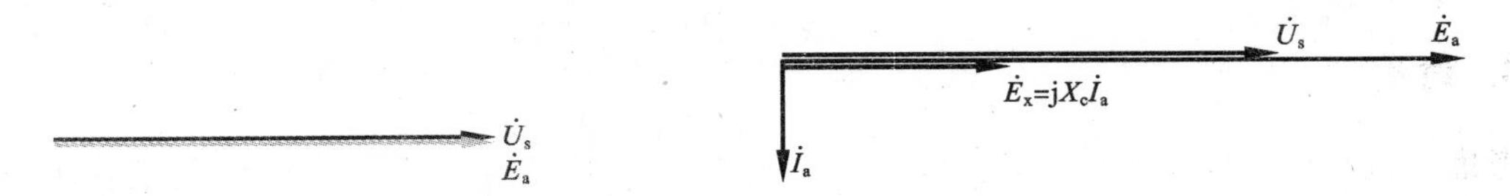

图 7-26 同步发电机浮在线上时的相量图

图 7-27 同步发电机过励、忽略定子电阻、无有功功率输出时的相量图

由于同步电抗是感性的,电流滞后电压 90°。无穷大电网看起来像是发电机的一个纯电感负载,发电机将对其输出感性(滞后)的无功功率 $Q=3U_aI_a\sin 90°>0$。

这种通过增加转子直流励磁电流使同步发电机电势幅值大于额定电压幅值的励磁工作状态称为同步发电机的“过励”工作状态。

减小转子直流励磁电流,则同步发电机电势降低,低于电网电压,导致电枢电流反向,相量图如图 7-28 所示,电流 $\dot{I}_a$ 反向变为超前于电压 90°,$\dot{E}_x$ 也反向、水平向左。

图 7-28 同步发电机欠励、忽略定子电阻、无有功功率输出时的相量图

这时电网看起来像是同步发电机的一个电容性负载,发电机输出无功功率

$$Q=3U_aI_a\sin -90°<0$$

反过来可以说,减小励磁时,发电机将消耗无功功率,这种工作状态也称为同步发电机的“欠励”工作状态。

上述两种情况由于发电机不消耗有功功率,因此功角等于 0°或 180°,电势始终保持与电压同相或反相。

2. 无穷大电网下机械转矩变化的影响

设发电机初始工作于浮在线上状态,电势电压相等且同相。若加大汽轮机蒸汽供应量,发电机机械转矩将增大、使转子加速,电势 $\dot{E}_a$ 也瞬间略微增大且相位超前于电压 $\dot{U}_s$ 一个相位角 δ。由功率表达式可知,功角大于 0 时,发电机将对负载(电网)输出有功功率。功角越大,输出有功功率也越大。输出有功功率的同时,负载电流将形成电磁力对转子形成阻转矩。当输出的有功功率等于汽轮机增加的机械功率时,转子将停止加速,如果这时转子的转速高于同步转速,功角将进一步增大,在增大输出有功功率的同时阻转矩也进一步增大使转速回落;反之,若转子转速低于同步转速,功角将减小,降低输出有功功率同时阻转矩相应减小,转子转速回升,经过短暂调整,转子将重新回落到同步转速,功角保持某一常数稳定运行。同步发电机输出(假定电流超前)有功功率时的相量图如图 7-29 所示。

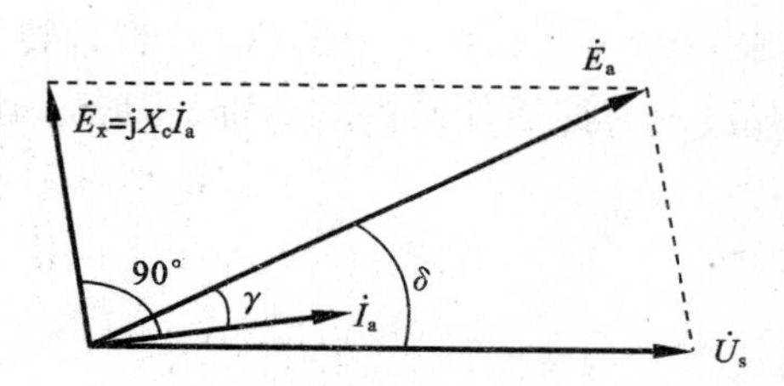

图 7-29 同步发电机输出有功功率时的相量图(电流超前)

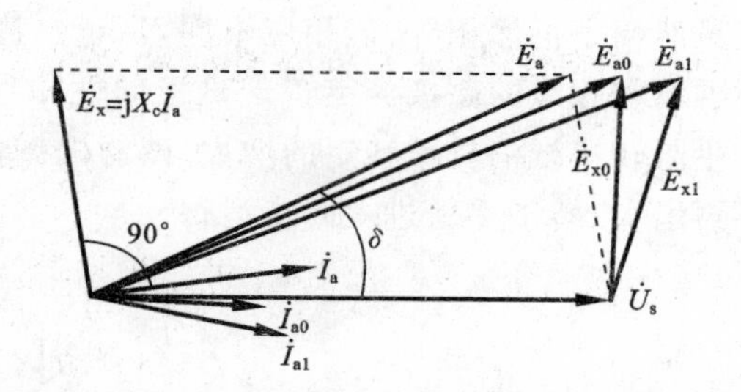

图 7-30 同步发电机保持输出有功功率不变励磁改变时的相量图

3. 讨论

考虑电流超前于电压的情形，如图 7-30 中 $\dot{I}_a$ 所示。此时，同步发电机输出的无功功率 $Q<0$，即发电机在输出有功功率的同时将消耗无功功率(吸收)。如果期望发电机在保持输出有功功率不变的情况下降低无功功率消耗，甚至向电网输出无功功率，可以通过增加转子直流励磁来实现。由同步发电机的功率表达式

$$P_2 \approx P_{em} = \frac{3U_s E_a \sin\delta}{X_c} \text{（隐极式）}$$

$$P_2 \approx P_{em} = 3\,\frac{E_s U_s}{X_d}\sin\delta + \frac{3U_s^2}{2}\left(\frac{1}{X_q} - \frac{1}{X_d}\right)\sin 2\delta \text{（凸极式）}$$

励磁增大，电势增大，为保持功率不变，功角应减小，对隐极式同步电机功率不变也意味电势相量对电压相量的垂直距离不变，因此电势相量向右水平滑动，使电抗压降电势和电流组成的相量直角顺时针旋转，且两个相量幅值均减小，超前功率因数角减小，输出负无功功率降低，直到等于 0，功率因数等于 1，此时电枢电流幅值达到最小值，如图 7-30 中 $\dot{I}_{a0}$ 所示。再继续增大励磁，电流将转为滞后，发电机输出正无功功率，此时电枢电流的幅值又将转为增大，如图 7-30 中 $\dot{I}_{a1}$ 所示。总之，如果同步发电机输出有功功率不变，励磁增大将使输出无功功率的增量 $\Delta Q>0$，若减小励磁则相反。

二、发电机性质的物理解释

当发电机浮在线上时，定子电流为 0，没有电磁力作用于转子，发电机磁场仅由直流励磁产生，它在定子绕组中感生电势 $\dot{E}_a$，如图 7-31 所示。

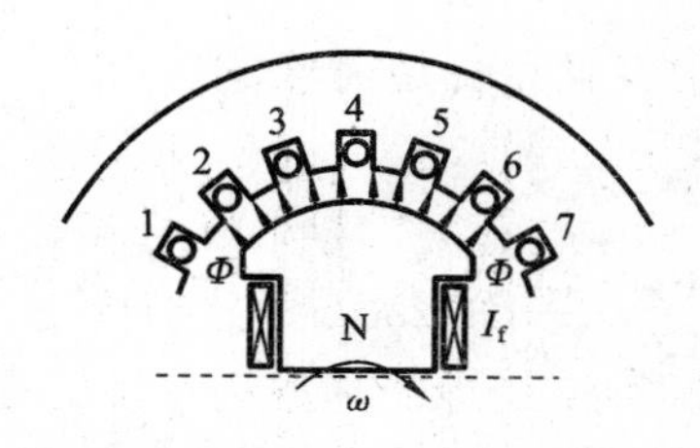

图 7-31 发电机浮在线上

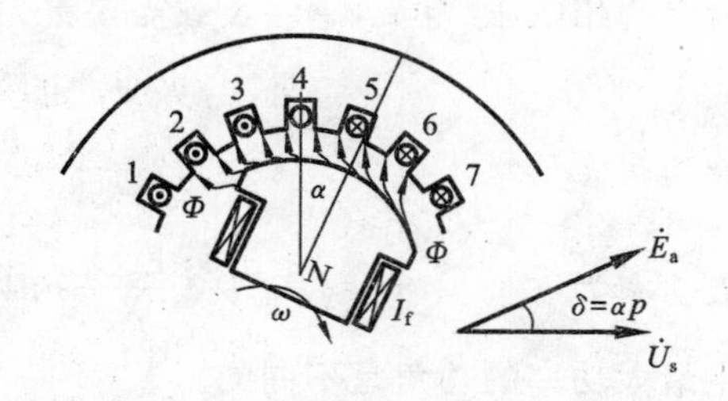

图 7-32 N 极超前于定子 S 极

当机械转矩增大时，转子加速逐渐超前于原来相对位置一个 α 机械角度，如图 7-32 所示，电势和电压对应出现一个功角相位差：$\angle(\dot{E}_a, \dot{U}_s)=\delta=p\alpha$，$p$ 为磁极对数，这时定子电势与电

压虽然幅值仍然相等，但相位不同，定子电流 $\dot{I}_a$ 形成，如图 7-29 所示。三相定子电流形成旋转磁场和相应的磁极。定转子磁极同性相斥、异性相吸，并依照式(7-20)或式(7-22)对转子产生阻转矩抵消机械转矩的增大，减弱机械转矩增量对转子的加速作用，当两者相等时，功角不再增大，转子重新进入同步运行。

小　结

同步发电机是一种将原动机机械能转换成具有特定电压和频率的交流电能的装置。同步意味着电机的电频率被锁定或同步到机械轴的额定旋转速度。同步发电机是现代电力系统最主要的发电设备。

发电机电势取决于轴旋转的速度和磁通的幅值。受电枢反应和定子绕组阻抗影响，输出相电压与电势有一定幅值和相位差。

发电机在实际电力系统中的运行状态取决于它的约束条件。单独运行时，其有功功率和无功功率由负载决定、同步转速和励磁电流决定了发电的频率和电压的幅值。

如果发电机被连接到无穷大电网，则它输出电压的频率和幅值是固定的，控制其轴上输入转矩和励磁可控制发电机的有功功率和无功功率。在实际电网中，同一电网的同步发电机容量基本相同。转速转矩调节器控制频率和功率流，励磁电流影响端电压和无功功率流。

同步发电机发电能力主要受限于电机内部的发热。一旦发电机绕组过热，会导致电机寿命显著缩短。由于存在两个不同的绕组(即电枢和励磁)，同步发电机有两个不同的约束条件。电枢绕组的最大允许温升决定电机的最大容量，励磁绕组的最大温升决定电势的最大值。电势的最大值和电枢电流的最大值共同决定发电机的额定功率。

同步发电机转子绕组加直流励磁，产生相当于转子静止的磁场。当转子由原动机驱动时，产生旋转磁场，使三相定子绕组产生三相感应电压。感应电压的幅值与磁通成正比，与转速成正比(也就是与频率成正比)。

转子有隐极和凸极两种结构。同步电机的电流或电压的频率与电机的旋转速度保持同步锁定关系

$$f_e = n_{mec} p/60$$

受电枢反应、定子电阻、漏抗和凸极影响，发电机端电压和感应电势间存在压差。引入同步电抗(不饱和、饱和)以建立它们影响的等值电路模型。

对给定的相电压、电流，感性负载需要更大的励磁电流；对给定的励磁，接感性负载时端电压较低。

隐极功率为
$$P_2 = \frac{3U_s E_a \sin\delta}{X_c} \approx P_{em}$$

凸极功率为
$$P_2 \approx P_{em} = 3\frac{E_s U_s}{X_d}\sin\delta + \frac{3U_s^2}{2}\left(\frac{1}{X_q} - \frac{1}{X_d}\right)\sin 2\delta$$

它们产生最大功率的功角是不同的。

电机带上负载后，电枢反应磁势的基波在气隙中使气隙磁通的大小及位置均发生变化，这种影响称为同步电机的电枢反应。电枢反应的性质取决于电枢反应磁势基波和励磁磁势基波之间的相对位置，即与空载电势 $\dot{E}_a$ 和电枢电流 $\dot{I}_a$ 之间的夹角 γ 有关。电枢反应磁势可分解

为直轴和交轴两个分量。交轴分量对气隙磁场起扭曲作用，直轴分量起去磁或助磁作用。发电机带感性、阻感性负载时，直轴分量是去磁的，容性、阻容性负载时，直轴分量是助磁的。电枢反应是同步电机在负载运行时的重要物理现象，它不仅是引起端电压变化的主要原因，而且也是电机实现机电能量转换的枢纽。当 $\gamma=0°$ 时，交轴电枢反应磁势是与空载电势 $\dot{E}_a$ 同相的电流 $\dot{I}_q$ 产生的，$\dot{I}_q$ 可以认为是 $\dot{I}_a$ 的有功分量。

交轴的电枢反应磁场与励磁电流共同作用，在发动机转轴上产生制动性质的电磁转矩 T_{em}，功角越大，输出的有功功率相应越大，有功分量电流也越大。交轴电枢反应越强，T_{em} 越大，这就要求原动机输入更大的驱动转矩，维持发电机的转速不变。

当 $\gamma=90°$ 或 $-90°$ 时，直轴电枢反应磁势是与 $\dot{E}_a$ 成 $90°$ 的 $\dot{I}_d$ 产生的，可以认为 $\dot{I}_d$ 是 $\dot{I}_a$ 的无功分量。直轴电枢反应磁场与励磁电流共同作用，在励磁绕组上产生电磁力，但不能形成电磁转矩，说明发电机带感性(或容性)无功负载时，不需要原动机增加能量。但是直轴去磁(或助磁)电枢反应对气隙磁场有去磁(或助磁)作用，致使电压下降(或上升)。为维持电压恒定所需的励磁电流也就需要相应增加(或减小)。

习题与思考题

7-1 在欧洲某地，需要提供 300 kW、60 Hz 电力。可获得的电网是 50 Hz。若采用一套由同步电动机和同步发电机组成的机组供电，为了将 50 Hz 变换为 60 Hz，需要分别采用多少对极的同步电动机和发电机？

7-2 同步发电机参数为：0.8 滞后功率因数，60 Hz，1 对极，Y 连接，每相同步电抗 12 Ω，每相电枢电阻 1.5 Ω，工作于无穷大电网。

(1) 求额定状态下 E_a 的幅值和额定状态下的功角。

(2) 如果励磁恒定，发电机最大输出功率为多少？额定功率运行时还有多大功率储备？

7-3 为什么同步发电机的输出电压频率完全由轴的旋转速度决定？

7-4 为什么同步发电机在突加滞后型负载时输出电压会显著降低而在突加超前型负载时输出电压会显著升高？为了保证输出电压恒定应该如何处理？

7-5 同步发电机的电枢电阻和同步电抗如何测定？为什么同步发电机的短路特性为直线？

7-6 同步发电机参数为：$U_N=13.8$ kV，$S_N=10$ MV·A，0.8 滞后功率因数，60 Hz，1 对极，Y 连接，每相同步电抗 12 Ω，每相电枢电阻 1.5 Ω，工作于无穷大电网。

(1) 求额定状态下 E_a 的幅值。

(2) 额定状态下的功角。

(3) 如果励磁恒定，发电机最大输出功率为多少？额定功率运行时还有多大功率储备？

7-7 一台 325 MW，26 kV，60 Hz，三相凸极同步发电机运行状态为：输出功率为 250 MW，功率因数为滞后 0.89，端电压为额定值。已知同步电抗标幺值为 $X_d=1.95$，$X_q=1.18$。该电机到达额定空载电压时的励磁电流 $I_f=342$ A。

计算：(1) 功角；(2) 电势标幺值；(3) 所需励磁电流(忽略磁路饱和效应)。

7-8 一台 100 MV·A，12.5 kV，50 Hz，1 对极，Y 连接同步发电机有标幺值同步电抗 $X_c=1.1$，和标幺值定子电阻 $R_s=0.012$。额定运行时，功率因数为滞后 0.85。

计算：(1) 同步电抗和定子电阻的实际欧姆值；(2) 电势 E_a；(3) 功角 δ；(4) 忽略发电机损耗，额定负载时发电机原动机需要对发电机轴提供多大的转矩？

第 8 章　同步电动机运行基本原理

同步电机的稳态速度与负载无关，恒等于它的理想空载转速，即同步转速，作为电动机运行时也是如此。如果磁极对数恒定，能改变同步电动机转速的参量仅剩下电源频率一个，在变频电源不易获得的年代，传统的三相交流同步电动机调速远没有异步电动机的方便，在电力拖动自动控制系统中的应用很少，更多被变电系统作为功率因数补偿机使用，但这一情况近年来发生了巨大变化。随着功率电子技术的进步，交流变频的实现已十分容易，加上同步电动机的无稳态速降（称为无静态转速误差，简称无静差）特性，同步电动机在电力拖动系统特别是高性能交流调速与位置伺服控制系统中的应用已十分普遍，其中转子采用永磁材料的永磁同步电动机更是成为电力拖动系统驱动电机的首选。本章主要介绍普通电励磁同步电动机的运行原理、功率、转矩等运行特性，功率因数补偿方法和永磁同步电动机的结构特点与运行特性。

8-1　同步电动机运行原理

本节首先介绍普通电励磁同步电动机。下面叙述中如无特别声明，同步电机均指电励磁同步电机。

一、同步电机的可逆原理

与直流电机、异步电机一样，同步电机的运行也是可逆的，既可以作为发电机，也可以作为电动机。同步电机运行于发电机状态如图 8-1 所示。在原动机的拖动下，转子磁极轴线超前定子合成磁极轴线，功角 $\delta>0$，电机把机械能转变成电能，原动机产生的机械转矩 T_{mec} 拖动发电机转子以速度 n 旋转，定子绕组感生电势、在输出电功率的同时产生电枢电流、形成的电磁转矩 T_{em} 为制动性质，稳定运行时

$$T_{mec}=T_{em}+T_0$$

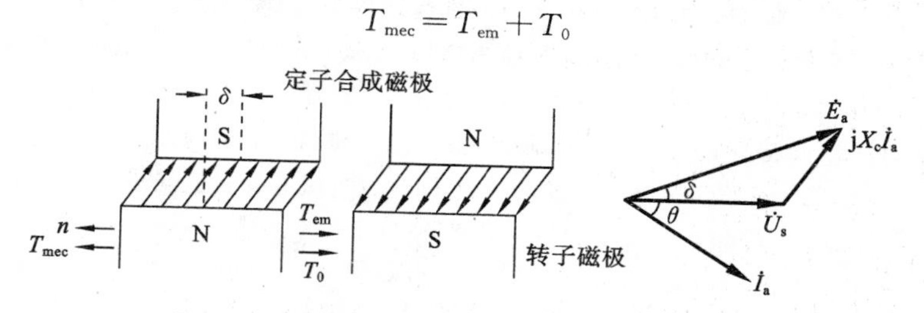

图 8-1　同步电机的发电机电流滞后负载运行

减少发电机的输入功率，转子将瞬时减速，δ 角减小，相应的电磁功率和电磁转矩也减少。当发电机的输入功率减少到只能满足空载损耗时，发电机处于空载运行状态。相应的电磁功

率和电磁转矩均等于零，如图 8-2 所示，发电机不输出有功功率，这时 $T_{mec}=T_0$，功角等于零。

继续减少发电机的输入功率，转子磁极轴线将落后定子合成磁极轴线，功角 δ 和电磁功率 P_{em} 变为负值，电磁转矩 T_{em} 改变方向，与原动机机械转矩一起共同平衡空载阻转矩，稳态转矩平衡方程变为 $T_{mec}+T_{em}=T_0$。卸动原动机，则有 $T_{em}<T_0$，转子减速使功角进一步加大，电机将从电网吸收电功率以满足空载损耗，成为空载运行的电动机，同时电磁转矩相应增大，稳定后转子回到同步转速，稳定在 $T_{em}=T_0$ 运行。

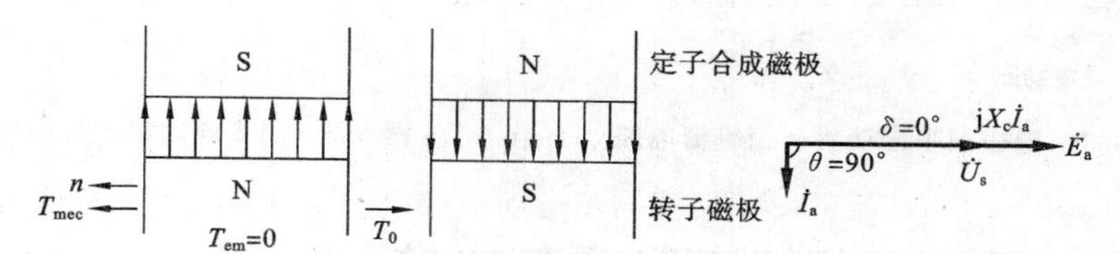

图 8-2　同步电机的发电机空载运行

电机轴上加上机械负载，对应的负载转矩为 T_L，转子瞬间减速使负值的功角 δ 进一步增大，由电网向电机输入的电功率和电磁功率也相应增大，转子受到增大的驱动性质电磁转矩作用，转速回升到同步转速，稳定运行时 $T_{em}=T_0+T_L$，如图 8-3 所示。

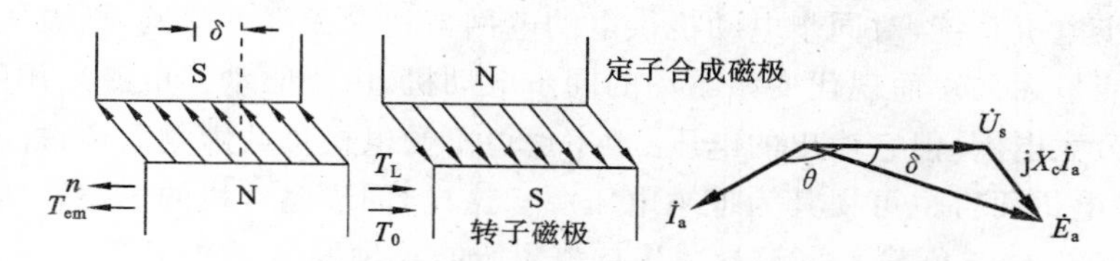

图 8-3　同步电机的电动机电流滞后负载运行

电机转子通过直流电励磁产生转子磁通为 Φ_r 和磁通密度为 B_r 的主磁场，定子绕组则由外加的三相交流电源形成三相电流产生磁通为 Φ_{sa}、磁通密度为 B_{sa} 的旋转磁场，同时在定子绕组产生漏磁通 $\Phi_{s\sigma}$。与同步发电机一样，同步运行时，Φ_{sa}、$\Phi_{s\sigma}$、Φ_r 共同形成合成磁通 Φ_{net}。由 Φ_{net}、Φ_r 决定的两个磁场转速、旋转方向均相同，空间相对静止。两个磁场相互作用，磁力使转子磁场试图跟随定子磁场旋转。合成磁场 Φ_{net} 与转子磁场磁极间的夹角 $|\delta|$（即功角、矩角）越大，作用于转子磁极的转矩也越大（$\delta\leqslant\delta_{max}$ 时）。同步电动机的基本运行原理本质上就是通过三相交流电流产生出来的这个定子合成旋转磁场磁极去拖动转子磁极同步旋转，对电磁转矩大小和方向的分析仍可依照电动机原理进行。由于同步电动机的物理结构与同步发电机的相同，所有关于同步发电机转速、转矩、功率的结论可完全适用于同步电动机，应用公式时仅需注意发电机与电动机电路各电量假定正向对公式中符号的影响。

二、隐极同步电动机等值电路

隐极同步电动机等值电路的结构与发电机的相同，但由于同步电动机与同步发电机功率传递方向相反，按照惯例，在等值电路中定子电流的假定正向变更为与发电机时的相反，如图 8-4 所示。

根据图示假定正向，可得到隐极式同步电动机的电势平衡方程为

$$\dot{U}_s=\dot{E}_a+jX_c\dot{I}_a+R_s\dot{I}_a \tag{8-1}$$

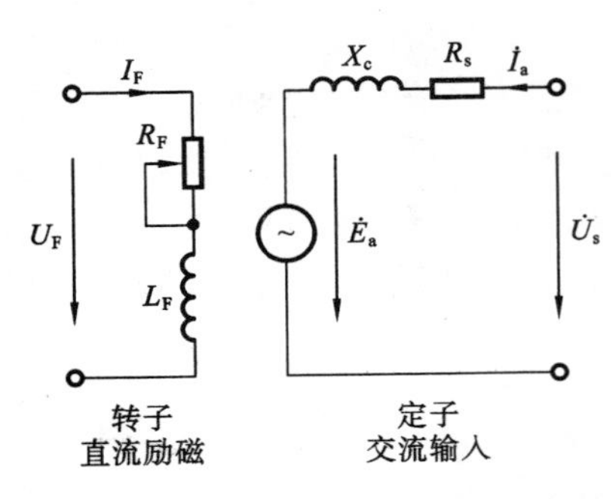

图 8-4 隐极同步电动机一相等值电路

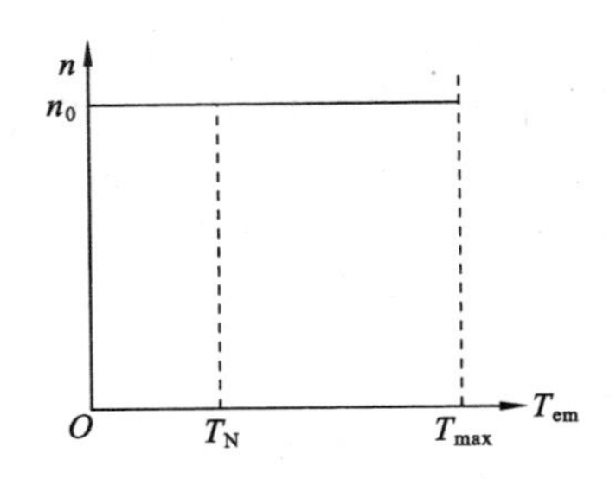

图 8-5 同步电动机的机械特性

三、同步电动机的机械特性、功率与转矩

1. 机械特性

开环运行的同步电动机以恒定的同步转速向负载提供机械功率。它们的供电系统功率通常远远大于异步电机系统，对同步电动机供电的电网常视为无限大电网，即电压、频率恒定，与提供给电机的能量无关。而现代变频驱动的同步电动机，由于驱动器电源采用闭环控制，驱动器虽然不是无穷大电网，但它输出的电压、频率也可不受电机负载影响而通过闭环调节自动保持恒定，因此对电机而言也可视其为理想电压源。这样，同步电动机的稳态转速将被供电电源频率锁定，$n=60f/p$，与负载大小无关。从空载到所能提供的最大转矩 T_{max}（失步转矩）点，稳态转速一直保持常数。机械特性无静差，转差率为零，是同步电动机运行的一个显著特点。同步电动机的机械特性如图 8-5 所示。

对隐极电机，忽略定子电阻时

$$T_{max}=\frac{3U_sE_a}{\Omega X_c}$$

2. 同步电动机的功率平衡关系

同步电动机的功率平衡关系如图 8-6 所示。电网输送到同步电动机的电功率 P_1，扣除定子铜耗 P_{Cus}后，其余的能量转变为电磁功率 P_{em}通过气隙传递到转子

$$P_{em}=P_1-P_{Cus}$$

从电磁功率中再减去电机的空载损耗 P_0 后，转变为轴上输出功率 P_2。空载损耗 P_0 包括铁耗 P_{Fe}、风阻摩擦损耗 P_{fv}和寄生损耗 P_s。实际上在同步电动机稳定运行时，转子铁芯与磁场同步旋转，定子铁芯与磁场相对转速等于同步转速，铁耗主要在定子铁芯中产生，但按照惯例，一般将铁耗归并到空载损耗中考虑。

$$P_2=P_1-P_{Cus}-P_{Fe}-P_{fv}-P_s$$

令 $P_0=P_{Fe}+P_{fv}+P_s$，则有

$$P_2=P_{em}-P_0 \tag{8-2}$$

相应由电磁功率表示的同步电动机电磁转矩为

$$T_{em}=\frac{P_{em}}{\Omega}$$

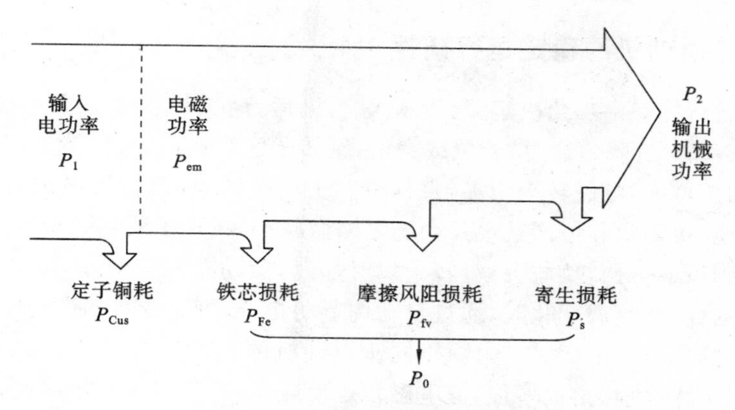

图 8-6　同步电动机的功率流图

这里 $\Omega=\frac{2\pi}{60}n$ 为同步电动机的同步角速度，与异步电动机电磁转矩表达式是一致的。将式(8-2)同除 Ω，就得到同步电动机的稳态转矩平衡方程为

$$T_2=T_{em}-T_0$$

3. 隐极同步电动机的电磁功率与转矩

忽略电枢电阻时，同步电动机的电磁功率也可用作发电机运行时的近似表达式(7-15)、(7-18)求得。但是，当同步电机作电动机运行时，功角为负值，因此需要将(7-15)、(7-18)式中的 δ 角用 $-\delta$ 代替，$\sin(-\delta)>0$，已成为同步电机处于电动机运行状态下的电磁功率，对隐极同步电动机

$$P_{em}=\frac{3U_sE_a\sin(-\delta)}{X_c} \tag{8-3}$$

对应电磁转矩为

$$T_{em}=\frac{3U_sE_a\sin(-\delta)}{\Omega X_c} \tag{8-4}$$

最大转矩发生在 $-\delta=90°$ 处。为了防止同步电动机在突加负载时出现失步现象，同步电动机的额定转矩一般设计得远小于最大转矩，最大转矩的典型值通常是额定转矩的 2～3.5 倍，对应的额定功角 δ_N 一般在 $-16.5°\sim-30°$ 之间。

当负载转矩超过最大转矩，同步电动机转子将无法保持与旋转磁场的锁定状态，形成转差，随着转子转速的下降，定子磁场将重复地时而超前、时而滞后于转子磁场，电磁转矩也重复改变方向，形成很大的转矩波动，导致电动机轴产生强烈振动，严重时可能导致拖动系统损坏，这种现象称为同步电动机的失步运行状态，它是同步电机必须避免的运行状态。由式(8-3)可绘出同步电动机的功角特性，如图 8-7 所示。

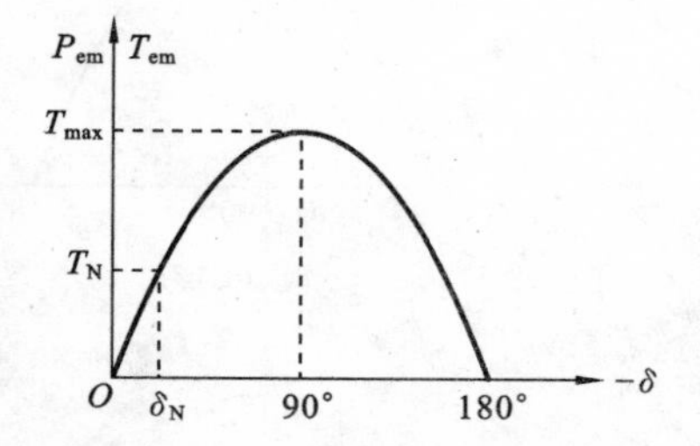

图 8-7　隐极同步电动机的功角特性

同步电动机的最大电磁转矩为 $T_{max}=\frac{3U_sE_a}{\Omega X_c}$，励磁电流越大，电枢电势 E_a 越大，从而最大转矩也越大。因此，大的励磁电流可增强电机的负载能力，提高运行的稳定性。

4. 隐极同步电动机的稳定运行条件

同步电机的运行状态由功角决定，$\delta<0$ 是电动机运行状态，$\delta>0$ 是发电机运行状态。隐极电机在 $0°<-\delta<90°$ 负载运行时，若负载突增，则转子瞬时减速，对应转子磁势减速，定子磁势转速不变，负功角增大，电磁转矩增加，直到略大于负载转矩，使转子加速回复同步转速，这时随着转子的加速，负功角和电磁转矩又会随之略微减小，在转子回到同步转速时电磁转矩与负载转矩重新达到新的平衡；负载突减，转子瞬时加速，负功角相应减小，电磁转矩下降，也能回复同步转速。这样，在负载变化时，通过自动调节功角，电机总能自动达到转矩平衡，保持同步转速运行。因此，称 $0°<-\delta<90°$ 为隐极同步电动机的稳定运行区。在 $90°<-\delta<180°$ 区域，如果负载转矩增大，负功角也增加，但电磁转矩反减小，转子将进一步减速，形成失步，因此这一区域称为不稳定运行区。由于负功角的增大与减小是由负载的增大与减小造成的，为了保证运行的稳定，电磁转矩应当也与负功角同时增大与减小，维持同步电动机稳定运行的条件为

$$\frac{\mathrm{d}T_{\mathrm{em}}}{\mathrm{d}(-\delta)}>0 \tag{8-5}$$

在负载突变、同步电动机通过功角自动调节最终达到转矩平衡的过程中，转子转速可能存在围绕同步转速的衰减振荡调节过程，阻尼绕组（在同步电动机启动一节中介绍）可以对这种振荡起到较好的抑制作用。

负载突然增大的调节过程如图 8-8 所示。初始时刻，电机带负载 T_1 以同步转速 n 稳定运行。在 t_1 时刻负载突变为 T_2，电磁转矩小于负载转矩，转子开始减速，而旋转磁场仍保持同步转速运行，从而使负功角增大，电磁转矩同时增大，使转子减速趋势变缓，当电磁转矩等于 T_2 时，转子停止减速，但此时转子转速低于同步转速，负功角会进一步增大，使电磁转矩继续向 T_3 增大；电磁转矩大于负载转矩后，转子转速回升，负功角和电磁转矩随之减小，这样，负功角围绕 δ_2、电磁转矩围绕 T_2、电机转速围绕同步转速 n 呈现一个逐渐衰减的振荡自动调节过程，最终稳定到新的转矩平衡状态，保持同步转速稳定运行，如图 8-8(b)所示。

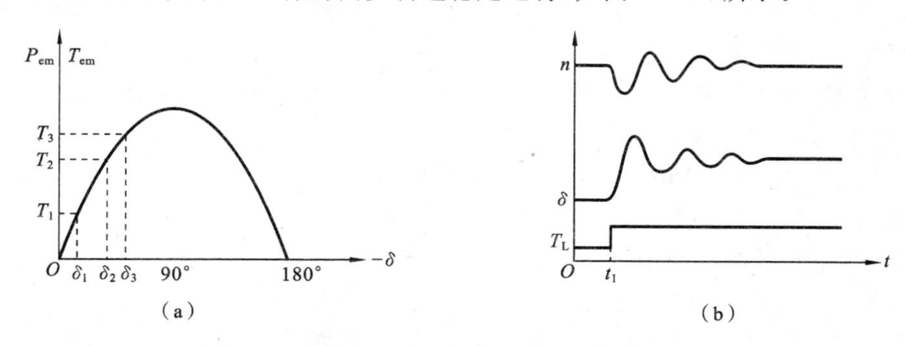

图 8-8 同步电动机负载变化时的动态调节过程

5. 凸极同步电动机的电磁功率与转矩

与凸极同步发电机相同，凸极电动机的同步电抗和电枢电流也可分解为直轴和交轴两个分量，电势平衡方程为

$$\dot{U}_s=\dot{E}_a+R_s\dot{I}_a+\mathrm{j}X_d\dot{I}_d+\mathrm{j}X_q\dot{I}_q$$

忽略定子电阻时，电磁功率和电磁转矩分别为

$$P_{em}=3\frac{E_sU_s}{X_d}\sin(-\delta)+\frac{3U_s^2}{2}\left(\frac{1}{X_q}-\frac{1}{X_d}\right)\sin(-2\delta) \tag{8-6}$$

$$T_{em}=\frac{P_{em}}{\Omega}=3\frac{E_aU_s}{\Omega X_d}\sin(-\delta)+\frac{3U_s^2}{2\Omega}\left(\frac{1}{X_q}-\frac{1}{X_d}\right)\sin(-2\delta) \tag{8-7}$$

当电源电压 U_s、相电势 E_a 为常数时(也即转子励磁不变)，凸极同步电动机的电磁功率只随功角变化而变化。

凸极同步电动机的稳定性与隐极电机的相似，但由于有附加电磁转矩，最大电磁转矩增加，过载能力增强，但产生最大电磁功率与转矩的负功角小于 90°，稳定运行区比隐极电动机的小，最大功角可通过求极值求得。凸极同步电动机的功角特性如图 8-9 所示。

依照电势平衡方程，可得到凸极同步电动机电流超前时的相量图，如图 8-10 所示。

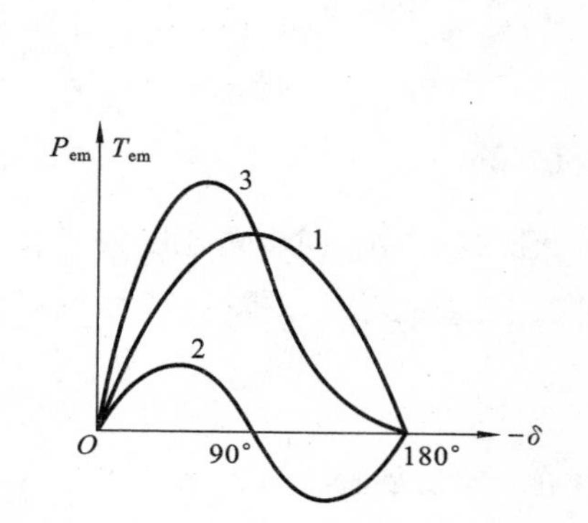

图 8-9　凸极同步电动机的功角特性

1—基本；2—附加；3—合成电磁功率、转矩

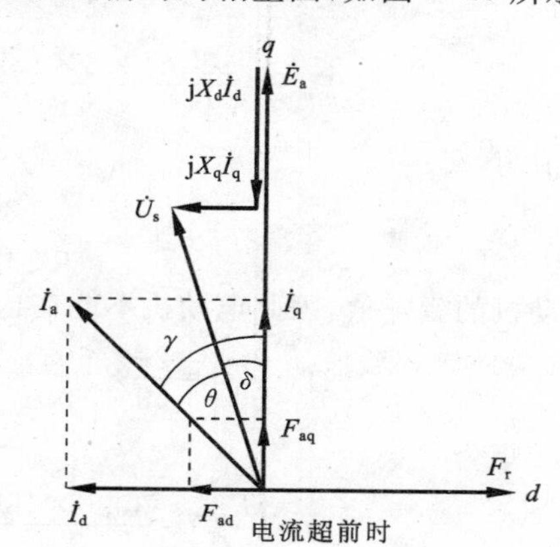

图 8-10　凸极同步电动机的相量图

【例 8-1】　一台 2000 马力(1 马力=746 W)、2300 V、Y 连接、30 极、60 Hz 三相同步电动机每相同步电抗为 1.95 Ω，假设所有损耗可以忽略。

(1) 当采用 60 Hz，2300 V 无穷大电网驱动时，求电动机的最大功率和最大转矩。调节励磁电流使额定负载时功率因数为 1，并假设一直保持这一励磁电流不变。

(2) 改用一台三相、Y 连接、2300 V、1500 kV·A、2 极、3600 r/min 的汽轮发电机驱动同步电动机，已知汽轮发电机同步电抗每相为 2.65 Ω，发电机运行在额定转速，调节发电机励磁使电动机在满载时功率因数为 1，端电压为额定电压，如图 8-11 所示。计算对应于此励磁电流时的电动机所能提供的最大功率和最大转矩。

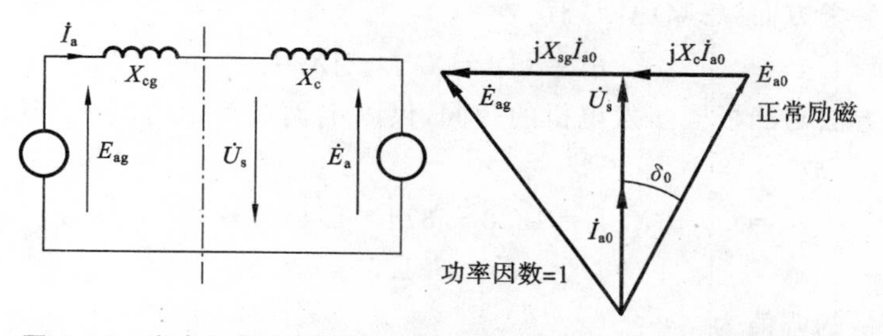

图 8-11　发电机供电同步电动机单位功率因数等值电路与相量图

解　(1) 额定容量为 2000×0.746 kV·A=1492 kV·A(三相)，每相额定容量为497 kV·A。相额定电压为

$$U_{sN}=\frac{2300}{\sqrt{3}}\ \text{V}=1328\ \text{V}$$

由于同步电动机的功率因数可调，电流额定值采用单位功率因数计算，相额定电流为

$$I_{aN}=\frac{497000}{1328}\ \text{A}=374\ \text{A}$$

假设忽略所有损耗，由相量图 8-12 可知

$$E_a=\sqrt{U_s^2+(I_aX_c)^2}=1515\ \text{V}$$

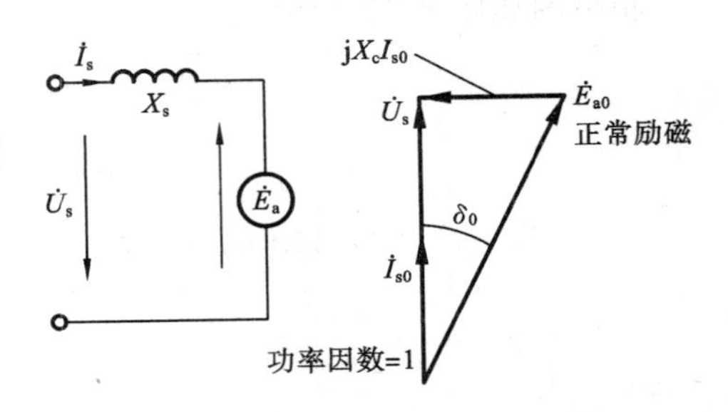

图 8-12　同步电动机单位功率因数等值电路与相量图

对无穷大电网、励磁恒定时，相电压、电势也保持恒定，即

$$P_{max}=\frac{3U_sE_a}{X_c}=\frac{3\times1328\times1515}{1.95}\ \text{kW}=3096\ \text{kW}$$

标幺值为

$$P_{max\cdot pu}=\frac{3096}{1492}=2.07\ \text{pu}$$

远超过电动机的额定值，因此电动机不能在这一功率下长期运行。同步角速度为

$$\Omega=\frac{2\pi}{60}n=\frac{2\pi}{60}\times\frac{60f}{p}=\frac{2\pi\times60}{15}\ \text{rad/s}=8\pi\ \text{rad/s}$$

最大电磁转矩为

$$T_{max}=\frac{P_{max}}{\Omega}=\frac{3096\times1000}{8\pi}\ \text{kN}\cdot\text{m}=123.2\ \text{kN}\cdot\text{m}$$

(2) 发电机电势为

$$E_{ag}=\sqrt{U_s^2+(I_aX_{cg})^2}=\sqrt{1328^2+(374\times2.65)^2}\ \text{V}=1657\ \text{V}$$

$$P_{max}=\frac{3E_{ag}E_a}{(X_{cg}+X_c)}=\frac{3\times1657\times1515}{1.95+2.65}\ \text{kW}=1638\ \text{kW}$$

$$T_{max}=\frac{P_{max}}{\Omega}=\frac{1635\times1000}{8\pi}\ \text{kN}\cdot\text{m}=65.2\ \text{kN}\cdot\text{m}$$

【例 8-2】 例 8-1 中的电机实际为凸极电动机，同步电抗参数为：$X_d=1.95\ \Omega$，$X_q=1.4\ \Omega$。无穷大电网额定电压、额定频率供电，保持额定负载功率因数为 1 时的励磁电流不变，轴上负载可逐渐加大至稳态极限。忽略所有损耗，计算最大输出机械功率及对应功角。

解　由例 8-1 解得，满载端电压和电流分别为 1328 V 和 374 A。单位功率因数，取相电压作为电动机的参考方向，忽略电阻，有

$$\dot{E}_a=\dot{U}_s-jX_d\dot{I}_d-jX_q\dot{I}_q$$

电势定位的方法与凸极同步发电机的相同，仅因电动机等值电路中电枢电流的假定正向与发电机时的相反，故有

$$\dot{E}_a=\dot{U}_s-jX_q\dot{I}_a=1328-j374\times1.4=1428\angle-21.5^\circ$$

$$\delta=-21.5^\circ$$

直轴电流分量的幅值为

$$I_d=I_a\sin|\delta|=374\sin21.5^\circ\ \text{A}=137\ \text{A}$$

电势幅值为

$$E_a=\hat{E}_a+I_d(X_d-X_q)=(1428+137\times0.55)\ \text{V}=1503\ \text{V}$$

相量图如图 8-13 所示。

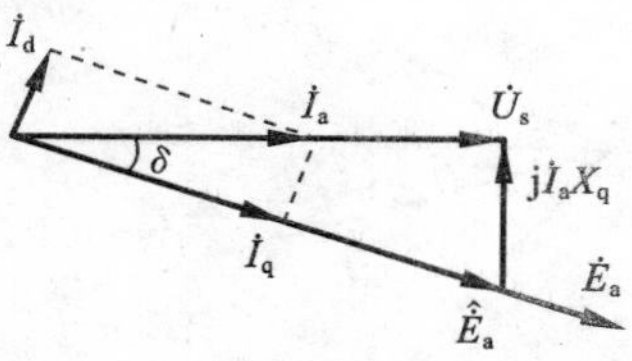

电磁功率为

$$P_{em}=3\,\frac{E_a U_s}{X_d}\sin(-\delta)+\frac{3U_s^2}{2}\left(\frac{1}{X_q}-\frac{1}{X_d}\right)\sin(-2\delta)$$

$$=3\times\frac{1503\times1328}{1.95}\sin|\delta|+\frac{3\times1328^2}{2}\left(\frac{1}{1.4}-\frac{1}{1.95}\right)\sin|2\delta|$$

$$=(3071\sin|\delta|+533\sin|2\delta|)\text{kW}$$

图 8-13　凸极同步电动机单位功率因数时的相量图

为了求得最大电磁转矩，将上述结果对功角求极值，可得到

$$\frac{\mathrm{d}P_{em}}{\mathrm{d}(-\delta)}=3071\cos(-\delta)+1066\cos(-2\delta)=0$$

利用三角公式 $\cos2\alpha=2\cos^2\alpha-1$，解得 $\delta=-73.2°$，$P_{em\text{-}max}=3240$ kW。例 8-1 中忽略凸极效应时结果为 3090 kW，偏差小于 5%。

四、附加转矩与磁阻电机

凸极同步电动机的电磁功率由两部分组成：第一项是与隐极相同的基本电磁功率；第二项称为附加电磁功率，它是由 d、q 轴的磁阻不等使 X_d、X_q 不相等引起的，产生的转矩又称为磁阻转矩。

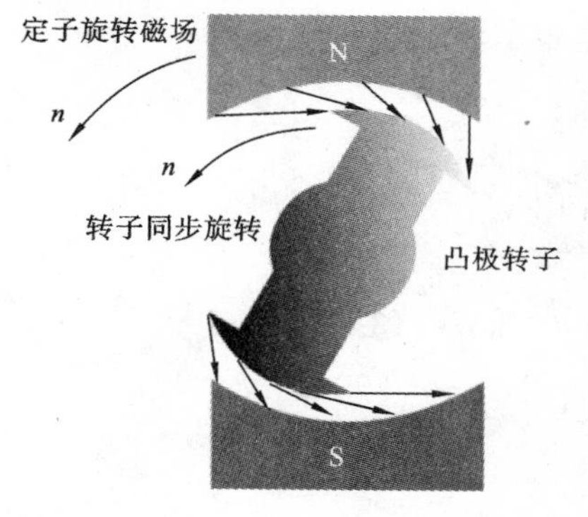

图 8-14　反应式同步电动机

当凸极转子轴线与定子磁场轴线错开一个角度时，定子绕组产生的磁通斜着通过气隙，会产生切线方向的磁拉力，形成拖动转矩。只要定子存在旋转磁场，即使没有电励磁，凸极同步电动机也会产生磁阻转矩，拖动电动机运行，如图 8-14 所示。这种没有电励磁的同步电机又被称为磁阻电机或反应式同步电动机。由于没有直流励磁，这种同步电动机的功率因数不能调节，只能在由定子绕组决定的滞后功率因数下运行，电磁转矩也仅由定子电流决定的磁场和功角决定，不易获得很大的电磁转矩和输出机械功率。这种磁阻式同步电动机由于可以不要转子励磁绕组，结构简单，成本低廉，在一些对输出特性要求不高的场合应用得很普遍。

8-2　同步电动机的运行特性

一、负载变化对同步电动机运行的影响

假定隐极同步电动机运行在恒定励磁状态。由于电动机的稳态转速与负载无关，因此定子绕组中因转子磁场产生的感应电势幅值也与负载无关，即

$$E_a=k\Phi_r\Omega=KB_r\Omega=C$$

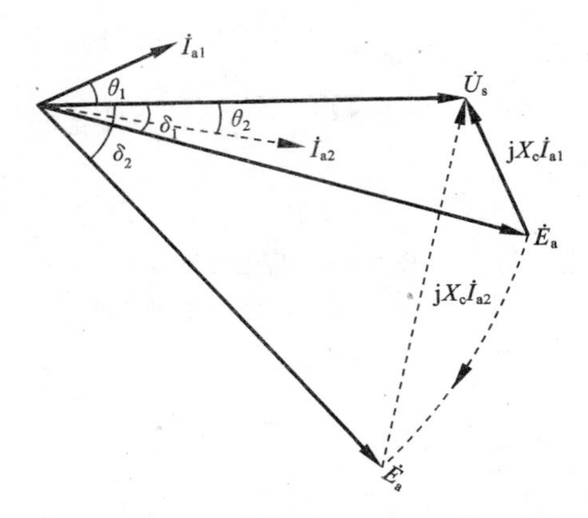

图 8-15 隐极同步电动机直流励磁恒定、负载变化时的相量图

假定电机轻载时运行在功率因数超前状态，即电枢电流 $\dot{I}_a$ 超前于定子电压 $\dot{U}_s$。负载增加时，转子瞬间转速降落，使转矩角 δ 变大，电磁转矩增加，最终使电机加速恢复同步转速，但是具有较大的转矩角 δ。由于 E_a 保持常数与负载无关，忽略定子电阻影响时，输入功率

$$P_1=3U_sI_a\cos\theta\approx\frac{3U_sE_a\sin(-\delta)}{X_c}\approx P_{em}$$

随负转矩角 δ 增大而增大，从等值电路相量图可以看出，负载增加时，δ 增大 E_a 不变，意味着 $\dot{E}_a$ 向下顺时针旋转，连接 $\dot{E}_a$ 和 $\dot{U}_s$ 的相量 $jX_c\dot{I}_a$ 必须相应增大，即定子电枢电流相应增大，功率因数角也发生改变，随着负载的逐渐增加，超前角度变得越来越小，随后由正变负、越来越滞后。

【例 8-3】 某三相交流同步电动机参数为：额定电压 208 V，额定容量 45 kV·A，三角形连接，额定电源频率 60 Hz，同步电抗 2.5 Ω，电枢电阻可忽略。铁耗为 1.0 kW，风阻、摩擦损耗为 1.5 kW，初始带有 15 马力负载，运行在 0.8 超前功率因数。

(1) 求定子相电流、线电流和电势。

(2) 若负载加倍，求变化后的定子相电流、线电流和电枢电势及功率因数。

(3) 若负载增加到 55 马力，重复(2)的计算。

解 (1) 电机初始的输出功率为

$$P_2=15\times0.746\ \text{kW}=11.19\ \text{kW}$$

输入功率为

$$P_1=P_2+P_0+P_{Cus}=(11.19+1.5+1.0+0)\ \text{kW}=13.69\ \text{kW}$$

$$I_L=\frac{P_1}{\sqrt{3}U_L\cos\theta}=\frac{13.69}{\sqrt{3}\times208\times0.8}\ \text{A}=47.5\ \text{A}$$

$\theta=\cos^{-1}0.8=36.87°$，超前。

三角形连接时，有

$$I_a=\frac{I_L}{\sqrt{3}}=27.4\ \text{A},\quad \dot{I}_a=27.4\angle36.87°\ \text{A}$$

$$\dot{E}_a=\dot{U}_s-jX_c\dot{I}_a=208\angle0°-j2.5\times(27.4\angle36.87°)=255\angle-12.4°\ \text{V}$$

(2) 励磁不变，负载加倍

$$P_1=P_2+P_0=30\times0.746+1.5+1.0\ \text{kW}=24.88\ \text{kW}$$

$$P_1=3U_sI_a\cos\theta\approx P_{em}=\frac{3U_sE_a\sin(-\delta)}{X_c}$$

$$-\delta=\sin^{-1}\frac{X_cP_1}{3U_sE_a}=\sin^{-1}\frac{2.5\times24880}{3\times208\times255}=23°$$

因此电势变为

$$\dot{E}_a=255\angle-23°\ \text{V}$$

$$\dot{I}_a=\frac{\dot{U}_s-\dot{E}_a}{jX_c}=\frac{208\angle0°-255\angle-23°}{j2.5}=41.2\angle15°\ \text{A}$$

$$I_L=\sqrt{3}I_a=71.4\ \text{A}$$

功率因数为0.966，超前。

(3) 励磁不变，负载加至55马力

$$P_1=P_2+P_0=(55\times0.746+1.5+1.0)\ \text{kW}=43.53\ \text{kW}$$

$$-\delta=\sin^{-1}\frac{X_cP_1}{3U_sE_a}=\sin^{-1}\frac{2.5\times43530}{3\times208\times255}=43.15°$$

电势变为

$$\dot{E}_a=255\angle-43.15°\ \text{V}$$

$$\dot{I}_a=\frac{\dot{U}_s-\dot{E}_a}{\text{j}X_c}=\frac{208\angle0°-255\angle-43.15°}{\text{j}2.5}=70.3\angle-7.2°\ \text{A}$$

$$I_L=\sqrt{3}I_a\approx122\ \text{A}$$

功率因数为0.992，滞后。

二、励磁变化对同步电动机运行的影响

假定隐极同步电动机初始运行在滞后功率因数，其相电势为 $\dot{E}_{a2}$，电枢电流为 $\dot{I}_{a2}$，如图8-16所示。当励磁电流增加时，电势幅值相应增加，而由于此时负载没变，电机提供的有功功率 P_1 不发生变化，电机转速也不变化。电机的输入相电压 U_s 为电网电压，设为常数，$P_1=3U_sI_a\cos\theta\approx\dfrac{3U_sE_a\sin(-\delta)}{X_c}=C$，也就是相量图中的距离 $I_a\cos\theta$ 和 $E_a\sin(-\delta)$ 保持为常数，如图8-16中虚线所示。当励磁电流增加时，E_a 幅值增大，沿恒功率线 $\overline{AB}$ 由下向上滑动增加。电流 I_a 则沿 $\overline{CD}$ 线水平从右向左滑动，先逐渐减小，在与电压同相时到达最小，此时对应的电势和电流分别为图中的 $\dot{E}_a$，$\dot{I}_a$，然后电流 $\dot{I}_a$ 变为超前，幅值又逐渐增大，如图中的 $\dot{E}_{a1}$，$\dot{I}_{a1}$ 所示。励磁电流较小、电势 E_a 幅值较低时，电流滞后，电动机相当于一个感性负载，它的作用相当于一个电感电阻组合，主要消耗无功功率。随着励磁电流的增加，电枢电流逐渐减小，最终可以达到与电压同相，电动机这时相当于一个纯电阻负载。进一步增加励磁，电枢电流变得超前，电动机呈现容性负载性质，它的作用相当于一个电容电阻组合，主要消耗负的无功功率，或者说提供无功功率给电网。

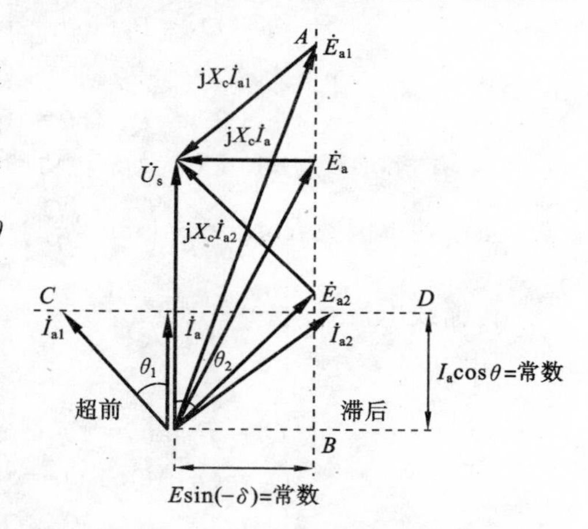

图8-16　隐极同步电动机励磁电流变化的影响

当相量 $\dot{E}_a$ 在相电压上的投影比相电压短时，电流滞后，电机消耗无功功率。这时的励磁电流小于额定值，称为欠励；反之则电流超前，电机输出无功功率。对应励磁电流较大，称为过励。调节励磁电流可以调节同步电动机的功率因数，这是同步电动机运行的一个重要特性，在这一点上与三相异步电动机是不同的。

【例8-4】 假定有三台电动机由一定距离的480 V无穷大电网供电。感应电动机1消耗功率100 kW，功率因数为0.78滞后；感应电动机2消耗功率200 kW，功率因数为0.8滞后；

第 3 台为同步电动机，消耗功率 150 W，如图 8-17 所示。

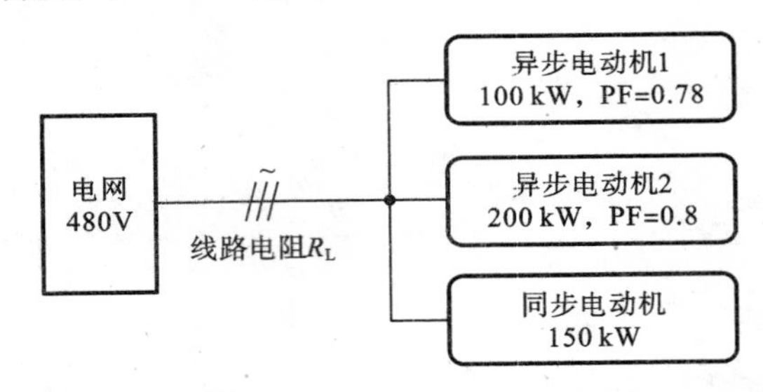

图 8-17　同步电动机的功率因数补偿作用

(1) 如果同步电动机被调节到运行于 0.85(滞后)功率因数，这个系统的传输线电流是多少？

(2) 如果同步电动机运行于 0.85(超前)功率因数，这个系统的传输线电流是多少？

(3) 假定线损为 $P_{LL}=3I_L^2R_L$，比较两种情况下的线路损耗。

解　(1)

$$P_1=100\ \text{kW}$$

$$Q_1=P_1\tan\theta=100\tan(\cos^{-1}0.78)=80.2\ \text{kvar}$$

$$P_2=200\ \text{kW}$$

$$Q_2=P_2\tan\theta=200\tan(\cos^{-1}0.8)=150\ \text{kvar}$$

$$P_3=150\ \text{kW}$$

$$Q_3=P_3\tan\theta=150\tan(\cos^{-1}0.85)=93\ \text{kvar}$$

因此，总有功功率为 450 kW，总无功功率为 323.2 kvar。

系统功率因数：$\cos\theta=\cos\left(\tan^{-1}\dfrac{Q}{P}\right)=\cos\left(\tan^{-1}\dfrac{323.2}{450}\right)=0.812$，滞后

传输线电流　$I_L=\dfrac{P_\Sigma}{\sqrt{3}U_L\cos\Phi}=\dfrac{450}{\sqrt{3}\times480\times0.812}\ \text{A}=667\ \text{A}$

(2)

$$P_3=150\ \text{kW}$$

$$Q_3=P_3\tan\theta=150\tan(-\cos^{-1}0.85)\ \text{kvar}=-93\ \text{kvar}$$

$$Q_\Sigma=Q_1+Q_2+Q_3=80.2+150-93\ \text{kvar}=137.2\ \text{kvar}$$

$$\text{PF}=\cos\theta=\cos\left(\tan^{-1}\frac{Q}{P}\right)=\cos\left(\tan^{-1}\frac{137.2}{450}\right)=0.957\text{，滞后}$$

$$I_L=\frac{P_\Sigma}{\sqrt{3}U_L\cos\Phi}=\frac{450}{\sqrt{3}\times480\times0.957}\ \text{A}=566\ \text{A}$$

(3) $P_{LL1}=3I_{L1}^2R_L=1344700R_L$

$$P_{LL2}=3I_{L2}^2R_L=961070R_L$$

$$\frac{P_{LL1}-P_{LL2}}{P_{LL1}}\times100\%\approx28.5\%$$

在向负载提供相同有功功率的情况下，线路损耗降低 28.5%。此例说明，同步电动机运行时可以通过调节功率因数，显著影响电力系统的运行效率。

同步电动机也可以专门运行在无功状态，既不输出有功功率，也不拖动机械负载，仅用做功率因数补偿。这时的同步电动机也称为补偿机或调相机。为取得超前功率因数，同步机须运行在过励状态，但励磁电流大、铁芯饱和程度高，可能导致转子发热严重，因此应用中须防止励磁电流超过额定值后励磁绕组过热。

利用同步电动机或其他设备来提高电力系统的功率因数，称为功率因数校正。由于同步电动机可以提供功率因数校正，降低电力系统成本，许多恒速系统都采用同步电动机驱动。虽然同步电动机价格一般高于感应异步电动机，但它运行于超前功率因数时的功率因数校正能力可以节约更多的费用。

三、同步电动机的工作特性和 V 形曲线

1. 工作特性

同步电动机在电源电压 U_s、频率 f 和转子励磁电流 I_f 保持为常数时，电磁转矩 T_{em}、电枢电流 I_a、运行效率 η、功率因数 $\cos\theta$ 和输出功率 P_2 间的关系称为同步电动机的工作特性。

从图 8-18 中可以看出，同步电动机与异步电动机相比，功率因数特性有很大差别。这主要是由于两种电动机主磁场的励磁方式不同引起的。同步电动机转子采用直流励磁，电动机运行时定子电流主要为有功分量，功率因数无论是空载还是满载变化都很小；异步电动机采用定子电流励磁，空载时无功电流所占比例很大，功率因数很低。随着负载增加，定子电流有功分量逐渐加大，功率因数相应提高。

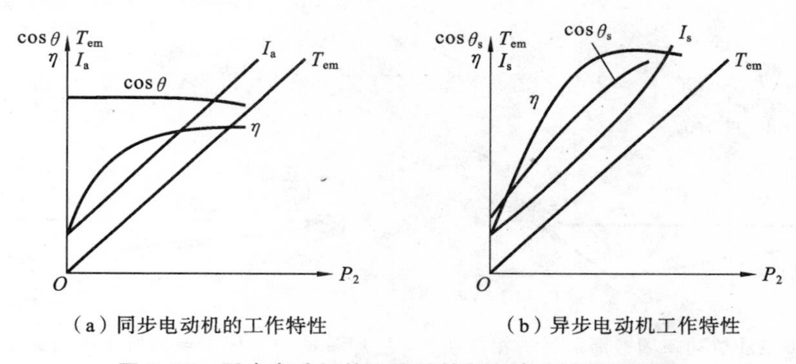

（a）同步电动机的工作特性　　（b）异步电动机工作特性

图 8-18　同步电动机的工作特性与异步电动机的比较

2. V 形曲线

不同负载功率下励磁电流与电枢电流的关系称为同步电动机的 V 形曲线。通过控制同步电动机的励磁电流，可以控制它的无功功率。

负载恒定时，若正常励磁，功率因数为 1，电枢电流达到最小值。此时无论增加、减少励磁电流，电枢电流均会增大，因此两电流的关系呈 V 形，如图 8-19 所示。负载恒定时 $T_{em}=\dfrac{3E_aU_s}{\Omega X_c}\sin(-\delta)=$常数，减少励磁，电势减小，功角必然增加。励磁减少到一定数值时，负功角将达到 90°，若继续减小励磁，负功角将大于 90°，电磁转矩不再能保持常数，电机进入不稳定区，如图 8-19 中虚线所示。由图可知，同步电动机运行时具有以下特性：

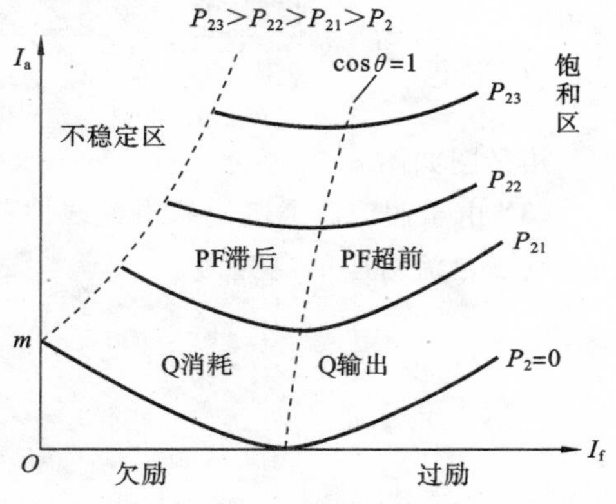

图 8-19　同步电动机的 V 形曲线

(1) 励磁电流一定时，输出功率越大，定子电流越大；

(2) 每曲线定子电流在单位功率因数点达到最小；

(3) 励磁过分小将使负功角 $\delta > \frac{\pi}{2}$，造成失步。

$P_2=0$ 时，同步电动机工作在无有功功率消耗的过励状态，这时轴上不带任何有功负载，专用于提高电网功率因数。

【例 8-5】 某同步电动机参数、损耗与例 8-3 中的相同。初始带有 15 马力负载，运行在 0.85 滞后功率因数，励磁电流 4.0 A。试进行以下验算：

(1) 绘制相量图，求电枢电流和电势；

(2) 如果磁通增加 25%，绘制相量图，求电枢电流、电势和功率因数；

(3) 假定励磁电流与磁通保持线性关系，绘制电机在此负载下的励磁电流和电枢电流的关系曲线。

解 (1) 由例 8-3 可知，此负载下输入电功率为 13.69 kW。由于电机功率因数为 0.85 滞后，

$$I_a=\frac{P_1}{3U_s\cos\theta}=\frac{13.69\times1000}{3\times208\times0.85}\ \text{A}=25.8\ \text{A}$$

$$\cos^{-1}0.85=31.8^\circ$$

$$\dot{I}_a=25.8\angle-31.8^\circ\ \text{A}$$

$$\dot{E}_a=\dot{U}_s-\text{j}X_c\dot{I}_a=208\angle0^\circ-\text{j}2.5\times(25.8\angle-31.8^\circ)\ \text{V}=182\angle-17.5^\circ\ \text{V}$$

相量图如图 8-20 所示。

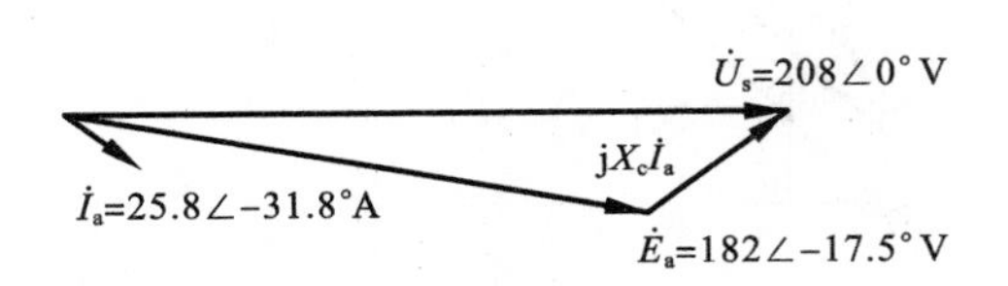

图 8-20 同步电动机功率因数滞后时的相量图

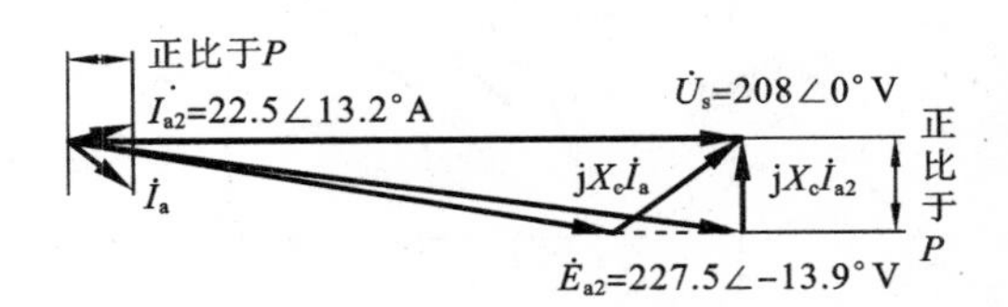

图 8-21 同步电动机功率因数超前时的相量图

(2)
$$E_{a2}=1.25E_a=1.25\times182\ \text{V}=227.5\ \text{V}$$

$$E_a\sin\delta_1=E_{a2}\sin\delta_2$$

$$\delta_2=\sin^{-1}\left(\frac{E_a}{E_{a2}}\sin\delta_1\right)=\sin^{-1}\left(\frac{182}{227.5}\sin(-17.5^\circ)\right)=-13.9^\circ$$

$$\dot{I}_{a2}=\frac{\dot{U}_s-\dot{E}_{a2}}{\text{j}X_c}=\frac{208\angle0^\circ-227.5\angle-13.9^\circ}{\text{j}2.5}\ \text{V}=22.5\angle13.2^\circ\ \text{V}$$

$$\text{PF}=\cos13.2^\circ=0.974，\text{超前}$$

相量图如图 8-21 所示。

(3) 由于假定磁通随励磁电流线性变化，已知励磁电流为 4.0 A 时电势为 182 V，因此对任意励磁电流对应的电势为

$$E_{a2}=182\times\frac{I_{a2}}{4.0}$$

负载不变时

$$E_a\sin\delta_1=E_{a2}\sin\delta_2$$

$$\delta_2=\sin^{-1}\left(\frac{E_a}{E_{a2}}\sin\delta_1\right)$$

$$\dot{I}_{a2}=\frac{\dot{U}_s-\dot{E}_{a2}}{jX_c}$$

利用Matlab仿真可以很容易得到此时的V形曲线。仿真结果如图8-22所示。

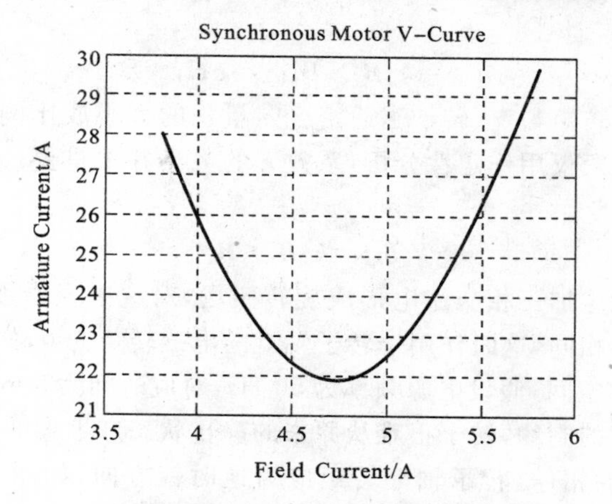

图8-22　V形曲线的仿真结果

仿真程序如下：

```
% 初始化励磁电流 3.8～5.8A
  i_f=(38:1:58)/10;
%初始化其他
  i_s=zeros(1,21);
  x_s=2.5;              %同步电抗
  u_s=208;              %相电压
  delta1=-17.5*pi/180;%delta1 弧度表示
  e_s1=182*(cos(delta1)+j*sin(delta1));
%改变励磁电流,计算对应电枢电流
  for ii=1:21
    e_s2=45.5*i_f(ii);
    delta2=asin(abs(e_s1)/abs(e_s2)*sin(delta1));
    e_s2=e_s2*(cos(delta2)+j*sin(delta2));
    i_s(ii)=(u_s-e_s2)/(j*x_s);
  end
%画图
  plot(i_f,abs(i_s),'MarkerEdgeColor','k','Linewidth',2.0);
  xlabel('Field Current (A)','Fontweight','Bold');
  ylabel('Armature Current (A)','Fontweight','Bold');
  title('Synchronous Motor V-Curve','Fontweight','Bold');
grid on
```

四、同步电机的启动与特性比较

在异步电动机中，已知有 $\boldsymbol{F}=i(\boldsymbol{l}\times\boldsymbol{B})$ 作用于转子载流为 i 的导体 l，产生电磁转矩 $\boldsymbol{T}_{em}=\boldsymbol{r}$

$\times \boldsymbol{F}$，同时转子电流产生自己的磁通，依照安培环路定理，其磁场强度 $\boldsymbol{H}_r$ 正比于转子电流。因此，转矩又可以表示为

$$T_{em}=k|\boldsymbol{H}_r\times\boldsymbol{B}_s|,\quad H_r=Ci$$

或

$$T_{em}=k|\boldsymbol{B}_r\times\boldsymbol{B}_s|,\quad \mu H_r=B_r$$

即交流异步电机的转矩与定、转子磁通密度向量积的大小成比例。此结论同样适用于交流同步电机。此结论一般仅用作定性分析，系数 k 的大小并不重要。考虑同步电动机的电磁转矩可以表示为

$$T_{em}=k|\boldsymbol{B}_r\times\boldsymbol{B}_s| \tag{8-8}$$

同步电动机定子绕组加三相交流电形成旋转磁场，对应磁通密度为 B_s。假定在 $t=0$ 时刻，定子、转子磁场方向相同，这时作用于转子轴上的电磁转矩为 0，如图 8-23(a)所示；1/4 周期时，定子磁场转过 90°空间，假设电源频率为 50 Hz，对应时间为 5 ms，在这样短的时间内，受机械转动惯量和加速度的制约，转子很难从原来的静止状态产生大的角度移动，但是定子磁场已指向左，根据磁极同性相斥，转子轴上转矩应为逆时针方向，如图 8-23(b)所示；到 1/2 周期，如果转子的移动角度可以忽略，则两磁场将方向相反，电磁转矩再次变为 0，如图 8-23(c)所示；到 3/4 周期，定子磁场方向指向右，转子轴上电磁转矩变为顺时针方向，如图 8-23(d)所示。因此在一个电源周期内，定子磁场形成的电磁转矩先以逆时针方向然后又以顺时针方向作用于转子轴，周期平均转矩等于 0，同步电动机会反复落入失步状态，电机轴在每个电源周期将呈现剧烈的振动，最终将导致电机过热。因此，同步电动机如不采取措施是不能突加工频电源直接启动的。为了保证同步电动机能顺利启动，必须在它的转速到达同步转速前解决它的失步问题。

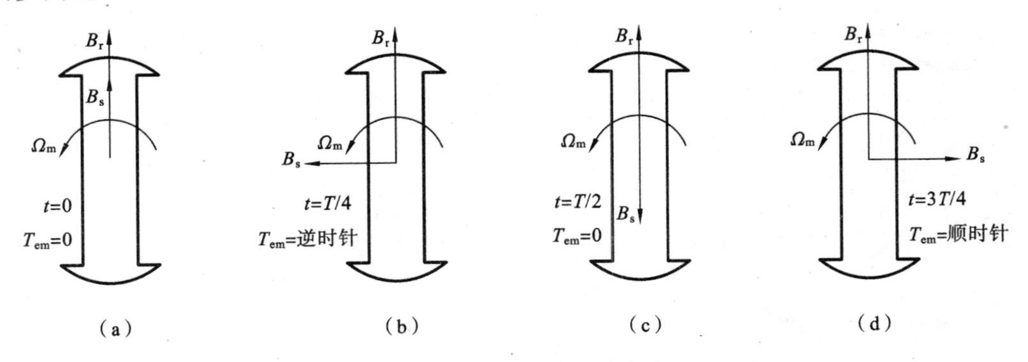

图 8-23　同步电动机的启动

1. 同步电动机的启动方法

解决同步电动机的启动失步问题主要有以下三种方法。

(1) 启动时降低定子旋转磁场的速度，变频启动。降低电源频率，使电机转子在旋转磁场的半周期内能够完成同步锁定。

(2) 使用外加原动机将同步电动机拖入同步，然后切除原动机。

(3) 采用阻尼绕组。

所谓阻尼绕组，是由安装在同步电机转子表面的导条通过短路环连接构成。与异步电机笼型转子相似，如果电机在启动时转子不加励磁，定子直接加三相交流启动，则电机可按异步

方式启动，电机最终虽然不能达到同步转速，但可以很接近同步转速，这时加入转子励磁，即可将转子牵入同步。

实际这种结构的同步电机励磁绕组在启动过程中并不开路。如果励磁绕组开路，在启动过程中，绕组导体也会感生电动势，产生非常高的电压。励磁绕组在启动中短路，则没有过电压的危险，而且感生的电流按照电动机原理实际可贡献额外的启动转矩。

因此，带阻尼绕组的同步机启动时序为

(1) 励磁绕组不接励磁直流电源而将绕组短路连接；

(2) 加三相电源到定子绕组使电机加速到接近同步转速；

(3) 励磁绕组接入直流励磁，电机达到同步转速；

(4) 将负载加到同步电动机轴上带负载运行。

带有阻尼绕组的同步电动机，阻尼绕组除了可以有效解决同步电动机的启动问题之外，还对同步电动机运行可能产生的不稳定具有一定的阻尼作用。例如，当同步电动机负载突然发生变化时，阻尼绕组的存在可以显著抑制电机转矩和转速的振荡。

当同步电动机运行在同步转速时，阻尼绕组中没有感应电动势。如果转子转速低于同步转速，定子磁场与转子导体产生相对运动，阻尼绕组中立即可感生电动势，形成转子电流和磁场，与定子磁场共同作用形成加速性质电磁转矩；如果转子转速高于同步，则可产生减速转矩，即对电机偏离同步起到阻尼作用，在负载变化时它可增加电机运行的稳定性。阻尼绕组也常在同步发电机中采用。

2. 同步电动机与发电机

同步发电机将机械能转变为电能，同步电动机将电能转变为机械能，两者的物理结构相同。同步电机可以提供有功功率，也可以消耗有功功率；可以提供无功功率，也可以消耗无功功率。从相量图中可以看出它们的主要特点是：

(1) 发电机运行时，$\dot{E}_a$ 超前于$\dot{U}_s$，电动机运行时，$\dot{E}_a$ 滞后于$\dot{U}_s$；

(2) 电机输出无功功率时，$E_a\cos\delta > U_s$，而与电机是运行在发电机还是电动机状态无关。电机吸收无功功率时，$E_a\cos\delta < U_s$。

同步电机电动运行与发电运行的相量图比较如表8-1所示。

表8-1 同步电机电动运行与发电运行时的相量图与功率流

	过励 提供无功功率 Q $E_a\cos\delta > U_s$	欠励消耗无功功率 Q $E_a\cos\delta < U_s$
提供有功功率 P，发电机 $\dot{E}_a$ 超前于$\dot{U}_s$	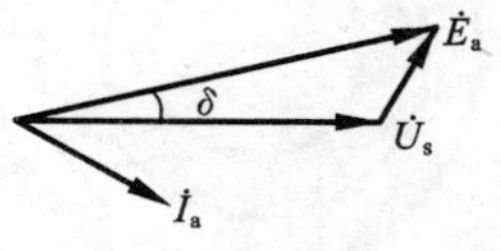	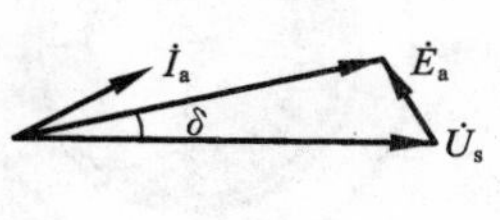
消耗有功功率 P，电动机 $\dot{E}_a$ 滞后于$\dot{U}_s$	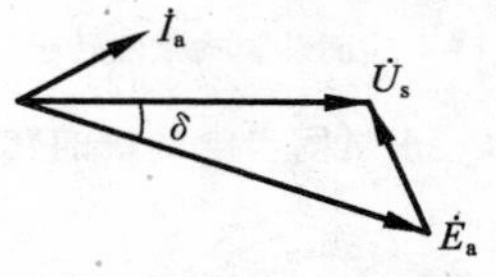	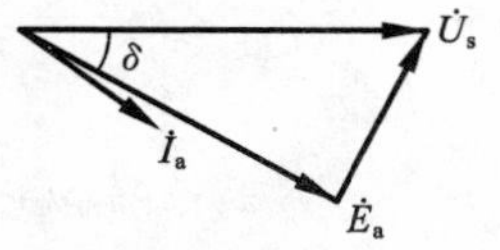

注意，发电机和电动机的功率流动方向是相反的。发电机流出为正，电动机流入为正。

过励时，发电机输出无功功率 $Q>0$，意味着向负载、电网输出，提供无功功率；对于电动机，它的 P、Q 为正代表电动机消耗的功率。过励时，电动机消耗无功功率 $Q<0$（电流超前），也意味着对电网输出，提供无功功率。因此，只要同步电机处于过励状态，它必对电网提供无功功率（感性），即帮助承担一部分感性负载，改善电网带感性负载的能力。

8-3 永磁同步电动机

20 世纪 70 年代以前，由于难以获得成本低、体积小的高性能变频电源，以及同步电动机的启动控制问题使得同步电机作为电动机应用受到很大限制，它主要被作为发电机、功率因数补偿机和不调速运行电动机使用。随着功率电子技术、微电子技术和现代交流调速技术的进步，现代高性能、低成本、小体积的交流变频电源已十分容易得到，为同步电机的电动机应用扫清了技术方面的阻碍，使同步电动机迅速成为交流电力拖动的一种主要驱动电机。这时同步电动机通常与变频电源（交流变频驱动器）共同组成一个拖动系统，称为同步电动机驱动系统，通过对电动机的交流变频调速可使同步电机作为电动机在较宽的调速范围内运行。为进一步提高功率密度、减小体积和电机惯量，提升交流同步电动机的响应速度，在 20 世纪 70 年代末至 80 年代初，英国学者 Merrill 提出了永磁式交流同步电动机的设计方案，德国西门子公司研制成功了一种称为“Buried Magnet”的永磁转子，从 1979 年开始，永磁同步电动机（permanent magnet synchronous motor，PMSM）及其驱动系统的设计与控制技术渐渐成为从事电力拖动技术研究的学者和研究人员的一个重要研究热点领域。

一、永磁同步电动机的结构

永磁同步电动机转子采用永磁体取代励磁绕组，所采用的永磁磁性材料主要包括 AlNiCo（铝镍钴合金）、Ceramic（陶瓷）、Rare Earth（含钐或钕聚合键的稀土材料）、Ferrites（铁氧体材料）、NdFeB（钕铁硼合金）、Barium（钡）或 Strontium（锶）等铁磁性材料，其中钕铁硼合金由于其磁特性和物理特性优异、成本低廉且材料来源有保证，很快成为永磁同步电动机永磁转子的主要原料。

永磁转子有多种不同结构，图 8-24 给出了三种最典型的结构。

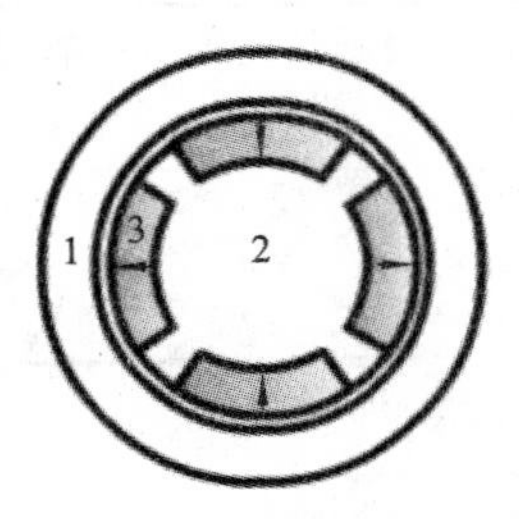

（a）嵌入式永磁转子

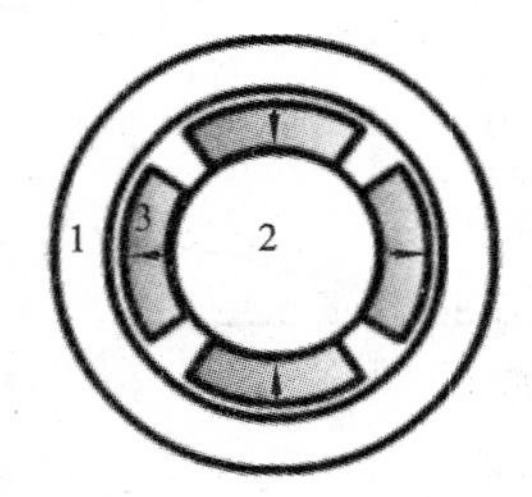

（b）表面贴装式永磁转子

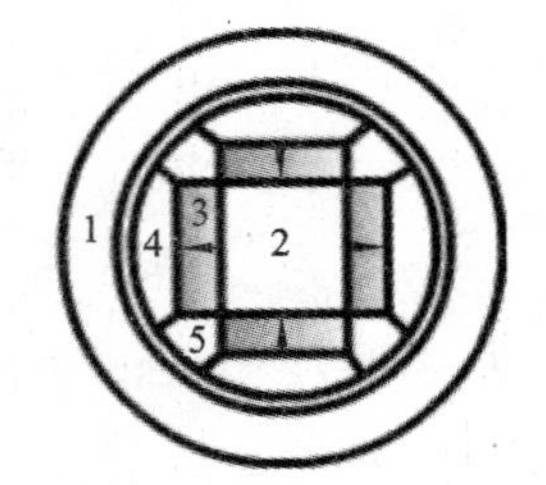

（c）内置式永磁转子

图 8-24 永磁同步电动机的转子结构

1—定子铁芯；2—转子铁芯；3—永久磁铁；4—磁性材料磁极；5—非磁性材料

虽然 PMSM 在价格上高于普通同步电机和异步电机，但在中小功率的应用中，由于 PMSM 在电机稳态运行时转子无需励磁，没有转子直流励磁绕组，转子惯量可以做得更小，功率质量比显著提高(这对于航空、航天中的应用十分重要),并且没有了转子电阻功率损耗,转子上永久磁铁的存在使得电枢侧的励磁电流也可大为减小,电机定子侧的电阻功率损耗也相应减小,功率因数提高(通过永磁体设计,功率因数可以达到1,甚至容性),电机运行时总损耗的降低还可以减小用于散热的风扇(小容量电机甚至可以去掉风扇),减小风摩损耗。因此,PMSM可以获得比普通同步电机和异步电机高得多的功率变换效率,比同功率异步感应电动机提高2%～8%,具有更高的功率密度,并在25%～120%额定负载范围内均可保持较高的效率和功率因数,特别是在轻载运行时节能效果更为显著,这些特点使它取得了应用上的优势。

由于不能改变转子励磁,永磁同步交流电机一般不再如普通同步电动机那样被用做补偿机来通过改变转子励磁调节功率因数,而主要应用于交流变频调速和位置伺服控制,其优良的快速响应特性、转速无静差和良好的位置控制性能,在数控机床、电动汽车、工业机器人等驱动系统的应用中都获得了相当满意的运行效果。

与其他电机相比,永磁同步电机具有以下优点。

(1) 由于永磁同步电机的转子采用高性能永磁材料提供磁场,磁能密度大,尺寸较同功率的电机小,重量相对比较轻。

(2) 由于定子旋转磁场和转子同步,转子铁芯损耗基本可以忽略,其效率和功率因数都比异步电机的高。

(3) 永磁同步电机具有无静差的机械特性,抗负载扰动能力也比电励磁类同步电机的强,即使在低速下,也具有较高的效率和大的输出转矩。

(4) 永磁同步电动机省去了滑环和电刷,可靠性更高。

永磁同步电动机按其启动性能,可分为电源启动和逆变器启动两大类型,如图8-25所示。电源启动型的永磁同步电动机在转子上设计有类似异步电机的笼型绕组,其设计结构的截面如图8-26所示。电机启动时依靠笼型转子形成启动转矩,取得类似于三相异步电动机的启动特性,而逆变器型则可以有,也可以没有笼型绕组,依靠变频器控制从很低的频率下启动电机。逆变器提供的电源又可分为正弦类型和方波类型。

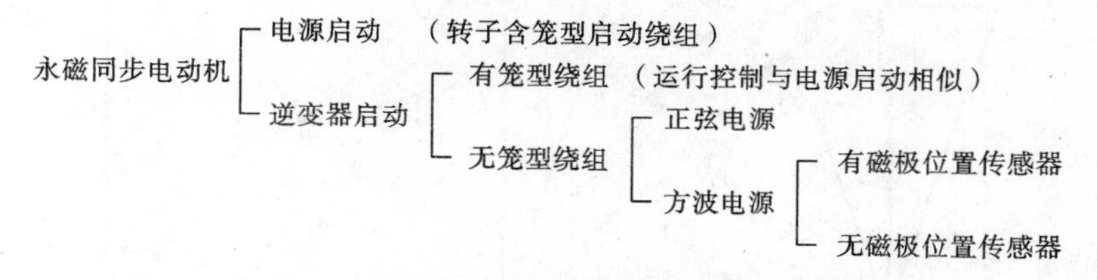

图8-25 永磁同步电动机及其驱动器的分类

正弦波永磁同步电动机与电励磁的普通同步电动机有着相似的内部电磁关系,当以永磁转子的等效磁导率计算出电机的各种电感,并假定励磁电流为常数时,其稳态模型和分析方法与普通同步电动机励磁不变时的相同。但需要指出的是,由于永磁同步电动机转子永久磁铁已充磁至充分饱和,转子直轴磁路中永磁体的磁导率很小,对稀土永磁来说其相对磁导率约等于1,即已十分接近空气磁导率,这使得电动机直轴电枢反应电感一般小于交轴电枢反应电感,分析时应予以注意这一与普通电

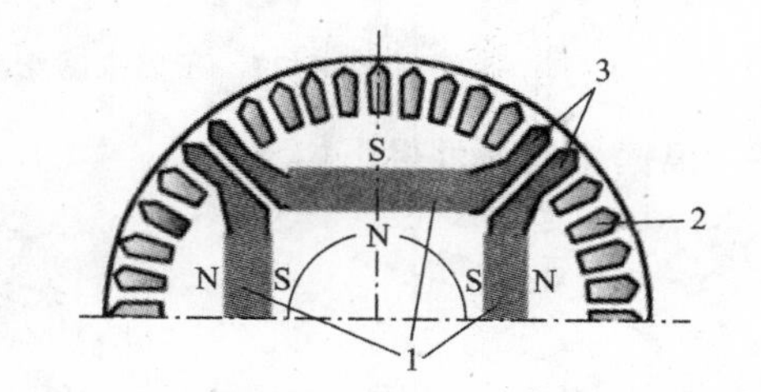

图8-26 一种永磁同步电动机的转子结构

1—永久磁铁;2—鼠笼;3—磁极边界

励磁凸极同步电动机不同的特点。

永磁同步电动机的定子电枢绕组既有采用集中整距绕组的，也有采用短距分布绕组或非常规绕组的。一般来说，方波永磁同步电动机通常采用集中整距绕组，而正弦波永磁同步电动机常采用短距分布绕组。

需要注意的是，永磁同步电动机在温度过高（钕铁硼材料永久磁铁）或过低（铁氧体材料永久磁铁）时，或在冲击电流产生的电枢反应作用下，或在剧烈的机械震动时均有可能产生不可逆退磁，使电机性能降低，虽然现代制造技术已经很大程度上提高了永磁电机的抗去磁能力，但在实际应用中仍应采取相应措施防止电机剧烈震动和在异常温度环境下运行。

二、同步电动机的稳态性能

正弦波永磁同步电动机与普通电励磁凸极同步电动机的内部电磁关系基本相同，电动机稳定运行于同步转速时，其电势平衡方程与凸极同步电动机一样，可表示为

$$\dot{U}_s = \dot{E}_a + \dot{I}_a R_s + j\dot{I}_d X_d + j\dot{I}_q X_q \tag{8-9}$$

虽然永磁同步电动机不能像普通励磁型同步电动机那样通过改变直流励磁来改变电枢电流与电压相位的超前滞后关系，但同样可以依据实际应用需要通过对永久磁铁的构造来产生不同大小的空载电势，以适应各种应用中对电动机的不同功率因数要求。永久磁铁的磁场越强，同步运行时的空载电势就越高，运行特性就与普通同步电动机过励时的特性相似，功率因数超前；反之，则功率因数滞后。当然，一台电动机只能适用于一种功率因数需求，由电势平衡方程可以画出不同永磁结构的同步电动机稳定运行时的典型相量图，如图 8-27 所示。

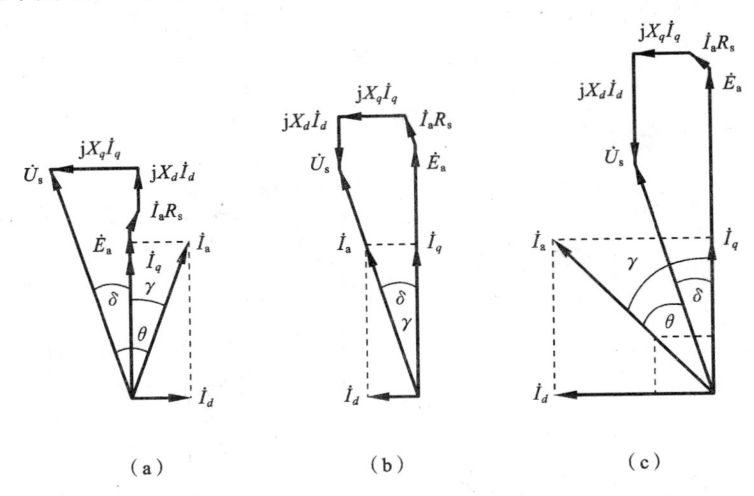

图 8-27 不同永磁结构的永磁同步电动机稳定运行相量图

根据相量图可得出如下关系：

$$\gamma = \arctan \frac{I_d}{I_q}$$

$$\theta = \delta - \gamma$$

$$U_s \sin\delta = I_q X_q \pm I_d R_s$$

其中电流滞后于电势时取负号。

$$U_s \cos\delta = E_a \mp I_d X_d + I_q R_s$$

其中电流滞后于电势时取正号。

$$I_d=\pm\frac{R_sU_s\sin\delta+X_q(E_a-U_s\cos\delta)}{R_s^2+X_dX_q}$$

$$I_q=\frac{X_dU_s\sin\delta-R_s(E_a-U_s\cos\delta)}{R_s^2+X_dX_q}$$

其中电流超前时取正号。

定子相电流为

$$I_a=\sqrt{I_d^2+I_q^2}$$

电动机的输入功率为

$$P_1=3U_sI_a\cos\theta=3U_sI_a\cos(\delta-\gamma)=3U_s(I_d\sin\delta+I_q\cos\delta)$$

$$=\frac{3U_s\left[E_a(X_q\sin\delta-R_s\cos\delta)+R_sU_s+\frac{1}{2}U_s(X_d-X_q)\sin2\delta\right]}{R_s^2+X_dX_q}$$

忽略定子电阻时，永磁同步电动机的电磁功率可近似表示为

$$P_{em}\approx P_1\approx\frac{3U_s\left[E_aX_q\sin\delta+\frac{1}{2}U_s(X_d-X_q)\sin2\delta\right]}{X_dX_q}$$

即

$$P_{em}=3\frac{E_sU_s}{X_d}\sin\delta+\frac{3U_s^2}{2}\left(\frac{1}{X_q}-\frac{1}{X_d}\right)\sin2\delta \tag{8-10}$$

式(8-10)与普通电励磁凸极同步电机的表达式(式(7-21))完全相同。同理，转矩表达式也与式(7-22)相同，可用电磁功率除以同步机械角速度得到。图8-28所示为永磁同步电动机的矩角特性。曲线1为式(7-22)中的第一项，代表永磁气隙磁场与电枢反应磁场相互作用产生的基本电磁转矩，又称为永磁转矩；曲线2为式(7-22)中的第二项，代表电动机由于d、q轴磁路不对称而产生的磁阻转矩。曲线3为两曲线的合成。由于永磁同步电动机直轴同步电抗X_d一般比交轴的X_q小，磁阻转矩为一负正弦函数，因而矩角特性曲线上转矩最大值对应的转矩角一般大于90°，而不像电励磁凸极同步电动机那样小于90°，这是永磁同步电动机一个值得注意的特点。

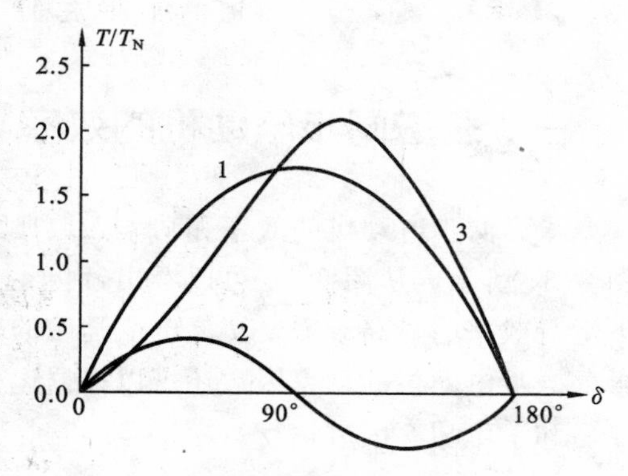

图8-28　永磁同步电动机的矩角特性

例如，某台永磁同步电动机在负载试验中测得的数据为：额定转矩负载时，矩角约为58°，最大转矩时的矩角约为110°。这一结果表明，永磁同步电动机比普通电励磁凸极同步电动机和隐极同步电动机具有更大角度空间的稳定工作区。永磁同步电动机的这一特点，使得它更有利于在负载频繁变化的拖动环境下运行，如数控机床的伺服驱动，因为这时驱动系统的闭环调节器有比普通电励磁同步电动机更充裕的时间和空间来进行闭环调节，保证电动机不至失步。

永磁同步电动机的另一个特点是，由于永磁体一般已经充分磁饱和，磁导率近似等于1，与空气磁导率相近，因此，其直轴方向的同步电抗X_{ad}基本不随负载电流引起的电枢反应变化，但交轴方向磁路主要由气隙和非永磁体的铁芯组成，电枢反应引起的磁饱和去磁效应会对交轴同步电抗产生较大影响。对一台内置式永磁同步电动机进行数值计算表明，当电动机直

轴电流 I_d 从 $0.005I_N$ 增大到 I_N 时，X_{ad} 从 33.0 Ω 增至 35.0 Ω；而当交轴电流 I_q 从 $0.008I_N$ 增大到 I_N 时，X_{aq} 从 124.4 Ω 降至 89.7 Ω。可见，在对永磁同步电动机进行控制时，可以忽略负载变化对直轴同步电抗的影响，但交轴同步电抗的变化必须予以充分考虑。

根据式(7-11)，并考虑到电动机运行时，电流假定正向与发动机时相反，有

$$\dot{E}_a = \dot{U}_s - R_s \dot{I}_a - jX_q \dot{I}_a - j(X_d - X_q)\dot{I}_d \tag{8-11}$$

根据式(8-11)，可作出永磁同步电动机电流滞后时的相量图如图 8-29 所示。

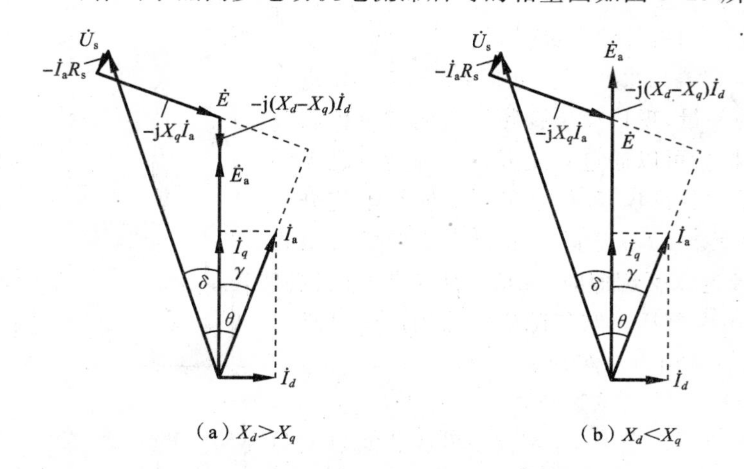

图 8-29 电流滞后时永磁同步电动机的相量图

三、永磁同步电动机的效率与功率因数特性

永磁同步电动机的效率和功率因数典型值与感应式异步电动机相比较的结果如图 8-30、图 8-31 所示。从图 8-30 可以看出，由于主磁场无需励磁，永磁同步电动机在空载、轻载情况下运行效率明显高于需要交流电流励磁的感应电动机，功率因数也明显优于感应电动机，并且永磁同步电动机的功率因数还可以根据运行需求从制造上保证分别提供在额定负载下超前、滞后和单位功率因数运行。

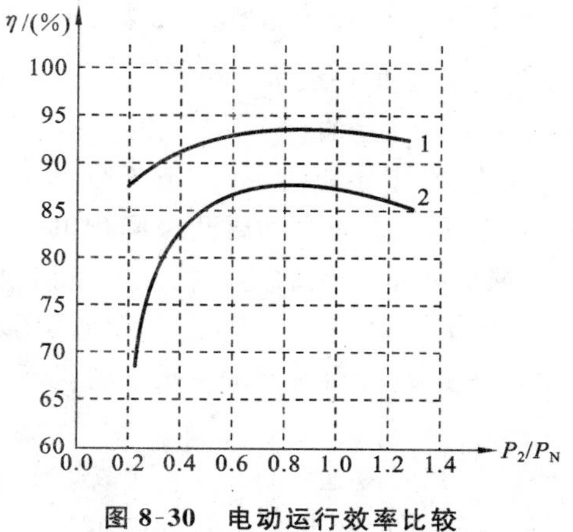

图 8-30 电动运行效率比较

1—永磁同步；2—异步

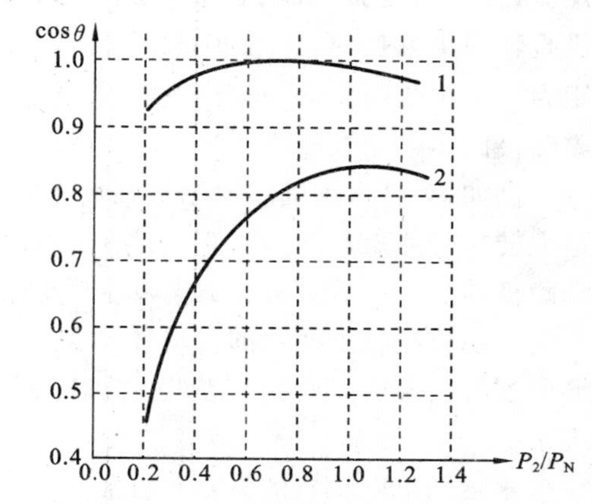

图 8-31 电动运行功率因数比较

1—永磁同步；2—异步

四、永磁同步电动机的速度调节

现代永磁同步电动机调速普遍采用变频调速。它在额定转速以下调速时，与异步电机类似，在降低频率时定子电压相应降低，属于恒转矩性质调速方式；在高于额定转速时，同样因定子电压必须保持在额定不变，随着频率的升高磁通相应下降。

在分析异步电动机等值电路的时候，已经建立了时空矢量的概念。定子相电流可以视为一种与旋转磁势同步转速旋转的相量，现代交流变频调速的矢量控制技术认为，该电流相量可以通过正交分解为与转子磁极轴线同轴的电流励磁分量 I_d 和与之正交的转矩电流分量 I_q，如图 8-32 所示。励磁分量产生的磁势形成去磁磁通 Φ_s。在额定转速以下调速时，一般采用 $I_d=0$ 的控制策略，定子电流可全部用于与气隙磁通作用产生电磁转矩，这时的气隙磁通由永久磁铁产生的 Φ_r 决定。高于额定转速时，为了使气隙磁通减弱，I_d 必须为负，即由其产生与 Φ_r 反方向的磁通 Φ_s。

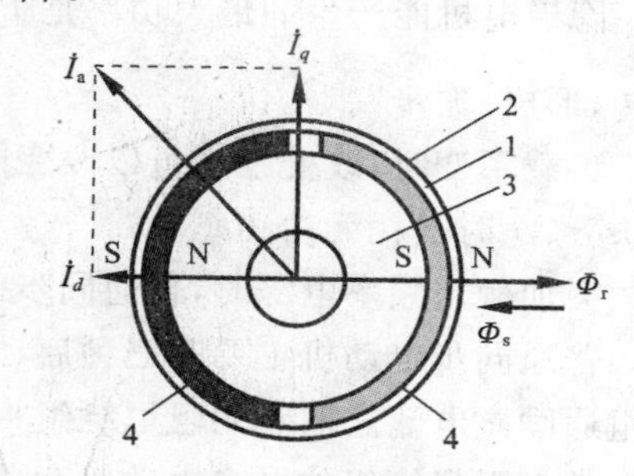

图 8-32 表面转子永磁同步电机的弱磁

1—气隙；2—定子；3—转子铁芯；4—永久磁铁

对采用永久磁铁转子的同步电动机，弱磁实际上是利用定子电流励磁分量形成的磁场将转子永久磁铁形成的磁场磁力线逼向磁铁表面，使气隙磁通得以减弱实现的，定子电流励磁分量并不能使永久磁铁退磁。永久磁铁磁体在磁路空间上的磁阻与气隙相当，与普通电机相比，相当于等效气隙增大，获得相同弱磁效果所需的去磁磁势即电流要增大许多。对永久磁铁紧贴在转子表面的一类永磁同步电动机，由于不易弱磁，调速范围一般控制在额定转速以下或略高于额定转速范围，虽然通过增大电流励磁分量的控制可以获得一定的弱磁升速效果，但由于所需的电流励磁分量较大，受定子额定电流的限制，其电流的转矩分量必然将显著下降，因此这种电机的弱磁高速下长期运行时负载能力很低，记定子额定电流为 I_N，则约束条件可表示为

$$I_d^2+I_q^2\leqslant I_N^2 \tag{8-12}$$

这个约束条件在 dq 平面的轨迹为一个圆。短时运行时，若电机电流短时过载系数为 λ，则此极限圆可扩大为

$$I_d^2+I_q^2\leqslant(\lambda I_N)^2 \tag{8-13}$$

需要高速运行时，可采用内置式或切向式（参见图 9-30）永磁转子，这种永磁电机在转子永久磁铁与气隙间有铁芯存在，定子电流去磁时更易于将永久磁铁磁力线逼回铁芯而显著降低气隙磁通，因而可以取得良好的弱磁效果。这时采用现代交流传动控制技术，通过对定子电枢电压、频率和电流的控制减弱气隙磁通，可在一定弱磁范围使电动机获得近似恒功率的高速运行特性，也可以对功率因数进行调节，内置转子弱磁可达到 7 倍以上额定转速的高速运行。

隐极永磁同步电动机也可以被视为是一种没有凸极的永磁步进电机，但它没有凸极转矩。各定子绕组可以采用直流方波励磁，使转子从一个平衡位置向下一个平衡位置跳跃。利用同轴安装的位置传感器，可控制绕组通电顺序和切换频率，从而控制电动机的速度和转角。不过，采用这种方式控制的永磁电机现习惯上被归类为另一种电机，称为直流无刷电动机。为了更适于在直流脉冲式电源下工作，永磁直流无刷电动机在结构上与交流永磁同步电动机已有所不同，具体情况将在后续章节中详细介绍。

小　　结

同步电动机无论是空载，还是最大可能负载，转速都是恒定的 $n=60f/p$。

隐极电机能产生的最大功率是 $P_{\max}=\dfrac{3U_{s}E_{a}}{X_{c}}$，如果超过，转子将不能保持与定子磁场同步旋转，形成“失步”。

负载不变时，改变励磁可以改变同步电机的无功功率。当 $E\cos\delta>U$ 时输出无功功率，当 $E\cos\delta<U$ 时消耗无功功率。

突加额定频率电源时，普通同步电动机不能形成方向固定的启动转矩，因此它不能直接启动。普通同步电动机主要有三种启动方法，即利用变频驱动器降频；使用外接原动机；在励磁绕组通励磁电流之前利用阻尼绕组将电机加速到接近同步转速。

带有阻尼绕组的同步电动机对负载变化时的工作稳定性可以得到一定改善。

同步电动机与同步发电机物理结构相同，一台同步电机在一定条件下，可以由发电转到电动，也可由电动转到发电；它既可提供无功功率，也可消耗无功功率，电势超前电压时，电机处于发电状态，滞后则处于电动状态。

同步发电机的等值电路、电压、电流、功率、相量图等分析方法同样适用于电动机，只是依照惯例，电动机工作时定子电流的假定正向与发电机工作时的相反，相应方程、相量图中的符号需相应按假定正向改变。励磁不变，负载增加时，功角增大，电势幅值不变，以相量原点为中心顺时针旋转，同步电抗压降必须增加以满足电压平衡方程，导致定子电流增大。

负载不变，电机有功功率不变，增加励磁，电势幅值增大，电势相量沿恒功率线水平滑动，同步电抗压降相位随之改变，导致定子电流相位逆时针旋转，甚至变为相位超前，即调节励磁可调节电机的功率因数。电枢电流随励磁电流变化呈 V 形。调节励磁，可使同步电机工作在单位功率因数，电枢电流最小状态，也可提供调节励磁使电机的功率因数超前或滞后。这是同步电机的最大优点。

习题与思考题

8-1　同步电动机中的气隙磁场在空载时是如何形成的？在负载时是如何形成的？

8-2　同步电动机正常运行时，转子励磁绕组中是否存在感应电动势？在启动过程中是否存在感应电动势？为什么？

8-3　同步电动机的功角是如何定义的？怎样用功角来判断同步电机是运行在电动还是发电状态？隐极与凸极同步电机电磁转矩表达式有何不同？产生最大功率的功角有何不同？

8-4　在励磁恒定负载变化时同步电动机是如何能够继续保持同步转速运行的？

8-5　为什么没有阻尼绕组的同步电动机不能加额定三相电压直接启动？同步电动机的启动主要有哪几种方法？

8-6　为什么在负载转矩增大时，异步电动机的稳态转速会降低，而同步电动机却仍然能够保持原来的转速运行？

8-7　励磁增大对同步电动机的最大电磁转矩、最大电磁功率有何影响？

8-8　普通电励磁同步电动机和永磁同步电动机的最大电磁转矩对应的功角有什么不同？哪种电机对

控制更为有利？试说明理由。

8-9 为什么同步电动机运行时的抗负载强烈冲击能力不及异步电动机？

8-10 因为采用永磁结构，所以永磁同步电动机不能弱磁运行，这种说法对吗？试说明理由。

8-11 要改变同步电动机的转速可以采用什么方法？

8-12 什么是同步电动机的失步状态？什么情况下可能导致同步电动机进入失步状态？

8-13 为什么同为交流电动机，在空载和轻载运行时永磁同步电动机的效率要高于普通电励磁同步电动机和普通异步感应式电动机？

8-14 如果永磁同步电动机运行在比额定频率低的电源频率下，电源电压可以保持为额定吗？说明理由。

8-15 什么是同步电动机的V形曲线？为什么在V形曲线中有不稳定工作区存在？

8-16 在额定电压和额定频率时，某同步电动机的满载矩角为35°电角度。忽略电枢电阻和漏抗的影响。如果励磁电流保持常数，电机运行时发生了下列变化，对满载矩角有何种影响？

(1) 频率降低10%，负载转矩和外施电压保持常数。

(2) 频率降低10%，负载功率和外施电压保持常数。

(3) 频率和外施电压均降低10%，负载转矩保持常数。

(4) 频率和外施电压均降低10%，负载功率保持常数。

8-17 在欧洲某地，需要提供300 kW、60 Hz电力，可获得的电网是50 Hz。若采用一套由同步电动机和同步发电机组成的机组供电，为了将50 Hz变换为60 Hz，需要分别采用多少极对的同步电动机和发电机？

8-18 一同步电动机本身带4000 kW机械负载，同时还要将有功功率10000 kW 、滞后功率因数为0.8的负载的功率因数提高到0.9。求该电机容量。

8-19 一台480 V，60 Hz，4极同步电动机满载下以单位功率因数抽取50 A线电流，假定忽略电机损耗，求：

(1) 输出转矩；

(2) 如何将功率因数变为0.8超前？用相量图说明；

(3) 如果功率因数被调为0.8超前，线电流幅值为多少？

8-20 同步电机具有每相同步电抗2.0 Ω，电枢电阻0.4 Ω，$\dot{U}_s=480\angle 0°$，$\dot{E}_A=460\angle -8°$ V，此电机是发电机还是电动机？求此状态下电机消耗的有功功率和无功功率。

8-21 某同步电动机208 V，45 kV·A，0.8超前功率因数，三角形连接，60 Hz，同步电抗2.5 Ω，定子电阻可忽略。铁耗为1.0 kW，风阻摩擦损耗为1.5 kW，初始带有15马力负载，运行在0.8超前功率因数。若负载增加60%，绘出相量图，求变化后的定子相电流、线电流和电势E_a及功率因数。

8-22 某同步电动机208 V，45 kV·A，0.8超前功率因数，三角形连接，60 Hz，同步电抗2.5 Ω，定子电阻可忽略。铁耗为1.0 kW，风阻摩擦损耗为1.5 kW，初始带有15马力负载，运行在0.85滞后功率因数，励磁电流4.0 A。若磁通增加20%，求电枢电流、电势和功率因数，并绘制相量图。

8-23 5000 kW，4160 V，三相，4极、1800 r/min，同步电动机在额定转速下的开路和短路试验数据为：

励磁电流	169 A	192 A
电枢电流，短路试验	694 A(额定电流)	790 A
线电压、开路特性	3920 V	4160 V(额定电压)
线电压、气隙线	4640 V	5270 V

电枢电阻每相11 mΩ，电枢漏抗标幺值0.12。

求短路比、不饱和同步电抗、饱和同步电抗的欧姆值和标幺值。

8-24 一台480 V，100 kW，0.85滞后功率因数，50 Hz，6极，Y连接同步电动机，同步电抗为1.5 Ω，电枢电阻可忽略，电机损耗可忽略。电机速度变化范围是300 r/min到1000 r/min，采用变频电源供电。求变频电源的频率变化范围、额定工况下电动机的电势和额定工况下电机能产生的最大功率。

8-25 一台 480 V，100 kW，额定功率因数为 0.85 超前，50 Hz，4 极，Y 连接同步电动机，额定效率为 91%，同步电抗 4.4 Ω，电枢电阻为 0.25 Ω。额定负载运行时，求输出转矩、输入功率、电势、电流有效值和电磁功率。

第 9 章　其他常用电机

第 2 到第 8 章已经介绍了交直流电机的主要类型：直流电动机、三相交流感应式异步电动机、三相交流同步电机的原理与控制方法，这些电机在电力拖动系统中承担机电能量转换任务，应用最为广泛。然而，除此之外，还有一些类型的电机应用也很普遍。例如，居民住宅区、商业区通常都使用单相交流电，在这些区域使用单相交流电动机更为便利；在需要进行位置控制的场合，则更倾向于采用可以直接控制电动机旋转角度的电动机；在机械仅作直线运动时，希望电动机可直接实现电能到直线运动机械能的转换；风力发电的电机则要求在风速波动时能通过电能辅助保证输出电压、频率的稳定等。本章将侧重介绍这些应用较为普遍的电机。

9-1　单相异步电动机

采用单相交流电源供电的异步电动机称为单相异步电动机，其基本结构与三相异步电动机的相似，但定子绕组为单相绕组，称为工作绕组或功率绕组；转子绕组一般为笼型结构。单相异步电动机运行的主要问题是如何建立旋转磁场。通过前面的学习我们已经知道，通过对空间沿圆周对称分布的多相绕组注入时间对称的多相电流就可以在空间形成旋转磁场。因此，在单相电机中，要形成旋转磁场也必须设法构造至少两相空间沿圆周对称分布的绕组，并在这两个绕组中有时间对称的电流流过，这样，通过旋转磁场就可以在笼型转子中感生电势，形成转子短路电流与磁场相互作用而产生电磁转矩。

一、由单相电源供电的异步电动机运行原理

对单相电机，可以在定子侧构造出两相空间对称的绕组，但由于只有一相电源，如何在两相绕组中产生时间对称的电流就成为在单相电动机中产生旋转磁场的关键问题。单相定子绕组接交流电源后所建立的磁势是脉振磁势，这个脉振磁势可以分解为两个幅值大小相等、旋转速度相同但旋转方向相反的旋转磁势，由式(5-26)和式(5-27)可知，由单相交流电流建立的脉振磁势基波分量为：

$$F_1(x,t)=F_{m1}\cos\frac{\pi}{\tau}x\sin\omega t$$

利用三角公式，可以将它分解为两个幅值相等旋转方向相反的旋转磁势之和，即

$$\begin{aligned}F_1(x,t)&=\frac{F_{m1}}{2}\left[\sin\left(\omega t-\frac{\pi}{\tau}x\right)+\sin\left(\omega t+\frac{\pi}{\tau}x\right)\right]\\&=F_{1F}(x,t)+F_{1R}(x,t)\end{aligned}$$

这两个旋转磁势分别产生正转和反转磁场，与三相异步电动机电磁转矩形成原理一样，它

们切割笼型转子绕组便形成使电动机正转和反转的电磁转矩与转速的关系如图 9-1 中的曲线 1、2 所示；它们的合成电磁转矩与转速的关系如图 9-1 中的曲线 3 所示。由图可见，单相异步电动机的电磁转矩具有如下特点：$n=0$ 时，合成转矩为 0，电动机无启动转矩；$n\neq 0$ 时，合成转矩也不为 0。因此，单相异步电动机一经启动，就有可能形成足够大的转矩维持电动机持续旋转。

下面分析单相异步电动机电磁转矩的形成原理。

结构对称的笼型转子，从电磁效应考虑，可用两正交轴线上的两对导条组成的线圈来等效导条均匀分布的实际转子绕组，如图 9-2 所示。当定子绕组接单相电源时，沿定子磁势轴线建立起 d 轴脉振磁场，电机不转时，d 轴脉振磁场仅在 q 轴线圈 1、1′中感生电势与电流，假定正向如图 9-2 所示，依楞次定律，产生的磁通 $\dot{\Phi}_{dr}$ 将阻止定子磁通变化。定子电流随之增大，产生磁通 $\dot{\Phi}_{ds}$ 抵消转子绕组的去磁作用，维持 $\dot{\Phi}_{d}$ 基本不变。线圈 2、2′不与脉振磁场交链，无电势、电流产生。作用在 1、1′上的电磁力（左手定则）是水平方向的，不能形成电磁转矩。此时电机的工作状况如同二次侧短路的变压器。

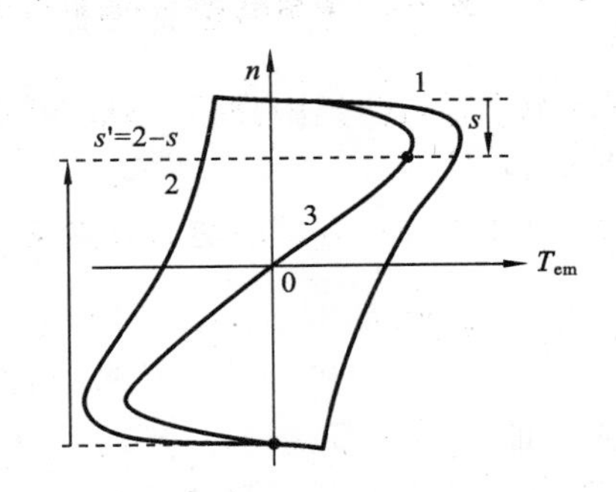

图 9-1 单相异步电动机的转矩与机械特性

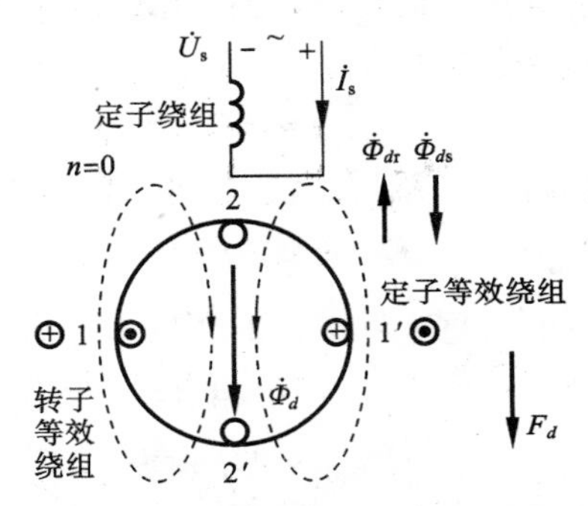

图 9-2 单相异步电动机 $n=0$ 时的磁势与磁通

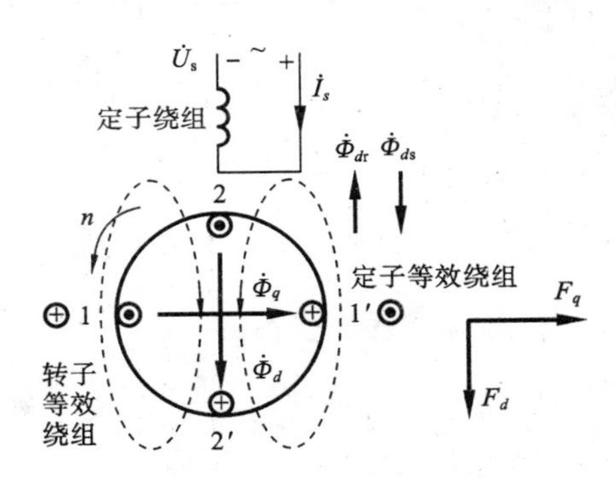

图 9-3 单相异步电动机转速不为 0 时的磁势与磁通

若电机转动，移动中的线圈 2、2′切割 d 轴磁场，感生速度电势，如图 9-3 所示。设脉振磁通为 $\Phi_d=\Phi_{md}\cos\omega t$，则速度电势

$$e_q=2N_qB_dlv=\frac{2N_qlv}{S}\Phi_{md}\cos\omega t \tag{9-1}$$

式中：S 为磁路的等值截面。

这个速度电势在闭合的转子绕组线圈 2、2′回路中形成转子短路电流 $\dot{I}_q$。忽略线圈电阻，则因电抗作用，$\dot{I}_q$ 滞后 $\dot{E}_q 90°$，由式(9-1)可知，$\dot{E}_q$ 与 $\dot{\Phi}_d$ 同相位（n 的旋转方向如图中所示时），因此 $\dot{I}_q$ 建立的磁势 $\boldsymbol{F}_q$ 在时间上滞后于 $\dot{\Phi}_d$、$\boldsymbol{F}_d 90°$。又因为线圈 2、2′与 1、1′空间正交，因此，电机转动时的合成磁势为

$$\begin{aligned} f_m &= f_d+f_q=F_d\cos\frac{\pi}{\tau}x\cos\omega t+F_q\sin\frac{\pi}{\tau}x\sin\omega t \\ &=\frac{1}{2}(F_d+F_q)\cos\left(\frac{\pi}{\tau}x-\omega t\right)+\frac{1}{2}(F_d-F_q)\cos\left(\frac{\pi}{\tau}x+\omega t\right) \\ &=F_+\cos\left(\frac{\pi}{\tau}x-\omega t\right)+F_-\cos\left(\frac{\pi}{\tau}x+\omega t\right) \end{aligned} \tag{9-2}$$

式中：$F_+=\frac{1}{2}(F_d+F_q)$；$F_-=\frac{1}{2}(F_d-F_q)$。

若 $F_d=F_q$，则 $F_-=0$，与三相异步电动机的旋转磁场一样，将形成一个正转等幅的（圆形）旋转磁势和旋转磁场；若 $F_d\neq F_q$，$F_d>F_q$，则将合成一个正弦分布、变幅值、非匀速正向旋转的磁势。最大幅值为两磁势和，最小幅值为两磁势差，它是一个椭圆的旋转磁势，如图 9-4 所示。这个椭圆旋转磁势的椭圆度是随着电机的旋转速度不同而变化的。速度越低，速度电势 e_q 也越低，磁势 F_q 小，椭圆度大；速度越接近同步转速，速度电势越大，磁势 F_q 相应增大，椭圆度减小，向圆形接近。

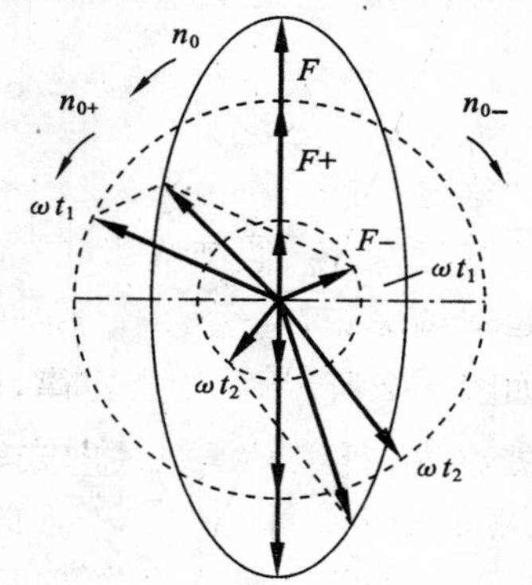

图 9-4　单相电机的椭圆旋转磁势

综上分析可得到以下结论。

(1) 单相电动机不转（即 $n=0$）时，转差率 $s=1$，$F_q=0$，没有旋转磁势，电动机合成转矩 $T_{em}=0$，无启动转矩。

(2) 电机一经转动，会产生交轴（q 轴）磁势，与原脉振磁势合成为旋转磁势。

(3) $n\uparrow\Rightarrow e_q\uparrow$，$F_q\uparrow\Rightarrow F_+\uparrow$，$F_-\downarrow$，合成磁势椭圆度减小，转速足够高时可形成与三相电机相似的近圆形旋转磁场，获得足够转矩持续旋转。

(4) 不加任何启动措施的单相电机旋转方向可任意，由外力拖动启动的初始方向决定。

二、单相异步电动机的等值电路

单相电动机中电机运行时用于将电功率转换为机械功率的绕组称为主工作绕组或功率绕组，用于形成启动转矩的绕组称为启动绕组或辅助绕组。与三异步电动机的等值电路类似，单相异步电动机在转子静止、定子功率绕组通电时的等值电路如图 9-5(a)所示。使用时应将图中被忽略的铁耗计入空载损耗中。由于定子磁势可以分解为幅值折半的正、反两个旋转磁势，因此可将图 9-5(a)改为如图 9-5(b)所示的等值电路，图中代表气隙磁通效应的等值电路端口被分为两个端口，分别代表正、反向磁场的效应。现假定当电机通过某种启动方法旋转起来以后，电动机可仅靠功率绕组以转差率 s 沿正向旋转磁场方向运行。这时，正向旋转磁场感生的转子电流频率为转差频率 $f_{rf}=sf$，其中 f 为电网频率。与三相异步电机等值电路一样，通过零速等效和折算，可得到如图 9-5(c)所示的等值电路，右上端口转子参数的折算方法与三相电机的相同。对于反向旋转的磁场，当转子相对正向旋转磁场以转差率 s 运行时，其标幺值转速 n 为 $1-s$，而转子相对反向旋转磁场的标幺值转速是 $1+s$，转差率为 $2-s$，如图 9-1 所示，相应反向旋转磁场在转子中感应的电势和电流频率为 $f_{rb}=(2-s)f$。从定子侧观察，这时转子侧等值电路和转差率为 $2-s$ 的三相电机等值电路类似，可表示为图 9-5(c)右下端口的形式。

由图可知，当转子正向旋转以后，转子等效电阻对正向旋转磁场的阻抗效应 $0.5R'_r/s$ 要远比转子静止时大，而对反向旋转磁场的阻抗效应 $0.5R'_r/(2-s)$ 却要比转子静止时小。由电路理论不难得知，这时必然有代表正向旋转磁场效应的右上端口电势比转子静止时的值大，而代表反向旋转磁场效应的右下端口电势比转子静止时的值小。由于等值电路电势的频率已经折算为定子侧电源频率，根据式(5-36)可知，转子正向旋转会导致正向气隙磁通增大而反向气

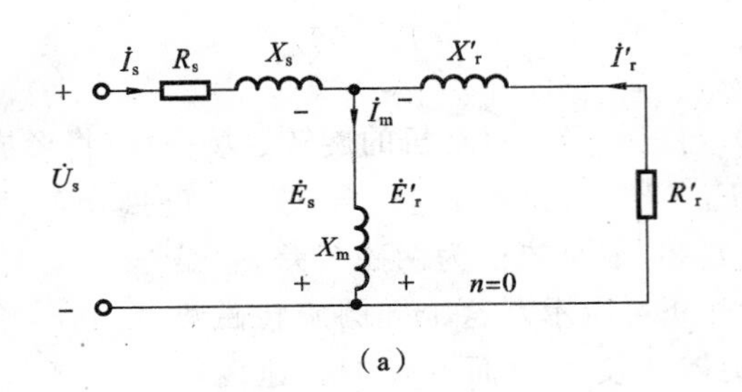

(a)

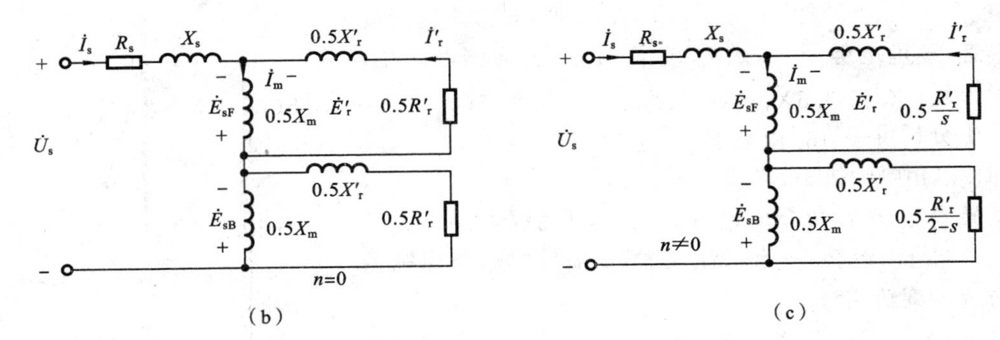

(b) (c)

图 9-5 单相异步电动机的等值电路

隙磁通减小。

与三相电机一样，单相异步电动机的功率和电磁转矩也可以通过等值电路计算。

对右上、下端口，阻抗分别为

$$Z_f=\frac{j0.5X_m(0.5R'_r/s+j0.5X'_r)}{0.5R'_r/s+j0.5(X'_r+X_m)}=R_f+jX_f \tag{9-3}$$

$$Z_b=\frac{j0.5X_m[0.5R'_r/(2-s)+j0.5X'_r]}{0.5R'_r/(2-s)+j0.5(X'_r+X_m)}=R_b+jX_b \tag{9-4}$$

忽略励磁铁耗时，正向旋转磁场产生的电磁转矩和电磁功率为

$$T_{emf}=T_+=\frac{P_{emf}}{\Omega_0} \tag{9-5}$$

根据能量守恒，正向旋转磁场对应的电磁功率等于右上端口等值电路中等效电阻上的功耗，即

$$P_{emf}=I_s^2R_f \tag{9-6}$$

同理有，反向旋转磁场产生的电磁转矩和电磁功率为

$$T_{emb}=T_-=\frac{P_{emb}}{\Omega_0} \tag{9-7}$$

$$P_{emb}=I_s^2R_b \tag{9-8}$$

反向旋转磁场的转矩方向与正向相反，所以电机的合转矩为

$$T_{em}=T_+-T_-=\frac{P_{emf}-P_{emb}}{\Omega_0}=\frac{I_s^2(R_f-R_b)}{\Omega_0} \tag{9-9}$$

总的转子铜耗为

$$P_{Cur}=sP_{emf}+(2-s)P_{emb} \tag{9-10}$$

机械功率、轴上输出机械功率和转矩的定义与三相电机的相同，即

$$P_M=(1-s)\Omega_0T_{em}=(1-s)(P_{emf}-P_{emb}) \tag{9-11}$$

$$T_2=T_{em}-T_0$$

其中，空载损耗包括风阻、摩擦损耗和铁耗。

【例 9-1】 单相感应电动机参数为：额定电压 220 V，额定频率 50 Hz，2 对极，采用电容分相启动。电机旋转机械损耗为 24 W，铁耗为 45 W。$X_s=6.24\ \Omega$，$R_s=3.46\ \Omega$，$X_m=68.6\ \Omega$，$X'_r=6.02\ \Omega$，$R'_r=3.08\ \Omega$，转差率为 0.05，当电动机在额定电压和频率、启动绕组开路的情况下运行时，求定子电流、功率因数、输出功率、转速、输出转矩和效率。

解 定子阻抗为

$$Z_s=R_s+jX_s=(3.46+j6.24)\ \Omega$$

正向等效阻抗为

$$\begin{aligned}Z_f&=j0.5X_m\times(0.5R'_r/s+j0.5X'_r)/(0.5R'_r/s+j0.5(X'_r+X_m))\\&=(15.48+j15.5)\ \Omega\end{aligned}$$

反向等效阻抗为

$$\begin{aligned}Z_b&=j0.5X_m\times(0.5R'_r/(2-s)+j0.5X'_r)/(0.5R'_r/(2-s)+j0.5(X'_r+X_m))\\&=(0.667+j2.8)\ \Omega\end{aligned}$$

等值电路总阻抗为

$$Z=Z_s+Z_f+Z_b=(19.6+j24.6)\ \Omega$$

定子电流为

$$I_s=\frac{U_s}{Z}=7\angle-52.4^\circ\ \text{A}$$

输入功率因数为

$$\text{PF}=\cos-51.4^\circ=0.624\text{，滞后}$$

输入有功功率为

$$P_1=U_sI_s\cos\theta=960.5\ \text{W}$$

正向电磁功率为

$$P_{emf}=I_s^2\times\text{Re}(Z_f)=7^2\times15.48\ \text{W}=758.3\ \text{W}$$

反向电磁功率为

$$P_{emb}=I_s^2\times\text{Re}(Z_b)=7^2\times0.677\ \text{W}=32.7\ \text{W}$$

机械功率为

$$P_M=(1-s)(P_{emf}-P_{emb})=689.4\ \text{W}$$

轴上输出功率为

$$P_2=P_M-P_{Fe}-P_\Omega=620.4\ \text{W}$$

轴上输出转矩为

$$T_2=\frac{P_2}{\Omega}=\frac{P_2}{(1-s)\Omega_0}=4.16\ \text{N}\cdot\text{m}$$

电动机运行效率为

$$\eta=\frac{P_2}{P_1}=0.65$$

其中，定子铜耗为

$$P_{Cus}=I_s^2R_s=169.5\ \text{W}$$

转子铜耗为

$$P_{Cur}=s\times P_{emf}+(2-s)\times P_{emb}=101.6\ \text{W}$$

总损耗为

$$P_{\Sigma}=P_{Cus}+P_{Cur}+P_{Fe}+P_{\Omega}=(169.5+101.6+45+24)\ W=340.1\ W$$

输出功率等于输入有功功率减去总损耗，即

$$P_2=P_1-P_{\Sigma}=(960.5-340.1)\ W=620.4\ W$$

与前述计算结果相同。

在例 9-1 中，涉及大量的复数运算，借助于 Matlab 仿真，可以很容易地得到正确的计算结果。下面给出例 9-1 相应的仿真程序。

```
clc
clear
f=50;
p=2;
omega=2*pi*f/p;
s=0.05;
Rs=3.46;
Xs=6.24;
Xm=68.6;
Xr=6.02;
Rr=3.08;
Us=220;
pfe=45;
pmem=24;
Zs=Rs+j*Xs;
Zf=j*0.5*Xm*(0.5*Rr/s+j*0.5*Xr)/(0.5*Rr/s+j*0.5*(Xr+Xm));
Zb=j*0.5*Xm*(0.5*Rr/(2-s)+j*0.5*Xr)/(0.5*Rr/(2-s)+j*0.5*(Xr+Xm));
Z=Zs+Zf+Zb;
Is=Us/Z;
magIs=abs(Is);
angleIs=angle(Is)*180/pi;
pf=cos(angle(Is));
pemf=magIs^2*real(Zf);
pemb=magIs^2*real(Zb);
pem=pemf-pemb;
Tem=pem/omega;
pcur=s*pemf+(2-s)*pemb;
pm=(1-s)*pem;
p0=pfe+pmem;
p2=pm-p0;
n=(1-s)*60*f/p;
T2=9.55*p2/n;
p1=Us*magIs*pf;
eta=p2/p1;
pcus=magIs^2*Rs
phao=pcus+pcur+p0;
```

```
p22=p1-phao;
fprintf('\n');
fprintf('Is = %.3f+j%.1f=%.3f at angle %.3f degrees', real(Is),imag(Is),magIs,angleIs);
fprintf('\n');
fprintf('PF = %.3f', pf);
fprintf('\n')
fprintf('P2 = %.1f W', p2);
fprintf('\n')
fprintf('n = %.1f r/min', n);
fprintf('\n')
fprintf('T2 = %.2f N.m', T2);
fprintf('\n');
fprintf('eta= %.2f', eta);
fprintf('\n')
fprintf('p22= %.1f', p22);
fprintf('\n')
```

在电动机转速为0时，正、反两个旋转磁场建立的转矩 T_+ 和 T_- 大小相等、作用方向相反，合成转矩为零，所以单相异步电动机没有启动转矩，因此无法启动运行。为建立启动转矩，必须设法在启动瞬间加强一个方向的旋转磁势而削弱另一个方向的旋转磁势，使转速为0时合成转矩不为零并大于负载阻转矩。依建立启动转矩的措施不同，单相异步电动机可分为以下几种类型。

三、单相异步电动机的分类与启动方法

由图9-1可知，单相电机在转速为零时电磁转矩也等于零，为了保证电机通电后能自行启动，单相电机必须解决启动问题。对交流异步感应电动机，要想获得启动转矩，必须要建立旋转磁场。三相电机原理告诉我们，在空间圆周对称的绕组中注入时间对称电流即可获得旋转磁场，因此单相异步电动机建立启动转矩的设计思路，就是首先在定子上除功率绕组之外另外加装一启动辅助绕组，并使启动绕组轴线与功率绕组轴线互成90°空间电角度，构成空间圆周对称绕组。如果在电动机启动时能够设法使两个绕组中的电流相位差为90°，即可保证两个绕组的合成磁势为圆形旋转磁势而获得圆形旋转磁场。若启动绕组中的电流与工作绕组中的电流存在相位差，但相位差没有90°，则可以将启动绕组中的电流通过正交分解得到相位差为90°的分量，这时启动绕组电流的正交分量幅值小于工作绕组电流幅值，将依式(9-2)形成椭圆旋转磁势与磁场，使电机获得一定的启动转矩。

1. 电容分相单相异步电动机

为了获得一定相位差的两相电流，可以在启动绕组中串接电容 C 来改变启动绕组的电流相位，如图9-6所示。只要绕组设计合理、电容 C 的大小设计得当，就能使单相异步电动机产生较大的启动转矩，保证电动机正常启动。电机启动完成后即可以依靠功率绕组电流形成的转矩稳定运行，因此可以在启动完成后通过一种安装在电机上的离心式开关，在达到一定转速时将启动绕组自动切除，如图9-6所示，通过这种结构取得启动转矩的单相电机称为电容分相

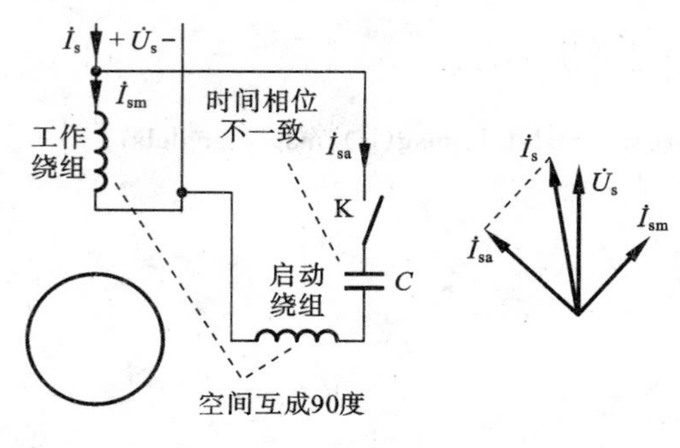

图 9-6　电容分相单相异步电动机

启动的单相异步电动机。

电容分相启动电动机在辅助启动绕组中串联电容，选择适当时可使 $\dot{I}_{sa}$ 超前 $\dot{I}_{sm}$ 近 90°，建立起近圆形的旋转磁场，获得大的启动转矩。这种电机一般在 n 达到 75%的同步转速以上时，令开关动作使启动绕组脱离电源。

2. 电容分相运转电动机

电容分相单相电机的另一种形式是辅助绕组启动后不脱离电源。电容按运行时能产生接近圆形旋转磁场选择，启动转矩较分相启动式的小，启动电流较大，启动性能不如前者。但由于不需要离心开关，成本比分相启动式的低，其原理性结构如图 9-7(b)所示。

对于电容分相电机，改变辅助绕组与工作绕组并连接线端可改变电机的旋转方向。

3. 电阻分相单相异步电动机

为了进一步降低成本，还可以将辅助绕组回路中的电容省掉，而在制造时辅助绕组采用细导线，并且匝数也与主绕组不同，造成两个绕组回路时间常数间的明显差异，形成电流相位差而获得启动转矩，如图 9-7(a)所示。这时两绕组中阻抗均为感性，电流相位差不大，启动时旋转磁场椭圆度较大，启动转矩较小而启动电流较大。

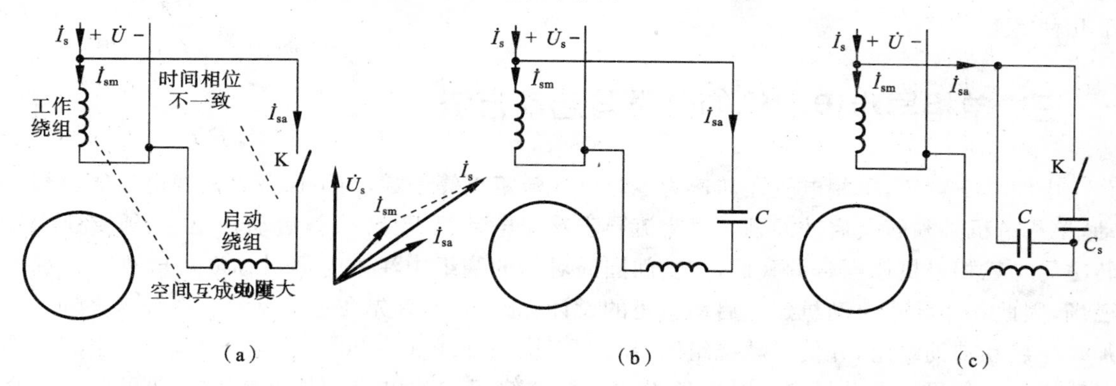

图 9-7　分相式单相电机的几种形式

4. 电容分相启动与运转电动机

为了兼顾电机的启动和运行特性，可以在辅助绕组中采用两个并联电容，启动时电容量为 $C+C_s$，使启动时旋转磁势接近圆形；启动至近同步转速时，断开 C_s，电容量减小为 C，可使电机运行时磁势也接近圆形，如图 9-7(c)所示。如果电容设计合理，这种结构的单相电机可以获得最好的性能，当然相应成本也较高。

【例 9-2】 对于例 9-1 中的电机，定子功率绕组阻抗为 $X_s=X_{sm}+X_m=74.84\ \Omega$，$R_{sm}=3.46\ \Omega$。采用电容分相启动，辅助绕组阻抗为 $X_{sa}=72.5\ \Omega$，$R_{sa}=7.2\ \Omega$。求启动时能使两绕组电流在相位上相差 90°所需的启动电容值。

解　功率绕组的阻抗角为

$$\theta_m=\tan^{-1}\left(\frac{X_s}{R_s}\right)=\tan^{-1}\frac{74.84}{3.46}=87.35^\circ$$

为了产生与主绕组电流相位相差 90°的电流，辅助绕组的阻抗角必须为

$$\theta_a=\theta_m-90^\circ=-2.65^\circ$$

辅助绕组回路的总阻抗为

$$Z=Z_a+jX_c=7.2+j(72.5+X_c)$$

式中：

$$X_c=-\frac{1}{\omega C}$$

$$\arctan\left(\frac{72.5+X_c}{7.2}\right)=-2.65^\circ$$

$$\frac{72.5+X_c}{7.2}=\tan(-2.65^\circ)=-0.046$$

$$X_c=(-0.046\times7.2-72.5)\ \Omega=-72.8\ \Omega$$

$$C=\frac{1}{2\times\pi\times50\times72.8}=4.37\times10^{-5}\ \text{F}=43.7\ \mu\text{F}$$

对于电容分相启动电动机，由于电容仅承受启动电流，所以可采用为交流电动机启动运行而制造的小型无极性交流电解电容器，对电容分相运转电动机，电容则需采用交流纸质、箔质和油型的电容器。

5. 罩极式单相异步电动机

罩极式单相异步电动机结构如图 9-8 所示，转子为笼型，定子铁芯为显极式，由硅钢片压叠而成。每个极上均装有工作绕组，串联后接单相电源，每个磁极的极靴上开有小槽，装有一铜制短路环，罩住极靴面积的 1/4～1/3，罩极式因此得名。

当功率绕组中有单相交流电流通过时，产生的主磁通一部分不穿过短路环，设为 $\dot{\Phi}_1$，另一部分穿过短路环，设为 $\dot{\Phi}_2$。短路环中所链磁通变化时将在环上感生电动势，设 $\dot{E}_k$、$\dot{I}_k$、$\dot{\Phi}_k$ 分别为短路环电势、电流和此电流产生的磁通，$\dot{\Phi}_k$ 与 $\dot{\Phi}_2$ 之和为短路环所链总磁通，记作 Φ_3，其相位超前于 $\dot{E}_k$90°，如图 9-8 所示。依楞次定律，环内磁通的变化要受到短路电流形成的电磁效应的阻碍，$\dot{\Phi}_3$ 的相位将滞后于 $\dot{\Phi}_1$。这个时间上的相位差可以正交分解出时间对称的分量，并且 $\dot{\Phi}_1$、$\dot{\Phi}_3$ 空间位置也不同，同样可以通过正交分解出空间对称分量，从而能够合成产生出一个椭圆度很大的旋转磁场，使电动机获得一定的启动转矩。罩极式电机的旋转方向是从超前相绕组的轴线（$\dot{\Phi}_1$ 轴线、工作绕组轴线）转向滞后相绕组的轴线（$\dot{\Phi}_3$ 轴线、短路环轴线）方向，即电动机的转向总是从磁极未罩部分向着被罩部分的方向。改变电源接线不能改变它的旋转方向。

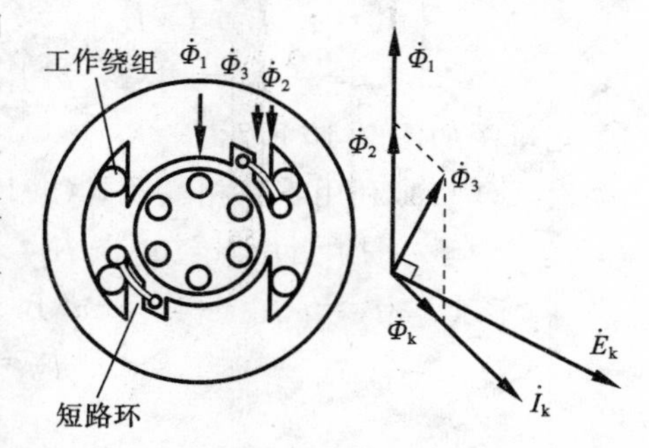

图 9-8 罩极式单相异步电动机

上述单相异步电动机的共同优点是，只需单相电源供电，因此在家用电器、医疗器械等领域应用很广。罩极式电动机主要用于几十瓦以下小台扇、录音机等；分相式电动机则用于需要较大启动转矩的空压机、空调、冰箱和医疗器械。此类电动机的缺点是，功率因数、效率和过载

能力均比同等功率的三相异步电动机低，而体积比三相机的大，因此一般单相异步电动机主要用于只需较小功率范围的设备。

四、三相异步电动机的单相运行

三相异步电动机因某种原因仅剩下一相电源或两相电源供电时，形成单相运行状态如图9-9所示。这时运行原理与单相异步电动机的相同：无启动转矩，运行中断相，可运转，但定子电流中励磁电流分量有较大增加，功率因数、效率、最大输出功率均大大下降。

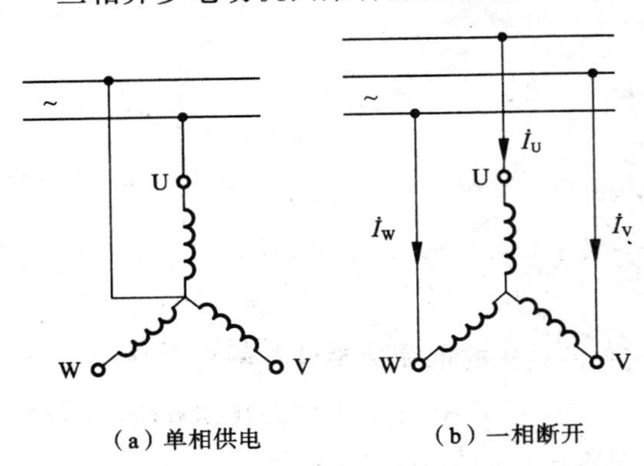

（a）单相供电　（b）一相断开

图 9-9　三相异步电动机的单相运行

下面以图9-9(b)中的U相断电为例，对此状态下的电磁转矩进行分析。由于一相断开，原来对称的三相电路变为不对称运行，分析需采用电路理论的对称分量法。

已知：$\dot{I}_U=0$，$\dot{I}_V=-\dot{I}_W$，以 U 相作参考相，利用对称分量法，定义零序相量为

$$\dot{I}_{U0}=0$$

正序相量为 $\dot{I}_{U+}$（顺时针对称），负序相量为 $\dot{I}_{U-}$（逆时针对称），算子为

$$\begin{cases}\alpha=e^{j\frac{2\pi}{3}}=\cos\dfrac{2\pi}{3}+j\sin\dfrac{2\pi}{3}=-\dfrac{1}{2}+j\dfrac{\sqrt{3}}{2}\\ \alpha^2=e^{j\frac{4\pi}{3}}=e^{-j\frac{2\pi}{3}}=\cos\dfrac{2\pi}{3}-j\sin\dfrac{2\pi}{3}=-\dfrac{1}{2}-j\dfrac{\sqrt{3}}{2}\\ \alpha^3=1\end{cases}\tag{9-12}$$

即乘 α 相量将逆时针旋转120°，有

$$\begin{cases}\dot{I}_U=0=\dot{I}_{U+}+\dot{I}_{U-}\\ \dot{I}_V=\alpha^2\dot{I}_{U+}+\alpha\dot{I}_{U-}\\ \dot{I}_W=-\dot{I}_V=\alpha\dot{I}_{U+}+\alpha^2\dot{I}_{U-}\end{cases}\tag{9-13}$$

相量图如图9-10所示。

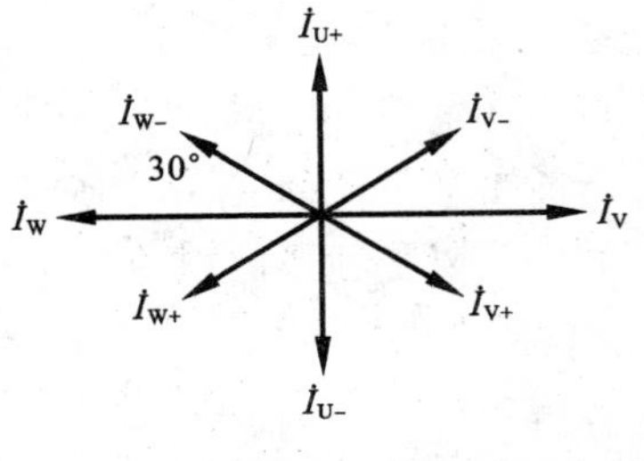

图 9-10　单相运行的对称分量法相量图

对式(9-13)利用零序相量及式(9-12)，不难得到

$$\dot{I}_U=\dot{I}_{U0}+\dot{I}_{U+}+\dot{I}_{U-}$$
$$\alpha\dot{I}_V=\alpha\dot{I}_{U0}+\dot{I}_{U+}+\alpha^2\dot{I}_{U-}$$
$$\alpha^2\dot{I}_W=\alpha^2\dot{I}_{U0}+\dot{I}_{U+}+\alpha\dot{I}_{U-}$$

和

$$\dot{I}_U=\dot{I}_{U0}+\dot{I}_{U+}+\dot{I}_{U-}$$
$$\alpha^2\dot{I}_V=\alpha^2\dot{I}_{U0}+\alpha\dot{I}_{U+}+\dot{I}_{U-}$$
$$\alpha\dot{I}_W=\alpha\dot{I}_{U0}+\alpha^2\dot{I}_{U+}+\dot{I}_{U-}$$

因三相对称电流之和为0，故有任一电流 $\dot{I}_x(1+\alpha+\alpha^2)=0$，$x=U,V,W$，从上述两组方程可解得

$$\dot{I}_{U+}=\frac{1}{3}(\dot{I}_U+\alpha\dot{I}_V+\alpha^2\dot{I}_W)=\frac{1}{3}(\alpha-\alpha^2)\dot{I}_V=j\frac{\sqrt{3}}{3}\dot{I}_V$$

$$\dot{I}_{U-}=\frac{1}{3}(\dot{I}_U+\alpha^2\dot{I}_V+\alpha\dot{I}_W)=\frac{1}{3}(\alpha^2-\alpha)\dot{I}_V=-j\frac{\sqrt{3}}{3}\dot{I}_V$$

$$P_{em+}=3I_{U+}^2\frac{R'_r}{s}=I_V^2\frac{R'_r}{s}$$

$$P_{em-}=3I_{U-}^2\frac{R'_r}{2-s}=I_V^2\frac{R'_r}{2-s}$$

从而得到

$$T_{em}=\frac{P_{em+}+P_{em-}}{\Omega_0}=\frac{p}{2\pi f}I_V^2\left(\frac{R'_r}{s}-\frac{R'_r}{2-s}\right)$$

即

$$T_{em}=\frac{p}{2\pi f}\times\frac{U_{VW}^2\left(\frac{R'_r}{s}-\frac{R'_r}{2-s}\right)}{\left[\left(2R_s+\frac{R'_r}{s}+\frac{R'_r}{2-s}\right)^2+(2X_s+2X'_r)^2\right]} \tag{9-14}$$

【例9-3】 三相异步电动机参数为：$U_N=380\ \text{V}$，$R_s=0.065\ \Omega$，$X_s=0.2\ \Omega$，$R'_r=0.05\ \Omega$，$X'_r=0.2\ \Omega$，$n_N=1470\ \text{r/min}$。断相前后电磁转矩为$T_{em}=334\ \text{N}\cdot\text{m}$不变。忽略励磁电流，定子Y连接。求一相断路前、后电动机的转速和电流。

解 一相断路后，将题中已知条件代入式(9-14)，可得

$$343=\frac{2}{314}\times\frac{380^2\left(\frac{0.05}{s}-\frac{0.05}{2-s}\right)}{\left(0.13+\frac{0.05}{s}+\frac{0.05}{2-s}\right)^2+0.8^2}$$

解得：

$$s\approx 0.02$$

单相运行时转速为

$$n=(1-s)n_0=(1-0.132)\times 1500\ \text{r/min}=1302\ \text{r/min}$$

$$I_V=\frac{U_{VW}}{\left[\left(2R_s+\frac{R'_r}{s}+\frac{R'_r}{2-s}\right)^2+(2X_s+2X'_r)^2\right]^{\frac{1}{2}}}=393\ \text{A}$$

断相前：

$$T_{em}=\frac{P_{em}}{\Omega_0}=\frac{p}{2\pi f}3I'^2_r\left(\frac{R'_r}{s}\right)$$

$$343=\frac{2}{314}\times\frac{3\times 220^2\left(\frac{0.05}{s}\right)}{\left(0.065+\frac{0.05}{s}\right)^2+0.4^2}$$

解得：

$$s\approx 0.02$$

$$n=(1-s)n_0=(1-0.02)\times 1500\ \text{r/min}=1470\ \text{r/min}=n_N$$

断相前相电流（忽略励磁）

$$I_{sN}\approx\frac{U_s}{\left[\left(R_s+\frac{R'_r}{s_N}\right)^2+(X_s+X'_r)^2\right]^{\frac{1}{2}}}=\frac{220}{\left[\left(0.065+\frac{0.05}{0.02}\right)^2+0.4^2\right]^{\frac{1}{2}}}\ \text{A}=84.7\ \text{A}$$

断相前、后电流比为

$$\frac{I_V}{I_{sN}}=\frac{393}{84.7}=4.64$$

可见，当运行中的三相电机一相断路时，转速将降低，而电流会急剧增大。

如果三相异步电动机在电机没有转动时出现单相运行，则由于没有启动转矩，电动机不能启动，转子绕组的短路状态使电机此时剩余两相绕组中会有很大电流，情形类似于有一相一次侧断开的二次侧短路运行的三相变压器，时间稍长即有可能损坏电机。

如果电机在运行中出现一相电源断开，只要剩余两相中的电流不超过额定值，电动机仍可继续运行，但电动机的负载能力会明显下降。这是因为电动机由三相运行变为单相运行时，最大输入视在功率由 $3U_{sN}I_{sN}$ 下降为$\sqrt{3}U_{sN}I_{sN}$，额定功率仅为三相运行时的 $1/\sqrt{3}$左右，加上功率因数方面的考虑，一般可以用下降一半近似估计。若轴上负载超过额定的 50%，就可能导致电机过载运行。

为防止三相电动机单相运行的启动过流和运行过流，必须采取相应的断相缺相保护措施，相关内容将在第 10 章介绍。

9-2 步进电动机

步进电动机是一种将电脉冲信号转换成角位移或直线位移的执行元件，广泛用于各种形式的数字控制系统中。它每接收一个输入脉冲，转子即移动一步，故得名步进电动机或脉冲电动机，习惯上简称为步进电机。

步进电动机种类繁多，其中又以同步反应式步进电动机最为基本，本节以三相反应式步进电动机为例，说明其工作原理和工作特性。

一、步进电动机的基本工作原理与控制方法

三相反应式步进电动机的原理模型如图 9-11 所示，定子上有三对磁极，其励磁绕组构成的三相定子绕组接成有中线的对称星形，称为控制绕组。转子仅为一软磁材料制成的铁芯，有四个齿，没有转子绕组。若三相定子绕组分别接入波形关系如图 9-12 的电压，则在 $0\leqslant t<\frac{T}{3}$（T 为脉冲周期）期间，仅 U 相绕组中有电流 i_U 流过，它形成步进电动机的气隙磁场轴线与 U 相磁极轴线 U－U′重合。由于磁感应线总是力图从磁阻最小的路径通过，并使自己的长度缩成最短，所以转子上会受到一个转矩的作用，此转矩称为同步转矩，记作 T_s，它迫使转子旋转到 1、3 齿与 U 相定子绕组轴线 U－U′对齐的位置上，使整个磁路的磁导变为最大，如图 9-11(a)所示。当转子齿与绕组轴线对齐后，同步转矩即下降为零，此时转子只受到径向力的作用，这种径向力可以保证转子被锁定在这一空间位置，任何试图使它偏离这一位置的负载扰动都会受到它的抑制，一旦偏离发生，同步转矩即同时产生，只要负载扰动转矩小于同步转矩，转子就可被重新拉回。这一特性被称为电气自锁能力。电气自锁是位置控制中对电机驱动的一种重要性能要求。

在$\frac{T}{3}\leqslant t<\frac{2T}{3}$期间，U 相绕组断电，三相绕组中仅 V 相通电，气隙磁场顺时针旋转 120°机械角度，切换瞬间的磁场与磁路分布如图 9-11(b)所示，同步转矩将迫使转子旋转到 2、4 齿与 V 相定子绕组轴线 V-V′对齐的位置上，即转子将顺时针旋转 30°机械角，如图 9-11(c)所示。

同理，在$\frac{2T}{3}\leqslant t<T$期间，仅W相绕组通电，气隙磁场继续顺时针旋转120°机械角，转子顺时针旋转30°机械角到达1、3齿与W相定子绕组轴线W—W′对齐的位置。这样，当三相控制绕组按U—V—W—U的顺序循环通电时，转子则分三步旋转一个转子齿距、每步旋转30°机械角度，每步转过的这个空间角度称为步距角，简称步距。

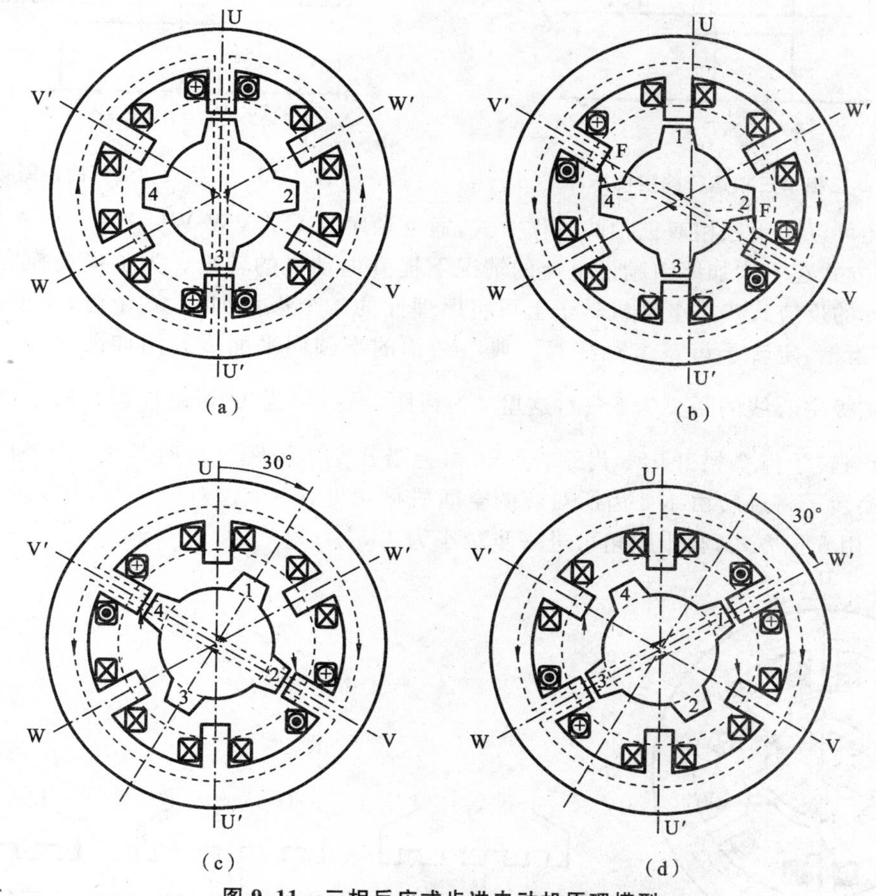

图9-11　三相反应式步进电动机原理模型

若将三相绕组上脉冲电源的任意两相对调，使三相绕组通电顺序变为U—W—V—U，则电动机的转子将改变旋转方向。

步进电动机中，控制绕组每换接一次称为一拍，按上述方式运行时，每次只一相绕组通电，绕组每控制周期换接三次，这种运行方式称为三相单三拍运行方式。每次切换，步进电机旋转的角度为一个步距角。

如果控制脉冲电压的波形如图9-13所示，运行方式将略有不同。从图中可以看出，在$0\leqslant t<T/6$期间，仅U相绕组通电，其情形与图9-11(a)所示的相同；在$T/6\leqslant t<T/3$期间，U、V两相绕组同时通电，它们的磁极将吸引转子顺时针旋转15°机械角度，如图9-14所示，即这时转子将被同步转矩拉至1-3轴线与2-4轴线的中心线与U—U′与V—V′两轴线中心线对齐的位置。在$T/3\leqslant t<T/2$期间，仅V相绕组通电，与单三拍情况相同，转子将继续顺时针旋转15°，旋转到图9-11(c)所示位置，依此类推，每经过1/6周期，转子顺时针旋转15°机械角度。每周期有6次换接，故称为三相六拍运行方式，其绕组通电顺序为U-UV-V-VW-W-WU-U。

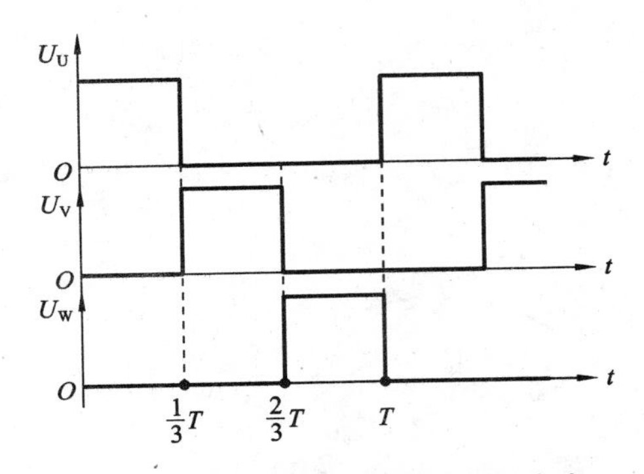

图 9-12 三相单三拍运行的控制脉冲

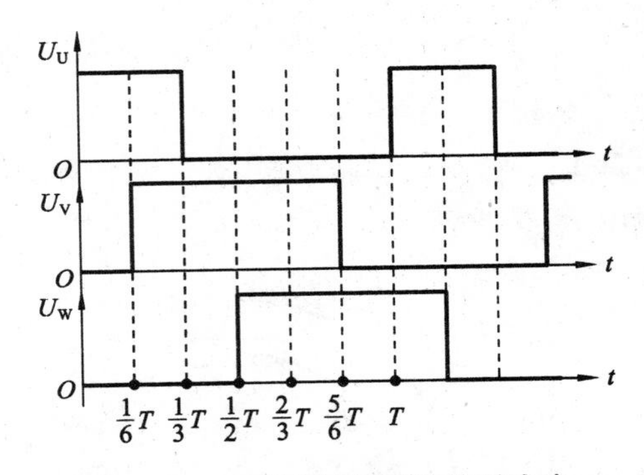

图 9-13 三相六拍运行的控制脉冲

此外，还可以采用三相双三拍的工作方式，通电顺序为 UV-VW-WU-UV。双三拍供电可以比单三拍方式在不增加绕组励磁电流的情况下提升电动机的转矩。为了提高控制精度，减小步距，实际的反应式步进电动机转子上可将原理性的 4 个齿增加到 40 个齿，定子磁极的极靴上也开有齿槽，定转子齿宽齿距相等。典型结构的半圆周平面展开图如图 9-15 所示。其中，每相邻磁极中心线的距离为 $6\frac{2}{3}t$，这里 t 为齿距。这样，当 U 相磁极齿与转子齿对齐时，V 相磁极齿与转子齿会错开 1/3 齿距，而 W 相会错开 2/3 齿距。这时若采用三相单三拍方式，每次切换转子将旋转由 1/3 齿所对应的空间机械角度，40 个齿对应 360°，1/3 齿对应角度为 3°。若采用 6 拍方式，则步距角可进一步减小为 1.5°。

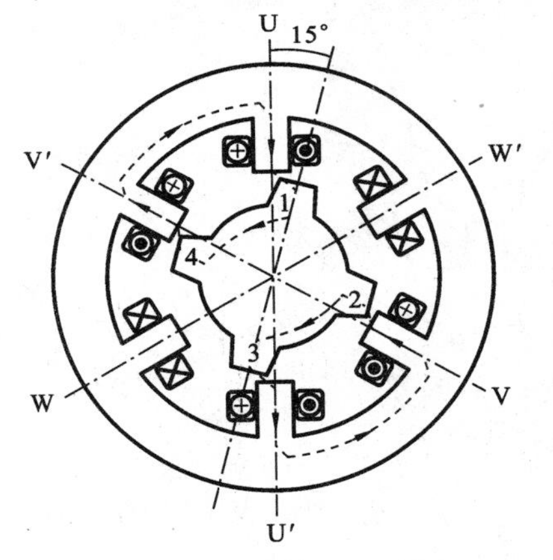

图 9-14 三相六拍方式 UV 同时供电时的情形

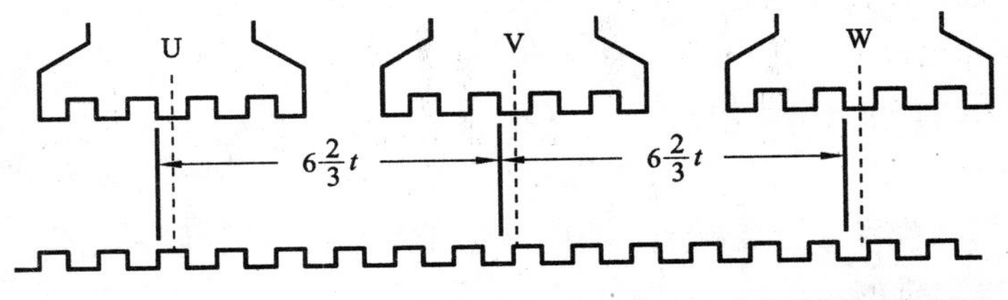

图 9-15 转子齿数 40，3 对磁极的步电机定转子半圆周平面展开图

这种结构称为“裂相”。其特点是，若以 m 代表电机的相数，这种结构的步进电机在不同相的磁极下，定子、转子齿的相对位置应依次错开 $1/m$ 齿距，在连续改变通电状态时可获得连续的步进运动。为了保证实现这一点，多对极电机在同相的磁极下（同为 U 相或同为 V 相），定转子齿应同时对齐或同时错开，这样才能使几对磁极的作用相加。即要求转子齿数 Z_r 为磁极对数 p 的整数倍，$Z_r=kp$，$k=1,2,3,\cdots$。但转子齿数不能是 mp 的整数倍，这样才能保证不同相磁极下定转子齿错开。

由上述特点可以看出，步进电机工作时的步距角可表示为

$$\theta_b=\frac{360^\circ}{NZ_r} \tag{9-15}$$

式中：N 为拍数，Z_r 为转子齿数。

例如，对图 9-15 所示的电机，齿数为 40，采用三拍方式时的步距角就是 3°，六拍方式为1.5°。

如果控制脉冲频率比较高，步进电机就不再是一步一步地转动，而是像普通同步电动机一样连续地旋转。因为控制绕组通电以 N 拍为一个循环，转子转角以 $N\theta_b$ 为一个周期，由图 9-15可知，每周期转子将转过一个齿距角，因此步进电动机的其转速为

$$n_0 = 60f \times \theta_b \times \frac{1}{360^\circ} = \frac{60f \times 360^\circ}{NZ_r \times 360^\circ} = \frac{60f}{NZ_r}\ \text{r/min} \tag{9-16}$$

这里 f 为控制脉冲频率，它定义为步进电机每移过一个步距角对应脉冲周期的倒数。在步进电动机的控制中，通常的做法是由指令计算机或单片机根据运动控制要求，向步进电动机的驱动系统发送控制脉冲指令，这个指令包括脉冲的个数、频率和方向。每发出一个脉冲即要求步进电动机移动一个步距角。这个指令脉冲列送到步进电动机的驱动器后，再依靠驱动器本身的脉冲分配器按步进电动机的工作方式和运动方向分配给对应的绕组。例如，对三相六拍方式，若初始状态为 U 相通电，指令要求顺时针旋转，则电机驱动器收到第一个脉冲时即将其分配给 U、V 相，收到第二个脉冲则仅分配给 V 相，依此类推。这样，驱动器每收到一个控制脉冲即可驱动步进电动机移动一个步距角。

二、步进电动机的工作特性与运行参数

步进电动机的主要工作特性和运行参数包括步距角、矩角特性、稳定区域、启动频率、最大负载转矩和矩频特性。

1. 步距角

步距角即每拍对应的转子角位移，也即一个指令脉冲对应的机械角位移，由式(9-15)确定。步距角决定了步进电动机拖动系统的最高位置控制精度。从改善步进电动机的工作性能和提高系统的分辨能力与精度上考虑，希望步距角尽可能小些。式(9-15)表明，增加运行拍数 N 可减小步距角。而 N 的大小与电动机的相数和通电方式有关，增加电动机的相数，可以使 N 增大，但相数过多会使电动机的驱动器结构复杂化，普通的反应式步进电动机有 3、4、5、6、8 等相几种类型。新型步进电动机多以增加齿数来减小步距角，其典型结构将在后面介绍。

2. 矩角特性

步进电动机空载且一相控制绕组中有电流通过时，这一相极靴下的定子齿轴线必然会稳定到和转子齿轴线重合，使同步转矩 $T_s=0$，如图 9-16(a)所示。假定以此位置为平衡位置。若转子上出现逆时针方向的负载转矩 T_L，使转子逆时针偏离初始平衡位置一个不大的角度 θ，则转子上将出现由磁力 F 产生的顺时针方向的同步转矩 T_s 以平衡 T_L。当 $T_s=T_L$ 时，转子重新处于静止状态，如图 9-16(b)所示，此时的转子偏转角称为失调角，与 T_L 相等的同步转矩称为静态转矩。转子上出现顺时针方向负载转矩时的情况与此类似，如图 9-16(c)所示。不改变控制绕组通电方式状态时，静态同步转矩与失调角之间的函数关系 $T_s=f(\theta)$，称为步进电动机的矩角特性，其函数图形近似正弦曲线，如图 9-17 所示。图中 θ 为正代表逆时针方向的转角，T_s 为正代表逆时针方向的同步转矩。两相或三相同时通电时的矩角特性为各相单独

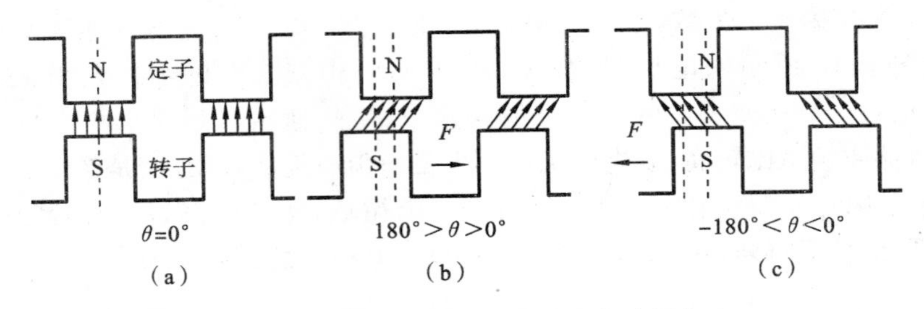

图 9-16 步进电动机的静转矩与失调角

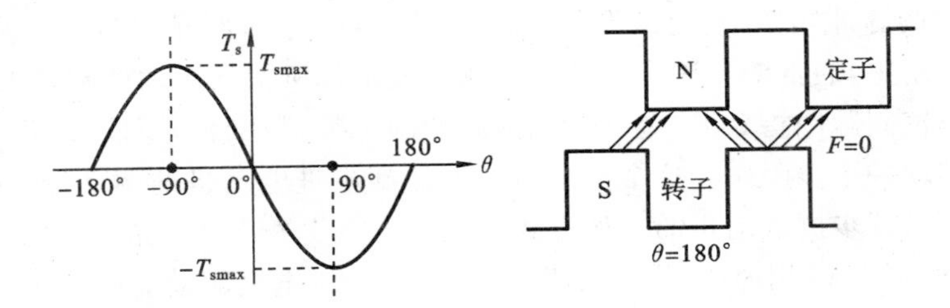

图 9-17 步进电动机的矩角特性

通电时矩角特性的合成。

3. 稳定区域

步进电动机有两个关于稳定区域的概念，即静稳定区和动稳定区。

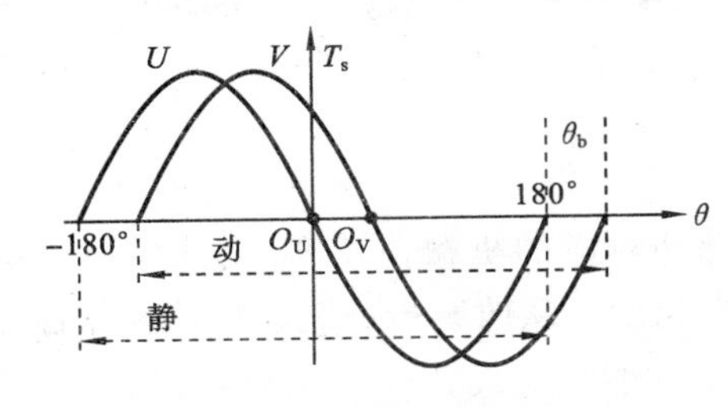

图 9-18 静稳定区与动稳定区

1）静稳定区

从矩角特性上可以看出，当转子在外力作用下产生一定大小的失调角 θ 时，只要满足 $-180°<\theta<180°$，则同步转矩恒取反对 θ 增大的方向。在外力取消后，转子在同步转矩的作用下总能回到 $\theta=0$ 的平衡位置，因此称图 9-18 中的 O_U 点是 U 相通电时转子的稳定平衡点，称（$-180°$，$180°$）为静稳定区。若失调角超出了此范围，则同步转矩将改变方向，致使失调角进一步增大，直到 $\theta=360°$ 或 $\theta=-360°$，即移动一个齿距角为止。

2）动稳定区

图 9-18 中，曲线 U 为 U 相通电时的矩角特性，曲线 V 为 V 相通电时的矩角特性，两者在横坐标轴上相距一个步距角 θ_b，单位为电角度。从图中看出，当通电绕组由 U 相切换为 V 相时，U 相的平衡点必须落在区间[$-(180°-\theta_b)$，$180°+\theta_b$]内，否则转子将不可能前进到新的平衡点 O_V，此区间称为步进电动机的动稳定区。显然，步距角越小，动稳定区就越接近于静稳定区，步进电动机的稳定性就越好。

4. 启动频率

由于转子转动惯量的作用，步进电动机从静止到被拉入同步的过程中，转子跟上脉冲的更迭需要一定的时间，这就使启动频率受到一定的限制。以图 9-19 所示的三相单三拍为例，若每拍末转子都能进入其对应的平衡位置，则下一拍开始时步进电动机的最大失调角均为步距角 θ_b，使转子可按给定脉冲频率的大小一步不失地被拉入同步；若频率过高，转子在第一拍末尚未到达相应的平衡位置第二拍即已开始，则对第二拍而言，转子的实际失调角将大于步距角 θ_b，如图 9-19 中的 θ_1 所示。由于 θ_1 仍在第二拍的动稳定区内，故转子仍可继续向原方向转动，但在第二拍结束时转子离平衡位置的距离将更远，致使第三拍开始时的失调角进一步增大。如此持续下去，在某一拍上必然会产生失调角超出稳定区的情况，转子此时将会受到反方向同步转矩的作用而减速。这种现象称为"失步"。如果此步进电动机是用作位置控制驱动，如用作数控机床的刀具或工作台进给驱动，则失步即意味着步进电动机将不能完成这一拍脉冲指令所对应的空间角度位移，故也称为"丢步"或"丢脉冲"。空载下使转子能从静止状态不失步地被拉入同步的最大指令脉冲频率，称为步进电动机的启动频率，记作 f_s。步进电动机的动稳定区越大，即步距角越小，启动频率越高。

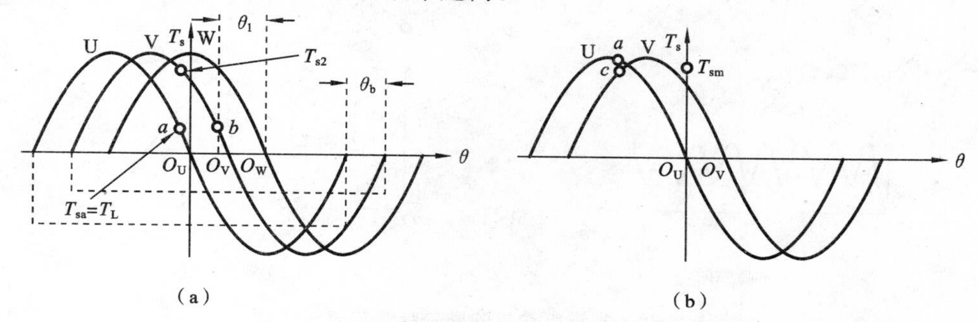

图 9-19　三相三拍运行方式时步进电动机的启动失步问题

5. 最大负载转矩

当步进电动机轴上带有负载转矩 T_L 时，U 相通电时系统的稳定平衡点将由图 9-19 中的 O_U 点上升到 a 点，失调角等于 θ_a。当通电绕组由 U 相换接到 V 相瞬间，由于机械惯性，θ_a 不能突变，故同步转矩变为 T_{s2}。从图中可以看出，由于 $T_{s2}>T_L$，转子可以在加速转矩 $T_{s2}-T_L$ 的作用下沿 V 相矩角特性向新的平衡点 b 运动，并最后到达 b 点。

如果负载转矩大于 U、V 两相矩角特性的交点 s 处对应的电动机转矩为 T_{sm}，则在 U 相切换到 V 相瞬间，电动机转矩将下降到 c 点对应的转矩 $T_{sc}<T_L$，转子将减速，使电机转子不能继续按指令频率要求向新的平衡点运动，最终将产生失步。因此，两矩角特性曲线的交点处同步转矩 T_{sm} 是步进电动机负载能力的上限，称为步进电动机的最大负载转矩，也称为步进转矩或启动转矩。步距角越小，T_{sm} 越大。所以，从增大 T_{sm} 考虑，应该尽量采用较多的运行拍数以减小步距角。

6. 矩频特性

步进电动机绕组换接的过程中，由于绕组中的电磁惯性影响，控制电流实际上均按指数曲线增减。当脉冲频率高到一定程度时，每周期中控制电流的数值会来不及达到稳定值，致使气隙磁通下降，同步转矩减小，如图 9-20(a)～(c)所示。电流的上升率除受绕组阻抗影响外，还与突加到绕组的电压幅值有关，因此，为了提高步进电机在高速时的带载能力，在绕组绝缘允许的条件下，一些驱动装置常采取提高电压的方式来加快电流升降速度。恒频运行时，步进电动机的平均同步转矩与脉冲频率之间的函数关系称为步进电动机的矩频特性。其函数典型图形如图 9-20(d)所示。

图 9-20 中，T_{sh} 称为保持转矩，它代表绕组通电时能维持静止状态的最大转矩。

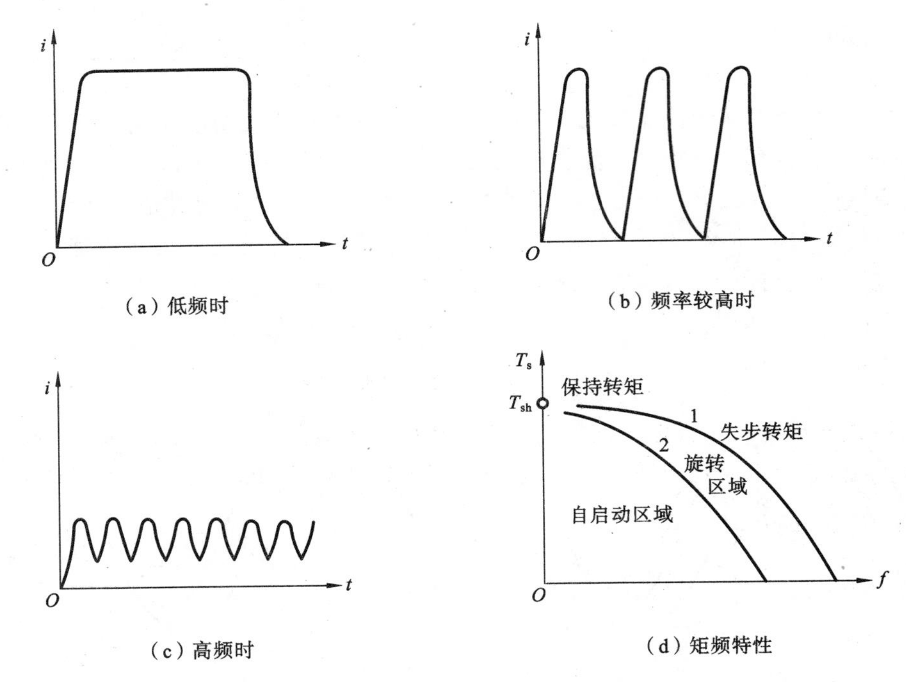

(a) 低频时

(b) 频率较高时

(c) 高频时

(d) 矩频特性

图 9-20 步进电动机的励磁特性与矩频特性

图 9-20(d)所示的曲线 2 下方，是步进电动机的自启动区域。在此区域内，突加频率为 f 的指令脉冲，步进电动机可以不失步地可靠启动，实现与指令脉冲频率的同步运动。曲线 2 表明了在某一负载转矩下步进电动机允许的最大自启动频率。

曲线 2 与曲线 1 之间的区域称为旋转区域。在此区域内，缓慢增加指令频率 f 或负载转矩时能保证不失步运转。

曲线 1 上方为失步区域，步进电动机在此区域不能正常工作。因此，曲线 1 也称为失步转矩，它代表了此步进电动机失步转矩随指令频率变化的对应关系。

矩频特性曲线的形状与电动机驱动器的参数有密切关系。负载转动惯量和步进电机驱动电路的方式不同，矩频特性也不同。因此，图 9-20 所示的特性对步进电动机而言并不是固定不变的，随着负载转动惯量和驱动方式的不同，自启动区域和旋转区域会有较大变化，特别是负载转动惯量很大时，自启动频率将明显下降，使用中要特别注意。

控制中为了保证步进电动机能正常启动，通常要采用按一定规律变化的加减速指令频率，加速时指令频率逐渐升高，电机制动时指令频率逐渐减小，以避免步进电机在加减速运行过程中产生失步。典型指令频率升降规律有直线形、指数形和古钟形等三种。

步进电动机由控制脉冲控制，一个控制脉冲对应步进一步，如果仔细观察其运动，就如图 9-21 所示的那样，在平衡点附近往往存在脉动。这不但产生噪声和振动，而且可能导致失步，因此，设计步进驱动器时还必须注意对脉动进行有效的抑制。

三、步进电动机的主要类型

1. 反应式步进电动机

前述原理性步进电动机即为反应式电动机，又称为变磁阻步进电机，其结构与无转子励磁

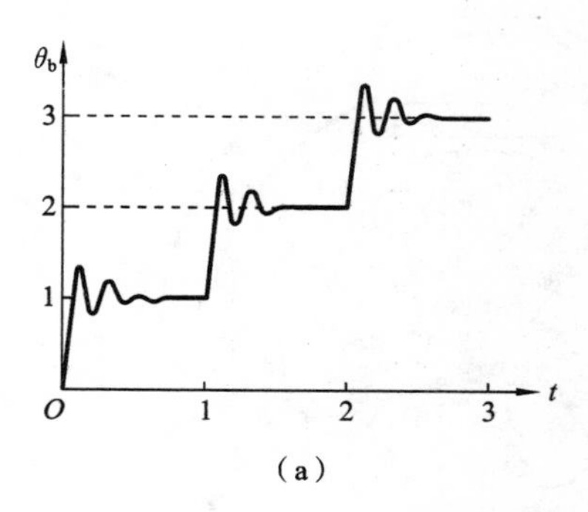

(a)

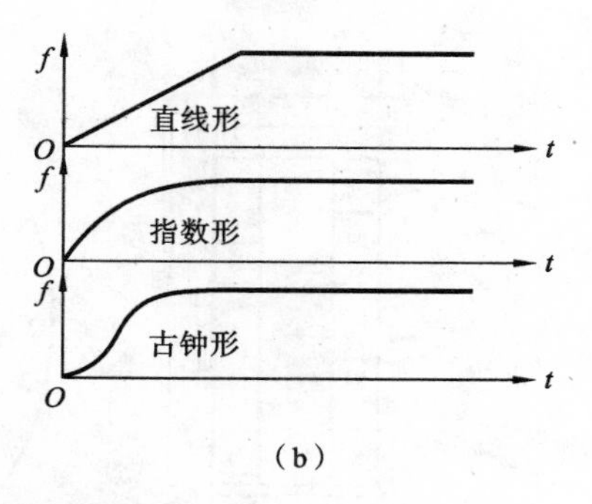

(b)

图 9-21　步进电动机的步进特性

绕组的凸极式同步电动机类似。这种步进电动机的主要优点是结构简单，成本低，驱动控制容易。其缺点是，完全依靠定子绕组电流建立磁场和转矩，效率较低，电机尺寸较大。

2. 永磁式步进电动机

这种电机的转子由永久磁铁制成，转子极数与每相绕组极数相同。由于可以利用定子绕组电流和转子永久磁铁共同建立磁场和转矩，效率和同步转矩均高于反应式的。一种永磁转子步进电动机的结构如图 9-22 所示。图中给出的是定子 B 相绕组通电时的情况。这种永磁步进电动机的定子为空间正交的两个单相绕组，转子由充磁磁极构成多极环形转子。这种结构的步进电动机部件少，可用压力机和树脂成型机等实现大批量生产，在办公自动化设备和家电中应用很广。

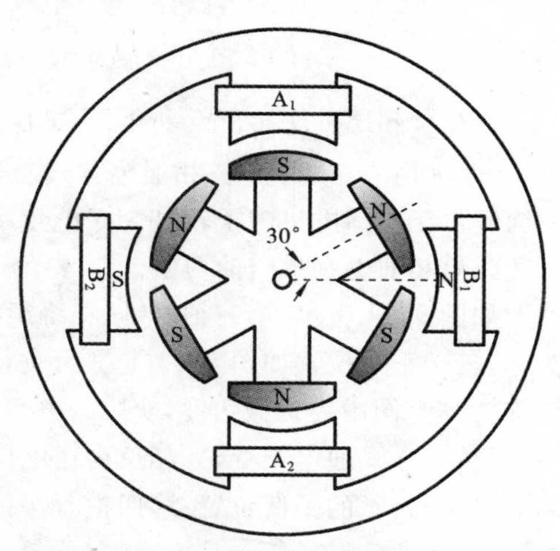

图 9-22　永磁式步进电动机结构

3. 混合式步进电动机

定子结构与反应式的相同，定子磁极上装有多相控制绕组，转子由位于中部的永久磁钢和位于两端的无磁性铁芯组成。环形磁钢轴向充磁，两端的铁芯上开有齿槽，形成类似于凸极的结构。一种混合式步进电动机的结构如图 9-23 所示。可见它实为反应式和永磁式混合组合而成。

为了获得更高的角度分辨率，实际的混合式步进电动机的转子极数通常多于图 9-23 所示电动机的转子极数。对应定子也采用图 9-15 所示的裂极技术，此外，转子还可以制成多于两段的结构。

例如，若软铁 1 接 PM 的 N 极，软铁圆周上开有 50 个齿，软铁 2 接 PM 的 S 极，上面也开有 50 个齿，且软铁 1 和 2 的齿沿圆周空间在电角度上是正交的。这样，实际效果相当于此步进电动机转子具有 100 个齿，即 $Z_r=100$。定子采用四相 4 对磁极结构，$p=4$。可采用控制 $N=4$ 或 $N=8$ 控制，每磁极极面上有 5 个齿，这样这台步进电动机的步距角可以达到

$$\theta_b=\begin{cases}\dfrac{360°}{4\times 100}=0.9° \\[2ex] \dfrac{360°}{8\times 100}=0.45°\end{cases}$$

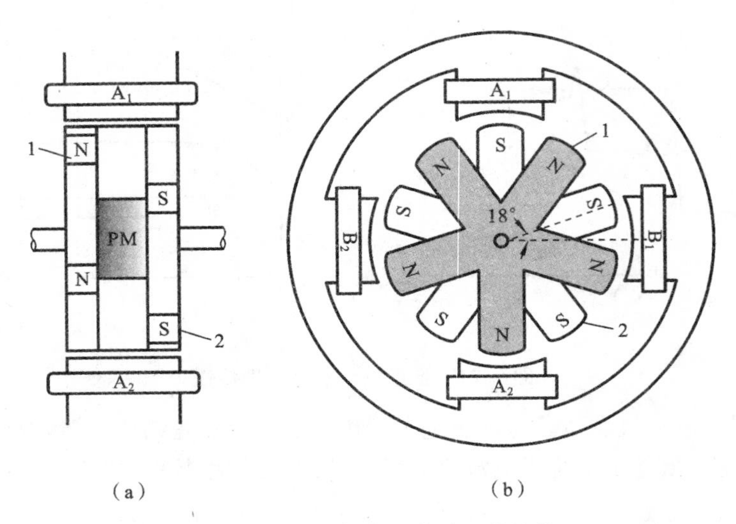

图 9-23 混合式步进电动机的结构

现代三相混合式步进电动机，为了保证电动机在不增大绕组相电流的条件下获得最大转矩，一般采用三相-两相-三相通电方式，如图 9-24 所示。图中所示仅代表工作原理，转子旋转一周等价于实际电机转子转过 360°电角度的过程。可以证明，三相同时通电励磁时的转矩可以达到单相通电励磁时的两倍。

如图 9-24 所示，第一拍时，三相绕组同时供电并控制电流方向使 U、V 相磁极为 S，W 相为 N，转子平衡位置如图 9-24(a)所示；第二拍时，V 相断电，其他两相保持不变，转子将顺时针旋转 30°(图中为机械角度，实际为电角度)达到图 9-24(b)所示的平衡位置；第三拍仍保持 U、W 按原方式通电不变，V 相反向通电使 V 相磁极为 N，拉动转子继续顺时针旋转 30°，到达图 9-24(c)所示的平衡位置；第四拍时保持 U、V 不变，W 断电，使转子继续顺时针旋转 30°到

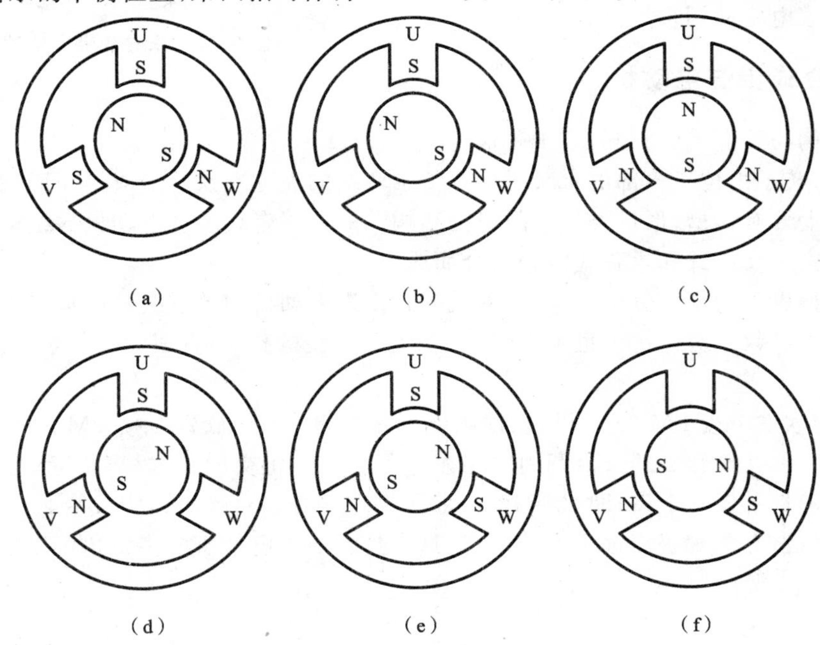

图 9-24 三相混合式步进电动机的通电方式

达图 9-24(d)所示的平衡位置;第五拍时继续保持 U、V 不变,W 反向通电,使 W 相磁极为 S,转子继续顺时针旋转 30°,到达图 9-24(e)所示的平衡位置;第六拍 U 断电、V、W 不变,转子再顺时针旋转 30°到达图 9-24(f)所示的平衡位置,依此持续下去,电机即可以每拍顺时针旋转 30°电角度的规律持续运行。

研究数据表明,混合式步进电动机的功率密度高于同体积的反应式步进电动机的 50%,且易制成很小的步距角,效率高、力矩大、运行平稳、高频运行时矩频特性好,与永磁转子相比,它只需要一块简单的磁铁,而永磁转子需要多极的永磁体。与反应式相比,混合式产生同等转矩需要较少的励磁,因为永磁体可以提供部分励磁,另外,当定子励磁撤去后,混合式步进电动机仍能依靠永磁体磁力维持转子位置,因此,它近年来逐渐成为步进电动机拖动系统的主流,其中以三相和五相混合式步进电动机应用最为广泛。

永磁式步进电机和磁阻式步进电机在绕组初始上电时的运动情况有所不同。磁阻式步进电机的转子本身无极性,上电时定子形成的磁场就近将转子凸极拉向定子磁极轴线;永磁电机转子本身有磁极,定子绕组上电后形成磁极依据同极性相斥异极性相吸的原则将转子异极性磁极拉向定子磁极轴线,如果靠近的是转子同极性磁极,则会将其推离。

9-3　无刷直流电动机

在仅可获得直流电源的场合,如航空航天器、汽车等无交流电网连接的移动交通运载工具上,拖动系统采用直流电动机更为方便。虽然现代功率变换技术可以很容易地将直流电变换为交流电,但功率变换必然存在一定的能量损耗,对移动设备上的有限能源是不利的。用于移动设备的直流拖动电动机,主要为微型、小型电机,要求具备动作灵敏、启制动快、转速高的特点。这时如果采用普通直流电动机,则直流电机的许多固有缺陷就将非常明显地显露出来。通过对直流电机的学习我们已经了解到,直流电机结构性的缺陷在于,电刷和换向器的存在导致它在高速或重载运行时可能产生换向火花,电刷磨损也不可避免。经常高速运行时电刷的维护周期仅为数千小时,如果电机工作在低气压环境,电刷的磨损会更为厉害,严重时不到 1 个小时就必须更换电刷。况且在某些运行环境中是不可能允许停机更换电刷的,换向火花的存在则使普通直流电机无法用于易燃易爆环境。常规普通直流电动机通过在电机中增设换向极来抑制电机换向时的电枢反应,以改善换向同时增加电刷的使用寿命。但在移动设备中,受空间的限制,直流电动机的体积必须很小,在微型直流电动机中很难腾出空间加装换向极,因此必须从结构上改变直流电动机的设计,使电机去除电刷和换向器。

既能使用直流电源又没有电刷和换向器,根据这种要求设计出来的电动机就是无刷直流电动机。

20 世纪 30 年代,已经有学者开始研究以电子换向取代机械换向的无刷直流电动机,但由于当时功率电子器件和微电子技术尚不能提供支撑,使这种电动机只能停留在实验研究阶段。1955 年,美国的 D. Harrison 等人首次申请了用晶体管换向电路代替电刷的专利,1978 年,联邦德国 Mannesmann 公司在汉诺威贸易博览会上推出了方波直流无刷电动机及其驱动器,标志着无刷直流电动机进入实用阶段。随后,又研制出采用正弦电流驱动的永磁无刷直流电动机,这种电动机的反电势和供电电流波形均为正弦波,其控制需要更为精密的转子位置信号,转矩波动较小,主要用于伺服控制系统,后来随着现代交流传动技术的进步，这种采用正弦电流的电机被归类为交流永磁同步电动机，无刷直流电动机则指的是方波型永磁无刷直流电动机。

一、无刷直流电动机的结构与工作原理

无刷直流电动机的结构与永磁式步进电动机和永磁式交流同步电动机非常相似。一个三相绕组的无刷直流电动机原理结构如图 9-25 所示。永磁转子可以采用隐极结构也可以采用凸极结构。定子为多相绕组，可以是三相也可以多于三相。由于需要电子换向，无刷直流电动机不能直接连接直流电网电源运行，在直流电源和电动机间必须加入驱动器。一种三相直流无刷电动机的典型驱动控制电路如图 9-26 所示。

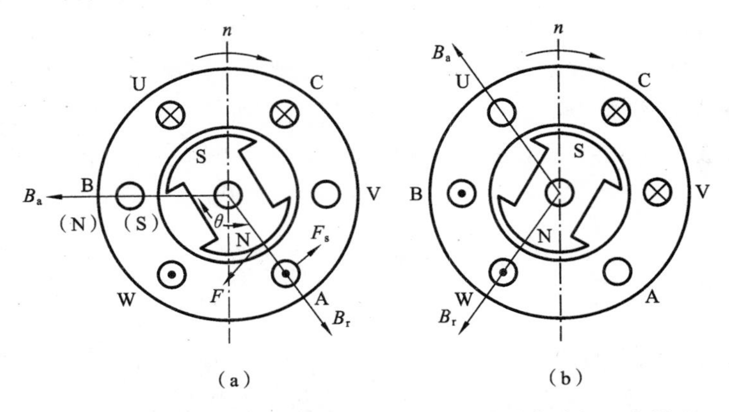

图 9-25　两相导通 Y 连接三相六状态无刷直流电动机工作原理

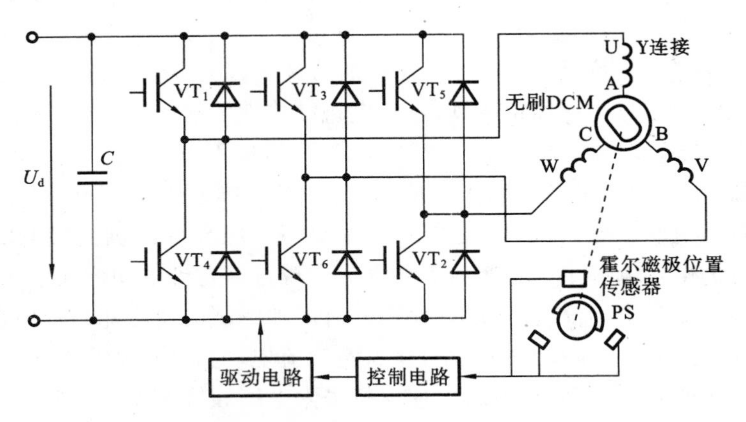

图 9-26　两相导通 Y 连接三相六状态无刷直流电动机主电路

无刷直流电动机的运行原理与交流永磁同步电动机的类似，对凸极转子电机，仅作定性分析时，其电磁转矩可视为由转子永久磁铁产生的磁场与定子绕组电流励磁所形成的磁场产生相互磁拉力产生，若记转子永久磁铁产生的磁通密度为 $\boldsymbol{B}_r$，定子绕组励磁产生的磁通密度为 $\boldsymbol{B}_a$，则电磁转矩的大小可表示为

$$T_{em}=|k\boldsymbol{B}_r\times\boldsymbol{B}_a| \tag{9-17}$$

k 为由电机结构决定的常数，转矩方向由电动机原理左手定则可判定为 $\boldsymbol{B}_r$ 沿图 9-25(a)所示的 θ 角朝 $\boldsymbol{B}_a$ 旋转的方向。

对于图9-26所示电路，需要电机顺时针旋转时，可采用表9-1所示的控制方法。当VT_1、VT_2导通时，电流从VT_1流入U相绕组的头，从尾端A流出进入W相的尾端C，从头端W流出，经VT_2回到电源。电流在定子绕组中的分布如图9-25(a)所示。按照图9-25(a)中转子磁极的位置和电流流动方向也可以看出，以U相尾端A为例，依电动机原理左手定则，A中载流导体受力方向为向右斜上方向，由于定子导体不能运动，反作用于转子后使转子受力为左斜下方向，如图9-25(a)中F所示，此力对转子形成的转矩方向为顺时针方向，也即$\boldsymbol{B}_r$沿θ向$\boldsymbol{B}_a$方向旋转的方向。

表9-1 顺时针方向旋转时的开关表

区间号	1	2	3	4	5	6
区间	[0,60)	[60,120)	[120,180)	[180,240)	[240,300)	[300,360)
导通	VT_1、VT_6	VT_1、VT_2	VT_2、VT_3	VT_3、VT_4	VT_4、VT_5	VT_5、VT_6
线圈	U、V	U、W	V、W	V、U	W、U	W、V

按照表9-1，下一时刻将关断VT_1而开通VT_3，VT_2保持导通不变。这时电流改由VT_3流入V相绕组的头端V，从B流出后经C流向W，再经VT_2回到电源，电流分布情况如图9-25(b)所示。考察图9-25(a)和图9-25(b)的定子磁通密度，可以看出定子磁场在空间顺时针旋转了60°，电磁转矩的方向不变。继续按表9-1顺序切换，这一规律不变。因此，采用表9-1方式控制的无刷直流电动机，其定子合成磁场在空间形成一种跳跃式步进旋转磁场，步进角为60°电角度。这样，采用这种方式控制的无刷直流电动机也就等价于一种步距角为60°电角度的步进电动机。按照表9-1，驱动器主电路中的每个开关管在一个工作周期中导通120°，每60°换流1次，换流时定子磁场改变状态，与步进电动机的1拍类似。每一时刻仅有两相绕组通电。这种工作方式称为120°换相导电方式。

无刷直流电动机与交流永磁同步电动机也有许多相似之处，交流永磁同步电动机也可以采用图9-26所示的主电路用直流电压来驱动，它们转子上均有永磁磁极。但直流无刷电动机定子绕组是依靠近似方波电流来产生磁场和转矩，而交流永磁同步电动机定子绕组需要近似正弦的交变电流来建立旋转磁场和转矩(依靠对开关管按正弦规律进行脉冲宽度调制实现，方法将在“电力电子技术”课程中介绍)，对应定子绕组的反电势为正弦波，采用180°换相导电方式，而直流无刷电动机的反电势是梯形波，如图9-27所示。连续旋转时，交流永磁同步电机的磁场为连续旋转磁场，而无刷直流电机的磁场为跳跃式旋转磁场。这样，直流无刷电机运行时，特别在低速时的转矩波动会大于交流永磁同步电机，但由于采用120°换相导电方式，功率电路中换流是在不同相的上、下管之间进行，不存在永磁同步电动机驱动时因同一相上下管换流时可能发生的上、下管同时导通形成电源瞬间短路的条件，这使得高速时无刷直流电动机的驱动器工作更加安全、故障率低。

在电子开关的切换控制方面，永磁同步与直流无刷有明显的区别。永磁同步采用的是一种固定频率模式的开关管理，它按给定频率的正弦脉冲宽度调制方法切换电子开关，使三相绕组中的电流按三相对称正弦规律变化形成连续的旋转磁场，电动机的转速是严格与给定电源频率同步的。而直流无刷电子开关的切换是“等待”磁极信号的到来，转速低时切换自动变慢，转速高时切换自动变快。因此，直流无刷电动机的运行机械特性与他励直流电机的相似，转速会随负载变化而改变。

自然，无刷直流电动机也可以采用三相绕组同时供电方式，这时通过控制可使电流的波形为任意期望形态，可进一步降低转矩脉动，但随之带来的是控制趋于复杂，对转子位置的检测分辨率要求大大提升，控制成本相应上升。

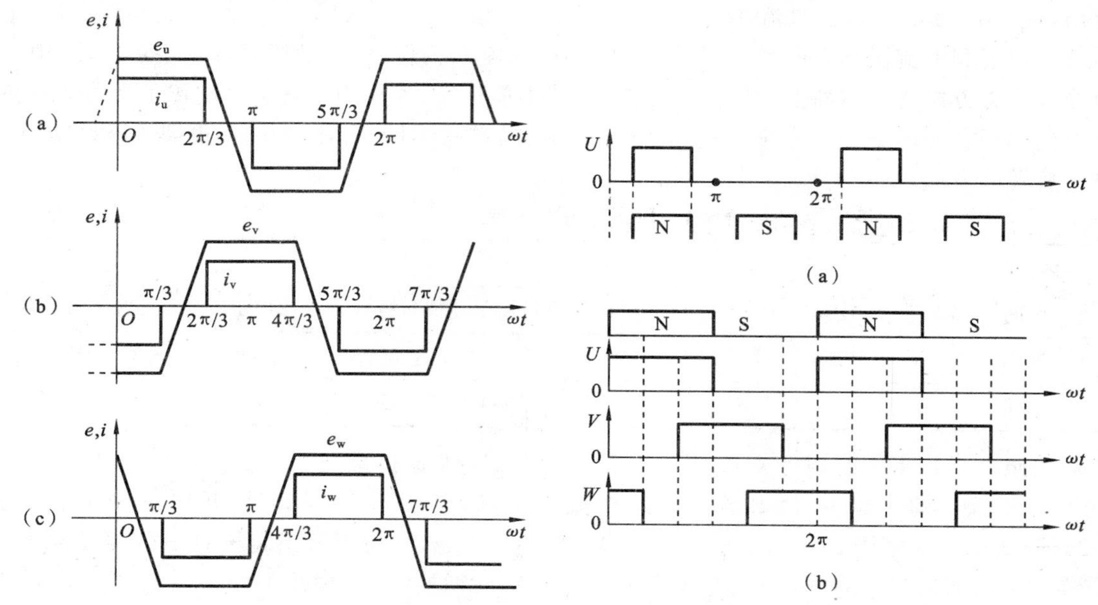

图 9-27　无刷直流电动机的各相绕组的电流与电势

图 9-28　转子磁极位置与霍尔传感器输出

与永磁同步电动机一样，无刷直流电动机在初始上电时，如果不知道转子磁极的位置，就按表 9-1 方式对绕组供电，则第 1 拍时转子旋转的方向，将因转子磁极的位置不同可能顺时针也可能逆时针旋转。例如，如果上电时对 VT_1、VT_2 供电，按照右手螺线管法则，定子电流形成的磁通密度 $\boldsymbol{B}_a$ 方向如图 9-25(a)所示，在定子左侧铁芯内沿 $\boldsymbol{B}_a$ 轴线形成的磁极极性是定子外侧为 N，内侧为 S，若转子原来静止位置如图 9-25(a)所示，转子的 S 极在圆周水平中心线左上侧圆周位置，按照异性相吸同性相斥原则，磁力形成的转矩将使电机趋向于顺时针转动，完全空载时最终可锁定在转子 N 极轴线与 $\boldsymbol{B}_a$ 重合位置。但如果原来转子在静止位置时 S 极在圆周水平中心线下方，则转子将趋向于作逆时针转动。为了准确控制无刷直流电动机的旋转方向，驱动器在进行状态切换控制和上电初始化时，必须知道转子磁极的空间位置。为了适应这一控制需求，在无刷直流电动机中常一体化装有磁极位置传感器。一种常见的磁敏霍尔磁极位置传感器检测输出波形如图 9-28(a)所示。对于图 9-26 所示三相定子绕组的电机，磁极位置传感器也有 3 个，按空间 120°对称分布安装，与各相绕组轴线对齐，这样若转子永磁体每磁极极靴宽度接近一个极距，转子旋转时，三个磁极传感器输出的信号将是依次相差 120°，宽度为 180°的方波，如图 9-28(b)所示。

通过传感器内部的处理电路，可保证当传感器处于在 N 极下时输出"1"电平，其他位置时输出"0"电平。

如果保持一种通电模式不变，电机将与步进电机的情况一样，会被"电气锁定"在定子 N 极与转子 S 极相对的位置，具备抵抗一定负载转矩扰动的能力。

根据图 9-28，依据位置传感器磁极信号实现表 9-1 的控制可按照表 9-2 的方式加以实现。即当检测到 UVW 信号为 101 时，开通 VT_1、VT_6，信号变为 100 时，换为 VT_1、VT_2，依此类推，即可实现对电机的顺时针旋转控制。

表 9-2　顺时针方向旋转时的开关表

区间	[0,60)	[60,120)	[120,180)	[180,240)	[240,300)	[300,360)
位置传感器信号 UVW	101	100	110	010	011	001
导通	VT_1、VT_6	VT_1、VT_2	VT_2、VT_3	VT_3、VT_4	VT_4、VT_5	VT_5、VT_6
线圈	U、V	U、W	V、W	V、U	W、U	W、V

二、无刷直流电动机的结构类型

按照不同的应用需求，无刷直流电动机有多种不同的结构类型。几种常用结构类型如图 9-29 所示。

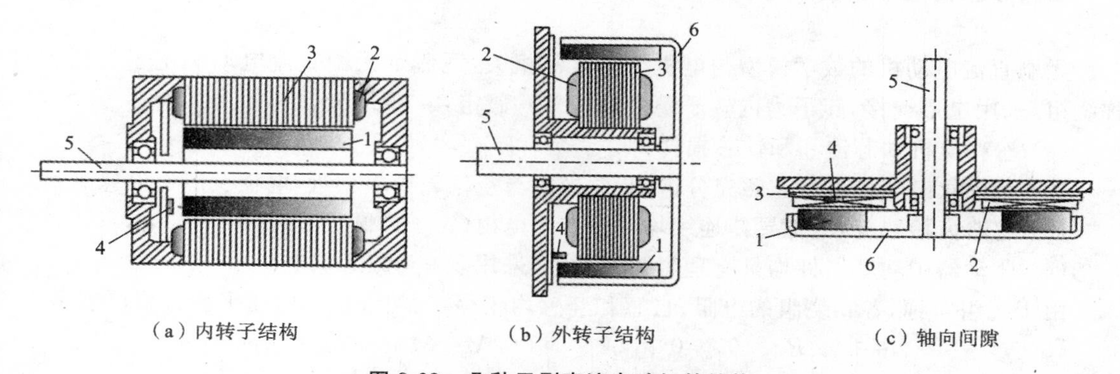

（a）内转子结构　（b）外转子结构　（c）轴向间隙

图 9-29　几种无刷直流电动机的结构

1—永久磁铁；2—线圈；3—定子磁轭；4—磁极位置传感器；5—轴；6—转子磁轭

图 9-29(a)所示的为内转子结构，其结构与普通电机的类似。内转子结构的特点是，转子的转动惯量较小，易于实现灵敏快速的启停控制。图 9-29(b)所示的为外转子结构，转子转动惯量相对大一些，利于高速稳速运行。图 9-29(c)所示的为轴向间隙结构，这种结构的定子绕组可以采用印刷绕组，体积可以很小，并且印刷绕组电感小，易于电流的快速变化，因此这种无刷电动机的速度可以达到很高，如某产品的最高转速可以达到 50000 r/min。不过这种电机的功率一般都比较小，通常在 20 W 以下。内转子结构的无刷直流电动机功率可以做得比较大，这种电机体积小、重量轻、控制简单、低速转矩大、动态响应好，可用做电动汽车的驱动电机。

永磁无刷直流电动机的转子结构与永磁同步电动机的类似，根据用途可有许多种不同的类型。其中最典型的两类为径向磁化型和切向磁化型。图 9-30(a)所示的为瓦形永磁体径向磁化类型；图 9-30(b)所示的为矩形永磁体切向磁化类型。图中 2 为永磁体，转子外径套有一个 0.3～0.8 mm 的紧圈 1，以防止高速运行时离心力将永磁体甩出。紧圈材料通常为不导磁不锈钢。3 为转子铁芯。除此之外，还有非永磁转子的直流无刷电动机，这类电机的转子与反应式步进电动机的一样，由软铁构成，完全依靠定子绕组励磁产生转矩。有时也将这种无刷直流电动机称为开关磁阻电机。这种电机除具备成本低的优点外，还由于没有永磁体，容易弱磁以获得较高的转速，调速范围宽。结合永磁转子与磁阻转子各自的优点，各种不同永磁材料及非永磁材料构成的混合型转子无刷直流电动机正不断涌现出来，使得这种电动机的运行性能不断得到提高，应用范围不断扩展。

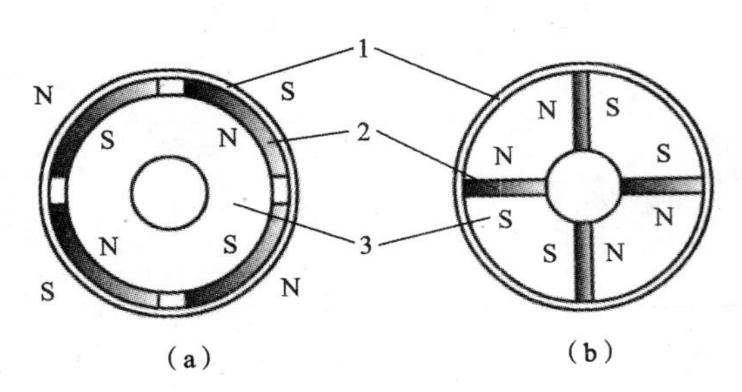

图 9-30　永磁转子的典型结构

1—紧圈；2—永磁体；3—转子铁芯

三、无刷直流电动机的数学模型

无刷直流电动机的数学模型与电机结构紧密相关，现假定无刷直流电动机定子为三相对称绕组，采用星形连接，转子为内转子隐极结构。并假定：

(1) 忽略电机铁芯饱和和铁芯损耗；

(2) 考虑永磁转子磁体充磁充分饱和，磁导率与空气磁导率相近，电枢反应可以忽略；

(3) 忽略齿槽效应，电枢导体连续均匀分布于电枢(定子内圆周)表面；

(4) 驱动器中功率器件均具有理想开关特性，采用表 9-1 方式供电。

由于绕组对称，各相绕组的电阻、自感和互感均相等，三相绕组的电压平衡方程可表示为

$$\begin{bmatrix} u_U \\ u_V \\ u_W \end{bmatrix} = \begin{bmatrix} R_s & 0 & 0 \\ 0 & R_s & 0 \\ 0 & 0 & R_s \end{bmatrix} \begin{bmatrix} i_U \\ i_V \\ i_W \end{bmatrix} + \begin{bmatrix} L & M & M \\ M & L & M \\ M & M & L \end{bmatrix} \frac{d}{dt} \begin{bmatrix} i_U \\ i_V \\ i_W \end{bmatrix} + \begin{bmatrix} e_U \\ e_V \\ e_W \end{bmatrix} \tag{9-18}$$

式中：u_U，u_V，u_W 分别为相绕组对星形中心点电压；i_U，i_V，i_W 分别为定子绕组相电流；e_U，e_V，e_W 为定子绕组反电势；u_N 为电机定子绕组星形中性点对功率地电压，如果以功率地即直流电源地为参考点，则在式(9-18)右侧还应加上 u_N；R_s、L、M 分别为定子相绕组电阻、自感和互感。

对永磁隐极结构，转子磁阻不随转子位置变化而变化，定子绕组的自感与互感均可视为常数。定子绕组星形无中线连接时，有

$$i_U + i_V + i_W = 0 \tag{9-19}$$

同乘以互感，有

$$Mi_V + Mi_W = -i_U M \tag{9-20}$$

将式(9-19)、式(9-20)代入式(9-18)，可得

$$\begin{bmatrix} u_U \\ u_V \\ u_W \end{bmatrix} = \begin{bmatrix} R_s & 0 & 0 \\ 0 & R_s & 0 \\ 0 & 0 & R_s \end{bmatrix} \begin{bmatrix} i_U \\ i_V \\ i_W \end{bmatrix} + \begin{bmatrix} L-M & 0 & 0 \\ 0 & L-M & 0 \\ 0 & 0 & L-M \end{bmatrix} \frac{d}{dt} \begin{bmatrix} i_U \\ i_V \\ i_W \end{bmatrix} + \begin{bmatrix} e_U \\ e_V \\ e_W \end{bmatrix} \tag{9-21}$$

这样，方波永磁无刷直流电动机的稳态等效电路可表述为图 9-31 所示的形式。

永磁无刷直流电动机在采用径向励磁结构、稀土永磁体直接面向均匀气隙时，由于稀土永磁体的取向性好，可以方便地获得具有较好方波形状的气隙磁场。这时若定子绕组采用集中整距绕组，方波磁场在定子绕组中感应的电势将为梯形波。对两相导电星形连接的三相六状态方式工作的永磁无刷电机，方波气隙磁密在空间的宽度应大于 120°电角度，在定子电枢绕

组中感应的梯形波反电势的平顶宽度也相应大于120°电角度。驱动器提供的三相对称、宽度为120°电角度的方波电流应与电势同相位，或位于梯形波反电势的平顶宽度范围内。

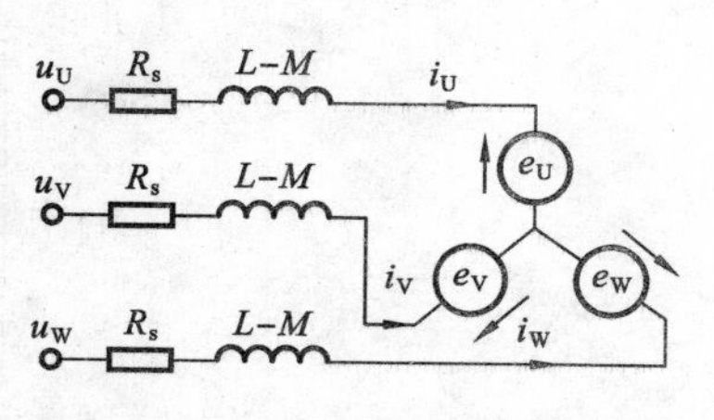

图9-31 永磁无刷直流电动机的稳态等效电路

1. 电枢绕组的反电势

当电动机连续旋转时，依照发电机原理，单根导体在气隙磁场中感应的速度电势为

$$e=B_\delta lv \tag{9-22}$$

式中：B_δ 为气隙磁密；l 为导体有效长度；v 为导体相对于磁场的线速度。

$$v=\frac{\pi D}{60}n=2p\tau\frac{n}{60} \tag{9-23}$$

式中：n 为电机转速，r/min；D 为电枢内径；τ 为磁极极距；p 为磁极对数。

将式(9-23)代入式(9-22)，有

$$e=B_\delta l\left(2p\tau\frac{n}{60}\right)$$

若定义方波气隙磁通密度对应的每极磁通为

$$\Phi=B_\delta\tau la_i$$

这里 a_i 为每极距磁密平均系数，则有

$$e=2p\Phi\frac{n}{60a_i}$$

设电枢绕组每相串联匝数为 N_a，每匝头端都正处于同一磁极（如N极）下，尾端都处于另一相异磁极下（如S极），参见图9-32(a)，则每相绕组的感应电势的平均值为

$$E_a=N_a e=\frac{2pN_a}{60a_i}\Phi n$$

无刷直流电动机工作时，两相绕组串联于直流电压间，两相绕组反电势的总电势为

$$E=2E_a=\frac{4pN_a}{60a_i}\Phi n=K_e\Phi n \tag{9-24}$$

式中：E 是两相绕组的反电势，也称为线反电势；$K_e=\frac{4pN_a}{60a_i}$ 称为无刷直流电机的电势常数。

这是一个与普通直流电动机完全相同的表达式。

当转子旋转到使该相绕组各匝头端有的处于N极下，有的处于S极下时，参见图9-32(e)中的U相，形成的绕组总反电势会因部分导体中电势极性相反相互抵消而减小，总电势极性也因此会改变符号。这样，转子连续旋转时形成相反电势的理想波形为图9-27所示的梯形波，反电势的瞬时值可近似用分段线性函数表示，以W相为例，W相反电势在[0，2π)区间的表达式为

$$e_U=\begin{cases}K_e\omega & 0\leqslant\theta<2\pi/3\\ K_e\omega(5-6\theta/\pi) & 2\pi/3\leqslant\theta<\pi\\ -K_e\omega & \pi\leqslant\theta<5\pi/3\\ K_e\omega(6\theta/\pi-11) & 5\pi/3\leqslant\theta<2\pi\end{cases} \tag{9-25}$$

$$e_{V}=\begin{cases}-K_{e}\omega & 0\leqslant\theta<2\pi/3\\ K_{e}\omega(6\theta/\pi-3) & \pi/3\leqslant\theta<2\pi/3\\ K_{e}\omega & 2\pi/3\leqslant\theta<4\pi/3\\ K_{e}\omega(9-6\theta/\pi) & 4\pi/3\leqslant\theta<5\pi/3\\ -K_{e}\omega & 5\pi/3\leqslant\theta<2\pi\end{cases} \tag{9-26}$$

$$e_{W}=\begin{cases}K_{e}\omega(1-6\theta/\pi) & 0\leqslant\theta<\pi/3\\ -K_{e}\omega & \pi/3\leqslant\theta<\pi\\ K_{e}\omega(6\theta/\pi-7) & \pi\leqslant\theta<4\pi/3\\ K_{e}\omega & 4\pi/3\leqslant\theta<2\pi\end{cases} \tag{9-27}$$

式中：θ 为转子位置角；ω 为转子电角速度，$\theta=\omega t$；K_{e} 为相反电势常数。

相反电势是近似梯形的交流电势，三相绕组反电势的相位关系与三相正弦电源的相位关系相同，依次相差 120°。

2. 电枢电流

每相导通期间，稳态相电压平衡方程为

$$U=2\Delta U+E+2I_{a}R_{s}$$

式中：U 为直流电源电压；ΔU 为功率开关管的饱和压降。

因此

$$I_{a}=\frac{U-2\Delta U-E}{2R_{s}} \tag{9-28}$$

3. 电磁转矩

电磁转矩 T_{em} 由两相绕组的合成磁场与转子永磁磁场相互作用产生，当转速不等于零时，根据能量平衡原理，电磁转矩可表示为

$$T_{em}=\frac{1}{\Omega}(e_{U}i_{U}+e_{V}i_{V}+e_{W}i_{W}) \tag{9-29}$$

式中：$\Omega=\frac{2\pi}{60}n$ 为转子的机械角速度。

理想情况下，每一时刻只有两相绕组导通，另一相绕组电流为零。稳态时，即转速恒定时，导通两相绕组上的反电势大小相等，方向相反（以相绕组头端为高电位假定正向）；相电流大小相等，方向相反。电势的方向与电流乘积的符号相同。因此，若电流大小用 I_{a} 表示，绕组相电势为 E_{a}，线电势为 E，则电磁转矩的平均值可表示为

$$T_{em}=\frac{2E_{a}I_{a}}{\Omega}=\frac{EI_{a}}{\Omega}=\frac{C_{e}\Phi n}{\Omega}I_{a}=K_{T}\Phi I_{a} \tag{9-30}$$

式(9-30)表明，永磁直流无刷电动机的电磁转矩特性与他励直流电动机相同，转矩常数 K_{T} 的定义也相同，电磁转矩与绕组直流电流（方波电流）的大小和磁通的乘积成正比。

4. 转速特性

基于上述分析可知，永磁无刷直流电动机的转速特性与他励直流电动机的类似，可表示为

$$n=\frac{U-2\Delta U-2R_{s}I_{a}}{K_{e}\Phi} \tag{9-31}$$

依照电磁转矩与电流的关系，不难得到无刷直流电动机的机械特性。

根据式(9-17)，直流无刷电动机的电磁转矩似乎应当与转子磁极和定子绕组间的空间角度相关，但由于无刷直流电动机特殊的转子结构，特别是其内转子结构，永磁体几乎均匀覆盖整个转子表面，且永磁体充分充磁，其磁导率已几乎与空气磁导率相等，磁路磁阻很大，定子电流磁势形成的电枢反应几乎可以忽略不计，气隙磁场可认为完全由转子永久磁铁形成，因此电磁转矩可根据定子载流导体和转子磁极相对位置由电动机原理求得，电流不变时它基本是恒定的，如图 9-32 所示，转子在图 9-32(a)、(b)、(c)不同位置以及它们中间的过渡位置时每磁极下的电流大小、方向和载流导体数都是相同的。

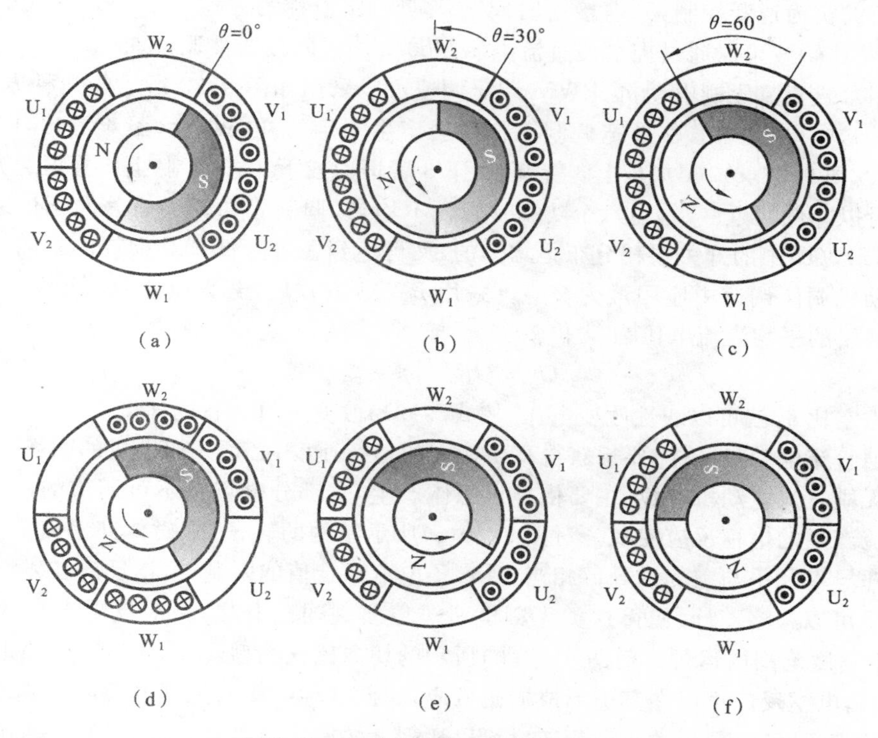

图 9-32　无刷直流电动机的转矩分析

如果转子旋转到图 9-32(c)所示位置电子开关执行换相，断开 U 相，接入 W 相，使定子电流分布如图 9-32(d)所示，则可以实现换相前后每磁极下电流大小、方向和载流导体数保持不变，保持电磁转矩恒定。

负载变化时，无刷直流电动机内部的电磁调节过程与他励直流电动机相似。例如，当负载增大时，转子瞬间减速，转子磁极切割定子绕组速度下降，反电势降低，定子电流自动增大，使电磁转矩增大直至与负载转矩达到平衡。转子减速时，电子换相动作也会根据磁极传感器信号自动变慢，始终保证空间角度移过 60°电角度自动切换。

如果在转子移过 60°电角度时，电子开关停止换相，转子将继续旋转，使得转子同一磁极下定子绕组导体中电流方向不再一致。旋转到图 9-32(e)所示的位置时，每磁极下导体受力经抵消后由原来 8 个减少为 4 个，电磁转矩相应减小；到图 9-32(f)所示的位置时完全抵消，电磁转矩为零，如果这时转速为零，转子将被锁定在这个位置，进入电气锁零状态。如果转速不为零，转子继续旋转就将受到制动性质的电磁转矩作用。如果转速较高，转子将反复受到两个相反方向电磁转矩的作用，进入类似“失步”的故障运行状态。

四、无刷直流电动机的调速

由式(9-31)，无刷直流电动机可采用的调速方法应当与普通直流电机采用的方法相同。现代直流调速，普遍采用脉冲宽度调制(PWM)技术来调节加到直流电机电枢绕组上的平均直流电压。PWM 技术的详细内容将在本专业“电力电子技术”课程中详细介绍，其基本思想就是通过对恒定直流电压在微小周期 T 内(通常为数十微秒)斩波来降低直流电压的平均值实现调压。斩波实为通断控制，T 内接通时间与周期的比值称为占空比 $\alpha=t_{on}/T$，$0\leqslant\alpha\leqslant1$，这样，通过 PWM 斩波可以通过控制使直流电压在$[0,U_d]$区间按线性调节。

对三相永磁直流无刷电动机，PWM 调压调速可以采用如图 9-33 所示的几种方法。在这几种调制方式中，当功率管作脉宽调制工作时会产生一定的开关损耗，不难看出，图 9-33(e)中管耗最大，图 9-33(c)、(d)中，上 3 管调制、下 3 管恒通或下 3 管调制、上 3 管恒通方式调压，开关损耗可以降低接近一半，但六个功率管管耗不均匀，调制管功耗会显著大于恒通管功耗。而图 9-33(a)、(b)中的开关损耗分布是均匀的，又可达到显著降低开关损耗的目的，因此在直流无刷电动机调压调速中应用最为普遍。采用 PWM 方式后，若直流电源电压为 U_d，则加到电机定子绕组的平均直流电压为

$$U=\alpha U_d,\quad 0\leqslant\alpha\leqslant1 \tag{9-32}$$

改变占空比 α，就可以线性改变电压，按式(9-31)改变电机运行的速度。

与普通直流电动机一样，要想获得高于额定的运行速度，必须减弱电机的磁场。对永磁转子结构的无刷直流电动机，磁场主要依靠永磁体产生，这部分磁场是不可调节的，弱磁只能依靠定子电流产生的电枢反应实现。对图 9-30(a)所示结构的转子，永磁体几乎覆盖整个极距，永磁体的磁导率几乎与空气磁导率相当，受定子电流额定值的限制，电枢反应在磁极方向的弱磁效应几乎可以忽略不计，使得这类无刷电机难以实现弱磁升速，一般仅限于在额定转速的 1.1 倍以下速度范围内运行。对图 9-30(b)所示的切向磁化类型转子，主磁极磁路上有非永磁的铁磁材料，电枢反应可以在其中形成弱磁效应，因此这种结构的无刷电机可以获得一定的弱磁升速恒功率运行范围，恒功率运行速度可以达到 2 倍额定值甚至更高。近年来，国内外学者针对永磁无刷直流电动机的恒功率弱磁调速从电机结构到控制方法等方面做了大量的研究工作，取得了一定成果。对无永磁体的磁阻型转子无刷电机，则可以很方便地实现弱磁，取得很宽的弱磁升速运行范围，其转速可以达到每分钟数万转以上。

五、无刷直流电动机的制动

与普通直流电动机一样，同样可以采取能耗、回馈和反接制动来实现无刷直流电动机的快速制动。对采用 PWM 驱动的系统，一般通过反馈闭环自动调节脉冲宽度来实现最大制动转矩和最大允许制动电流的控制，使电机取得最佳制动效果，其中应用最为普遍的是具有节能效果的回馈制动方式。

回馈制动一般采用全 PWM 控制方式，即图 9-33(e)所示的控制方式。

对于图 9-26 所示结构，采用图 9-33(e)所示的调制方式，如若原电机电动运行时是按表 9-1 控制，对应电动运行的电势、电流如图 9-27 所示。制动运行时，电势波形应保持不变，电

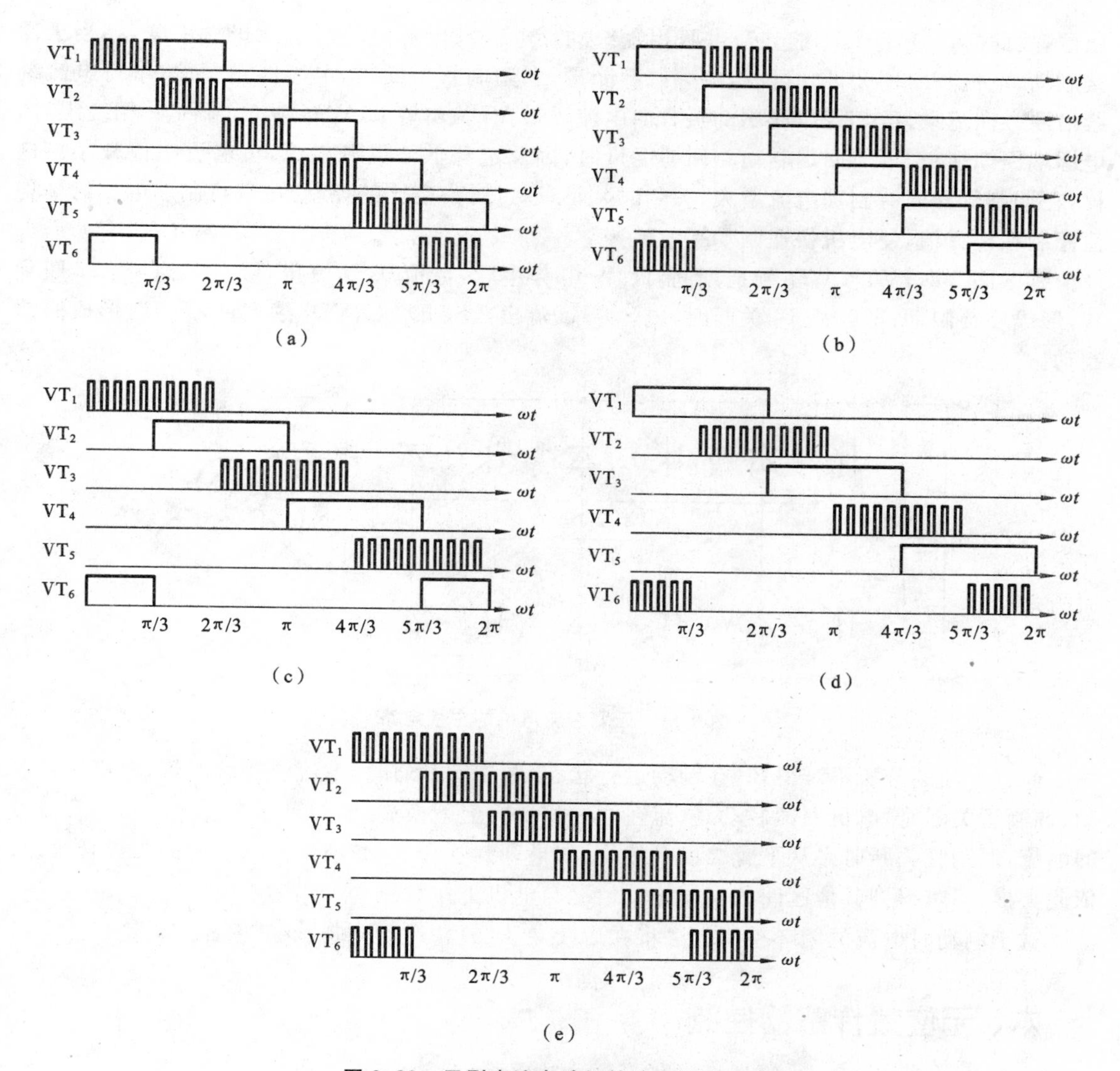

图 9-33　无刷直流电动机的脉宽调速方式

流则应反向。为了达到这一目的，可以将表 9-1 的控制规律移动 180°，并参照图 9-27 所示各相电势在各区间的极性，得到表 9-3。

表 9-3　电机顺时针旋转时的制动控制开关表

区间号	1	2	3	4	5	6
区间	[0,60)	[60,120)	[120,180)	[180,240)	[240,300)	[300,360)
导通	VT_3、VT_4 调制	VT_4、VT_5 调制	VT_5、VT_6 调制	VT_6、VT_1 调制	VT_1、VT_2 调制	VT_2、VT_3 调制
线圈	U、V	U、W	V、W	V、U	W、U	W、V
电势极性	U+，V−	U+，W−	V+，W−	V+，U−	W+，U−	W+，V−

以区间 1 为例，参照图 9-34，在区间 1，VT_3、VT_4 导通期间，U 相电势与 V 相电势串联，U 相头端为正，V 相头端为负，电流从 U 相头端流出，经 VT_4、电容 C、VT_3 流回 V 相尾端。注意此时由于 VT_3 导通，如果忽略功率管压降，二极管 VD_6 两端电压为直流电源电压，b 点为高

电位，故此时 VD_6 反偏不能导通。两相绕组的反电势与电源电压形成顺极性串联，相当于反接制动，电流负向增大，同时绕组电感储蓄能量；到调制管关断时，电感能量释放，维持电流继续沿原方向流动，U 相绕组流出的负方向电流通过 VD_1、电容 C、VD_6 续流，流回 V 相绕组，向电源端回馈能量，形成回馈制动。回馈能量时，因反电势低于电源电压，负电流幅值减小。这样，在调制管开通时制动电流增大、关断时减小，通过对占空比的控制，可以将制动电流的平均值控制在设计值，使电机快速制动。

到区间 2 时，VT_4、VT_5 导通期间，U、W 电势串联，电流从 U 流出，经 VT_4、C、VT_5 回到 W，形成反接制动；VT_4、VT_5 关断时，电流从 U 流出，经 VD_1、C、VD_2 续流，回到 W，形成回馈制动。

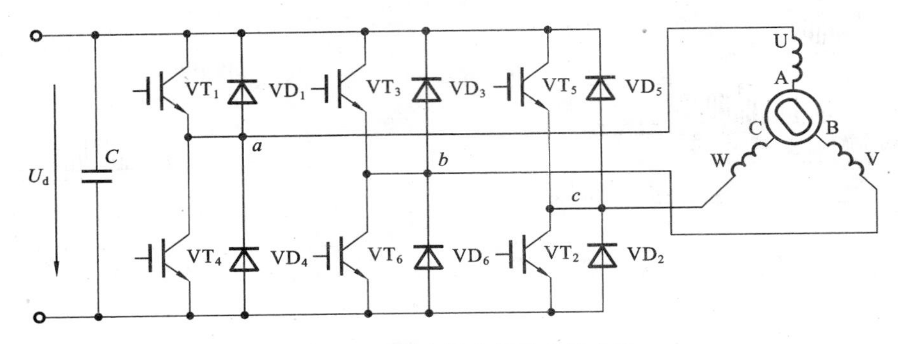

图 9-34 无刷直流电机的主控电路

通过上面的分析不难得知，在制动运行状态，调制管开通时，电流流经调制管，电机反接制动、调制管关断时，电机回馈制动，电流在同一相桥臂上下换流，即如果原来从上臂调制管流过的电流，调制管关断时必从下臂二极管续流，如果调制管在下，必换到同相上臂的二极管续流，依此类推，不难得到其他区间的电流流动情况与电机工作状况。

对于制动时电流的闭环控制方法将在后续专业课程"运动控制系统"中详细讨论。

六、无位置传感器控制

由前面对无刷直流电动机的运行与制动分析可知，无刷直流电动机运行中电力电子驱动器功率开关器件的切换完全取决于电机转子的位置，因此转子位置信号是必不可少的。为此，多种不同结构的转子磁极位置传感器被研制出来，主要可分为电磁式、光电式、霍尔磁敏式。但位置传感器的存在不仅将增加电机的体积和成本，还使电机难以适应高温、高湿、污浊气体等恶劣环境，且电机接线增多，抗干扰能力降低，因此转子位置传感器的存在，在一定程度上限制了永磁无刷直流电动机的应用范围。为了解决某些特殊应用场合的需求，一些无位置传感器的无刷直流电动机控制方案被连续提出。

在无刷直流电动机控制中，如果没有位置传感器，就必须借助于对电机转子位置有关量的检测和计算来获得电机转子的位置信息。下面仅简单介绍几种最常用方法的实现机理。

1. 反电势法

在永磁无刷直流电机中，只要电机连续旋转，定子绕组中的感生电动势就与转子位置保持有确定的关系，1985 年，Iizuka K 等人对反电势检测永磁转子位置的方法进行了较为全面的分析，设计并实现了通过检测电机定子相绕组的反电势再移相 $\pi/6$ 电角度的无刷直流电动机无位置传感器控制方法，即反电势法。随后，众多学者对方法的改进做了大量深入研究，衍生出一系列基于反电势的转子位置检测方法。其中比较具有代表性的有两种。由于永磁无刷电机旋转时无论定子绕组是否有电流，绕组在永磁转子的切割下均会感生电动势。永磁无刷直流电机运行时，通常采用两相120°导电方式，这两种检测方法均利用电机非导电相的反电势来确定转子位置。方法1是利用电机非导电相反电势电平积分值的比例关系反映相位关系，来检测电机转子的磁极位置，也称为连续型位置检测方法。方法2是直接检测非导电相反电势过零点来获得转子位置信息，也称为离散型位置检测方法。

上述方法在电机稳定运行时一般可以获得比较满意的检测效果。但当转速波动时在反电势计算和移相过程中容易产生误差，使得换相位置检测不准确，造成控制误差，进而引起转矩较大的波动，使转速波动进一步加剧。另外，反电势的幅值与电机的转速成正比，当电机静止或转速很低时，反电势幅值为零或很小，所以仅依靠反电势法无法保证无刷直流电动机正常启动。

为了实现正常启动，通常可采用的方法是，在启动初始时，首先依此对如表9-1所示的两个连续区间通电，形成的定子磁场通过定、转子磁极吸引，只要定子磁场强度足够，必可以将转子磁极旋转定位于与定子磁极轴线对齐位置。

在确定了电机转子的初始位置后，由于转子静止，仍然无法通过反电势得到转子位置信息。这时电机的启动就只能依靠“开环”进行，采用类似于步进电动机的启动方法，对定子绕组按如表9-1的顺序从慢到快逐渐加速切换导电扇区，使电机由静止逐渐加速，这一阶段可称为他控同步运行阶段。一旦电机反电势幅值达到可确定测出转子位置时，即可将控制切换到正常的反电势检测转子位置自控同步运行方式。

2. 磁链法

借助现代交流调速矢量控制磁场定向理论和实现方法，通过检测定子相电压、电流，计算得出各相定子磁链，从而得到转子磁极的位置信号。这种方法位置检测误差较小，可适应较宽的调速范围，但计算量大，低速时容易产生累计误差，且受电机参数影响较大。

3. 电感法

利用电机转子位置改变会引起电枢绕组电感变化的机理设计出的一种判断转子位置的方法。对于凸极电机，可以利用其交直轴电感不同的特性，采用电流滞环控制，测量交直轴电感，并利用交直轴电感与转子位置的对应关系得到转子位置信息。对于隐极电机，则因其定子电流变化率是电感、铁芯饱和程度和磁链的函数，通过测量电流的变化率可以得到转子的位置信息。

这种方法可弥补反电势法和磁链法必须依靠转子磁场运动来判断转子位置的缺陷，可以在低速和静止时检测转子位置。这种方法的困难在于，永磁材料的磁导率很低，致使电机的电感很小，转子在不同位置时的电感差异较小，需要高精度的电流检测才能有效分辨出电感的差异，抗干扰能力较差，工业现场实际应用比较困难。

除此之外，还有许多新的位置检测估算方法不断被提出。目前在应用领域最为成熟的是反电势法。一些电子器件公司已可提供基于反电势法的转子位置检测集成芯片，如 Micro Linear 公司的 ML442x 系列、日立公司的 ECN3021SPV 等。

综上所述，通过在线检测各种电量，如反电势、相电压、电流，可以间接估算出转子的空间位置，实现对无位置传感器的永磁直流无刷电动机的驱动控制。虽然每种方法都还存在一些缺陷，但并不妨碍无位置传感器无刷直流电机系统在一些领域特别是家电领域中被大量采用。

七、转矩脉动问题

与三相交流永磁同步电动机相比，永磁无刷直流电动机转矩波动较大。根据产生的原因，永磁无刷直流电机转矩脉动主要可以分为齿槽转矩脉动和换相转矩脉动两种。齿槽转矩脉动是由于定子槽的存在，不同位置磁路的磁阻略有差异，气隙磁场在空间分布上会存在锯齿形脉动，造成电动机反电势波形畸变，根据式(9-30)，永磁无刷直流电动机的电磁转矩正比于反电势，反电势的畸变必然会带来转矩的脉动。为了抑制这种脉动，电机制造上提出了许多抑制方法。例如，电机设计中采用分数槽、斜槽或斜极等方法，可以有效地对其进行抑制。这样，在实际应用场合，换相转矩脉动成为转矩脉动的主要原因。

无刷直流电动机通常采用120°两相导电方式工作，电机每转过60°电角度换相。换相发生时，定子磁场磁极出现60°跳跃旋转，根据图9-35(b)、(c)所示，为了保证换相转矩平稳，换相应当在转子旋转到$\theta=60°$时进行，即转子磁极旋转到图9-35(b)所示的位置时切换，使换相后载流导体呈图9-35(c)所示分布，这样载流导体在磁极下分布情况相同，理论上可以保证换相前、后转矩相等，但实际换相发生时，由于定子绕组电感的影响，绕组的电流并不能以理想方波的形式变化，不可避免地存在一个依照电路时间常数决定的暂态，电流有一个按指数规律增减变化的过渡过程，关断相电流不能立即为零，开通相电流也不能立即达到稳态值。

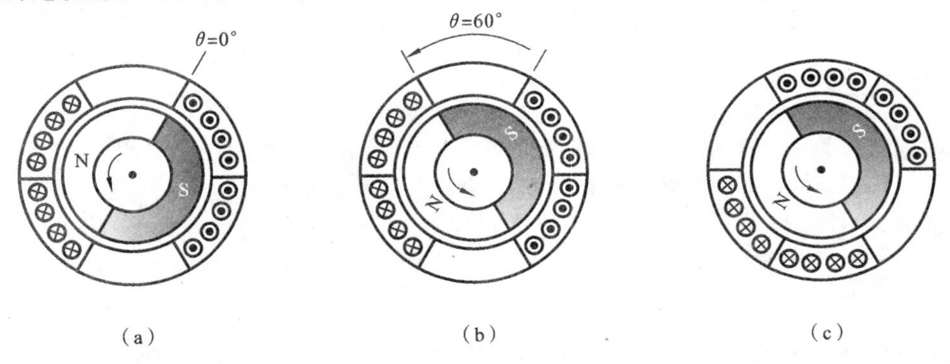

图9-35 无刷直流电动机的换相

由于永磁电机定子电感比较小，换相过渡过程时间很短，为简化分析，假定这时电流按线性规律变化，变化率为λ，以UV(6、1管)导通向UW(1、2管)导通换相为例，在时间区间$\pi/3<\omega t\leqslant\pi/3+I/\lambda$换相过程的电流表达式为

$$i_U=I$$

$$i_V=-I+\lambda\left(\omega t-\frac{\pi}{3}\right)$$

$$i_W=-\lambda\left(\omega t-\frac{\pi}{3}\right)$$

由式(9-30)和(9-31)可知，理想换相过程时对应此时间区间的电磁转矩为

$$T_{em}=\frac{1}{\Omega}(e_Ui_U+e_Vi_V+e_Wi_W)=\frac{1}{\Omega}(e_Ui_U+e_Wi_W)=\frac{2E_aI}{\Omega}$$

考虑换相电流滞后时，由图 9-36 可知，在此时区 U 相转矩分量不受影响，V 相分量出现一个增量，由幅值线性下降的电流与线性下降的电势乘积决定，而 W 相分量比理想值减少，由电势电流乘积减去线性幅值线性增长的电流与恒值电势乘积决定。

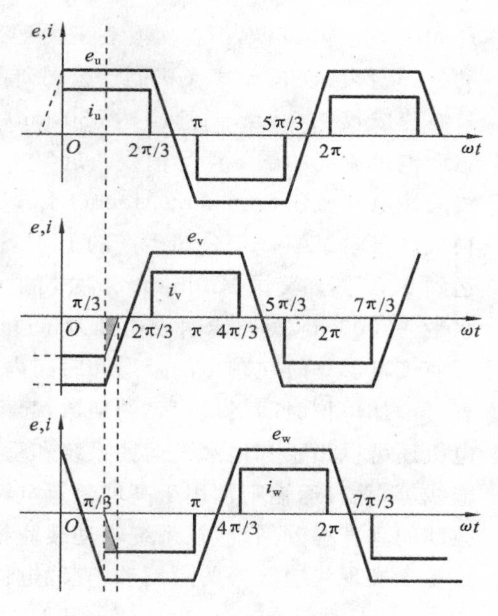

图 9-36　电流换相与转矩脉动

对应 $\pi/3\leqslant\omega t\leqslant\pi/3+I/\lambda$ 时间区间的转矩脉动值可近似表示为

$$\begin{aligned}\Delta T_{\text{em}}&=\Delta T_{\text{V}}-\Delta T_{\text{W}}=\frac{1}{\Omega}[e_{\text{V}}i_{\text{V}}-(E_{\text{a}}I-E_{\text{a}}i_{\text{W}})]\\&=\frac{1}{\Omega}\left\{K_{\text{e}}\omega\left(\frac{6\omega t}{\pi}-3\right)\left[-I+\lambda\left(\omega t-\frac{\pi}{3}\right)\right]-\right.\\&\quad\left.\left\{[-K_{\text{e}}\omega(-I)-(-K_{\text{e}}\omega)]\left[-\lambda\left(\omega t-\frac{\pi}{3}\right)\right]\right\}\right\}\\&=-\frac{1}{\Omega}\left\{K_{\text{e}}\omega\left[I-\lambda\left(\omega t-\frac{\pi}{3}\right)\right]\left(\frac{6\omega t}{\pi}-3\right)+\right.\\&\quad\left.K_{\text{e}}\omega\left[I-\lambda\left(\omega t-\frac{\pi}{3}\right)\right]\right\}\\&=-\frac{1}{\Omega}K_{\text{e}}\omega\left\{\left[I-\lambda\left(\omega t-\frac{\pi}{3}\right)\right]\left(\frac{6\omega t}{\pi}-2\right)\right\}\end{aligned}$$

由上式可知，在换相前 $\omega t=\pi/3$ 时刻和换相终了 $\omega t=\pi/3+I/\lambda$ 时刻，转矩波动量均为零，但在此区间内转矩存在波动。以 $\omega t=\pi/3+0.5(I/\lambda)$ 时刻为例，可得到

$$\begin{aligned}\Delta\tau_{\text{em}}\left(\frac{\pi}{3}+0.5I/\lambda\right)&=-\frac{1}{\Omega}K_{\text{e}}\omega\left\{0.5I\left[\frac{6}{\pi}\left(\frac{\pi}{3}+0.5\frac{I}{\lambda}\right)-2\right]\right\}=-\frac{1}{\Omega}K_{\text{e}}\omega\times0.5I\left(\frac{3I}{\lambda\pi}\right)\\&=-C\frac{I^2}{\lambda}\end{aligned}$$

可见，由于绕组电感导致换相电流滞后产生的转矩脉动，使转矩比稳态时减小。λ 越大，电流变化越快，电感影响越小，转矩脉动越小；电流越大，转矩脉动越大。

除此之外，换相时刻相位的不准确也会导致转矩脉动。与齿槽转矩脉动相比，换相转矩脉动频率较低且幅值较大。转矩脉动必然会导致转速的波动。为了提高永磁无刷直流电动机的运行性能，抑制换相转矩脉动自然成为驱动系统设计研究的一个重要内容，设计时应注意参考国内外学者提出的多种抑制换相转矩脉动的方法。

9-4　直线电动机与磁悬浮

在自动化领域，电动机被广泛用于驱动各种机械实现直线运动。旋转电机是通过中间转换装置将旋转运动变换为直线运动的。例如，通过安装在电机轴上的齿轮与安装在欲作直线运动的机械上的齿条，即可方便地将电机的旋转运动变换为机械的直线运动。但中间机械变换装置（如齿轮和齿条）通常存在有间隙、制造误差、环境变化产生的形变误差（如温度导致的热胀冷缩），它们都会影响直线运动控制的性能。能否省去中间机械变换装置，直接由电机作直线运动驱动？回答是肯定的。早在直流电动机诞生不久，英国人 Wheatstone 就于 1845 年研制出了直线电机（Linear Machine，LM），实现了电能和直线运动的机械能间的直接转换。

1890 年，美国匹兹堡市首次发表了关于直线感应电机(Linear Induction Machine, LIM)的专利。1954 年，英国皇家飞机制造公司研制了双边型直线电机驱动的导弹发射装置。1979 年，日本建成长 7.5 km，时速高达 530 km/h 的宫崎磁悬浮铁道试验线。1984 年，英国建成直线感应电机驱动的磁悬浮运输线。近年来，随着永磁材料、功率电子、微电子技术的进步，永磁直线同步电动机(Permanent Magnet Linear Synchronous Motor, PMLSM)及其驱动技术发展很快。日本 FANAC 公司生产的 PMLSM 最高移动速度可以达到 240 m/min，最大推力可以达到 9000 N。美国 Kollmorgen 公司生产的 PMLSM，低速平滑运行速度可达到低于 μm/s 的水平。2003 年，美国研制成功推力超过 2 MN 的 PMLSM 航空母舰飞机推进器(电磁甲板)，可使飞机起飞时在较短的距离和时间内让起飞速度加速至升空速度。起飞时间的缩短，意味着可增加单位时间飞机起飞的架数，起飞距离的缩短，意味着可以减小航空母舰的体积。直线电机还可以用于其他水平运输系统和垂直运输系统，水平运输有过山车、移动人行道、行李运输线等，垂直运输则常用于高层建筑电梯和矿井提升系统。研究数据表面，采用永磁直线电机驱动的垂直提升系统，在系统驱动载荷相同的情况下，可比普通旋转电机驱动节能 10%左右，且易于实现快速频繁的启制动，直线电机在需要直线运动驱动的场合应用越来越广泛。

一、直线感应电动机的基本结构和工作原理

1. 基本结构

与普通旋转电机一样，直线电机也可分为直流和交流两大类型。其中，交流直线电机又分为感应异步式、同步式和永磁同步式几种。

将一台三相交流感应式异步电动机沿 A 剖开，如图 9-37 所示，水平展开即形成一台三相交流异步感应式直线电机的原型结构。其中，如果将通以三相交流电的一侧固定，也称为直线电机的定子，则三相交流电流在定子绕组与水平转子间的气隙磁场由原来的旋转磁场变为一个水平向一个方向扫动的磁场，产生的电磁力将推动转子向一个方向作水平直线运动。对于直线电机，由于是作直线运动，原来的转子改称为滑子。运行时，定、滑子间有相对直线运动，须有一方延长，才能使运动连续。滑子延长的称为短定子直线电机，定子延长的称为短滑子直线电机。仅在滑子一边安装定子的称为单边型直线电机，滑子对应两边都安装定子的称为双边型直线电机。后面的分析将说明，对于单边型电机，滑子运动时除了受到水平直线方向的推力(切向力)外还会同时受到垂直方向的推力(法向力)。除此之外，直线电机还可以制成如图 9-37 所示的圆筒形。当有特殊需求时，圆筒形直线电动机的滑子可以实现在作直线运动的同时做旋转运动。

2. 工作原理

三相异步直线电机的定子绕组空间沿水平对称分布。当三相 UVW 绕组中通入时间对称的三相正弦交流电流时，在空间即形成正弦分布，沿 UVW 方向直线运动的气隙行波磁场。直线运动速度用 v_0 表示。运动磁场切割滑子导体感生电动势，形成滑子电流，磁场对载流导体产生沿磁场运动方向的电磁力。如果定子固定，则电磁力将带动转子及负载作直线运动，运动速度用 v 表示。对于普通旋转式三相异步电机，气隙磁场的同步转速是

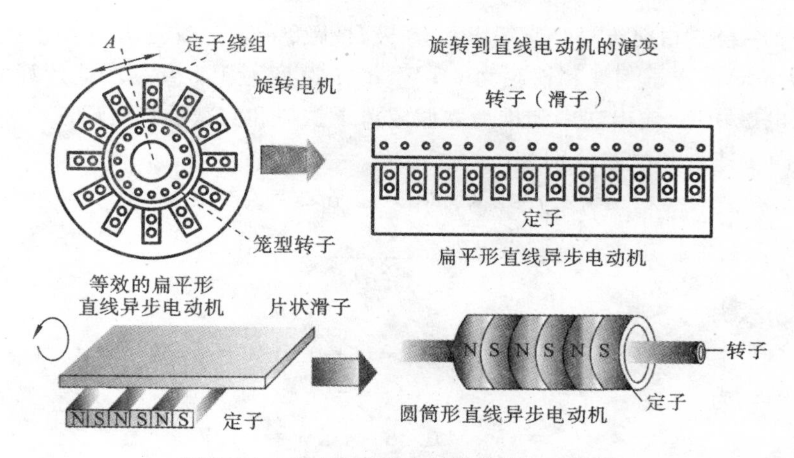

图 9-37 交流异步感应式直线电机的结构

$$n_0=\frac{60f}{p}$$

旋转电机每转一周将转过 $2p$ 个极距，即 $2p\tau$ 空间电角度，对于直线电机，气隙磁场转化为水平直线运动，对应在定子内表面磁场运动的线速度为

$$v_0=\frac{n_0}{60}\times 2p\tau=2\tau f \tag{9-33}$$

可见，异步直线电机的同步速度 v_0 与极距 τ 成正比，而与磁极对数 p 无关。

与旋转电机的转差率对应，若滑子的运动速度为 v，则异步直线电机的滑差率定义为

$$s=\frac{v_0-v}{v_0} \tag{9-34}$$

这样，滑子的运动速度也可以表示为

$$v=v_0(1-s)=2\tau f(1-s) \tag{9-35}$$

3. 推力滑差特性

与旋转电机的机械特性对应，直线电机的“机械特性”用推力滑差特性来描述。感应式直线电机的工作原理与感应式旋转电机的原理是完全相同的，它们各自内部电磁关系、功率关系也是一样的。与普通旋转电机一样，感应式直线电机的电磁功率为

$$P_{em}=P_1-P_{Cus}-P_{Fe}$$

正常运行时，滑差率很小，滑子中磁通频率 sf 很低，滑子铁耗可以忽略不计。机械功率为

$$P_M=P_{em}-P_{Cur}$$

忽略机械损耗 P_0 时，可认为输出机械功率 P_2 等于滑子所受电磁力 F 乘以滑子直线运动速度 v，这样，电磁推力可表示为

$$F\approx\frac{P_2}{v}=\frac{P_2}{2\tau f(1-s)} \tag{9-36}$$

利用与笼型电机相似的等值电路，经转换即可得到滑差率与推力间的关系如图 9-38 所示。与绕线转子异步电动机类似，改变滑子电阻可以改变直线电机启动时推力的大小。

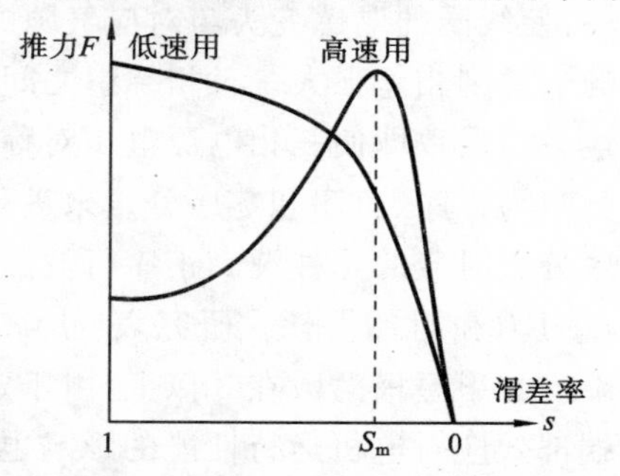

图 9-38 直线感应异步电动机的推力滑差特性

【例 9-4】 一台三相交流异步直线电机，4 极，极距8 cm，变频驱动。当定子频率为 15 Hz 时，输入功率为5 kW，定子铜耗和铁耗为 1 kW，滑子速度为 1.8 m/s。试计算此电机的同步速度、滑差率、电磁功率、输出功率和推力。假定滑子铁耗和空载损耗可以忽略不计。

解 (1) 同步速度和滑差分别为

$$v_0=2\tau f=2\times 0.08\times 15\ \text{m/s}=2.4\ \text{m/s}$$

$$s=\frac{v_0-v}{v_0}=\frac{2.4-1.8}{2.4}=0.25$$

(2) 电磁功率为

$$P_{\text{em}}=P_1-P_{\text{Cus}}-P_{\text{Fe}}=(5-1)\ \text{kW}=4\ \text{kW}$$

(3) 滑子铜耗为

$$P_{\text{Cur}}=sP_{\text{em}}=0.25\times 4\ \text{kW}=1\ \text{kW}$$

(4) 输出功率为

$$P_2=P_{\text{em}}-P_{\text{Cur}}=(4-1)\ \text{kW}=3\ \text{kW}$$

(5) 推力

$$F=\frac{P_2}{v}=\frac{3000}{1.8}\ \text{N}=1667\ \text{N}$$

4. 端部效应

直线感应电机虽然可以看做将旋转感应电机的定子、转子和气隙沿径向剖开水平展开形成，但旋转电机的铁芯是连续的，而直线电机的定子、滑子铁芯必然存在有中间段和两个边端。铁芯两端的气隙磁场分布显然与铁芯中段区域会存在明显区别，对电机的运行也将产生很大影响。这种现象称为直线电机的端部效应。

端部效应有横向和纵向之分。直线电机的定、滑子长、宽都是有限的。在有限宽的情况下，滑子电流和滑子形状对气隙磁场均会产生影响，这种影响称为直线感应电动机的横向端部效应。例如，若滑子横向宽度远大于定子的横向宽度，则滑子在定子上方时导体在横向上的阻抗参数变化会使涡流分布不均，其电枢反应使横向的气隙磁场也分布不均，在铁芯横向端部产生畸变。对于一般的直线感应电动机，横向端部效应影响较小，常可以忽略不计。

纵向端部效应产生在磁场行波方向，有静态和动态之分。其中，由于铁芯开断所引起的各相绕组互感不相等以及脉振磁场、反向行波磁场存在的现象，称为静态纵向端部效应。定子铁芯断开及端部绕组半填充(单层)使得许多磁力线是从铁芯的一端经过气隙直达铁芯的另一端，使线圈的电感变为与对应气隙的位置有关，铁芯中段的电感与普通旋转电机的类似，两端的电感则相差很大。三相绕组之间的互感也不再相等，因此直线电机的三相阻抗是不相等的，这必然导致即使三相电源电压对称，相电流仍然是不平衡的，对应磁场可以采用对称分量法，分解为正序、负序和零序分量来进行分析。正序和负序分量对应的是两个相反方向的行波，零序分量对应的是驻波。正序行波磁场是产生直线运动推力所需磁场，而负序、零序磁场则将形成阻力和附加损耗。研究表明，随着电机的磁极对数增加，定子三相电流不平衡度会相应下降。如果磁极对数在 3 以上，由于定子电路三相不平衡所导致的影响可以忽略不计，静态纵向端部效应对电机运行性能的影响也是十分有限的。

当电机滑子相对定子作高速运动时，以图 9-37 所示的短定子直线电机为例，滑子中原来位于空气中的部分突然进入定子铁芯上方，或原来位于定子铁芯上方突然离开进入无定子铁芯的空气中时，滑子这部分铁芯中会因磁通强烈变化产生涡流，在定子进入端和离开端将产生削弱和加强磁场的作用，使气隙磁场产生畸变。这种现象称为动态纵向端部效应，也称为“进入、穿出效应”。动态纵向端部效应所产生的涡流会产生附加损耗和附加力，引起推力波动，减小电机输出功率，对电机运行性能产生较大的影响。

直线电机端部铁芯磁路的开断，使安放在铁芯中的绕组两端铁芯磁路不连续，产生端部效应。若将旋转电机的分析理论直接应用在直线电机上，会带来一定的偏差。为此国内外学者提出了许多分析方法来解决直线电机相对精确的控制模型问题，主要有直接解法、分层理论与傅里叶法、等效磁网络法、有限元法、边界元法等。本教材对此不再作详细阐述，在进行直线电机驱动系统设计时如需解决端部效应问题请参阅相关文献。

直线感应电机在城市轨道交通领域获得了很好的应用。1974 年，日本的高速地面运输系统开始采用直线感应电机驱动，这种驱动方式动力来自直线电机，轮轨仅用做支撑和导向，可以将普通旋转电机驱动的快速列车爬坡最大坡度由 5%～6%提高到 6%～8%，最小曲线半径由 250 m 降低到 80 m，特别适合在城市轨道交通如地铁列车驱动中应用。我国也在 2007 年广州地铁 4 号线上通过核心技术引进，采用了直线感应电机驱动运载系统。

直线感应电机的缺点是存在端部相应，漏磁比旋转电机大，机电能量转化的效率低于旋转电机，并且承袭了感应电机需要定子电流建立磁场、功率因数较低的缺点，使感应直线电机的总效率比较低。

直线感应电机的启动、调速、制动需要采用现代交流调速技术，常用的控制方式有转差频率控制(标量控制)、矢量控制和直接转矩控制。这些方法将在本专业后续课程“运动控制系统”中详细介绍。

二、交流同步直线电动机与磁悬浮

现代变频驱动技术的进步，使交流同步电机的启动、调速、制动均不再成为问题。对滑子绕组通入直流励磁电流，即可构成电励磁的交流同步直线电动机，滑子采用永磁结构则成为交流永磁同步直线电动机。同步直线电机的主磁场由滑子侧建立，定子侧电流可主要用于产生电磁转矩，功率因数得以提高，在轻载时表现得更为明显。

直线同步电动机与直线感应电动机一样，也是由相同的旋转电动机演化而来的，其工作原理与普通旋转电动机的相同。20 世纪 60 年代后，它作为高速地面运输的推进装置，20 世纪 80 年代后作为提升装置的动力，直线同步电动机变得重要起来，现代数控机床的伺服进给驱动也越来越多地采用直线同步电机。与普通旋转式同步电动机一样，它也具有多相电枢绕组和采用直流励磁的主磁场或永磁体主磁场。从控制角度观察，电励磁的直线同步电机由于直流励磁可控，易于实现弱磁调速，容易获得较宽的运行速度范围，永磁式直线同步电机则具有较高的功率密度，无需直流励磁电源，容易获得较大的推力和实现快速灵敏的启制动，但磁场调节困难，调速范围受到一定限制。综合两者的长处，同时含有永磁和电励磁的混合励磁结构直线同步电机，分别如图 9-39(c)、(d)所示。这种电机可在额定速度范围仅依靠永久磁铁提供主磁场，电励磁绕组不供电，在需要弱磁升速运行时才对电励磁绕组供电，从而达到既保证较高的功率密度又具有较宽的调速范围的效果，付出的代价则是制造成本的增加。从原理上，直线同步电机可以有电枢(定子)移动式或磁场(滑子)移动式，方便供电，磁场移动式更为实用。一种长定子(电枢)短滑子(磁场)的直线同步电动机结构如图 9-39(a)所示。

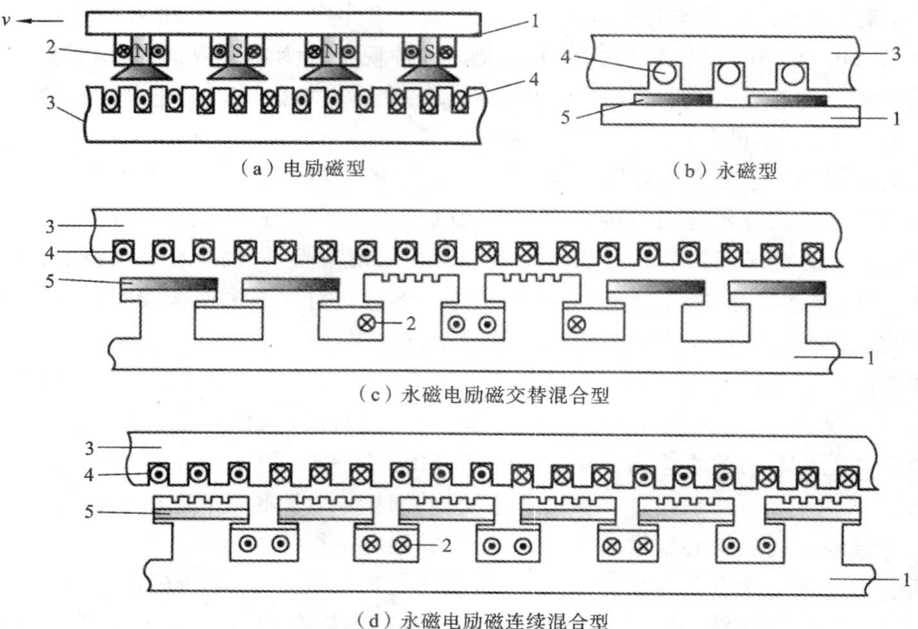

图 9-39 直线同步电动机的结构

1—滑子;2—直流励磁线圈;3—定子;4—定子绕组;5—永久磁铁

对于同步直线电动机,滑子的直线运行速度等于三相定子绕组电流产生的行波气隙磁场速度。运动速度 $v=2\tau f$,运动方向可由电动机左手定则和作用力与反作用力、牛顿运动规律决定,如图 9-39(a)所示。当三相电源电流相序改变时,滑子受水平推力的方向将随之改变。

当定子磁场作水平方向运动时,同步直线电动机不仅能产生水平方向的电磁力,同时还可产生垂直方向的电磁力,如果电机定子与地面平行,则这种垂直方向的电磁力将会使滑子企图克服重力,使滑子和负载悬浮起来,形成磁悬浮现象。下面以图 9-40 所示模型解释这种现象产生的原因。

设有长为 l 的平行导体 1、2、3,各导体的两端短路连接,类似于笼型转子导体的连接情况,如图 9-40 所示。当有运动的永磁体磁极 N 以速度 v 在导体 2 上方扫过时,导体 2 依发电机原理感生电势并形成电流,假定运动磁场在导体中感生的电势与电流是同相的,电流从 2 流出,分两路从 1、3 返回。由电动机原理左手定则,N 对载流导体产生电磁力,导体 1、3 受力方向向左,导体 2 向受力方向向右,如图 9-40 所示。由于导体 1、3 中电流只有 2 中的一半,且 1、3 处距离磁极 N 较远,磁通密度小于导体 2 所在位置,因此形成的合力方向向右。电磁力试图拖动导体沿磁极运动方向作直线运动。

如果导体构件由阻感构成,电流将滞后于电势达到最大值。假定延迟时间为 $\mathrm{d}t$。导体电流在导体两侧也产生磁场,关于导体左右对称,方向由右手螺旋决定。当磁极速度较低时,磁极经过 $\mathrm{d}t$ 形成的位移很小,可以忽略,认为 N 极的中心线仍位于 2 上方。导体 2 最大电流产生的磁场对 N 极也对称分布。磁极即受到右边的同性相斥向左斜上的电磁力 F_{11} 作用,也受到磁极左边异性相吸向左斜下的电磁力 F_{21} 作用,两力大小相等,如图 9-41 所示。将这两个力各自分解成水平和垂直方向的力。垂直方向合力为 $F_{12}-F_{22}=0$,水平方向的合力为 $F_{13}+F_{23}$ 向左,阻止磁极运动。根据作用与反作用原理,向右水平运动中的磁极 N 对导体构件将形成水平向右的拖动电磁力。

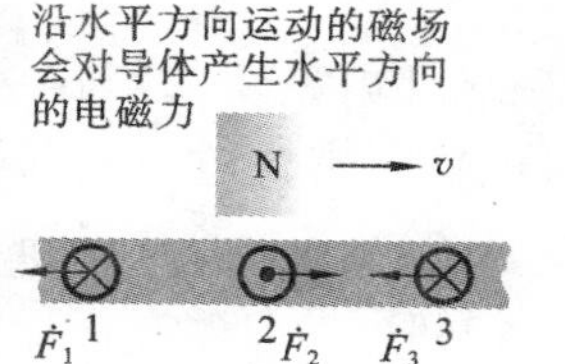

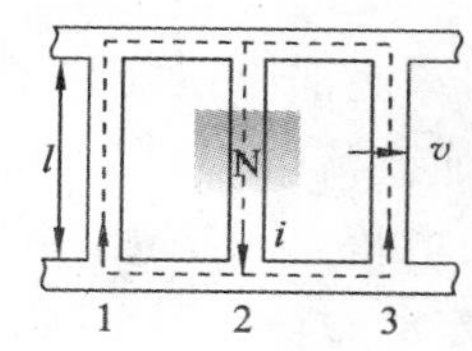

图 9-40 磁悬浮现象模型一

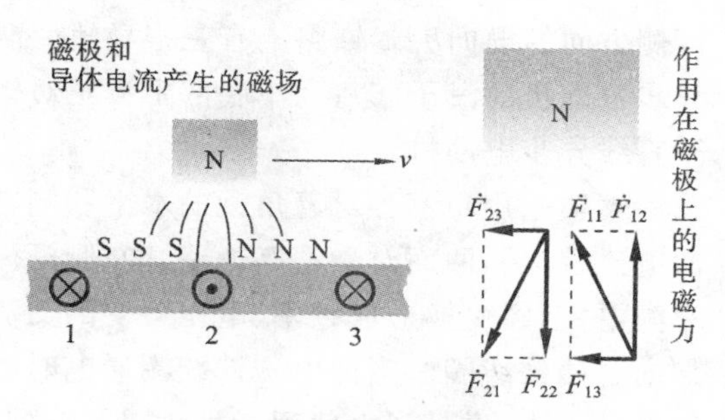

图 9-41 磁悬浮现象模型二

如果磁极 N 的运动速度加快，磁极 N 以很高的速度从导体 2 上扫过，经过 dt 后，N 极在导体 2 上方移动的距离不可忽略。如果移动正好到达 2、3 导体间的中心位置，这时 N 极受到的同极性相斥电磁力 F_{11} 是垂直向上的；异性相吸电磁力 F_{21} 可分解为垂直和水平两个分力，其垂直向下分力 F_{22} 很小。总合力为 $F_{11}-F_{22}$ 垂直方向向上，水平分力向左，如图 9-42 所示。这样，水平向右高速运动的磁极一方面将产生水平方向的电磁力试图拖动导体跟随其向右水平运动；另一方面将受到垂直方向向上的推力使磁极向上离开导体，形成“悬浮”。

因此我们可以得出这样的结论：在导体上高速运动的磁极既受到水平方向的电磁力作用，又受到垂直向上的电磁力作用。如果这种垂直向上的电磁力大到足以克服磁极重力时，磁极将在导体上方形成悬浮。这种依靠相互排斥的磁力形成磁悬浮称为斥浮型磁悬浮。

一块钢板可以看做无限多根导体并联形成，将磁极在钢板上方以较高的速度作水平直线运动时，磁极同样会受到磁悬浮力的作用。磁悬浮列车将固定在铁路上的钢轨作为无限长的固定钢板，将磁极安装在车厢底部正对钢轨。列车由直线电动机拖动，当列车高速运行时，随速度增加的磁悬浮力将大到足以克服列车重力，使列车悬浮在轨道上方滑行，就形成磁悬浮列车运行。

这种磁极与闭合回路导体在平面上作相对高速直线运动产生的磁悬浮现象在异步直线电机拖动中也可发生，磁悬浮列车既可以采用直线异步电动机也可采用直线同步电动机拖动。图 9-43 所示的为一种采用异步直线电动机驱动的磁悬浮列车在拐弯处的剖面图。为了表示尽可能多的部件，左、右两部分剖面在不同的位置上，但实际上，其剖面左右是对称的。

磁悬浮列车在轨道上滑行，稳定运行需要有三个方向的作用力，即水平牵引、垂直悬浮和

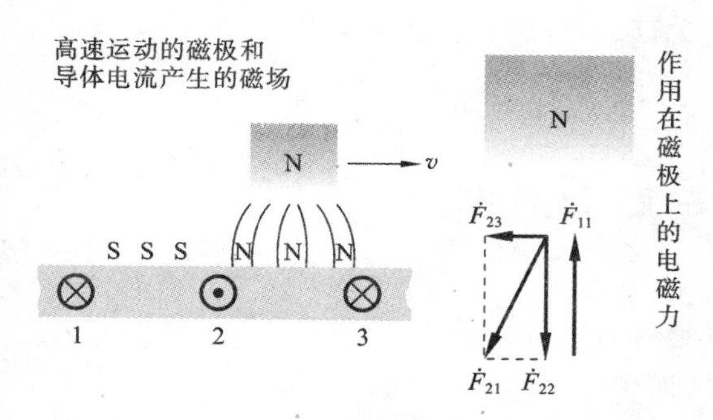

图 9-42 磁悬浮现象模型三

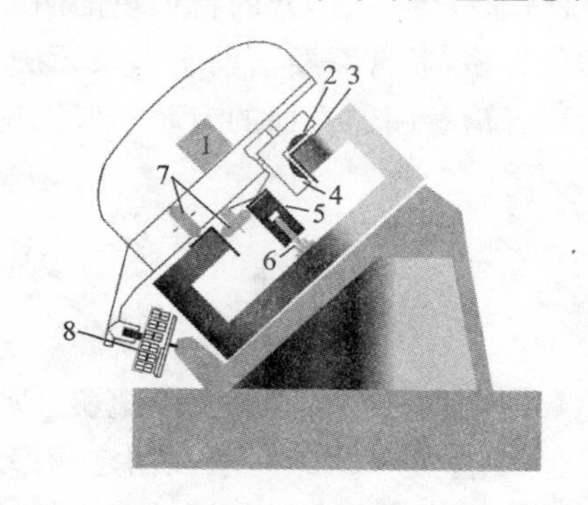

图 9-43 直线异步电动机拖动的高速磁悬浮列车剖面图

1—逆变器；2—磁悬浮电磁铁；3—钢轨；4—导向电磁铁；5—直线电机定子；6—滑子；7—支持轮和导向轮；8—电刷、汇流排

两侧方向的导向力。铁路上有三根导轨。两侧两根钢轨(3)、中间一根是铝制的铝板用做直线异步电动机的滑子(6);列车底部中央正对铝板的两侧安装三相定子绕组(5),形成双边型短定子直线异步电动机。

钢轨采用角钢。对着角钢的水平和侧方向的列车底部分别安装了磁悬浮电磁铁(2)和导向电磁铁(4),两面对称都有。路基左侧汇流排(8)通直流电。列车通过电刷将直流电引入列车配电室,经变换形成频率、电压可变的交流电送入电机定子绕组,并将直流电送入磁悬浮和导向电磁铁线圈。当两电磁铁线圈通电时,形成固定的磁极。列车高速运行时,导向磁力将车厢推向正中,磁悬浮力使列车悬浮滑行。列车运行速度越高,磁浮力越大。

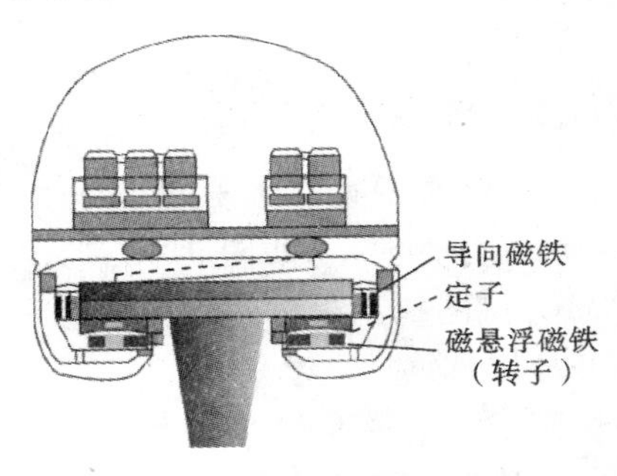

图 9-44 直线同步电动机驱动的磁悬浮列车

一种采用直线同步电动机驱动的磁悬浮列车如图9-44所示。电机采用长定子结构。定子沿全铁路线分段。列车通过某一路段,该段通电。车厢底部正对定子处安装磁悬浮电磁铁(转子),用直流励磁。运行时定子直线运动磁场和转子磁场相互作用产生水平牵引力和吸浮型磁悬浮力。导向系统与异步机方案相同,车载直流发电机和蓄电池。列车运行时,发电机对蓄电池充电,停止时蓄电池供电可使列车悬浮 1 小时。悬浮高度在 10 mm 左右,通过闭环调节励磁电流实现控制。由于需要全线铺设定子绕组,显然这种方案的成本会比较高。

根据定、滑子的安装位置不同,磁悬浮也可采用吸浮类型。若将定子绕组安装于滑子上方,三相交流电在定子绕组产生水平运动磁场、直流电使滑子绕组产生固定磁场,可控制使两磁场相互作用产生的电磁力分为两种情况:当电机空载时,功角为 0,定滑子异极性磁极轴线重合,滑子磁极受到异极性磁极相吸的电磁力形成垂直向上的磁悬浮力;负载时,功角不为 0,滑子磁极受力可分解为水平方向和垂直方向的分力。水平分力牵引滑子随定子磁场作水平直线运动,垂直分力即对滑子形成磁悬浮力。所以,不论是否带载,直线同步电动机都能对滑子产生磁悬浮力。这种依靠相互吸引的磁力形成悬浮称为吸浮型。

由于三相交流直线电机无论是异步还是同步,均无可避免地有端部效应存在,三相电路不再对称,非线性、强耦合的特征更加明显,电机的数学模型建立,即使是稳态模型也要比旋转电机复杂得多,通常需要借助于有限元法和仿真软件平台进行分析,本教材对此不再讨论,感兴趣的读者请参阅这方面的专著和研究论文。

9-5 双馈电机与风力发电

双馈电机是一种三相交流电机。所谓双馈,就是将电能分别馈入电动机的定子绕组和转子绕组,其中定子绕组一般接固定频率的工频电源,而转子绕组电源的频率、电压幅值和相位则需按运行要求分别进行调节。在异步电机调速一章中所提到的绕线转子异步电动机的串级调速,就是一种双馈的形式,因此三相交流绕线转子异步电动机也可以视为一种双馈电动机。

当电动机采用双馈方式运行时,通过改变转子电源的频率、幅值和相位,可以调节电动机的转速、转矩和定子侧无功功率,它不但可以在常规的异步(亚同步)转速区运行,而且可以在超同步转速区运行,因此,双馈调速也被称为超同步串级调速。

但是，采用普通三相交流绕线转子异步电机作双馈调速或发电时存在一些固有的缺陷。主要表现如下。

(1) 作为感应电机，它需要从定子侧励磁，对它运行的功率因数带来不利影响。

(2) 普通感应电机正常运行时转差极小，转子绕组中电流的频率 sf 很低，转子铁耗可以忽略不计，因此转子铁芯设计时通常不将抑制铁耗作为设计重点。但双馈运行时，定子电源为固定工频、转子电源频率需要根据运行需求调节。由第6章中对串级调速原理的分析可知，串级调速属于变转差率调速性质，向下调速时转差率增大，转子绕组电流的频率也相应增大，此时可能导致转子铁耗显著增加，电机运行效率随之降低，严重时可能危及电机运行安全。因此，普通绕线转子异步电机用做双馈调速时调速的范围应加以限制。

双馈电机除了作为电动机用于串级调速，更广泛的是作为发电机应用于风力发电系统中。普通绕线转子异步电机用作风力发电机时，转子铁芯的转速在风力驱动下按风力强弱变化，与定子工频电流决定的同步转速的转差不再能维持在很小的范围，风力弱时转子电流频率会比较高，导致转子铁耗显著增加，显然它也不能适应有较大范围的速度变动的场合。为适应宽速度变化范围的运行要求，用于风力发电的双馈电机需要有特殊的结构。

19世纪末，丹麦首先研制了风力发电机，1891年建成了世界上第一座风力发电站。1973年，石油危机爆发，欧美高投入研制现代风力发电机；过去10余年，风力发电年增长高达30%，亚洲诸国，特别是中国、伊朗、韩国等在2006年风力发电倍增；2010年全球风力发电装机容量比2006年增加1倍，达到21 GW。

风力发电系统主要有以下几种方案，如图9-45所示。

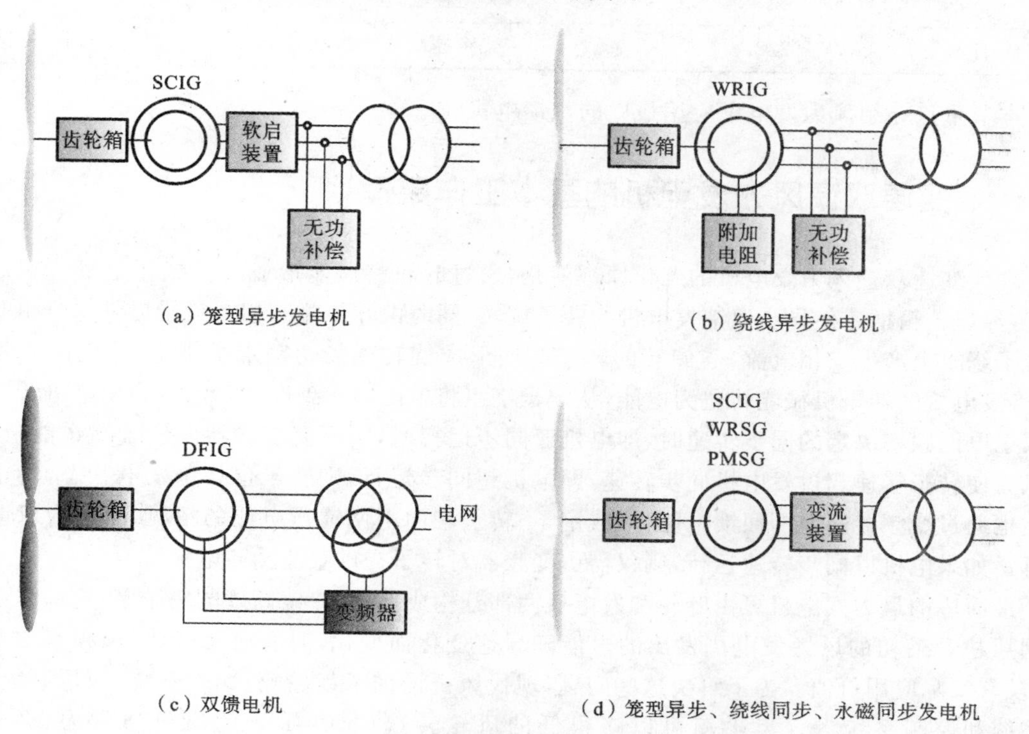

(a) 笼型异步发电机

(b) 绕线异步发电机

(c) 双馈电机

(d) 笼型异步、绕线同步、永磁同步发电机

图9-45 风力发电的主要方案

(1) 采用笼型异步发电机。通过软启动装置和变压器升压后直接与电网连接。这种结构是20世纪80年代至90年代的主力机型，其额定功率在1000 kW以下，转速变化范围较小

(1%～2%)，也称为定速风力发电机，如图 9-45(a)所示。

(2) 采用绕线转子异步机的转差控制型。通过改变转子电阻调速，转速变化范围也较小(5%～10%)，不具备无功功率控制和电压控制能力，如图 9-45(b)所示。

(3) 双馈电机。控制绕组通过变流器与电网相连。其优点是，变流器容量较小(发电容量的 25%～40%)，调速范围较宽，额定功率在 1.5 MW 以上为主力机型，如图 9-45(c)所示。

(4) 齿轮箱可去，变流器为全功率。可利用变流器将电压、频率不稳定的交流变换成恒频恒压输出，适宜在风速变化较大较快的场合使用。电机可采用笼型异步、绕线同步、永磁同步或双馈电机，如图 9-45(d)所示。

表 9-4 列出了一些国家风力发电生产厂采用的一些方案配置。

表 9-4 全球主要风力发电机制造商的主要机型

制造商	风机	控制	发电机
Vestas，丹麦	V120-4.5MW	桨距控制和转速范围受限	高压双馈
	V80-2MW	调速范围：905～1915 r/min	双馈
	V80-1.8MW	桨距控制和转速范围受限	绕线转子
Enercom，德国	E-33，E-44，E-48，E-53，E-70，E-82	桨距控制，全范围变速	同步
Gamesa，西班牙	G52-580kW，G80-2.0MW	桨距控制和转速范围：900～1000 r/min	双馈
GE，美国	GE-1.5s，GE-3.6sl	桨距控制和转速范围受限	双馈
	GE-2.5xl	桨距控制，全范围变速	PMG
MHI，日本	MWT92/2.4	桨距控制和转速范围受限	双馈

本节重点介绍风力发电中应用最广的双馈电机。

一、变速双馈风力发电机的基本工作原理

现代变速双馈风力发电机的工作原理就是，通过叶轮将风能形成的机械转矩驱动主轴传动链，经齿轮箱增速使异步双馈发电机的转子旋转，同时由转子侧三相变频器提供的三相电源在转子绕组上产生三相电流，与旋转的转子共同形成旋转磁场切割定子绕组，感生电动势发电，将发电机的转子机械能转化为电能，从定子绕组将电能输送到电网。当风力使电机转子转速低于电网频率决定的同步转速时，即电机亚同步运行时，转子侧变频器向转子馈送能量；如果风力使转子转速超过发电机同步转速，即电机超同步运行，则转子也处于发电状态，转子侧电能也通过变频器向电网回馈电能，形成定子、转子均向电网馈送电能的情况，故称为双馈发电机。如果电机以同步转速运行，则仅需由变频器对转子提供直流励磁电流。

最简单的风力发电机可由叶轮和发电机两部分构成，立在一定高度的塔干上，这即是小型离网风机。最初的风力发电机发出的电能随风速变化而变化，时有时无，电压和频率均不稳定，没有实际应用价值。为了解决这些问题，现代风机增加了齿轮箱、偏航系统、液压系统、刹车系统和控制系统等。齿轮箱可以将很低的风轮转速(1500 kW 的风机通常为 12～22 r/min)变为很高的发电机转速(发电机同步转速通常为 1500 r/min)，同时也使得发电机易于控制，实现稳定的频率和电压输出。风机含有许多转动部件。机舱在水平面旋转，随时偏航对准风向，风轮沿水平轴旋转，以便产生动力扭矩。对于变桨矩风机，组成风轮的叶片要围绕根

部的中心轴旋转，以便适应不同的风况而变桨距。在停机时，叶片要顺桨，以便形成阻尼刹车。早期采用液压系统用于调节叶片桨矩(同时作为阻尼、停机、刹车等状态下使用)，现在电变距系统逐步取代了液压变距。偏航系统可以使风轮扫掠面积总是垂直于主风向。对于1500 kW的风机，一般在4 m/s左右的风速下自动启动，在13 m/s左右可发出额定功率。风速达到25 m/s时会自动停机。极限风速为60～70 m/s，也就是说在这么大的风速下风机也不会立即破坏。理论上的12级飓风，其风速范围也仅为32.7～36.9 m/s。风机的控制系统要根据风速、风向对系统加以控制，在稳定的电压和频率下运行，自动地并网和脱网，同时监视齿轮箱、发电机的运行温度，液压系统的油压，对出现的任何异常进行报警，必要时自动停机。属于无人值守独立发电系统单元。

双馈风力发电的主要优点是，投资小，只在发电机转子侧使用相当于发电机容量1/3的双向变频器(变流器)；风机转速随风速变化得到最优控制；采用绝缘栅双极型晶体管(IGBT)变流器，可调节发电机的输出功率因数；采用多电平脉冲宽度调制(PWM)控制，系统损耗小，发电量高；并网时冲击小。因此，双馈风力发电机是我国风力发电的主流机型。下面以一种采用感应式异步双馈电机的风力发电系统为例介绍这类系统的组成与工作原理。

二、双馈风力发电系统的组成

1. 机械结构

双馈异步感应风力发电又称为变速恒频风力发电，主要由风力机、双馈发电机、变频器励磁系统、检测控制系统等组成。

2. 双馈异步风力发电机系统的结构

一种绕线式异步风力发电机结构如图9-46所示，电机定子绕组接交流电网，转子绕组由滑环引出，接至频率、电压可调的低频电源(由闭环控制的双向功率变换器提供，又称为循环变换器、双向变频器、双向变流器)，变换器对转子绕组供给或吸收三相变频(低频)交流电流。

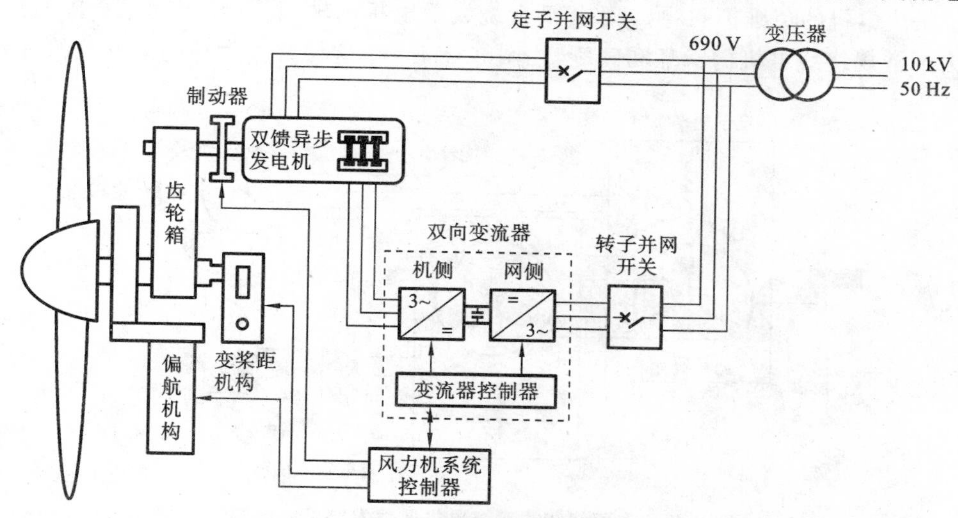

图9-46 绕线转子双馈风力发电系统结构

所谓双馈型风力发电机是指发电机的定子绕组发出的电能直接接入到电网中，转子绕组通过双向变流器与电网相连接。当风机的风叶转速发生变化时，风力系统控制器首先调整桨距，使得风叶的转速保持在规定的范围内。同时风力系统控制器调节转子上电流的频率，保证定子总是能够发送出 50 Hz 恒定频率的电能。当转子转速高于电机同步转速时，转子处于发电状态，否则处于电动状态，即需要从电网中提供能量。转子电流基本上是定子电流的 1/3，因而变流器的容量较小，其电压等级一般是低压(690 V)，近期也在向中压(3 kV)发展。

3. 双馈电机的结构

为了适应风力发电系统运行的特点，提高电机能量转换效率，用于风力发电的绕线转子异步电机在结构上进行了不少改进，电机的结构主要可分为以下几种类型。

1）有刷双馈电机

常规有刷双馈电机的结构与绕线式异步电机的结构相似，转子绕组经过滑环和碳刷引出，典型结构如图 9-47 所示，由于风力发电的工作环境一般比较恶劣，滑环和碳刷，尤其是碳刷的存在严重影响了双馈电机的使用寿命，使得这种电机基本已不为风力发电系统采用。

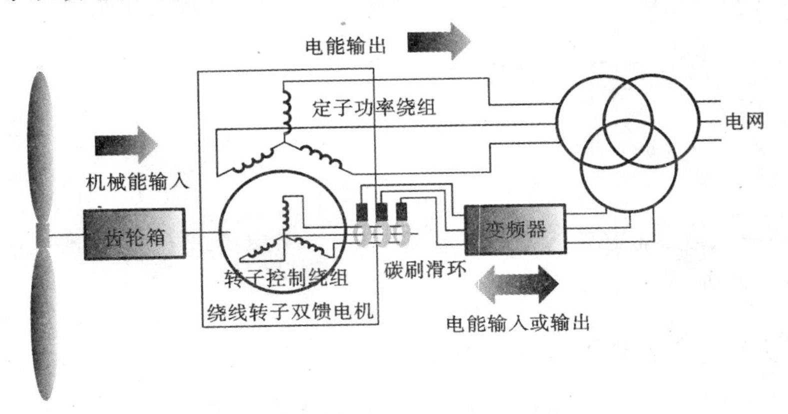

图 9-47 绕线转子有刷双馈电机的风力发电系统

2）级联式无刷双馈电机

为了解决电机的免维护问题，可采用两台绕线式电机同轴相连，转子绕组直接相互连接，从而省去了常规绕线电机的滑环和碳刷，如图 9-48 所示，这样就大大提高了系统的有效运行

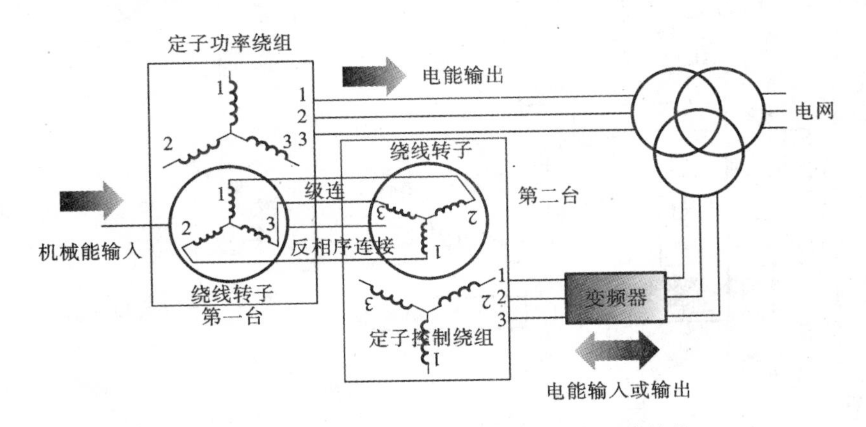

图 9-48 无刷绕线式双馈电机风力发电系统结构

寿命，降低了运行维护成本。其缺点是，需要两台电机，体积比较笨重庞大，对机械连接精度要求也比较高。

3）单转子无刷双馈电机

由图 9-48 可知，双电机双馈系统两电机的转子绕组从电路上看是相互并联连接的，运行时同轴旋转，这样可以考虑将它们绕制在同一个转子铁芯上，以减小体积，同时也避免了机械安装上的麻烦。根据这种思路，单转子（也称为独立转子）的双馈电机被设计出来。单转子无刷双馈电机基本结构是一个定子，一个转子，其中定子绕组有两套，两套绕组的磁极极对数不相同（原因后面介绍）。对应不同极数的出线端，一套出线接往工频三相电源作为主功率绕组，另外一套接变频电源作为控制绕组，如图 9-49 所示。这种无刷双馈绕线电机结构最为紧凑，是当前发展、应用和研究的主流机型。

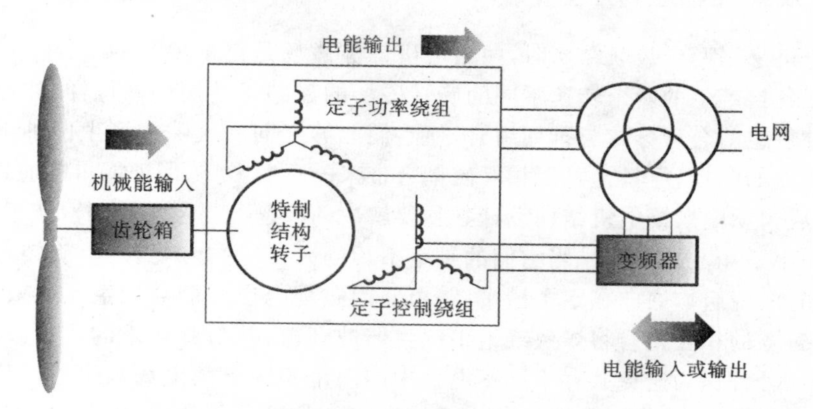

图 9-49　无刷单转子绕线双馈电机风力发电系统结构

三、双馈异步风力发电机的工作原理

1. 普通绕线转子型

由异步电动机原理可知，当三相交流异步电机定子绕组接三相电源时，电机的同步转速为 $n_0=60f/p$。同理，若将绕线转子异步电机的转子三相空间对称绕组中通入时间对称三相交流电，则可在电机气隙中产生旋转磁场，此旋转磁场的转速与所通入的交流电频率 f_c 及电机转子绕组的极对数有关，通常，普通绕线转子异步电机定转子绕组的极对数相同，记作 p，则此磁场的相对于转子的转速为

$$n_c=60f_c/p$$

旋转方向由通入转子绕组的三相电流相序决定。

异步电机的转子由风力机械驱动，具有转速 n_r，因此，转子电流形成的气隙旋转磁场相对于定子绕组的旋转速度就是 n_c 与 n_r 的代数和。此时若设 n_p 为对应于电网频率为工频 $f_p=$ 50 Hz 时的双馈电机同步转速，则只要通过控制使 $n_r \pm n_c=n_p$ 不变，则由此旋转磁场切割双馈电机定子绕组产生的感应电势频率就可以保持电网频率不变。

绕线转子异步电机的转差率为

$$s=\frac{n_p-n_r}{n_p}$$

这样，保证电机定子绕组输出电势频率恒定时通入转子电流的频率应为

$$f_c=\frac{pn_c}{60}=\frac{p(n_p-n_r)}{60}=\frac{pn_p(n_p-n_r)}{60n_p}=f_ps$$

上式表明，对普通绕线转子型双馈电机，当风力波动使转子转速变动时，只要改变转子电流的频率使之等于转差频率，就可以保证定子侧绕组发出的电势频率恒等于工频电网频率。

发电机输出电功率时，定子绕组三相电流也将产生频率为 f_p、转速为 n_p 的旋转磁势和磁场，它与转子电流形成的旋转磁场转速、转向均相同，空间相对静止，与普通交流电机内部定转子磁场关系完全相同。因此，普通绕线电机双馈运行时的功率、转矩、电势、电流等分析均可借鉴普通电机模型，在此不再展开分析。

2. 定子双绕组独立转子型

当双馈电机采用两台级联结构时，两台电机气隙磁场是完全独立的，对于单转子电机，两定子绕组电流各自产生的两个转速不同的旋转磁场的磁路是共用的。这样，如何通过在同一定子上的两种绕组的合理分布与排列组合，使它们能够在同一气隙中产生两种不同磁极对数的不同旋转速度的磁场，尽量消除因相互磁耦合带来的不利影响，保证能量能通过气隙得到有效的传递，就成为无刷双馈电机结构设计必须要解决的问题。当定子采用双绕组结构时，两个绕组电流的频率是相互独立的。当它们的频率不相同时，必然会产生两个旋转速度不同的旋转磁势和磁场，两绕组均嵌放在定子槽中，绕组间因磁耦合也可能会产生互感效应，如果不加处理，这两个磁场的相互耦合将导致绕组中产生谐波环流，并引起转矩的较大波动，输出电势中也会含有较大谐波，为避免共存于同一电机中的两个不同极数磁场产生不对称磁拉力和电磁噪声，目前无刷双馈电机已提出了多种定转子结构，其设计与传统交流电机有较大的不同。研究表明，对定子具有功率绕组和控制绕组的独立转子双馈电机，为有效抑制磁耦合的不利影响，两个绕组必须具有不同的极对数。定义 p_p 为定子功率绕组的极对数，p_c 为控制绕组的极对数，$p_p\neq p_c$ 虽然可以有多种选择，但由于磁场同步转速 $n=60f/p$，当转速一定时，供电频率需随磁极对数增加而正比增高，铁耗则会随频率升高而显著增大，磁极数过多会导致电机运行效率降低。因此，功率绕组采用 1 对极、控制绕组采用 3 对极被认为是一种最佳的组合。采用这种组合，谐波可以得到有效抑制，两绕组间的磁耦合、谐波环流可以完全消除，电机电磁转矩可以通过分别独立控制两定子绕组电流产生转矩的代数和得到。感兴趣的读者请参阅相关参考文献。

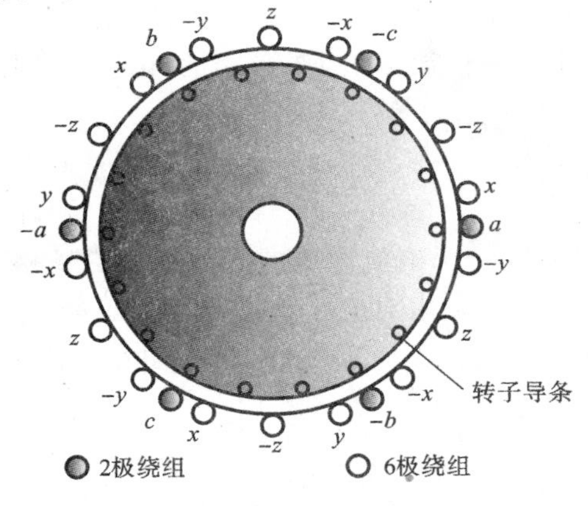

图 9-50 双定子绕组笼型转子双馈电机的结构

一种定子功率绕组为 1 对极、控制绕组为 3 对极的双定子绕组、笼型转子绕组结构的双馈电机结构如图 9-50 所示。

发电系统工作时，电机的转子由风力通过机械传动链驱动，转速为 n_r。这时将定子的控制绕组通以频率为 f_c 的三相低频电流，则可在气隙中形成一个低速旋转磁场，旋转速度为 $n_c=60f_c/p_c$，下标"c"代表由定子控制绕组产生。

现假定转子转速 n_r 低于由定子功率绕组所接电网电压频率决定的同步速度 $n_p=60f_p/p_p$。令控制绕组电流形成的旋转磁场在转子绕组中感生的

电势、电流频率为

$$f_{rc}=\frac{p_c(n_c+n_r)}{60}$$

若连接电网的功率绕组向电网输送工频电流，则该电流形成的旋转磁场依异步电机原理在转子绕组感生的转子电势、电流频率应当是转差频率，即

$$f_{rp}=s_p f_p=\frac{p_p(n_p-n_r)}{60}$$

如果设计使转子绕组的极对数满足

$$p_r=p_p+p_c \tag{9-37}$$

则在稳定运行时，可控制使 $f_{rp}=f_{rc}=f_r$，即两个旋转磁场在转子中感生的电势、电流频率相等。

令 $f_{rc}=f_{rp}$，可得

$$n_r=\frac{p_p n_p-p_c n_c}{p_r}=\frac{p_p n_p-p_c n_c}{p_p+p_c}=\frac{p_p\dfrac{60f_p}{p_p}-p_c\dfrac{60f_c}{p_c}}{p_p+p_c}$$

即

$$n_r=\frac{60(f_p-f_c)}{p_p+p_c} \tag{9-38}$$

上式可改写为

$$\frac{p_r n_r}{60}=\frac{p_p n_p-p_c n_c}{60}$$

也即

$$f_r=f_p-f_c \tag{9-39}$$

这样，在电机转速为 n_r 时，在定子控制绕组中通过闭环调节控制使馈入频率为

$$f_c=f_p-f_r=\frac{p_p n_p-p_r n_r}{60} \tag{9-40}$$

的三相电流，就可以使定子两个绕组电流产生的两个不同旋转速度的磁场在转子绕组中感应出相同频率的电势和电流来。

与普通异步电动机一样，稳速运行时，三相转子电流形成的旋转磁场同步转速与定子功率绕组电流形成的旋转磁场同步转速相同，即定、转子旋转磁场在空间相对保持静止。合成气隙旋转磁场切割定子三相功率绕组，就可以在发电机定子功率绕组中感应出与同步转速 n_p 对应的工频三相交流电压向电网输送。

当风速变化时，转速 n_r 随之变化，这时只要闭环调节器自动相应地依据式(9-40)改变控制绕组电压的频率 f_c，也即低速旋转磁场的转速 n_c，以补偿电机转速的变化，就可保证使定子功率绕组输出电压的频率恒定不变，考虑到转子转速有时可高于 n_p，实际控制应保证使

$$f_p=f_r\pm f_c \tag{9-41}$$

式(9-41)中，电机转速低于同步转速时取加号，电机从控制绕组吸收电能；高于同步转速时取减号，电机从控制绕组输出电能；速度相同时，$f_c=0$，变频器等价于向转子提供直流励磁，此时电机作同步发电机运行。控制绕组的频率变化由闭环控制通过实时监测转子转速自动调节变频器的工作状态实现。

这样，双馈运行时，电机转速可表示为

$$n_r=\frac{60(f_p\pm f_c)}{(p_p+p_c)} \tag{9-42}$$

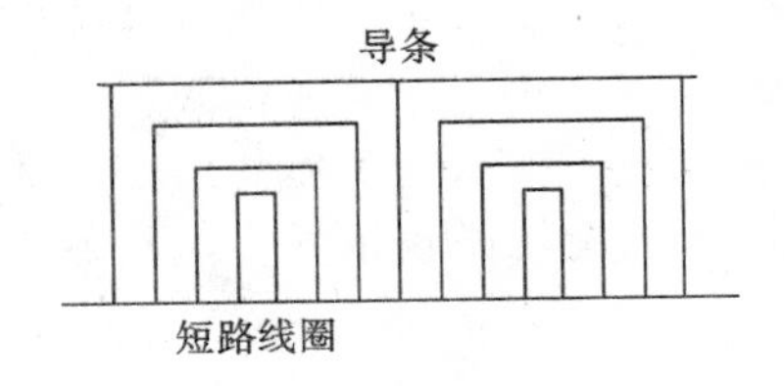

图 9-51　双馈电机笼型转子的导条结构

无刷双馈异步电机的转子绕组可以为绕线式，也可以采用笼型转子或磁阻式结构转子。无论哪种转子，转子绕组的磁极对数都应当满足式(9-37)，对磁阻式，转子上制有 $p_r=p_p+p_c$ 个凸极磁阻磁极，定转子之间气隙为非均匀气隙；由于 $p_r=p_p+p_c$ 数目较小，笼型转子一般采用 $p_r=p_p+p_c$ 组同心式线圈结构来构成 p_r 对磁极，以使转子绕组有足够多的有效导体来产生足够大且平稳的转矩。一种同心式笼型转子结构如图 9-51 所示，线圈端部可采用各回路独立的连接，也可以采用公共导条连接。

其他一些双馈电机转子的典型结构如图 9-52 所示。

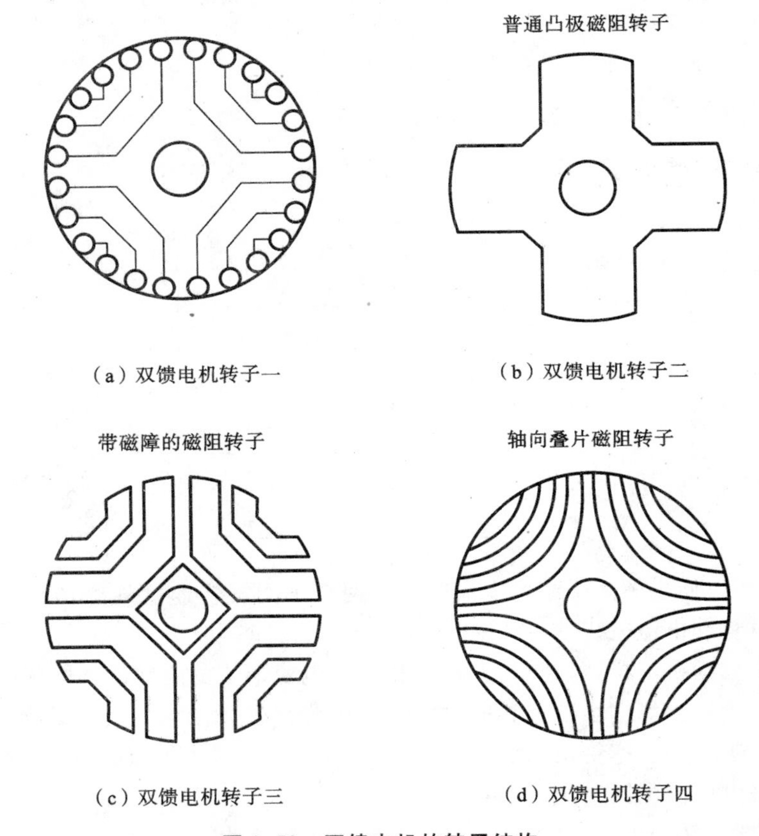

图 9-52　双馈电机的转子结构

此外，转子铁芯对定子两个绕组磁场的切割速度是不一样的，其铁耗不再可以忽略不计。为此，双馈电机中转子铁芯在设计时必须考虑对铁耗的抑制措施。

与串级调速类似，通过独立调节控制绕组侧电压的幅值和相角，还可以控制双馈电机的有功功率和无功功率。采用现代交流调速中的矢量控制技术来调节控制绕组励磁电流的幅值和相位，可以确保定子侧有功功率和无功功率的控制互不干扰。

双定子绕组双馈电机可以用做交流调速，因为不同磁极对数产生的解耦效果，使这种双定子绕组电机特性与两台独立的感应电机同轴级联等价，所有已知的感应电机控制技术均可用于这种双定子绕组电机。这包括恒压频比协调控制(V/f)、磁场定向控制(FOC)等。基本的控制方法是用两个独立的转矩指令以合成产生所要求的输出转矩。通过适当的电流指令选择，这两个独立的转矩可相加或相减，这样等于提供了一条额外控制励磁频率的途径。低速时控制使两绕组电流分别产生正负相反的同步转速，合成得到所要求的低速，这样可以使低速对应的驱动电源频率比单绕组普通感应电动机的高，从而可以克服常规电压频率协调控制低速时定子电阻压降对调速性能的不利影响。

双馈电机用于调速的另一个优点是，它的功率绕组和控制绕组可以采用不同的电压等级。传统高压电机因供电电压在数千伏以上，若采用交流变频调速，则需要能够在高压环境下可靠工作的功率变频驱动电源，这将大大增加系统成本。采用双馈电机时，功率绕组采用高压供电，控制绕组可采用普通低压变频器，从而大大降低系统成本，可靠性得以显著提高。

9-6 其他常用电机

一、直流测速发电机

直流测速发电机有永磁式和他励式两种，其主要功能是将机械转速按比例变换成电压信号，广泛用于自动控制系统中。

直流测速发电机一般与被测电机同轴连接，由电机带动同速旋转。他励式需外部提供微小功率的直流励磁电源。被测电机转速通过测速发电机电压测定，由发电机输出端通过负载电阻取样获得，如图9-53所示。

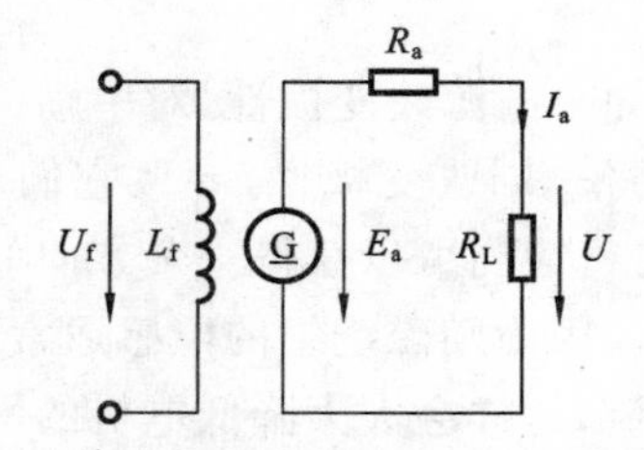

图9-53 直流测速发电机原理电路

发电机接负载电阻 R_L 时，输出电压为

$$U=E_a-I_aR_a$$

式中：$E_a=K_e\Phi n$ 为电枢电势；R_a 为测速机的电枢电阻。

以 $I_a=U/R_L$ 代入上式并略加整理，得

$$U=\frac{E_a}{1+\frac{R_a}{R_L}}=\frac{K_e\Phi}{1+\frac{R_a}{R_L}}n \tag{9-43}$$

式(9-43)表明，当磁通 Φ、电枢电阻和负载电阻保持不变时，U 与发电机转速 n 成正比关系，它表明测速发电机输出端提供了一个与被测电机转速成正比的电压信号，它既可通过 R_L 上的压降取样作为反馈信号用于实现电动机转速的自动调整，也可将 R_L 换成电压表对电动机转速进行间接测量，这时电压表的内阻就成为负载电阻 R_L。

然而，在实际应用中以测速发电机的输出电压间接测量电动机转速时，其精确程度会受以下因素影响。

(1) 他励式测速发电机励磁电压的波动、励磁绕组电阻值因工作温度而产生的变化以及测速发电机电枢反应的影响，都会使磁通 Φ 发生变化。高速时，电压高，负载电流相应增大，电枢反应会导致负载电阻上的取样电压比线性关系对应的电压略有降低。

(2) 由于电刷接触压降的存在，会引起低速时出现 $n\neq0$ 而 $U=0$ 的状况，形成如图9-54所示的不灵敏区，破坏了检测输入与输出的线性关系。

(3) 由于换向片数目有限，低速时输出电压纹波对有效电压信号影响相对较大。

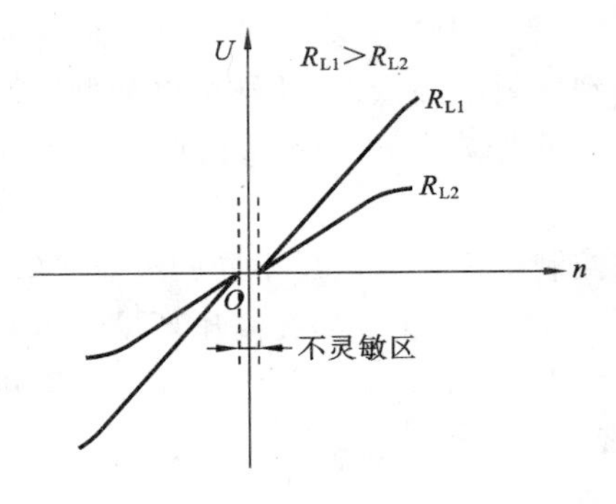

图 9-54 直流测速发电机的输出特性

针对上述情况，通常采用以下措施来提高测速发电机的检测精度。

(1) 采用稳压电源励磁，并在励磁电路中串入阻值较大且受温度影响极小的电阻，以减小因电压波动和工作温度变化造成的磁通变化。

(2) 按提高检测精度的要求确定负载电阻的最佳值，以减小电枢反应的影响。

(3) 选用接触电阻较小的金属电刷，以减小低速时的不灵敏区。

(4) 增加电枢导体数和换向片数，以减小低速时输出电压中的谐波分量。

永磁式测速发电机不需励磁，其检测精度受温度影响较小。

二、通用电动机

把一台直流电动机接到单相交流电源并期望它能运转起来，可以考虑图 9-55 所示电路的接线方法。回顾直流电机原理可知，直流电机的电磁转矩可表示为

$$T_{em}=K_T\Phi I_a$$

如果电源改变极性，对串励(见图 9-55(a))或并励(见图 9-55(b))接法，励磁电流与电枢电流将一同改变极性，导致它们产生的电磁转矩不会改变方向。因此，如果采用交流电源供电，电机应当可以获得一个方向的电磁转矩，只是这种转矩的脉动比较大，实用中仅采用串励接法。因为励磁绕组的电感通常远大于电枢绕组电感，并励时励磁电流换向会严重滞后于电枢电流，这样会大大降低电机的平均电磁转矩。而串励励磁电流和电枢电流为同一电流，不存在相位问题。

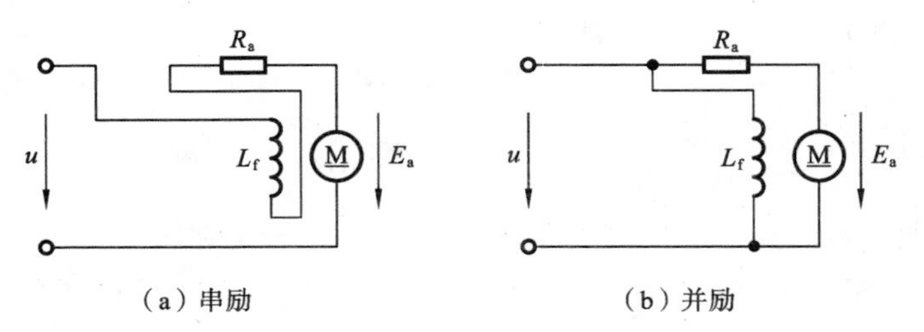

图 9-55 直流电机用做通用电动机的原理接线图

为了使一台串励直流电机有效运行于交流电源供电状态，它的磁极和定子铁芯都需要采用叠片结构，否则会因磁场交变而产生严重的铁耗。磁极和定子均采用叠片结构的电动机通常被称为“通用”电动机，因为它既可运行于直流电源供电又可运行于交流电源供电。

电动机运行于交流电源供电时，电机的换向环境要比运行于直流电源供电差很多，换向时电刷与换向器间的火花现象要严重得多。火花会显著缩短电刷的寿命，同时对周围环境产生射频干扰。

通用电动机交流供电时的典型机械特性如图 9-56 曲线 2 所示。它与同一电动机在直流电源下运行的机械特性(见图 9-56 曲线 1)有所不同，主要有以下两个方面的原因。

(1) 电枢和励磁绕组对工频电源有较大的阻抗，形成的压降远大于直流供电环境，使电枢反电势对应的有效电压明显减小。由于 $E_a=K_e\Phi n$，对同样大小的电枢电流或电磁转矩，转速也明显降低。

(2) 此外，因为交流电压的峰值为有效值的$\sqrt{2}$倍，电枢电流达到峰值时可能产生磁饱和，电枢反应的弱磁升速效应可部分弥补(1)中对转速降落的影响。

这样，通用电动机在交流供电时的机械特性硬度要高于直流串励供电时，而因反电势低，整个特性曲线位于直流供电机械特性的下方。

通用电动机主要应用在家用电器领域。

三、自整角机

自整角机是一种特殊的精密微型交流电动机，作为一种测量机械轴转角(角位移)的位置传感器，常在随动系统中被成对用于测量执行轴和指令轴间的角差，它也可单独用于测量机械轴的转角。自整角机的定子绕组一般是三相对称绕组，与交流电机相似，通常接成 Y 形，转子绕组则是单相绕组。

在随动系统中，总是用一对相同的自整角机来检测指令轴和执行轴间的角差，两台自整角机可分别安装在处于不同地点的相应系统中，以实现远距离传输，使机械不相连的两轴可同步旋转即形成所谓“电轴”，实现角度的准确跟踪。

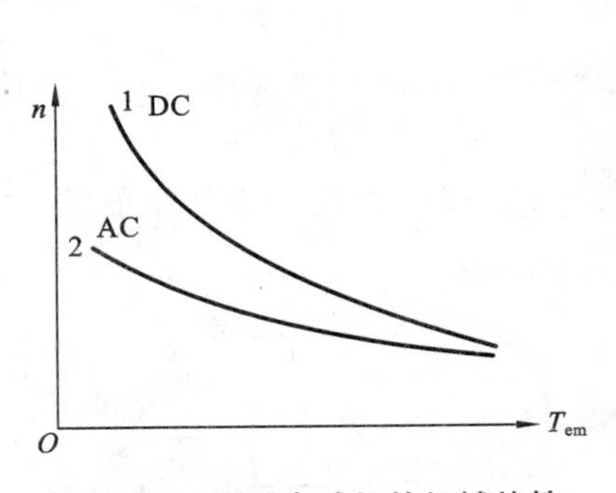

图 9-56 通用电动机的机械特性

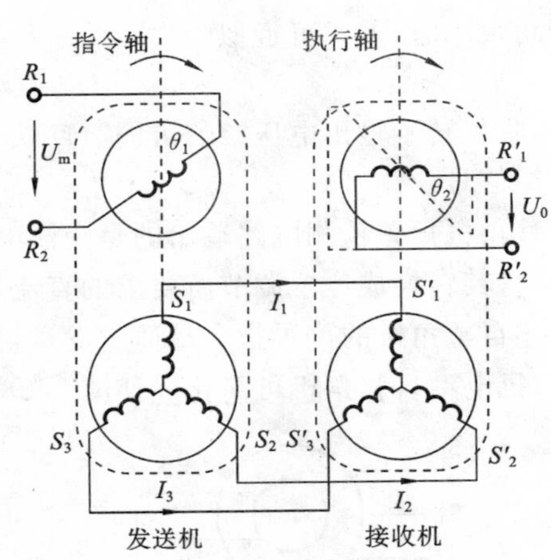

图 9-57 两自整角机组成的角差测量线路

1. 机电型自整角机

自整角机角差测量线路如图 9-57 所示。工作时发送机转子绕组作励磁绕组接交流励磁电压 $u_m(t)=U_m\sin\omega t$，接收机转子绕组作角差信号电压的输出绕组。位置指令通过发送机转子轴输入。当发送机转子绕组与定子绕组相对位置如图 9-57 所示时，发送机转子绕组励磁电压所形成的交变磁通在发送机定子绕组中感生电势为

$$E_{S1}=K_1U_m\cos\theta_1\sin\omega t$$
$$E_{S2}=K_1U_m\cos(\theta_1-120^\circ)\sin\omega t$$
$$E_{S3}=K_1U_m\cos(\theta_1-240^\circ)\sin\omega t$$

式中：K_1 为发送机转、定子绕组间的电磁耦合系数；θ_1 为发送机转子转角，当转子绕组轴线与定子 S_1 相绕组轴线重合时 $\theta_1=0°$。

发送机定子感应电势被用做接收机的励磁电压，在接收机中产生交变磁通，三相对称时，接收机定子绕组各相励磁电势在转子绕组感生电势幅值分别为

$$E_{S1'}=K_2 I_1 \sin\theta_2=K_2 \frac{K_1 U_m \cos\theta_1}{2Z}\sin\theta_2$$

$$E_{S2'}=K_2 I_2 \sin(\theta_2-120°)=K_2 \frac{K_1 U_m \cos(\theta_1-120°)}{2Z}\sin(\theta_2-120°)$$

$$E_{S3'}=K_2 I_3 \sin(\theta_2-240°)=K_2 \frac{K_1 U_m \cos(\theta_1-240°)}{2Z}\sin(\theta_2-240°)$$

式中：K_2 为接收机转、定子绕组间的电磁耦合系数；Z 为各相定子绕组阻抗，为简化分析，假定两机各相绕组阻抗相同；θ_2 为接收机转子转角，以接收机转子绕组轴线与定子 S_1' 相绕组轴线垂直时为零。

接收机转子绕组输出电势大小为上述各电势之和，最终可得

$$E_0=E_{0m}\sin(\theta_1-\theta_2)=E_{0m}\sin\theta$$

式中：$\theta=\theta_1-\theta_2$ 称为失调角；幅值 $E_{0m}=3K_1K_2U_m/4Z$。它说明，由两自整角机构成的角差测量电路得到的检测输出是幅值为失调角正弦函数、与发送机励磁电压同频率的交流电压信号。其输出电压幅值与失调角的关系为

$$U_0=U_{0m}\sin\theta$$

当失调角很小时，上式可近似为

$$U_0=U_{0m}\sin\theta\approx U_{0m}\theta$$

这样，接收机转子输出电压幅值可同时反映失调角的大小和方向，为位置闭环调节提供正确的位置反馈信号。

自整角机角差检测电路输出的是交流电压，一般还需要通过解调和滤波，如通过相敏整流等电路，将其转换成位置调节所要求的直流误差电压信号。

上述自整角机的位置指令是通过发送机转子轴输入的，故称为机电型自整角机。为使图形简化，机电型自整角机可简化成如图 9-58(a)所示的形式。

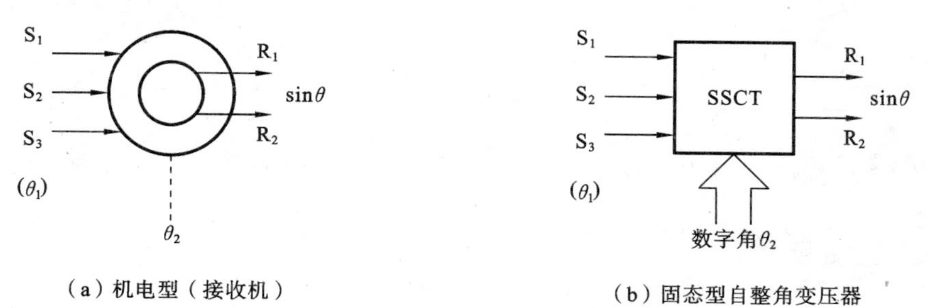

(a) 机电型（接收机）　　(b) 固态型自整角变压器

图 9-58 自整角机的简化图形表示法

2. 固态型自整角变压器和固态差动自整角发送机

机电型自整角机的位置指令必须通过发送机轴输入，为构成位置控制系统必须有相应的指令执行机械，较适合于构造两旋转机械的随动系统。与速度控制一样，现代位置控制系统越来越趋于使用计算机指挥和控制，这时若还沿用机电型自整角机必然要附加数字/机械转换装

置，即增加系统的复杂性和体积，降低系统性能价格比，还可能增加系统的非线性，影响控制精度。

固态型自整角变压器(SSCT)是一种具有与机电型自整角机相似功能的电子集成模块。它同样可从三个 S 端子接收代表模拟轴角 θ_1 的三线自整角机模拟量(定子绕组电势)信号，同时以 10～16 位并行二进制码输入一个数字化的轴角 θ_2 相关信号，得到与机电型自整角机角差检测电路相同性质的输出即输出电压幅值也是正比于角差的正弦。一种固态型自整角变压器的结构原理图如图 9-59 所示，其简化图形如图 9-58(b)所示。

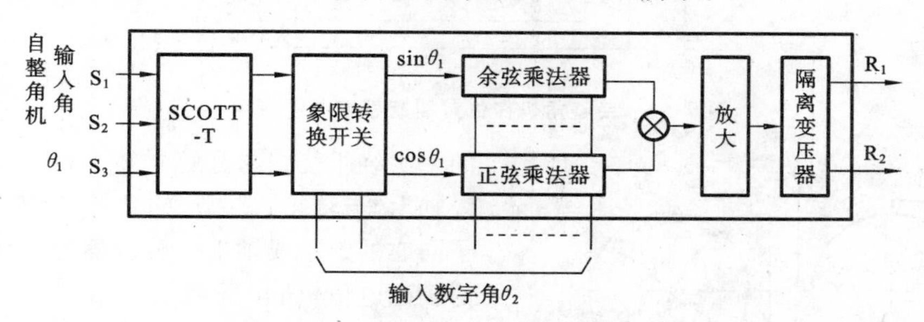

图 9-59　固态型自整角变压器结构原理图

三线自整角机信号输入到一个特殊的变压器(称为 SCOTT-T 变压器)，进行信号隔离和变换。SCOTT-T 变压器实际上是两个高精度小型变压器，其原理如图 9-60 所示。这两个变压器间完全没有磁耦合，每个变压器静电隔离完全相同，有良好的一、二次线性关系，漏抗很小。它将输入的自整角机三线信号电压精确地转换为两路信号电压，即

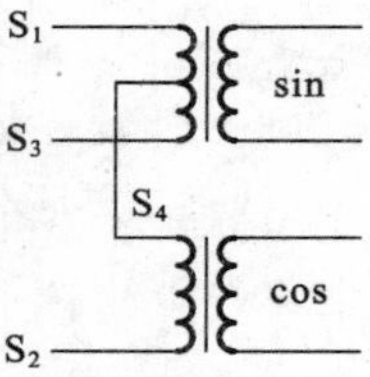

图 9-60　SCOTT-T 变压器原理图

$$U_{S_3-S_1}=U_2\sin\theta\sin\omega t$$

$$U_{S_2-S_4}=U_2\cos\theta\sin\omega t$$

这两个电压信号被送往象限转换开关。在此，由输入数字角信号的最高两位控制，确定输入轴角所在象限，以便确定后面两个函数发生器输出信号的极性。在正、余弦乘法器中，输入数字角经正弦、余弦函数发生器被转换为 $\sin\theta_2$、$\cos\theta_2$，它们分别和前述两路来自自整角机的信号在乘法器中运算，得到

$$\sin\theta_1\cos\theta_2-\cos\theta_1\sin\theta_2=\sin\theta$$

最后，这个被励磁参考频率调制的信号经隔离变压器输出，得到与机电型相同性质的角差信号电压。

实际应用中，常将固态自整角变压器作指令器件，机电自整角机作位置检测器件，构成机电-电子混合角位置控制系统，如图 9-61 所示。这时，位置指令可方便地由计算机直接输入。

四、旋转变压器

与自整角机相似，旋转变压器也是一种角度测量元件，其结构与两相绕线转子异步电动机的相似，由定子和转子组成，如图 9-62 所示。旋转变压器分为有刷和无刷两种。在有刷结构中，定子和转子上均为两相交流分布绕组，绕组轴线分别互相垂直。无刷旋转变压器由两部分组成：一部分称为分解器，其结构与有刷旋转变压器的结构基本相同；另一部分称为变压器，它

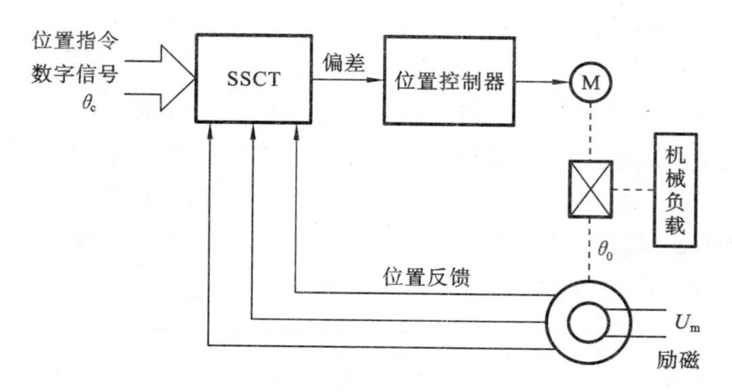

图 9-61　自整角机在位置控制系统中的应用

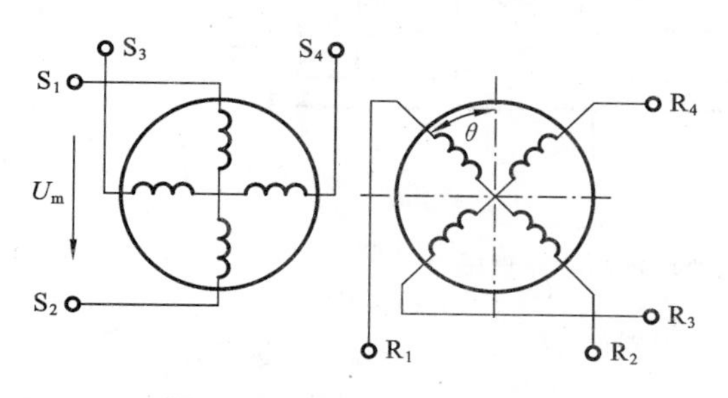

图 9-62　旋转变压器原理图

的一次绕组绕在与分解器转子轴固定在一起的线轴上，与转子一起旋转，二次绕组则绕在与转子同心的定子线轴上。分解器定子线圈接外加的励磁电压，转子线圈输出信号接到变压器的一次绕组，从变压器的二次绕组引出最后输出信号。旋转变压器可做成多极式，多极式旋转变压器可以直接与伺服电动机同轴安装，以提高检测精度。

旋转变压器与自整角机相同，也是根据互感原理工作的。当定子绕组加交流励磁电压时，转子绕组中将产生与转子空间位置相关的感应电动势。由于定子有两相绕组，加励磁电压可有不同的方式，随之得到转子绕组输出电势与转角的关系也不同。

当仅对定子绕组 S_1-S_2 加交流励磁电压 $u_m=U_m\sin\omega t$，且 S_3-S_4 开路时，如果此时转子绕组 R_1-R_2 轴线从 S_1-S_2 绕组轴线逆时针方向转过 θ 角，则与自整角机原理相似，定子励磁电压所形成的交变磁场将分别在两转子绕组中感生电势，即

$$e_{R_{12}}=KU_m\cos\theta\sin(\omega t)$$

$$e_{R_{34}}=-KU_m\sin\theta\sin(\omega t)$$

式中：K 为电磁耦合系数。

可见转子输出电压幅值是转角的正、余弦函数，通过适当的信号处理电路检测信号电压的幅值和符号即可测定当前的转角。

但上述分析仅对转子输出绕组空载时成立。当输出绕组带有负载时，流过绕组的负载电流会使气隙磁场发生畸变，影响输出感应电势偏离上式。为减小畸变，必须采取补偿措施。一般将定子绕组 S_3-S_4 短接可获得较好的补偿效果。

若对定子绕组分别施加等幅同频但相位互差 90°的交流励磁电压

$$U_{S_{12}}=U_m\sin(\omega t)$$

$$U_{S_{34}}=U_m\cos(\omega t)$$

则转子绕组中的感应电势将由它们各自感生的电势合成。以 R_1-R_2 绕组为例，有

$$e_{S_{12}}=KU_m\cos\theta\sin(\omega t)$$

$$e_{S_{34}}=KU_m\sin\theta\cos(\omega t)$$

$$e_{12}=e_{S_{12}}+e_{S_{34}}=KU_m\sin(\omega t+\theta)$$

可见，在这种励磁方式下，转子输出电势的幅值是与转角无关的常数，而输出电势的相位

移等于转子相对定子的角位移。即输出电势的相位反映转子轴的机械角位移,位置检测信号应当从输出电压的相位中提取。

旋转变压器采用前一种励磁方式工作时称为鉴幅工作方式,而后一种称为鉴相工作方式。它们都还需配以相应的鉴幅、鉴相信号处理电路才能最终得到位置闭环调节所要求的位置反馈信号。

当采用数字控制时,可以采用旋转变压器/数字转换器(RDC)集成模块直接将旋转变压器检测的模拟转角位置信号变换成数字信号。

小　结

单相电动机仅依靠功率绕组时没有启动转矩,但一旦电机具有一定速度,其机械特性就几乎与同等功率的三相感应电动机相当。通过增设辅助绕组电路或罩极结构,可以在启动时形成椭圆旋转磁场为电动机提供启动转矩。

单相电动机的启动转矩取决于功率绕组与辅助绕组的电流相位差,当相位差达到90°时转矩最大。仅靠阻感裂相的单相电动机启动转矩很小;电容启动型相差可接近达到90°,启动转矩最大;电容运转型居中,而罩极式启动转矩最小。

步进电动机是一种可以通过指令脉冲个数精密控制旋转角度、指令脉冲频率精确控制旋转速度的电动机,其原理属同步电机性质,在需要进行位置控制的自动化系统中应用十分普遍。步进电动机的绕组通常采用在一个周期中按一定规律顺序轮换供电的运行方式。根据绕组结构,三相绕组常采用单三拍、双三拍、六拍的运行方式。

步进电机在绕组供电时具备电气锁零功能。

步距角是衡量步进电机性能的重要指标。混合式步进电机具有最小的步距角,是当前性能最优良的步进电机。

步进电机在启动时有最大启动频率限制,运行中受负载冲击可能会产生“丢步”现象。

步进电机的矩频特性与负载惯量有关,应用中必须使其运行在特性所允许的指令频率范围,防止失步现象的发生。

无刷直流电机与永磁同步电机具有基本相同的结构,通常采用120°方波两相轮换供电方式。

无刷直流电机具有与他励直流电机相似的转矩电流特性、转速反电势特性和机械特性。无刷直流电机不能直接加直流电压运行,直流电压需要经过驱动器加到电机绕组,调速与启、制动一般采用脉冲宽度调制方式,由于没有电刷和换向器,直流无刷电机可以取得很高的运行速度。

无刷直流电机绕组供电切换时需要转子磁极位置信息。常规无刷直流电机转子上装有磁极传感器。无转子磁极位置传感器的无刷直流电动机的控制驱动已取得一定进展。利用反电势、电机绕组电感等可实时计算转子磁极位置。

三相感应式直线电机的原理与三相感应电机基本相同。三相电流在直线电机气隙中形成的磁场为行波扫动磁场。不同之处在于直线电机存在端部效应,三相电路不再对称,依照三相对称等值电路分析它的电流、推力和直线运动会有一定误差。

在一定条件下,直线电机定、滑子之间除了存在水平推力之外还可有垂直推力,形成磁悬浮现象。基于此可驱动磁悬浮列车运行。

双馈电机是一种具有功率绕组和控制绕组两套三相绕组的电机。通常功率绕组接固定工频电源,控制绕组接变频电源。两者相互配合可实现电机的电动调速或发电运行。

用于风力发电的双馈电机常采用双定子绕组、独立转子结构,两定子绕组具有不同的磁极对数,典型采用 1∶3 对磁极结构。特殊的设计使两绕组各自通以不同频率电流形成不同转速旋转磁场时相互磁耦合被基本解除,利用对控制绕组电流频率的控制可以确保发电机输出电压频率的稳定。两绕组控制上的独立性使现代交流电机控制的各种技术方案均可有效应用于双馈电机。

无论哪种结构,双馈电机都具有两个与外部连接的绕组,即功率绕组和控制绕组。在风力发电系统中,功率绕组输出电能到电网;控制绕组通过变频装置根据转子转速决定能量流动方向,变频装置必须具备能量双向流动功能。

变频器向控制绕组提供低频电源,在转子中形成一个相对转子的低速旋转磁场,通过闭环控制使之与转子转速相加等于同步转速,保证旋转磁场对定子绕组的切割速度始终恒定保持同步转速,以获得恒定频率的交流电压输出。

当电机参数和转速已知,发电机输出电压、电流要求已知时,可以通过等值电路确定控制绕组需要提供的电压、电流的频率、幅值和相位,保证发电机稳定运行。

双馈电机的运行状态和转差率没有直接关系。在某一转差率下它既可运行于发电也可运行于电动状态,取决于控制电压、电流的幅值和相位。

测速发电机是一种可提供正比于被测电机转速的电压的检测用电机,在需要进行速度精确控制的电力拖动自动控制系统中应用比较广泛,其输出特性基本是线性的,但在接近零速或超过额定转速时有不灵敏区和饱和区,应用时应予以注意。

习题与思考题

9-1 单相电动机中辅助绕组的作用是什么?如何改变具有辅助绕组的单相电动机旋转方向?

9-2 电感裂相单相电动机在转子堵转条件下测得实验数据如下:当绕组各加 23 V(有效值)电压时,功率绕组电流为 4 A,有功功率为 60 W;辅助启动绕组电流为 1.5 A,有功功率为 30 W。问功率绕组与辅助启动绕组电流有多大相位差?

9-3 为什么罩极式单相电动机旋转方向不能改变?

9-4 单相感应电动机参数为:额定电压 220 V,额定频率 50 Hz,2 对极,采用电容分相启动。电机旋转机械损耗为 20 W,铁耗为 50 W。$X_s=7.6\ \Omega$,$R_s=2.8\ \Omega$,$X_m=60.8\ \Omega$,$X'_r=6.82\ \Omega$,$R'_r=2.40\ \Omega$,转差率为 0.04,当电动机在额定电压和频率、启动绕组开路的情况下运行时,求定子电流、功率因数、输出功率、转速、输出转矩和效率。

9-5 步进电动机启动时为什么要限制使指令脉冲的频率不能超过最大启动频率?如果稳定运行时指令频率高于最大启动频率,应该如何处理?

9-6 对图 9-11 所示的步进电机,如果采用三相六拍控制方式,指令脉冲周期为 20 ms 时电机的稳定运行速度是多少?如果需要控制电机旋转 1 周,指令脉冲个数应为多少?如果需要电动机以 1000 r/min 速度运行,则脉冲频率应为多少?

9-7 什么是无刷直流电动机的 120°换相导电控制方式?为什么换相控制时需要知道转子磁极位置?

9-8 无位置传感器无刷直流电动机可以依靠什么得到转子磁极位置信息?

9-9 永磁同步电动机与无刷直流电动机结构基本相同,为什么负载变化时当动态过程结束后永磁同步电动机能保持同步运行而采用120°换相导电控制方式的无刷直流电动机会产生转速降落？

9-10 什么是直线电机的端部效应？为什么说直线电机的三相等值电路是不对称的？

9-11 异步感应式直线电动机由轨道和轨道上的车厢组成，轨道是一个展开的笼型绕组，车厢长4.5 m，均匀分布有展开的三相，12对极的电枢绕组，若供电电源频率为75 Hz。

(1) 以km/h为单位的同步速度是多少？

(2) 如果在平路行驶，车厢将达到这个速度吗？说明理由。

(3) 如果车厢以95 km/h的速度移动，转差率是多少？在此条件下轨道中电流的频率是多少？

9-12 什么是磁悬浮？磁悬浮列车运行的主要优点是什么？

9-13 在风力发电系统中常采用双馈电机作变速恒频发电。说明当风速变化使电机高于同步、等于同步、低于同步转速时，如何控制保证恒频发电输出？

9-14 为什么双馈电机的控制绕组使用的变频装置必须具备能量双向流动能力？

9-15 独立转子双馈电机的定转子磁极对数有什么特点？为什么两定子绕组的磁极对数不相同？

9-16 如果励磁恒定，直流测速发电机的输入输出特性是完全线性的吗？

第 10 章　继电-接触器控制系统

以交流或直流电动机为动力的电力拖动，是现代机械设备、生产线乃至整个工厂实现电气自动化的基础。电力拖动自动控制可分为开环和闭环两大类。本章仅阐述借助于接触器、继电器等控制电器，实现对电动机的启动、制动等自动控制的开环控制方法。尽管这类控制在20 世纪 20 至 30 年代就已出现，但由于它结构简单、造价低、抗干扰能力强、调整维护容易，目前仍然是工业生产中最基本的控制形式之一。随着现代科技的飞速发展，控制系统的结构和控制手段都比过去有了明显的进步，但即使是目前最先进的控制系统，也不可能完全抛弃接触器一类控制电器，而仅是将它们的用量减小到最低程度。因此，学习和掌握电力拖动继电-接触器控制的一般方法和原理还是很有必要的。

10-1　电动机的电器控制方法

一、常用低压电器

在电力拖动自动控制系统中，电动机的各种运动控制是通过一些电器元件组成一定的控制逻辑来完成的，掌握这些电器元件的工作原理、结构、用途和电器型号的含义，对学习理解系统的控制方法是十分必要的。这些电器属于低压电器范畴。所谓低压电器是指用于额定电压交流 1200 V 或直流 1500 V 及以下，在供电系统和用电设备等组成的电路中起保护、控制、调节、转换和通断作用的电器。在拖动系统中，所用低压电器的额定电压一般为 500 V 以下。

1. 低压开关

在低压开关中常用的有负荷开关、断路器及按钮、位置开关等，用做电路的通断、电源的隔离和小容量异步电动机的直接启动、停止等控制。

1）开启式负荷开关

开启式负荷开关由瓷底板、熔丝（保险丝）、胶盖、触点和触刀等组成，又称为刀开关。它是一种手动控制电器，且没有专门的熄灭电弧装置，因此不宜用做经常通断的电路控制。开启式负荷开关在照明电路中经常采用，适当降低容量使用时，也可用来直接控制 5.5 kW 以下异步电动机的启动和停止。使用时必须垂直安装，并使进线孔朝上。接线时电源进出线不能接反，以免更换保险丝时发生触电事故。

刀开关在电路图中的图形符号、文字符号及产品型号的含义如图 10-1 所示。注意制图文字符号和产品型号是不同的，绘图时应当采用制图符号而不能用产品型号。

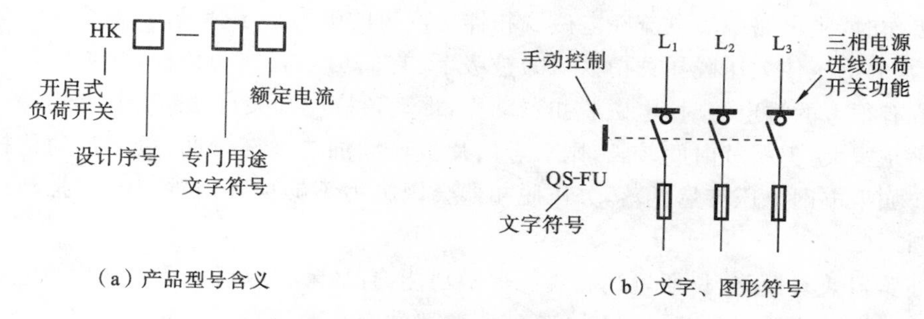

(a) 产品型号含义　　(b) 文字、图形符号

图 10-1　开启式负荷开关

2）封闭式负荷开关

封闭式负荷开关又称为铁壳开关，它由触刀、熔断器、速断弹簧等操动机构和铁外壳组成。铁壳与操动机构装有机械联锁，当箱盖打开时开关不能闭合、开关闭合时箱盖不能打开，以保证操作安全。内装有半封闭瓷插式熔断器。

这种开关的操动机构采用弹簧储能，能使触刀快速断开或闭合，分合速度与手柄操作速度无关。三极铁壳开关可用做生产机械的电源隔离开关，也常用做非频繁启动交流异步电动机的控制开关。它的电路图形、文字符号如图 10-2 所示。

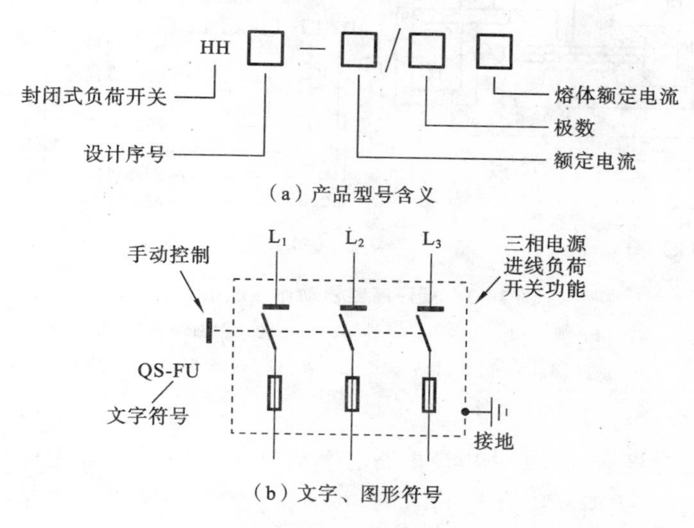

(a) 产品型号含义

(b) 文字、图形符号

图 10-2　封闭式负荷开关

3）低压断路器

低压断路器又称为自动开关或空气开关，它是一种在电路发生故障时可自动断开的保护型电源开关。它可以用做低压配电的总电源开关，也可用做电动机主电路短路、过载或欠电压保护电源开关。低压断路器具有电磁（过电流）脱扣、热脱扣和欠电压脱扣功能，动作原理如图 10-3 所示。当断路器合闸后，主触点(2)由锁键(3)钩住搭钩(4)，克服弹簧(1)的拉力，保持闭合。搭钩(4)可以绕轴(5)转动。如果搭钩(4)被顶杆(7)顶开，触点就会被弹簧拉回断开电路。顶开动作可由电磁脱扣器(6)、双金属片热脱扣器(12)或欠电压脱扣器(11)中的任何一个来完成。电磁脱扣器的线圈和双金属片的加热绕组（热元件）都被串联在主电路中，图中仅画出了一路，实际每相都各有一个。欠电压脱扣线圈并联在主电路中。

正常工作时，主电路中的电流在电磁脱扣器中产生的吸力小于弹簧力，双金属片弯曲程度也不够，正常的电压使欠压脱扣器衔铁(10)被吸下，它们均不能推动顶杆，开关保持闭合。当发生短路或有很大的过电流时，电磁脱扣器动作，推动顶杆使开关自动断开切断电源。如果过电流数值不是很大，但持续时间较长，则双金属片被连续加热逐渐弯曲，最终推动顶杆使开关自动分断。如果电网电压突然低落，欠压脱扣器会因吸力不够松开衔铁(10)以推动顶杆使开关自动分断。

低压断路器兼有短路、长期过载和欠压保护功能，且故障排除后可重复使用。它的三种保护动作值均可根据线路工作要求调整。低压断路器的产品型号与含义如图 10-3(c)所示。

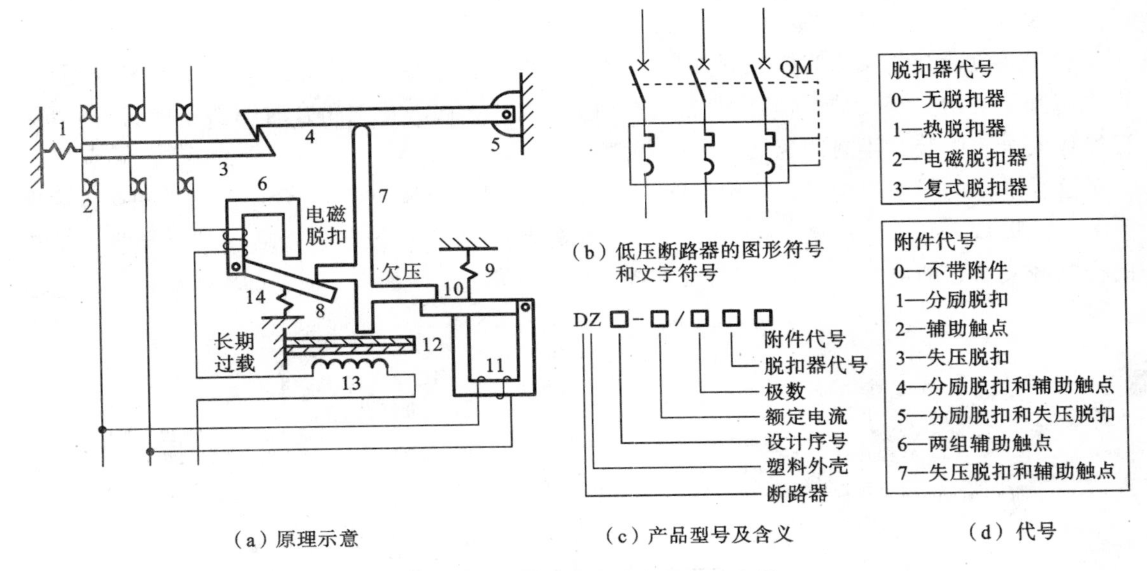

(a) 原理示意　　(c) 产品型号及含义　　(d) 代号

图 10-3　低压断路器动作原理示意图

1,9,14—弹簧；2—主触点；3—锁键；4—搭钩；5—轴；6—电磁脱扣器；7—顶杆；8,10—衔铁；11—欠压脱扣器；12—双金属片；13—热元件

4）按钮

按钮是一种短时接通或断开小电流电路的手动电器，常用于控制电路作手动指令去控制接触器等电器的通断，因而又称为主令电器。普通按钮带有一对常开常闭触点，靠弹簧复位。此外还有带指示灯的按钮。按钮颜色的使用国家标准也有规定，使用时应按规定执行。按钮的图形符号和文字符号、颜色以及指示灯颜色的使用规定如图 10-4 所示。图中的按钮图形符号是常用一般式按钮的符号。其他结构按钮的图形符号略有不同。

5）位置开关

位置开关包括行程、限位、终端保护等开关。它的作用与按钮相仿，只是它通常是利用机械运动部件的碰撞使触点动作。在机床控制系统中常用位置开关来限制运动的位置和行程，实现自动换向、变速和停车等自动控制。位置开关有按钮式、单轮转动式和双轮转动式等几种不同结构形式，分为自动复位型和非自动复位型两类。自动复位型在开关内装有反力弹簧，当机械撞块离开后可依靠弹簧自动复位。非自动复位型有两个滚轮，机械撞块其中一个滚轮使触点动作后，必须反向运动撞动另一个滚轮触点才能复位。

位置开关的图形符号、文字符号和产品型号及含义如图 10-5 所示。

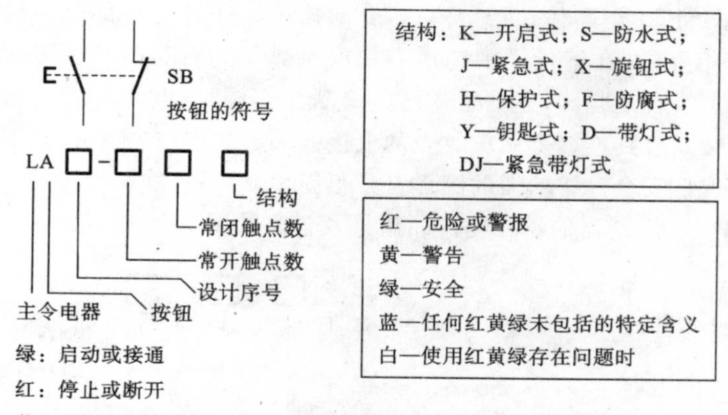

绿：启动或接通

红：停止或断开

黄：干预—排除反常和避免不希望情况，如中断运行返回起始状态

蓝：红绿黄未包括的特殊情况、复位

黑，灰，白：用于除停止外的任何功能

图 10-4　按钮的符号与颜色

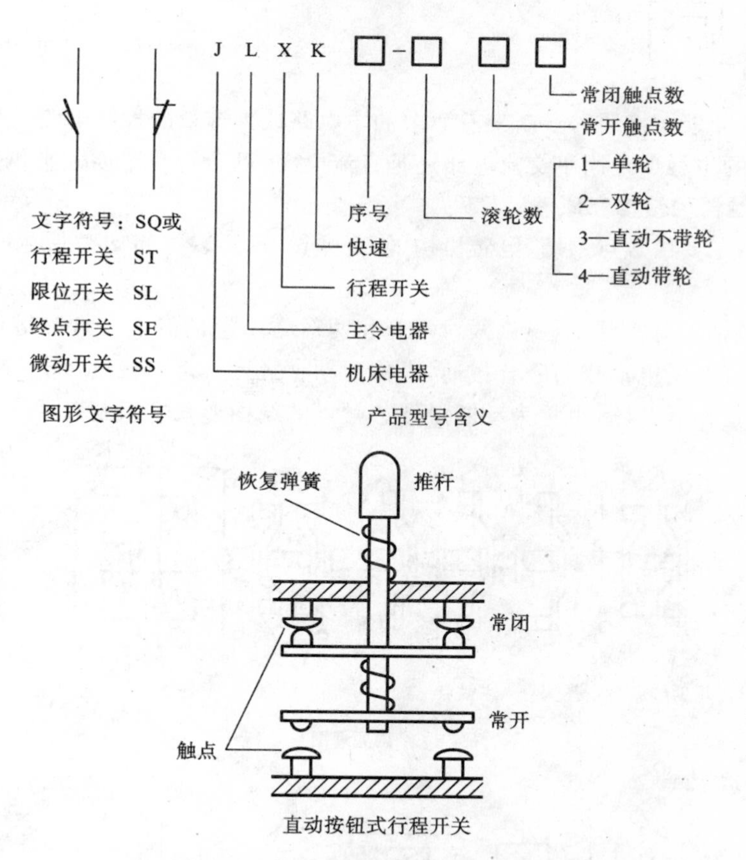

图 10-5　位置开关的符号和产品型号

2. 熔断器

熔断器俗称保险，是一种十分常见的保护电器。使用时串接在被保护电路中，当通过电流大于熔断器规定值时，以其自身产生的热量使熔体（保险丝）熔化而自动分断电路。熔断器主

要由熔断体和底座组成。熔断体包括熔体、熔管和连接端子等几个部分。在螺旋式熔断器的熔管内，除了装有熔丝外，在熔丝周围还填有熄灭电弧用的石英砂。在熔断管一端有一小红点，熔丝熔断后红点会自动脱落，显示熔丝已经熔断。安装时，电源进线应当接到瓷底座上的下接线端，设备连接线接到连接金属螺纹壳的上接线端。这样，在更换熔丝时旋出瓷帽后螺纹壳上不会带电，以保证安全。熔断器的图形符号很简单，以一直线从窄边正中穿过一长方形表示。文字符号为 FU。熔断器的符号与产品型号及含义如图 10-6 所示。

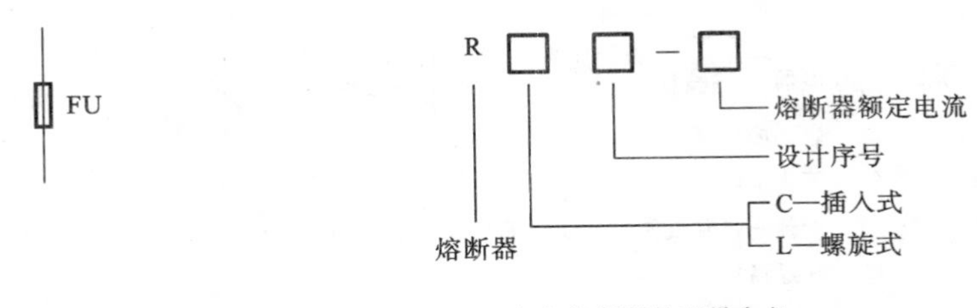

（a）熔断器的图形与文字符号　　（b）熔断器的型号含义

图 10-6　熔断器的符号与产品型号及含义

3. 接触器

接触器用来频繁地接通和分断带有负载的主电路或大容量的控制电路。接触器多为电磁式，根据接触器的主触点是用于交流电路还是直流电路，可分为交流接触器和直流接触器。

1）交流接触器的结构和原理

交流接触器主要由触点系统、电磁机构、恢复弹簧、灭弧装置和支架底座等组成，如图10-7(a)所示。

触点系统包括三对常开主触点、两对常开和两对常闭辅助触点。常开触点在电磁系统受电动作前是开路的，受电动作后吸合接通，也称为动合触点。常闭触点在电磁系统受电动作前是接通的，受电动作后开路，也称为动断触点。触点的结构形式有双断点桥式和单断点指式两

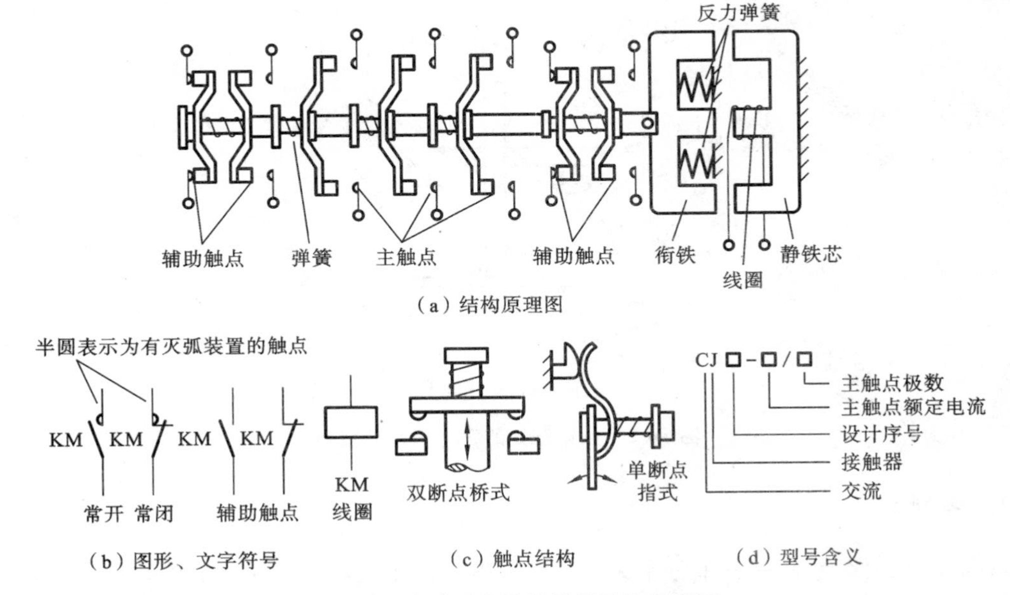

（a）结构原理图

（b）图形、文字符号　　（c）触点结构　　（d）型号含义

图 10-7　电磁式交流接触器结构原理图

种，如图 10-7(c)所示。主触点用于通断高压大电流电路，常用做主电源的通断、电动机电源的通断等，电流通过容量由接触器型号决定。辅助触点只能通过 5 A 以下的较小电流，常用于组成控制逻辑，在控制电路中使用。

电磁机构由电磁线圈、静铁芯和衔铁等组成。为了减少涡流的影响，铁芯多采用成型的硅钢片叠成。当线圈通电时，流过电磁线圈的电流产生磁通，磁通经过静铁芯、气隙和衔铁形成闭合磁路，衔铁受到电磁吸力作用克服弹簧反力被吸向静铁芯，使气隙减小到最低程度。衔铁的运动带动了触点动作。

交流电磁铁都装有消除磁铁振动的分磁环(短路环)。因电磁线圈中流过的交变电流每次过零，会使衔铁因失去吸力被弹簧弹回，电流过零后又被吸合而形成振动。在铁芯上装上分磁环后，电磁线圈电流产生的磁通 Φ_1 会在分磁环中感生电流产生出磁通 Φ_2，在相位 Φ_2 上滞后于 Φ_1，也就是说 Φ_1 和 Φ_2 不同时过零，使对衔铁的吸力没有过零时刻，从而消除了衔铁的振动。

根据电磁理论，交流接触器的线圈中的电流和吸力可用下式表示。

$$I=\frac{U\delta}{390W^2S}\times10^8,\quad F=\frac{0.5\Phi^2}{\mu_0 S}\approx6.4(IW)^2\ \frac{S}{\delta^2}\times10^8$$

式中：U 为交流电压；W 为线圈匝数；S 为铁芯面积；δ 为气隙；μ_0 为空气导磁系数。

可以看出，交流接触器线圈电流与气隙成正比。通电瞬间气隙最大，瞬时电流可达吸合后正常工作电流的十几倍。如果衔铁因某种原因不能吸上，线圈就会烧坏。使用中必须注意线圈的额定电压要符合控制电路电压。这一特点也使交流接触器的线圈不允许串联使用。因为线圈对交流的阻抗在接触器吸合前后变化很大，如果线圈串联连接，通电时有一个线圈抢先吸合就会使电压几乎全部降落在它上面，使该接触器线圈过压，同时也使另一串联的接触器线圈电压不足不能吸合。交流接触器的吸力却几乎不随气隙变化而改变，吸合前后吸力基本保持为一个常数，这一特点使交流接触器的触点间隙可以做得较大。

在接触器分断电动机等感性负载时会在触点间产生电弧。为减少电弧对触点的灼烧破坏，交流接触器一般采用灭弧栅和双断点桥式触点方式来熄灭电弧。

图 10-8 所示的是灭弧栅灭弧的原理示意图。灭弧栅由导磁材料组成栅栏状，当发生电弧时，其周围产生磁场，导磁材料的导磁性能比空气好得多，因此电弧上部磁通非常稀疏而电弧下部却十分稠密，从而产生一个向上的力将电弧拉向灭弧栅中。电弧进入灭弧栅后，一方面被冷却，同时被分割成若干段短弧，这样每段电弧的电压将小于维持电弧存在的最小电压，使电弧熄灭。

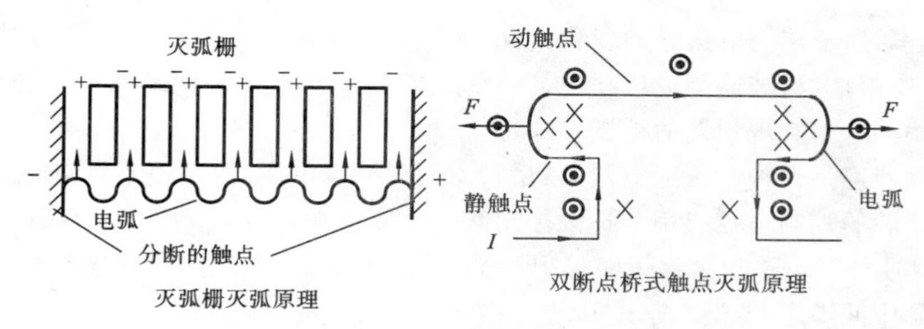

图 10-8　交流接触器的灭弧

当触点采用桥式双断点结构时，由静触点和动触点围成半环闭合回路，电流流过时产生的磁场，磁力线内密外稀疏，对电弧产生向外侧吹弧的电磁力 F，可将电弧吹向两外侧形成磁吹灭弧。

交流接触器使用选择时，主触点电流可按经验公式计算，即

$$I \geqslant P_N \times 10^3 / kU_N$$

式中：$k=1\sim1.4$ 为经验系数；P_N 为被控电动机功率；U_N 为电动机额定线电压。

2）直流接触器

直流接触器与交流接触器一样，也是由电磁机构、触点系统和灭弧装置组成的，不同的是，直流接触器多采用拍合式电磁铁，由于线圈中流过直流电流，铁芯不会产生涡流，铁芯用整块软钢制成。线圈阻抗与气隙无关，电阻值比较大，线圈发热比交流严重，常将线圈制成薄长圆筒状以加强散热。直流接触器线圈电流由线圈直流电阻决定，与气隙无关，不像交流接触器那样在吸合过程中出现很大的电流冲击，所以它的允许动作频率比交流接触器的高。电流与气隙无关，而它产生的电磁吸力与气隙成平方反比关系，气隙越大吸力越小，这样它一般采用气隙较小的拍合式触点结构。

灭弧装置是直流接触器的重要部分，因为直流电路分断时，一旦形成电弧，直流电不像交流电那样有周期过零时刻，电弧燃烧稳定，比交流电弧要强烈得多。直流接触器多采用磁吹式灭弧装置。磁吹线圈和触点串联，当电流流过触点和磁吹线圈时，在铁芯上伸出的两片铁夹板（增磁夹）之间产生磁场，方向如图 10-9 所示。触点分断电弧燃烧时，电弧电流产生的磁场使电弧上方的磁通减少、下方磁通增强，从而形成一个向上的电磁力使电弧被“吹”向上方，迅速拉长进入灭弧罩，它在空气中运动得到冷却、与灭弧罩接触被吸收一部分热量，同时不断被拉长的电弧也使电弧电压难以维持继续电弧的燃烧，使电弧最终熄灭。这种磁吹灭弧装置，电流越大，灭弧能力越强，但磁吹线圈不能接反，否则电弧会被吹向下方，这是不允许的。

4. 继电器

继电器是根据一定的信号，如电压、电流、时间、速度和压力等，来接通或分断小电流电路的控制电器。

1）电磁式电流、电压和中间继电器

电磁式继电器的原理、结构均与接触器的类似，它们的区别在于继电器触点容量很小，所能通过的电流数量级与接触器的辅助触点相当，一般不需要灭弧装置，但动作准确性较高。根据不同的控制要求，电磁式继电器有电压继电器、中间继电器、时间继电器和电流继电器等几种类型。

电压继电器用于监测电压量的变化，它的线圈并接于被测电压两端。作为过电压或欠电压继电器，其作用是，当被监测电压超过某一整定数值或低于某一整定数值时动作，利用它的触点去控制相关电路实现预期的控制。

中间继电器也是一种电压继电器，只是它不用于监测电压，而是用于集中多路触点控制信号去发出一共同的控制命令或用于扩大控制触点数量。中间继电器的触点数比较多，一般有 8 对。根据型号可有 4 常开 4 常闭、6 常开 2 常闭或 8 常开三种形式。当接触器辅助触点数不够用时常采用中间继电器来扩充。

电流继电器用于监测主电路电流的变化，常在各种电流保护控制中使用，它的线圈串接于主电路中。电流继电器有欠电流和过电流两种类型。

欠电流继电器在线圈流过额定电流时正常吸合，当流过电流小于整定值时释放。例如，在

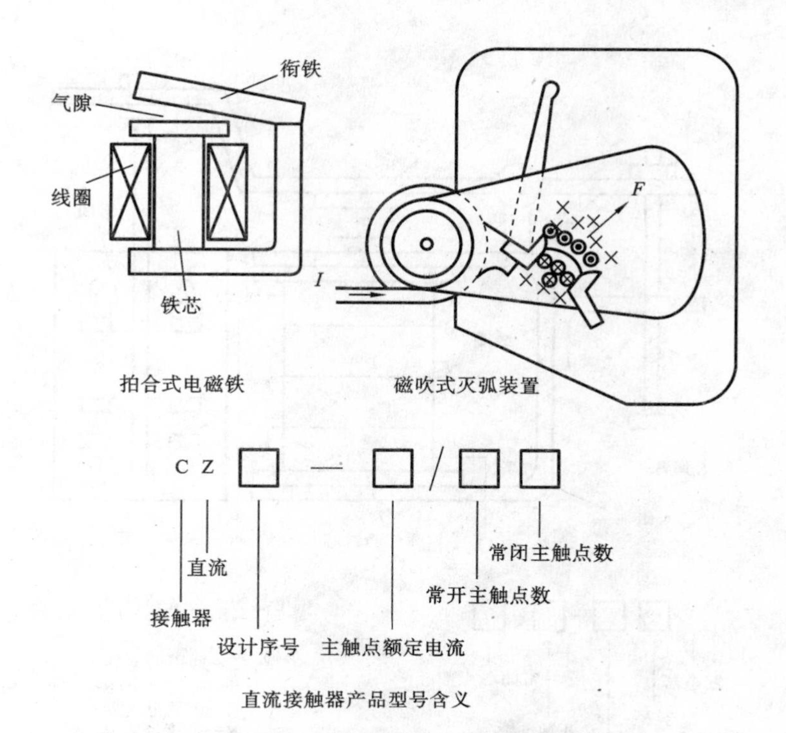

图 10-9　直流接触器的线圈、触点与灭弧装置

直流电动机励磁回路中常串入一个欠励磁保护的欠电流继电器，当电动机运行中一旦励磁电流降低到整定值以下，继电器立即释放，受其触点控制的主接触器会立即断开电源，防止直流电动机因失磁而“飞车”。

过电流继电器是在线圈流过正常电流时继电器不吸合，只有在流过电流超过某一整定值时继电器才会动作，动作电流可在额定电流的110%～350%范围内整定。在绕线式交流电动机的主电路中常串接过电流继电器进行过流保护。JT4 系列的电流继电器结构如图 10-10 所示。

这种继电器的磁路由 U 形铁芯和板状衔铁构成。在圆柱静铁芯上绕有吸力线圈，当线圈内流过电流产生的电磁吸力大于弹簧反力时，衔铁就绕支点转动与铁芯吸合，带动触点动作。当电流减小到一定值或消失时，衔铁在反力弹簧作用下回到初始位置，触点也恢复原状。调节反力弹簧的松紧，可整定继电器的动作电流值。

为了避免当实际值在动作值附近时产生继电器反复动作的振动，继电器的吸合与释放动作值被设计得不相同，如图 10-11 所示。继电器衔铁开始吸合时线圈中的电流（电压）称为吸上电流（电压），开始释放时的电流（电压）称为释放电流（电压）。释放电流（电压）与吸上电流（电压）之比称为继电器的返回系数。通常继电器的返回系数值在 0.1～0.5 之间。

2）热继电器

热继电器是利用电流热效应原理来工作的电器。它主要用于保护电动机免于长期过载和作为三相异步电动机的断相保护。图 10-12 所示的为热继电器的原理图。

其中，双金属片是它的主要组成部分。双金属片是由两种不同膨胀系数的金属用机械压制而成，上面缠绕用电阻丝做成的发热元件。应用时将热元件串入被保护电路，当发热元件中的电流大到一定值并持续一定时间时，发热元件发出的热量使双金属片(3)向左弯曲，带动连

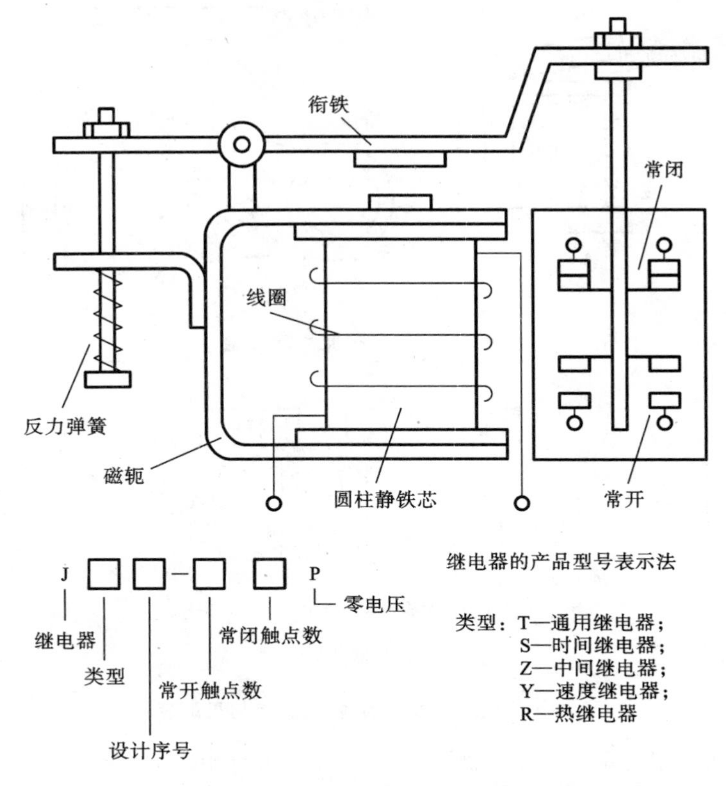

图 10-10 JT4 系列电流继电器结构示意图

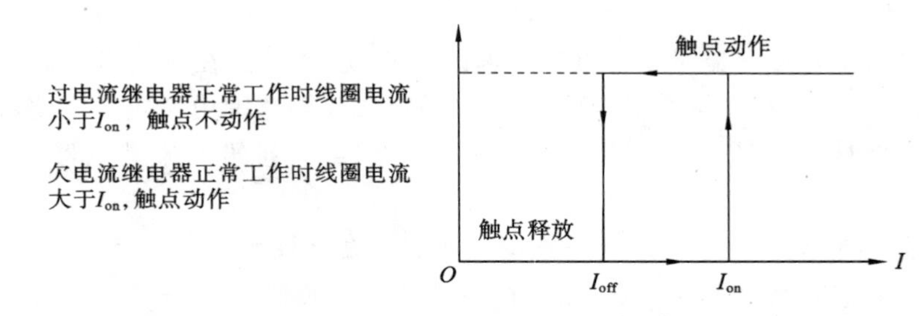

图 10-11 电流继电器的继电特性

动片(5)左移，同时温度补偿片(6)在连动片的作用下，以 A 点为中心顺时针转动，弯曲部分离开凸盘(7)，使凸盘得以在弹簧(2)的作用下顺时针转动，带动常闭触点(8)打开、常开触点(9)闭合。当发热元件中的电流减小到额定电流以下、双金属片渐渐冷却恢复原位时，虽然温度补偿片(6)在弹簧(1)作用下希望向左移动恢复原始状态，但由于凸盘凸起部分的阻挡无法恢复，故触点不能恢复原状，即故障消除后，热继电器的触点不能自动复位，要复位必须按下再扣装置(10)，使凸盘逆时针转动，凸起部分抬起，温度补偿片在弹簧的作用下复位，触点才能恢复原状。

电流调节盘(11)用以调节热继电器的动作电流。当调节盘逆时针转动上移时，支架(12)在弹簧(2)的作用下以 B 为支点左移，温度补偿片与连动片的距离加大，双金属片必须以更大的弯曲量才能推动温度补偿片使触点动作，即需要热元件中流过更大的电流或过流持续时间更长才能使触点动作。顺时针调节则效果相反。

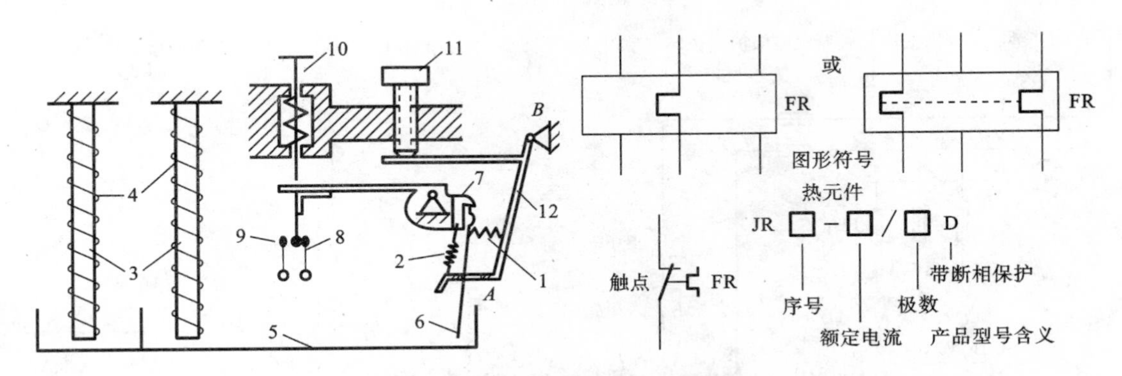

图 10-12 热继电器结构示意图

1,2—弹簧;3—双金属片;4—发热元件;5—连动片;6—温度补偿片;7—凸盘;8—常闭触点;9—常开触点;10—再扣装置;11—电流调节盘;12—支架

温度补偿片的另一作用是进行温度补偿。在环境温度升高时双金属片也会向左弯曲,如果不加补偿,会使热继电器的动作电流小于设定值。温度补偿片具有和双金属片相同的热弯曲系数,环境温度变化时,它也会与双金属片一样发生同等程度的弯曲,保证它们的相对位置不变,使动作电流维持原来设定的数值。

由于热继电器要经过热元件加热使双金属片弯曲到一定程度才能使触点动作,这一过程需要一定的时间,所以它只能用于长期过载保护而不宜作短路保护。

常用电器还要许多种类,一些在电动机控制中常用的其他电器将结合具体控制电路详细介绍。

二、笼型异步电动机的运行控制

通过前面的学习已经知道,只要将三相电源送入笼型异步电动机的定子绕组,它就可以转动起来。在实际生产设备中,有许多笼型电动机就是直接加上额定电压启动的,这种启动方法称为直接启动或全压启动。由于笼型异步电动机的启动电流一般是其额定电流的 4~8 倍,如果电动机容量较大,巨大的启动电流会引起电网电压的显著降低,影响其他电气设备的正常运行,而且如果电动机频繁启动会使其严重发热,加速绝缘老化缩短电动机寿命,所以规定凡三相笼型异步电动机的容量为电网变压器容量的 20%以下,而且又是空载启动,才允许加额定电压直接启动。否则就要采取适当措施来限制电动机的启动电流。通常,电动机能否直接启动还可用经验公式来判别,若满足下式,便可全压启动。

$$\frac{I_s}{I_N} \leqslant \frac{3}{4} + \frac{P_s}{4P_N} \tag{10-1}$$

式中:I_s 为电动机启动电流,A;I_N 为电动机额定电流,A;P_s 为电源容量,kV·A;P_N 为电动机额定功率,kW。

1. 三相笼型异步电动机的单方向全电压点动和启动

图 10-13 所示的为采用按钮操作、接触器控制电动机单方向直接启动、停止和点动的电气原理图。电气原理图有三种绘制方法,即坐标法、电路编号法和表格法。本章采用机床行业使

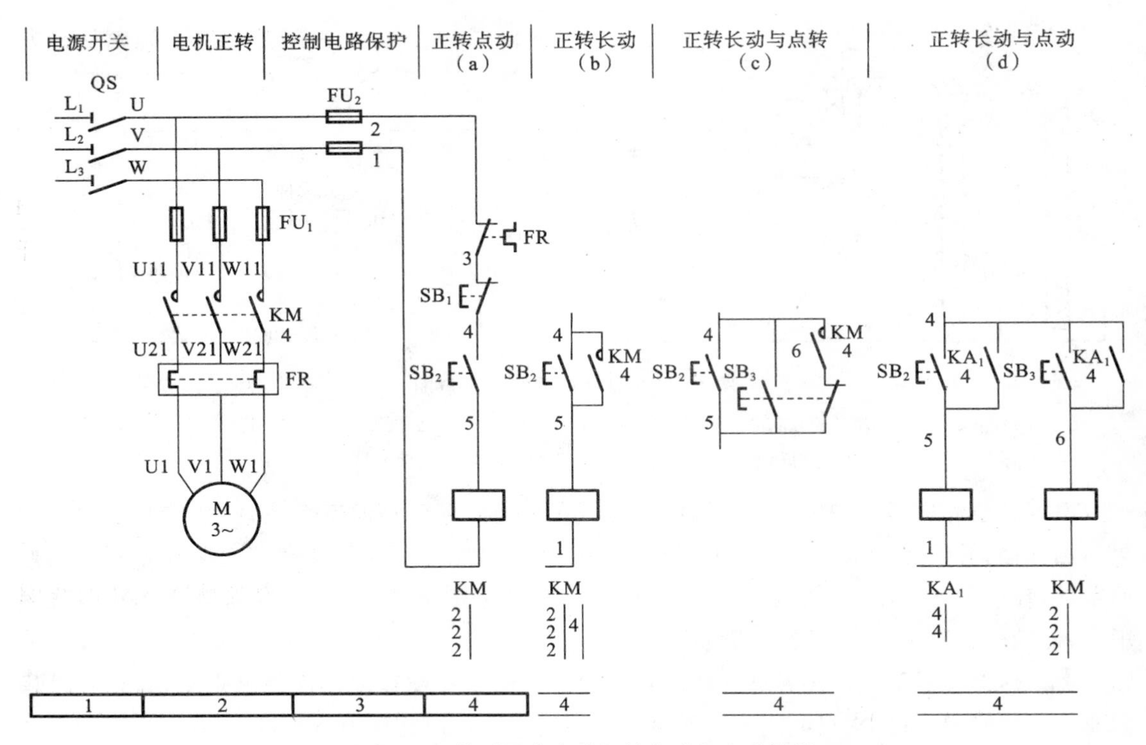

图 10-13 笼型异步电动机的点动和启动控制

用最普遍的电路编号法。详细制图规则将在本章第 3 节中介绍。

1）点动控制

当采用电动机拖动生产机械工作时，常常需要试车或调整生产机械的位置或者姿态，此时就需要所谓"点动"动作，即按下按钮电动机转动，松开按钮电动机停止。图 10-13(a)所示的就是实现点动控制的线路。

这个电气线路用接触器 KM 作为主要控制电器。接触器是一个电磁开关，通常有三个常开主触点，能通过较大的电流，用于通断送往电动机的三相电源，还有若干辅助的常开、常闭触点，它们仅能通过较小的电流，用来构造控制线路。当接触器线圈通电时，它的所有触点全部改变状态，即常开触点连通、常闭触点分断；线圈断电则恢复常开分断、常闭接通的原始状态。一般常将通电动作称为吸合，断电动作称为释放。

线路工作时，先合上电源开关 QS，按下点动按钮 SB_2，接触器 KM 线圈通电，它在主电路中的三个主常开触点闭合，电动机就直接转动起来。放开按钮 SB_2，接触器 KM 线圈就断电释放，使主常开触点分断，电动机脱离电源而停止。

主控制线路中包含有两种笼型异步电动机控制最典型的保护环节，即采用熔断器 FU_1 作短路保护和热继电器 FR 作长期过载保护。熔断器 FU_2 用做控制电路的短路保护。

之所以采用两种保护，是因为笼型异步电动机启动与正常运行时电枢电流的巨大差异。如前所述，它的启动电流是额定电流的 4～8 倍，如果只采用一种保护，那么保护电器的动作电流将无法设定。若按启动电流设定，则在运行中发生过载，在电枢电流高于额定值 4 倍以下时保护均不会动作，这就可能造成电动机长期过载发热损坏。若按额定工作电流设定，则电动机不可能启动起来。所以线路中采用熔断器作短路保护，它按大于启动电流设定，仅在发生线路短路，通过电流大于电动机正常启动电流时才实施保护，烧断熔丝断开电源；同时采用热继电器作长期过载保护，它按略大于额定工作电流设定，由于它的热惯性，电动机短时启动电流的冲击不足以使其有足够的时间动作，启动过程结束，电枢电流迅速降到额定电流以下，保护也不会动作。只有真正发生过载，电动机电枢电流长时间处于额定电流以上，热继电器的热元件才会在大电流的长期热效应作用下动作，利用串联在KM线圈控制回路的热继电器常闭触点FR，断开接触器KM的线圈电源，使它释放，进而断开电动机电源，达到保护电动机的目的。

2）全压启动(长动)控制

多数生产机械要求电动机有连续运转功能，即按动按钮启动电动机后，操作者可以松开按钮去做其他工作，电动机应能继续运转。在需要停车时，再通过操作停止按钮使电动机停下来。实现这种控制的线路如图10-13(b)所示。

与点动控制比较，它们的区别仅仅是在按钮SB_2的两端多并联了一个接触器的辅助常开触点。电动机启动时，QS合上后按动启动按钮SB_2，接触器KM线圈得电吸合，这时除了它的主触点闭合使电动机得电启动外，新增加的辅助常开触点也同时闭合，为接触器KM的线圈提供了又一条供电通道。这样，如果这时操作者松开SB_2，KM的线圈可以通过接触器自己的辅助常开触点得到电源使KM继续保持吸合，从而使电动机连续运转起来。要想停车，操作者必须按动停车按钮SB_1，强行断开KM线圈的电源，使接触器释放，主、辅常开触点恢复断开状态，电动机才会停止运转。

在继电接触器控制系统中，把这种利用电器自身触点为自己的线圈提供动作电源通路的环节称为“自锁”环节。

自锁除了能够实现长动之外，还兼有欠压和失压保护的作用。由笼型异步电动机的运行原理可知，欠电压运行对电动机是十分不利的。有了自锁环节，当电网电压严重低落时，接触器会因电磁吸力不足而释放，使电动机自动断电停车。这时启动按钮早已松开，所以即使电网电压恢复正常，接触器也不会自动重新吸合。这种欠压保护属于不可自行恢复的一类保护。失压保护是指对正在运行中的电动机一旦发生停电停转之后再次来电时防止在无人操作状态下自行启动造成事故的一种保护。显然，依靠自锁环节实现电动机连续运转的系统，一旦停电自锁会自动解除，再次来电电动机绝不可能自行启动。

3）点动加长动控制

即能实现点动又可实现长动的控制线路如图10-13(c)所示。通过前面的分析可知，点动与长动控制的区别在于，点动不要自锁，而长动必须有自锁。这一特点是设计能兼顾实现两种控制的线路之依据。即在长动控制的基础上，增加的点动控制在执行点动操作时要设法使自锁失去作用。图中点动控制利用点动按钮SB_3的常闭触点实现在执行点动操作时切断自锁通路的功能，而在长动操作时它不会对自锁产生任何影响。

这种控制线路要求按钮触点状态的改变时间要长于接触器断电后触点的释放时间。即在执行点动操作时，按下SB_3，它的常开闭合连通(4,5)，使KM线圈得电接触器吸合，同时常闭断开分断(5,6)，切断KM的自锁，点动完毕松开SB_3，它的常开恢复分断状态使KM线圈断电释放，同时它的常闭恢复接通。由于接触器从断电到完全释放有一个百毫秒级的释放时间过程，如果在SB_3常闭恢复接通时KM还没有来得及完全释放，则由于自锁环节的恢复使接触器 KM 又重新获得供电通路，从而将导致 KM 线圈重新得电再次吸合，形成长动而使点动控制失败。

为了避免这种情况的发生，可以采用图 10-13（d）所示的线路。线路中增加了一个继电器 KA_1 来分离点动和长动控制。点动控制时，按动点动按钮 SB_3 使接触器 KM 得电吸合，电动机转动。由于与 SB_3 并联的触点不是 KM 的常开触点，不可能形成自锁，所以只要松开 SB_3，接触器 KM 就会断电释放，使电动机停车，从而消除了产生长动误动作的危险。当要求长动时，可按动启动按钮 SB_2，首先接通继电器 KA_1，KA_1 吸合后，一方面通过与 SB_2 并联的常开触点自锁，同时通过与 SB_3 并联的常开触点连通（4，6），使 KM 得电吸合。KA_1 的自锁，使与 SB_3 并联的常开触点 KA1 可保持闭合状态向 KM 线圈提供电源，KM 就可以一直保持吸合，使电动机连续运转。

为使对控制线路工作原理的分析更加简明扼要，可采用符号、箭头配以少量文字说明的方法。例如，对图 10-13（d）的工作原理，可按以下方法加以说明。

启动：

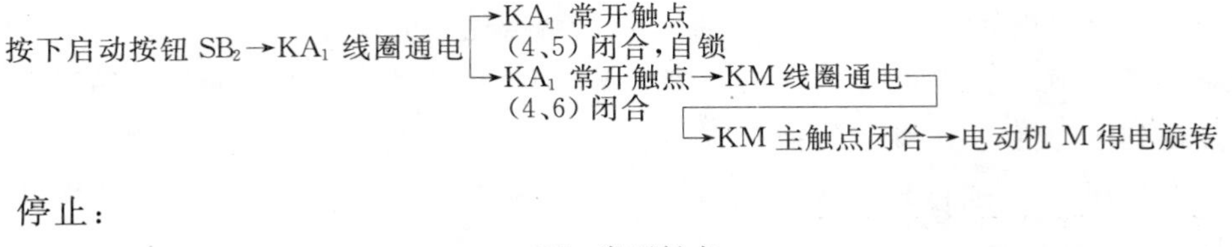

停止：

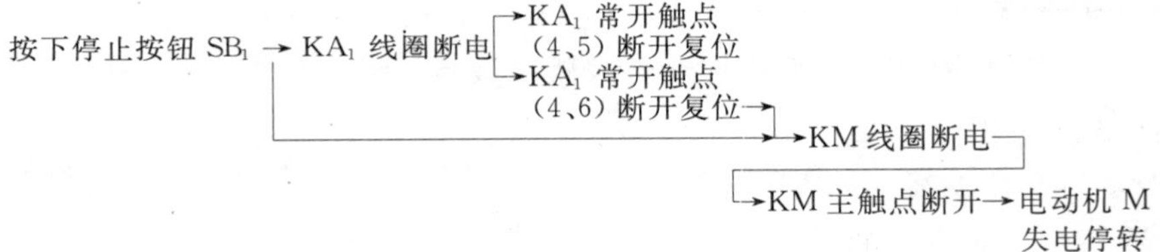

点动：

按下点动按钮 SB_3→KM 线圈通电→KM 主触点闭合→电动机 M 得电转动

松开点动按钮 SB_3→KM 线圈断电→KM 主触点断开→电动机 M 失电停转

2. 异步电动机的可逆运行控制

某些生产机械往往要求运动部件可以实现正、反两个方向的运动。例如，铣床工作台的前进与后退、吊车的提升与下放等，这就要求电动机能正反转。由电机原理可知，异步机的反转可以通过改变输入到电动机定子绕组的电源相序，即对调三相电源进线中的任意两相实现。在继电-接触器控制系统中，对调电源相序的工作由两个接触器的主触点完成。其控制线路如图 10-14 所示。图中 KM_1、KM_2 分别是正、反转接触器，SB_2、SB_3 分别是正、反转启动按钮。

该电路为了防止正转接触器 KM_1 和反转接触器 KM_2 同时通电吸合，造成电源进线直接经过两接触器触点短路，在正转与反转控制回路中分别串入了 KM_2 和 KM_1 的常闭触点。这样，当某一个接触器通电吸合时，它的常闭触点将断开另一个接触器的电源通路，保证使另一个接触器不可能通电吸合。由于这两个常闭触点互相牵制对方的动作，故称为互锁触点或联锁触点。互锁是电动机可逆控制线路必须采用的一种保护措施。图中还采用了启动按钮的机

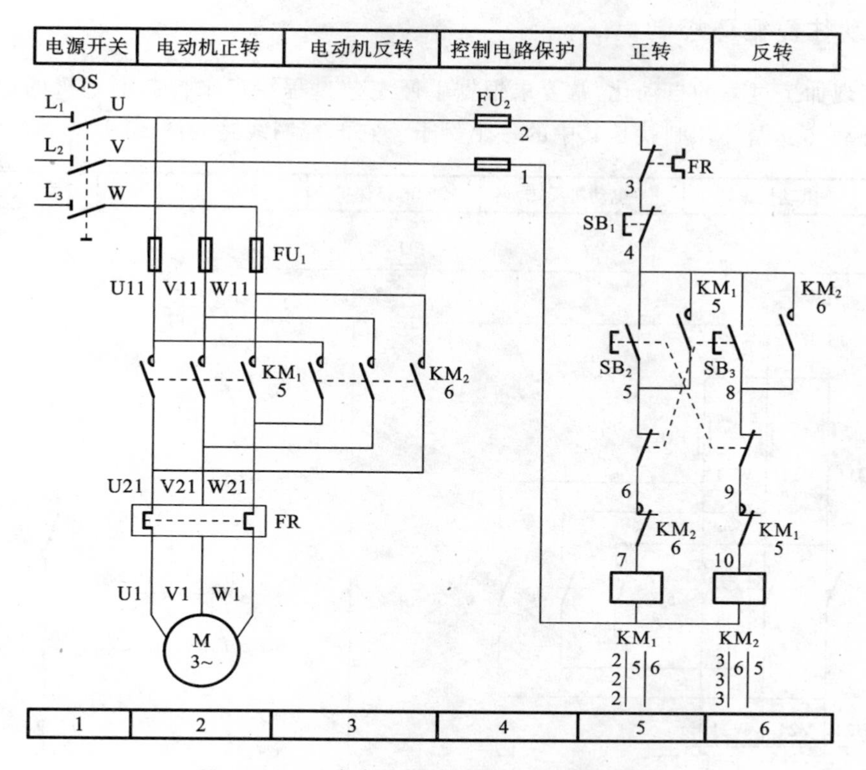

图 10-14 异步电动机的正反转可逆控制线路

械互锁，它除了能够进一步增强保护的可靠性外，还可直接通过操作启动按钮实现正反转换向。

合上电源开关 QS 后，该线路的工作情况分析如下。

正转控制：

按下 SB_2 → KM_1 线圈通电
- → KM_1(4,5) 闭合，自锁
- → KM_1 主触点闭合，电动机正转
- → KM_1(9,10) 断开，对 KM_2 互锁

正转运行中直接反转：

按下 SB_3
- → 常闭触点(5,6)断开，KM_1 线圈断电 →
  - → KM_1(4,5) 断开，自锁解除
  - → KM_1 主触点断开，切断电动机正转电源
  - → KM_1(9,10) 闭合，对 KM_2 互锁解除 —
- → 常开触点(4,8)闭合 → } KM_2 线圈通电
  - → KM_2(4,8) 闭合，自锁
  - → KM_2 主触点闭合，电动机反转
  - → KM_2(6,7) 断开，对 KM_1 互锁

要停止运行时，只要按下停止按钮 SB_1，即可切断接触器线圈电源使其释放，进而断开电动机电源实现停车。

3. 自动往复循环控制

为了实现加工过程的自动化，常要求根据生产工艺过程特点来控制电动机的运动。机床工作台的自动往复循环控制就是其中的一个例子。它的控制线路如图 10-15 所示。

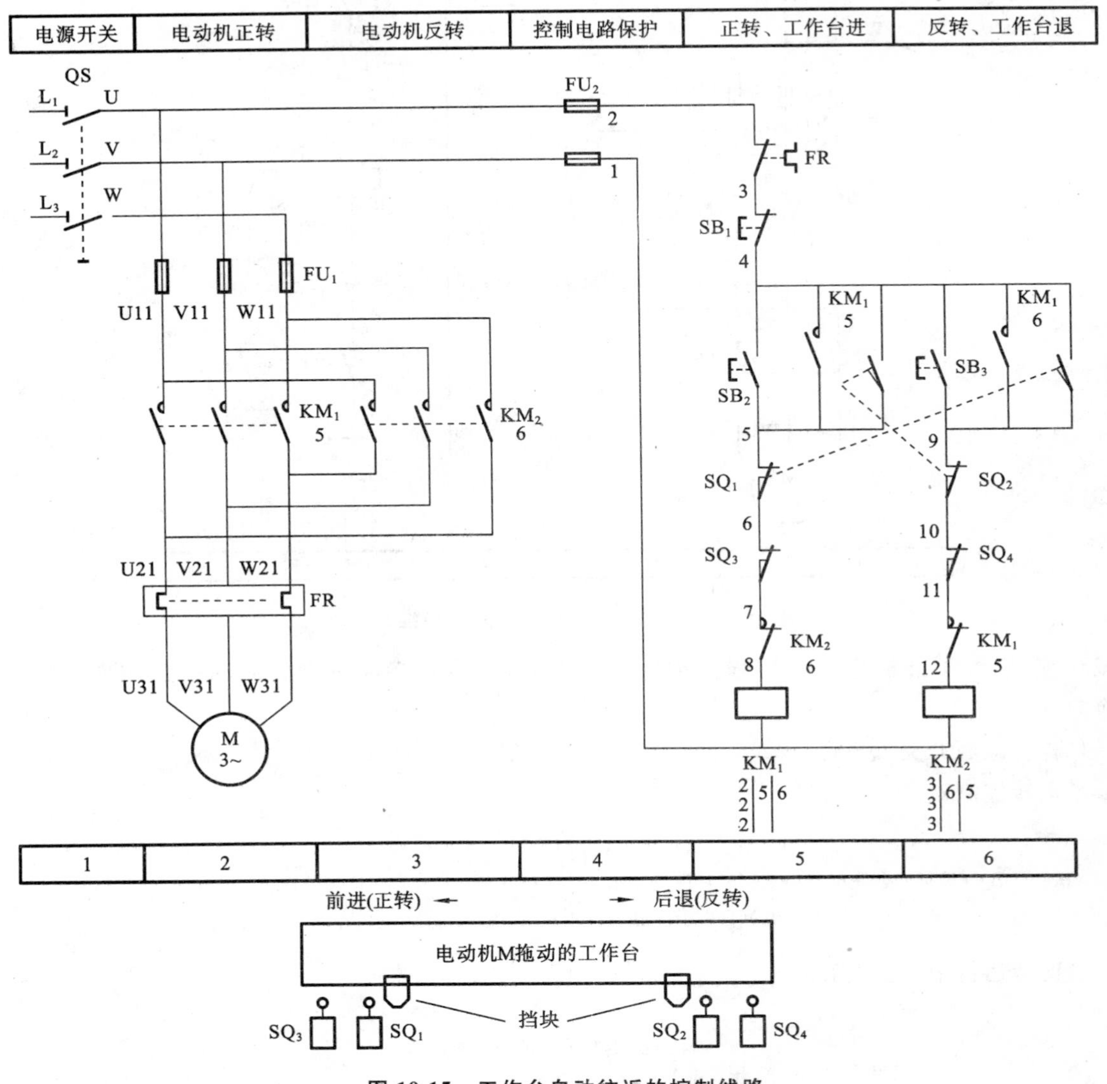

图 10-15 工作台自动往返的控制线路

自动往复控制的工作原理与可逆控制中按钮直接反转控制的原理相似，只不过它是采用两个位置开关（行程开关）SQ_1、SQ_2 来仿效按钮，再用安装在工作台上的挡块碰撞压动位置开关仿效操作者按按钮的动作，使电动机自动换向运行。

图 10-15 中 SB_1 为停车按钮，另外还有两个位置开关 SQ_3 和 SQ_4 是为了防止在 SQ_1 或 SQ_2 失灵时，避免工作台发生飞台事故而设置的。通常把这种保护措施称为行程极限或限位保护。这也是所有只能在有限范围内作机械运动的生产机械电气控制线路广泛采用的一种保护。

自动往复控制的工作情况分析如下：

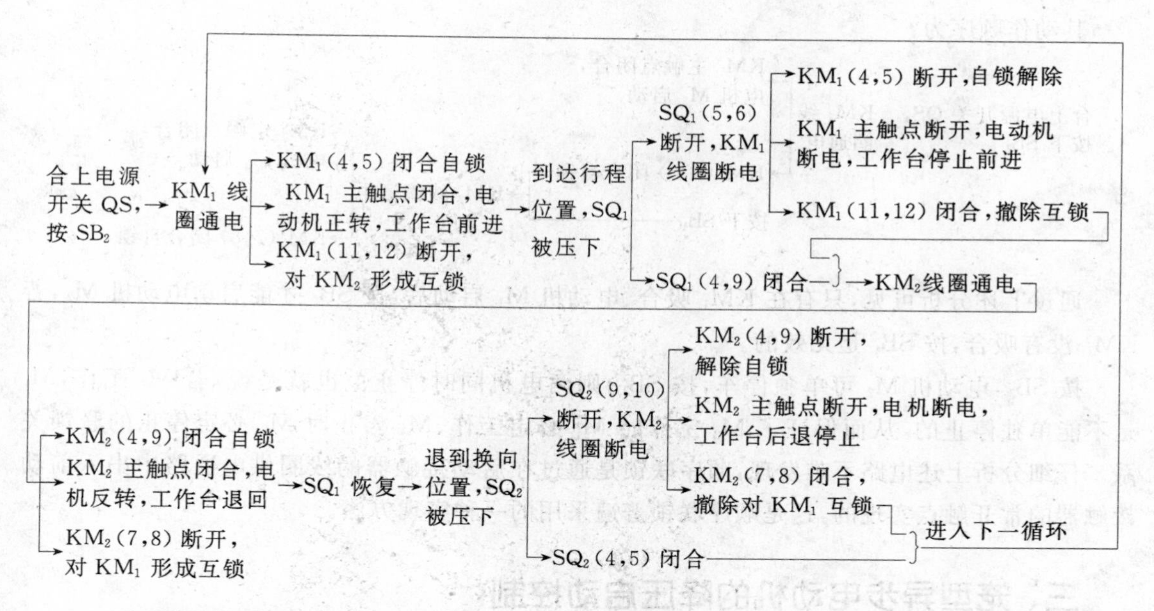

4. 顺序联锁控制

具有多台电动机拖动的生产机械，为了保证设备的安全和工艺过程的正确性，各电动机的启动、停止控制必须依照一定的顺序。例如，对有润滑要求的生产机械，常要求润滑泵电动机先于主电动机启动。能实现这种控制的方法称为顺序联锁。图 10-16 所示的电路就是一个实现两台电动机顺序联锁控制的例子。控制要求电动机 M2 必须在 M1 启动之后才能启动。

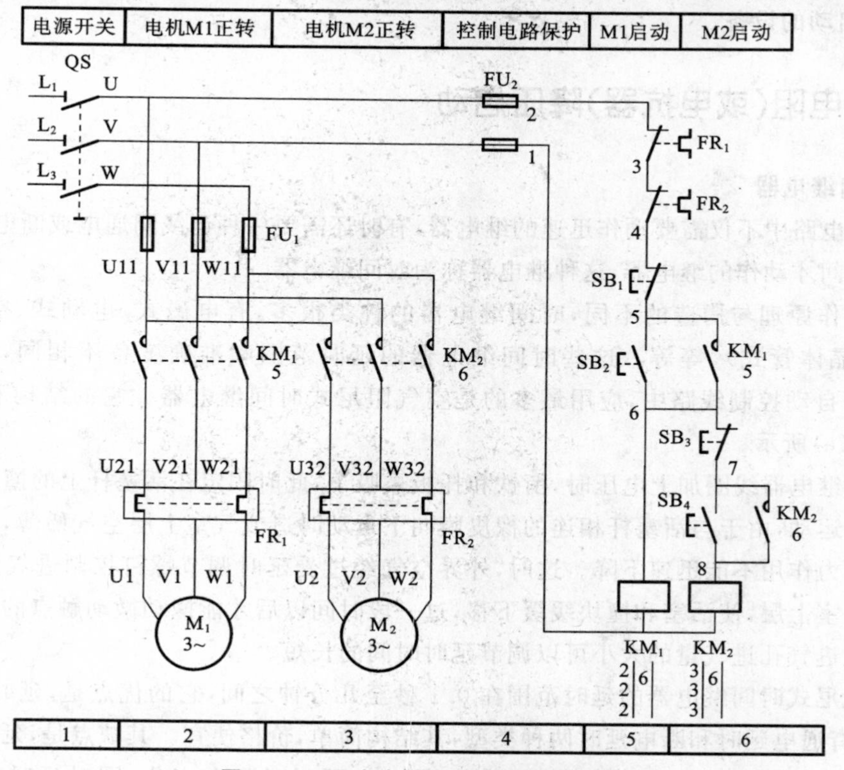

图 10-16　两台电动机的顺序联锁控制

其动作顺序为：

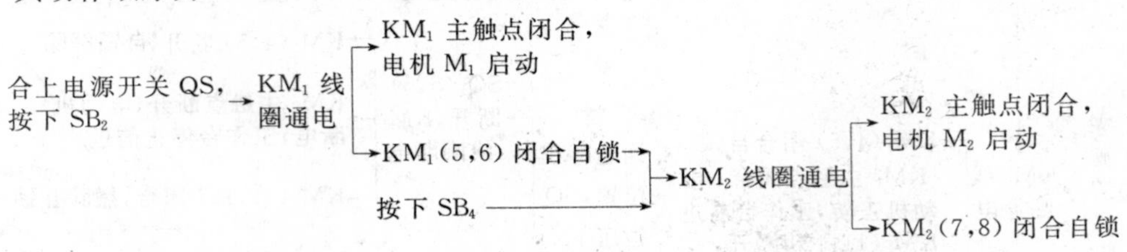

通过上述分析可见，只有在 KM_1 吸合、电动机 M_1 启动后，按 SB_4 才能启动电动机 M_2，若 KM_1 没有吸合，按 SB_4 是无效的。

按 SB_3，电动机 M_2 可单独停车，按 SB_1，则两电机同时停止。也就是说，若 M_2 工作，M_1 是不能单独停止的，从而保证了 M_2 工作时 M_1 必定工作、M_1 停止时 M_2 必定停止的联锁关系。仔细分析上述电路不难发现，顺序联锁是通过在后动接触器的线圈供电通路中串入前动接触器的常开触点实现的，这是顺序联锁普遍采用的一种实现方法。

三、笼型异步电动机的降压启动控制

当电动机容量与电源容量不符合式(10-1)时，电动机应采用降压启动。降压启动是指在启动时先通过某种方法，降低加在电动机定子绕组上的电压，待电动机启动后，再将电压恢复到额定值。电动机的电流与电压成正比，降压启动可以减小启动电流。但电动机的转矩与电压平方成正比，所以启动转矩也会大为降低，因而降压启动只适用于对启动转矩要求不高或空载、轻载下启动的设备。

1. 串电阻(或电抗器)降压启动

1）时间继电器

在控制电路中不仅需要动作迅速的继电器，有时还需要一种当线圈通电或断电以后，触点经过一段时间才动作的继电器，这种继电器称为时间继电器。

按照动作原理与构造的不同，时间继电器的种类很多，有电磁式、电动式、空气阻尼式和电子式(晶体管式)，等等。这些时间继电器的延时范围和准确度各不相同，差别很大。在电力拖动自动控制线路中，应用最多的是空气阻尼式时间继电器。它的结构和动作原理如图 10-17(a)所示。

当时间继电器线圈加上电压时，衔铁和托板被吸下，此时固定在活塞杆上的撞块在弹簧作用下要向下运动，由于与活塞杆相连的橡皮膜向下运动时造成气室上层空气稀薄，活塞受气室下层空气压力作用不能迅速下降。这时，外界空气经过受延时调节螺钉控制进气量的进气孔逐渐进入气室上层，使活塞和撞块缓缓下移，过一段时间以后才能撞动微动触点的推杆使触点动作。改变进气孔进气量的大小可以调节延时时间的长短。

空气阻尼式时间继电器的延时范围在 0.1 秒至几分钟之间，它的优点是，延时调节平滑，通用性强，有通电延时和断电延时两种类型，其结构简单，价格便宜。其缺点是，延时误差较大(可能达到±10%以上)，在环境温度、湿度变化时，延时时间会变化，同时延时时间也不能

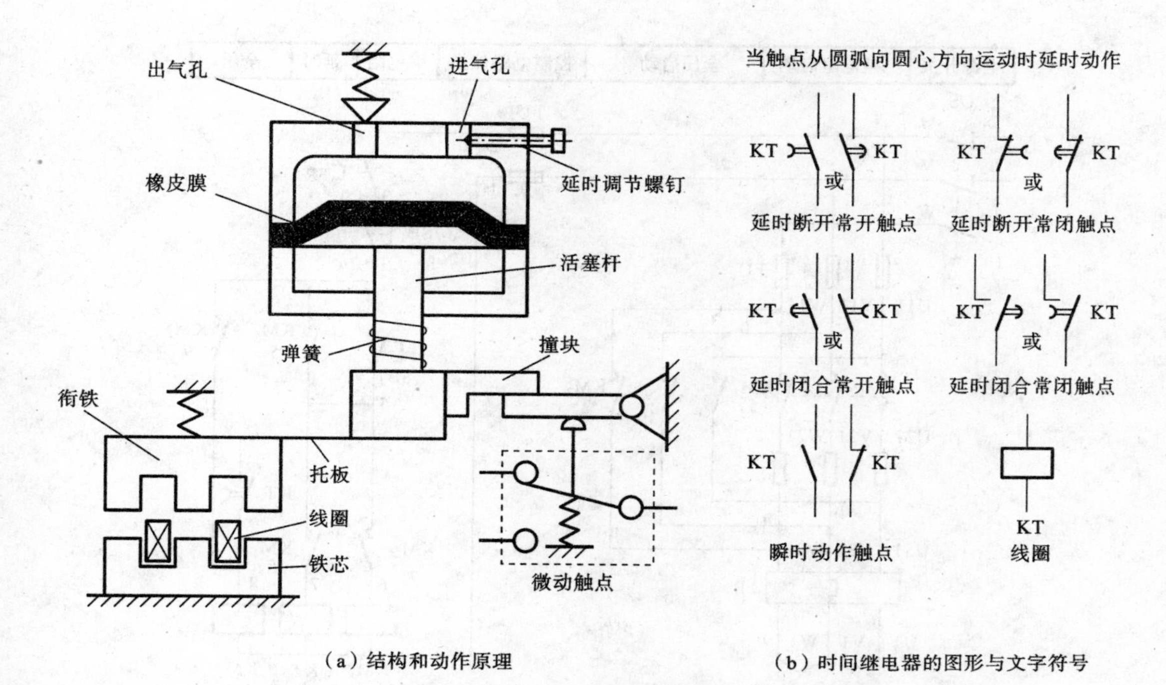

(a) 结构和动作原理　　(b) 时间继电器的图形与文字符号

图 10-17　空气阻尼式时间继电器

很长。

在某些型号的时间继电器中，除了延时动作的触点外，还带有瞬时动作的触点供选用。延时动作的触点在电路图中的图形符号如图 10-17(b)所示。瞬时动作触点符号与普通继电器的相同，仅用文字加以区别。

串电阻降压启动的控制线路如图 10-18 所示。当电动机启动时，首先在电动机电源进线中串入电阻 R，使电动机降压启动，过一段时间，当电动机已经启动到一定速度，再将 R 切除，让电动机进入全压启动运行。两种状态的切换通过一个时间继电器 KT 的延时闭合常开触点实现。

线路的工作情况如下：

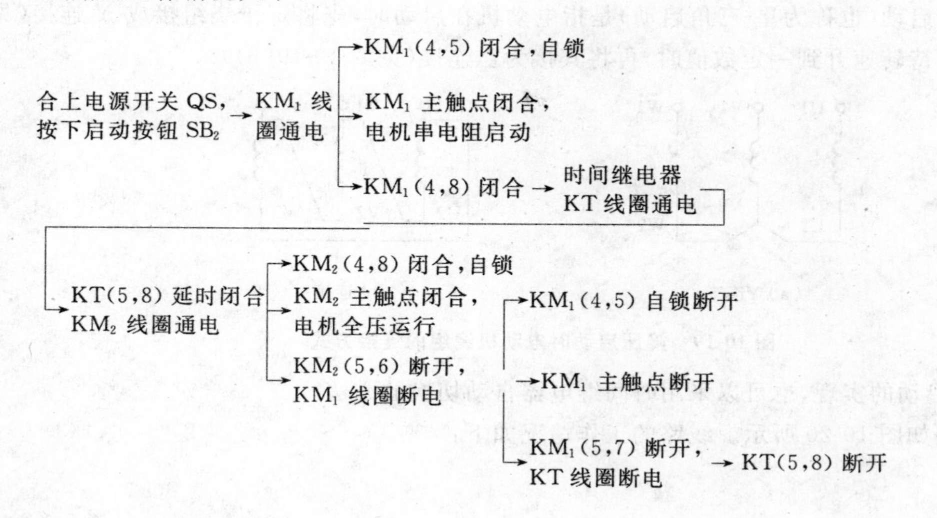

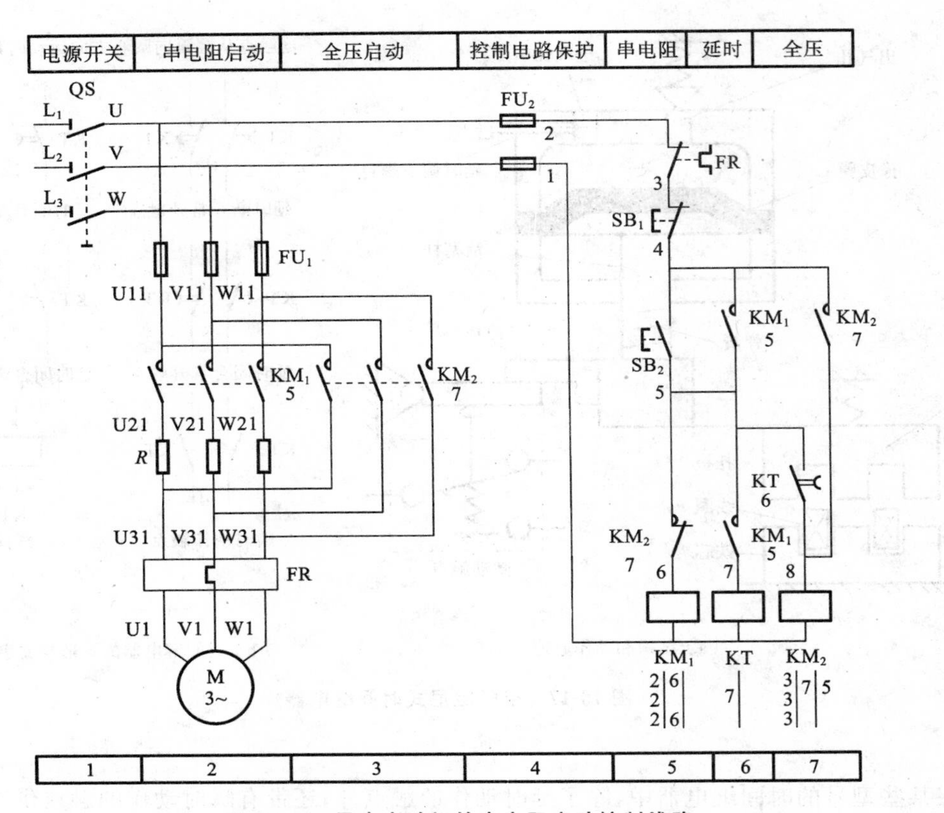

图 10-18 异步电动机的串电阻启动控制线路

通过上述分析还可以发现，当启动过程结束电动机进入全压运行时，保持通电的继电、接触器线圈只剩下 KM_2，虽然这时如果 KM_1 和 KT 继续保持吸合对线路的工作并没有任何影响。线路的这一特点反映了继电-接触器控制系统设计的一个基本原则，即在系统工作时应当尽可能地减少动作电器。这样做一方面可以节约电能，另一方面还可以延长电器的使用寿命。

2. Y-△ 降压启动

Y-△ 降压启动（也称为星-三角启动）是指电动机在启动时，先将定子绕组接成 Y 连接（见图 10-19(a)），待转速升到一定数值时，再将其接为△连接（见图 10-19(b)）。

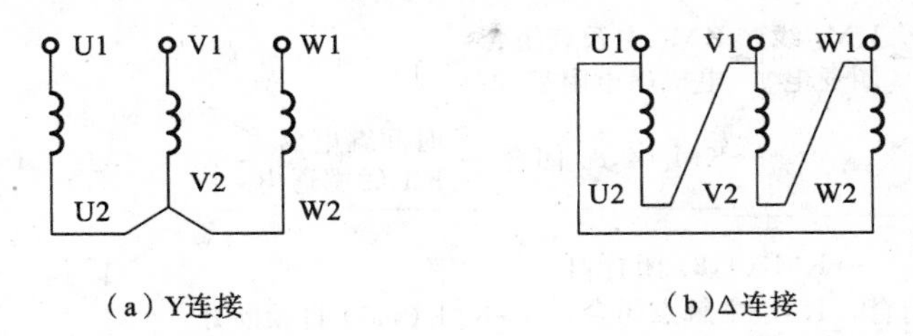

图 10-19 降压启动时电动机绕组的连接方式

星-三角启动的实现，也可以采用时间继电器自动切换的方法。

控制线路如图 10-20 所示。线路的工作情况如下：

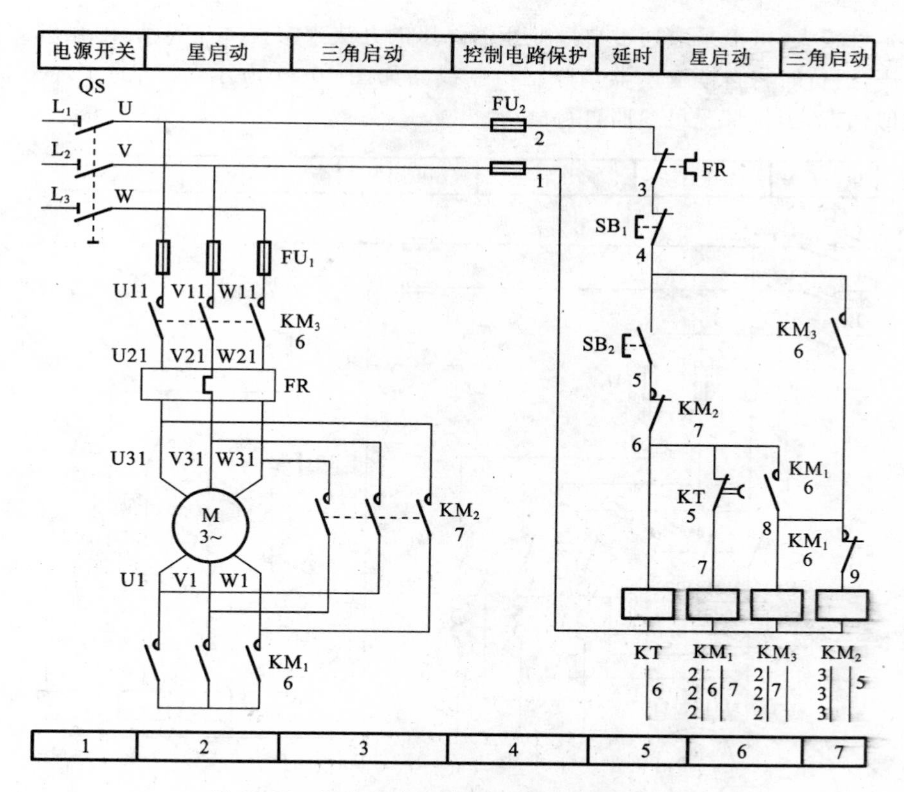

图 10-20　异步电动机的星-三角启动控制线路

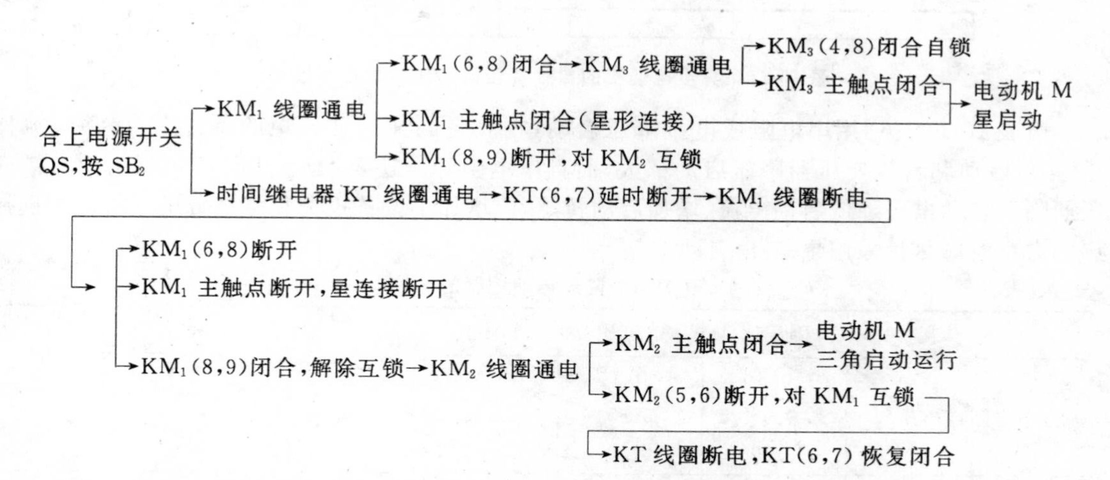

在第 6 章的学习中我们已经了解到，星形连接启动时从电网取的线电流只有三角形连接时线电流的三分之一，从而使这种启动方法可以有效地减小启动电流对电网的冲击，但电动机星形启动时的转矩也只有三角形启动时的三分之一，一般只能用于空载或轻载启动的场合。

3. 自耦变压器降压启动

星-三角启动要求异步电动机的定子三相绕组的头尾六个接线端子都已引出，这样接成星形或三角形可由外电路控制。有些异步电动机只有三个出线端子，无法采用星-三角启动，如果电动机容量较大，可以采取通过自耦变压器降压的办法来实现降压启动，即在启动时经自耦变压器降压，运行时将自耦变压器切除。控制线路如图 10-21 所示，控制的实现思想与星-三角启动类似，它的工作情况可参照自行分析。

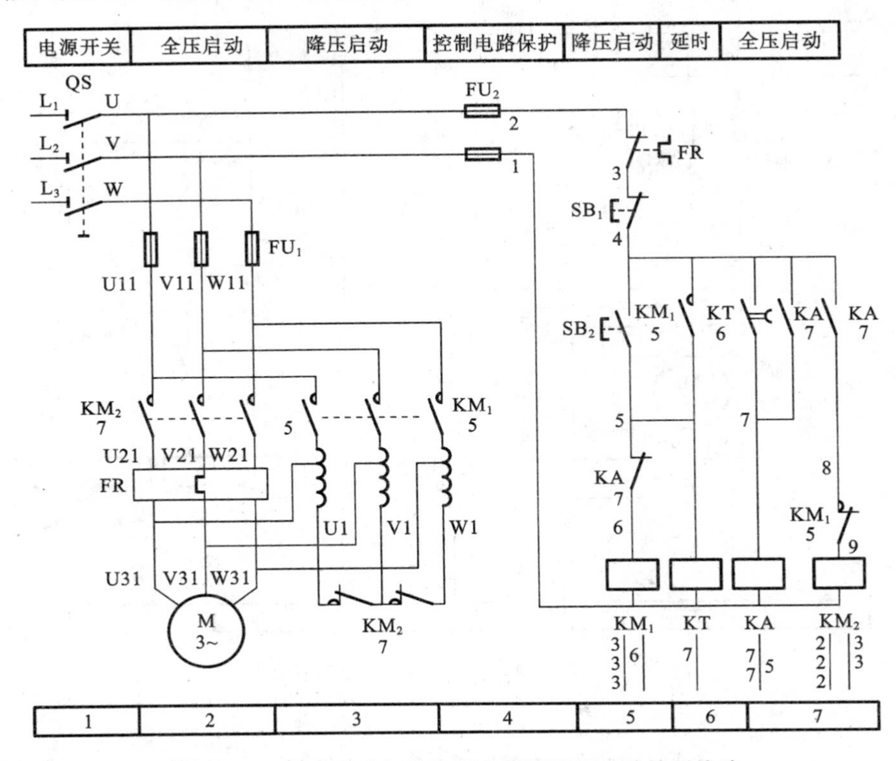

图 10-21 异步电动机的自耦变压器降压启动控制线路

由表 10-1 可见，用串电阻或电抗降压启动，在获得同样启动转矩的条件下，启动电流比星-三角启动和自耦变压器降压启动都大，而且串电阻降压还要增加电能的热消耗；用自耦变压器降压启动虽可降低启动电流、增加启动转矩，但增加了设备投资和维修费用。所以在选择启动方案时应尽量采用星-三角启动。

表 10-1 降压启动控制的比较

	降压比	电流比	转矩比	适用范围
串电阻或电抗	0.8 0.65 0.50	0.8 0.65 0.50	0.64 0.42 0.25	启动次数不多，电动机容量不太大的场合
自耦变压器	0.8 0.65 0.50	0.64 0.42 0.25	0.64 0.42 0.25	容量较大的电动机
星-三角启动	0.58	0.33	0.33	正常运行为三角形连接的电动机

四、绕线转子异步电动机转子串电阻启动控制

第 6 章已对绕线转子异步电动机的转子串电阻启动的原理作了介绍，下面主要讨论这种

启动的控制线路。从控制线路的设计思想来看，实现方案主要有两种：一种与前面介绍过的降压启动控制方式类似，也采用时间控制的方法，利用时间继电器延时，将串在转子中的电阻逐段切除，这种方案的线路工作原理与前面的降压启动控制相同，不再重述；另一种是利用启动过程中转子电流的变化，通过电流继电器的动作，逐段将电阻切除，这种方案的控制线路如图 10-22 所示。

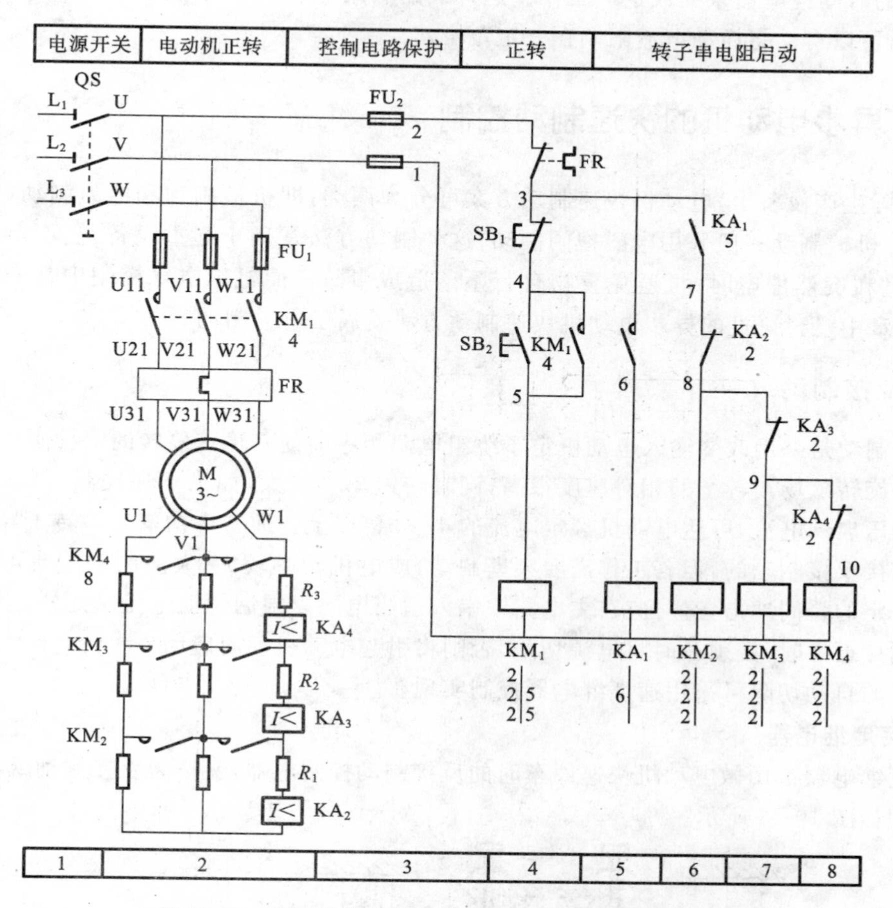

图 10-22 绕线转子异步电动机的串电阻启动控制线路

图中，KA_2、KA_3 和 KA_4 是欠电流继电器，它们的线圈分别串接在转子电路中。KA_2、KA_3 和 KA_4 的吸合电流相同，但释放电流不同。KA_2 的释放电流最大，KA_3 次之，KA_4 最小。电路的工作原理分析如下。

刚启动时电流很大，电流继电器都吸合，它们的常闭触点断开，接触器 KM_2、KM_3、KM_4 都不动作，全部电阻接入。随着电动机转速的升高，启动电流下降，KA_2 首先释放，它的常闭触点闭合，使接触器 KM_2 线圈通电，常开触点闭合将第一段启动电阻 R_1 短接，这时电流又重新增大，电动机继续加速。随着转速的上升，转子电流又降下来，使 KA_3 释放，接触器 KM_3 线圈通电，其常开触点闭合把第二段启动电阻 R_2 短接。如此继续下去，直到全部电阻短接，电动机启动完毕，全压运行。

中间继电器 KA_1 的作用是保证启动时全部启动电阻接入。因为在电动机刚刚启动时，电流由零值上升到最大值需要一些时间，开始时电流继电器 KA_2、KA_3 和 KA_4 可能都未动作，如果没有 KA_1，接触器 KM_2、KM_3 和 KM_4 就会吸合而将启动电阻全部短接形成全压启动。

有了 KA_1 后，刚启动时，操作按钮 SB_2 使 KM_1 首先吸合，电动机开始通电启动，同时 KM_1 的辅助常开触点闭合使 KA_1 线圈通电吸合，KA_1 的常开触点才闭合，为接触器 KM_2、KM_3 和 KM_3 线圈提供电源。只要 KA_1 的吸合动作时间内能保证使电动机的转子电流增加到最大值，使 KA_2、KA_3 和 KA_4 全部动作，就可以保证电动机在串电阻下启动。显然，也可以用一个延时闭合的时间继电器来完成这一工作。这种线路利用电动机转子电流的大小变化来控制电阻的切除，可以自动将启动电流限制在一定范围。

五、异步电动机的快速制动控制

在实际生产设备中，电动机快速制动方案可分为两类，即机械制动和电力制动（也称为电气制动）。机械制动一般采用电磁抱闸制动，这种制动方法常用于起重设备，它不但可以准确定位，而且在突然停电时，可避免重物自行坠落造成事故。而机床电气控制中常采用电力制动。第 6 章中已讨论过的异步电动机快速制动方法就属于电力制动。

1. 反接制动

反接制动是采用改变输入电动机定子绕组电源相序而使其迅速停转的一种制动方法。制动时由于旋转磁场与转子的相对速度很高，同时转差率也较大，如果不加控制，制动电流将会略高于全压启动电流，可达电动机额定电流的 4～8 倍以上。通常小功率笼型转子异步电动机是允许直接反接制动的，但若工作需要频繁制动，或电机功率较大，大的制动电流可能会对电网形成一定的瞬间冲击，这时应在主电路中串入适当电阻以限制制动电流。此外，当电动机速度制动到接近零时，必须及时将电源切除，否则将引起电动机反向启动。

电源的自动切除可采用速度继电器控制实现。

1）速度继电器

速度继电器常用做电动机快速停车时的反接制动控制电器，又称为反接制动继电器，它的结构原理如图 10-23 所示。

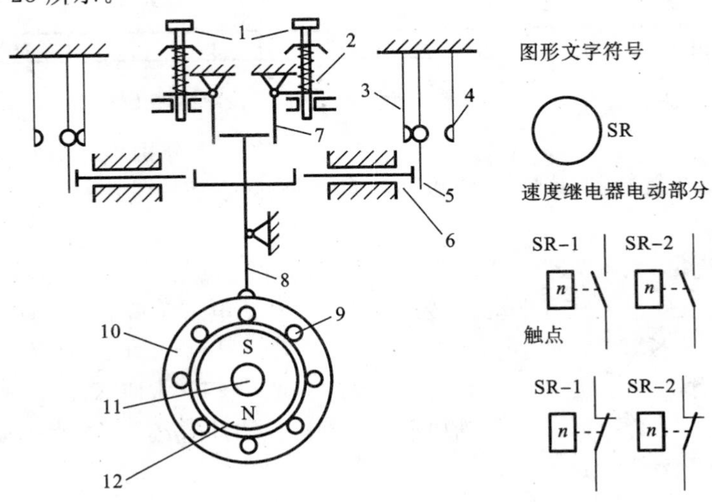

图 10-23 速度继电器结构原理图

1—调节螺钉；2—反力弹簧；3—常闭触点；4—常开触点；5—动触点；6—推杆；7—返回杠杆；8—杠杆；9—短路导体；10—定子；11—转轴；12—转子

速度继电器由转子、定子和触点等部分组成。转子是一块永久磁铁，使用时它与电动机的轴或机械转轴连接，随着电动机的旋转一起转动。定子构造与笼型电动机的转子相似，定子内浇铸有短路导体，定子也能在一定角度范围围绕转轴转动。当转子随电动机转动时，它形成的旋转磁场与定子的短路导体相互切割，在短路导体中感生电势和电流，并形成转矩试图带动定子随转子转动。转子速度越高，产生的转矩越大。当电动机带动速度继电器转子作逆时针旋转时，形成的转矩使定子带动杠杆绕固定支点转动，杠杆推动动触点(5)，使常闭触点分断、常开触点闭合，同时杠杆通过返回杠杆(7)压缩反力弹簧(2)，反力弹簧阻止定子继续转动。如果转速降低，转矩减小，反力弹簧通过返回杠杆(7)形成的力矩大于电动力矩，杠杆即返回初始位置，触点也恢复原状。调节螺钉可以调节反力弹簧的弹力，从而改变速度继电器的触点动作速度。电动机反转时，继电器转子的旋转方向也随之改变，所产生的力矩可使定子推动另一方向的一对触点动作。

2）控制线路

一种能实现正反转及反接制动的控制线路如图 10-24 所示。图中采用速度继电器来检测电动机的速度。速度继电器有两套触点分别受正转速度和反转速度控制，当电动机速度大于设定值时相应旋转方向的触点会自动闭合。制动时，速度大于设定值，反接投入；制动到低速时速度继电器的常开触点自动断开，切除反接电源，使电动机可靠停止。为了限制电流冲击，电动机不论启制动都串入电阻 R。线路的工作原理分析如下。

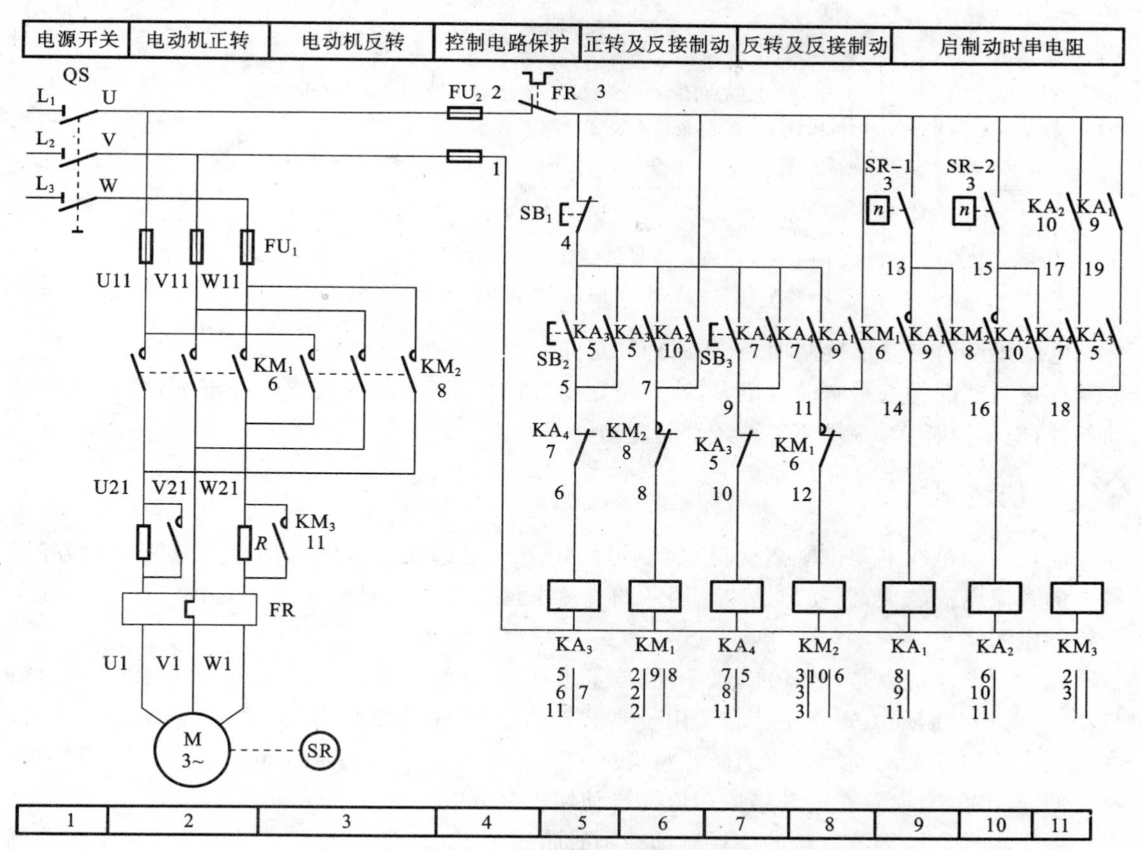

图 10-24　异步电动机的双向启动反接制动控制线路

启动：

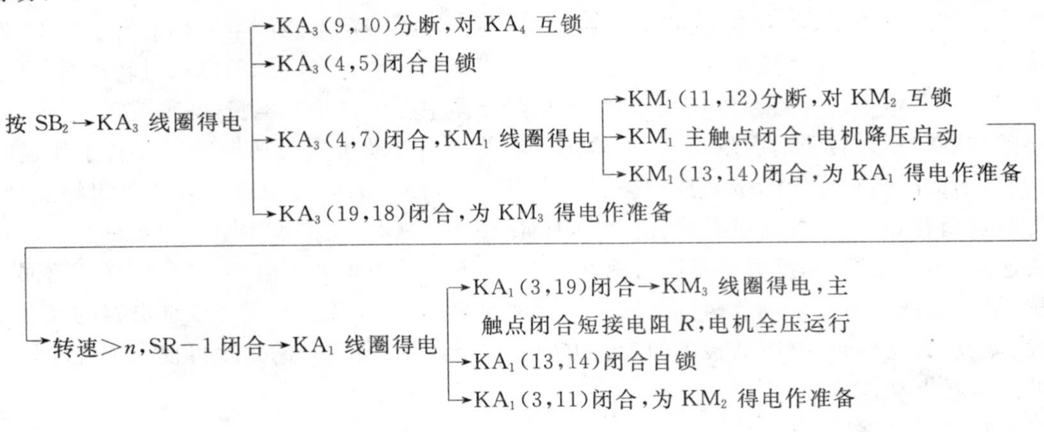

停转制动：

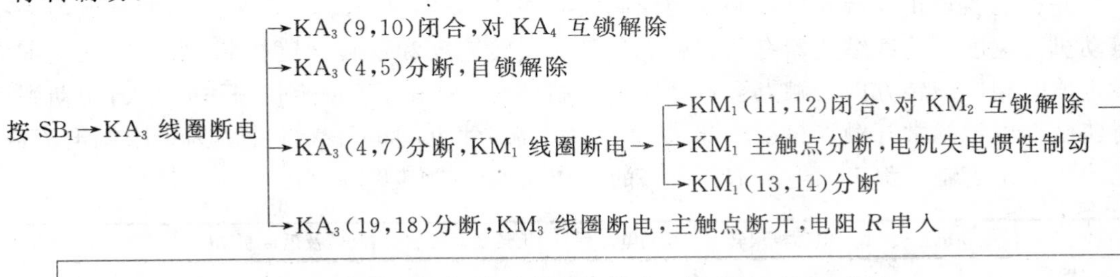

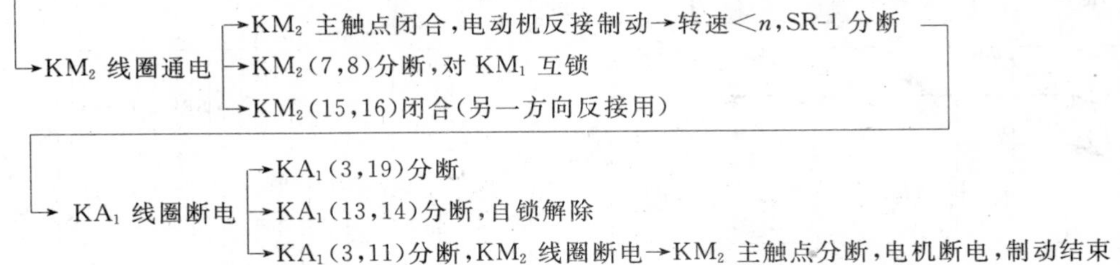

电动机反向启动反接制动，工作原理和正向时相同，可自行分析。

反接制动的优点是制动力矩大，缺点是制动准确性差，制动对机械的冲击大，容易损坏传动部件，能量损耗大，一般用于不经常起制动的场合。

2. 能耗制动

能耗制动是在电动机脱离交流电源后，向定子绕组通入直流使电动机迅速制动的方法。通入的直流电流越大，制动越迅速。通入的直流电流一般为电动机空载电流的 3～5 倍，过大会烧坏定子绕组。

能耗制动的优点是，制动准确、平稳，能量损耗小；其缺点是，需要附加直流电源、制动力矩较小，在低速时制动力矩更小。它适用于要求制动准确、平稳的场合，如磨床、铣床等的制动。在控制中需要注意的问题是应当防止将交流和直流两种电源同时送入定子绕组，即这两种控制之间应当互锁，而且在制动结束后应能自动切去直流电源。

一个单向启动半波直流的能耗制动控制线路如图 10-25 所示。它利用二极管作半波整流获得直流电源，用时间继电器控制制动时直流送入定子绕组的时间，控制线路比较简单，工作原理可参照前面的分析方法自行分析。

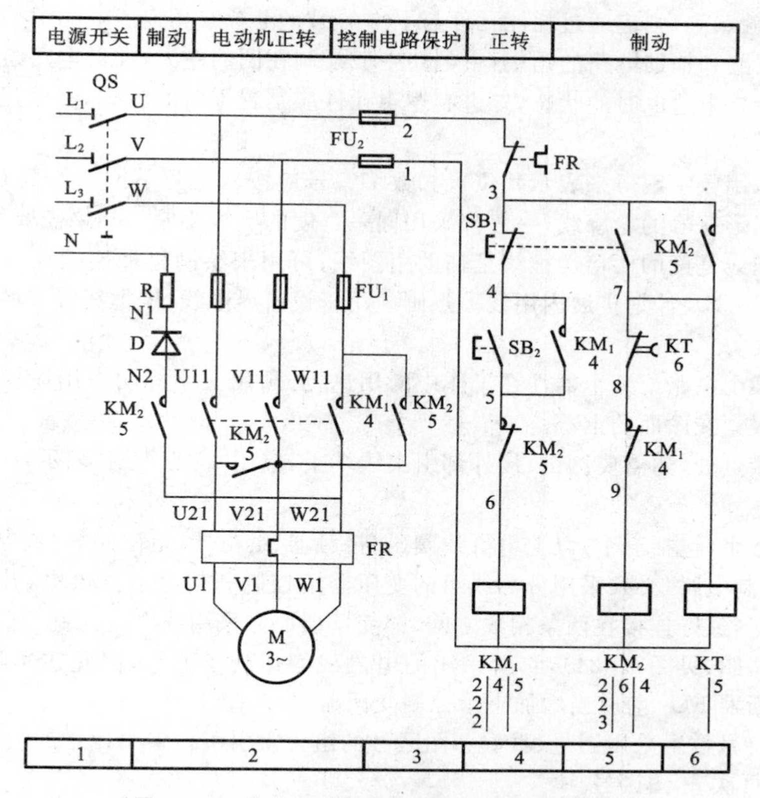

图 10-25　单向启动半波整流能耗制动控制线路

10-2　电动机控制原理电路图的绘制

通过前面的学习，我们已经掌握了有关电动机继电-接触器控制系统电气原理图的一些基本知识。下面再进一步对这些电气原理图的绘制规则详细加以介绍，以求使大家掌握实际工程制图的方法。

一、完整电气原理图的绘制原则

电气线路分为主电路（也叫动力电路）和辅助电路（含控制和信号电路）。主电路用来连接完成主要功能的电气线路，如电动机、启动电器，以及和它们相连接的接触器触点组成的电路。在主电路中，电源电路（电源进线）应绘成水平线，相序（L_1、L_2、L_3）自上而下排列，中性线（N）和保护地线（PE）放在相线之下。受电的动力装置（电动机）及其保护电器支路（如熔断器、热继电器的热敏元件），则应垂直于电源电路画出。

辅助电路主要用来连接完成辅助功能的电气线路，如控制、检测、指令、保护、照明、显示等。

辅助电路应垂直绘在两条或几条水平电源线之间。耗能元件（如线圈、电磁阀、信号灯等）应垂直连接在下面一根水平电源线上，而所有其他非耗能元件（如继电接触器触点、各种位置开关触点、按钮触点等)则应通过耗能元件与上方的另一电源线相连。

在含有主电路和辅助电路的图中,主电路一般绘制在图的左方,辅助电路绘制在右方。所有电器的状态应是未通电时的状态,二进制逻辑元件应是置零时的状态,机械开关应是循环开始前的状态。

控制电路采用数字编号来表示其位置。数字编号应按从上到下或从左到右的顺序排列。电路图中采用图形符号的轮廓线,一般都采用同一宽度的实线绘制。如果需要用两种宽度,则粗线宽度应为细线宽度的两倍。虚线是辅助用图线,可用来绘制机械连接线、屏蔽线、不可见轮廓线、不可见导线及计划扩展内用线。点画线用于设备界限线、围框线等。各种辅助围框线可采用双点画线。

电路图上某个电路或某个器件在工作中的用途,必须用文字标明在用途栏内。用途栏一般以方框形式放置在图面的上部。

线路的交接点处,如需要测试、接外部引出线端子,应用"空心小圆"表示,线路连接点可用实心小圆表示。

对于具有五个(包括五个)以上电磁线圈(如接触器、继电器、电磁阀等)或电柜外还有控制器件、仪表的控制电路,必须采用分离线组的变压器给控制和信号电路供电,并应接在电源切断开关的负载侧,最好连接在两条相线之间,即变压器原方采用线电压。例如前面介绍过的反接制动控制线路图(见图 10-24),它所采用的电磁线圈达到了七个,因此在实际系统设计时,在控制保护熔断器 FU_2 前应当增加一个控制变压器。

电路图上符号位置采用图号、页次和图区号的组合索引法。索引代号的组成如下:

图号 / 页次 ·图区号

当某一电器元件相关的各图形符号出现在同一图号的图上,而该图号的图有几页时,可省略图号,而将索引代号简化为

页次·图区号

当某一电器元件相关的各图形符号出现在不同图号的图上,而每个图号仅有一页时,索引代号应简化为

图号 / 图区号

当某一电器元件相关的各图形符号出现在只有一页的图上时,索引代号应简化为只用图区号表示,如本章前面所列举的各个继电-接触器控制线路均采用的是这种索引方法,即在元件相关文字符号下方用一个数字表示该元件所在的图区。例如,某接触器 KM_1 的线圈在第 5 图区,触点在第 2 图区,则在第 2 图区表示该接触器触点的文字符号 KM_1 下方用数字 5 表示它的线圈在第 5 图区。

机床电路图中的接触器、继电器的操作器件(线圈)与受其控制的触点位置的从属关系,一般采用上述索引方法。具体标志有如下规定。

在每个接触器线圈的文字符号 KM 下面画两条竖直线,分成左、中、右三栏,把受其动作的触点所处的图区号数字按表 10-2 内容填上。对备而未用的触点,在相应的栏中用记号"×"示出。

表 10-2 接触器线圈与受其作用的触点相互关系

左栏	中栏	右栏
主触点所在图区	辅助常开触点所在图区	辅助常闭触点所在图区

在每个继电器线圈的文字符号KA下面画一条竖直线，分成左、右两栏，按表10-3填上其触点所处的图区号。同样，对备而未用的触点，在相应栏中用“×”示出。

表10-3 继电器与受其作用的触点相互关系

左栏	右栏
常开触点所在图区	常闭触点所在图区

图上每个触点文字符号下面示出的数字，是使之动作的线圈所处图区号。

热继电器文字符号FR下面示出的数字，是分别表示其驱动元件（热元件）和常闭触点所处相应的图区号。

在一张完整的机床电气原理图上，应标出下列数据：

（1）标明各个电源电路的电压值、极性或频率及相数；

（2）某些电器的数据和型号，一般用小号字体附注在电器项目代号下面，如熔断器熔体的额定电流值、热继电器动作电流值范围与整定值等；

（3）对各线路用线，采用文字、指引线加短斜线表示出该处电路导线的截面积。

二、单页电路原理图的示例

图10-26所示为某专用机床电气原理图。该机床只有一台电动机作单向运行，电路比较

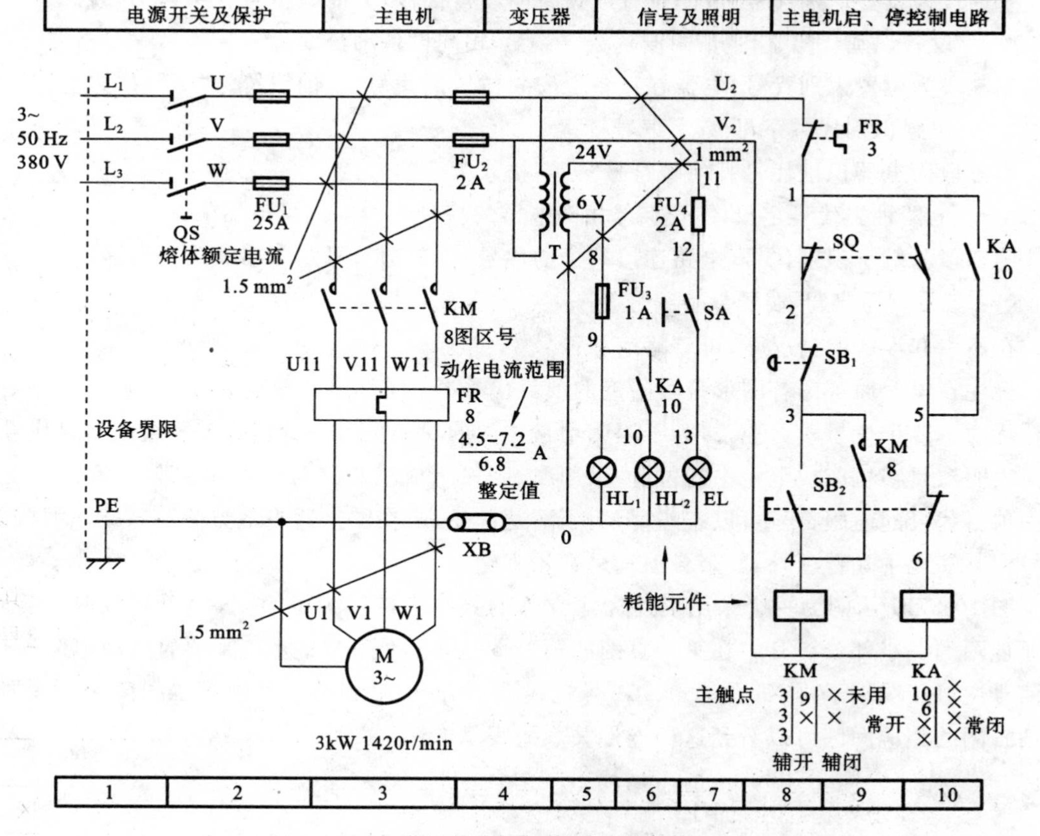

图10-26 某专用机床电气原理图

简单，原理图采用单页绘制。图中的斜体字是另外加的说明，不是原图文字。另外，图中略去了位于图右下方的标题栏。标题栏用于填入电路图的名称、图号、页次、设备号以及该电路图设计、制图、校对、审核等人员的名字和时间等信息。

图 10-26 中，SQ 为空料位置开关。即当机床加工时，如果加工用料已经用完，SQ 将动作。开始加工时，合上电源隔离开关 QS，信号灯 HL_1 亮，表示电源已接通。若需要照明，可接通控制开关 SA，照明灯 EL 亮。按启动按钮 SB_2，接触器 KM 线圈通电自锁，主触点接通，电动机启动运行。工作中如果料已用完，则空料位置开关 SQ 动作，常闭触点(1,2)断开使接触器断电释放，电动机停止转动。同时 SQ 常开触点(1,5)闭合，中间继电器 KA 线圈通电自锁，KA 常开触点(9,10)闭合，信号灯 HL_2 亮。这是告知操作者应当加料的信号。当料放上后，SQ 复位。但由于 KA 已自锁，HL_2 仍亮。再次按 SB_2，使触点(5,6)断开，继电器 KA 断电，信号灯 HL_2 才熄灭。同时接触器再次闭合，电动机重新启动工作。

三、多页电路图的示例

当电气控制系统比较复杂、控制所用的电器设备较多时，电气原理图可按分页绘制。为了清楚地说明图中电器与其他页中电器之间的连接情况，在机床电气原理图的绘制中对电器元器件采用了"四段标志法"。

第一段为设备识别代号(成套装置或设备的项目代号)。前缀符号"＝"，格式为

＝ 设备识别代号字母 不同设备数字编号 相同设备细分编号

第二段为位置识别代号(电器在设备上安装位置的代号)。前缀符号"＋"，格式为

＋ 位置识别代号字母 数字编号

第三段为电器识别代号。前缀符号"－"，格式为

－ 电器种类代号字母 代号字母相同电器的编号·相同编号电器的细分编号

第四段为端子识别代号(电路连接端子的代号)。前缀符号"："，格式为

：端子代号字母 端子数字编号

在不引起误解的情况下，可省略前缀符号"："。

标注在电气原理图各图形符号附近的项目代号群，应尽可能简化，以清楚明了为原则，不一定标注上四个代号段。通常，为了表明项目之间的功能关系，采用一、三段组成项目代号；而为了表明项目在机床或电柜中的位置，采用二、四段组成项目代号。在不引起误解的前提下，某些项目代号的前缀符号可以省略，但为了清楚起见，应在图上适当地方注明省略了哪些前缀符号。某一段中除首项外，其余各项均可适当省略。

图 10-27 所示的为一个采用上述标注方法的具体示例。为了简明，图中只截取了实际电气原理图的一小部分。其中在第一页图的第二图区，电动机 M1 过载保护的热敏电阻所产生的信号通过接线端子排 X1 的 150、151 号接线端子引出，引到第三页图第二图区的放大器上。从两张图的相应图区可以看到这种连接关系的表示方法。

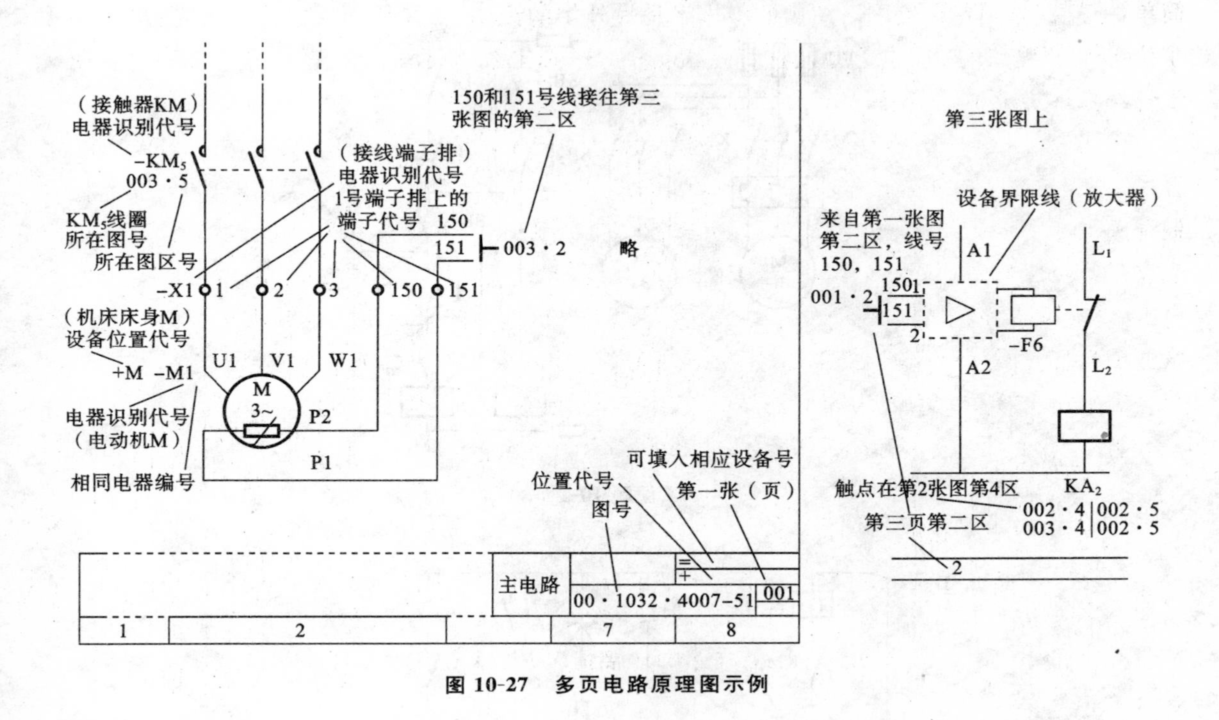

图 10-27　多页电路原理图示例

小　结

自锁是实现长动的基本环节，也是区别点动的标志；互锁在可逆控制线路中，可防止主电源短路；顺序联锁可实现电动机的依次动作。

为限制启动电流，常用时间、电流等继电器作切换电器，自动改变启动过程中的电路结构。利用速度继电器作切换元件，可实现电动机的反接制动。注意制动电流冲击可能带来的危害，必要时应增加限流环节。

笼型电机常用短路和长期过载保护、对直流电机常用零励磁和过电流保护、对绕线转子异步电机常用过流保护。

在绘制各种控制系统电气原理图时，应严格依照国家颁布的标准。

习题与思考题

10-1　对多电动机机床，总是润滑油泵电动机先启动（最后停止），主轴电动机后启动，冷却泵电动机最后启动（最先停止），因此需要采用顺序启停控制。图题 10-1 中是只有润滑电机 M_1 和主轴电机 M_2 的控制线路。试分析它是如何保证实现上述要求的顺序控制动作的。

10-2　某他励直流电动机电枢串电阻启动电路如图题 10-2 所示。试分析它的启动工作过程，并说明图中的两个电流继电器各起什么作用？

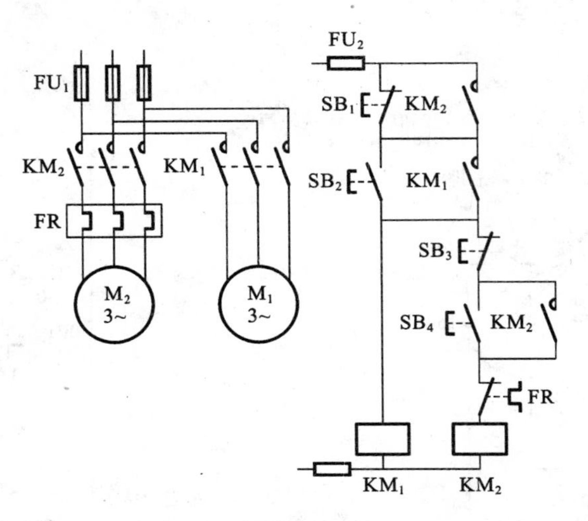

图题 10-1

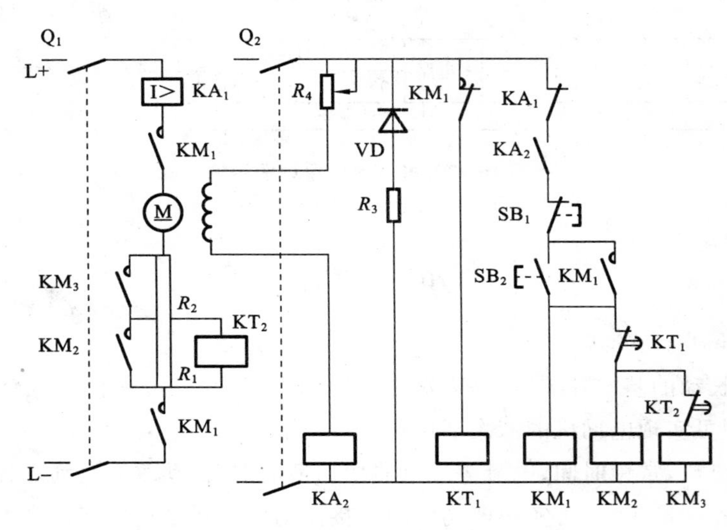

图题 10-2

10-3　试分析图 10-21 采用自耦变压器降压启动的工作过程。

10-4　对 Y-Δ 启动控制线路，为何必须采用互锁环节？

10-5　试分析图 10-24 所示电动机反向启动然后反接制动的工作过程。

10-6　为 2 台异步电动机设计一个控制线路，其要求如下：

(1) 第一台电动机启动后，经过一段时间第二台电动机启动；

(2) 第二台电动机停止后，第一台电动机才能停止。

参考文献 Reference

[1] 赵近芳. 大学物理学[M]. 北京:北京邮电大学出版社,2002.
[2] 章名涛. 电机学[M]. 北京:科学出版社,1964.
[3] 顾绳谷. 电机及拖动基础[M]. 北京:机械工业出版社,1980.
[4] 李发海. 电机与拖动基础[M]. 2 版. 北京:清华大学出版社,1994.
[5] Stephen J. Chapman . 电机原理及驱动[M]. 满永奎,译 . 4 版. 北京:清华大学出版社,2008.
[6] Theodore Wildi . Electrical Machines, Drives, and Power Systems[M] . Fifth Edition. 北京:科学出版社,2002.
[7] 周荣顺. 电机学[M]. 北京:科学出版社,2002.
[8] Fitzgerald A E. 电机学[M]. 刘新正,等译. 6 版. 北京:电子工业出版社,2004.
[9] 杨耕,等. 电机与运动控制系统[M]. 北京:清华大学出版社,2006.
[10] 符曦. 高磁场永磁式电动机及其驱动系统[M]. 北京:机械工业出版社,1997.
[11] Leonhard M. 电气传动控制[M]. 吕嗣杰译. 北京:科学出版社,1988.
[12] 刘军. 永磁电动机控制系统若干问题的研究[D]. 上海:华东理工大学,2010.
[13] 夏加宽. 高精度永磁直线电机端部效应推力波动及补偿策略研究[D]. 沈阳:沈阳工业大学,2006.
[14] 王海星. 永磁直线同步电动机直接推力控制策略研究[D]. 徐州:中国矿业大学,2010.
[15] Alfred0 M G . Dual Stator Winding Induction Machine Drive[C]. Industry Applications Conference, Thirty—Third IAS Annual meeting , St. Louis(USA) ,1998.
[16] Arkkio A, Induction and Permanent Magnet Synchronous Machines for High-Speed Applications[C], Electrical Machines and Systems, 2005. ICEMS. Proceedings of the Eighth International Conference on Volume 2, 2005.
[17] 龚世缨. 电机学实例解析[M]. 武汉:华中科技大学出版社,2000.
[18] 李浚源. 电力拖动基础[M]. 武汉:华中科技大学出版社,2000.
[19] 瓦·彼·杜伯夫. 物理学教程[M]. 哈尔滨:东北工业部教育处,1953.
[20] 汤蕴缪. 电机学[M]. 北京:机械工业出版社,1999.
[21] Perret R. Minimization of Torque Ripple in Brushless DC Motor Drives[J]. IEEE Tra. Industry Applications, 1986, Vol. IA 22, No. 4: 748-755 .
[22] Schmidt P, Gaspori M. Initial Rotor Angle Detection of NonSalient Pole Permanent Magnet Synchronous Machines[C] . Conf. Proc. IEEE Industry Application Society Annual Meeting, 1997.
[23] Kulkami A, Ehsani M. A Novel Position Sensor Elimination Technique for the Interior Permanent Synchronous Motor Drive[J]. IEEE Trans. on Industry Application, 1992, Vol. 28, No. 1: 144-150.
[24] Soong W L. Field weakening Performance of Brushless Synchronous AC Motor Drives[J]. IEE Proc. Electr. Power Appl. 1994, Vol. 141, No. 6: 331-339.
[25] Soong W L. Design of Interior PM Machines for Field Weakening Applications[C]. Proceeding of International Conference on Electrical Machines and Systems, Seoul, Korea, 2007.
[26] Shinn Ming Sue. A New Field Weakening Control Scheme for Surface Mounted Permanent Magnet Synchronous Motor Drives[C], Second IEEE Conference on Industrial Electronics and Applications, 2007.